中亚水土资源与农业可持续发展

于静洁　李兰海　杨永辉 等　著

内容简介

本书立足中亚农业可持续发展这一目标，厘清了中亚地区农业生产及其水土资源利用演变历程，揭示了其变化驱动规律；给出了农业生产要素水土热资源的匹配特征及农业生产适宜性；评估了农业水资源、土地资源脆弱性，分析了土地资源开发利用风险；评估了农业生产与农产品贸易对虚拟水土的影响；进行了基于水土资源的多边农业贸易优化利用分析，提出了气候变化和国际贸易环境变化下中亚农业可持续发展问题与对策建议。

本书可供中亚水资源管理、土地资源管理、农业生产、区域可持续发展等相关领域的研究人员、管理人员及高等院校相关专业的师生参考。

图书在版编目（CIP）数据

中亚水土资源与农业可持续发展 / 于静洁等著. -- 北京 : 气象出版社, 2022.11
ISBN 978-7-5029-7822-8

Ⅰ. ①中… Ⅱ. ①于… Ⅲ. ①水资源管理－研究－中亚②土地资源－资源管理－研究－中亚③农业可持续发展－研究－中亚 Ⅳ. ①TV213.4②F336

中国版本图书馆CIP数据核字(2022)第181275号

审图号:GS 京(2022)1429 号

中亚水土资源与农业可持续发展
Zhongya Shuitu Ziyuan yu Nongye Kechixu Fazhan

出版发行:气象出版社
地　　址:北京市海淀区中关村南大街 46 号　　**邮政编码**:100081
电　　话:010-68407112(总编室)　010-68408042(发行部)
网　　址:http://www.qxcbs.com　　**E-mail**: qxcbs@cma.gov.cn
责任编辑:王萃萃　　**终　　审**:张　斌
责任校对:张硕杰　　**责任技编**:赵相宁
封面设计:艺点设计
印　　刷:北京建宏印刷有限公司
开　　本:787 mm×1092 mm　1/16　　**印　　张**:24.25
字　　数:614 千字
版　　次:2022 年 11 月第 1 版　　**印　　次**:2022 年 11 月第 1 次印刷
定　　价:220.00 元

前　言

中亚地处亚欧内陆腹地的干旱-半干旱地区，中亚五国是“一带一路”的重要节点地区，作为以农业为主的国家，其农业能否可持续发展，直接影响区域安全稳定和“一带一路”的推进。中亚独特的地理环境使得其水土资源空间匹配极为不均衡，流域上下游和各国的水土资源禀赋差异显著，用水矛盾突出。同时，区域生态环境脆弱，资源环境承载力有限，水土资源开发利用会引发严重的生态环境问题，并直接影响到当地农业可持续发展。中亚水土资源优化利用是保证该地区农业生产的重要基础，是实现粮食安全、生态安全和区域可持续发展的根本。

中国科学院地理科学与资源研究所作为承担单位，中国科学院新疆生态与地理研究所、中国科学院遗传与发育生物学研究所、天津大学、西北大学作为参加单位，共同完成了中国科学院战略性先导科技专项（A类）子课题“中亚农业生产与水土资源优化利用”（XDA20040302）。本书集中体现了该项目的研究成果，系统揭示了气候变化和人类活动共同作用下的中亚五国水土资源及其开发利用变化、农业生产与农产品贸易、水-能源-粮食系统安全、农业水土资源开发利用风险，并在系统分析的基础上，提出了农业可持续发展的战略对策建议。本书分为9章，分别讨论了中亚农业可利用水资源演变、农业土地资源演变、水土热资源匹配特征和农业生产适宜性、水土资源脆弱性及土地利用开发风险、农业生产与农产品贸易格局、农业生产与贸易对虚拟水土流通与水土资源承载力的影响、农业水资源供需分析、基于水土资源的多边农业贸易优化利用、农业可持续发展问题与对策建议。第1章由张永勇、王平、杨鹏、刘煜撰写，第2章由蒋晓辉、李发东、韩海青、Yhdego Measho Simon、王旭红撰写，第3章由周宏飞、姚林林、闫英杰、柴晨好、朱薇撰写，第4章由李兰海、黄法融、于水、郭增坤撰写，第5章由杨永辉、韩淑敏、杨艳敏、马庆涛、李晓进、王林娜撰写，第6章由宋进喜、韩淑敏、杨永辉、张弛撰写，第7章由田静、张永勇、王平、阮宏威、霍鹏颖撰写，第8章由何理撰写，第9章由于静洁、何理、周宏飞、郝林钢、阮宏威撰写。

本书内容提供了中亚五国水土资源及农业发展的基础信息，可为相关领域的研究人员、教师、研究生提供借鉴参考，也可为中亚五国和我国农业领域的合作提供决策依据。

受时间和作者水平限制，书中难免存在不足和错误，恳请读者批评指正。

著　者

2022年6月

目　　录

第 1 章　中亚农业可利用水资源演变

农业可利用水资源主要包括降水资源、地表水资源和地下水资源等。受地面观测资料缺失等限制，本章以中亚国别尺度和典型流域尺度为研究重点，采用野外采样、水文气象产品数据、文献梳理以及少量地面观测数据等，系统分析了中亚国别和主要流域尺度的可利用水资源演变特征。具体包括降水资源时空变化和主要驱动因素、气象干旱事件发生规律及其对农业生产的影响；河流水网和地表水资源(河川径流、水质等)的变化特征；地下水资源量和水质、合作开发利用等。本章将为系统分析中亚地区农业水资源量的开发潜力、水质状况及可持续利用等提供基础数据和决策依据。

1.1　降水资源

1.1.1　中亚降水概况和数据源

1.1.1.1　降水概况

中亚五国(即哈萨克斯坦、吉尔吉斯斯坦、塔吉克斯坦、乌兹别克斯坦和土库曼斯坦，分别简称为哈国、吉国、塔国、乌国和土国)年降水量数据如表 1.1 所示。从 2002—2015 年降水来看，塔吉克斯坦和吉尔吉斯斯坦降水量最大，分别为 448.7～691.2 mm 和 331.6～566.7 mm，平均值为 532.1 mm 和 411.8 mm；哈萨克斯坦和乌兹别克斯坦其次，分别为 219.7～308.4 mm和 157.9～286.9 mm，平均值分别为 264.3 mm 和 212.7 mm；而土库曼斯坦最低，仅为 101.1～201.8 mm，平均值为 163.9 mm。

表 1.1　中亚五国年降水资料(2002—2015 年)

年份	降水量(mm)				
	哈萨克斯坦	吉尔吉斯斯坦	塔吉克斯坦	土库曼斯坦	乌兹别克斯坦
2002	299.4	498.1	561.4	189.8	258.6
2003	294.2	566.7	691.2	201.8	286.9
2004	270.1	447.5	565.5	186.7	231.7
2005	228.2	407.5	509.6	164.7	195.9
2006	263.8	364.9	531.8	152.4	193.4
2007	248.0	348.6	448.7	156.6	188.8
2008	219.7	331.5	449.0	101.1	157.9
2009	274.0	405.6	606.5	192.9	236.0
2010	238.0	472.5	536.0	139.7	179.8
2011	267.8	433.0	531.0	169.3	196.5
2012	233.6	345.9	504.5	159.7	191.3
2013	302.5	372.1	460.7	147.7	213.9
2014	253.2	361.0	516.7	145.3	204.6
2015	308.4	410.1	537.2	186.3	243.0
年均值(mm)	264.3	411.8	532.1	163.9	212.7

1.1.1.2 全球主要水文气象产品在中亚地区适应性分析

基于CPC、CRU和NCEP格点数据对中亚五国2000s(2001—2004年)、2010s(2005—2009年)和2015s(2010—2014年)三个时期的年均降水的空间分布特征进行了对比分析(图1.1),主要结果如下:(1)基于CPC和CRU数据发现中亚地区西部降水明显少于东部地区,南部年均降水明显小于北部年均降水,且三个时期的最大降水量均出现在中亚地区东部山区,即天山;(2)NCEP反应的中亚地区三个时期的降水空间差异不明显,且正好与CPC和CRU数据的分析结果相反,即NCEP数据反映出中亚地区降水东部少、西部多;(3)基于CPC/CRU反映出来的中亚地区三个时期的最大年均降水可达800 mm,而基于NCEP反映出来的年均降水最大200 mm左右,差异明显。

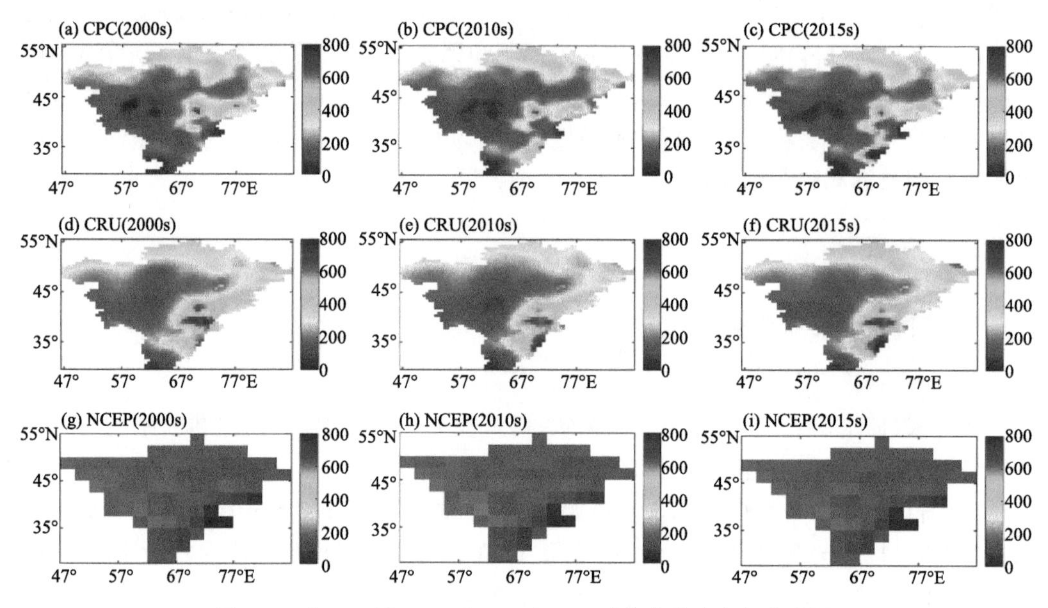

图1.1 中亚五国2000s/2010s/2015s时期的降水空间分布图

另外,基于全球陆地同化模型系统(GLDAS)CLM、NOAH、MOS和VIC模式格点数据对中亚地区降水的空间分布特征进行了分析(图1.2),研究发现:CLM、MOS和NOAH模型模拟的结果在空间分布上较为一致,而VIC模型模拟的结果与其他三个模型模拟降水空间分布不一致,且数值明显偏小。

1.1.2 降水的空间分布特征

降水的空间分布特征研究主要考虑中亚流域,具体包括阿姆河、锡尔河和额尔齐斯河三大流域,流域面积占中亚五国总面积的36%。利用SRTM DEM数据,基于ARCGIS,将流域划分为1010个子流域。考虑到研究区农业可利用水资源的变化可能会受到降水因子的影响,先对降水的时空分布及变化进行分析。将CPC和NCEP格点降水数据利用三种插值方法(最近距离法、反距离加权插值和高程影响的反距离插值方法),插值到中亚主要流域的各子流域中心点,并对其进行变化分析(Yang et al.,2020b)。研究时间段为1980—2017年,数据格点见图1.3。

1.1.2.1 降水空间变化特征

基于CPC降水格点数据分析发现中亚主要流域的北部和东部降水明显对于西部。对比

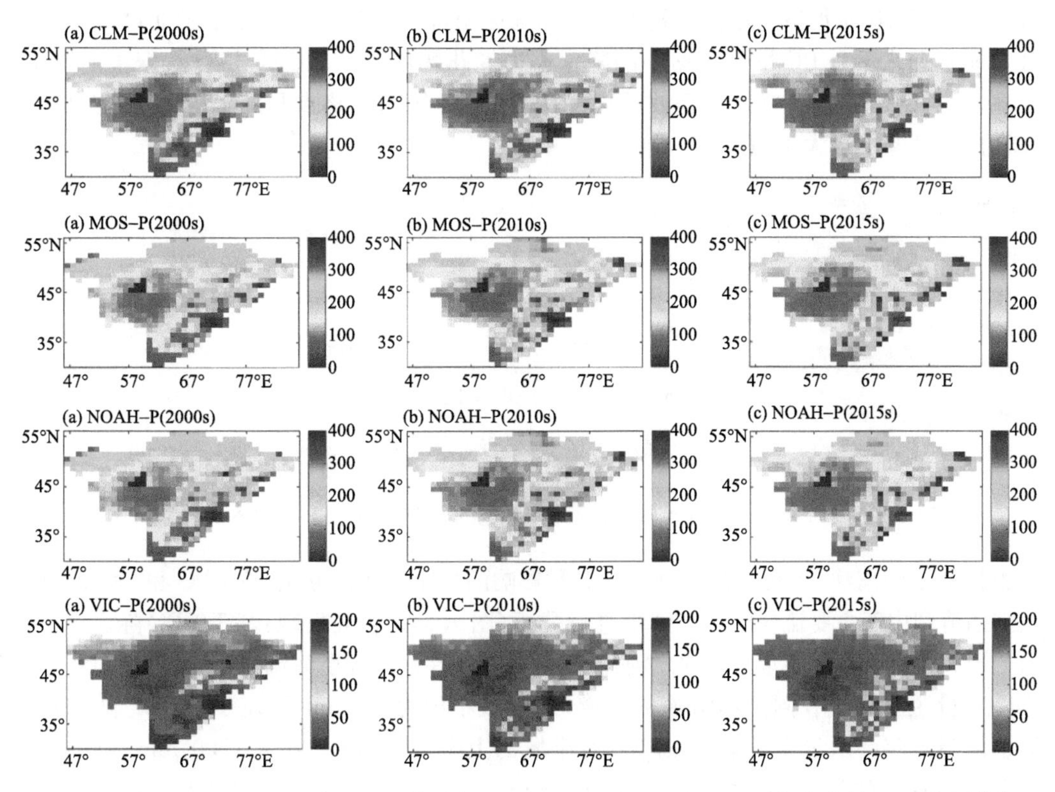

图 1.2　CLM、MOS、NOAH 和 VIC 模型中亚五国 2000s/2010s/2015s 时期降水量(mm)空间分布

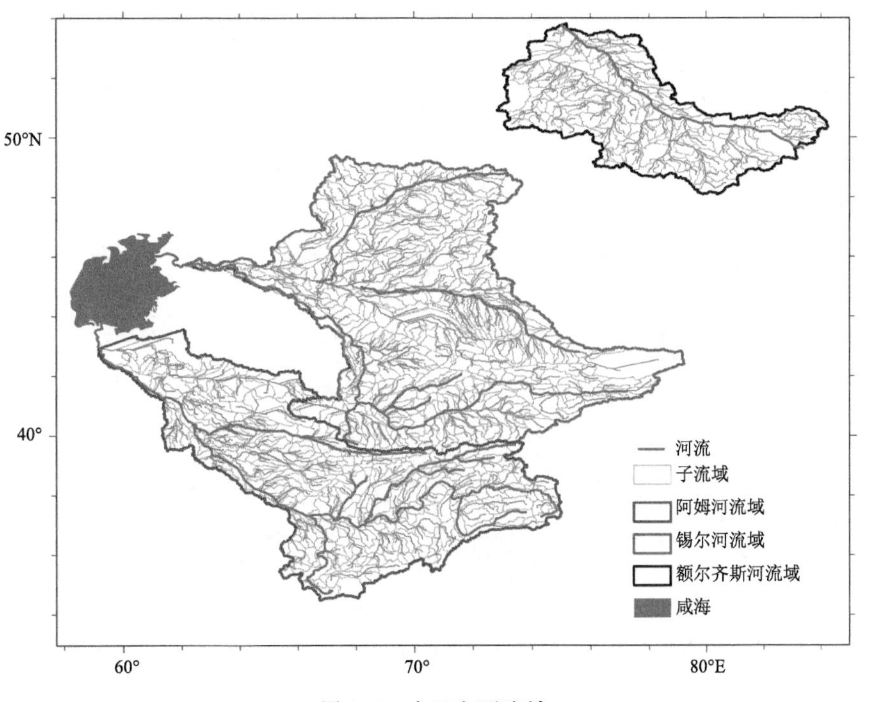

图 1.3　中亚主要流域

而言，基于 NCEP 降水格点数据分析发现中亚地区南部区域降水要明显多于北部区域。另外从月时间序列来看，CPC 格点数据中的降水序列变化幅度小于 NCEP 格点数据中的降水，波动无序，而 NCEP 格点月降水序列波动规律性明显，其中 CPC 格点月降水最大不超过50 mm，NCEP 格点月降水最大不超过 90 mm(图 1.4)。

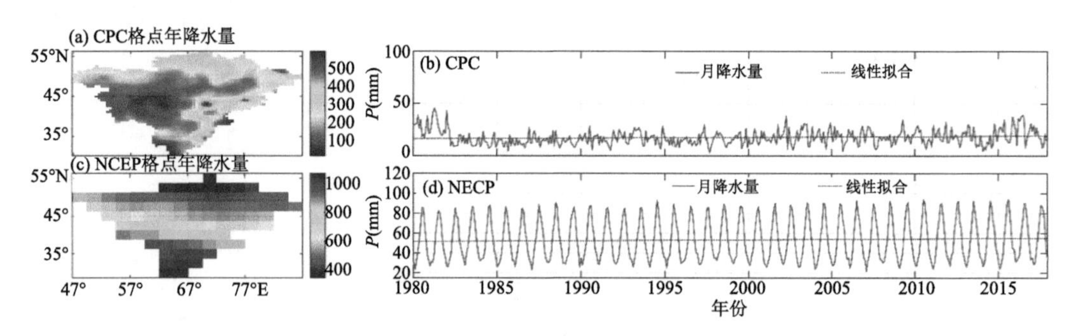

图 1.4　CPC 和 NCEP 降水格点数据在中亚主要流域的时空分布(1980—2017 年)

根据最近距离法、反距离加权插值和高程影响的反距离插值方法，将 CPC 和 NCEP 降水格点数据插值到中亚主要流域的子流域中进行分析(图 1.5)。研究发现：基于 CPC 降水格点数据插值的最大年降水量主要集中在锡尔河流域，部分分布在额尔齐斯河流域，最大可达 600 mm，最小年降水量主要集中在阿姆河流域的下游区域，最小约为 56 mm；而基于 NCEP 降水格点数据插值的最大年降水量主要集中在阿姆河流域的上游区域，最大可达 1000 mm，最小年降水量主要集中在锡尔河下游区域，最小约 353 mm。二者插值结果存在明显差异，这与 CPC 和 NCEP 降水格点数据存在差异有关。

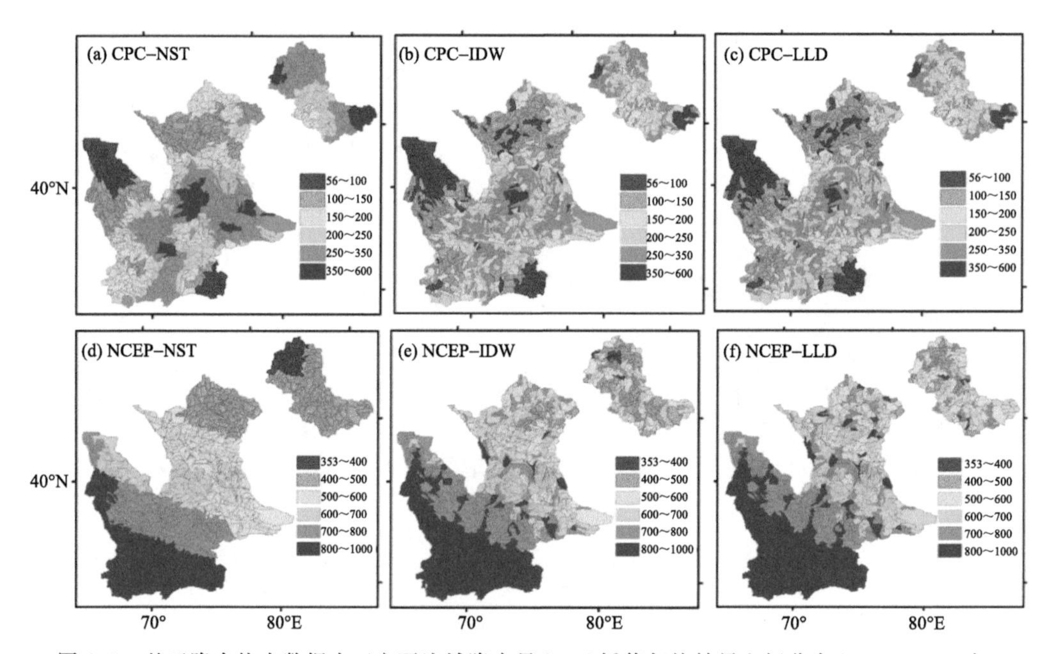

图 1.5　基于降水格点数据中亚主要流域降水量(mm)插值年均结果空间分布(1980—2017 年)

从两种数据插值结果的时间序列来看，都存在着明显的增加趋势，对于 CPC 格点数据而言，最近距离插值方法的年降水量结果最大(年均值 220.1 mm，增速为 1.82 mm/a)，反距离加权插值法和高程影响下的反距离插值方法结果相近(年均值分别为 185.5 mm 和 179.8 mm,增速分别为 1.49 mm/a 和 1.42 mm/a);而对于 NCEP 降水格点数据插值的结果而言,最近插值方法的年降水量结果最小,其年均值为 636.9 mm,增速为 0.91 mm/a,反距离加权插值法和高程影响下的反距离插值方法相对应的年均值为 706.9 mm 和 725.0 mm,增速分别为 0.98 mm 和 0.89 mm(图 1.5 和图 1.6)。

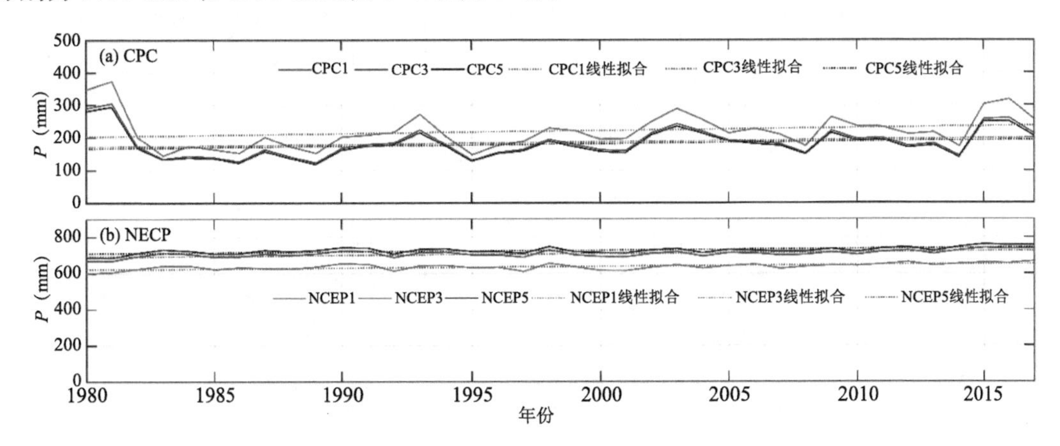

图 1.6　中亚主要流域 NCEP 和 CPC 降水量产品插值年均结果时间分布(1980—2017 年)

1.1.2.2　降水集中度的空间变化特征

根据降水集中指数法(Precipitation Concertation Index)和基尼系数法(Gini Coefficient)分析降水集中度的时空变化。结果表明:基于 CPC 插值得到的降水数据分析发现,中亚主要流域的降水集中指数北部和东部要明显小于西部和南部的降水集中指数,最大可达 26,最小为 10.7;对比而言,基于 NCEP 插值得到的降水数据分析发现,中亚主要流域北部和东部降水集中指数要明显大于西部和南部的降水集中指数,最大 12,说明基于 CPC 插值得到的中亚西部和南部降水较东部和北部集中,而基于 NCEP 插值得到的中亚东部和北部降水较南部和西部集中。从降水集中指数的时间序列来看,基于 CPC 插值降水数据得到的降水集中指数的变化幅度要明显大于基于 NCEP 插值降水数据得到的降水集中指数,说明由 CPC 插值得到的降水集中度要明显大于由 NCEP 插值得到的集中度,最大的降水集中指数是 2014 年的 19,且波动明显(图 1.7)。

为了进一步分析中亚主要流域降水集中度,本项研究还基于基尼系数分析了中亚主要流域的降水集中度,如图 1.8 是基于反距离和高程插值法插值得到降水计算中亚区域 1980 年的降水基尼系数,基尼系数可由基尼面积除以 1∶1 线和象限轴所围面积的比值获得,研究发现,基于 CPC 格点插值计算得到的基尼面积要大于基于 NCEP 格点插值计算得到的基尼面积,也就表明基于 CPC 插值计算得到的降水集中度比基于 NCEP 插值计算得到的降水集中度大,即基于 CPC 插值计算得到的降水年内分布均匀度比基于 NCEP 插值计算得到的降水集中度差。

图 1.9 是基于基尼系数方法计算得到的整个中亚各子流域的降水集中度的空间分布及时间序列变化。研究表明:基于 CPC 插值降水结果计算得到的基尼系数由东北向西南递增,最小为 0.78,最大为 1,该结果表明基于 CPC 插值降水结果计算得到的降水集中度由东北向西南递增,年内分布均匀度递减;基于 NCEP 插值降水结果计算得到的基尼系数由东北向西南

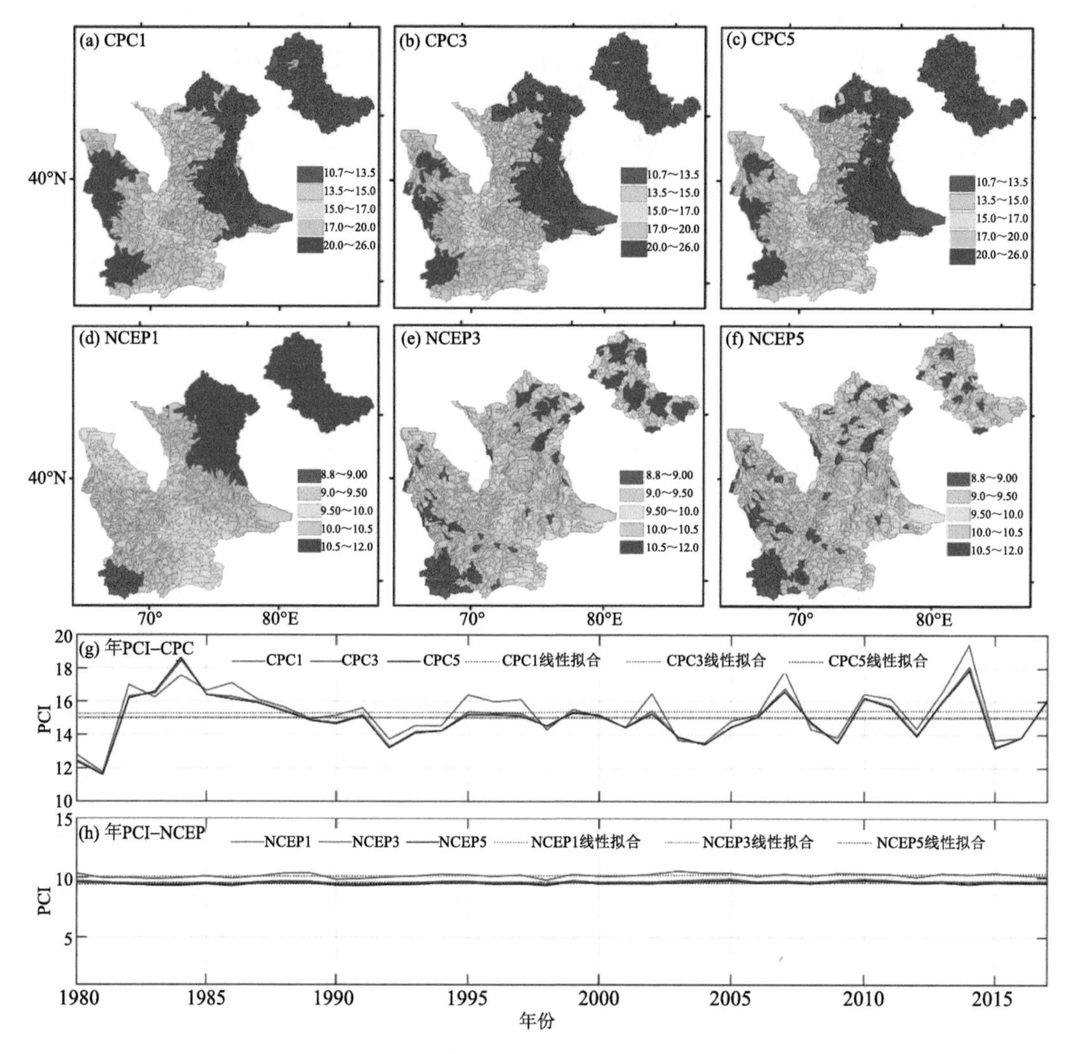

图 1.7　中亚各子流域降水集中指数的时空分布(1980—2017 年)

递减,最小为 0.17,最大为 1,该结果表明,基于 NCEP 插值降水结果计算得到的降水集中度由东北向西南递增,年内分布均匀度递增。从中亚降水基尼系数的时间序列来看,基于 CPC 插值结果计算的降水集中度要明显大于基于 NCEP 插值结果计算得到的降水集中度,且波动幅度较大,该研究结果表明 1980—2017 年间,基于 CPC 插值结果计算得到的中亚降水的年内分布均匀度比基于 NCEP 插值结果计算得到的中亚降水差。

为了分析降水集中度的变化,采用趋势检验对降水集中指数和降水基尼系数进行分析(图 1.10 和图 1.11)。研究发现,基于 CPC 插值结果计算得到的降水集中指数(PCI),在中亚主要流域的北部呈明显的降低趋势,最大可达 −0.2/a,虽然南部呈增加趋势,除个别子流域外,大部分子流域都没达到显著增加的水平($p=0.05$)。该研究结果表明,基于 CPC 插值结果计算得到的中亚北部降水均匀度呈增加趋势,而中亚南部降水均匀度呈降低趋势。然而基于 NCEP 插值结果计算得到的降水集中指数在整个中亚都呈增加趋势,最大可达 0.003/a,尤其在中南部区域的降水集中指数的增加趋势已经达到了显著水平($p<0.05$)。通过对降水基尼

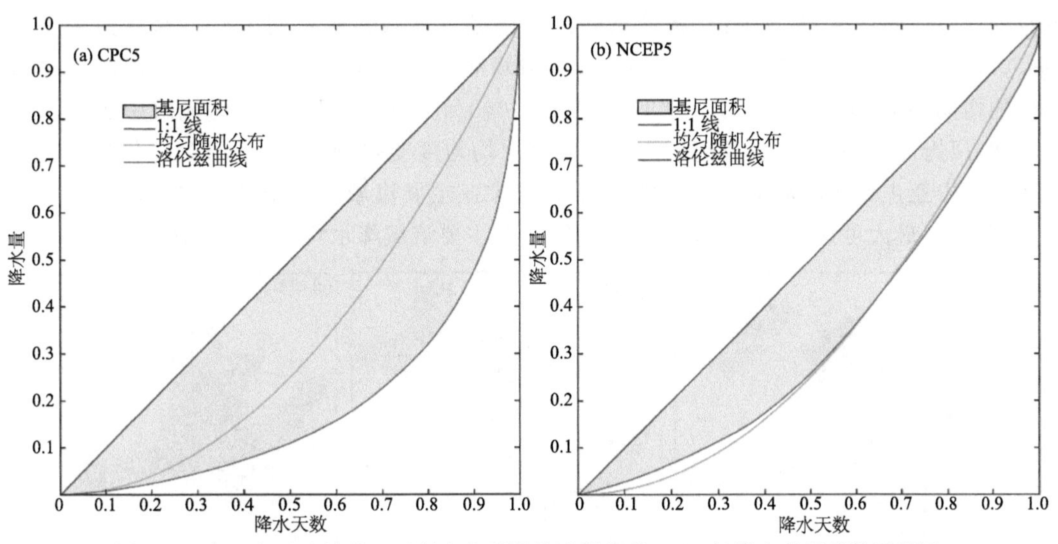

图 1.8　中亚主要流域基于反距离高程插值法插值的 1980 年降水基尼系数面积图

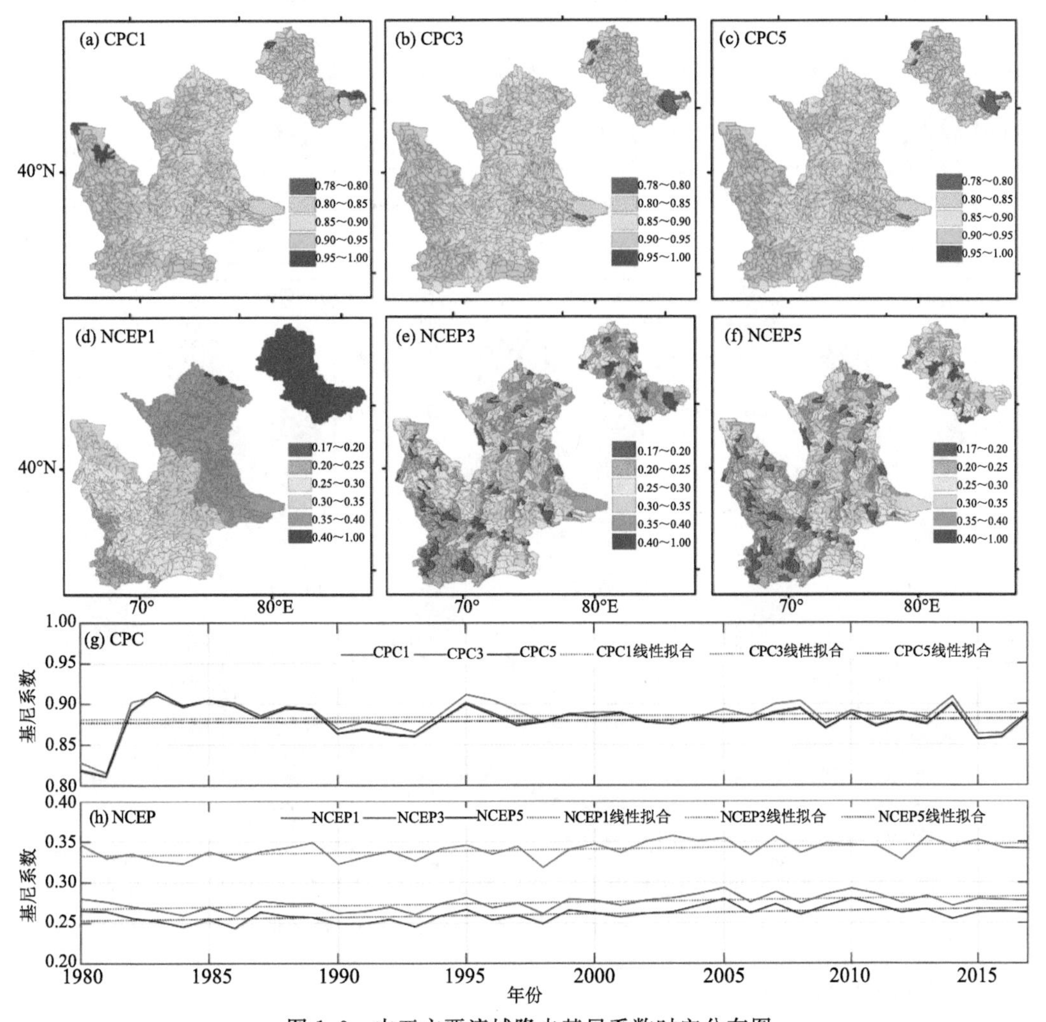

图 1.9　中亚主要流域降水基尼系数时空分布图

系数的趋势检验发现，基于 CPC 插值得到的降水基尼系数在锡尔河中游呈明显的下降趋势（$p<0.05$），最大下降趋势可达－0.003/a，在阿姆河和锡尔河的上游以及锡尔河的下游呈现明显的增加趋势（$p<0.05$），最大上升趋势达 0.003/a。结果表明，锡尔河流域中游降水均匀度增加，阿姆河、锡尔河上游及锡尔河下游的降水均匀度变差；而基于 NCEP 插值降水基尼系数在整个中亚主要流域都呈增加趋势，尤其是在中亚主要流域的中南部降水基尼系数都达到了显著水平，最大可达 0.0008，研究结果表明中亚主要流域降水均匀度变差。

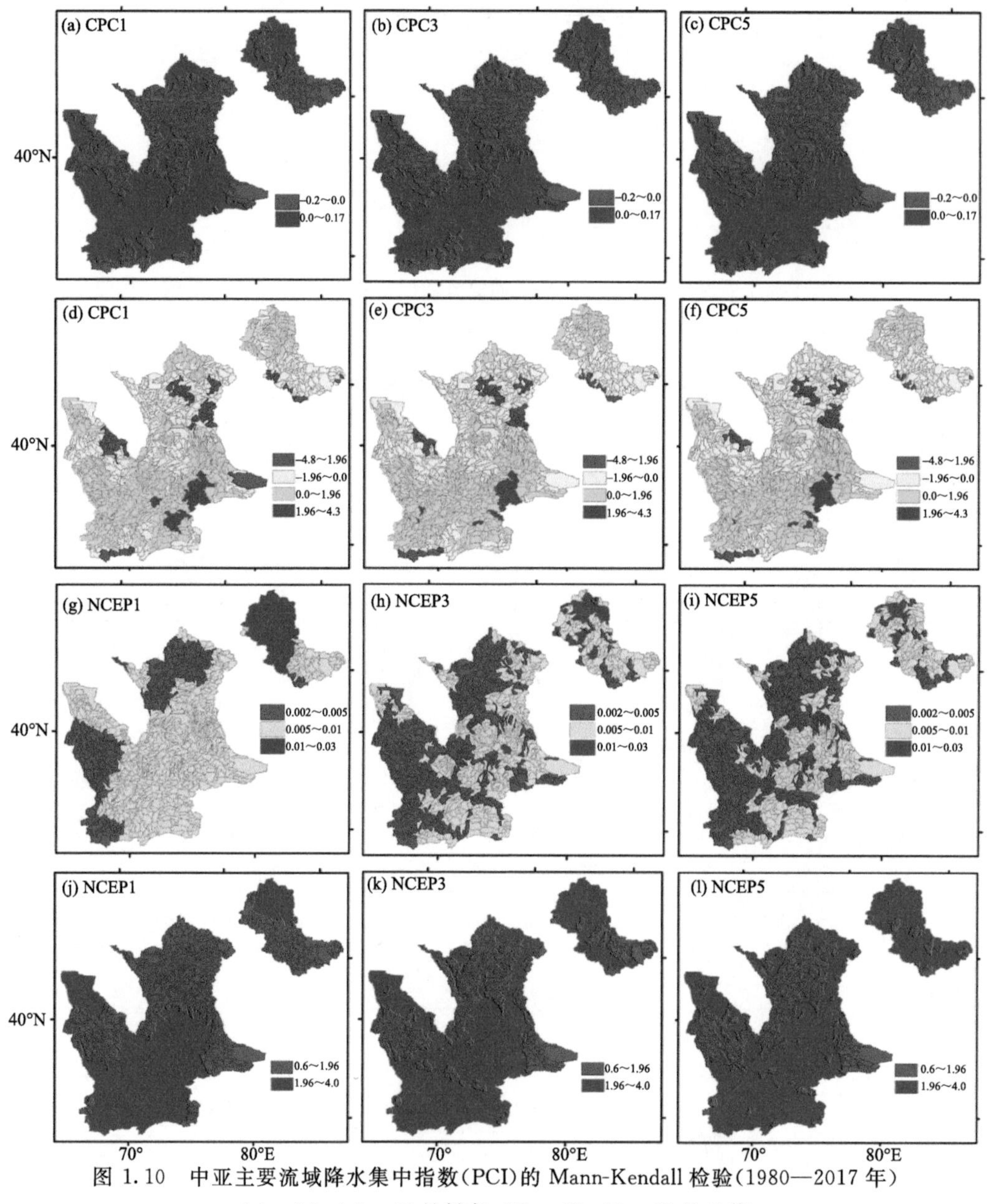

图 1.10　中亚主要流域降水集中指数（PCI）的 Mann-Kendall 检验（1980—2017 年）

（a）－（c）、（g）－（i）是斜率；（d）－（f）、（j）－（l）是 Z 值

1.1.2.3　降水变化的驱动因素

考虑到三种插值方法得到的降水数据在时间上有很大的相似性，研究只分析高程影响的

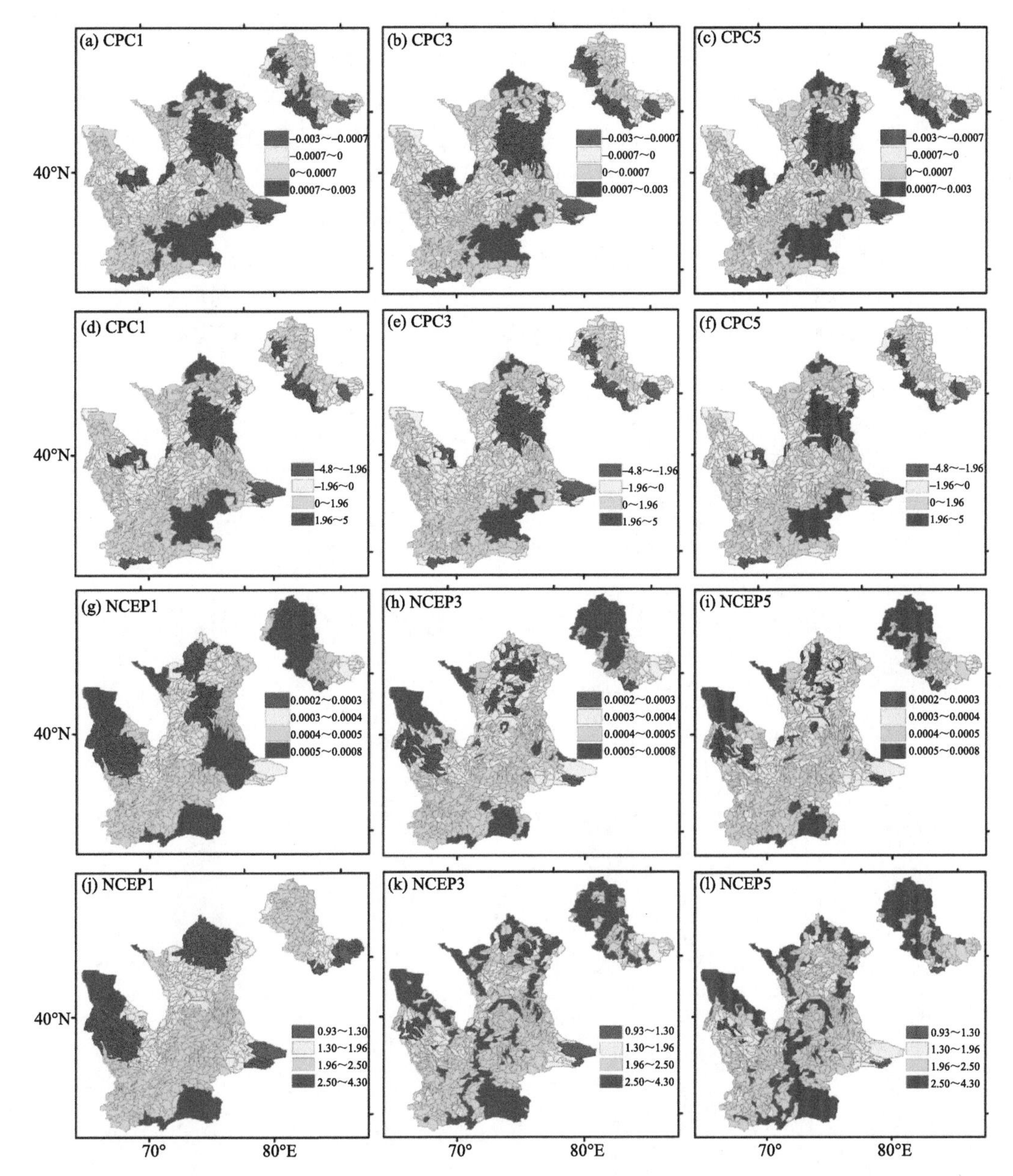

图 1.11　中亚主要流域降水基尼系数(GC)的 Mann-Kendall 检验(1980—2017 年)
(a)－(c)、(g)－(i)是斜率;(d)－(f)、(j)－(l)是 Z 值

反距离插值结果和遥相关指数,从而揭示中亚主要流域降水变化的驱动因素。研究利用交叉小波对来自于高程影响的反距离插值结果(CPC5/NCEP5)的降水集中度和遥相关指数(ENSO、EMI、PDO、SOI 和 NAO)的共振关系进行了分析和研究(图 1.12)。结果发现:5 个遥相关指数中的 4 个(即 EMI、PDO、Nino3.4 和 SOI)与来自 CPC5 的降水集中度之间存在显著的共振周期对于 EMI 而言,基于交叉小波能量谱可以发现 EMI 和 CPC5 的降水集中度之间有 3 个共振期,例如:1985—1990 年之间的 4 a 周期上,1995—2000 年之间的 10 a 周期上,2008—2012 年之间的 2 a 周期上。然而,在 1993—2000 年 2 a 周期上,EMI 与 CPC5 降水集中指数

存在显著的正相关。此外，基于交叉小波功率可以发现 CPC5 降水集中指数与 EMI 和 Nino3.4 之间在 1985—1990 年 4 a 周期上和 2008—2010 年 2 a 周期上存在明显的共振关系。就小波一致性的高功率区而言，CPC5 降水集中指数在 1998—2010 年 3～6 a 周期上相位明显落后于 NAO，而 CPC5 降水集中指数在 3～4 a 周期上与 SOI 呈显著负相关。相比较而言，这四种遥相关指数与中亚 CPC5 降水基尼系数在10～14 a 时间尺度上显著相关。EMI、PDO 和 Nino3.4 在 1995—2000 年的 12～15 a 周期上与中亚降水基尼系数几乎正相关，而基于交叉小波功率可以发现 SOI 与 CPC5 降水基尼系数在相似的尺度和周期上几乎呈负相关。另外，研究还发现 EMI、PDO 和 Nino3.4 在 1980—2017 年间对中亚 CPC5 降水基尼系数表现出类似的影响，但并未发现遥相关指数与 CPC5 降水集中度之间存在显著的协同突变共振关系。

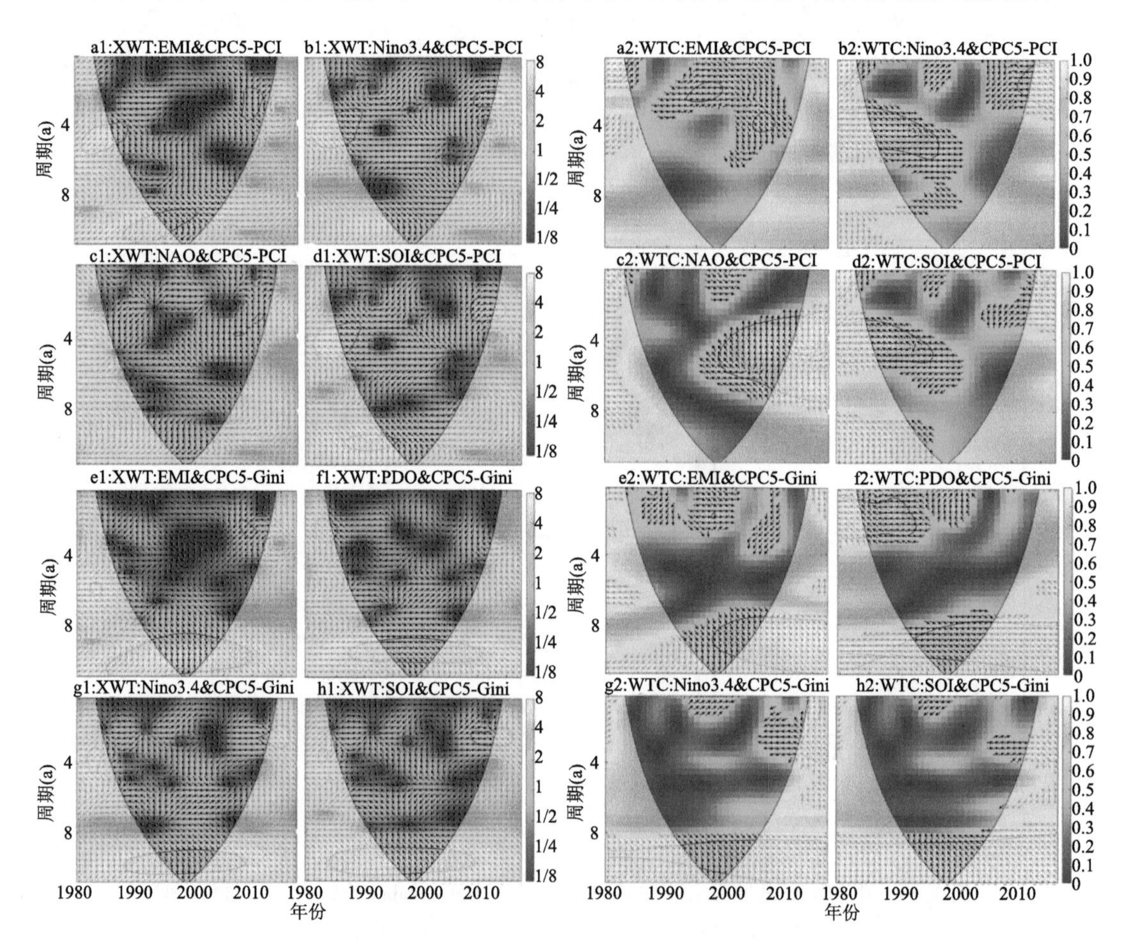

图 1.12　1980—2017 年中亚主要流域降水集中度指数与遥相关指数的交叉小波分析

为了检测遥相关指数对 NCEP5 降水集中度的影响，采用交叉小波分析了遥相关指数与降水集中度之间的相关性(图 1.13)。结果发现：Nino3.4 在 1993—2005 年的 5～7 a 周期上几乎与 NCEP5 降水集中指数呈负相关，而 PDO 与 NCEP5 降水集中指数在 1993—2000 年的 5～7 a 周期上呈显著负相关。对于降水集中度与典型遥相关指数之间的小波相关性而言，有两个高功率区在相似时段重叠，这表明在 1995 年左右，SOI 与 NCEP5 降水集中指数之间存在突变共振关系，即遥相关指数在相应的时间段和时间周期上存在明显的突变现象。因此，该结果与上述的 NCEP5 降水集中度的 Pettitt 检验一致。此外，EMI 与 NCEP5 降水集中指数在 2003—2008 年之间的 2～3 a 周期上呈正相关。至于交叉小波功率，遥相关指数 PDO 和 NCEP5 降水基尼系数在 1995—2000 年 5～6 a 周期上具有显著的负相关关系。然而，基于小波相关系数发现遥相关指数 NAO 与 NCEP5 基尼系数在 1993—2000 年间的 10 a 周期上呈负相关，并且在 1998 年左右，NAO 和 GC 之间的共振关系发生了显著的变化，这也与 NCEP5 降水基尼系数的 Pettitt 突变检验结果相似。

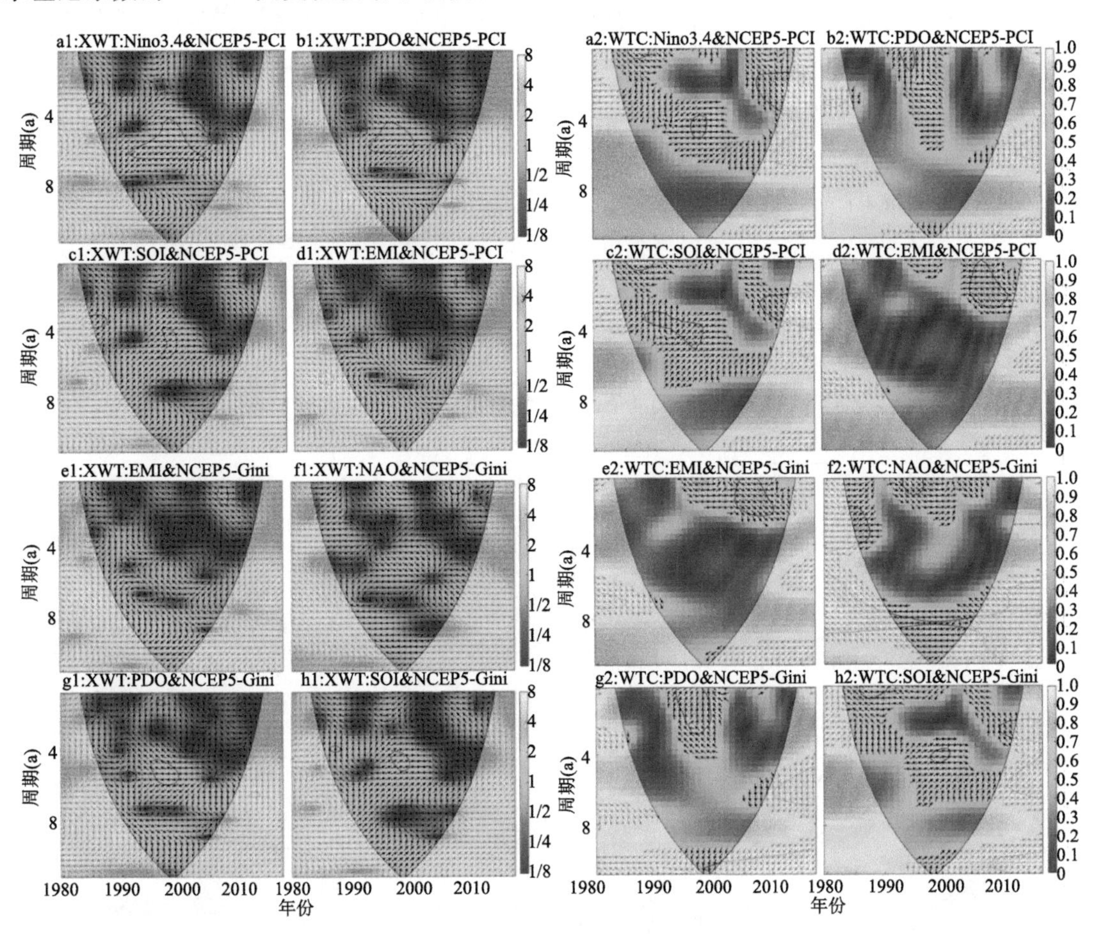

图 1.13　1980—2017 年中亚主要流域降水基尼系数与遥相关指数的交叉小波分析

1.1.3　降水的时间变化规律

1.1.3.1　降水的趋势变化

为了分析两种降水格点数据插值结果的变化情况，采用用 Mann-Kendall 检验方法和 Pettitt 方法对降水插值结果做了分析（图 1.14 和图 1.15）。结果发现：①CPC 降水格点数据在中亚主要流域的南部区域呈现显著的下降趋势（$p<0.5$），而在中亚主要流域的中部和北部流域呈现出明显的增加趋势（$p<0.5$）；②NCEP 降水格点数据在整个中亚主要流域都成增加趋势，最大可达 3 mm/a，尤其是主要流域西部和北部区域达到了显著的增加趋势（$p<0.5$）。

为了分析中亚主要流域各子流域降水突变的年份，研究采用 Pettitt 检验的方法对各插值结果进行了分析（图 1.16 和图 1.17）。结果表明：①CPC 降水格点插值结果的突变主要集中

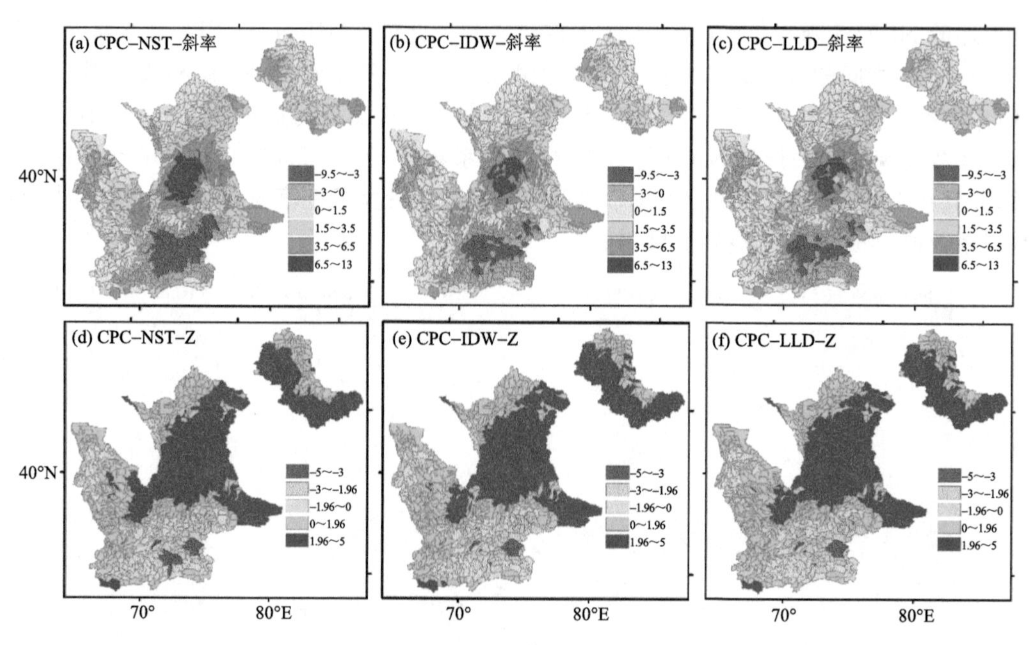

图 1.14　基于 CPC 格点降水数据插值的中亚主要流域子流域降水的 Mann-Kendall 检验

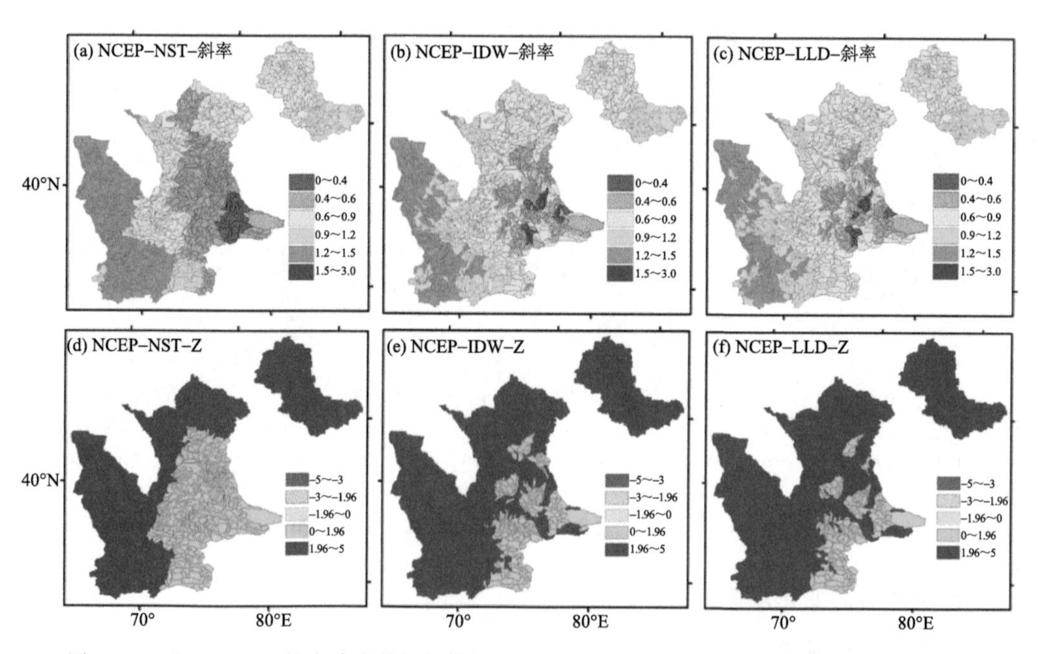

图 1.15　基于 NCEP 格点降水数据插值的中亚主要流域子流域降水的 Mann-Kendall 检验

在中亚主要流域的中北部区域(锡尔河流域),大部分子流域降水突变主要在 1995—2000 年,南部区域的突变年份主要集中在 1990—1995 年,从西向东突变年份有推迟趋势;②NCEP降水格点插值结果的突变主要集中在 2000—2010 年,其中北部区域突变年份主要集中在 2000—2005 年,西南部区域突变年份主要集中在 2005—2010 年,从北到南突变年份有推迟趋势。

对 CPC 和 NCEP 降水数据插值结果的空间域的时间序列进行 Mann-Kendall 检验和 Pettitt 检验(表 1.2),发现:①三种插值方法下的插值结果降水都呈增加趋势,并且都达到了

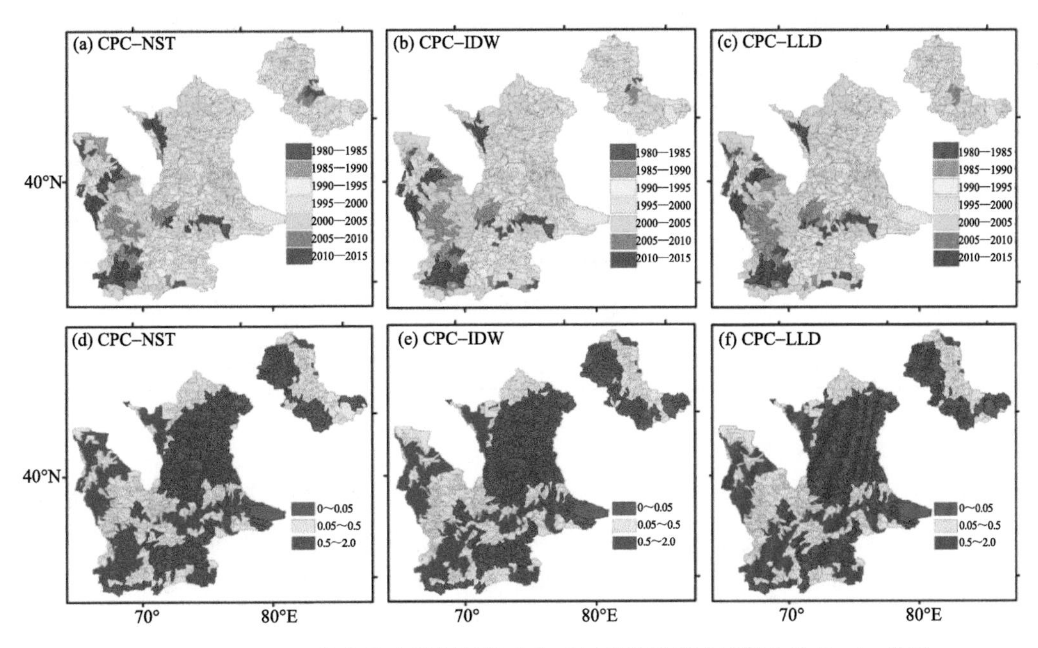

图 1.16　基于 CPC 格点降水数据插值的中亚主要流域子流域降水的 Pettitt 分析

(a)—(c)为突变年份；(d)—(f)为 p 值

95%的显著水平；②三种插值方法的降水插值结果的空间域在时间序列上都存在显著突变($p<0.5$)，突变年份主要集中 2000—2010 年，对于 CPC 插值结果而言，降水的突变年份为 2001 年，对于 NCEP 插值结果而言，三种插值结果降水的突变年份分别为 2002 年、2008 年和 2008 年。

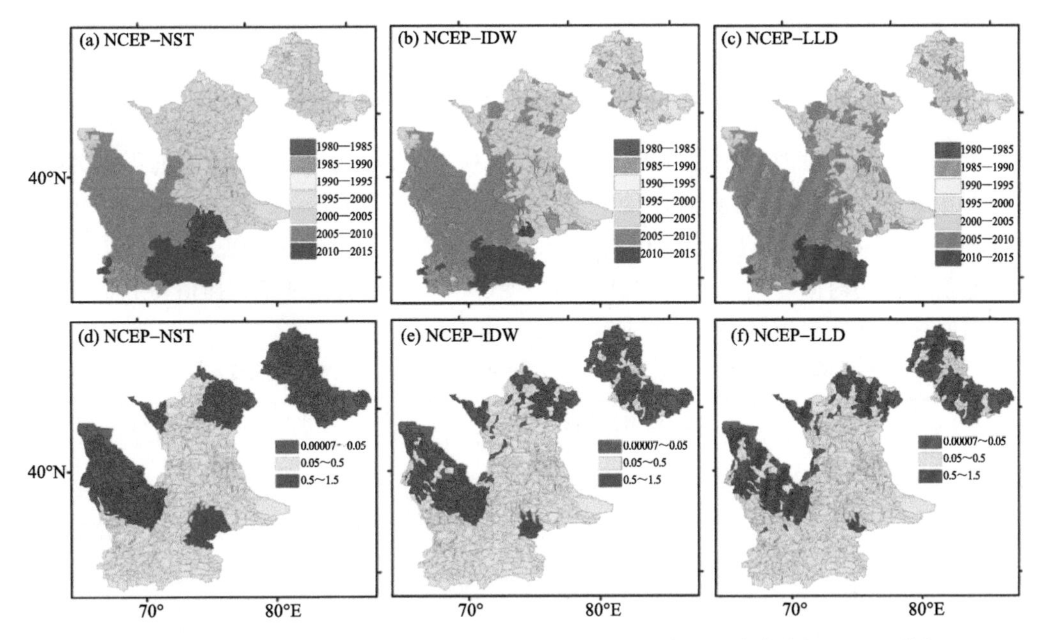

图 1.17　基于 NCEP 格点降水数据插值的中亚主要流域子流域降水的 Pettitt 分析

(a)—(c)为突变年份；(d)—(f)为 p 值

表 1.2　中亚主要流域插值年降水的 Mann-Kendall 检验和 Pettitt 检验

	Mann-Kendall 检验			Pettitt 检验	
	均值	斜率	Z 值	年份	p 值
CPC1	220.1	1.82	2.56	2001	0.05
CPC3	185.5	1.49	2.36	2001	0.039
CPC5	179.8	1.42	2.39	2001	0.039
NCEP1	636.9	0.91	3.97	2002	0.009
NCEP3	706.9	0.98	3.65	2008	0.038
NCEP5	725	0.89	3.44	2008	0.048

1.1.3.2　降水集中度的时间变化特征

对降水集中度的时间序列进行 Mann-Kendall 检验，发现中亚主要流域的集中度都呈增加趋势，其中基于 CPC 插值降水结果得到的降水集中度（降水集中指数和基尼系数）增加趋势不明显，以 NCEP 插值降水结果得到的降水集中度（降水集中指数和基尼系数）增加趋势达到了显著水平（表 1.3）。

表 1.3　中亚主要流域降水集中度的 Mann-Kendall 检验

	PCI-Mann-Kendall 检验			GC-Mann-Kendall 检验		
	均值	斜率	Z 值	均值	斜率	Z 值
CPC1	10.5	0.01	0.73	0.64	0	0.43
CPC3	10.6	0.01	0.63	0.64	0	0.11
CPC5	10.6	0.01	0.65	0.65	0	0.25
NCEP1	9.84	0.01	2.24	0.28	0	2.64
NCEP3	9.45	0.01	2.49	0.24	0	2.89
NCEP5	9.37	0.01	2.56	0.23	0	2.87

对流域降水集中度时间序列的 Pettitt 突变点检验发现：①基于 CPC 插值得到的降水集中指数在 1980—2017 年没有显著性突变，相比较而言，基于 NCEP 插值得到的降水集中指数在 1980—2017 年存在 95％显著水平的突变，突变时间为 1998 年；②中亚主要流域的 CPC 插值降水基尼系数的时间序列中不存在显著的突变（$p<0.5$），而从 NCEP 插值得到的降水基尼系数的时间序列存在显著性突变，突变年份 1998 年（表 1.4）。

表 1.4　中亚地区 1980—2017 年间降水集中度的突变点检验

	PCI-Pettitt 检验		GC -Pettitt 检验	
	年份	p 值	年份	p 值
CPC1	2001	1.15	1993	0.876
CPC3	2001	1.01	1981	1.151
CPC5	2001	1.01	1993	1.081
NCEP1	1998	0.01	1998	0.005
NCEP3	1998	0.01	1998	0.003
NCEP5	1998	0.01	1998	0.005

根据不同插值方法得到的降水集中指数的突变点在空间分布上有很大的相似性(图1.18)。结果表明:从CPC格点数据计算得到的降水集中指数的显著性突变点主要集中在中亚主要流域的东部和南部,突变时间段为1990—2005年,并且其突变点分散毫无规律性;NCEP降水格点数据的降水集中指数的突变点主要集中在中亚流域的中部和南部,突变时间跨度为1995—2005年,与CPC的降水集中指数的突变点空间分布相比较而言,其空间分布更具有规律性和集中性。

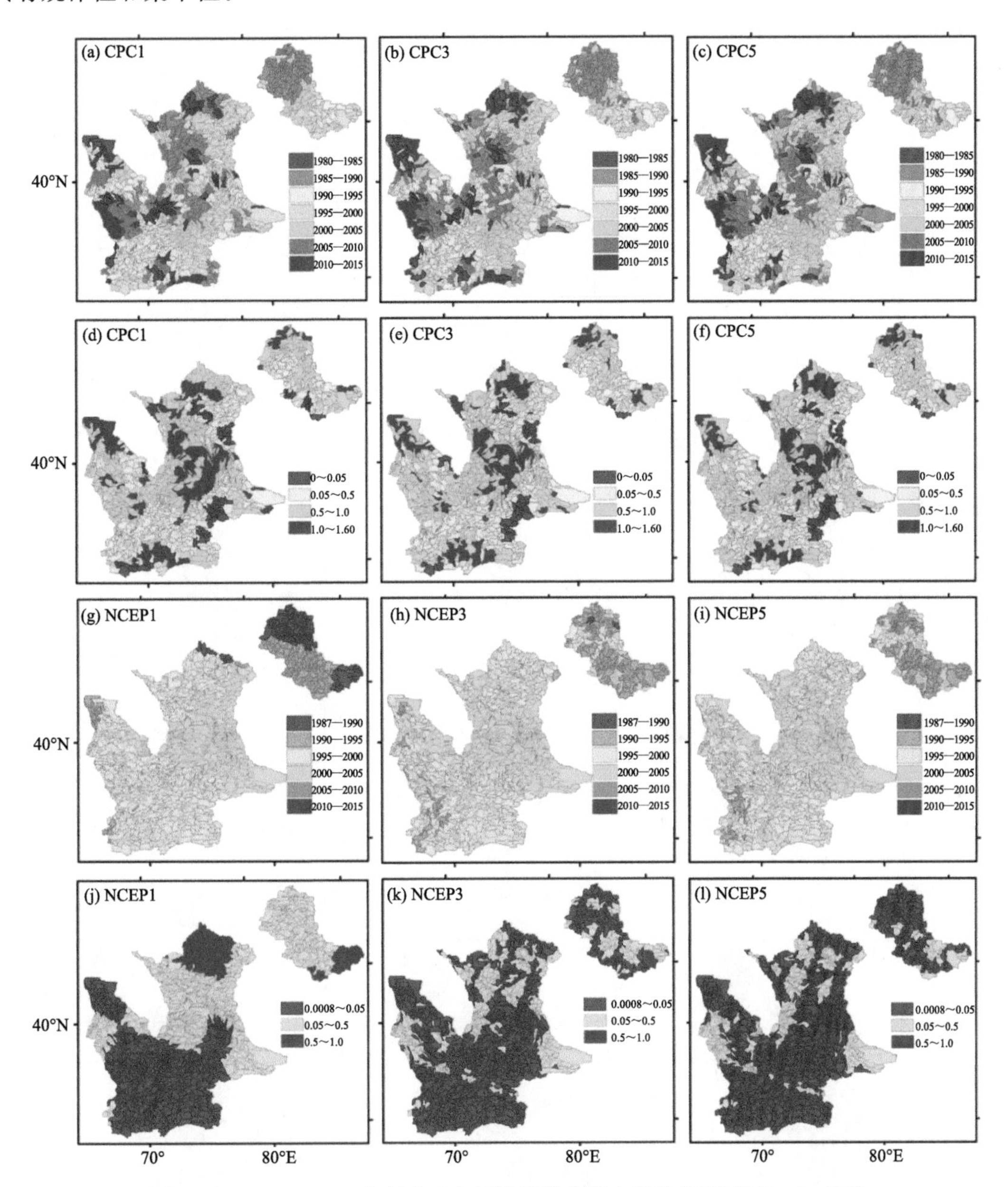

图1.18　1980—2017年间中亚各子流域降水集中指数(PCI)的Pettitt检验

(a)—(c)、(g)—(i)是突变年份;(d)—(f)、(j)—(l)是p值

为了进一步分析中亚主要流域降水基尼系数的突变点,研究还采用Pettitt检验对中亚主

要流域的降水基尼系数时间序列进行了分析(图 1.19)。结果发现,基于 CPC 格点数据计算得到的基尼系数的突变点主要集中在中亚主要流域的中部、阿姆河和锡尔河的中游,突变时间段为 1985—2005 年,其中突变显著水平在 95%以上的在阿姆河和锡尔河交界的地方,突变显著水平在 99%以上的主要集中在阿姆河上游和锡尔河下游及额尔齐斯河的部分区域。基于 NCEP 降水格点数据计算得到的基尼系数检验发现,除了锡尔河下游的个别子流域降水基尼系数不存在显著的突变外,其他子流域都呈现明显的突变点,突变时间段主要集中在 1987—2005 年,最早突变时间点主要集中在额尔齐斯河下游,最晚突变点集中在锡尔河下游,为 2000—2005 年。

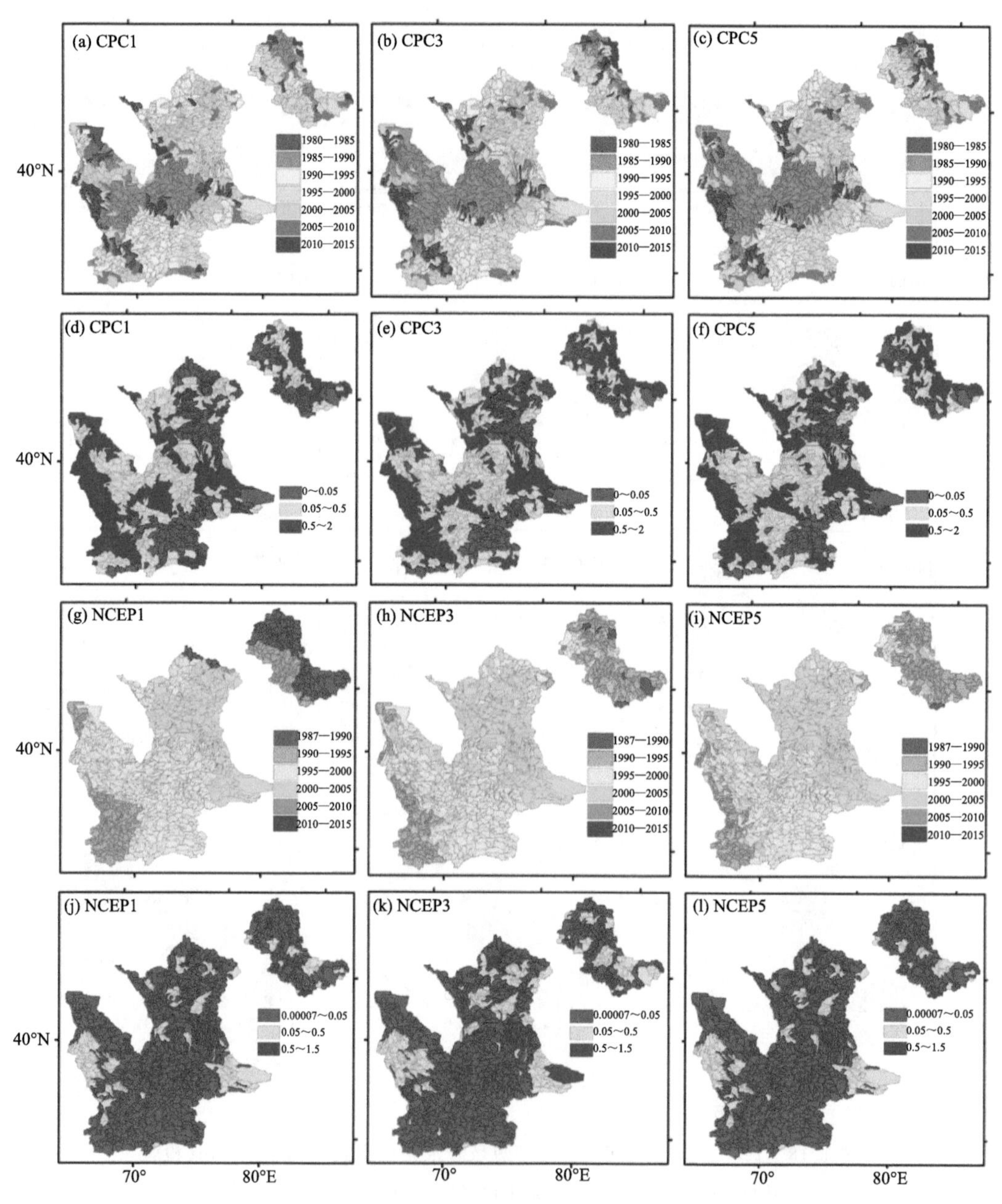

图 1.19 1980—2017 年间中亚主要流域降水基尼系数(GC)的 Pettitt 检验

(a)-(c)、(g)-(i)是突变年份;(d)-(f)、(j)-(l)是 p 值

1.1.4 气象干旱事件及其对农业生产的影响

降水的变化直接影响流域气象干旱，从而对农业生产造成影响。研究基于 GRACE 重力卫星数据和 CRU 降水数据分析了中亚主要流域陆地水储量和降水的时空变化，然后，根据 GRACE 重力数据和降水数据构建新的综合干旱指数，评估了干旱指数的合理性，分析中亚主要流域的干旱事件（Yang et al.，2020a）。为了分析中亚主要流域的干旱情况，首先分析了 2002—2017 年间中亚主要流域的降水和陆地水储量的时空分布（图 1.20 和图 1.21）。研究发现额尔齐斯河流域最大降水量集中在东部，最大可达 600 mm；锡尔河流域最大降水量集中在流域的西南部，最大降水量可达 600 mm；阿姆河流域最大降水集中在流域的南部，可达 300 mm。除此之外，研究发现额尔齐斯河的最大陆地水储量集中在上游区域，且其陆地水储量是 3 个流域陆地水储量中最大的，月均值达到了 40 mm，其次分别为锡尔河和阿姆河。

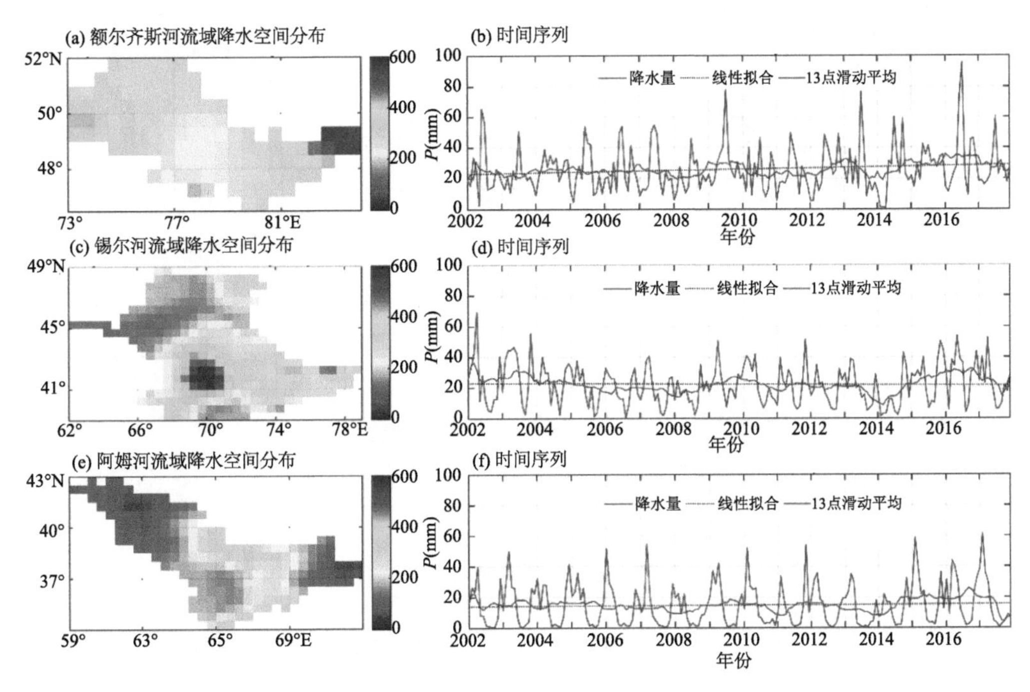

图 1.20　2002—2017 年间中亚主要流域的降水时空分布

研究将降水和 GRACE 陆地水储量耦合，计算了中亚主要流域的综合干旱指数（图 1.22）。研究发现 2002 年下半年额尔齐斯河流域就开始处在干旱期，干旱在 2012 年达到最严重的状态，而在 2014 年下半年之后该流域湿化情况明显，在 2016 年底至 2017 年初湿化状况达到极大值；对于锡尔河而言，2003—2007 年年初该流域湿化情况明显，而在 2007 年底至 2009 年底和 2012—2016 年该流域出现明显的干旱现象；对于阿姆河流域而言，2003—2007 年间湿化现象明显，随后出现干旱和湿润反复波动出现的情况。

为了确定综合干旱指数 CCDI 对中亚主要流域的干旱反演的可行性，还选择了多种其他干旱指数（DSI、PDSI、SPI3、SPI6、SPI12、SPEI3、SPEI6、SPEI12、SRI3、SRI6 和 SRI12）对中亚主要流域的干旱情况进行了对比分析（图 1.23）。结果发现，对中亚 3 个主要流域而言，PDSI、DSI、SPI12 与 CCDI 相关系数较大，达到了显著相关水平，表明 CCDI 和其他 3 个干旱指数关系密切。因此 CCDI 可以很好地被应用于中亚主要流域干旱事件的研究中。

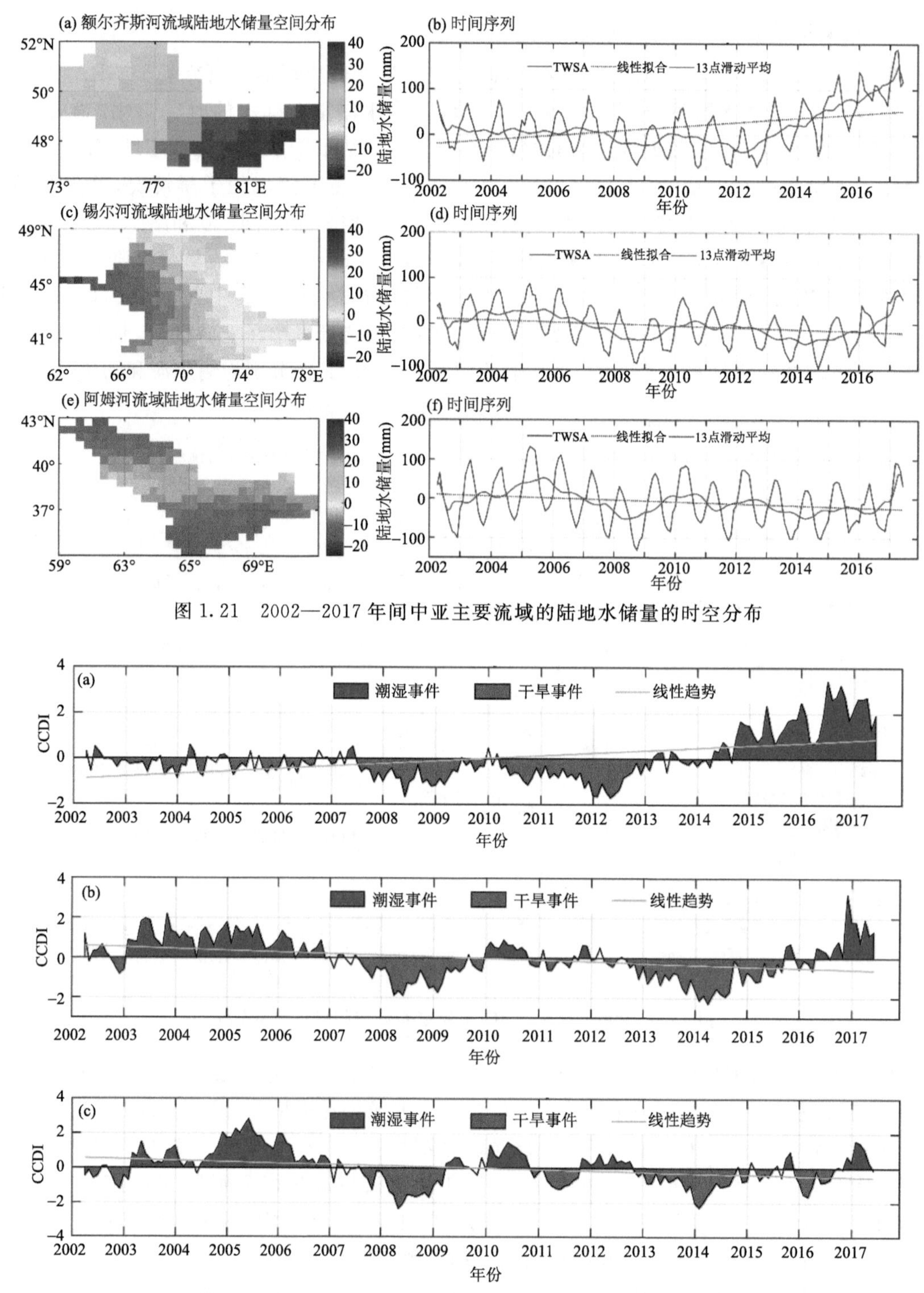

图 1.21　2002—2017 年间中亚主要流域的陆地水储量的时空分布

图 1.22　基于综合干旱指数 CCDI 得到的中亚主要流域干旱事件时间分布

(a)额尔齐斯河流域;(b)锡尔河流域;(c)阿姆河流域

另外,为了更好地评估中亚主要流域的干旱事件,本文基于 USDI 分类方法,对 4 种干旱指数进行了定性分类(图 1.24)。研究发现通过 CCDI、DSI 和 PDSI 反映出额尔齐斯河流域在

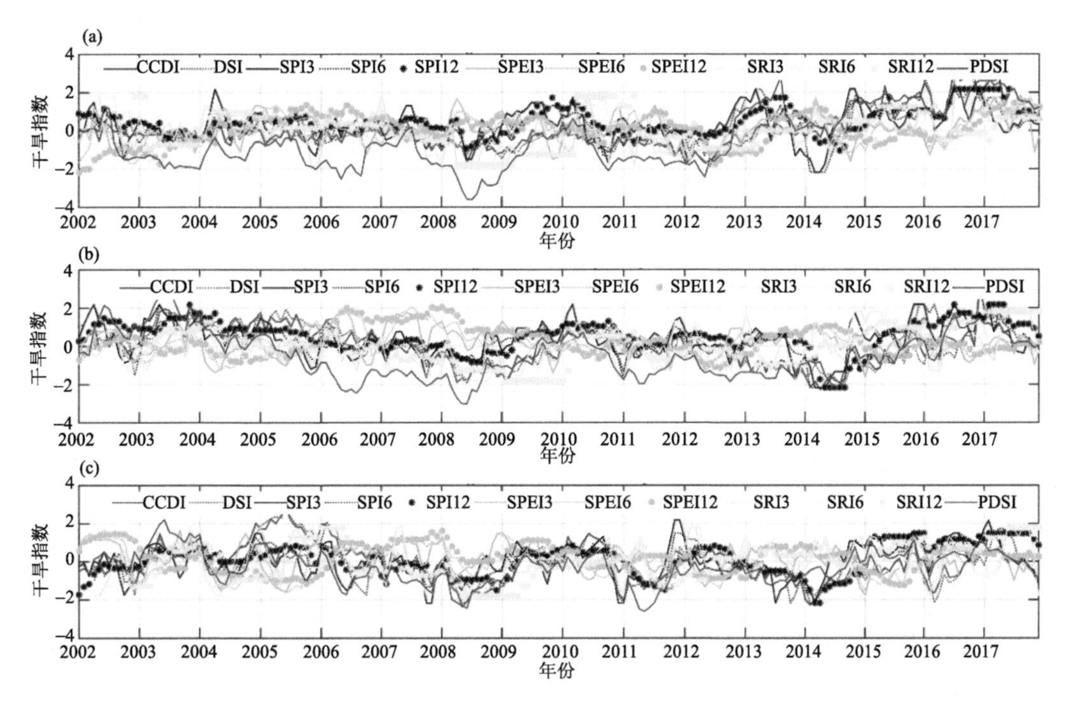

图 1.23　中亚主要流域多种干旱指数的时间分布

(a)额尔齐斯河流域;(b)锡尔河流域;(c)阿姆河流域

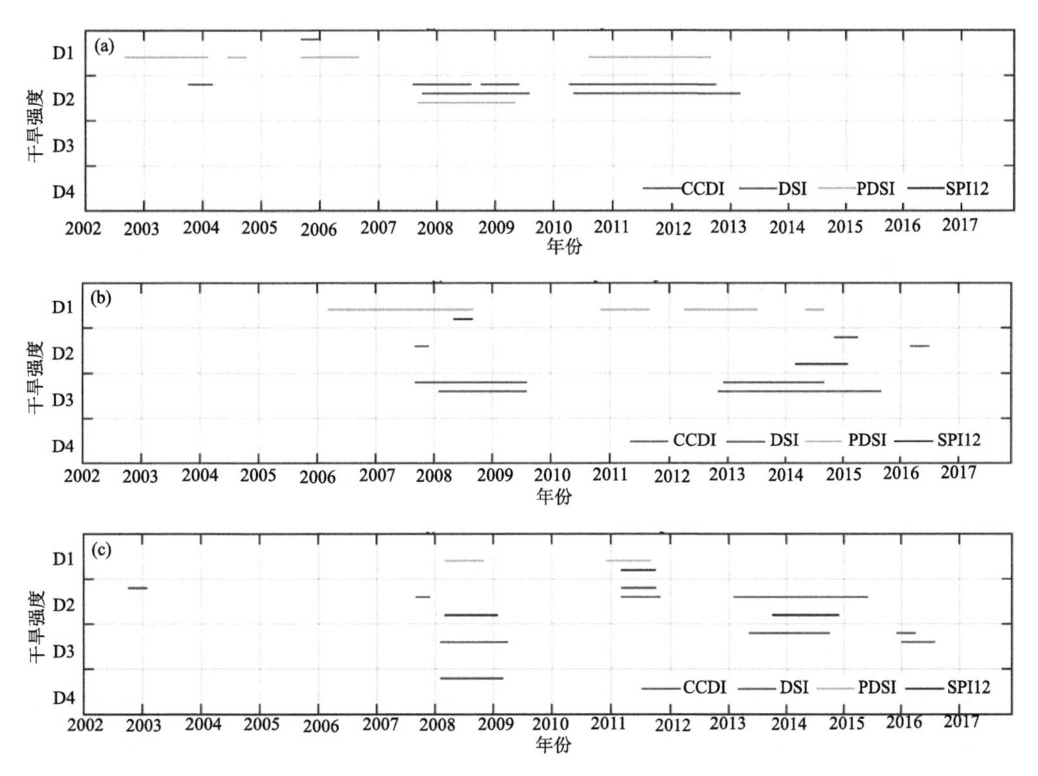

图 1.24　中亚主要流域干旱事件的时间分布

(a)额尔齐斯河流域;(b)锡尔河流域;(c)阿姆河流域

2008—2009 年间出现了中度干旱；而在 2010—2013 年间，通过 CCDI 和 DSI 反映出额尔齐斯河流域出现中度干旱，PDSI 反应额尔齐斯河流域出现了轻度干旱；相比较而言，4 种干旱指数都反映在 2008—2009 年、2014—2015 年间锡尔河流域出现干旱事件，只是它们所反映出的干旱程度不一；就阿姆河流域而言，2008—2009 年、2010—2011 年间 4 种干旱指数都反映出了干旱事件，它们所反映的干旱程度也不相同，2008—2009 年期间 PDSI、SPI12、CCDI 和 DSI 分别表现出轻度干旱、中度干旱、重度干旱和极其干旱，对于 2013—2015 年而言，只有 DSI、SPI12 和 CCDI 反映出中亚主要流域存在干旱事件。上述干旱事件的出现势必对中亚农业生产造成不利影响。

1.2　地表水资源

1.2.1　地表河湖渠水网

中亚河流水系数量较少(图 1.25)，且多为内流河，流量小。由于中亚地形为东南高西北低，故大部分河流水系走向基本为西北走向。所有河流都没有通向大洋的出口，河水除了被引走用于灌溉外，或者消失于荒漠，或者注入于内陆湖泊。河流有春汛和夏汛两个汛期，夏汛较大，水源为高山冰雪融水和夏季降雨补给；冰期主要在冬季，含沙量较高。较大河流有阿姆河、锡尔河、伊犁河和塔里木河等，大部分发源于中亚高山，冰雪融水为主要水源。沙漠边缘的内陆河水量很小，多为间歇河，只在春秋降雨时形成水流。在沙漠广布的内陆干旱地区，全年蒸发量是降水量的 5～20 倍，形成广大的无流区。

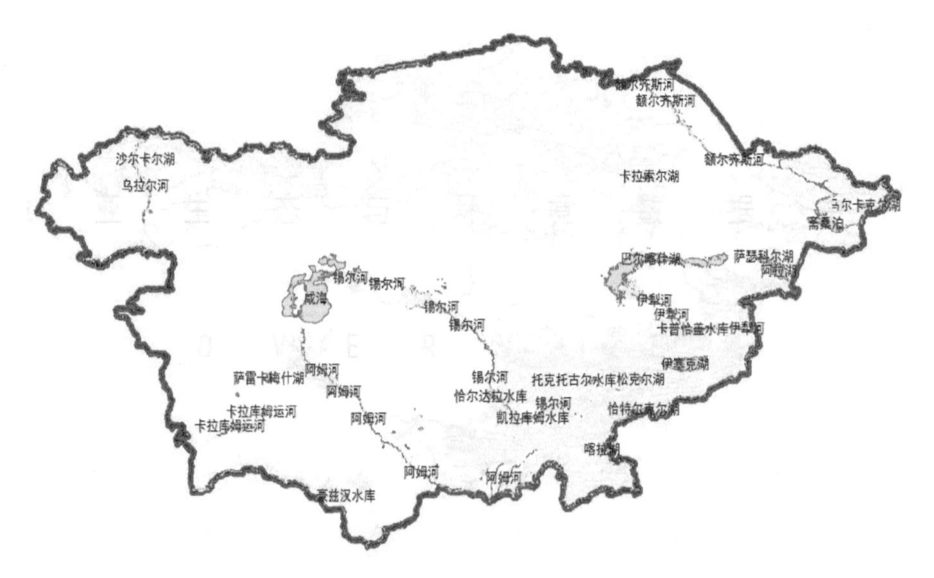

图 1.25　2010 年中亚五国河湖水系(1∶100 万)(方晖，2019)

主要河流和湖泊如下。

锡尔河(英语：Syr Darya)：流经中亚最长的河流(但流量小于阿姆河)，中国古称药杀水。锡尔河发源于天山山区西部，由费尔干纳盆地(Fergana)东部的纳伦河(Naryn)、卡拉河(Karadarya)汇合而成，流经图兰低地注入咸海。上源由两条河汇成北支纳伦河，源于天山山脉南脉北麓的吉尔吉斯斯坦东部，自东向西横穿吉尔吉斯斯坦流入费尔干纳盆地；南支卡拉河源于吉尔吉斯斯坦境内的费尔干纳山西南麓，流入费尔干纳盆地后与纳伦河汇合后始称锡尔河。锡尔河全长2212 km(以上游纳伦河起计，河长为3019 km)，流经乌兹别克斯坦、塔吉克斯坦和哈萨克斯坦3个国家。流域面积21.9万km^2，河口多年平均流量1060 m^3/s，年均径流量336亿m^3，河水补给主要来自融雪，其次是冰川。锡尔河主要支流有阿汉加兰河(Akhangaran)、奇尔奇克河(Chirchik)、克列斯河(Keles)和阿雷斯河(Arys)。位于费尔干纳盆地中的支流因大量灌溉，已无法汇入锡尔河。它所灌溉的费尔干纳和塔什干绿洲，是中亚最重要的经济区，以棉花和稻米为主。

阿姆河(英语：Amu Darya)：是中亚水量最大的内陆河，中国古称乌浒水、妫水。阿姆河发源于帕米尔高原东南部高山冰川，上源瓦赫基尔河位于阿富汗境内，自东向西流，汇合帕米尔河后，成为阿富汗与塔吉克斯坦界河，并改称瓦汉河。此后，先北折再南回，继续西流，自转弯处起称作喷赤河。从右岸接纳了来自塔吉克斯坦的瓦赫什河(Vakhsh)后始称阿姆河，于乌兹别克斯坦的木伊纳克附近入咸海。阿姆河全长1415 km(含上游喷赤河)，若从东帕米尔的河源起算，全长2540 km，流经塔吉克斯坦、阿富汗、乌兹别克斯坦、土库曼斯坦4个国家，全流域面积46.5万km^2，河口地区年平均流量1330 m^3/s，年径流量430亿m^3。河水主要靠高山冰雪融水和上游山区冬春降雨补给。阿姆河支流较多，多集中在上游，中下游河段的径流受灌溉和蒸发的影响逐渐减少。阿姆河主要支流有：苏尔哈勃河(即孔杜兹河)、卡菲尔尼干河、苏尔汉河和舍拉巴德河等。根据水文地理特征，右岸另外两条大支流——泽拉夫尚河与卡什卡达里亚河也应属阿姆河流域，但这两条河的水流均未到达阿姆河。

喷赤河：河流全长921 km，流域面积11.35万km^2。在瓦赫什河汇流处以上200 km处，喷赤河的河谷扩展，流速减小。喷赤河主要支流来自右岸，如贡特河、巴尔塘河、亚兹古列姆河、万奇河及基泽尔河等。由左岸注入的支流很少，只有科克恰河。

瓦赫什河：阿姆河的第二条支流，河长524 km，流域面积3.91万km^2，由克泽尔河与牟克河汇合而成。克泽尔河与牟克河汇流后，称苏尔霍布河；在唯一的左岸大支流鄂毕兴高河注入后，才叫作瓦赫什河。瓦赫什河上游大多穿流在深山峡谷中，最后150 km才流动在宽阔河谷中。瓦赫什河的河槽分成许多汊流。瓦赫什河总落差835 m，多年平均流量645 m^3/s，年径流量202亿m^3，径流主要由融雪和冰川补给，5—9月的径流量占全年径流量的77%。

泽拉夫尚河：阿姆河与锡尔河之间的泽拉夫尚河是条重要的河流，发源于阿赖山，哺育着中亚腹地美丽的绿洲——撒马尔罕绿洲和布哈拉绿洲，没于克孜尔库姆沙漠。

伊犁河：伊犁河发源于中国新疆天山深处，全长1439 km，在哈萨克斯坦境内802 km，注入巴尔喀什湖。

额尔齐斯河：发源于中国阿勒泰山区，携带其支流伊希姆河、托博尔河汇入俄罗斯联邦的鄂毕河而最终注入北冰洋。额尔齐斯河长4248 km，在哈萨克斯坦境内1400 km，它河道平稳、水量充足，在航运、灌溉和城市供水方面有着重要的经济意义。

咸海：锡尔河和阿姆河最终注入中亚最大的湖泊——咸海。咸海面积约6.4万km^2，平均深度16 m，曾是世界第四大湖。但由于入湖河水的急剧减少，咸海的水位已急剧下降，由此产生咸海生态危机。20世纪下半叶以来，土库曼斯坦建成卡拉库姆运河后，入咸海水量减少至70亿m^3。咸海面积缩小了一半，水中含盐量增加了3倍，沿海沼泽面积大大缩小，大量灌木消失。锡尔河三角洲鸟类减少了135种，鱼类由24种减少到4种。随着水位不断下降，咸海于1987年分成了南咸海和北咸海两片水域，其中南咸海于2003年又进一步分成了东、西两部分。到2014年时南咸海大部分干涸消失，但北咸海面积基本恢复。

伊塞克湖:伊塞克湖为高山深水湖,已知最大深度为 702 m,在欧亚大陆的所有湖泊中仅次于贝加尔湖。伊塞克湖以其巨大的容水量影响着湖区的气候,它虽然海拔 1600 m,但即使在隆冬也不结冻,因此又以“热海”闻名于世。

巴尔喀什湖:巴尔喀什湖面积 1.7 万～2.2 万 km^2,西半部淡水,东半部咸水,其间仅有极窄的水道相连通。流入巴尔喀什湖至少有七条较大的河流,因此这一地区又被称作谢米列契(七河)地区。

1.2.2 河川径流量及其变化

1.2.2.1 总水资源

中亚五国整体水资源不足,地区分布极不平衡(表 1.5、表 1.6)。地处锡尔河、阿姆河上游的吉尔吉斯斯坦和塔吉克斯坦拥有地表水资源各占 26.7%和 34.8%,超过整个中亚五国的 2/3,特别是塔吉克斯坦拥有的水资源总量居世界第 9 位,人均占有水资源量居世界第 2 位。但两国却因地形原因,耕地面积较少,大部分河川径流流出国界,国力较弱;而下游的土库曼斯坦、哈萨克斯坦和乌兹别克斯坦境内产水量较少,多为入境水量,耕地较多,且有丰富的油气资源,国力较强,对跨境河流水资源的开发利用强度大。在农业灌溉方面,中亚五国农业灌溉面积都较小,很多地方的农业生产依然是靠天吃饭。最近几年随着哈萨克斯坦农作物种植面积的不断增加,农业用水紧缺的问题日益严峻。

表 1.5 中亚五国 2014 年水资源基本状况($\times10^9$ m^3)

国家	内部可更新水资源总量	外部可更新水资源总量	可更新水资源总量
哈萨克斯坦	64.35	44.06	108.40
吉尔吉斯斯坦	48.93	−25.31	23.62
塔吉克斯坦	63.46	−41.55	21.91
土库曼斯坦	1.41	23.36	24.77
乌兹别克斯坦	16.34	32.53	48.87

表 1.6 中亚五国 2014 年水资源利用情况($\times10^9$ m^3)

国家	农业用水量	工业用水量	生活用水量	总用水量	农业用水占比
哈萨克斯坦	15.19	6.70	0.89	22.78	66.70%
吉尔吉斯斯坦	7.45	0.34	0.22	8.01	93.01%
塔吉克斯坦	10.44	0.41	0.65	11.49	90.82%
土库曼斯坦	26.36	0.84	0.76	27.95	94.30%
乌兹别克斯坦	50.40	1.50	4.10	56.00	90.00%

1.2.2.2 水储量分析

本节基于 AMSR 卫星微波遥感数据插值补齐 AMSR-LPDR 数据的缺失,随后,基于全球等积圆柱投影(EASE_M_1.0)和地理坐标之间的关系,转换为 WGS84 投影,最后,分析了中亚陆地系统水储量(开放水部分)的时空分布。从陆地系统水储量多年月均值的空间来看(图 1.26),开放水域部分标量的最大值集中在中亚 3 个主要流域的上游和里海沿岸,可达 0.3,最小值出现在中亚天山山脉和三大主要流域的下游,为 0;从时间序列的变化来看,对于开放水域而言波动变化小，最小值出现在 2006 年和 2011 年，最大值出现在 2005 年。

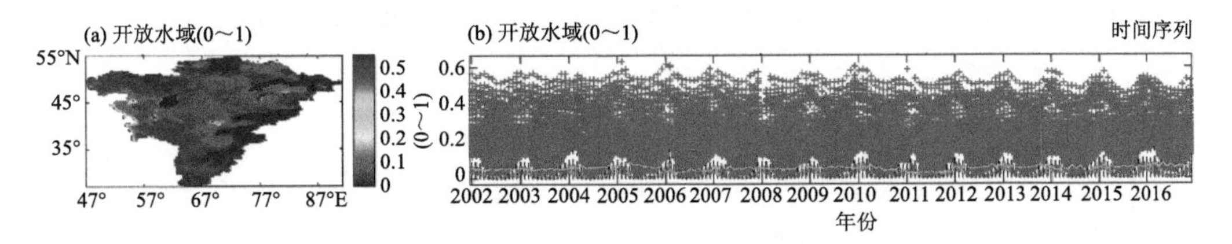

图 1.26　2002—2016 年中亚陆地系统水储量时空分布

为了进一步分析中亚陆地系统水储量的年内时空分布特征，分析了每个月的陆地系统水资源系统组分的时空分布(图 1.27)。从空间分布来看，开放水域的最大值主要集中在中亚主要水域的边缘区，如巴尔喀什湖边缘、咸海边缘及里海边缘等，最小值出现在天山山脉、中亚北部等区域，12 月至次年 3 月的开放水域的空间分布较其他月份的空间分布大，这与开放水域的年内分布的箱型图一致，即中亚地区开放水域的较大值出现在冬半年，较小值出现在夏半年，这可能与冬季该区域气温低、蒸散发小，夏季气温高、蒸散发大这一现象有关。

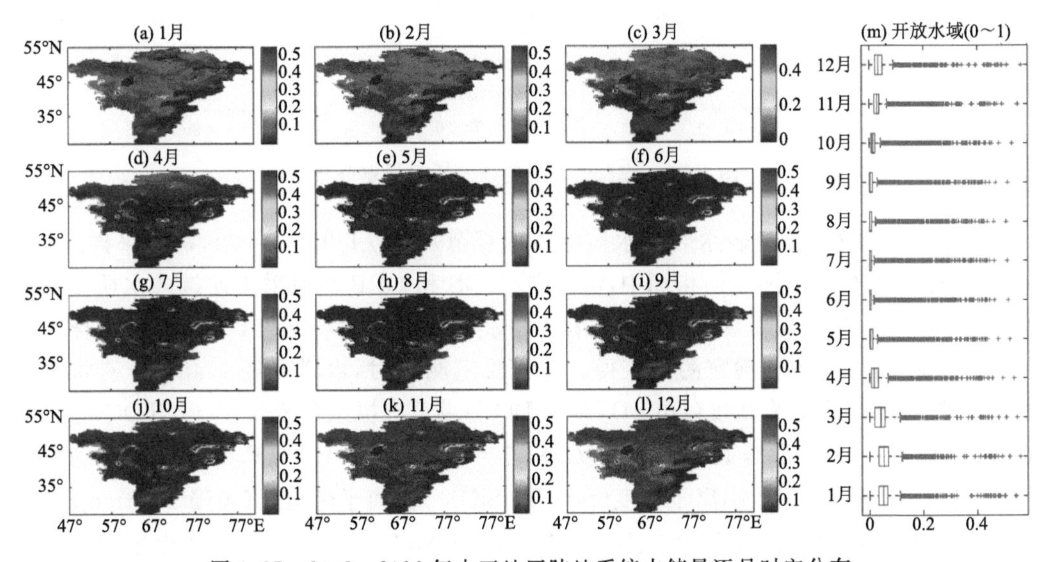

图 1.27　2002—2016 年中亚地区陆地系统水储量逐月时空分布

1.2.3　地表水水质及其变化

2019 年 4 月和 7 月，项目组分别对阿姆河和锡尔河中下游、咸海进行了水样采集，共 21 个采样点(图 1.28)，其中阿姆河水系 8 个采样点(1、6～12)、锡尔河水系 7 个采样点(13～16、19～21)、咸海 6 个采样点(2～5、17、18)(张永勇 等，2021)。水质指标主要包括现场直接测定的指标[pH、电导率(EC，μS/cm)、总溶解性固体物质(TDS，mg/L)、氧化还原电位(ORP，mV)]、营养元素和离子指标[溶解有机碳(DOC，mg/L)、溶解无机碳(DIC，mg/L)、总溶解碳(DTC，mg/L)、硫酸根离子(SO_4^{2-}，mg/L)、硅酸根离子(SiO_3^{2-}，mg/L)、硼离子(B^{3+}，mg/L)、钡离子(Ba^{2+}，mg/L)、钾离子(K^+，mg/L)、钙离子(Ca^{2+}，mg/L)、钠离子(Na^+，mg/L)、镁离子(Mg^{2+}，mg/L)和锶离子(Sr^{2+}，mg/L)]等共 20 个。现场直接测定的指标为基础理化指标，直观反映水环境水化学特性；氮、磷等营养元素浓度体现水体的富营养化程度；不同形态碳素中有机碳表征水体有机污染的程度，无机碳是水体生态系统中主要碳源；阴阳离子体现水体的硬度、碱度和盐度等。以上水质指标能够全面体现水体的生态和环境质量。

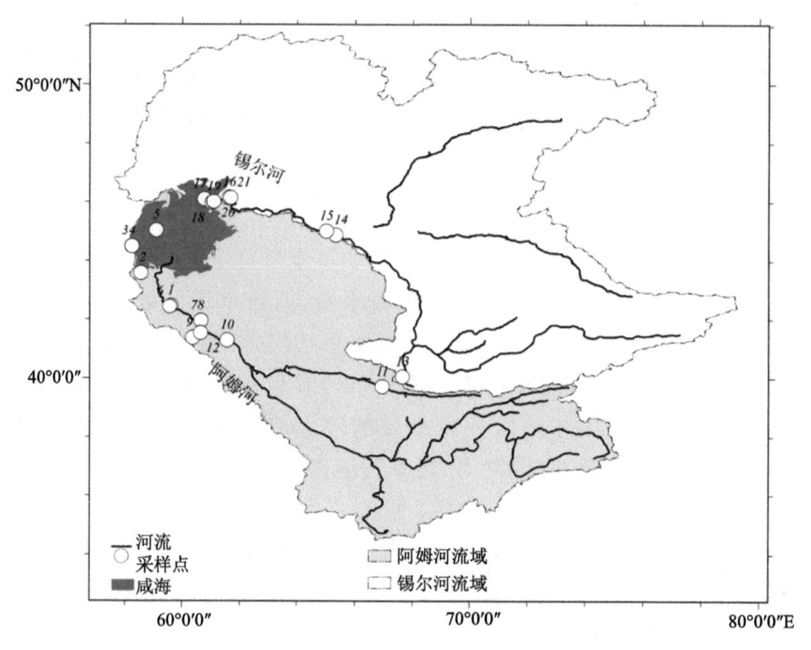

图 1.28　咸海流域位置与水质采样点分布

水样采集遵循我国《地表水和污水监测技术规范》(HJ/T 91—2002)，每个采样点在 0～2 m的水层采一次样。上述水质指标中，pH、EC、TDS 和 ORP 数值采用便携式水质多参数检测仪(HACH HQ 30d)现场直接检测的；其他指标则是将现场采集约 500 mL 的水样存放于塑料瓶中冷藏，带回国内实验室测定获得。在实验室测定时，水样先经 0.45 μm 有机微孔滤膜过滤处理，不同形态碳素浓度(DIC、DTC 和 DOC)由总有机碳分析仪 Vario TOC(德国 Elementar 公司)测定；不同形态氮和磷素浓度(NO_3^-－N、PO_4^{3-}－P、DTP 和 TP)由流动分析仪(法国 Futura 型)测定；其他阴离子浓度(SO_4^{2-} 和 SiO_3^{2-})由离子色谱仪(美国 Thermo Scientific Aquion IC)测定；阳离子浓度(B^{3+}、Ba^{2+}、Ca^{2+}、K^+、Mg^{2+}、Na^+ 和 Sr^{2+})由电感耦合等离子体发射光谱仪(ICP-OES)(德国 Hesse)测定。

1.2.3.1　水质类型识别

通过主成分分析，将 20 个水质指标融合成为 4 个独立的主成分因子，其累计方差达到 85.78%。第 1 主成分包括的水质指标有不同形态碳素(DIC、DTC 和 DOC)、NO_3^-－N 和主要阴阳离子(SO_4^{2-}、SiO_3^{2-}、B^{3+}、Ba^{2+}、K^+、Ca^{2+}、Na^+、Mg^{2+} 和 Sr^{2+})，共解释 48.64%的指标变化；第 2 主成分为 EC、TDS、DTP 和 TP，共解释 18.52%的指标变化；第 3 主成分为 PO_4^{3-}－P，共解释 10.27%的指标变化；第 4 主成分为 pH 和 ORP，共解释 8.36%的指标变化。以上 4 个主成分因子涵盖了所有水质指标信息。利用 4 个主成分因子，采用 k-中心点聚类方法对 21 个采样点进行水质类别划分。26 个聚类评估指标的最优值分别出现在 0～6、10、14 和 15 类中，其中分为 3 类时最优评估指标最多，占 23.08%。因此，本节确定的最终类型为 3 类，第 1 类型水质主要分布在采样点 1、4、9、14、15 和 18～20，共 8 个，占所有采样点的 38.1%；第 2 类型水质主要分布在采样点 2、3、6 和 10～13，共 7 个，占 33.3%；第 3 类型水质主要分布在采样点 5、7、8、16、17 和 21，共 6 个，占 28.6%（图 1.29）。

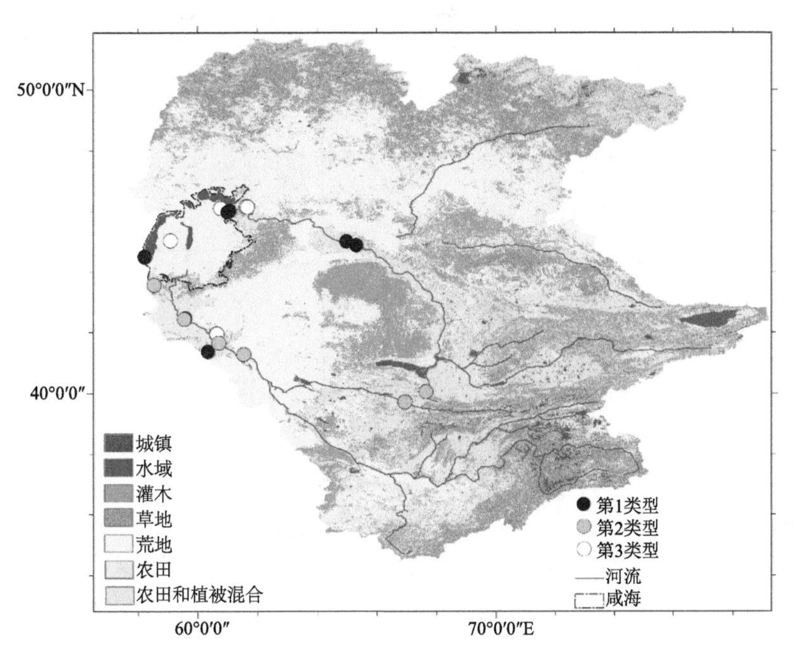

图 1.29　咸海流域水质类型和土地覆被的空间分布特征

1.2.3.2　水质类型的主要特征及空间分布

从现场直接测定的指标数值分布来看（图 1.30），第 1 类型采样点大部分指标最小，分别为 7.21～8.35（pH）、137.8～2933.0 μS/cm（EC）、86.7～3800.0 mg/L（TDS）和 100～211 mV（ORP）；而第 3 类型采样点指标最大，分别 7.43～8.96（pH）、2563～10110 μS/cm（EC）、1874～8377 mg/L（TDS）和 81～173 mV（ORP）。从营养元素浓度来看，不同形态磷素（PO_4^{3-}－P、DTP 和 TP）和 NO_3^-－N 浓度第 2 类型采样点最大，分别为 0.00～0.05 mg/L、0.02～0.06 mg/L、0.14～0.80 mg/L 和 0.1～1.9 mg/L；而第 1 类型和第 3 类型采样点比较接近。

从其他元素和离子指标浓度来看，不同形态碳素（DIC、DTC 和 DOC）浓度第 1 类型采样点最小，分别为 7.0～179.7 mg/L、14.5～315.2 mg/L 和 5.0～135.4 mg/L；而第 3 类型采样点最大，分别为 18.6～85.6 mg/L、29.9～105.5 mg/L 和 11.3～19.8 mg/L。SO_4^{2-} 和 SiO_3^{2-} 浓度第 3 类型采样点最大，分别为 1320.0～2980.0 mg/L 和 6.0～12.2 mg/L，而第 1 类型和第 2 类型采样点比较接近。从阳离子浓度来看，大部分离子（B^{3+}、K^+、Ca^{2+}、Na^+、Mg^{2+} 和 Sr^{2+}）浓度均为第 3 类型采样点最大，第 1 类型和第 2 类型采样点比较接近；最大值分别为 0.5～1.7 mg/L、12.8～71.6 mg/L、273.5～418.3 mg/L、482.1～1253.0 mg/L、165.5～442.5 mg/L 和 6.6～11.7 mg/L。而重金属 Ba^{2+} 浓度第 1 类型采样点最大（0.004～0.086 mg/L），第 3 类型采样点最小（0.025～0.052 mg/L）。

总的来看，第 1 类型采样点为水质指标浓度均偏低的水体；第 2 类型采样点为不同形态营养元素浓度偏高的水体；第 3 类型采样点为不同形态碳素和阴阳离子浓度均偏高的水体。从空间分布来看，第 1 类型采样点主要分布在锡尔河中游和咸海，第 2 类型采样点主要分布在阿姆河中下游农业区，而第 3 类型采样点主要分布在咸海。

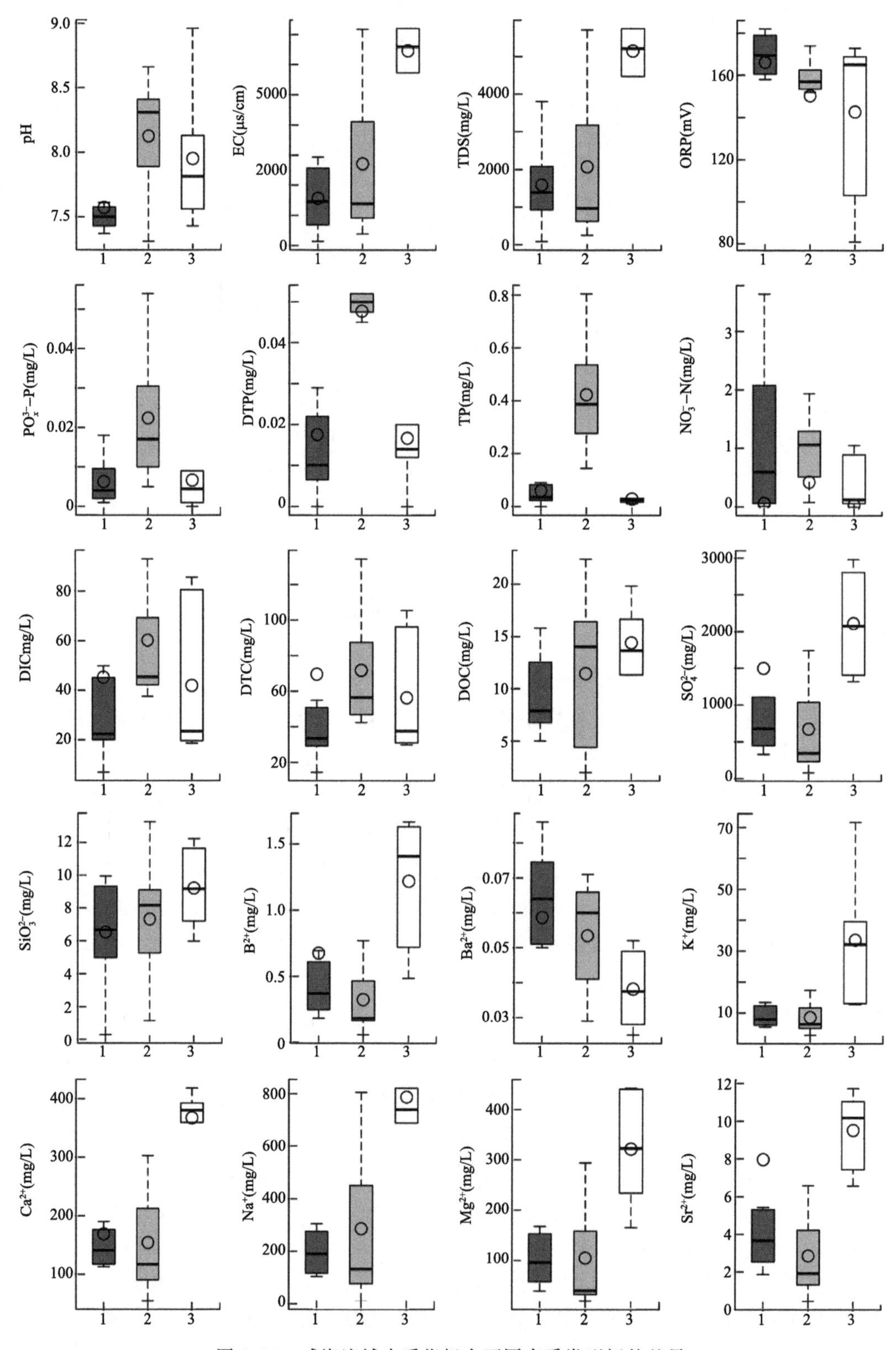

图 1.30　咸海流域水质指标在不同水质类型间的差异

1.2.3.3 不同水质类型的离子来源

通过比较不同水质类型 TDS 浓度和 $Na^+/(Na^+ + Ca^{2+})$ 的关系发现(图 1.31a),咸海流域第 3 类型 TDS 平均浓度为 5147 mg/L,$Na^+/(Na^+ + Ca^{2+})$ 平均比值为 0.67,最接近 Gibbs 图中的蒸发—结晶型,因此该水质类型的离子浓度主要受蒸发—结晶作用控制;第 2 类型 TDS 平均浓度为 2077 mg/L,$Na^+/(Na^+ + Ca^{2+})$ 平均比值为 0.50,更靠近岩石风化型,因此该水质类型的离子浓度主要受岩石风化作用控制;第 1 类型 TDS 平均浓度为 1584 mg/L,$Na^+/(Na^+ + Ca^{2+})$ 平均比值为 0.60,大部分站点的关系均介于第 2 和第 3 类型之间,因此离子浓度受蒸发—结晶和岩石风化作用共同作用。

另外,流域阴阳离子主要受不同类型岩石风化的影响,如碳酸盐岩、硅酸盐岩和蒸发岩。对比主要阴阳离子的摩尔浓度,这 3 类水质中 $Ca^{2+} + Mg^{2+}$ 和 $SO_4{}^{2-} + SiO_3{}^{2-}$ 摩尔浓度都比较接近(图 1.31d),可以推断它们主要来源于硅酸盐岩和蒸发岩的风化。从 $Na^+ + K^+$ 和 $Ca^{2+} + Mg^{2+}$、$Na^+ + K^+$ 和 $SO_4{}^{2-} + SiO_3{}^{2-}$ 摩尔浓度来看(图 1.31b、c),除第 2 类型比较接近外,第 1 类型和第 3 类型的 $Ca^{2+} + Mg^{2+}$、$SO_4{}^{2-} + SiO_3{}^{2-}$ 摩尔浓度均低于 $Na^+ + K^+$ 摩尔浓度。因此,Na^+ 和 K^+ 除来源于硅酸盐岩和蒸发岩的风化外,还受碳酸盐岩风化的影响。

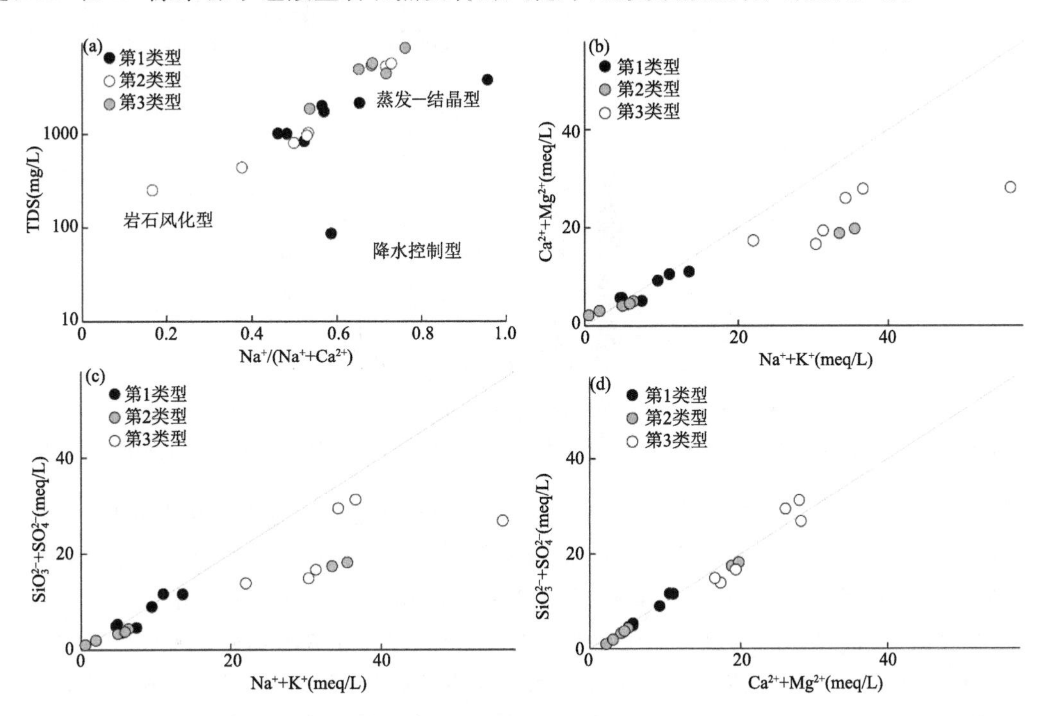

图 1.31 咸海流域总溶解性固体物质(TDS)浓度与 $Na^+/(Na^+ + Ca^{2+})$(a)、主要离子 $Ca^{2+} + Mg^{2+}$ 和 $Na^+ + K^+$(b)、$SO_4{}^{2-} + SiO_3{}^{2-}$ 和 $Na^+ + K^+$(c)、$SO_4{}^{2-} + SiO_3{}^{2-}$ 和 $Ca^{2+} + Mg^{2+}$(d) 摩尔浓度的相关关系

1.2.3.4 土地覆被对不同水质类型的影响分析

通过对各类型和所有采样点水质指标的 DCA 排序分析发现,第一轴长度均小于 3.0,因此本研究选取 RDA 方法来探索土地覆被类型对各水质类型空间差异的影响。对于第 1 类型水质指标来说(图 1.32),当缓冲区半径为 0.5 km 和 1.0 km 时,影响显著的土地覆被仅为荒

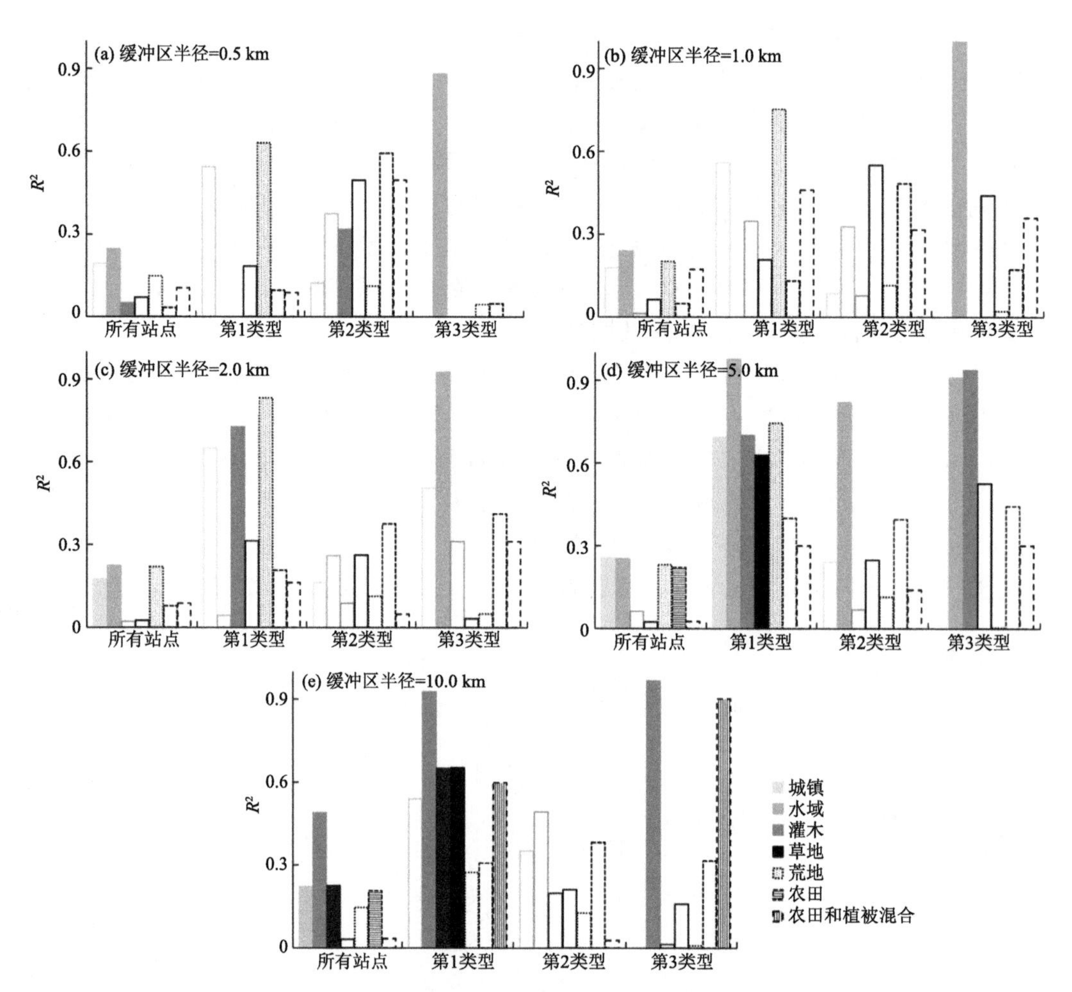

图 1.32　咸海流域不同半径缓冲区下影响各水质类型的关键土地覆被类型

［不同实心柱代表通过显著性检验的土地覆被类型($p\leqslant 0.10$)；空心柱代表不显著的土地覆被类型］

地($R^2=0.63$ 和 0.75)；当缓冲区半径为 2.0 km 时，影响显著的土地覆被为荒地($R^2=0.83$)和灌木($R^2=0.73$)；当缓冲区半径为 5.0 km 时，影响显著的土地覆被类型明显增加，分别为水域($R^2=0.98$)、荒地($R^2=0.74$)、灌木($R^2=0.70$)、城镇($R^2=0.69$)和草地($R^2=0.63$)；当缓冲区半径为 10 km 时，影响显著的土地覆被类型略有减少，其中水域最显著($R^2=0.93$)、其次为草地($R^2=0.65$)、灌木($R^2=0.65$)、农田和植被混合($R^2=0.60$)。第 2 类型水质指标中，仅除缓冲区半径为 5 km 时水域($R^2=0.82$)外，其他半径的缓冲区土地覆被类型与水质指标，空间差异都没有显著性关系。对于第 3 类型水质指标来说，当缓冲区半径为 0.5 km、1.0 km 和 2.0 km 时，影响显著的土地覆被仅为水域，其 R^2 分别为 0.88、1.00 和 0.93；当缓冲区半径增加为 5.0 km 和 10.0 km 时，显著性土地覆被类型分别增加为灌木($R^2=0.94$)和水域($R^2=0.91$)、水域($R^2=0.97$)和农田与植被混合($R^2=0.90$)。从采样点尺度水质指标空间变化来看，在缓冲区半径为 0.5 km 时，影响显著的土地覆被为水域($R^2=0.25$)；当缓冲区半径为 1.0 km和 2.0 km 时，影响显著的土地覆被类型为水域($R^2=0.24$ 和 0.22)和荒地($R^2=0.20$ 和 0.22)。当缓冲区半径为 5.0 km 和 10.0 km 时，影响显著的土地覆被类型最多。当半径为

5.0 km时，城镇最显著(R^2=0.26)，其次为水域(R^2=0.25)、荒地(R^2=0.23)和农田(R^2=0.22)；当半径为10.0 km时，水域最显著(R^2=0.49)，其次为灌木(R^2=0.23)、城镇(R^2=0.22)和农田(R^2=0.20)。因此，土地覆被是影响第1类型和第3类型及所有采样点水质指标空间差异性的重要因素之一，其中荒漠、水域、城镇和水域分别是第1类型、第3类型及所有采样点最敏感的土地覆被类型。此外，从不同半径的缓冲区影响来看，对水质类型空间差异性影响显著的土地覆被类型随缓冲区半径的增加而逐渐增多；当半径达到5.0 km和10.0 km时，影响显著的土地覆被类型趋于稳定，特别是对于第1类型和所有采样点结果来看。

1.3 地下水资源

1.3.1 地下水含水层概况

跨界含水层(Transboundary aquifers)的全球性系统研究始于2000年联合国教科文组织一国际水文计划(UNESCO-IHP)发起的国际共用含水层资源管理计划(ISARM)。广义的跨界含水层(系统)是指位于不同行政单元的同一含水层(系统)，包括国内跨行政边界含水层和跨国界含水层(钟华平 等,2011)，本节所指跨界含水层为后者。跨界含水层具有无国界性、多功能性、隐蔽性等特点，其研究内容涵盖自然科学(水文地质学)、法律、社会经济、制度和环境等诸多方面(Puri et al.,2015;Gorelick et al.,2015;张发旺 等,2019)。跨界含水层在保障饮用水供应和粮食生产等方面发挥着极为重要的作用，支撑着全世界数百万人口的生存与发展(Eckstein et al.,2005;Lee et al.,2018)。

由于地下水系统的连通性，跨界含水层的单侧过度开采可改变地下水流场，造成界外(邻国)地下水资源流失；为此，不可避免地出现水资源的争夺，进而产生冲突(Pétré et al.,2019)。但水利工程的修建有时会对跨界含水层的水资源起到补给的作用。比如，世界上最大的灌溉运河——长达42 km的全美洲大运河(The All-American canal)因河水渗漏引起该地区的地下水位抬升，并导致地下水通过墨西卡利河谷含水层(Mexicali Valley aquifer)流入墨西哥(Lesser et al.,2019)。当前，越来越多的研究开始关注跨界含水层水资源的综合风险评价与管理，以及可持续利用与保护(He,2017;Zeitoun et al.,2013;Davies et al.,2013)。在气候变化背景下，随着干旱程度的进一步加剧(Held et al.,2006)并伴随人口的快速增长，干旱区地下水开采愈加剧烈，并导致跨界含水层地下水资源的开发与保护面临更大的风险和挑战(Fallatah et al.,2017;Gaye et al.,2019)。厘清跨界水资源的形成、分布及开发利用现状，准确评估可利用水资源量，是科学规划和合理利用跨界含水层地下水资源的基础。

中亚五国主要的跨界含水层共有34个，其中在哈国东北部、吉国、塔国的径流形成区也形成众多跨界地下水含水层。该地区跨界含水层分别归属锡尔河流域(AS36、AS45、AS46、AS47、AS48、AS49、AS50、AS51、AS52、AS53、AS56、AS57、AS58、AS59、AS60、AS61、AS62、AS63、AS64、AS65、AS66、AS67、AS68、AS69)、阿姆河流域(AS37、AS40、AS41、AS42、AS43、AS70)、泽拉夫尚河流域(AS44)、塔拉斯河流域(AS54、AS55)以及楚河流域(AS71)。

中亚五国地区的34个跨界含水层(表1.7)多数形成于第四纪及新近纪，部分含水层形成于白垩纪。主要的跨界含水层概况如下。乌国、土国两国的地下水资源主要集中在锡尔河和阿姆河流域。其中面积最大的AS36锡尔含水层位于锡尔河流域哈国和乌国交界处，且在哈国境内的分布面积为189000 km^2，占该含水层总面积的46.2%，含水层厚度在0.5～40.0 m。

该含水层地下径流方向和锡尔河流向基本一致。AS47 普列塔什干含水层是锡尔河流域内面积第二大的跨界含水层系统，跨越乌国和哈国。该跨界含水层系统由多个独立含水层组成，其在哈国分布面积约为 10840 km^2，占该含水层总面积的 13.5%，平均厚度为 200 m。如图 1.33 所示，AS47 含水层主要分布在上白垩纪赛诺曼期(Cenomanian)地层中，在山脚出露地表。该含水层厚度从 41～254 m 不等，平均 179 m(Podolny et al.，2016)，与地表水的水力联系较弱。此外，锡尔河流域 AS45 杜斯特里克含水层跨越乌国、塔国和哈国，总面积为 1915 km^2。

表 1.7　中亚地区跨界含水层分布情况表(UNESCO-IGRAC，2015)

编号	含水层	共属国	面积(km^2)
AS36	锡尔	哈国、乌国	408988
AS37	比拉塔—乌尔根奇	乌国、土国	80150
AS40	谢拉巴特	乌国、土国	699
AS41	阿姆达里	阿富汗、塔国、乌国	1481
AS42	卡法尔尼霍	塔国、乌国	404
AS43	卡拉达克/北苏汗达里	塔国、乌国	6413
AS44	泽拉夫尚	塔国、乌国	3995
AS45	杜斯特里克	塔国、乌国、哈国	1915
AS46	哈瓦斯特	塔国、乌国	735
AS47	普列塔什干	哈国、乌国	21472
AS48	扎法罗伯德	塔国、乌国	1191
AS49	锡尔 3	塔国、乌国	812
AS50	科卡拉尔	塔国、乌国	892
AS51	达维尔津	塔国、乌国	2063
AS52	阿汉加兰	塔国、乌国	1312
AS53	苏柳克塔—巴特肯—伊斯法拉	塔国、乌国	3904
AS54	南塔拉斯	哈国、吉国	1838
AS55	北塔拉斯	哈国、吉国	1352
AS56	楚斯特—帕普	塔国、乌国	589
AS57	绍尔苏	塔国、吉国、乌国	344
AS58	索克	吉国、乌国	2389
AS59	锡尔 2	塔国、乌国	1601
AS60	阿莫斯—瓦尔兹克	吉国、乌国	635
AS61	卡桑赛	吉国、乌国	136
AS62	那乃	吉国、乌国	64
AS63	伊斯卡瓦特—比什卡兰	吉国、乌国	583
AS64	纳伦	吉国、乌国	1885
AS65	雅尔玛扎尔	吉国、乌国	407
AS66	奇米翁—阿瓦里	吉国、乌国	690

续表

编号	含水层	共属国	面积(km²)
AS67	麦卢苏	吉国、乌国	505
AS68	卡朗古尔	吉国、乌国	167
AS69	奥什—阿拉万	吉国、乌国	1704
AS70	瓦赫什	阿富汗、塔国	154
AS71	楚河盆地	吉国、哈国	18575

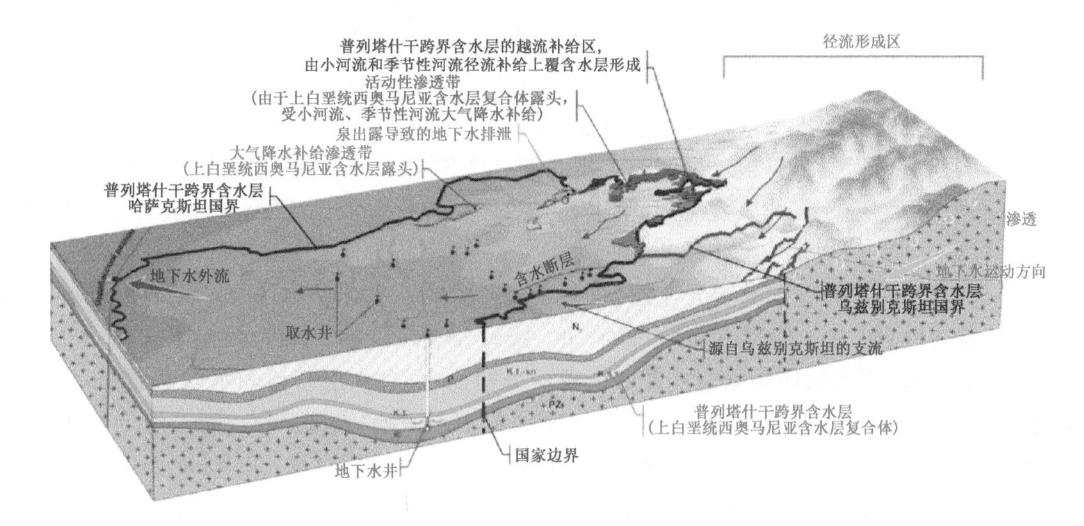

图1.33 概念性水文地质模型图——AS47(UNESCO-IHP,2016)

阿姆河流域地下水资源储量占咸海流域的58%(CAWATER-info,2017)。阿姆河流域的AS37比拉塔一乌尔根奇含水层是一个多层含水层系统,包括第四纪、新近纪、古近纪、白垩纪和侏罗纪的诸多含水层。含水层厚度变化范围较大(1.5～100.0 m),中心厚度超过300 m且向边缘逐渐减薄(UNESCO-IHP et al.,2015)。阿姆河流域的AS43卡拉达克/北苏汗达里含水层分属塔国、乌国两国,且分布面积相当,地下水径流方向由塔国流向乌国。AS42卡法尔尼霍含水层地下径流方向与AS43含水层一致,乌国境内的分布面积为343 km²,占含水层总面积的84.9%。AS43、AS42含水层的最大厚度均为100 m。

瓦赫什河是阿姆河主要的源头支流之一,仅上游地区位于吉国境内,大部分流域面积(31200 km²)位于塔国。该流域平均每年为塔国提供13.48 km³的地下水资源(UNECE,2011),其主要跨界含水层为AS70瓦赫什含水层,地跨阿富汗和塔国两国。

泽拉夫尚河流经塔国和乌国,曾经是阿姆河的支流。AS44泽拉夫尚含水层隶属塔国和乌国,其中在塔国的分布面积为383 km²,占总含水层面积的9.6%,平均厚度36 m,最大厚度达110 m(UNECE,2011)。

塔拉斯河流域AS54南塔拉斯含水层跨越吉国和哈国,其在哈国境内面积约为1160 km²,超过含水层总面积的60%,平均厚度为50 m,最大厚度达500 m,地下水径流方向沿吉国南部流向哈国北部(UNECE,2011),该含水层的总水量约为24 km³,平均年补给量为2.2亿m³(UNESCO-IHP et al.,2015)。位于吉国和哈国境内的AS55北塔拉斯含水层,其在哈国境内面积约为 689 km^2，占总含水层面积的 37.5%，含水层平均厚度为 25 m，最大厚度为 98 m，地下水径流方向与 AS54 一致，与地表水力联系密切(UNECE，2011)，该含水层总水量约为 10 km^3，年补给量为 5.1 亿 m^3(UNESCO-IHP et al.，2015)。

位于楚河流域的 AS71 楚河盆地含水层在哈国的境内分布面积约为 7516 km^2，占总含水层面积的 40.5%，含水层平均厚度在 250～300 m，最大厚度达 500 m(UNECE，2011)。

此外，伊犁河流域中国和哈国交界处分布有雅尔坎含水层和特克斯含水层。其中，雅尔坎含水层在哈国境内的面积为 12080 km^2，占总含水层面积的 9.6%，含水层平均厚度为 1300 m，最大厚度达 2830 m。特克斯含水层在哈国境内的面积为 1876 km^2，含水层平均厚度为 25 m，最大厚度为 50 m，地下径流从哈国西部流向中国东部，与地表水力联系密切(UNECE，2011)。

中亚地区的跨界含水层或含水层系统通常由单一的含水层或上下几个有水力联系的多个含水层共同组成。根据跨界含水层的简化概念图(UNECE，2007)，研究区的 34 个跨界含水层及含水层系统可划分为三种典型类型：单边补给浅层跨界含水层、浅层跨界含水层及大型深层含水层系统。

第一类为单边补给浅层跨界含水层(图 1.34a)，指地下水的补给区在一国境内而排泄区分别位于跨界两国，如 AS43、AS44、AS48 和 AS51 含水层；第二类为浅层跨界含水层(图 1.34b)，通常指地下水流向国家边界并形成界河或湖泊，其含水层与地表水联系紧密，但通常径流量不大，如 AS37 含水层；第三类为大型深层含水层系统(图 1.34c)，则为地下水埋深较大，与局部表面之间存在弱含水层的跨越不同国家的同一含水层系统，如 AS47、AS71 等。

1.3.2 地下水资源开发利用现状与潜力分析

中亚五国地下水资源的开发程度与地表水资源量关系密切。吉国、塔国作为五国中地表水资源相对丰富的国家，地下水资源的利用相对较少。土国地下水资源的开发利用程度也相对较低，开采量仅占其水资源总量的 2.5%。上述 3 个国家的地下水资源主要用于居民生活用水。位于流域下游的哈国和乌国，地表水资源相对贫乏，对地下水的依赖程度相对较高。哈国农业灌溉用水约占地下水开采量的 50%，乌国约 2/3 的用水需求依赖于地下水。

同一跨界含水层地下水资源在各归属国其用途可能不同，如 AS47 普列塔什干跨界含水层在哈国主要用于饮用，而在乌国仅作为矿泉水水源(UNECE，2007)；AS71 楚河盆地跨界含水层在哈国境内，40%作饮用水，60%用于农业灌溉，而在吉国被广泛应用于饮用水、农业灌溉、工业采矿、牲畜喂养及温泉渔场等各个方面(UNECE，2011)。

吉国可开采的地下淡水储量为 650 km^3，其中楚河流域为 300 km^3，塔拉斯河流域为 75 km^3(Alamanov et al.，2013)。目前，吉国已确定的矿泉水水源地超过 250 个，根据地下水的矿化度和水化学成分可以分为盐水、卤水、碳酸盐矿泉水、硅酸盐温泉水、含氡矿泉水、硫酸盐矿泉水、含铁离子矿泉水、碘溴矿泉水等不同类型(Alamanov，2016)。吉国可利用地下水年资源量为 11.11 km^3(Tolstikhin，2016)，获准开采的地下水资源量为每年 3.85 km^3，约占地下水资源总量的 35%(Tolstikhin，2016)，其地下淡水资源主要用于居民生活和农业生产，而在吉国首都和经济发达地区，地下水的利用程度最高。

塔国山区地下水多以裂隙或裂隙－孔隙水形式存在，地下水的埋深约在 100～150 m，但该国西南山间盆地的地下水埋深相对较浅，约为 10～100 m。塔国预测地下水资源量为

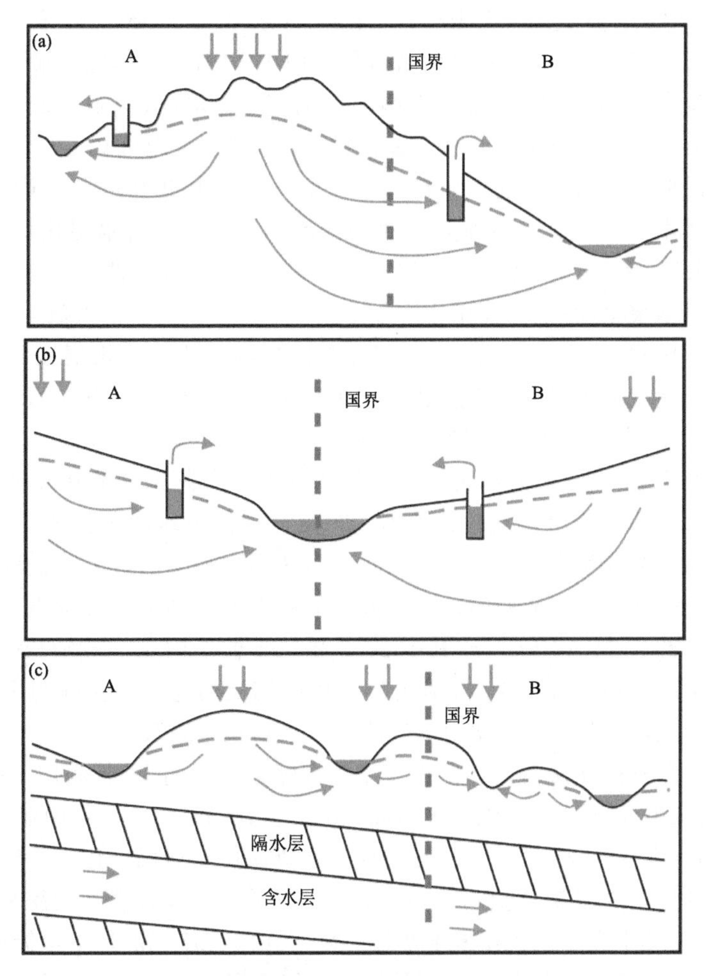

图1.34　跨界含水层简化概念图(UNECE,2007)
(a)单边补给浅层跨界含水层;(b)浅层跨界含水量;(c)大型深层含水层

18.70 km^3/a(Akhmedov,2016),地下水允许开采量为3.0 km^3/a,其中锡尔河流域的地下水允许开采量为1.24 km^3/a。塔国的地下水利用总量为0.8 km^3/a(Akhmedov,2016),主要为居民生活及工业用水,其中农业灌溉用水约占40%。

土国地下水资源量为1.3 km^3/a,其中含矿物质的地下水资源量为0.44 km^3/a(Bayramova,2010)。地下淡水主要形成于山区地带(Stanchin,2016),目前已探明的地下水水源地超过130个,地下水年开采量在0.47～0.67 km^3/a(Hatamov,2002),其中45%用于饮用水,30%用于灌溉和畜牧业(Hatamov,2002)。土国地下水占总耗水量的50%,且主要来自AS37比拉塔一乌尔根奇跨界含水层(UNECE,2007)。

哈国预测年均可开采地下水资源为64.28 km^3,其中矿化度小于1 g/L的可开采地下水为40.44 km^3,矿化度1～3 g/L的为16.40 km^3,而矿化度为3～10 g/L可开采地下水资源量为7.44 km^3(Smolyar,2016)。哈国水文地质条件区域差异较大,该国50%的地下水资源集中在南部,30%位于中部、北部、东部地区,而西部地区则仅占不到20%(Absametov et al.,2016)。截至2015年,哈国已探明年均地下水开采量为15.6 km^3,约86%(13.19 km^3)为淡水，其中居民生活用水量达 6.07 km^3/a，生产用水达 1.1 km^3/a，农业灌溉用水达到 8.41 km^3/a(Smolyar，2016)。其中，哈国城市生活用水 80%是取用地下水资源。

地下水作为乌国重要的水资源，提供全国 60%的用水需求(Mavlonov et al.，2016)。乌国的地下水取水井超过 2.5 万口，矿化度小于 1 g/L 的地下水资源量为 9.13～9.49 km^3/a (Mavlonov et al.，2016)。乌国地下水总抽取量为 5.48～6.20 km^3/a，其中 40%是用于生活饮用水。乌国境内的跨界含水层数量众多，锡尔河流域和阿姆河流域的跨界地下含水层几乎大部分归属乌国。特别是锡尔河含水层，在联合国环境规划署 2016 年报告中该流域地下水被归为“Groundwater crowding”——地下水聚集(即地下水开发压力指数 20%，地下水依赖指数 50%，人均地下水资源 558 m^3/a)(UNESCO-IHP et al.，2016)。部分归属乌国的跨界含水层如 AS37、AS51、AS58、AS60、AS67、AS69，饮用水使用量占其抽取总量的比例不到 50%；而 AS36、AS43、AS44、AS47 四个跨界含水层饮用水使用量占抽取总量的比例超过 75%(UNECE，2007)。

咸海流域流经中亚大部分地区，覆盖中亚两大水系——阿姆河和锡尔河。该流域跨界水资源合作开发是解决中亚跨境水问题的关键。2018 年咸海流域的年径流量为 97.5 km^3，其中阿姆河为 62.2 km^3、锡尔河为 35.3 km^3。2018 年，从锡尔河补给进入北咸海的地表水资源量为 3.03 km^3，从阿姆河流入南咸海的地表径流补给量为 1.32 km^3(UNRCCA，2019)。咸海流域地下水资源储量约为 31.17 km^3/a，其中 14.7 km^3/a 位于阿姆河流域、16.4 km^3/a 位于锡尔河流域(CAWATER-info，2017)。中亚五国在咸海流域的地下水实际利用总量约用占地下水资源储量的 42%，地下水资源主要用于生活饮用水和农业灌溉。

哈、吉、塔、土、乌五国在咸海流域的地下水资源储量差异明显，且利用情况各异(表 1.8)。其中，乌国在咸海流域的地下水资源储量最高(18455×10^6 m^3/a)，远超中亚五国其他国家，其实际利用率也高达 99.4%，其中约 43.5%的地下水资源用于居民饮用，27.8%用于农业灌溉。吉国在咸海流域的地下水资源储量最少，仅为 862×10^6 m^3/a，而实际利用率达 60.7%，位居中亚五国的第二位，其中大部分用于农业灌溉。塔国在咸海流域的地下水储量位居第二，实际利用率则为五国第三(45%)，其中 55.6%的地下水用于灌溉。哈国和土国在咸海流域的地下水可利用储量基本相当(超过 1200×10^6 m^3/a)，实际利用率分别为 34.3%和 37.5%，主要用于居民生活用水。

表 1.8 咸海流域地下水储量及利用情况表(10^6 m^3/a)(CAWATER-info，2017)

国家	储量	可利用量	实际利用量	用途					
				饮用水	工业	灌溉	垂直排水	抽水试验	其他
哈国	1846	1224	420	288	120	0	0	0	12
吉国	862	670	407	43	56	308	0	0	0
塔国	6650	2200	990	335	91	550	0	0	14
土国	3360	1220	457	210	36	150	60	1	0.15
乌国	18455	7796	7749	3369	715	2156	1349	120	40
总量	31173	13110	10023	4245	1018	3164	1409	121	66

咸海流域的跨界含水层地下水资源除用作饮用水外，也应用于农业灌溉、工业发展、采矿及牲畜等行业。中亚五国部分跨界各含水层地下水利用情况(UNECE，2007)见表 1.9。

表1.9 咸海流域部分跨界含水层地下水利用情况表

利用类型	地下水抽取量百分比(%)			
	<25	25～50	50～75	>75
饮用水	AS37、AS51	AS53、AS58、AS69	AS48、AS60	AS43、AS44、AS47
灌溉	AS37、AS69	AS53、AS60	AS48	AS51
工业	AS37、AS53、AS60			
矿业	AS69			
水疗	AS37			
牲畜	AS37、AS60、AS69			

1.3.3 地下水开发利用中的水量与水质问题

中亚五国气候条件、地形地貌、地表水分布、地下水埋藏条件的差异导致该地区地下水资源分布不均。当前,中亚五国跨界含水层的地下水开发利用已对地下水水量及水质产生了影响,主要表现为地下水超采及水质恶化。

在农灌区,地下水开采已造成中亚地区跨界含水层地下水位的持续下降。其中,跨哈、乌国边界的AS47普列塔什干含水层,在农灌区的地下水水位已下降5～14 m。哈国、吉国边界的AS71楚河盆地含水层,在吉国部分的地下水水位正以0.4 m/a的速度下降(UNESCO-IHP et al.,2015)。

由于中亚地区的气候条件和地质环境导致部分跨界含水层的补给条件较差,20世纪80年代的地下水同位素研究表明,AS47普列塔什干含水层地下水年龄为6000 a(Podolny et al.,2016),而自然渗透流速为1.5 m/a,该含水层地下水即可视为不可再生地下水资源。

亚洲跨界含水层地下水水质表现出不同的特征,具体取决于气候、地质介质和人类活动(Lee et al.,2018)。中亚五国的国民经济以农牧业为主,其中哈、塔、乌、土四国种植业发达,特别是棉花种植业,而吉国则长久发展畜牧业且较为发达。农、牧业导致的面源污染不仅影响地表水水质,且影响地下水的水质。除此之外,中亚五国自然资源丰富,其中哈、乌、土三国拥有丰富的石油、天然气资源,而吉、塔两国则具有丰富的有色金属和煤炭等资源。这些自然资源的开采也同样会对地下水环境造成影响,特别是当出现石油泄漏、尾矿堆积、选洗矿废水等不合理开发利用现象时。

中亚五国地下水污染主要包括以下几类:含氮物质、农药、重金属、病原体、有机化合物、碳氢化合物(UNECE,2007)。其中,AS36锡尔含水层在哈国境内的地下水盐度较高,其总溶解固体浓度(TDS)从河流附近的100 mg/L可以增加到非灌溉区的70000 mg/L(UNESCO-IHP et al.,2015)。跨界含水层中AS37和AS71为天然微咸水,而含水层A53和AS58由于农业灌溉导致地下水盐度不断升高,地下水TDS值达1000～3000 mg/L。AS71楚河盆地含水层吉国部分受到居民生活、市政、农业生产采矿等一系列人类活动的影响,导致其地下水受到硝酸盐、农药、重金属Cr及有机化合物的污染(UNESCO-IHP et al.,2015)。在含水层AS37、AS43、AS53、AS60、AS69中均发现有农药和含氮物质污染,其来源以该地区农业活动为主。AS43含水层的地下水中TDS值为1000～70000 mg/L,其中TDS含量存在季节性波动并受到农业灌溉的影响(UNESCO-IHP et al.,2015)。此外,含水层AS37、AS60、AS69还存在重金属污染、有机化合物和碳氢化合物污染,其中AS37的碳氢化合物浓度范围为0.0015～

0.2 mg/L，且主要受矿石开采等工业生产的污染。另有研究表明，含水层 AS51、AS60、AS69 还受到了来自放射性元素的污染（UNESCO-IHP et al.，2015）。

除了上述人类活动对跨界含水层的水质造成直接影响外，过度抽取深层承压水间接导致地下水位持续下降，进而引起上覆含水层中已受到污染或 TDS 值较高的微咸水、咸水向下入渗，并直接影响到跨界承压含水层的水质。以哈国和乌国共享的普列塔什干含水层 AS47 为例，其水文地质分层见表 1.10。

表 1.10　普列塔什干跨界含水层水文地质分层（Podolny et al.，2016）

地质年代			水文地质分层	标号	岩性和厚度	描述
新生代	第四纪		上第四纪现代冲积含水层	aQ_{III-IV}	砾石、砂土、壤土，厚度从 1.5～20.0 m 到 40～60 m	分布在普列塔什干跨界含水层所属的地表部分区域，非承压水，为淡水和微咸水，主要用于饮用和农业灌溉，牧场浇灌
			中第四纪冲积—洪积含水层	apQ_{II}	砾石、砂土、壤土，厚度为 5～42 m	非承压水，矿化度为 600～13700 mg/L，主要用于农业和牧场浇灌
	新近纪	中新世	局部中新世含水层	N_1	砂、砂岩、砾岩、黏土，厚度为 10～45 m	弱承压水，矿化度为 600～59700 mg/L，淡水和微咸水，用于农业灌溉和牧场浇灌。在多数地区位于局部承压层
	古近纪	始新世	中始新世含水层	P_2^2	细砂、中砂、弱胶结砂岩，厚度为 13.5～75 m	弱承压水，矿化度为 600～2800 mg/L，用于农村饮用水、农业灌溉和牧场浇灌
		古新世	局部古新世含水层	P_1	裂隙石灰岩、黏土夹层	局部分布，矿化度为 2300～11000 mg/L
中生代	白垩纪		上土仑—西伦含水层	K_2t_2+sn	砂、砂岩、黏土和淤泥夹层，厚度 135～561 m	承压水，矿化度为 5200～7500 mg/L，富水性低，微咸水用于牧场浇灌
			下土仑隔水层	K_2t_1	黏土，厚度为 140 m	隔水层
			赛诺曼含水层	K_2s	砂岩、砂、砾岩、黏土、泥岩、石灰石	普列塔什干跨界含水层。深层承压水，最大埋深为 1900 m，矿化度为 400～1500 mg/L。用于家庭饮用水和矿泉水
			阿尔必含水层	K_1al	砂、松散的胶结砂岩和砾岩	深层承压水，埋深为 548～2000 m。矿化度为 500～2200 mg/L
			尼欧克姆—阿普第含水层—阿	K_1ne+a	砂岩、砂石、砾岩伴有黏土和淤泥	深层承压水，部分地区厚度为 627～1516 m。矿化度为 5000～14600 mg/L
古生代			古生代基岩含水区	PZ	裂隙沉积岩和火成岩	仅勘探出乌国个别井

普列塔什干跨界含水层 AS47，即白垩纪谢诺曼含水层 K_2s 为莎拉咖什（Saryagash）地下水水源地分别为哈国和乌国提供 1464 m^3/d 和 2044 m^3/d 的地下水资源（Podolny et al.，2016）。且地下水的矿化度为 0.4～1.5 g/L，地下水类型为

$$M_{0.4-0.67}\frac{HCO_3 45Cl36SO_4 19}{Ca45Mg43(Na+K)12},$$

$$M_{0.58-1.5}\frac{HCO_3 47Cl25SO_4 5-13}{(Na+K)55-95Ca2-24Mg1-20},$$

$$M_{0.8-1.2}\frac{HCO_3 50-77Cl16-24SO_4 1-25}{(Na+K)97Ca2-5Mg1-5}。$$

除白垩纪谢诺曼含水层 K_2s 外，该区域其他含水层均非跨界含水层。Guseva 等(2014)分析了该区域乌国境内的 144 个地下水样，发现第四纪含水层的地下水以碳酸氢盐型为主，TDS 值在 1 g/L 以下，仅局部地区出现 TDS 值达 5.68 g/L 的硫酸盐型地下水。而在农业灌溉地区的含水层中发现硝酸盐，且最高含量达 86 mg/L(Guseva et al.，2014)。普列塔什干跨界含水层 AS47 既存在山前大气降水补给，又存在地表径流和上覆潜水补给。因此，人类活动造成的污染物质既可通过山前出露地表的部分直接进入跨界含水层，也可因抽取地下水导致水位下降，受污染的地表水或第四纪地下水通过向下渗漏进入深层跨界含水层。

1.3.4　跨界含水层地下水资源合作开发策略

国际水资源法(《跨界水道和国际湖泊保护和利用公约》(赫尔辛基，1992)、《国际水道非航行使用法公约》(纽约，1997)、《跨界含水层法条款草案》(联合国大会第 63/124、66/104、68/118 和 71/150 号决议)对跨界含水层合作提出了基本要求，即公平合理利用跨界含水层地下水资源，防止对跨界含水层造成重大损害，加强定期交流数据和资料，鼓励签订双边和区域协定等。

中亚地区人口高速增长，经济发展不均衡，水资源在时空上分布极度不均，加上各国对地下水资源的利用程度不同，因此造成对跨境水资源利用的一系列问题。跨界含水层地下水资源开发矛盾的根本原因在于跨界含水层系统具有连通性，当一国过度抽取地下水会造成相邻国家地下水资源的消耗。在全球变化、人口急剧增长及水资源短缺的大背景下，开展中亚地区跨界含水层的合作至关重要。

中亚五国在跨界水资源的开发和利用上需要达成长期的合作协议，明确开采使用配额，寻找一条合作共赢最佳途径，以便合理开采地下水资源以满足人民生活和社会经济发展的需要。合理开发跨界含水层地下水资源需要综合考虑以下因素：①含水层或含水层系统的自然属性；②含水层或含水层系统的形成和补给来源；③含水层或含水层系统现有和潜在用途；④含水层或含水层系统开发利用的实际和潜在后果；⑤含水层或含水层系统的保护、开发；⑥含水层或含水层系统影响下的生态环境。公平利用跨界含水层既要使跨界含水层各国公平地从跨界地下水资源中获取利益，又要最大限度地利用跨界含水层带来的利益。为了保证跨界地下水资源的可持续利用，含水层各国的取用量不得超过含水层系统的补给量。

在跨界含水层地下水资源的开发和利用方面，中亚五国必须围绕水源体系分配、地下水资源监测，合理地开展按需取水的开发策略。此外，含水层各国应考虑目前和未来的用水需求，积极寻找替代水源。

中亚五国在地下水资源开发上面临的问题与挑战，一方面是来自全球及区域气候变化，这将导致的中亚地区水资源总量减少；另一方面是伴随各国社会经济发展，地下水资源污染日益严重，地下水资源的可持续利用已受到严重威胁。

针对上述问题，首先要节约利用水资源，并利用地下水回灌技术对跨界含水层地下水进行合理补偿。伴随着中亚地区的气温变暖，近年来中亚山区冰川积雪融化速度加快，导致地表径流短期内增加。尽管如此，由于地表蒸散发量大，加上对地表水资源的粗放使用，特别是农业灌溉用水消耗量大，平原区地表水资源仍异常短缺，地下水资源的开发利用量也随着增加。为了对跨界含水层系统进行保护，中亚五国应适时回灌补给地下水，以减缓跨界地下水资源逐年减少的趋势。

水质安全是地下水资源综合管理的另一个重要方面。随着工农业发展，地表水污染的状况日益加重，同时也造成地下水污染。地下水的自我净化修复远比地表水复杂，时间也更漫长。中亚五国应采取适当措施保护跨界含水层或含水层系统，防止或减少水资源在取用或补给过程中对跨界含水层造成的破坏。同时，应采取措施保护跨界含水层或含水层系统的相关生态环境以确保地下水的水质安全。此外，中亚五国应开展跨界含水层系统的水位与水质联合监测，定期交换监测数据。在此基础上，构建跨界含水层地下水水流与水质数值模型，对含水层系统的水量与水质变化进行模拟与未来变化情景下的预测分析。

中亚五国在跨界含水层地下水资源方面应加强国际对话与合作，包括：①制定并实施合适的跨界含水层管理计划，创建协作管理机制；②定期交换跨界含水层或含水层系统基础信息与观测数据，包括气象、水文、含水层系统水位观测及水化学分析资料；③建立跨界水域生态环境保护机制，减缓流域水体减小，控制并防范生态环境恶化、水质下降等问题；④加强节水技术方面的交流与合作。综上，如何提高水资源有效利用率是中亚五国当前共同面对的严峻问题，各国应继续积极在修复及完善共用水利设施、提高节水灌溉技术等方面加强合作。

1.4　结论

本章系统介绍了中亚农业可利用水资源（降水、河川径流及水质、地下水及水质、总水储量等）时空演变特征，初步剖析了演变的驱动机制、开发潜力等。主要结论如下。

（1）中亚降水资源时空变化特征

在中亚五国（即哈萨克斯坦、吉尔吉斯斯坦、塔吉克斯坦、乌兹别克斯坦和土库曼斯坦）中2002—2015年多年平均降水来看，塔吉克斯坦和吉尔吉斯斯坦降水量最大，分别为532.12 mm和411.78 mm；哈萨克斯坦和乌兹别克斯坦其次，分别为264.33 mm和212.73 mm；而土库曼斯坦最低，仅为163.85 mm。从收集1980—2017年全球主流降雨产品（CPC、CRU和NCEP）时空分布特征来看，基于CPC和CRU数据发现，中亚地区西部降水明显少于东部地区，南部年均降水明显小于北部年均降水，且最大降水量均出现在中亚地区东部天山地区；而NCEP在不同时期的降水空间差异不明显；基于CPC和CRU的不同时期最大降水量可达800 mm，而基于NCEP的年均降水最大仅为200 mm左右，差异明显。从中亚主要流域的综合气象干旱指数时空分布来看，2002年额尔齐斯河流域就开始处在干旱期，在2012年达到最严重，在2014年转为湿化情况明显，在2016—2017年初湿化状况达到最大；锡尔河流域2003—2007年初湿化明显，在2007—2009年和2012—2016年出现明显的干旱；阿姆河流域2003—2007年间湿化现象明显，随后干旱和湿润反复波动。

（2）中亚地表水量和水质空间变化特征

中亚地区的淡水总蕴藏量1万亿 m^3 以上，主要以冰川和深层地下水等形式存在。冰川融水是中亚地区的河流来源，也是中亚地区水资源的主要来源。中亚五国整体水资源不足，地区分布极不平衡。地处锡尔河、阿姆河上游的吉尔吉斯斯坦和塔吉克斯坦拥有地表水资源各占26.7%和34.8%。对中亚咸海流域21个采样点20种地表水质指标监测信息的挖掘，识别出咸海中下游的3种代表性水质类型及其影响因素。第1类型的水质指标浓度均较小，分布在锡尔河中游和咸海；第2类型为氮磷营养元素浓度偏高的水体，分布在阿姆河中下游。上述水质类型主要受荒漠地区岩石风化过程控制，阴阳离子来源于硅酸盐岩和蒸发岩的风化。第 3 类型为碳元素和阴阳离子浓度均偏高的水体，主要分布在咸海，水质浓度主要受蒸发一结晶过程控制。土地覆被类型对流域不同类型水质浓度存在显著影响。对于第 1 类型水质来说，影响显著的土地覆被类型有荒地、水域、灌木、草地和农田与植被混合；第 2 类型水质浓度空间差异与土地覆被类型并没有显著性关系。对于第 3 类型水质来说，土地覆被类型有水域、农田与植被混合等。为改善咸海中下游流域水环境现状，建议减小阿姆河和锡尔河的灌溉取用水量，增加中下游河道流量和咸海的补给，将有利于减弱下游和咸海蒸发一结晶作用的控制；另外加大河岸带 5～10 km范围内的植被修复和退耕还林还草，特别是在阿姆河和锡尔河中下游农业区、咸海等地区。

(3)中亚地下水资源现状及合作开发潜力

随着人口的急剧增长、社会经济的快速发展，人类对地下水的需求量也在日益增加。近年来，跨界地下水资源的开发和利用得到了世界各国的广泛关注。由于跨界含水层具有无国界性和隐蔽性，相关国家在跨界地下水资源开发利用过程中，容易产生矛盾。因此，准确且全面地评估跨界含水层地下水资源的开发潜力是确保跨界地下水资源合理并公平开发利用的前提和基础。中亚地处内陆干旱区，地表水资源短缺，合理开发利用跨界地下水资源有利于缓解当前区域水资源供需矛盾。该地区已探明跨界含水层共 34 个，地下水开采已成为这一地区农业灌溉和生活用水的重要水源。但由于地下水的无序开采，部分跨界含水层出现水位下降及水质恶化等风险。面对中亚地区水安全的严峻形势，对跨界地表水与地下水资源合理开发利用及保护迫在眉睫。同时，针对跨界地下水资源的分配特征研究、跨界含水层的监测、地下水污染防治、节水技术提高等方面需进一步加强国际合作，以实现中亚五国间社会经济、生态环境的可持续发展。

第2章　中亚农业土地资源演变

中亚农业土地资源是中亚农业赖以生存和发展的基础。随着中亚五国的成立，各国所属人口和农业在经济发展中的占比、管理制度等都发生了很大改变，从而改变了苏联甚至更早时期农业土地资源的分布格局。本章从中亚五国土地利用变化的时空格局、驱动力、模拟与预测及影响其土地资源未来演变的主要因素和盐分对农业土地资源的影响展开全面分析。本章将为深入理解中亚农业土地资源历史与现状，以及未来的可持续利用提供农业土地资源方面的数据和评价支撑。

2.1　中亚五国土地利用变化时空格局

2.1.1　中亚五国土地利用的时空分布

在1992—2015年间，中亚五国的土地利用在时间和空间上产生了显著的变化，总体上表现为耕地面积和城镇用地面积的持续增加（耕地平均每年增加6099.41 km^2，城镇用地平均每年增加330.53 km^2）；水域面积的逐年减少（平均每年减少1568.05 km^2）；林地面积虽先减后增（大致上以2002年为界），但总体上减少了3.4万 km^2；草地面积表现为减少（1992—2003年）—增加（2004—2008年）—减少（2008—2015年），而总体上减少了2.22万 km^2，未利用地主要表现为减少的趋势，平均每年减少1927 km^2。从中亚五国来看，各国的土地利用类型变化趋势既具有一致性又具有差异性，城镇用地面积在各国中均呈现增加的趋势，其中，在乌兹别克斯坦面积增加最快，平均每年增加151.41 km^2，哈萨克斯坦次之，平均每年增加105.35 km^2；耕地面积仅在乌兹别克斯坦总体上呈现减少的趋势（平均每年减少159.58 km^2），其他四国均呈现增加的趋势（其中在哈萨克斯坦耕地面积增加最快，平均每年增加6028.2 km^2）；而草地和未利用地面积在各国的变化恰好与耕地相反（其中，草地在乌兹别克斯坦平均每年增加42.44 km^2，在哈萨克斯坦面积减少最快，平均每年减少944.08 km^2；未利用地在乌兹别克斯坦平均每年增加511.26 km^2，在哈萨克斯坦面积减少最快，平均每年减少2140.6 km^2）；林地仅在哈萨克斯坦总体上表现为减少的趋势（平均每年减少2203.53 km^2），在乌兹别克斯坦面积增加最快，平均每年增加175.09 km^2；水域在吉尔吉斯斯坦和塔吉克斯坦呈现增加的趋势且平均每年面积增加较缓慢，在其他3国呈现减少的趋势，其中在哈萨克斯坦减少最快，平均每年减少845.39 km^2，乌兹别克斯坦次之，平均每年减少720.63 km^2（图2.1）。

在空间上，耕地主要分布在哈萨克斯坦北部的图尔盖台地，其扩张也主要体现在哈萨克斯坦北部区域，林地和草地主要分布在里海沿岸低地和哈萨克丘陵，草地还有少部分分布在塔吉克斯坦和吉尔吉斯斯坦的高山区域，未利用地主要分布在乌兹别克斯坦和土库曼斯坦的图兰低地，水域分布分散，包括大大小小的河流、湖泊和冰雪融水，其中咸海南湖湖泊面积呈萎缩减

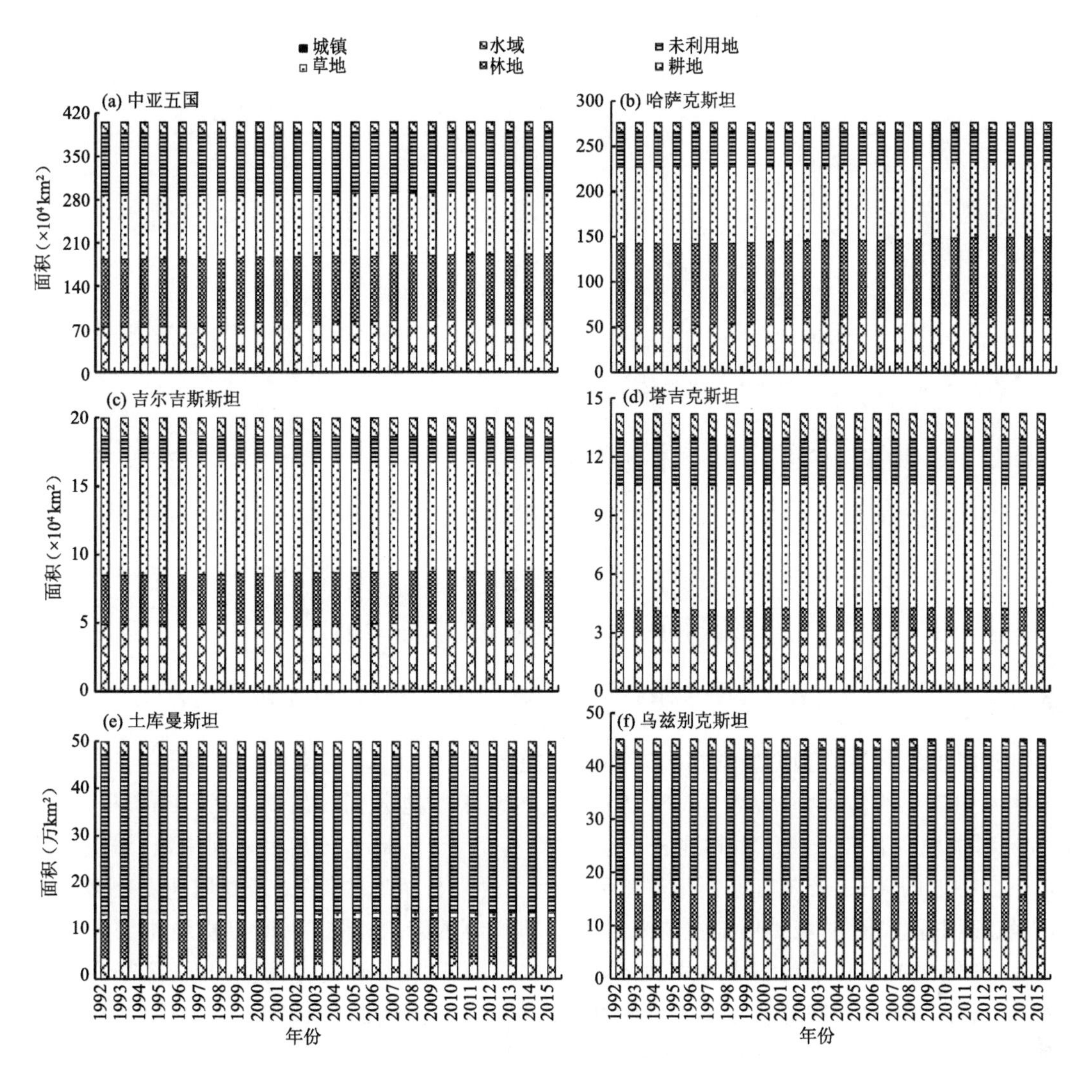

图 2.1　1992—2015 年中亚五国土地利用类型面积变化

少的态势(李均力 等,2011),城镇用地的面积最小,主要分布在中亚五国的北部和东南部,其扩张集中在东南部区域(图 2.2)。

2.1.2　土地利用类型变化的动态特征分析

2.1.2.1　土地利用转移分析

土地利用变化不仅仅只是面积数量上的增减,土地利用类型之间还存在着相互转换的关系。通过土地利用转移矩阵来分析土地类型间转移的面积以及转移的方向,以达到定量分析的目的。

通过转移矩阵分析,1992—2015 年,中亚五国各土地利用类型显然存在着转移关系(表 2.1)。其中,耕地以转入为主,林地和草地是主要的输入类型,分别转入 7.88 万 km^2 和 5.27 万 km^2,耕地亦有转出地类,其中 0.50 万 km^2 转为城镇用地。未利用地以转出为主,林地(4.58 万 km^2)和草地(1.93 万 km^2)是其主要转出类型。水域有 3.07 万 km^2 转为未利用

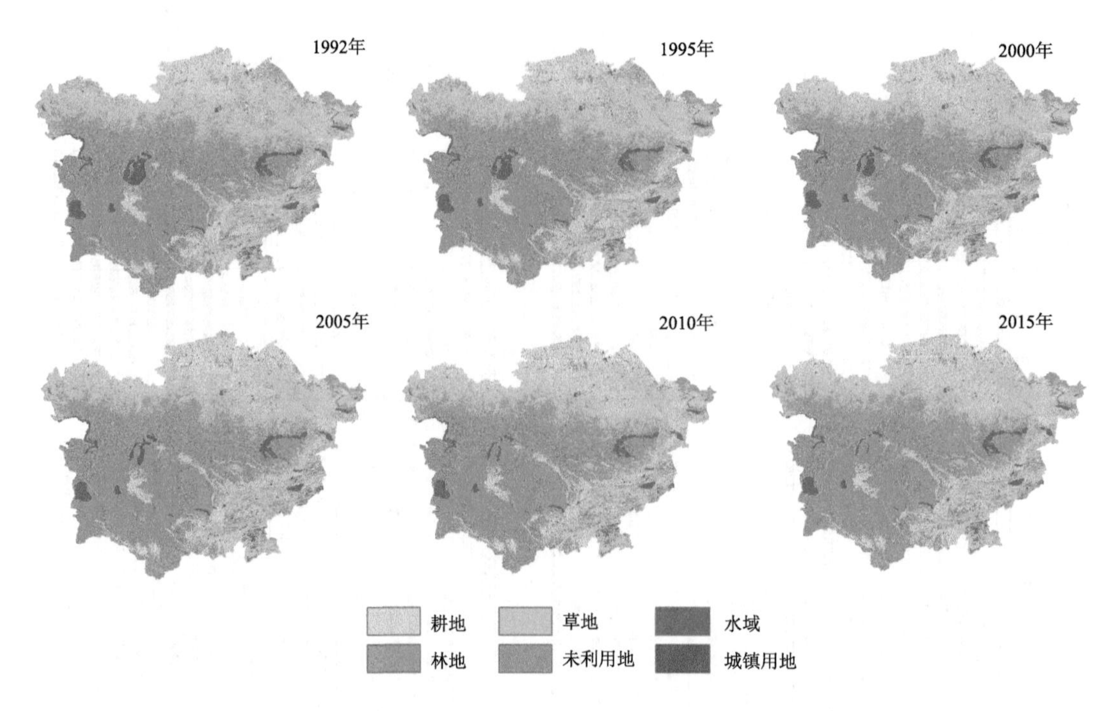

图 2.2　1992—2015 年中亚五国 6 个时期土地利用现状图

地。但各国土地利用类型的转移情况存在明显差异，其中，哈萨克斯坦耕地以转入为主，主要来自林地和草地的转入，共转入 12.66 万 km^2，林地和草地分别转出 9.66 万 km^2 和 5.89 万 km^2，未利用地也有部分转出为林地和草地，水域有 1.55 万 km^2 转出为未利用地，城镇用地主要是来自耕地的转入；吉尔吉斯斯坦耕地和林地主要来自草地的转入，未利用地主要转出为草地，水域面积保持不变，城镇用地主要来自耕地和草地的转入；塔吉克斯坦耕地主要来自草地的转入，林地主要来自草地和未利用地的转入，水域面积保持不变，城镇用地全部来自耕地的转入；土库曼斯坦耕地和林地主要来自未利用地的转入，草地也有部分转出为耕地，城镇用地主要来自耕地的转入；乌兹别克斯坦耕地主要转出为城镇用地、林地和草地，而林地和草地更大部分是由未利用地转化而来，未利用地增加的面积主要是来自水域的转入，城镇用地主要来自耕地的转入，另外一部分是来自草地的转入。

表 2.1　中亚五国 1992—2015 年土地利用动态转移矩阵（$\times 10^4 km^2$）

1992 年		2015 年						
		耕地	林地	草地	未利用地	水域	城镇用地	转出
中亚五国	耕地	71.37	0.66	0.75	0.11	0.03	0.5	2.05
	林地	7.88	99.44	1.98	0.22	0.07	0.04	10.19
	草地	5.27	1.38	97.01	0.25	0.03	0.11	7.04
	未利用地	0.48	4.58	1.93	93.81	0.13	0.02	7.14
	水域	0.1	0.18	0.15	3.07	13.62	0	3.5
	城镇用地	0	0	0	0	0	0.25	0
	转入	13.73	6.8	4.81	3.65	0.26	0.67	29.92

续表

1992 年		2015 年						
		耕地	林地	草地	未利用地	水域	城镇用地	转出
哈萨克斯坦	耕地	50.55	0.39	0.53	0.03	0.03	0.11	1.09
	林地	7.66	80.78	1.73	0.18	0.06	0.03	9.66
	草地	4.74	1	79.54	0.08	0.01	0.06	5.89
	未利用地	0.17	4.08	1.59	33.07	0.06	0.01	5.91
	水域	0.09	0.16	0.14	1.55	7.62	0	1.94
	城镇用地	0	0	0	0	0	0.17	0
	转入	12.66	5.63	3.99	1.84	0.16	0.21	24.49
吉尔吉斯斯坦	耕地	4.65	0.08	0.11	0	0	0.05	0.24
	林地	0.08	3.34	0.15	0.01	0	0	0.24
	草地	0.29	0.28	7.71	0.07	0	0.01	0.65
	未利用地	0.01	0.03	0.07	1.72	0	0	0.11
	水域	0	0	0	0	1.33	0	0
	城镇用地	0	0	0	0	0	0.01	0
	转入	0.38	0.39	0.33	0.08	0	0.06	1.24
塔吉克斯坦	耕地	3.01	0.01	0.01	0.01	0	0.04	0.07
	林地	0.01	1.01	0.02	0.01	0	0	0.04
	草地	0.08	0.04	6.24	0.06	0	0	0.18
	未利用地	0	0.06	0.08	2.26	0	0	0.14
	水域	0	0	0	0	1.23	0	0
	城镇用地	0	0	0	0	0	0.01	0
	转入	0.09	0.11	0.11	0.08	0	0.04	0.43
土库曼斯坦	耕地	4.33	0.03	0.01	0.03	0	0.03	0.1
	林地	0.05	7.89	0.01	0.01	0	0	0.07
	草地	0.08	0.02	1.04	0.02	0	0.01	0.13
	未利用地	0.24	0.15	0.08	33.22	0.02	0.01	0.5
	水域	0	0	0	0.02	2.52	0	0.02
	城镇用地	0	0	0	0	0	0.01	0
	转入	0.37	0.2	0.1	0.08	0.02	0.05	0.82
乌兹别克斯坦	耕地	8.81	0.15	0.09	0.03	0	0.28	0.55
	林地	0.09	6.4	0.06	0.02	0.01	0	0.18
	草地	0.09	0.04	2.46	0.02	0.01	0.03	0.19
	未利用地	0.06	0.26	0.11	23.52	0.04	0	0.47
	水域	0.01	0.01	0.01	1.49	0.9	0	1.52
	城镇用地	0	0	0	0	0	0.06	0
	转入	0.25	0.46	0.27	1.56	0.06	0.31	2.91

2.1.2.2　土地利用动态度分析

土地利用动态度是指研究区内某一土地利用类型在一定时期内数量上的变化(李秀芬等,2014),公式如下:

$$K=\frac{U_b-U_a}{U_a}\times\frac{1}{T}\times100\% \tag{2.1}$$

式中,K 为土地利用动态度,U_a、U_b 为研究初、末期某一地类的面积,T 为时长。

通过土地利用动态度分析,1992—2015 年中亚五国城镇用地面积增加最快,年均增加率为 11.56%;耕地次之,年均增加率为 0.69%;而林地、草地、未利用地和水域呈现减少的趋势。总体上看,城镇面积增加最快,耕地次之,二者是中亚五国土地利用变化较为剧烈的类型,由此可见该地区在城市扩张的同时,也保证了耕地的数量,满足了人口增加对耕地的需求。从各时段来看,中亚五国耕地和城镇用地在各时段均呈现增加趋势,其中耕地在 1995—2000 年增长率最快,年均增长率达 1.97%,远高于其他时段。而城镇用地在 2000—2005 年增加速率最快,达到 19.70%;水域在各时段内均呈现减少的趋势,草地仅在 2000—2005 年有缓慢的增加,而林地在 2005—2010 年和 2010—2015 年有缓慢的增加,其他时段内均为减少(图 2.3)。

对于中亚五国来说,在 1992—2015 年,哈萨克斯坦耕地和城镇面积持续增加,年均增加率分别为 0.97%和 5.57%,林地、草地、未利用地和水域呈现减少趋势;吉尔吉斯斯坦耕地、林地、水域和城镇面积整体上呈现增长的趋势,其中城镇的年均增加率在五国中达到最大,为 50.63%,同时草地和未利用地整体上减少;塔吉克斯坦各土地利用类型与吉尔吉斯斯坦变化趋势相同;土库曼斯坦耕地、林地和城镇面积持续增加,年均增加率分别为 0.26%、0.07%和 22.39%,同时草地、未利用地和水域面积整体上减少;乌兹别克斯坦耕地和水域面积整体上减少,而林地、草地、未利用地和城镇面积持续增加。

从各时段来看,五国中城镇用地面积在各时段内均呈现增长趋势,而且在 2000—2005 年间年均增长率最大,其中吉尔吉斯斯坦的城镇用地在 2000—2005 年间年均增长率又远高于其他几个国家,达到 116.10%。但是,其他土地利用类型在五国中变化不一。其中,哈萨克斯坦耕地面积在各时段内均呈现增长趋势,在 1995—2000 年年均增加率最大,为 2.76%,林地面积先减少,在 2005 年后有缓慢的增加,草地的变化波动比较大,在 1992—1995 年和 2000—2005 年缓慢增加,其余时段内呈现减少趋势,未利用地仅在 1992—1995 年缓慢增长,其余时段内均呈现减少趋势,其中在 2005—2010 年年均减少率最大,为 1.14%,水域在各时段内均呈现减少趋势,在 2005—2010 年内年均减少率最大,为 1.20%;吉尔吉斯斯坦耕地面积仅在最近的 2010—2015 年有缓慢的下降,林地的变化趋势正好与哈萨克斯坦相反,先增长,在 2005 年后缓慢减少,草地仅在 2010—2015 年缓慢增长,未利用地和水域在 2000—2005 年和 2005—2010 年呈现减少趋势,其余时段内呈现增长趋势;塔吉克斯坦耕地和林地面积仅在 2010—2015 年有下降趋势,草地面积仅在 2000—2005 年有增加趋势,同时,未利用地在 2005—2010 年和 2010—2015 年呈现增长趋势,其他时段呈现下降趋势,水域面积在 2000—2005 年和 2005—2010 年呈现下降趋势,而在 1995—2000 年和 2010—2015 年呈现增长趋势;土库曼斯坦耕地面积仅在 1992—1995 年呈现下降趋势,而未利用地恰好与耕地变化趋势相反,林地面积在各时段内均呈现增长趋势,是五国中唯一的在各时段内林地面积持续增长的国家,草地面积在 2000—2005 年和 2010—2015 年呈现增长趋势,水域面积在 1992—1995 年和 2000—2005 年呈现增长趋势,其余时段内减少;乌兹别克斯坦耕地面积仅在 1992—1995 年呈现增长趋势,而草地在各时段内变化趋势与耕地正好相反，林地面积在 1992—1995 年和 2010—2015 年呈现减少趋势，其余时段内增加，水域在各时段内均呈现减少趋势，与哈萨克斯坦变化趋势一致，未利用地在各时段内均呈现增长趋势，是五国中唯一的在各时段内未利用地面积持续增长的国家。

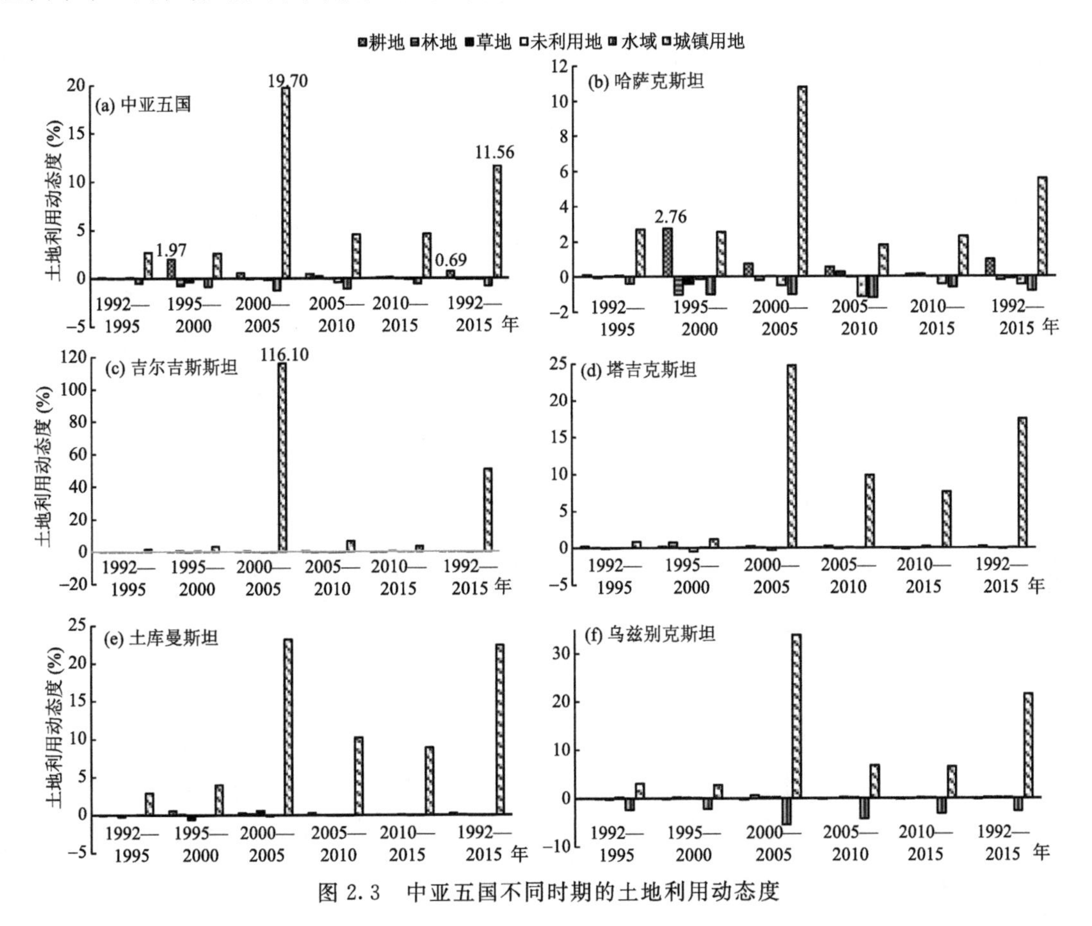

图 2.3　中亚五国不同时期的土地利用动态度

2.1.3　土地利用程度变化分析

土地利用程度变化是表征人类活动对土地生态系统干扰的程度，根据刘纪远提出的综合分析方法（秦富仓 等，2016），土地利用按照土地自然综合体的平衡状态被分为 4 级，并赋予指数（表 2.2），利用土地利用程度变化量反映土地利用的发展情况，公式如下：

$$\Delta L_{b-a} = L_b - L_a = 100 \times \left(\sum_{i=1}^{n} A_i \times C_b - \sum_{i=1}^{n} A_i \times C_a \right) \tag{2.2}$$

式中，L_a、L_b 为 a、b 时间的土地利用程度综合指数，ΔL_{b-a} 为其变化量；C_a、C_b 为 a、b 时间某地类的面积占比；A_i 为分级指数；n 则为土地利用程度分级数。若 $\Delta L_{b-a}>0$，则土地利用为发展期，反之，为调整期或衰退期。

表 2.2　土地利用类型及分级表

土地分级	未利用土地级	林、草、水用地级	农业用地级	城镇聚落用地级
土地利用类型	未利用地	林地、草地、水域	耕地	城镇用地
分级指数	1	2	3	4

根据土地利用程度变化分析，1992—2015年中亚五国土地利用程度总体上呈缓慢上升的趋势，表明土地利用处于发展阶段（图2.4），反映出中亚五国随着人类活动越来越频繁，尤其表现为耕地和城镇用地的增加，林、草地的减少，土地类型发生变化，导致土地利用程度上升。

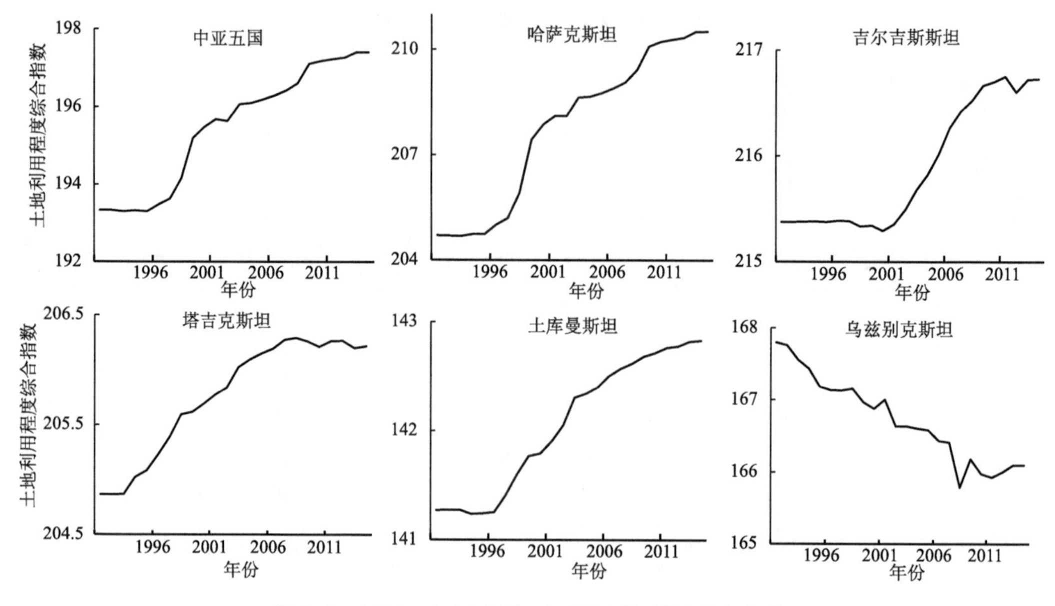

图2.4　1992—2015年中亚五国土地利用程度变化

从中亚五国来看，哈萨克斯坦、塔吉克斯坦、吉尔吉斯斯坦和土库曼斯坦土地利用程度均处于发展阶段。其中，吉尔吉斯斯坦土地利用程度综合指数居五国之首，在2015年达到216.73，耕地的增加是导致其在五国中呈现最高值的主要因素。哈萨克斯坦次之，仅有乌兹别克斯坦土地利用程度处于衰退阶段，与耕地的衰退密切相关。由此可见，耕地是反映中亚五国土地利用发展阶段的重要指标。

2.2　中亚五国土地利用变化的驱动力分析

2.2.1　土地利用变化的影响及驱动力分析方法

LUCC（土地利用与土地覆盖变化）驱动力的研究对其时空演变规律以及预测未来LUCC具有重要作用（刘纪远 等，2003），也是出台合理的土地利用政策的基础。驱动力是指产生土地利用变化的各种自然和人文因素，在较短的研究时序内，自然因素对LUCC的影响较小，人文因素是影响LUCC的主要驱动因子。影响LUCC的驱动因子那么多，一方面，我们应该把各驱动因子放在一起进行研究，因为这些驱动因子不是单独发挥作用的，是相互影响、相互制约的（杨梅 等，2011）。另一方面，由于各驱动因子对土地利用变化解释的力度不同，我们也应该从中找出影响土地利用变化的主要驱动因子以及各因子之间的综合影响，这样才能全面地说明土地利用变化的驱动机制。

驱动力研究常用主成分分析方法、Logistic回归模型和灰色关联度分析法等方法。Gao等（2015）学者基于RS和GIS技术，采用主成分分析方法分析生态修复区山东省沂蒙山2003—2012年土地利用变化的驱动力，为其生态环境的良性发展提供有效借鉴。Handavu

等(2019)学者采用二元 Logistic 回归模型研究影响赞比亚铜带土地利用和土地覆盖动态的社会经济驱动因素,有助于制定可持续的土地使用和资源管理政策。Arowolo 等(2018)以尼日利亚为研究区,利用空间计算分析模型分析其在 2000—2010 年的土地利用/土地覆盖变化,并利用 Logistic 回归模型分析耕地扩张的驱动因素,结果表明,生物物理、社会经济和邻近性因素是影响耕地利用变化的重要驱动因素。Schubert 等(2018)以哥伦比亚加勒比海地区一个蓬勃发展的城市——巴兰基亚作为研究区,使用 1985—2017 年的 Landsat KM/EKM/OLI 影像对土地利用和土地覆盖的时空变化进行制图和分析,并利用 Logistic 回归模型,从地形、气候、土壤、邻近特征和社会经济数据方面选取指标来确定影响土地利用变化的驱动因素。

近年来,地理探测器在解释变量驱动力方面获得广泛使用,该方法与传统统计分析方法相比,独特之处在于方便易用,对类别变量的处理不需要太多的线性假设(吕晨 等,2017)。另外,当自变量为数值型变量时,通过离散化将其转化为类型量,能够构建可靠的因、自变量两者间的关系(王劲峰 等,2017)。该方法不仅可以应用在建成区扩张、人居环境满意度等社会经济研究之中(Ju et al.,2016;湛东升 等,2015),而且可以应用在净初级生产力(NPP)时空格局演变、人口的空间分异性、石漠化空间分布等方面(潘洪义 等,2019;李佳洺 等,2017;王正雄等,2019)。Liu 等(2020)学者以青藏高原东北地区为研究区,分析了土地利用变化的动态趋势,并利用地理探测器定量评价了土地利用变化的关键驱动因素,结果表明,海拔和人口密度是土地利用变化的主要驱动因素,经济发展对土地利用变化也有显著影响。李佳洺等(2017)通过地理探测器,以胡焕庸线作为研究对象,研究其两侧的人口分布规律,并解释人口分布规律发生变化的机理。地理探测器要求数据在层内方差必须最小,在层间方差达到最大,能够有效地判断变量的空间差异性,并且发现多因子之间存在的关系。史莎娜等(2019)学者以乡(镇)行政单位作为研究单元,来探讨广西西北地区的人口分布特点,并通过因子探测和交互探测分析影响人口分布的因素。

2.2.2　中亚五国土地利用影响因素分析

2.2.2.1　自然因素

(1)高程因素

中亚五国的地势呈现东南高、西北低的特点,海拔高度的分布差异影响土地利用类型的空间分布。为了了解高程与土地利用类型分布的关系,通过重分类的方式将高程划分为 4 个等级:Ⅰ级(<200 m)、Ⅱ级(200～500 m)、Ⅲ级(500～1000 m)、Ⅳ级(>1000 m)(图 2.5),然后将重分类后的高程图像通过“栅格转面”工具转化为矢量图像,通过提取分析提取出每个级别的高程图像,然后与土地利用现状图进行叠加,计算出各高程等级范围内对应的各土地利用类型的占比(表 2.3)。

结果表明,耕地主要分布在等级Ⅰ和等级Ⅱ的范围内,即高程在 500 m 以内的平原和丘陵地区,随着海拔的升高,耕地呈现减少的趋势;城镇用地大部分分布在高程 1000 m 以内的地区,其中,主要分布在等级Ⅱ的范围内,即高程在 200～500 m 的地区;林地主要分布在等级Ⅰ和等级Ⅱ的范围内,即高程在 500 m 以内的地区;草地不仅在海拔较低的地区分布广泛,在海拔较高的Ⅲ、Ⅳ等级内同样有大面积的分布;未利用地主要分布在海拔 200 m 以内的地区;水域主要分布在海拔 500 m 以内的范围;换句话说,各种土地利用类型均主要分布在等级Ⅰ

和Ⅱ中，而在等级Ⅲ和Ⅳ中，土地主要被草地、林地和耕地所占据。

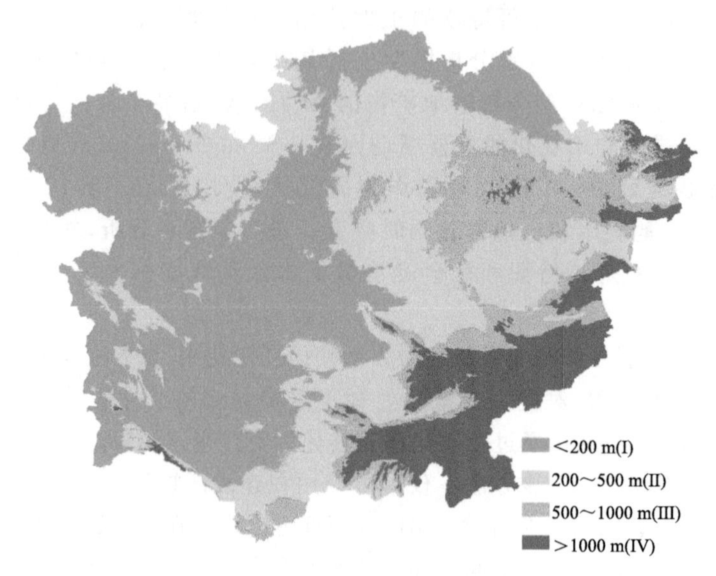

图 2.5　中亚五国高程分级图

表 2.3　中亚五国土地利用类型在不同高程等级分布情况表

高程	年份	耕地占比(%)	林地占比(%)	草地占比(%)	未利用地占比(%)	水域占比(%)	城镇用地占比(%)
Ⅰ级	1992	6.05	10.71	6.16	17.49	2.29	0.02
	2005	6.96	10.05	6.17	17.71	1.79	0.03
	2015	7.09	10.22	6.19	17.68	1.49	0.05
Ⅱ级	1992	7.30	10.62	7.97	5.33	1.23	0.03
	2005	8.02	10.26	7.83	5.06	1.24	0.07
	2015	8.11	10.50	7.84	4.68	1.24	0.10
Ⅲ级	1992	2.54	3.75	5.81	1.00	0.04	0.01
	2005	3.19	3.43	5.59	0.86	0.04	0.05
	2015	3.43	3.45	5.54	0.63	0.04	0.07
Ⅳ级	1992	2.22	1.96	5.72	1.08	0.66	0
	2005	2.30	2.05	5.58	1.06	0.66	0
	2015	2.35	2.03	5.55	1.05	0.66	0.01

(2)坡度因素

土地利用变化也受到坡度因素的影响，为了分析坡度因素与土地利用变化的关系，通过重分类的方式将坡度划分为 5 个等级：Ⅰ级(0°～2°)、Ⅱ级(2°～6°)、Ⅲ级(6°～15°)、Ⅳ级(15°～25°)、Ⅴ级(>25°)(图 2.6)，然后将其与土地利用现状图进行叠加，计算出各坡度等级范围内各地类的占比(表 2.4)。结果表明，各种土地利用类型主要分布在等级Ⅰ，即 0°～2°的缓坡上，随着坡度的增大，各地类分布越来越少(除水域)；水域面积在等级Ⅲ～Ⅴ的坡度上略有增加。在坡度较陡的地区(>15°)，主要分布着林地、草地和未利用地。

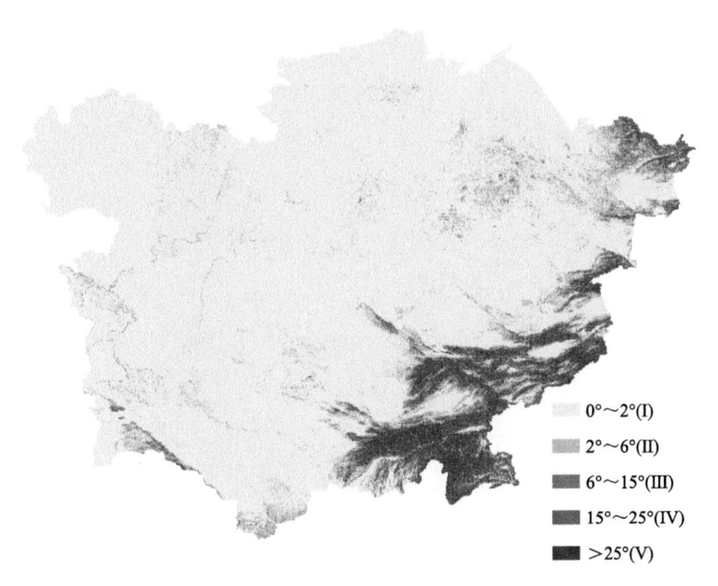

图 2.6　中亚五国坡度分级图

表 2.4　中亚五国土地利用类型在不同坡度等级分布情况表

高程	年份	耕地占比(%)	林地占比(%)	草地占比(%)	未利用地占比(%)	水域占比(%)	城镇用地占比(%)
Ⅰ级	1992	15.23	23.58	18.29	22.63	3.74	0.06
	2005	17.34	22.30	18.01	22.49	3.25	0.14
	2015	17.75	22.74	18.01	21.88	2.95	0.21
Ⅱ级	1992	1.34	1.79	2.79	1.23	0.05	0
	2005	1.56	1.74	2.67	1.18	0.05	0.01
	2015	1.62	1.72	2.65	1.15	0.05	0.01
Ⅲ级	1992	0.90	1.01	2.16	0.44	0.14	0
	2005	0.93	1.05	2.11	0.42	0.14	0
	2015	0.96	1.05	2.09	0.41	0.14	0
Ⅳ级	1992	0.44	0.46	1.44	0.33	0.15	0
	2005	0.44	0.50	1.40	0.33	0.15	0
	2015	0.45	0.50	1.39	0.32	0.15	0
Ⅴ级	1992	0.19	0.19	0.97	0.30	0.14	0
	2005	0.19	0.21	0.96	0.30	0.14	0
	2015	0.20	0.21	0.96	0.30	0.14	0

(3)水系因素

以水系为中心，1 km 的间隔作缓冲区，从里到外划分 5 个梯级缓冲区(图 2.7)，结果表明耕地分布在距水系较近的地区，林、草地分布在距离水系较远的地区，其他土地类型的分布与距水系距离没有明显关系。

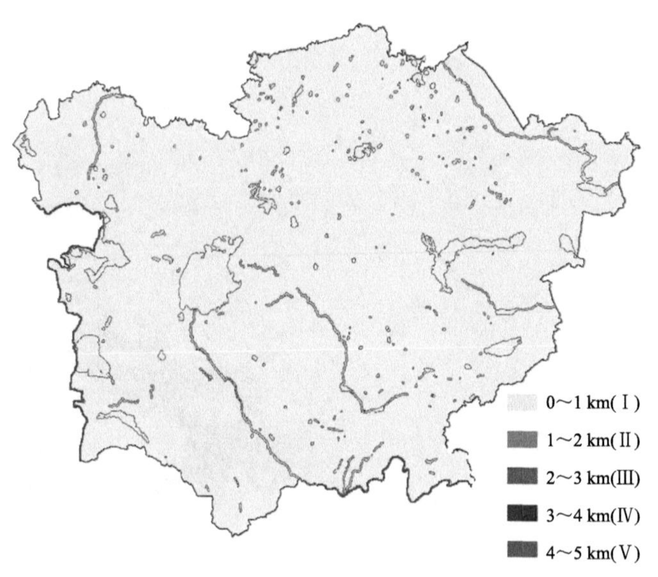

图 2.7　中亚五国水系缓冲区示意图

2.2.2.2　社会经济因素

(1)交通因素

交通的通达度和便利性是一个地区经济发展的必要条件,交通沿线附近的土地开发方向会受到影响,所以势必会影响区域土地利用变化。为了研究交通因素与土地利用变化的关系,本文选取中亚的道路和铁路两种交通因素进行分析。

道路因素:对于道路数据,以 1 km 的间隔作缓冲区,由道路线为中心,从里到外划分 5 个梯级缓冲区,分别为Ⅰ级(0～1 km)、Ⅱ级(1～2 km)、Ⅲ级(2～3 km)、Ⅳ级(3～4 km)、Ⅴ级(4～5 km)(图 2.8),然后将其与土地利用现状图进行叠加,分别计算各缓冲区的不同土地类型的面积(表 2.5)。

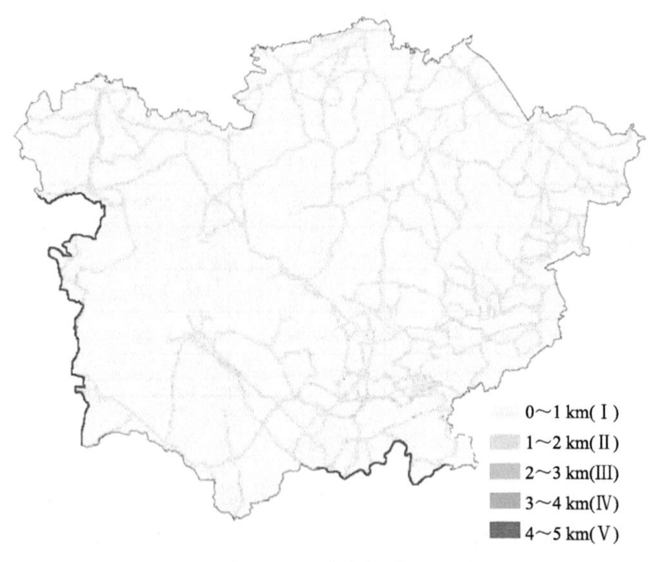

图 2.8　中亚五国道路缓冲区示意图

结果表明，随着道路缓冲区的级别增大，城镇用地面积越来越少，说明城镇用地主要分布在距离道路较近的地区，而在研究时期内城镇用地呈现逐年增长趋势，那么距离道路的远近是影响其增长的重要因素之一；耕地、林地、草地和未利用地同样随着缓冲区的级别增大，呈现减少的趋势；随着道路缓冲区的级别增大，水域面积越来越大，说明水域主要分布在距离道路较远的地区。

表 2.5　中亚五国土地利用类型在不同道路缓冲区等级分布情况表

道路缓冲区	年份	耕地(km²)	林地(km²)	草地(km²)	未利用地(km²)	水域(km²)	城镇用地(km²)
Ⅰ级	1992	34407.20	21223.57	29005.50	15470.31	1294.47	965.13
	2005	37198.70	19457.08	27747.13	14498.41	1287.88	2176.98
	2015	36981.74	19746.50	27653.23	13732.97	1259.41	2992.32
Ⅱ级	1992	32907.49	21160.04	28755.39	14938.93	1916.89	457.27
	2005	35896.76	19490.84	27728.73	13959.05	1940.06	1120.56
	2015	35986.67	19730.80	27697.75	13225.72	1891.03	1604.03
Ⅲ级	1992	31541.76	20921.13	28538.25	14485.13	2250.83	226.07
	2005	34544.06	19359.97	27644.38	13545.61	2274.70	594.47
	2015	34770.74	19606.78	27623.55	12831.46	2201.45	929.20
Ⅳ级	1992	30096.38	20623.54	27983.79	14353.91	2444.79	136.60
	2005	33085.83	19118.88	27189.02	13409.44	2443.41	392.44
	2015	33326.04	19409.61	27233.28	12678.98	2356.19	634.91
Ⅴ级	1992	28627.21	20344.36	27580.42	14055.29	2479.25	108.48
	2005	31597.65	18924.75	26762.56	13133.47	2484.02	292.55
	2015	31907.82	19196.55	26784.35	12449.26	2386.65	470.37

铁路因素：对于铁路数据，以 5 km 的间隔作缓冲区，以铁路线为中心，从里到外划分 5 个梯级缓冲区，分别为Ⅰ级(0～5 km)、Ⅱ级(5～10 km)、Ⅲ级(10～15 km)、Ⅳ级(15～20 km)、Ⅴ级(20～25 km)(图 2.9)，然后将其与土地利用现状图进行叠加，分别计算各缓冲区的不同土地类型的面积(表 2.6)。结果表明，耕地、城镇用地、草地和未利用地的分布均与距铁路缓冲区距离成反比，随着铁路缓冲区的级别增大，这四种土地利用类型面积都呈现减少的趋势，由此说明它们主要分布在距铁路距离较近的地区；林地面积随着铁路缓冲区的级别增大，表现出先增加后减少的趋势；水域面积随着铁路缓冲区的级别增大，反而表现出增加的趋势，表明水域主要分布在距铁路距离较远的地区。

(2)人口密度

人口密度以人/km² 为单位，分为Ⅰ级(＞500)、Ⅱ级(100～500)、Ⅲ级(50～100)、Ⅳ级(10～50)、Ⅴ级(0～10)五个等级(图 2.10)，然后将其与土地利用现状图进行叠加，计算出各人口密度等级范围内各地类的占比(表 2.7)。结果表明耕地主要分布在Ⅳ和Ⅴ等级；城镇用地主要分布在第Ⅱ等级，即人口密度较大的地区；随着等级的增加，即随着人口密度的减小，林地和草地的面积增加；未利用地主要分布在Ⅳ和Ⅴ等级；水域主要分布在第Ⅴ等级。

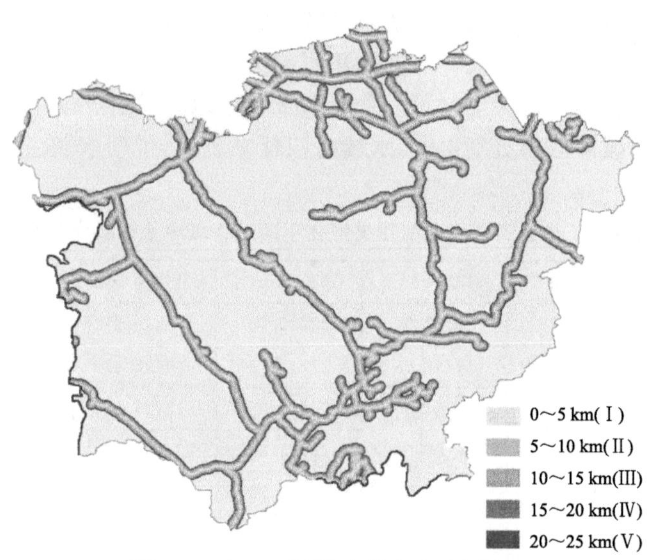

图 2.9　中亚五国铁路缓冲区示意图

表 2.6　中亚五国土地利用类型在不同铁路缓冲区等级分布情况表

道路缓冲区	年份	耕地(km²)	林地(km²)	草地(km²)	未利用地(km²)	水域(km²)	城镇用地(km²)
Ⅰ级	1992	90153.48	39418.03	44178.66	38871.37	4098.38	1759.98
	2005	95748.71	35269.49	42086.99	37316.81	4067.48	3990.42
	2015	95554.84	35688.05	42021.98	35678.76	4064.71	5471.56
Ⅱ级	1992	79295.40	40210.54	42714.43	36574.03	4911.98	233.80
	2005	86481.56	35819.27	41191.72	34796.69	4912.93	738.01
	2015	86856.47	36200.33	41424.65	33313.55	4879.44	1265.75
Ⅲ级	1992	70601.63	41161.69	41566.80	35426.91	5079.04	86.44
	2005	77630.80	36985.21	40074.64	33810.21	5056.82	364.84
	2015	78142.30	37420.34	40302.70	32498.12	4875.18	683.86
Ⅳ级	1992	63124.92	41760.76	41496.68	33857.77	5605.64	57.71
	2005	70202.69	37557.72	39558.10	32720.64	5606.25	258.10
	2015	70936.97	38113.75	39539.96	31666.21	5159.57	487.03
Ⅴ级	1992	56039.61	41652.98	41329.79	33365.10	5642.61	44.43
	2005	62624.27	37737.28	39486.93	32423.14	5651.81	151.09
	2015	63620.37	37920.31	39416.81	31473.99	5317.17	325.87

通过以上分析说明，中亚五国土地利用类型的空间分布会受到自然环境、区位因素及人口空间分布特征的影响。

2.2.3　中亚五国土地利用驱动力分析

2.2.3.1　基于 Logistic 回归模型的中亚五国土地利用驱动力分析

(1)驱动因子选取与数据准备

土地利用变化的过程极其复杂，受很多因素制约，主要包括自然和社会经济两方面(Liu

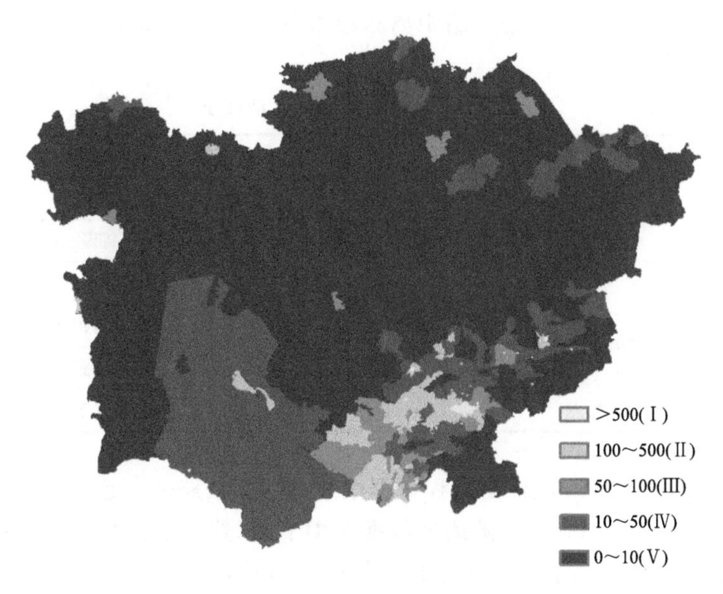

图 2.10　中亚五国人口密度分级图

表 2.7　中亚五国土地利用类型在不同人口密度等级分布情况表

人口密度	年份	耕地占比(%)	林地占比(%)	草地占比(%)	未利用地占比(%)	水域占比(%)	城镇用地占比(%)
Ⅰ级	1992	0.13	0.01	0.01	0	0	0
	2005	0.12	0.01	0.01	0	0	0.02
	2015	0.12	0.01	0.01	0	0	0.03
Ⅱ级	1992	1.50	0.43	0.49	0.29	0.02	0.02
	2005	1.51	0.42	0.47	0.28	0.03	0.04
	2015	1.47	0.41	0.47	0.28	0.03	0.08
Ⅲ级	1992	1.43	0.51	0.67	0.29	0.08	0.01
	2005	1.48	0.50	0.65	0.25	0.09	0.02
	2015	1.50	0.50	0.64	0.24	0.08	0.03
Ⅳ级	1992	3.77	3.48	3.35	9.72	0.30	0.01
	2005	4.15	3.32	3.19	9.75	0.19	0.03
	2015	4.20	3.30	3.19	9.71	0.18	0.05
Ⅴ级	1992	11.26	22.63	21.15	14.61	3.81	0.02
	2005	13.20	21.56	20.85	14.41	3.42	0.04
	2015	13.69	21.99	20.81	13.81	3.12	0.05

et al.,2016),根据前人的研究,在短时期内自然因素对土地利用变化的影响较小,气象因子(气温和降水量)不能明显反应各种土地利用类型的变化规律,而土地利用类型的分布会受到高程和坡度因素的制约,所以在自然因素中选取了高程和坡度两个因子;在短时期内社会经济因素是影响 LUCC 的主导因子,通过借鉴相关文献,再结合指标的可获得性,在社会经济因素

中选取了距离因子(距铁路距离、距公路距离和距水系距离)和人口密度作为驱动因子,共选取6个因子,如表2.8所示。

表2.8 土地利用变化驱动因子

属性	名称
自然因子	坡度
	高程
社会经济因子	人口密度
	距道路距离
	距铁路距离
	距水系距离

坡度数据是利用ArcGIS软件由高程数据生成;道路、铁路和水系数据是在来自于资源环境科学与数据中心的全球100万基础地理数据库中下载,然后通过中亚五国的矢量边界裁剪出中亚的道路、铁路和水系数据,再利用距离分析中的欧式距离得到研究所需要的距道路距离、距铁路距离和距水系距离要素;人口密度来自于美国宇航局地球观测系统和信息系统数据中心,然后通过中亚五国的矢量边界裁剪出中亚的人口密度数据。经处理后所获得的驱动因子如图2.11所示。

(2)Logistic回归模型原理与数据获取

当因变量是二值变量(0和1),自变量是连续变量和分类变量时使用Logistic回归(Wang et al.,2019)。基本上假设因变量的概率取1(正响应)并遵循Logistic曲线,其值可由下式估算:

$$P(y=1 \mid X)=\frac{\exp(\sum BX)}{1+\exp(\sum BX)} \tag{2.3}$$

式中,P为因变量的概率;X表示自变量,$X=(x_0,x_1,x_2,\cdots,x_t)$,$x_0=1$;$B$表示估计参数,$B=(b_0,b_1,b_2,\cdots,b_t)$。

为了将模型线性化,去除原因变量(概率)的0/1边界,通常采用以下变换:

$$P=\ln(P/(1-P)) \tag{2.4}$$

这个变换被称为Logit或Logistic变换。注意在转换之后P'理论上可以假设负无穷到正无穷之间的任何值,对上述Logit回归模型的两侧进行Logit变换,得到标准线性回归模型:

$$\ln(P/(1-P))=b_0+b_1\times x_1+b_2\times x_2+\cdots+b_k\times x_k \tag{2.5}$$

本书通过运用Logistic回归模型,采用逐步向前回归的方法来分析中亚五国土地利用变化的驱动力因素。

数据获取:①因变量:将各土地利用类型分别作为因变量,其为二值变量(0和1),某一土地利用类型出现赋值为1,没有出现赋值为0,见图2.12。②随机抽样获取变量值:为了防止数据产生空间自相关,本节通过随机抽样的方式在整个研究范围内获取观测点(李洪 等,2012;谢花林 等,2008)。在ArcGIS软件中,通过创建随机点工具得到均匀分布的随机点。根据Logistic回归模型要求要选取较大的样本容量,本研究选取了1万个样本,并保证因变量中的0和1的数量相等。然后利用值提取至点工具提取每一个点处的因变量(0和1),并在驱动

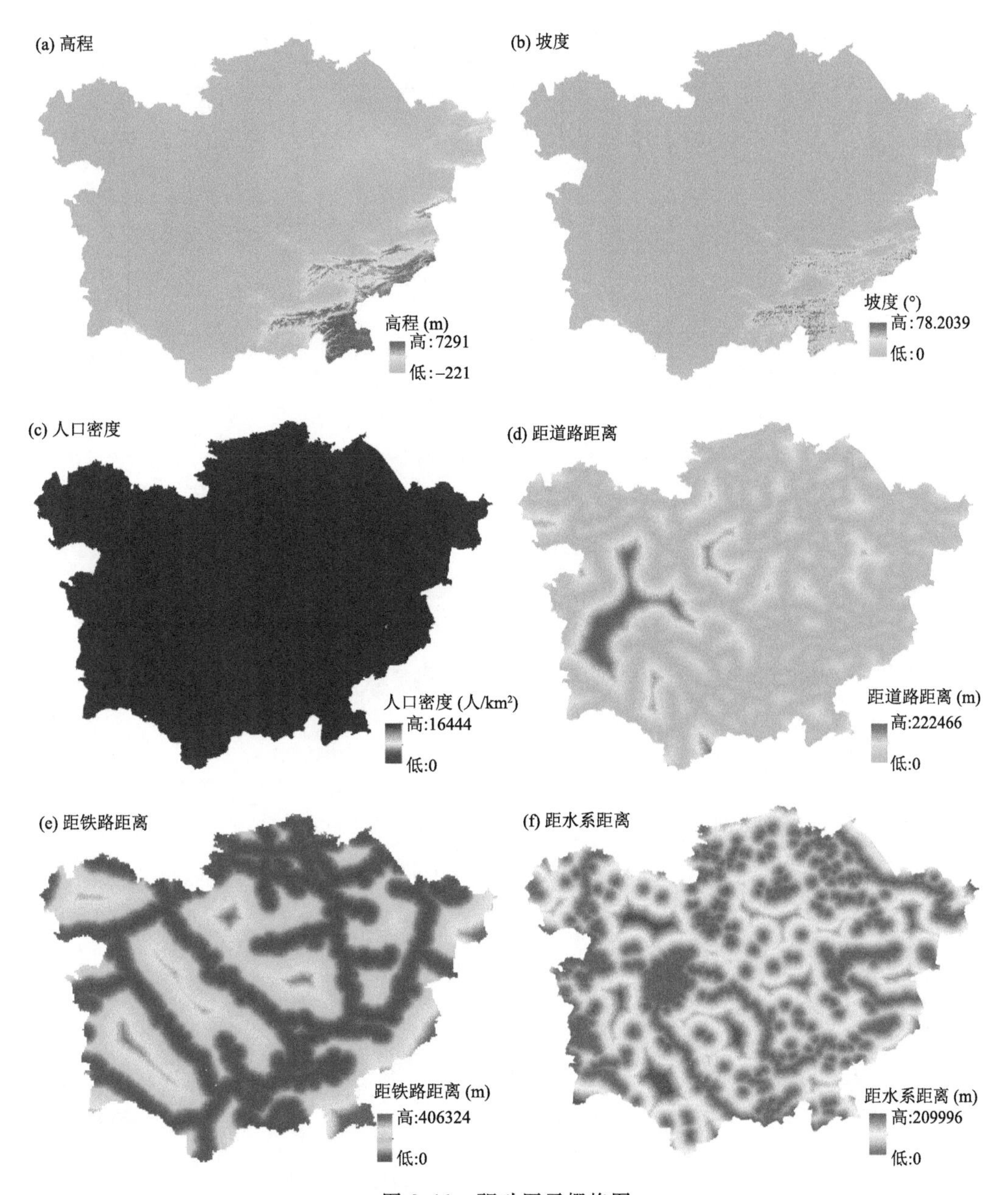

图 2.11　驱动因子栅格图

因子图提取对应的值作为自变量。

(3)自变量的标准化处理与共线性诊断

由于各驱动因子量纲不一致，在进行 Logistic 回归分析时，需要在 SPSS 软件中对各驱动因子进行标准化处理，消除量纲。

为了避免驱动因子(自变量)间出现共线性的情况，以至于影响 Logistic 回归模型模拟的效果，本书通过 SPSS 软件对自变量进行共线性诊断，来剔除存在共线性的自变量，然后构建模型来分析驱动因素。本书采用的诊断方法是根据共线性诊断结果中的允差和方差膨胀因子(VIF)，这两个值互为倒数，VIF 值越大，共线性越厉害。当 0<VIF<10 时，自变量之间不存

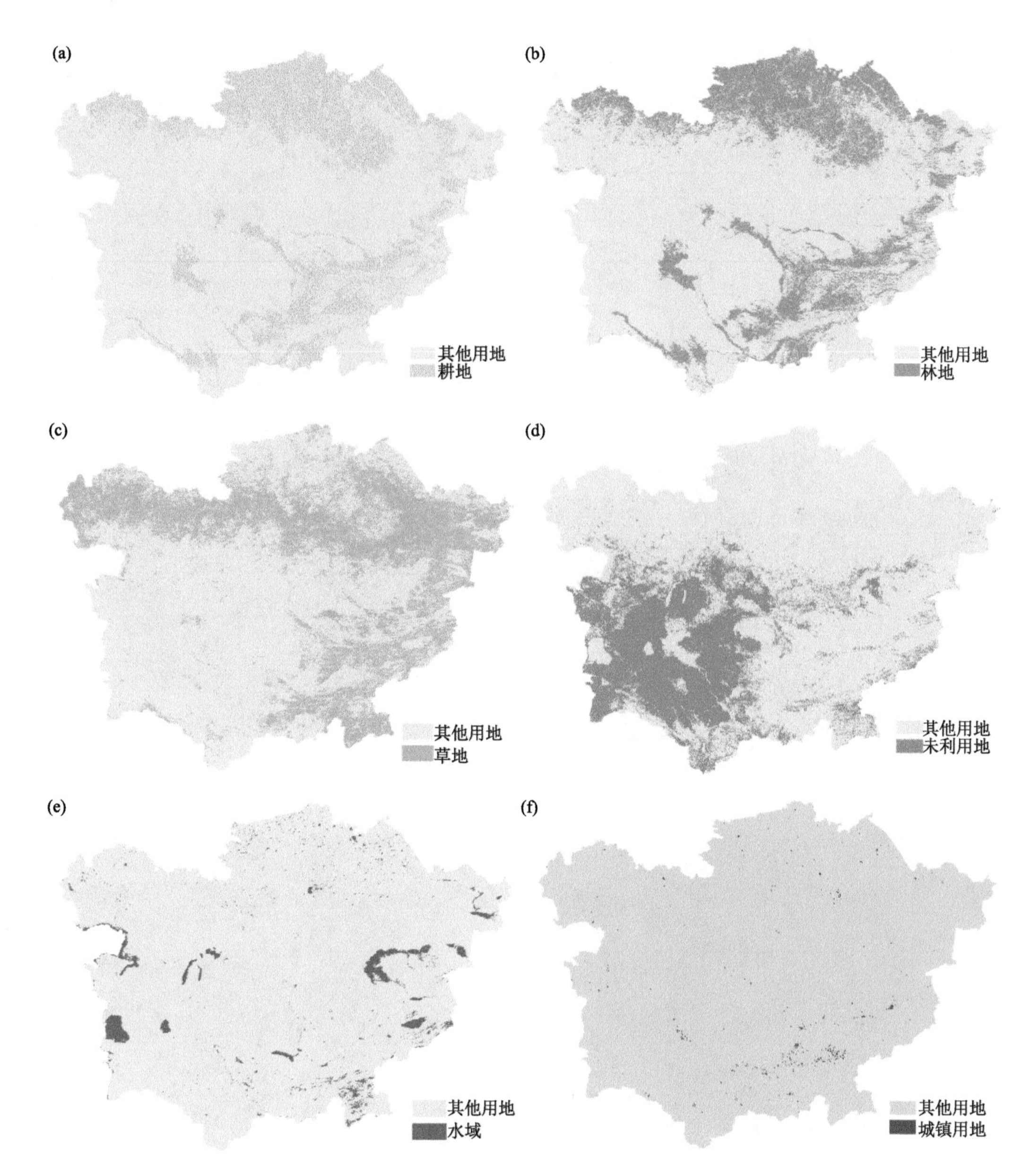

图 2.12　各土地类型二值图

(a)耕地;(b)林地;(c)草地;(d)未利用地;(e)水域;(f)城镇用地

在共线性,可保留所有因子来进行建模(陈柯欣 等,2019)。

在本研究中,将各个驱动因子进行共线性诊断,结果见表 2.9,VIF 均小于 10,说明各自变量不存在共线性问题,均可输入二元 Logistic 回归模型中。

表 2.9　驱动因子共线性诊断表

驱动因子	TOL	VIF
坡度	0.955	1.047
高程	0.870	1.150

续表

人口密度	0.989	1.011
距道路距离	0.903	1.107
距铁路距离	0.865	1.157
距水系距离	0.941	1.062

(4)自变量的标准化处理与共线性诊断

在耕地分布的回归模型中,分类准确率为 74.7%,该模型比较稳定。根据耕地分布驱动力模型估计结果(表 2.10),中亚五国在 1992—2015 年间,影响耕地空间分布的主要驱动因素是距水系距离、距道路距离和人口密度,回归系数分别是－0.690、－0.547 和－4.862,贡献率分别是 722.468、441.653 和 288.536。由此说明,在中亚五国,耕地主要分布在距水系较近的地方,距水系距离越近,耕地灌溉越方便,因此耕地分布的越多;其次,耕地主要分布在距道路较近的地区;且耕地分布和人口密度成反比,耕地主要分布于人口密度较小的地区。

表 2.10　中亚五国耕地变化驱动力模型结果

解释变量	回归系数	标准误差	Wald 统计量	自由度	显著性水平	发生比率
距道路距离	－0.547	0.026	441.653	1	<0.001	1.728
距铁路距离	－0.287	0.027	113.521	1	<0.001	0.751
距水系距离	－0.690	0.026	722.468	1	<0.001	0.502
高程	－0.345	0.027	168.844	1	<0.001	0.708
坡度	0.055	0.022	6.530	1	0.011	1.057
人口密度	－4.862	0.286	288.536	1	<0.001	129.343
常数	0.143	0.026	31.075	1	<0.001	1.153

在城镇用地变化的回归模型中,分类准确率为 70.4%,该模型比较稳定。根据城镇用地分布驱动力模型估计结果(表 2.11),影响城镇用地空间分布的主要驱动因素是人口密度、距铁路距离和高程,回归系数分别是 10.708、－0.239 和－0.193,贡献率分别是 217.356、35.232 和 21.429。城镇用地的分布首先受到人口密度的影响,人口密度越大,表明该地区的经济越发达,交通道路的建设以及居民住宅房屋的建设等都会导致城镇用地的扩张;其次,受到距铁路距离的影响,距离铁路越近,城镇用地分布越广泛,这样有利于城镇的发展与对外的交流;城镇用地的分布还受到高程的影响,主要分布在海拔较低的地区。

表 2.11　中亚五国城镇用地变化驱动力模型结果

解释变量	回归系数	标准误差	Wald 统计量	自由度	显著性水平	发生比率
高程	－0.193	0.042	21.429	1	0.000	0.825
距道路距离	0.089	0.035	6.528	1	0.011	1.093
距水系距离	0.124	0.034	13.479	1	<0.001	1.132
距铁路距离	－0.239	0.040	35.232	1	<0.001	0.788
人口密度	10.708	0.726	217.356	1	<0.001	44708.270
常数	1.097	0.090	147.619	1	<0.001	2.997

在林地变化的回归模型中,分类准确率为90.4%,该模型比较稳定。根据林地分布驱动力模型估计结果(表2.12),林地空间分布的主要驱动因素是高程、距水系距离和距铁路距离,回归系数分别是11.327、2.357和2.495,贡献率分别是588.625、436.203和370.773。由此说明林地的分布主要受到高程的影响,根据林地的生长特性,林地在海拔较高的山地分布广泛,其次,林地分布与距水系距离成正比,倾向于分布在距水系较远的地区;林地分布与距铁路距离成正比,倾向于分布在距铁路较远的地区。

表2.12 中亚五国林地变化驱动力模型结果

解释变量	回归系数	标准误差	Wald统计量	自由度	显著性水平	发生比率
高程	11.327	0.467	588.625	1	<0.001	83050.525
坡度	−2.578	0.269	92.041	1	<0.001	0.076
距道路距离	−2.398	0.134	320.795	1	<0.001	0.091
距铁路距离	2.495	0.130	370.773	1	<0.001	12.120
距水系距离	2.357	0.113	436.203	1	<0.001	0.095
人口密度	−0.226	0.039	32.872	1	<0.001	0.798
常数	3.382	0.178	361.676	1	<0.001	29.420

在草地变化的回归模型中,分类准确率为91.1%,该模型比较稳定。根据草地分布驱动力模型估计结果(表2.13),影响草地空间分布的主要驱动因素是高程、坡度和人口密度,回归系数分别是−1.805、−0.741和−0.200,贡献率分别是64.889、12.623和11.539。由此说明草地倾向于分布在海拔较低、坡度较缓、人口密度较低的地区。

表2.13 中亚五国草地变化驱动力模型结果

解释变量	回归系数	标准误差	Wald统计量	自由度	显著性水平	发生比率
高程	−1.805	0.224	64.889	1	<0.001	0.164
坡度	−0.741	0.209	12.623	1	<0.001	0.477
人口密度	−0.200	0.059	11.539	1	0.001	0.818
常数	−0.589	0.068	75.885	1	<0.001	0.555

在未利用地变化的回归模型中,分类准确率为87.2%,该模型比较稳定。根据未利用地分布驱动力模型估计结果(表2.14),影响未利用地空间分布的主要驱动因素是人口密度、坡度和高程,回归系数分别是−7.422、−5.881和−1.805,贡献率分别是592.557、74.719和63.613。由此说明未利用地倾向于分布在人口密度较低、坡度较缓和海拔较低的地区。

表2.14 中亚五国未利用地变化驱动力模型结果

解释变量	回归系数	标准误差	Wald统计量	自由度	显著性水平	发生比率
高程	−1.805	0.226	63.613	1	<0.001	0.164
坡度	−5.881	0.680	74.719	1	<0.001	0.003
人口密度	−7.422	0.305	592.557	1	<0.001	0.001
常数	−5.546	0.368	226.929	1	<0.001	0.004

在水域变化的回归模型中，分类准确率为 68%，该模型比较稳定。根据水域分布驱动力模型估计结果（表 2.15），影响水域空间分布的主要驱动因素是距铁路距离、高程和人口密度，回归系数分别是 0.836、−1.442 和 −0.284，贡献率分别是 726.119、404.489 和 165.414。由此说明水域倾向于分布在距铁路距离较远、海拔较低和人口密度较低的地区。

表 2.15　中亚五国水域变化驱动力模型结果

解释变量	回归系数	标准误差	Wald 统计量	自由度	显著性水平	发生比率
高程	−1.442	0.072	404.489	1	<0.001	0.236
距铁路距离	0.836	0.031	726.119	1	<0.001	0.433
人口密度	−0.284	0.022	165.414	1	<0.001	0.753
常数	−0.199	0.024	69.689	1	<0.001	0.819

（5）模型的有效性检验

常用 ROC 曲线来检验模型的拟合效果，在土地利用变化的研究中也不例外（刘瑞 等，2009）。用 ROC 曲线下的面积（A）来说明检验结果，其取值在 0.5～1.0，值越大越接近于土地利用真实的空间分布，说明模拟效果越好，且当 ROC>0.70 时，模型的拟合效果便可达到研究需要。

如图 2.13 所示，不同土地利用类型的 ROC 值分别为：耕地 0.806，城镇用地 0.807，林地 0.996，草地 0.964，未利用地 0.924，水域 0.70。由此说明该回归模型的模拟效果是较好的，能够用来分析中亚五国 1992—2015 年间土地利用变化与各种影响因素之间的关系。

2.2.3.2　基于地理探测器的中亚五国耕地变化驱动力分析

从中亚五国 1992—2015 年的土地利用变化来看，耕地是土地利用变化最为显著的类型之一，而且耕地的数量与生活保障、环境保护等关系重大，保障耕地面积一直是土地管理的重要工作（赵锐锋 等，2017；Kang et al.，2018）。因此，本节以耕地作为研究对象，从中亚五国整体的角度，利用地理探测器对其驱动力进行分析。

（1）地理探测器模型原理与数据准备

地理探测器是一种具有风险、因子、生态、交互 4 个层次分析方法的空间分析模型。其中，因子探测主要用来识别影响因变量的自变量，而交互探测是用来判断不同自变量同时作用于因变量时，其作用效果是增强或减弱（潘洪义 等，2019；王莉红 等，2019），交互类型如表 2.16 所示。因子探测用 q 统计量来度量，其取值范围为 0～1，表示自变量 X 解释了 $100\times q\%$ 的因变量 Y，值越大解释能力越强。计算公式如下：

$$q = 1 - \frac{\sum_{i=1}^{n} N_i \sigma_i^2}{N\sigma^2} \tag{2.6}$$

式中，$i=1,2,\cdots,n$，表示自变量 X 的分层；N 和 N_i 分别为总体和 i 层的单元数；σ^2 和 σ_i^2 分别为整个研究区域和 i 层的方差。

通过借鉴相关文献，再结合指标的可获得，文中选取统计数值（社会经济因素）和格网数据

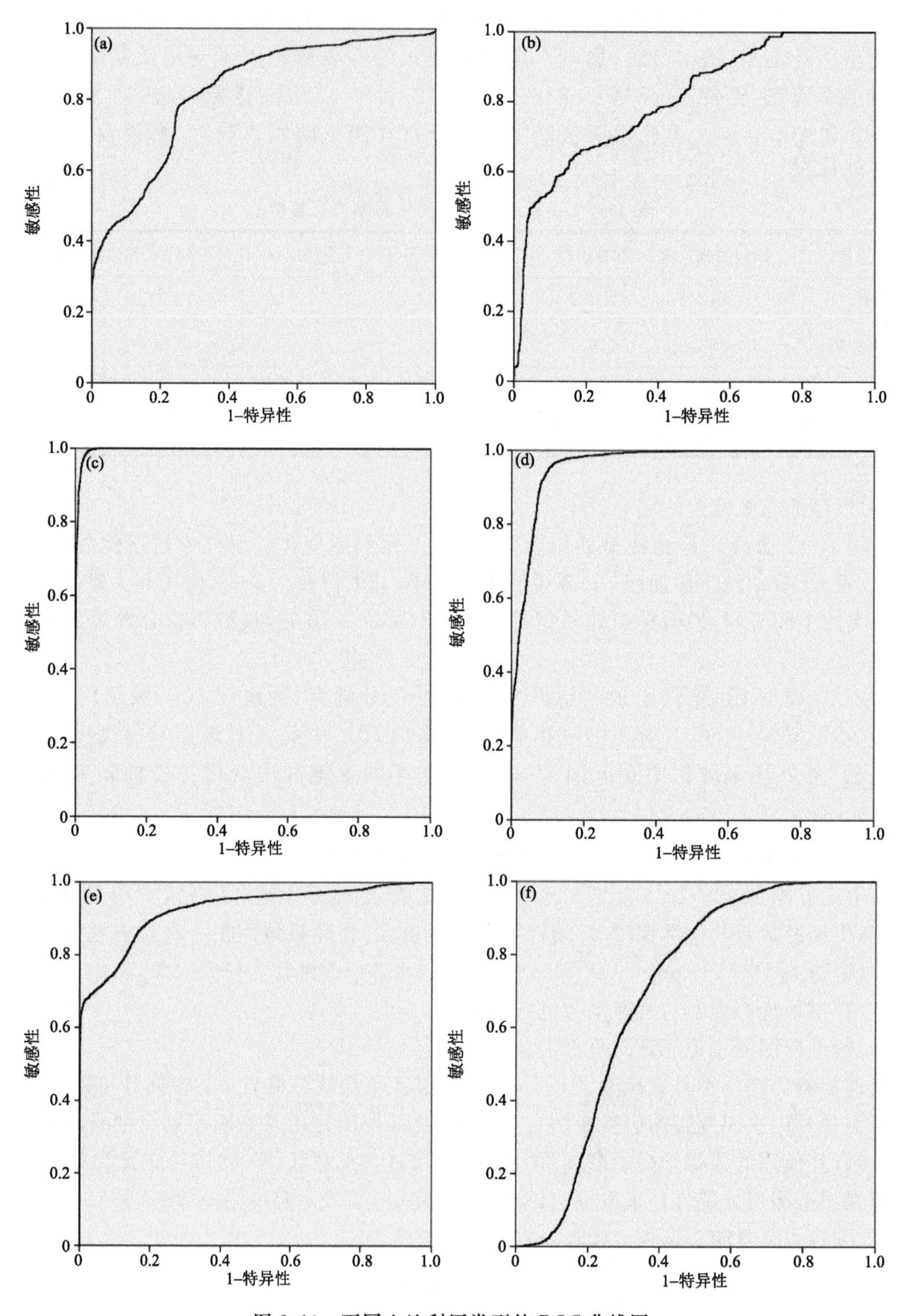

图 2.13 不同土地利用类型的 ROC 曲线图

(a)耕地;(b)城镇用地;(c)林地;(d)草地;(e)未利用地;(f)水域

(自然因素)作为进行地理探测的空间分析数据源,所构建的指标体系如表 2.17 所示。

表 2.16　交互探测器交互作用类型

判断依据	交互作用
$q(X_1 \cap X_2) < \min[q(X_1), q(X_2)]$	非线性减弱
$\min[q(X_1), q(X_2)] < q(X_1 \cap X_2) < \max[q(X_1 \cap X_2)]$	单因子非线性减弱
$q(X_1 \cap X_2) > \max[q(X_1), (X_2)]$	双因子增强
$q(X_1 \cap X_2) = q(X_1) + q(X_2)$	独立
$q(X_1 \cap X_2) > q(X_1) + q(X_2)$	非线性增强

表 2.17　中亚五国耕地变化驱动力分析的指标体系

维度	指标
自然因素	年平均降水量
	年平均气温
	海拔高度
社会因素	人口总数
	农村人口
经济因素	国内生产总值
	工业增加值
	农业增加值
	粮食单产

地理探测器模型对于输入数据有一定的要求。首先，因变量可以是数值量或二值变量，自变量必须是类型量，如果自变量是数值量的话，需要将其离散化为类型量。离散化能够有效减少时间复杂度，克服因子间的单位差别。在本研究中，选取的自然因素是栅格数据，以耕地二值化数据作为因变量，即若是耕地则赋为 1，若非耕地则赋为 0。对于自变量而言，降水和气温的年平均值，利用自然间断法被离散为 6 个级别(图 2.14)，在地理探测器验证得到的 q 统计值最大，分类效果最好。海拔高度划分为 4 类：0～200 m、200～500 m、500～1000 m、＞1000 m。然后，利用“创建渔网”工具，对研究区进行规则格网划分，设置格网大小为 100 km×100 km，剔除无值的点值，最终生成 1471 个采样点。再利用“值提取至点”工具，一一对应提取采样点处的因变量和自变量。选取的社会经济因素是统计数据，此时以数值量耕地面积作为因变量，利用 SPSS 软件通过聚类分析对社会经济因素进行离散化处理(Cao et al.，2013)，分为 5 类，作为自变量。然后将自变量和因变量一一对应输入地理探测器软件中，经过运行得到探测结果。

(2)耕地变化探测结果分析

①自然因素探测结果及分析

(a)因子探测结果。用因子探测器定量探测自然因素对耕地扩张的作用强度，以 1992 年、2005 年和 2015 年 3 个时段的因子探测 q 值来说明(表 2.18)，各因子对耕地面积扩张的作用强度排序均为：年平均降水量＞年平均气温＞海拔高度，表明对中亚五国而言，年平均降水量对耕地面积变化的作用最为明显。通过一元线性回归方程分析(图 2.15)，24 a 间(1992—2015 年)，中亚五国年均气温呈升高趋势(增速为 0.076 ℃/a)，降水整体上表现出增加趋势

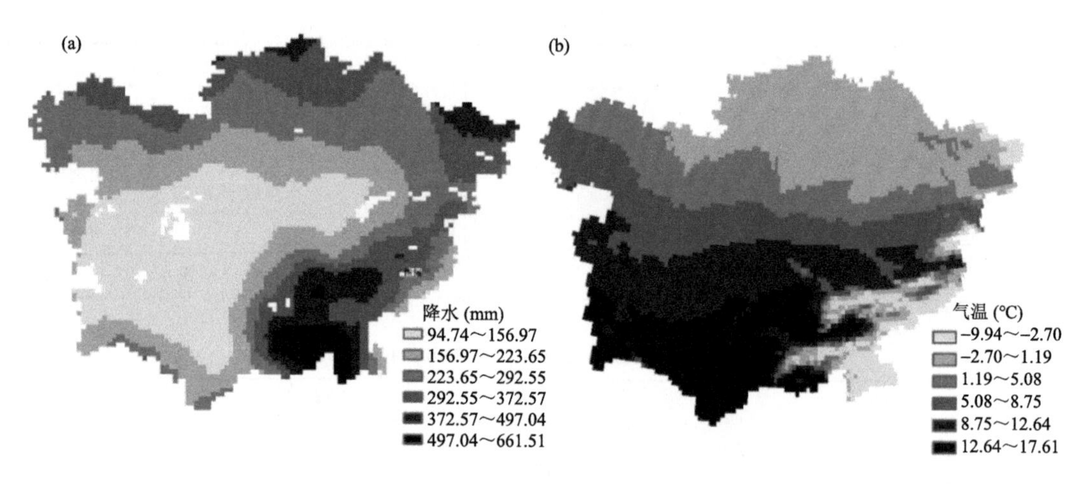

图 2.14　1992—2015 年中亚五国降水(a)和气温(b)分级

(增速为 1.074 mm/a)。降水量是影响农作物生长非常重要的自然条件,中亚五国年平均降水量呈逐年增长趋势且降水集中在冬、春季,这期间是冬小麦、玉米和水稻等农作物种植和生长的时间,因此降水量的增加有利于农作物的生长,而且气温升高能给农作物提供更多的热量,这些对于农作物生长有利的自然环境变化是耕地扩张的动力。

表 2.18　1992—2015 年中亚五国不同时期各自然因子对耕地变化的作用强度(q)

年份	年平均降水量	年平均气温	海拔高度
1992	0.114	0.095	0.006
2005	0.135	0.118	0.003
2015	0.104	0.091	0.010

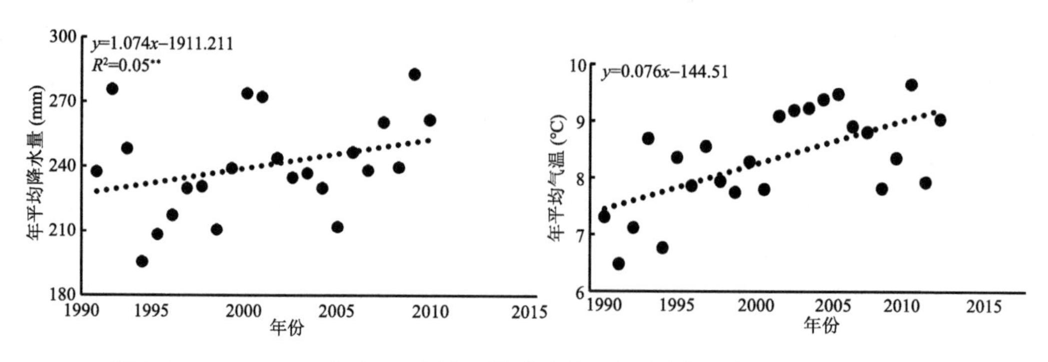

图 2.15　1992—2015 年中亚五国年平均降水量和年平均气温变化以及拟合趋势线

(b)交互探测结果。以 2015 年的结果(表 2.19)为例(1992 年和 2005 年的结果与其作用方式相同),各因子交互作用均为互相增强,说明各因素间具有明显的关联性与协调性。其中海拔高度对耕地面积扩张的解释力度最小,但海拔高度制约气温、降水等自然因素的变化,与这些因素共同作用时,均呈现非线性增强,尤其与年平均降水量共同作用时,解释力度较大。

表 2.19　2015 年中亚五国各自然因子交互探测结果

	年平均降水量	年平均气温	海拔高度
年平均降水量	0.104		
年平均气温	0.181	0.091	0.161
海拔高度	0.163	0.161	0.010

②社会经济因素探测结果及分析

(a)因子探测结果。各社会经济、农业因素单独作用对耕地面积扩张均具有一定的影响(表 2.20),其中人口总数和农村人口对耕地面积扩张的影响力最大,q 值分别为 0.882 和 0.881;其次为粮食单产,q 值为 0.746;农业增加值对耕地面积扩张的影响力最小,为 0.499,略接近于 50%;其余因子对耕地面积扩张的影响力较强。上述研究结果表明:人口因素是该地区耕地面积扩张的主要原因之一,中亚地区以灌溉农业为主,自 1992 年以来,随着中亚五国总人口的持续增加(总人口增加 1701.2 万人),农村人口也在逐年上升,致使人均灌溉面积不断减少,促使中亚五国不断开垦灌溉耕地,来满足农村人口对生产与生活的需求;其次,粮食单产是导致该地区耕地面积扩张的另一主要原因,中亚五国以谷物种植为主,包括大麦、小麦、水稻和土豆等,各国小麦的种植面积占比较高,粮食单产在波动变化中呈逐年增长的趋势,其单产的提高是一个良好的变化趋势推动着耕地面积扩张,一方面来应对人口增加带来的对粮食更大的需求,另一方面可用于出口。

表 2.20　1992—2015 年中亚五国各社会经济因素对耕地变化的作用强度

	人口总数	农村人口	国内生产总值	工业增加值	农业增加值	粮食单产
q 值	0.882	0.881	0.591	0.591	0.499	0.746

(b)交互探测结果。各因素耦合叠加均为双因子增强(表 2.21),其中农村人口与粮食单产叠加后对耕地面积扩张的解释力度最大,达 0.972,人口总数与粮食单产叠加后的解释力度次之,q 值最小的农业增加值与其他因子叠加后解释力度也有明显的增强,其中农业增加值与农村人口叠加后的解释力度较大,为 0.888,表明这些社会经济因子并不是独立影响耕地变化,共同作用于耕地时影响作用更强。

表 2.21　1992—2015 年中亚五国各社会经济因素对耕地变化影响的交互探测结果

	人口总数	农村人口	国内生产总值	工业增加值	农业增加值	粮食单产
人口总数	0.882					
农村人口	0.887	0.881				
国内生产总值	0.888	0.888	0.591			
工业增加值	0.888	0.888	0.608	0.591		
农业增加值	0.887	0.888	0.640	0.640	0.499	
粮食单产	0.971	0.972	0.844	0.844	0.856	0.746

总体而言,影响耕地变化的各个因素相比,在短时间内社会经济因素发挥决定作用,影响中亚五国耕地面积扩张的主要因素归纳为人口增长和粮食单产提高。而且,这些社会经济因子并不是单独影响耕地变化,它们的共同作用对耕地影响效果更强。

(3)基于降水分区的中亚五国耕地变化自然驱动力研究

以上的讨论主要是按行政界线来划分区域的。中亚作为干旱区,降水的区域差异性必然对耕地变化产生一定的制约作用。因此,按降水量差异来划分区域,能更清晰地揭示耕地变化的驱动力。根据已有的研究成果(陈发虎 等,2011),中亚五国按照降水的空间差异被划分为5个区域(图 2.16),年平均降水量大小为Ⅳ区(336.21 mm)>Ⅱ区(276.74 mm)>Ⅰ区(249.93 mm)>Ⅴ区(154.79 mm)>Ⅲ区(127.5 4 mm)。如图 2.16 所示,在各降水分区中,耕地面积由多到少排序为Ⅱ区>Ⅳ区>Ⅰ区>Ⅴ区>Ⅲ区,可见耕地分布与区域降水量多寡具有明显的一致性。其中,耕地面积在Ⅰ区、Ⅱ区、Ⅲ区和Ⅴ区主要呈现增长的趋势,而在Ⅳ区呈现先增长、后减少(以 2005 年为界)的趋势。这是由于Ⅰ区和Ⅱ区地处哈萨克斯坦北部的丘陵、平原地区,气候条件相对较好,降水量较多,有利于耕地的扩张(Haque et al.,2017)。Ⅲ区即荒漠区,降水稀少,其耕地却有缓慢增加的趋势,可能原因是除降水影响外,其他水量补给因素如引水灌溉,耕地多沿河分布。Ⅳ区即吉尔吉斯斯坦区,包括哈萨克斯坦东南、吉尔吉斯斯坦和塔吉克斯坦,年均降水量较多,但由于地处天山山地和帕米尔高原区,受到地形因素的限制,不利于耕地的开发,导致其耕地有减少的趋势。Ⅴ区地处土库曼斯坦,年均降水量较少,引水灌溉是促进耕地增长的主要因素。

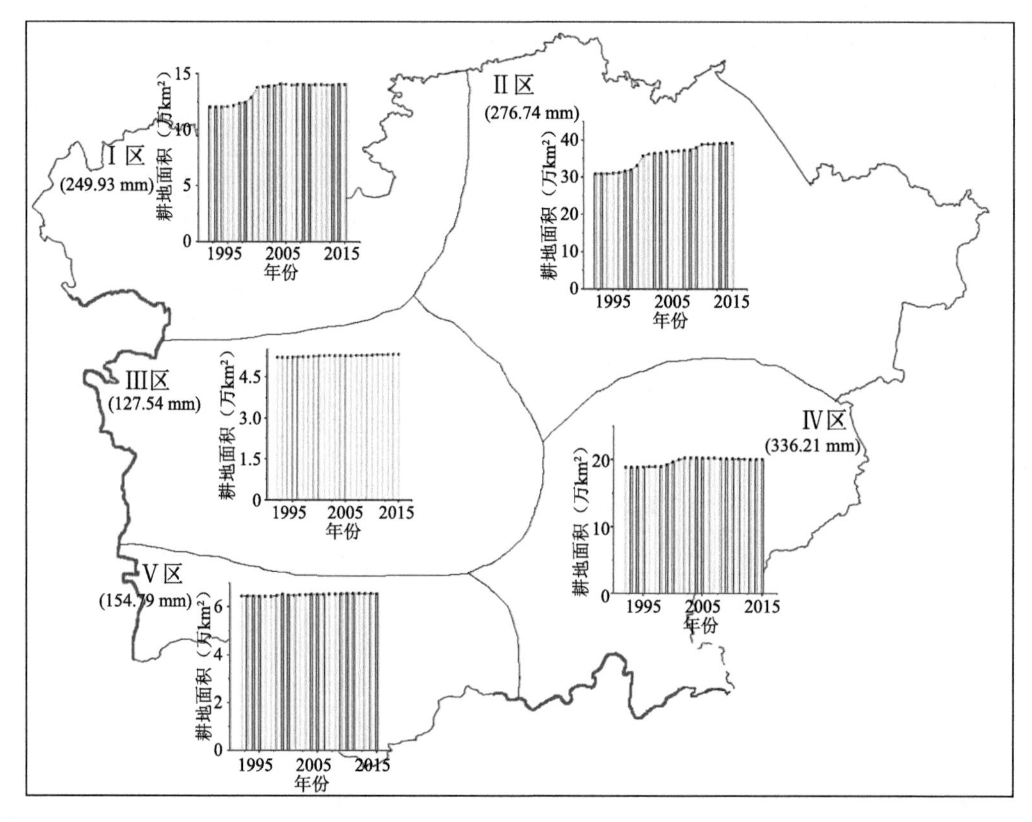

图 2.16　1992—2015 年中亚五国各降水分区的耕地面积变化

以 2015 年为例,按照降水分区探讨降水量、气温和海拔高度 3 类自然因子对各分区耕地变化的综合影响,因子探测结果表明(表 2.22),在Ⅰ区和Ⅱ区中年平均气温对耕地变化的影响力较大，而在Ⅲ、Ⅳ和Ⅴ区中年平均降水量对耕地变化的影响力较大，由于各分区的气候和地形条件不同，不同的自然因子对各分区的耕地变化的影响力度存在差异。

表 2.22　2015 年中亚五国各降水分区自然因素对耕地变化的作用强度的变化趋势

降水分区	年平均降水量	年平均气温	海拔
Ⅰ	0.299	0.339	0.071
Ⅱ	0.256	0.267	0.074
Ⅲ	0.042	0.033	0.047
Ⅳ	0.150	0.111	0.056
Ⅴ	0.114	0.044	0.044

2.3　中亚五国土地利用变化的模拟与预测

2.3.1　土地利用变化的模拟与预测方法

由于土地利用变化的过程很复杂，有时用单一的土地利用变化模型来模拟具有很大的限制性，便发展为将不同的模型耦合在一起，把它们的优势结合起来，这样能更有效地模拟土地利用的时空变化。常见的耦合模型有 CA-Markov 模型、Logistic-CA-Markov 模型和元胞自动机(CA)与人工神经网络(ANN)等。

Moradi 等(2020)以伊朗 Izeh-Pyon 平原为研究区，使用元胞自动机和马尔可夫链(CA-Markov)模型模拟 1985—2017 年土地利用变化，并使用加权线性组合方法和限制性条件为每种土地利用类型制作适宜性图集，来预测 2033 年土地利用变化 Izeh-Pyon 平原作为重要的野生动植物栖息地之一，此项研究对于其未来的发展具有重要意义。

李俊等(2015)以我国西北地区城市化迅速发展的区域——宁蒙沿黄地带为研究区，采用 Logistic 回归分析的方法，揭示城镇用地在 2000—2005 年扩张的主要驱动因素，并利用 Logistic-CA-Markov 模型，在一切照常、规划以及生态保护这三种情景下模拟 2016 年城镇用地变化情况，对这样典型的地区进行研究，使对城镇用地扩张的机理的研究更加丰富。该耦合模型的局限性主要体现在如何把社会经济统计数值变为空间化数据，目前普遍使用插值的方法进行空间化，但是数据精度会受到损失。

孙玮健等(2017)以哈尔滨市双城区为研究区，运用 CA-ANN 耦合模型对 2024 年研究区自然条件、社会发展条件下、农田保护条件下及 LUCC 规划 4 种条件下驱动的土地利用变化进行时间和空间上的情景模拟，以期为双城区制定合理的土地规划提出有效的建议，使土地规划既能实现对基本农田进行保护，又能充分考虑到社会经济的增长对土地的需求。

He 等(2006)运用元胞自动机(CA)和系统动力学(SD)相结合的模型，对北京市 1994—2004 年城市扩展情况进行模拟，并对 2004—2020 年城市扩展模式进行预测，结果表明，水资源短缺是制约北京可持续发展的主要因素。该耦合模型既能在宏观尺度上反映影响城市扩张的复杂因素，又能在局部尺度上清晰地反映土地利用演变，为制定有效的城市土地规划政策提供理论依据。

Xu 等(2016)以山西省北部典型农牧交错带为研究区，采用系统动力学和 CA 模型来预测未来3种发展情景下的LUCC，该研究结合了系统动力学(SD)和元胞自动机(CA)模型的优点，提高了模拟精度，结果表明，该方法较好地反映了自然和社会经济因素对LUCC的影响，能够较准确地模拟LUCC的数量和空间格局。

Zheng等(2018)以北京市为研究区，利用CLUE-S模型和Markov-CA模型对2000年和2005年北京市的土地利用状况进行模拟和预测，来分析这两种模型对农村居民点时空演变的模拟效率。结果表明，CLUE-S模型对北京2000年和2005年农村居民点的模拟和预测效果比Markov-CA模型好。这是由于CLUE-S模型的核心部分是逻辑回归，这使其在捕捉离散分布的土地利用变化趋势方面具有明显的优势，而在各种土地用途中，只有城市土地用途具有这种特性。而Markov-CA模型考虑了邻域因素，在模拟和预测具有最近邻扩散特征的土地利用变化方面相对更有优势。

Wang等(2021)通过监督分类和人工视觉解释相结合的方法提取土地利用覆盖，并定量分析了土地利用的时空变化。通过逻辑回归分析得到经济是影响土地利用变化的主要因素。通过逻辑回归一元胞自动机一马尔可夫链(LR-CA-Markov)模型和FLUS模型模拟土地利用变化，结果表明，LR-CA-Markov模型和FLUS模型的模拟精度和Kappa系数均大于0.85，相同土地类型变化趋势的预测结果基本相同。在此基础上，对2027—2047年的土地利用情况进行了预测。结果表明，土地利用变化在未来30年内由于城市扩张将发生巨大变化。

综上所述，对中亚五国的区域分异性以及预测中亚五国未来土地利用变化的研究较缺乏，因此，本研究在对中亚五国复杂的土地利用动态变化进行分析的基础上，探讨影响其变化的驱动因素，并通过LR-CA-Markov模型对未来土地变化情景进行模拟预测，了解土地利用未来的发展和变化方向，以期为土地的可持续利用和制定科学的土地资源开发利用计划提供借鉴。

2.3.2 中亚五国CA-Markov土地利用模型构建与验证

2.3.2.1 CA-Markov模型原理

利用CA-Markov模型预测未来土地利用变化。马尔可夫链模型可以有效模拟土地利用数量变化，但对土地利用时空特征的模拟能力有限(Li et al.,2020)，其方程为：

$$s(t+1)=P_{ij}\times s(t) \tag{2.7}$$

式中，P_{ij}为土地利用/覆被类型i与j之间的过渡概率；$s(t)$和$s(t+1)$分别是时段t和$t+1$的土地利用覆盖状态。

CA模型通过定义一定的土地利用转化规律，具有足够的模拟土地利用/覆被时空变化的能力，可以与Markov模型结合模拟未来土地利用变化。该模型可由以下定义：

$$s_{ij}^{t+1}=f(s_{ij}^{t},Q_{ij}^{t},V) \tag{2.8}$$

式中，t和$t+1$为模拟初始时间和最终时间；s_{ij}^{t}和s_{ij}^{t+1}分别为t和$t+1$时刻第i行和第j列单元格的状态；Q_{ij}^{t}是t时刻单元格第i行第j列的邻居状态；V为适宜性图集；f是过渡规则函数。

2.3.2.2 数据准备

(1)数据的一致性处理：首先对所有的数据进行一致性处理，数据的范围均与中亚五国保持一致，投影采用WGS 1984 UTM Zone 42N，空间分辨率均与本节中土地利用数据保持一致，通过重采样操作转化为 300 m×300 m。

（2）数据格式转换：在 ArcMap 中，通过栅格转 ASCII 工具将所有栅格数据转化为 ASCII 格式，然后输入 IDRISI 软件中，便会输出为 IDRISI 软件所使用的 rst 数据格式。

2.3.2.3　IDRISI 中数据的处理

（1）栅格数据：对于土地利用数据，导入 IDRISI 软件后，需要进行重分类处理，因为土地利用数据导入后，被 IDRISI 以连续的文件进行对待，所以需要通过重分类操作，将其变为离散的文件；其他栅格数据不用做其他处理。

（2）矢量数据：对于矢量数据，导入 IDRISI 软件后，首先要通过重定格式工具将矢量数据进行栅格化处理；其次要进行重分类处理，以道路数据为例，则将道路赋为 1，将背景赋为 0；接下来通过距离工具将道路、铁路和水系数据转化为距道路的距离、距铁路的距离以及距水系的距离。

2.3.2.4　Markov 操作

Markov 操作是将两期的土地利用数据进行比较，得到转移概率矩阵、转移面积矩阵和适宜性栅格文件集。在本研究中，基期输入 2005 年土地利用数据，末期输入 2010 年土地利用数据，此操作将得到 2005—2010 年土地转移概率矩阵（表）。时间间隔为 5 a，来模拟 2015 年的土地利用，背景值赋值为 0，比例误差设为 0.15，一般认为 0.15 的比例误差是正常的。

2.3.2.5　适宜性图集的制作

适宜性图即某一土地利用类型转化为其他类型的概率图，适宜性图集是若干适宜性文件的集合。适宜性图集的制作是利用 CA-Markov 模型模拟未来土地利用格局非常重要的一个环节。

本节通过 Logistic 回归模型来制作适宜性图集，以前文中的高程、坡度、人口密度、距道路的距离、距铁路的距离、距水系的距离作为驱动因子，计算得到各土地类型的适宜性图层，然后利用集合编辑器工具生成土地利用适宜性图集。

2.3.3　中亚五国土地利用演变与预测

2.3.3.1　2015 年中亚五国土地利用模拟

通过 CA-Markov 操作来模拟 2015 年土地利用格局，基期输入 2010 年的土地利用数据，输入在 Markov 操作中得到的 2005—2010 年土地转移面积矩阵，并以制作好的适宜性图集作为转化规则，迭代次数输入 5，滤波器选择 5×5，进行模拟，得到 2015 年土地利用模拟图（图 2.17、图 2.18）。

2.3.3.2　模型精度验证

通过 Kappa 系数来进行精度检验，在 IDRISI 软件中通过 CROSSTAB 工具得到 Kappa 系数。结果得到 Kappa 系数为 90.18%，模拟精度很高，也说明了研究所选的驱动因子是合理的。进一步比较了各种土地利用类型的预测值与实际值（表 2.23），我们发现总误差为 0.03%，结果是理想的。耕地、林地和城镇用地预测值高于实际值，其余的土地利用类型预测值高低于实际值，除城镇用地外，各土地利用类型模拟误差均较小，因此，可以用该模型预测未来的土地利用变化。

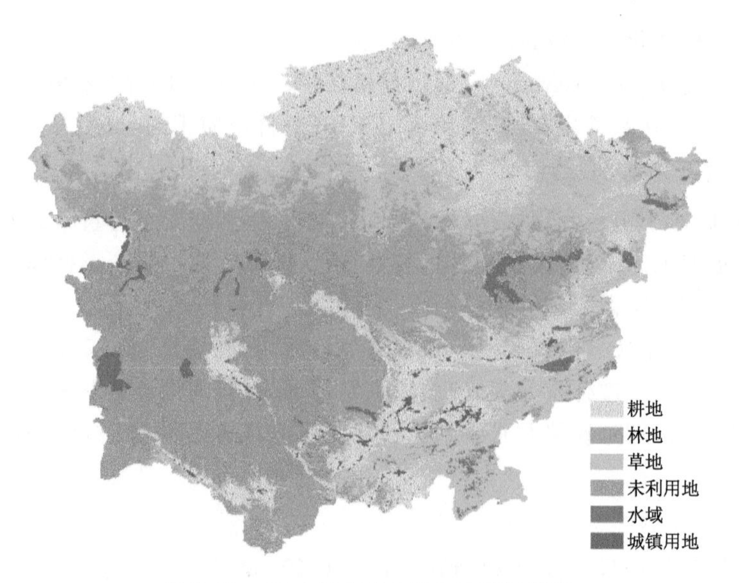

图 2.17　2015 年中亚五国土地利用模拟

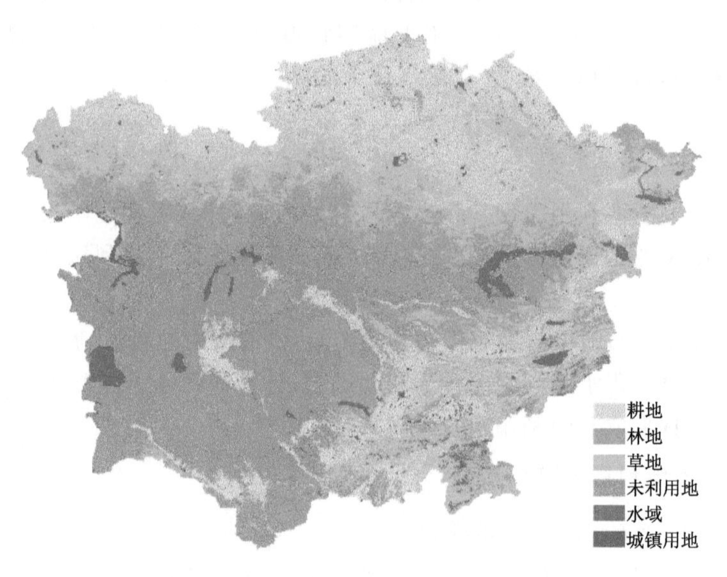

图 2.18　2015 年中亚五国土地利用现状

表 2.23　中亚五国 2015 年预测结果验证

土地利用类型	实际值(km^2)	预测值(km^2)	误差
耕地	851070.65	956084.73	12.3%
林地	1062270.23	1089569.43	2.6%
草地	1018237.81	1013349.56	−0.5%
未利用地	974623.08	848456.66	−12.9%
水域	138732.70	117432.76	−15.4%
城镇用地	9325.04	28253.00	200%
合计	4054259.50	4053146.14	−0.03%

2.3.3.3　中亚五国 2030 年土地利用预测

按照 2015 年中亚五国土地利用变化的模拟预测过程，这时在 Markov 模块，以 2010 年土地利用数据作为基期，2015 年作为末期，获得 2010—2015 年土地利用转移面积和转移概率矩阵。在 CA-Markov 模块，以 2015 年土地利用数据作为基期，导入 2010—2015 年土地利用转移面积矩阵和土地适宜性图集，迭代次数为 15，选择 5×5 滤波器，来预测 2030 年土地利用变化。得到如图 2.19 所示的中亚五国 2030 年土地利用变化预测图，各土地利用类型面积如表 2.24 所示，结果表明，在 2030 年，通过计算得到各土地利用类型面积占总面积的百分比，耕地占比 23.59%、林地占比 26.88%、草地占比 25%、未利用地占比 20.93%、水域占比 2.90%、城镇用地占比 0.7%，中亚五国仍然以林地和草地最多，其次为耕地和未利用地，城镇用地和水域的面积很少。与 2015 年相比，耕地增加 12.67%、林地增加 3.12%、草地减少 0.5%、未利用地减少 13.56%、水域减少 18.41%、城镇用地增加 2.22 倍，由此可以看出，耕地、林地和城镇用地的面积在继续增长，而且城镇用地增长迅速，草地、未利用地和水域的面积在继续减少，水域和未利用地的减少也较明显。

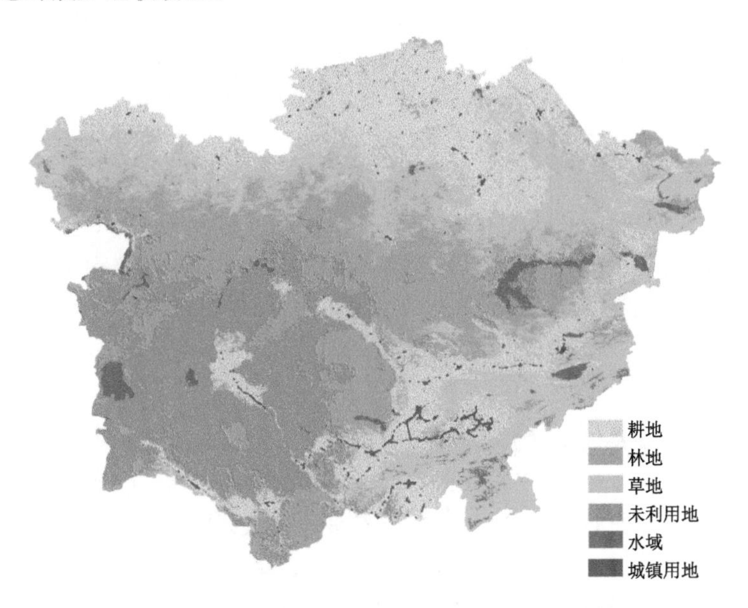

图 2.19　中亚五国 2030 年土地利用变化预测图

表 2.24　2030 年 LR-CA-Markov 模型预测结果与 2015 年实际值结果对比

土地利用类型	2030 年 CA-Markov 模型预测结果(km^2)	2015 年实际值(km^2)	变化率(%)
耕地	958889.85	851070.65	12.67
林地	1095428.31	1062270.23	3.12
草地	1013173.74	1018237.81	−0.5
未利用地	842467.52	974623.08	−13.56
水域	113196.74	138732.70	−18.41
城镇用地	29989.98	9325.04	2.22
合计	4053146.14	1018237.81	−0.5

2.4 影响中亚农业土地资源利用的主要因素及土壤盐分的影响

2.4.1 影响中亚农业土地资源利用的主要因素

中亚土地资源除了受人口的影响之外，还受到自然因素的影响，从而影响其未来开发利用的潜力。主要自然因素包括气候变化；蒸散量的影响；水资源的减少，包括降水、地表水（包括冰川的消融）和地下水。此外，对农业土地制约而言，最重要、最显著的影响是土壤的盐渍化，土壤盐渍化也是各种影响要素的综合体现。为此，本节详细分析和探讨了土壤盐渍化对中亚农业土地资源利用的影响。通过遥感数据分析中亚地区土壤盐分的时空变化、农田土壤电导度（EC）及其变化趋势，探讨2000年以来影响土壤盐分变化的主要因素，区域评价及未来的可能影响。

2.4.1.1 气候变化

中亚是气候变化最敏感的地区之一（Chen et al.，2013）。基于1990—2018年的研究结果表明，中亚地区的温度上升趋势要高于其他地区（Hu et al.，2014，Zhang et al.，2010，Kuzmina et al.，2016），北部的哈萨克斯坦冬季增温尤为明显。总体上，基于不同的分析结果，温度变化范围为0.07～0.50 ℃不等（Yu et al.，2021）。预测结果表明，2071—2100年期间夏季也将明显增温（Ozturk et al.，2017）。

对于降水，基于1950—2016年监测数据分析，1950—2016年中亚地区的降雨，特别是冬季降雨，有增加趋势（Donat et al.，2016，Chen et al.，2012，Song et al.，2016）。但未来的趋势，既有可能干旱区越来越干旱，湿润区域越来越湿润（Lioubimtseva et al.，2006），也有结果表明可能相反，湿润区也在变干（Greve et al.，2014）。如果平原区年降水和温度呈同步上升趋势（Yao et al.，2015），将有利于平原区农业的发展。

2.4.1.2 蒸散量增加

结果表明，春季近地表气温增温最明显（Hu et al.，2014），温度上升直接导致绿洲蒸散量增加（Lioubimtseva et al.，2009；Chen et al.，2012）。有研究表明，中亚地区蒸散发变化与土地覆盖格局基本一致（阮宏威 等，2019）。对应于耕地扩张、林地与草地大幅减少，蒸散发总体呈快速增加趋势。中亚地区年蒸散发空间格局显示，高蒸散发地区分布在哈萨克斯坦北部和东北角以及东南部山区，低蒸散发地区主要分布在土库曼斯坦和乌兹别克斯坦，这些地区的土地覆盖类型以沙漠为主。东南部的吉尔吉斯斯坦（347.3 mm）和塔吉克斯坦（302.9 mm）最高，中北部的哈萨克斯坦（297.9 mm）次之，西南部的乌兹别克斯坦（211.0 mm）和土库曼斯坦（150.0 mm）最低。中亚的蒸散耗水结构受耕地面积大小的影响。中亚五国耕地蒸散耗水的贡献由24.7%增至27.9%，土库曼斯坦耕地蒸散耗水仅占本国的11%，其他国家均超过25%。草地、林地和裸地的蒸散耗水贡献降低，但哈萨克斯坦、吉尔吉斯斯坦和塔吉克斯坦仍以草地和林地蒸散耗水为主（≥50%），土库曼斯坦（61.3%）和乌兹别克斯坦（46.4%）的裸地蒸散耗水占绝对优势。中亚地区土壤水分的高值区主要集中在北部和东北部的林地和农田地区，以及天山及下游的阿姆河和锡尔河流域，而西南部的沙漠地区为低值区。

季节变化方面，每年的蒸发量大部分集中在春季和夏季，在5月达到最大值。在夏季，中亚的高蒸发量地区集中在哈萨克斯坦的北部和东北角，以及东南部的山区（Abdulla，2012）。植被蒸腾作用在主要农田和森林地区起着主导作用。在春季，天山山脉和东南部的帕米尔高原是蒸腾作用的高值区，主要是因为随着降雨量的增加和融雪作用，有足够的水分用于蒸腾作用(Li et al.，2011)。模拟地表土壤水分的结果表明，在冬季，地表蒸发量低，降水大多储存在地表土壤或雪层中。在春季，空气温度上升，冰雪融化并渗入土壤。土壤水分不断增加，在 4 月达到高峰。在夏季，土壤水分继续减少，并在 9 月达到最低值。在秋季和冬季，蒸发量减少，土壤水分增加。夏季降水、蒸发量和土壤水分都很低，因此它们之间的相关性很高；冬季降水和土壤水分高度相关，特别是在贫瘠地区；在植被覆盖率高的情况下，春季降水和蒸发量高度相关，而土壤水分和降水、蒸发量之间的相关性很低，可以看到负相关。总的来说，气候变化与人类活动导致的土地利用变化都使得区域蒸散发增加，对区域水循环和水平衡产生影响。

2.4.1.3　水资源减少

农业水资源是农业土地可持续利用的重要保障。从水资源占比来看，上游的吉尔吉斯斯坦和塔吉克斯坦更依赖于地表水，下游的哈萨克斯坦、乌兹别克斯坦、土库曼斯坦主要依赖于边界之间的水，地下水的占比逐渐加大(邓铭江 等，2010a，2010b)。中亚五国都依赖阿姆河和锡尔河进行灌溉，特别是下游的乌兹别克斯坦，50%以上的水资源依赖于阿姆河(Kulmatov，2014)。水资源的短缺将直接导致土地利用的改变(Saiko et al.，2000，Chalov et al.，2013)。中亚河流和湖泊数量均上万，湖泊面积达到 50 万 km^2，约占全球湖泊面积的 1/5(Yu et al.，2021)，温度上升导致湖泊干涸(Klein et al.，2014)。湖泊也是中亚地区重要的农业水资源之一(图 2.20)。

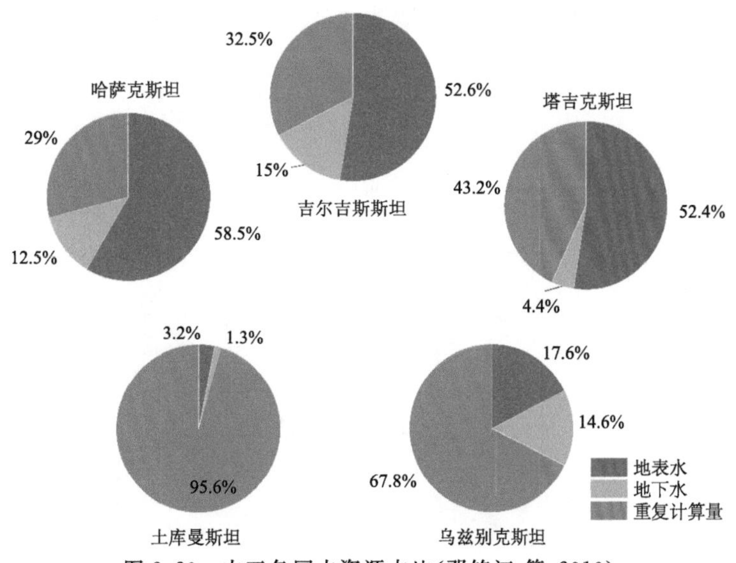

图 2.20　中亚各国水资源占比(邓铭江 等，2010)

研究结果表明，盐度和养分的沿程变化沿河流流向逐渐增加，硫酸盐和氯化物对于离子总体浓度的贡献越来越高，这些转变表明，人类活动对下游地区的影响逐渐增加。两条河流盐度的沿河上升表明有机物和养分从灌溉农田中流失，造成了阿姆河和锡尔河周围土地资源的主要退化。河流盐碱化的原因是该地区极为有限的降雨量和低密度的集水排水渠。在研究数据集中，有超过 23%的样本不适合灌溉，这些样本是从两条河流的下游和支流采集的；影响用水的主要因素是由灌溉回水的排放造成的河流盐碱化。在两条河流中较为清晰，农业活动对于河流下游地区的影响越来越大。研究联系了全球养分模型(IMAGE-GNM)的结果与实测的河流养分，以阐明不同来源在指示河流养分浓度[N(氮)和P(磷)]的空间变化方面的作用。非点源输入是河流养分的主要来源，而其中淋溶过程和地表径流过程分别是河流中氮和磷养分的主要来源(图2.21)。

鉴于中亚地区生态系统较为脆弱，极易受到气候变化产生显著影响，河流的水质退化将会导致农业土地质量退化，形成恶性循环。需要沿河各国政府和科研人员的共同努力，将未来更多的工作重点放在建立整体的水质管理体制上，对用水与生态恢复之间进行合理的权衡取舍，以实现可持续发展。未来的研究需要进一步详细调查盐度和营养物质的时间动态，以便更全面地了解这些干旱区河流生态系统的污染状况。还需要利益攸关方制定综合管理政策，以可持续利用和保护水资源及生态完整性。

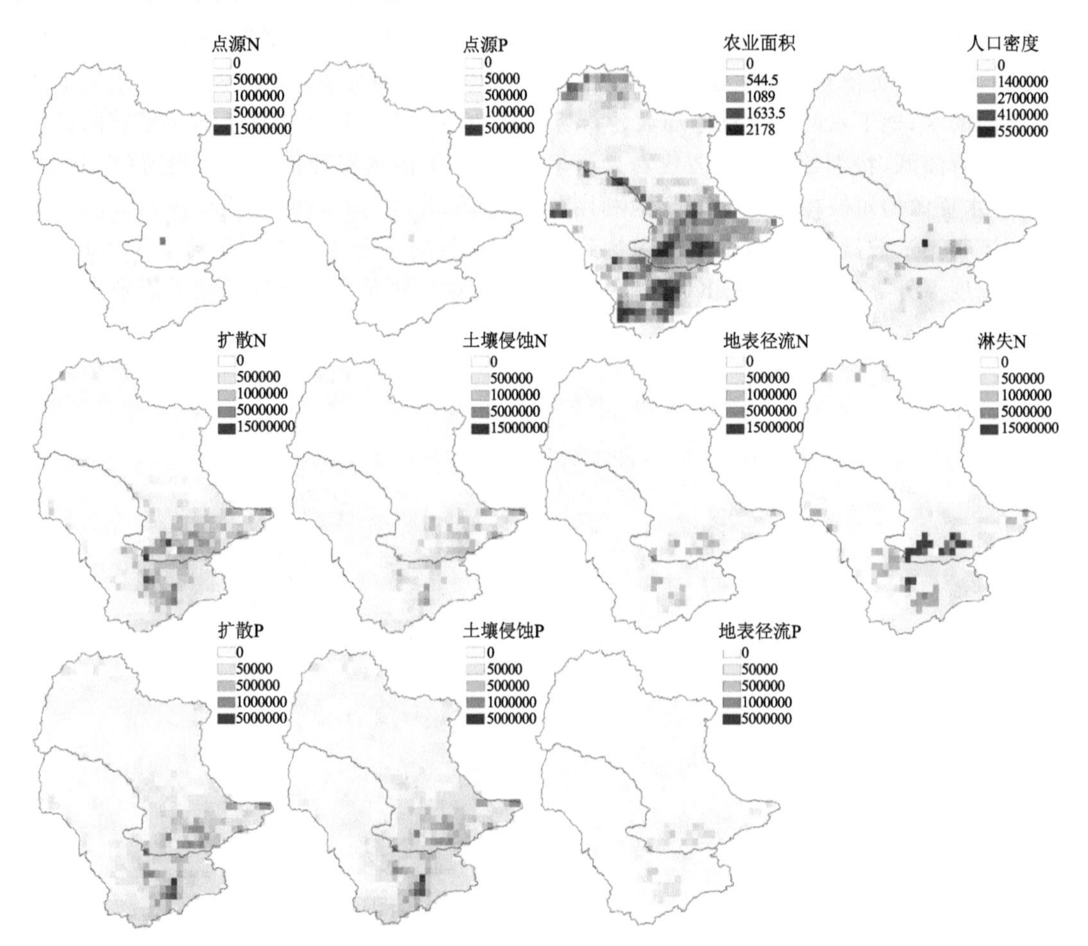

图2.21　来自IMAGE-GNM模型阿姆河和锡尔河流域的总氮和磷负荷(单位：kg/(格点·a)，网格大小为0.5°×0.5°)与网格单元的农业面积空间分布(单位：km^2，根据土地利用数据计算)和平均人口密度(每个网格单元的人口数)。总氮负荷分为点氮和扩散氮，其中包括与地表径流和土壤侵蚀的沥滤过程。总磷负荷分为点磷和扩散磷，其中包括地表径流和土壤侵蚀

总体上，中亚47.5%的灌溉地受盐碱化的影响，其中土库曼斯坦最严重，达96%，乌兹别克斯坦次之，约50%，哈萨克斯坦约30%，山区为主的塔吉克斯坦和吉尔吉斯斯坦分别为16%和12%(Hamidov et al.，2016)。

2.4.1.4　冰川

中亚98%以上河流的补给都来自山区。气候变化也导致了中亚农区重要的补给水源之一——山区冰川的减少(Sorg et al.,2012)。短期而言,导致地表水的增加。然而,这些增量是不可持续的,长期而言将随着冰川退缩而减少(Unger-Shayesteh et al.,2013)。20世纪中叶到2015年,哈萨克斯坦境内的冰川消失了约1/4。吉尔吉斯斯坦冰川2000年的厚度比1970年的厚度减少了20%,目前吉冰川融化速度是1950年的3倍。塔吉克斯坦境内的冰川面积减少了30%(Zhang et al.,2020)。

冰川是产生重大地质、生态灾害的源头。在日益变化的气候条件下,亟待减小冰湖溃决洪水给中亚地区人口带来的危害(Reyer et al.,2017),包括冰川强烈消融引发的冰川洪水灾害、冰川消退所导致的冰湖扩张变化及其溃决引发的洪水、泥石流灾害,以及由冰川跃动变化形成的冰崩或堰塞湖灾害等。其潜在危害不仅影响人们的生命和财产,还会对丝绸之路经济带重要交通通道带来重大影响。

冰川的退化可能导致急剧的生态变化,并危及水、食物和健康安全,导致政治不稳定和不断变化的社会一水文互动。改变雪、冰和永久冻土释放的融水的影响对中亚脆弱的山地和低地环境将变得越来越重要。随着中亚地区冰川面积减少和人口增长,该地区将面临越来越严重的缺水问题,进而影响生计,特别是山区社区的生计,但也会影响到下游人口众多的地区,这对农业灌溉将带来严重影响。冰川融化将直接影响到中亚各国人民的生存,造成水危机及"生态难民"(Barandun et al.,2020)。发展区域合作评估高海拔冰川一雪地系统、制定可持续发展和适应气候变化的综合方法、加强中亚国家的复原能力是对抗冰川退化的重要举措。

2.4.1.5　沙尘暴和盐尘暴

沙尘暴是干旱、半干旱地区较为常见的气候灾害,易造成植被及表层土壤大量流失,其形成受风力、表层土壤稳定性、大气条件共同作用,通常将含盐量较高的沙尘暴称为盐尘暴。中亚地区覆盖着超过1.5×10^7 hm^2的盐土,其中约10%存在于乌兹别克斯坦境内(Orlovsky et al.,2003;Groll et al.,2013;Aidarov et al.,2007),盐的积累对农业发展有很大影响(Funakawa et al.,2007)。

随着咸海水域面积的逐年收缩,富含大量松散沉积物的咸海盆地逐渐暴露,1981—2010年咸海盆地的干涸面积增加了4.7×10^6 hm^2,当地多强风、植被稀少、干旱周期长的气候特征使得盐尘暴的暴发频率远高于其他地区,每年将4.5×10^7～10×10^7 t的含盐粉尘从咸海流域吹向大气,最远可携带至数千千米外的喜马拉雅山、南极大陆、格陵兰的冰川、挪威的森林和白俄罗斯的农田,影响植被生长和人体呼吸道系统健康(Gill,1996)。盐尘暴对于水文循环的影响更是显著,盐尘暴含有大量的氯盐,必然会加快周围雪山的融雪速率(吉力力·阿不都外力,2009),增加下游地区的河流水量。

几百万年来,咸海河床源源不断地吸收来自流域内的盐分物质,如今逐年扩大的干涸河床成为当地灰尘和盐气溶胶的重要来源。20世纪50年代是乌兹别克斯坦灌溉农业快速发展时期,一方面大量林地牧场被改造成农田,使土地防风固沙能力大幅降低;另一方面阿姆河及锡尔河部分径流被拦截至周围农田用以灌溉,河流及下游咸海河床逐渐暴露,并于2000年形成一个新沙漠——阿拉尔库姆沙漠(Aralkum)。咸海底部松散的沙子暴露在空气中,成为盐尘暴的潜在爆发点,此外,地表水总量降低使地表变暖、增加边界层的不稳定性,同样有利于沙尘暴的形成和尘埃粒子的垂向输送。此时期中亚规模最大的沙漠卡拉库姆沙漠(Karakum)附近盐尘暴发生频率超过 80 d/a,中亚北部平原地区不及 10 d/a。

2.4.2 土壤盐渍化对中亚农业土地资源利用的影响

2.4.2.1 背景

土壤盐渍化是土地退化的一个主要过程和威胁,对土壤肥力产生不利影响。土壤盐渍化是沙漠化过程的一部分,是全球关注的问题,特别是在干旱和半干旱地区。气候变化还会影响侵蚀和盐渍化,这是沙漠化的主要过程。近几十年来,人类活动,特别是农业扩张、盐水灌溉等对土壤结构造成了严重破坏,导致土壤盐渍化。全球约有 1/3 的农业用地是盐碱化的,陆地环境有 10 亿 hm^2 是盐碱化的,其中由人类活动引起的盐碱化不足 8000 万 hm^2(Khasanov et al.,2022;Kulmatov et al.,2021)。

盐碱地的增加和扩大会加速土地退化和荒漠化,从而威胁农业生产力和环境可持续性(Ivushkin et al.,2019;Stavi et al.,2021)。根据世界银行 2003 年的报告,来自联合国环境规划署(UNEP)和粮食及农业组织(FAO,简称"粮农组织"),受影响的地区灌溉土地盐化中亚地区达到 480 万 hm^2(47%)占总数的 1013 万 hm^2,最高的百分比在土库曼斯坦和乌兹别克斯坦(Bucknall et al.,2003;Hamidov et al.,2016)。了解土壤盐分和绘制受盐渍化影响地区的地图可能是农业土地资源管理的一个重要工具,因为土壤盐渍化给旱地作物生产带来了巨大挑战,特别是在中亚(Hamidov et al.,2016;Kushiev et al.,2005;Stavi et al.,2021)。

许多来自多光谱和高光谱图像的遥感指数已被提出用于监测和绘制土壤表面或附近的盐度,通常在 0.05~0.10 m 深度内,而理解其对作物产量影响的能力有限(Corwin et al.,2019;Hassani et al.,2020)。EC 与土壤溶液中的溶解盐含量高度相关,它通过土壤饱和浸提获得,是土壤盐分的典型度量,以 dS/m(Al-Gaadi et al.,2021)表示。利用土壤电导率估算,通过土壤剖面考虑根系深度,有助于监测土壤盐分变化。此外,结合土地覆盖变化监测受盐渍化影响的地区可以有效地修复盐碱地,防止农田进一步盐渍化(Taghadosi et al.,2017;Tran et al.,2019)。

关于中亚和该区域特定地点土壤盐分的若干研究表明了农业发展的挑战和潜力。例如,Funakawa 和 Kosaki(2007)发现了深层土壤次生盐渍化的潜在风险,并预测随着灌溉系统的发展,次生盐渍化更有可能发生在哈萨克斯坦北部。中亚灌溉研究所建议采用大规模电导率测量方法而不是可溶性盐来监测中亚的土壤盐分(Shirokova,2000)。Kulmatov 等(2021)的一项研究强调,咸海盆地灌溉土地的盐碱区正在逐渐增加,这对乌兹别克斯坦潜在的农业发展和粮食安全构成威胁。

由于人口的迅速增长和气候的变化,中亚有限的农业用地面临越来越大的压力。该地区人口的增加和灌溉措施的扩大加剧了土壤盐渍化问题,并减少了流向咸海的锡尔河和阿姆河等主要河流的流量。而且,中亚地区的平均温度从 21 世纪开始温度升高了 1~2 ℃,加之高蒸发速率及天山和帕米尔山冰川储备可能融化影响该地区的农业发展和作物生产(Bobojonov et al.,2014;Hamidov et al.,2016)。

影响中亚地区土壤盐分分布和时间变异性的主要因素需要进行综合调查和先进制图,以支持农业和土地利用管理。在中亚和许多其他发展中国家,缺乏更广泛的空间分辨率对土壤盐分进行时空评估(Gorji et al.,2017)。此外,由于气候和人类活动的变化,影响土壤盐分的共变异体的特征一直具有挑战性。通过对根区土壤盐分的间接评价来评价区域土壤盐分变化，有助于了解土壤盐分变化趋势及其驱动因素。

目前，在机器学习和谷歌地球引擎的帮助下，高分辨率卫星图像的可用性正在不断提高，利用遥感监测土壤盐分已经变得越来越普遍（Al-Gaadi et al.，2021；Hassani et al.，2020；Ivushkin et al.，2019；Latonov et al.，2015；Sidike et al.，2014）。虽然需要使用这种地理空间数据集来绘制区域和地方一级的土壤盐分，但重点和应用有限，特别是在区域一级。本研究的具体目标是：①评估土壤盐度分布和土壤 EC 在年代际变化时间间隔（1990 年、2000 年、2010 年、2018 年）；②监测中亚地区 1990—2018 年期间基于遥感图像的土壤 EC 变化趋势在；③识别的在过去的 20 年影响气候变化下土壤 EC 变化主要驱动因素。

2.4.2.2　研究区概况、数据集与方法

（1）研究区概况

研究区域覆盖中亚内陆地区，主要被识别为欧洲和亚洲内陆腹地的干旱和半干旱地区。它西部与中国接壤，东部与里海接壤，北部与俄罗斯接壤，南部与阿富汗接壤。该地区包括五个国家：哈萨克斯坦、塔吉克斯坦、乌兹别克斯坦、土库曼斯坦和吉尔吉斯斯坦。该地区的地形多种多样，包括高山（天山）、延伸的沙漠地区（塔克拉玛干）、低地和草原。从美国地质调查局航天飞机雷达地形测绘任务（SRTM）提取的数字高程模型（DEM）范围从一些内陆沙漠的海平面以下到中亚地区海拔 7441 m（图 2.22）。

根据 Köppen 气候分类，该地区气候主要为冷荒漠气候（BWk）和半干旱气候（BSk）。全年的月平均降水量非常低，该地区降水最高纪录出现在 3 月和 4 月。中亚的年平均降雨量估计约为 273 mm。年平均气温在－5～15 ℃，采用 CRU TS 4.01 获得（1950—2016 年均值），中亚东部和西部低地温度最高（Haag et al.，2019）。

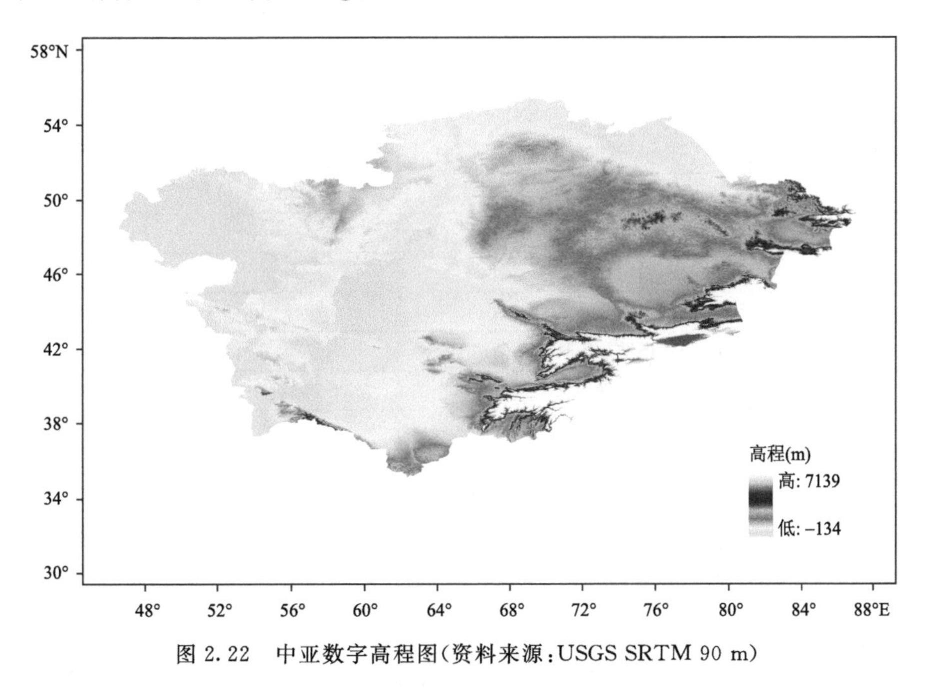

图 2.22　中亚数字高程图（资料来源：USGS SRTM 90 m）

图 2.23 显示了中亚地区的土地覆被类型，69％的区域以草原为主，其次是荒地（16.5％）和耕地（5.2％）。各土地覆被类型的数据和百分比如表 2.25 所示。这个地区的人民主要依靠农业

用地；农业是乌兹别克斯坦的主要经济部门，贡献了18%的国内生产总值，人类活动可能加剧了土壤盐碱化问题，特别是在可耕种的低地地区。随着现代气候的变化，中亚空气湿度的不足有利于盐的保存；然而，一项研究表明，该地区自生受盐影响的土壤与干旱之间没有直接关系。

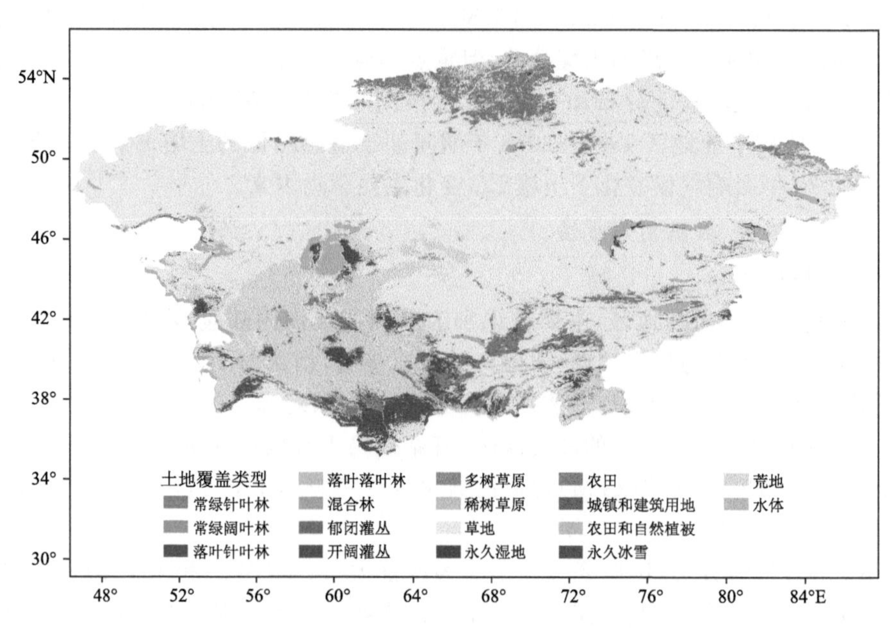

图 2.23　2018年中亚地区土地覆盖类型(来源：MODIS MCD12Q1 图像)

表 2.25　中亚地区各类土地覆被类型及百分比

编号	MODIS 土地覆盖类型	区(km²)	百分比(%)
1	常绿针叶林	1189	0.03
2	常绿阔叶林	4.5	0
3	落叶针叶林	144	0
4	落叶阔叶林	1209	0.03
5	混交林	6886	0.17
6	封闭的灌木的土地	458	0.01
7	开放的灌木的土地	154170	3.85
8	伍迪热带稀树草原	7898	0.20
9	热带稀树草原	10324	0.26
10	草原	2767398	69.04
11	永久性湿地	10882	0.27
12	农田	208152	5.19
13	城市及已建土地	19194	0.48
14	农田/植被马赛克	643	0.02
15	永久的冰雪	28515	0.71
16	贫瘠的	662765	16.53
17	水体	128729	3.21
	总计	4 008 561	

(2)数据集

为了评估中亚地区土壤盐分的变化,我们使用了高空间分辨率土壤盐分数据集(0.00833°),可通过 https://doi.org/10.6084/m9.figshare.13295918.v1 查阅(2020 年 8 月 19 日访问)。土壤盐分数据集是基于 EC 含量生成的,使用机器学习技术从各种气候、土壤、地形和遥感数据,其中考虑了多达 30 cm 的土壤剖面(Hassani et al.,2020)。Hassani 等(2020)主要使用农业站点的训练数据来预测全球土壤 EC 数据集,并使用预测 4D 模型,通过 10 倍交叉验证来估计拟合模型的性能,这些模型在区域分析方面具有很高的潜力。

以国际地圈一生物圈计划(IGBP)分类系统为基础,采用谷歌地球引擎平台编制了 2018 年 MODIS 土地覆盖类型产品,分为 17 类。利用 TerraClimate 每月 4 km 空间分辨率的数据集,提取和处理 2000—2018 年的高分辨率时间序列降水、土壤水分和参考蒸散发图像。与低分辨率的网格化数据集(Abatzoglou et al.,2018)相比,利用站数据对 TerraClimate 数据集进行验证,提高了总体平均绝对误差,提高了空间真实性。本研究中使用的其他重要时间序列数据是来自空间分辨率为 1 km 的无约束全球马赛克数据集的人口计数图像(2000—2018 年)。

(3)方法

以 1990 年、2000 年、2010 年和 2018 年的土壤 EC 数据为基础,利用 ArcGIS 软件对土壤盐渍化 EC 数据进行了重新分类和评估。表 2.26 总结了土壤盐分等级及其对应的 EC 值(dS/m),以及对作物生长的潜在影响。虽然土壤含盐量有 5 个等级,但在分析土壤 EC 数据时,我们将中盐及以上等级视为受盐影响的土壤。

表 2.26　土壤盐分等级与土壤 EC 值 E_C 及其对作物产量的潜在影响

土壤盐度类	E_C(dS/m)	对作物产量的影响
极低盐	0～2	无关紧要的
低盐	2～4	限制敏感作物的产量
中盐	4～8	限制许多作物的产量
高盐	8～16	可能不仅影响抗性作物
极高盐	>16	可能不会影响少数抗药作物

利用 Mann-Kendall 非参数统计方法对研究区 1990—2018 年盐度时空趋势进行分析。使用归一化检验统计量 Z 检验是否存在单调递增或递减趋势,以监测随时间变化的时间趋势。我们通过使用基于像素的线性回归的最小幂函数(如式(2.9)所示)来应用每个像素中的趋势,以确定在过去 30 年盐度的总体变化。

$$S_{\mathrm{lope}} = \frac{n \times \sum_{i=1}^{n}(i \times E_{C_i}) - \left(\sum_{i=1}^{n} i\right) \times \left(\sum_{i=1}^{n} E_{C_i}\right)}{n \times \sum_{i=1}^{n} i^2 - \left(\sum_{i=1}^{n} i\right)^2} \tag{2.9}$$

式中,S_{lope}表示 E_C 值的变化趋势;i 表示序列的年数;n 为研究周期的年数;E_{C_i} 为第 i 年的盐度变化。利用 MATLAB 2016 年中的 F-Test 在 $p<0.05$ 处进一步分析矩阵中每个像素的趋势显著性,并对显著像素进行掩盖和映射。

盐度趋势变化和受盐渍化影响的地区通过详细的行政地图进行分析,并将趋势结果与 2018 年 MODIS 土地覆盖类型产品相结合。此外,将 2018 年的耕地和与自然植被混合的耕地与同一年的 EC 数据进行掩盖和交叉剪接,从未开垦土地中识别潜在耕地面积。为了明确近

20 年来影响土壤盐分变化的主要因素，利用 2000—2018 年的年总降水量、年平均蒸散发、土壤水和年人口数量对土壤盐分 EC 年图像进行 Pearson 相关系数分析。采用双线性重采样方法对所有时间序列变量进行重采样，并与 EC 数据集的目标分辨率匹配，计算相关性并考虑尺度差异。在 P 值＜0.05 的显著性阈值下，使用 MATLAB R2016a 中的 F-Test 进行 r 检验。一种假设是，每像素的数量代表压力，并间接影响土壤盐度随时间的变化。

2.4.2.3　中亚地区土壤盐分的时空变化

图 2.24 显示了 1990 年、2000 年、2010 年和 2018 年中亚地区土壤 EC 类盐分的时空分布。选定年份土壤 EC 数据集的分类提供了有关其对植物生长影响的基本信息。估计 EC＞4 dS/m受盐渍化影响的总面积在 1990 年、2000 年、2010 年和 2018 年分别为 9.7×10^5 km²、8.6×10^5 km²、7.5×10^5 km² 和 11.1×10^5 km²。

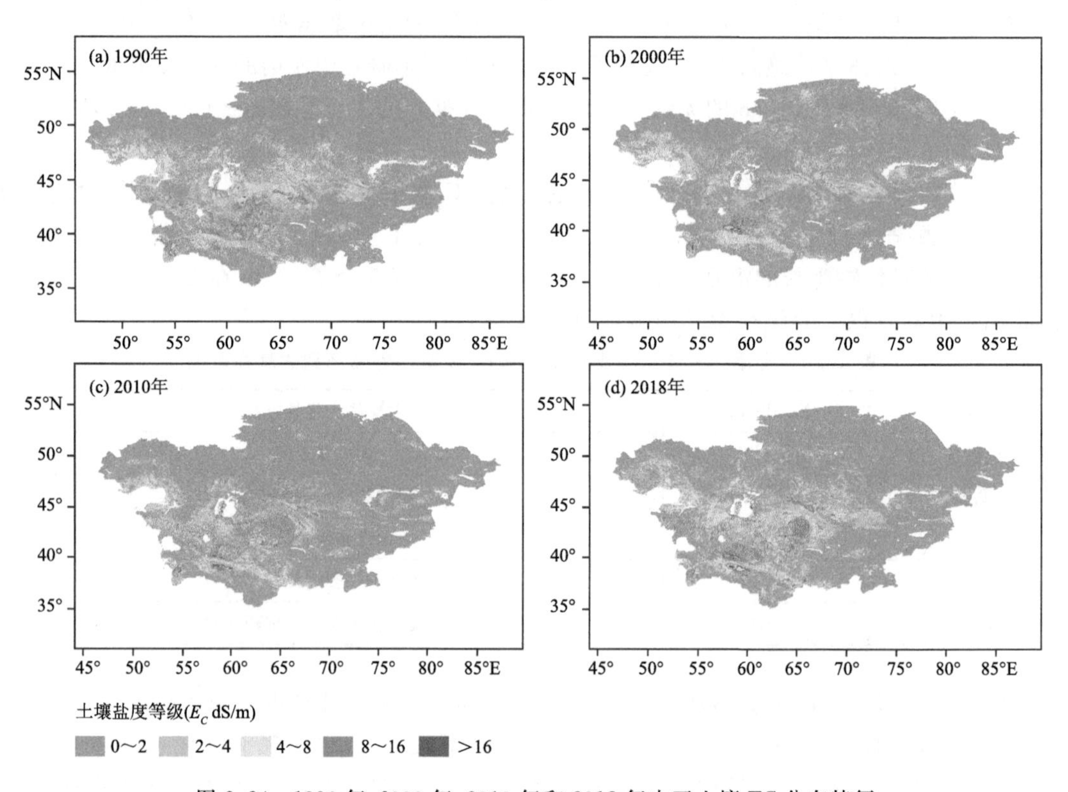

图 2.24　1990 年、2000 年、2010 年和 2018 年中亚土壤 EC 分布特征

表 2.27 总结了选定年份估算的土壤EC和中亚地区EC的年代际空间变化。受盐渍化

表 2.27　土壤 EC 年代际变化(km²)

E_C(dS/m)	1990 年	2000 年	2010 年	2018 年
0～2	4252440	4392040	4557200	4139280
2～4	281075	242499	192920	254440
4～8	826994	789386	611714	903574
8～16	135661	71038	130989	190928
＞16	4221	5431	7561	12170

影响最高的土壤位于中亚西南部，靠近咸海盆地南部，如图 2.24 所示。受严重影响的盐碱区面积(E_C>16 dS/m)随着时间的推移不断增加，总面积在 1990 年、2000 年、2010 年和 2018 年分别达 4221 km^2、25431 km、^{2}27561 km^2 和 12170 km^2。非盐渍面积略有减少，从 1990 年 4.2×10^5 km^2 到 2018 年的 4.1×10^5 km^2。

2.4.2.4　农田土壤 EC

中亚地区的耕地主要分布在哈萨克斯坦北部、吉尔吉斯斯坦西南部、乌兹别克斯坦中部和东部、塔吉克斯坦西南部以及土库曼斯坦东南部的一些斑块。图 2.25 中土壤 EC 数据集显示，EC<4 dS/m 的耕地>282117 km^2，2018 年耕地面积 EC>4 dS/m为 16108 km^2。中亚地区约有 5.4%的农田受盐渍化影响。

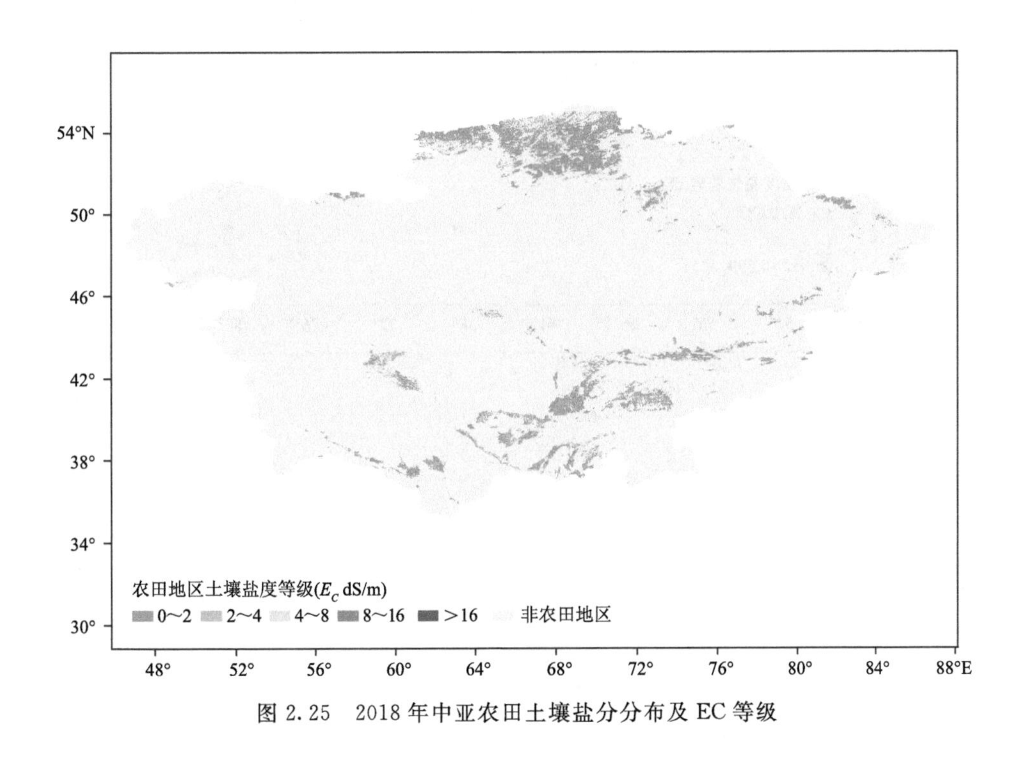

图 2.25　2018 年中亚农田土壤盐分分布及 EC 等级

2.4.2.5　土壤 EC 变化趋势

图 2.26 显示了 1990—2018 年中亚地区土壤盐分的年变化趋势及其显著性变化。基于图像的趋势显示研究区土壤 EC 增加和减少的区域，平均趋势为负。约 33.8%的像元呈逐年增加趋势，6.86%的像元呈显著变化趋势($p<0.05$)。乌兹别克斯坦、哈萨克斯坦、塔吉克斯坦、吉尔吉斯斯坦和土库曼斯坦土壤 EC 像元显著增加的百分比分别为 11.2%、5.8%、5.5%、1.7%和 12.2%。中亚西南平原土壤盐度的增加趋势最为显著，表明该地区土壤盐度在 1990—2018 年有所增加。土壤含盐量最大的地区是纳沃伊(乌兹别克斯坦)、阿哈尔(Ahal)和巴尔干(土库曼斯坦)地区。另一方面，土壤盐分最低的地区是布哈拉和霍勒兹姆(乌兹别克斯坦)。

将显著的土壤 EC 趋势与 MCD12Q1 土地覆被产品进行分区统计，结果表明：1990—2018 年，以多年生木本植物为主的开放灌丛地土壤 EC 增长趋势最高，其次为裸地。1990 年以来，单独农田和与自然植被混合的农田土壤 EC 呈逐年下降趋势，平均值分别为－0.006 dS/m 和－0.009 dS/m。土壤 EC 趋势值最小值为－0.003 dS/(m·a)。

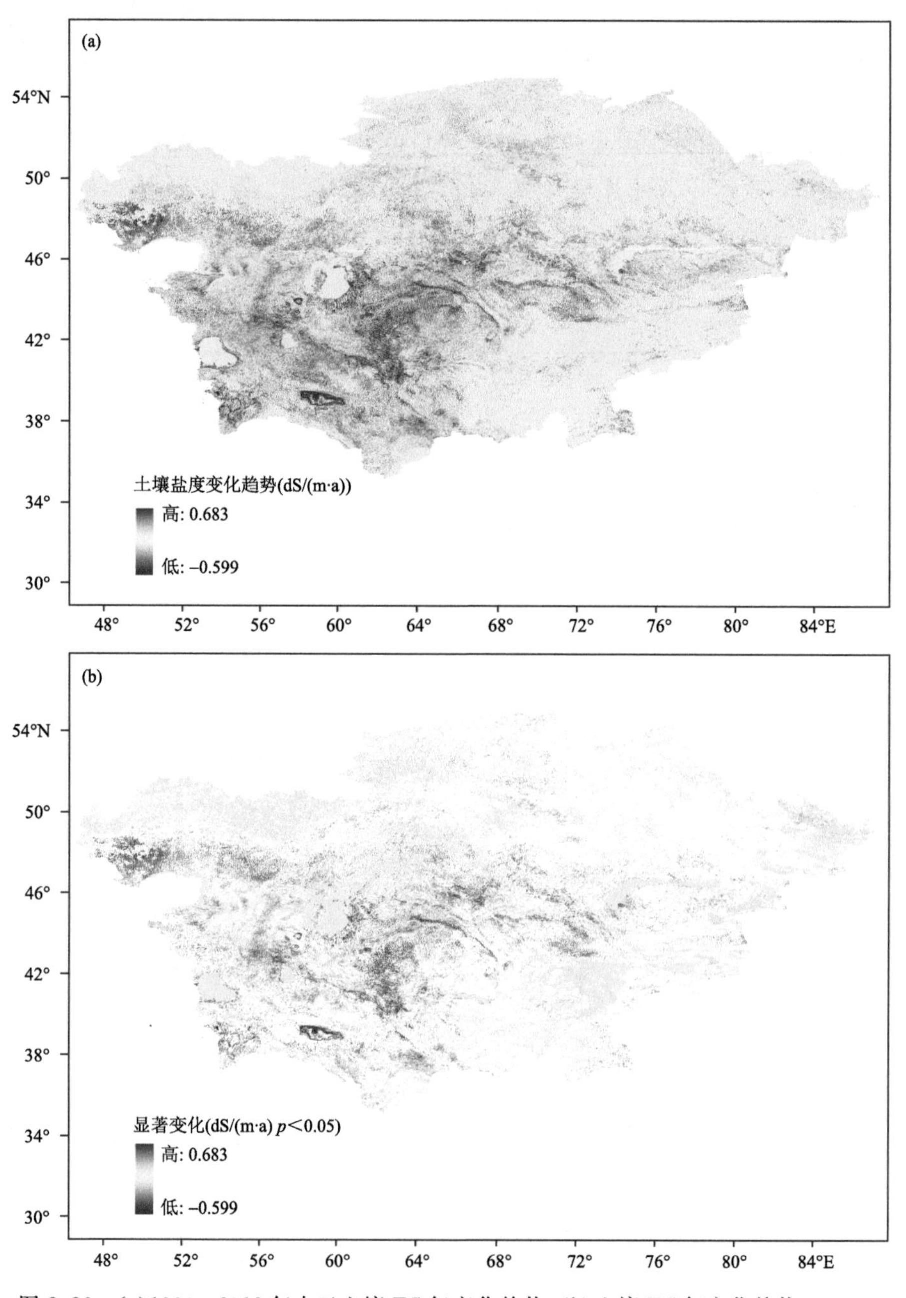

图 2.26 (a)1990—2018 年中亚土壤 EC 年变化趋势；(b)土壤 EC 年变化趋势 $p<0.05$

2.4.2.6 2000—2018 年影响土壤 EC 变化的因素

为了表征和了解影响中亚地区土壤盐分随时间变化的因素及其空间关系，我们考虑了 4 个主要变量，在像元水平上进行 Pearson 相关分析，并掩盖了显著变化的地区。

图 2.27a 中 57.8%的研究区域土壤 EC 与年总降水量呈负相关，其中 7.9%的像元呈现

显著变化(图 2.27b，$p<0.05$)。2000—2018 年，基于 terra 气候数据集估算的研究区年总降水量在 62～1068 mm，平均值为 257 mm，标准差为 129。基于土地覆盖类型的地带性统计，土壤 EC 与降水的相关性在封闭灌丛群落中为负相关最显著，而在农田中为正相关最显著。在国家尺度，两个变量之间的相关性在塔吉克斯坦是最显著的和负的，其次是吉尔吉斯斯坦。

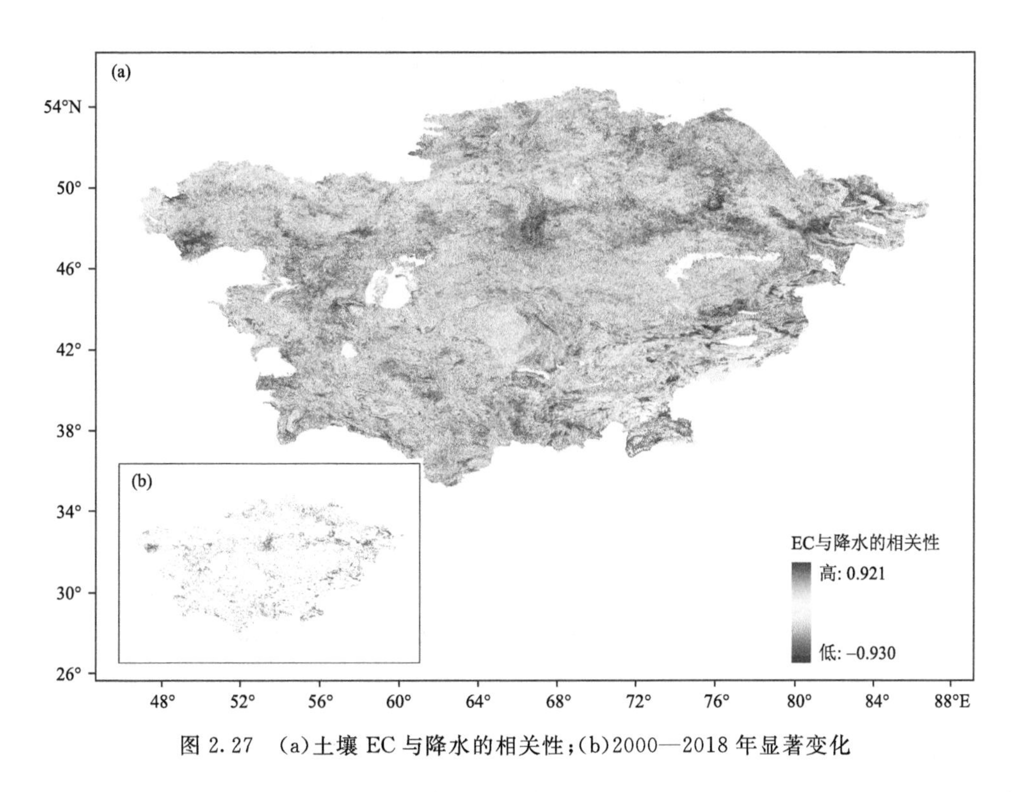

图 2.27　(a)土壤 EC 与降水的相关性；(b)2000—2018 年显著变化

相反，图 2.28a 中的 47.8%表明土壤 EC 与平均年蒸散正相关，显著像元为 10.5%(图 2.28b)。土壤 EC 与 ETo 的相关性在开放灌丛地和农田中最高，且变化显著，而在封闭灌丛地中最负，其次是中亚大草原。这两个变量之间的相关性非常显著和负相关，特别是在土库曼斯坦和哈萨克斯坦西部。

在图 2.29a 中，57.7%的研究区域也反映出土壤 EC 与种群数量的正相关关系，其中 15.42%表现出显著变化(图 2.29b)。2000 年以来种群数量呈递增趋势，种群数量与土壤 EC 的显著正相关最高，尤以乌兹别克斯坦和土库曼斯坦最为显著。图 2.29 中两个变量的相关性显示，草地和农田生物群落的显著性和正相关值最大。

如图 2.30a 所示，研究区 52.46%的土壤 EC 与土壤水分呈正相关，显著变化为 7.84%(图 2.30b)。与自然植被混合的农田和常绿针叶林的相关性最高，特别是土库曼斯坦和哈萨克斯坦。土壤水分阈值在很大程度上影响和控制中亚温带沙漠地表与地下相互作用的稳定性。

2.4.2.7　盐渍化地区评价

所有类别和选定年份受盐影响的地区都存在差异。中亚受盐影响地区在 1990 年、2000 年、2010 年和 2018 年分别占 17.6%、15.7%、13.6%和 20.1%。1990—2018 年，土地覆盖类型受盐渍化影响面积总体增加，2018 年耕地受盐渍化影响面积增加 5.4%。2010 年的减少可能更多地与气候变化、地下水位变化和土壤淋失变化的影响有关。Haag 等(2019)发现年升温速率为 0.28 ℃，而中亚地区年降水量每 10 年增加 3.13 mm。地下水位也会影响盐渍化地

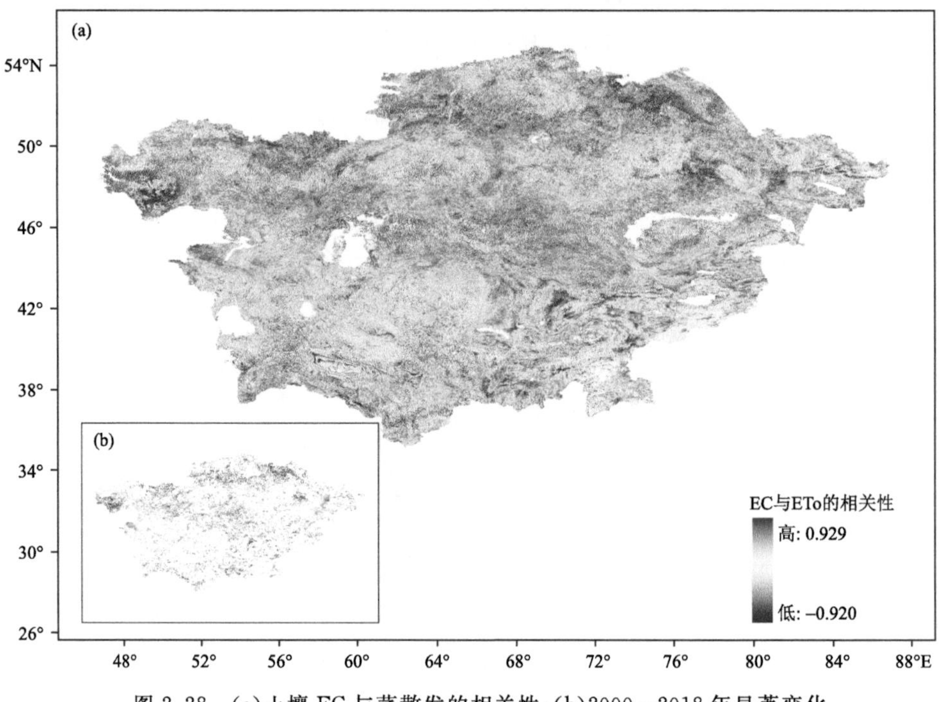

图 2.28 (a)土壤 EC 与蒸散发的相关性;(b)2000—2018 年显著变化

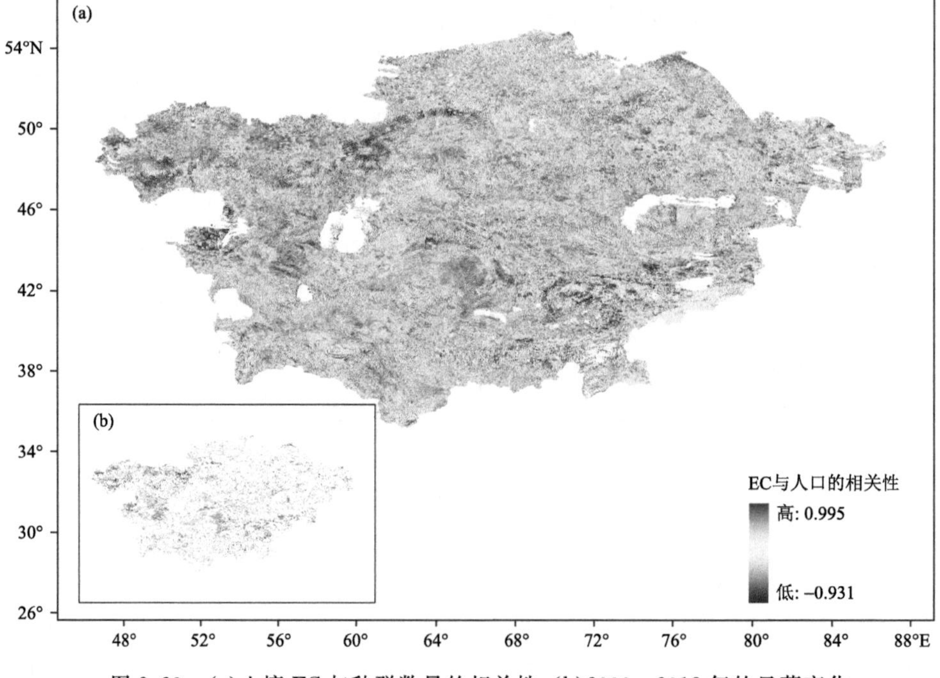

图 2.29 (a)土壤 EC 与种群数量的相关性;(b)2000—2018 年的显著变化

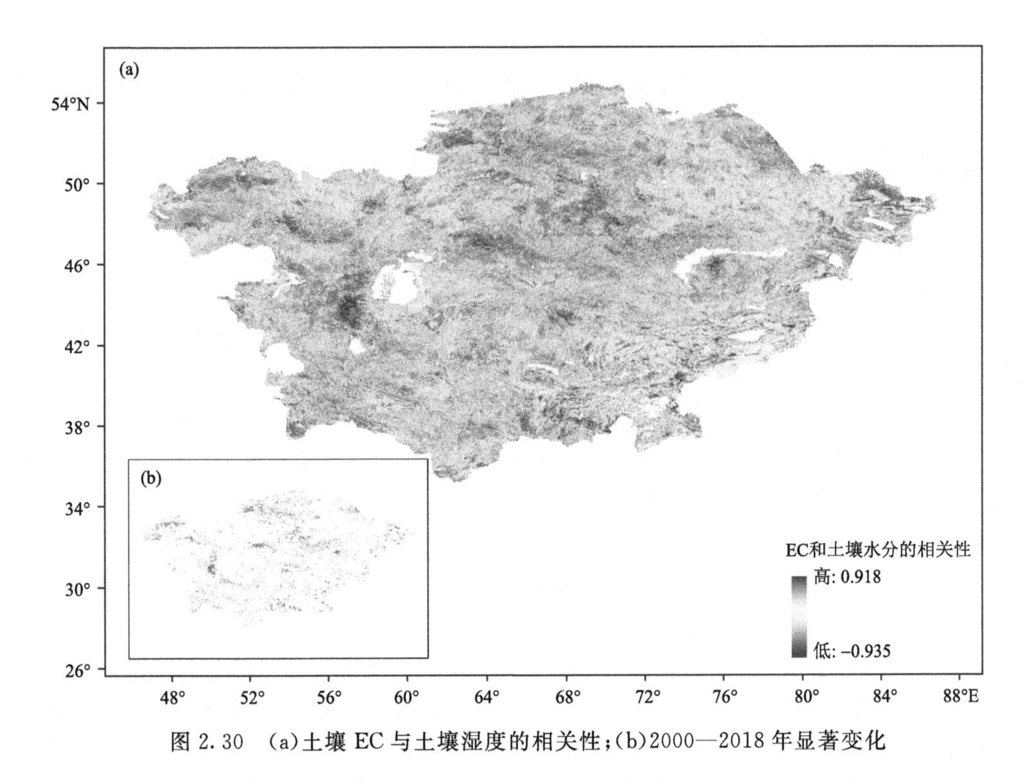

图 2.30　(a)土壤 EC 与土壤湿度的相关性;(b)2000—2018 年显著变化

区的变异性;例如,在布哈拉地区(乌兹别克斯坦),2001 年和 2013 年地下水盐度分别为 3.53 g/L 和 2.83 g/L(Kulmatov et al.,2015)。

我们有关中亚受严重影响的盐渍化土壤持续生长的研究结果,与通过水利用和农场管理调查子项目(Shirokova,2000)在中亚 3 a(1996—1998)的土壤盐渍化实地观测的研究相一致。同样,Latonov 等(2015)报告称,2000—2011 年期间,乌兹别克斯坦锡尔达里亚省中部中等和高盐碱度土壤显著增长。由于土壤 EC 值可能没有考虑深层土壤剖面的盐分含量,因此与中亚地区以往的盐渍土记录相比,我们的估算值较低。根据 2004 年中亚地区汇总的数据,中度和重度盐渍化灌溉土地合计占全部可耕农业土地的 45%。最近在乌兹别克斯坦西尔达里亚省进行的一项研究也证实,中度盐水灌溉面积从 2015 年的 16.4%迅速下降了近 17.4%。

除了中亚受盐渍化影响地区的年代际变化外,土壤盐分的空间特征对土地资源管理和行动可能至关重要。受盐渍化影响的极高盐碱类土地的空间分布,例如乌兹别克斯坦和土库曼斯坦以及哈萨克斯坦的一些地区,对土地资源规划和以当地为目标具有重要意义。中亚地区的土地盐渍化是影响吉尔吉斯斯坦、乌兹别克斯坦和土库曼斯坦灌溉区的常见问题(Bobojonov et al.,2014;Ivushkin et al.,2019)。

其他研究也确定了咸海盆地、Khorezm 灌溉区和中亚布哈拉省受盐渍化影响地区的广泛分布(Corwin et al.,2019;Kulmatov et al.,2015;Toderich et al.,2010),与我们的研究结果中的年代际变化和增量相对应。尽管受盐渍化影响的地区在布哈拉和 Khorezm 仍然很普遍,这些地区土壤 EC 呈减少趋势是由于每年深秋和早春进行 3 次盐浸。这意味着土壤盐渍化已经成为可能影响该地区粮食生产和农业发展的障碍。

2.4.2.8　土壤盐分变化及其影响

土壤 EC 值的增加表明,需要高度重视严重盐渍化的土壤,并制定粮食安全规划,而 EC 值最低的非盐渍化地区则意味着巨大的农业发展潜力。在咸海盆地的一项当地研究证实，盐碱地的灌溉面积逐渐增加，而希德里亚省的非盐碱地的增加几乎可以忽略不计，多年来只占3%。

土壤盐分趋势表明土壤EC趋势显著增加，特别是在乌兹别克斯坦的Novoi省和土库曼斯坦的Ahal省和巴尔干省。与此同时，1990—2018年乌兹别克斯坦布哈拉省土壤EC趋势呈下降趋势。Kulmatov等(2015)在乌兹别克斯坦布哈拉地区的土壤盐渍化过程中发现了类似的时间变化，并指出土壤盐渍化在稳步减少，特别是从2001—2009年。中亚大部分地区农田土壤EC呈下降趋势。这意味着中亚许多耕作区的非盐渍土壤的可用性在1990年以来有所增加，这意味着在农业土地资源投资方面有更大的发展潜力。

尽管预计降水的作用在土壤盐渍化过程中具有决定性作用，但与土壤EC的相关性表明显著变化百分比最低。年降水量很低，大部分是通过可溶盐的径流和淋滤而释放出来的，如吉尔吉斯斯坦和塔吉克斯坦的上游地区(Funakawa et al.，2007；Toderich et al.，2010)。最近在咸海盆地进行的一项研究表明，有限的降水也间接地促进了该地区土壤盐渍化的发展。同样，土壤水分在土壤盐渍化过程中的作用也相对较高；然而，由于该地区年降水量少，蒸散发速率高，其影响在中亚大部分地区不强。

该区域土壤EC显著正相关比例最高的是15.42%，以种群数量为标志，10.5%以蒸散发为标志。在干旱和半干旱地区，由于ET的增加，盐在根区内部和根区以下积累，在2000年以来ET贡献较大的地区，特别是在塔什干、吉扎克和奥什附近地区，这一点很明显。Kulmatov等(2015)还指出，乌兹别克斯坦布哈拉地区土壤盐渍化的主要原因是化肥的广泛使用和高蒸发率。这一结果与Leng等(2021)的研究结果一致，即阿姆河和瑟尔河流域的种群分布与N和P的扩散源之间的关系为正且强。

影响中亚地区土壤EC时空变异性的主要驱动因子与气候变率和气候变化导致的人类对土地和蒸散发压力的增加密切相关。蒸散发变量对该区域土壤盐渍化过程的影响可能更大，因为人口估计可能与同一像素的土壤EC不共存。一些地方和区域研究表明，其他固定因素，如地质养分的形成、化肥的应用、坡度和地下水位，也可能有助于确定土壤盐分的变异性(Funakawa et al.，2007；Kulmatov et al.，2015；Leng et al.，2021；Tran et al.，2019)。土壤EC和ETo的相关性显示，特别是开放灌丛地和农田与自然植被混合的土壤EC和ETo的平均值最高，这意味着对这些生态系统的负面影响。这标志着中亚地区生物群落对当代气候变化影响的脆弱性。土壤EC类型及其变化、土壤EC趋势及其与主要衍生因子的相关性的划分，可以为农业和土地资源规划提供应对气候变化挑战的重要时空信息，并在局部和区域尺度上解决土地退化问题。

2.5　本章小结

中亚五国地处亚欧大陆的中心地带，是"一带一路"倡议中重要的沿线节点之一，研究LUCC对促进全球经济可持续性发展有着至关重要的作用。借助GIS空间统计分析方法，以欧洲太空局气候变化项目(CCI)全球土地覆盖数据为基础，利用土地利用程度、动态度和转移矩阵对中亚五国1992—2015年土地利用/覆盖变化(LUCC)特征进行分析，运用Logistic回归模型和地理探测器对土地利用变化的驱动力进行深入研究，并运用Logistic Regression-Cellular Automata-Markov chain(LR-CA-Markov)模型来预测2030年的土地利用变化格局。利用来自全球土壤 EC 数据集、气候变量和人口统计数据的高空间分辨率图像评估了中亚地区土壤 EC 的趋势，并确定了影响土壤盐分的主要因素。研究所得到的结论如下。

(1)土地利用变化时空特征

1992—2015 年，中亚五国的土地利用格局总体上表现为耕地和城镇用地持续增加，林地、草地和水域呈减少的趋势。耕地的增加主要来自林地(7.88 万 km^2)和草地(5.27 万 km^2)的转入，城镇用地的增加主要来自耕地(0.50 万 km^2)的转入，耕地是仅次于城镇用地增速较快、变化最为显著的土地利用类型；城镇用地在各国均呈现增加的趋势，耕地除乌兹别克斯坦之外，在其他四国均呈现增加的趋势。1992—2015 年中亚五国土地利用程度总体呈缓慢上升趋势(土地利用程度综合指数从 1992 年的 193.34 增加到 2015 年的 197.41)，即土地利用处于发展阶段。在空间上，耕地主要分布在哈萨克斯坦北部的图尔盖台地，其扩张也主要体现在哈萨克斯坦北部区域，林、草地主要分布在里海沿岸低地和哈萨克丘陵，未利用地主要分布在图兰低地，水域面积呈现减少主要表现在咸海南湖湖泊面积呈萎缩的态势，城镇用地主要分布在中亚五国的北部和东南部，其扩张集中在东南部区域。

(2)土地利用变化驱动力

通过二元 Logistic 回归分析可知，耕地倾向于分布在距水系较近、距道路较近和人口密度较小的地区；城镇用地倾向于分布在人口密度较大，距离铁路较近，海拔较低的地区；林地倾向于分布在海拔较高，距水系距离较远，距铁路距离较远的地区；草地倾向于分布在海拔较低，坡度较缓、人口密度较低的地区；未利用地倾向于分布在人口密度较低，坡度较缓和海拔较低的地区；水域倾向于分布在距铁路距离较远、海拔较低和人口密度较低的地区。耕地作为中亚五国土地利用变化最为显著的类型之一，耕地的数量与生活保障、环境保护等关系重大。基于地理探测器模型对耕地变化进行驱动力分析，在短时间内社会经济因素发挥决定性的作用，因子探测表明人口总数(0.882)和农村人口(0.881)对耕地扩张的影响力最大，其次为粮食单产(0.746)；交互探测表明各因子交互作用均为互相增强，其中，农村人口与粮食单产的叠加作用对耕地扩张的解释力度最大(0.972)，影响耕地扩张的主要因素可归纳为人口增长和粮食单产提高。

(3)土地利用变化模拟预测结果

通过 LR-CA-Markov 模型模拟中亚五国 2015 年土地利用变化，得到 Kappa 系数为 90.18%，模拟精度很高，也说明了研究所选的驱动因子是合理的。然后用 LR-CA-Markov 模型来预测 2030 年中亚五国土地利用变化情况。结果表明，中亚五国仍然以林地和草地最多，其次为耕地和未利用地，城镇用地和水域的面积很少。与 2015 年相比，耕地、林地和城镇用地的面积在继续增长，而且城镇用地增长迅速，草地、未利用地和水域的面积在继续减少。

(4)土壤盐渍化及其动态

2018 年，约 16108 km^2 的农田盐渍化(EC＞4 dS/m)，其中 5.4%的农田受盐渍化影响。土壤 EC 趋势显示，1990—2018 年土壤盐分增加，6.86%的区域呈现显著增加趋势($p<0.05$)，主要集中在中亚西南平原，其中乌兹别克斯坦(11.2%)和土库曼斯坦(12.2%)土壤 EC 显著增加趋势最明显。然而，土壤 EC 趋势与土地覆被产品结果表明，大多数农田地区土壤 EC 趋势呈下降趋势，这意味着该地区具有农业发展的潜力。自 2000 年以来，影响中亚土壤 EC 变异性的主要驱动因素与蒸散发速率的上升和人口压力有关。进一步的土壤盐分研究应关注植被指数对根区盐分和土壤剖面的综合影响，遥感 EC 估算应与地下水变化、盐分分布、

土壤养分分布和土壤水分变化、土壤深度分析相结合，以生成标准化的区域和全球土壤盐分影响分布图。此外，建立本地至区域尺度土壤盐分时空变异性及风险制图服务平台，可为农业土地资源管理提供支持。

第 3 章　中亚水土热资源匹配特征和农业生产适宜性

水土热资源作为农业生产的基本自然资源，其质量、数量和组合状态不仅关系到区域粮食生产的安全性和稳定性，同时影响着区域农业生产和生态环境的健康发展。区域资源间的匹配状况，是关键资源在时空分布、量和变化过程中组合和配比，用于反映资源间的均衡程度，有利于把握区域水土热资源的真实信息、分析水土热资源的错位矛盾、匹配特征，为区域农业资源开发利用提供科学依据。本节以中亚五国为研究区，基于历史气象和未来模拟数据、土地利用、地形、土壤和社会经济数据等，结合多种评价方法，系统分析水土、水热及水土热匹配的时空特征及变化趋势。基于农业生产适宜性评价体系评估了中亚历史和未来模拟期的农业生产适宜性时空特征，深入了解水土热资源开发利用的特点、结构和方向，动态分析及预测水土热资源可能的变化趋势，为中亚地区合理开发利用水土热资源、合理开展农业活动提供有力的科学依据，对提高中亚地区水土热资源利用率、协调水土热资源与生态环境之间的关系及保证农业的可持续发展有着重要的意义。本章一共分为 5 小节：3.1、3.2 节系统总结了水土和水热资源的评价方法，并分析了历史水土资源、水热资源的匹配条件和分区特征；3.3 节基于典型的排放浓度情景预测了中亚可能的水土资源、水热资源的匹配时空特征；3.4 节基于水土热资源匹配和评价体系对农业生产适宜性进行评价；3.5 节对本章主要内容和结论进行了归纳总结。

3.1　水土资源匹配特征及分区

3.1.1　水土资源匹配计算方法

（1）水土资源匹配系数

农业水土资源匹配系数（M_i）是指特定区域农业生产所拥有的水资源量（蓝水和绿水）与耕地资源在空间上匹配的量比关系（白洁芳 等，2017）。通过对中亚地区水土资源匹配系数的计算，可以揭示其水土资源在时空分配上的均衡状况和满足程度。本节采用单位面积耕地所拥有的广义农业水资源量法对中亚五国水土资源进行匹配度分析。以哈萨克斯坦和吉尔吉斯斯坦各地州为基本单元，计算农业水资源可利用量与耕地面积匹配水平，公式如下：

$$M_i=\frac{w_{i1}+w_{i2}}{A_i}\quad (i=1,2,3,\cdots,n) \tag{3.1}$$

式中，M_i 为区域农业水土资源匹配系数（m^3/hm^2）；A_i 为各区域耕地面积（hm^2）；w_{i1}、w_{i2} 分别为各区域农业灌溉蓝水量和农业绿水量（m^3）；蓝水量为灌溉用水量，农业绿水量为耕地土壤水含量。将广义农业水土资源匹配系数（m^3/hm^2）乘以 0.1 转换为水深单位（mm），这样可以更有利于理解区域农业水资源的分配情况，同时可以与降水的空间特征进行对比。

在更为广义的水土资源匹配系数(Rei)中(刘彦随 等,2006),单位土地面积的农业用水量(农业灌溉蓝水量和农业绿水量)被替换为区域的总水资源量,区域实际区域耕地面积替换为宜农耕地面积。因而,Rei为单位宜农耕地所拥有的水资源量(水资源量和宜农耕地的比值),是无量纲化处理后的水土匹配系数,可用于衡量区域水土资源匹配相对于研究区总体平均水平的差异程度。

(2)水土资源当量系数

水土资源当量系数以单位耕地面积的农业用水量作为水土资源当量系数的评价对象,以单位土地面积的水资源量作为农业水土匹配研究的基准条件,两者间的量比关系称为农业水土资源当量系数(S)(Jeroen et al.,2010;吴宇哲 等,2003),公式如下所示:

$$S=100F_a/F_t \tag{3.2}$$

式中,S为农业水土资源当量系数;F_a为单位耕地面积农业用水量(m^3/hm^2),F_t为单位土地面积的水资源总量(m^3/km^2),公式如下所示:

$$F_a=\frac{W_a}{C_a},F_t=\frac{W_t}{C_t} \tag{3.3}$$

式中,W_a为地州农业用水量(m^3);W_t为在现有条件下从天然水中提取的水资源量(m^3);C_a、C_t分别为耕地面积(hm^2)和土地总面积(km^2)。当$S>1$时,说明单位耕地面积的农业用水量超过了自然条件下的水资源的供给水平,农业用水处于受限制的状态,即为缺水地区;当$S<1$时,水资源处于盈余状态,可增加农业水资源利用量,但为了保持原有的水资源利用效率,可以通过增加耕地资源的开发利用量来维持,从而间接反映出耕地资源不足或开发利用程度低,该情况被定义为耕地资源短缺。为了更清楚地评价水土资源的丰缺程度,分别以90%、75%和50%水平梯度的农业水土资源当量系数进行衡量(表3.1)。

表3.1　农业水土资源丰缺程度分级

匹配水平	缺土区			相对平衡区	缺水区		
	严重	中度	轻度		轻度	中度	严重
	<50%	50%~75%	75%~90%	>90%	75%~90%	50%~75%	<50%
当量系数(S)	<0.5	0.5~0.75	0.75~0.9	0.9~1.1	1.1~1.25	1.25~1.5	>1.5

(3)基于数列的匹配度计算方法

左其亭等(2014)于2014年提出基于数列的匹配度计算方法,用于定量分析两种变量间的时空匹配程度。将研究时段可分为T个时段,分析水资源量和宜农耕地面积两变量X和Y的匹配度,x_t,y_t为第t个时间段变量X和Y的值,时间上的匹配度可按式(3.4)、式(3.5)计算:

$$A_t=1-\frac{|r_t-s_t|}{\max(r_t-s_t)-\min(r_t-s_t)}\quad(t=1,2,\cdots,T) \tag{3.4}$$

其中,

$$r_t=\frac{x_t}{\sum_{t=1}^{T}x_t},s_t=\frac{y_t}{\sum_{t=1}^{k}y_t} \tag{3.5}$$

式中,A_t为第t个时间段变量X和Y之间的匹配度;r_t为第t个时间段变量X占研究时段变量X的比例;s_t为第t个时间段变量Y占研究时段变量Y的比例。

(4)基尼系数

基尼系数(Gini Coefficient，GC)用于衡量收入分配的不平均程度(吴宇哲 等,2003)。首先拟合洛伦兹曲线,假设该曲线与45°线所围成的面积为A,该曲线与坐标轴围成的面积为B,计算公式如下:

$$G_C=\frac{A}{A+B} \tag{3.6}$$

式中,G_C为基尼系数。

(5)区域水量平衡方程

区域水量平衡的方程式(叶佰生 等,1996),可表示为:

$$P-E-R+\Delta S=0 \tag{3.7}$$

其中:P为降水量;E为蒸散发量;R为径流量;ΔS为土壤蓄水变化量。当区域处于稳定状态时,多年平均土壤蓄水变化量ΔS可忽略不计,因此区域降水量减去蒸散发量可得到径流量。

实际陆面蒸散发量E可由高桥浩一郎公式计算得到,其根据月平均气温和月降水量计算蒸散发力,适用的温度范围广泛(高桥浩一郎,1979),该公式由于其估算结果参考价值较好而常被用于气候以及陆面水资源变化等研究中(姜永见 等,2012;叶佰生 等,1996),计算公式如下:

$$E=\frac{3100P_0}{3100+1.8p_0^2\exp\left(-\frac{34.4T}{235.0+T}\right)} \tag{3.8}$$

式中,T为地面平均温度(℃);P_0为月均降水(mm)。

3.1.2　水土资源时空匹配特征

研究所使用社会经济、农业和水资源数据来源于中亚及俄罗斯原文科技文献资源共享系统(http://zywx.xjlas.org/)和世界粮农组织(Food and Agriculture Organization of the United Nations,FAO)的全球水信息系统数据库(AQUASTAT Database)中亚地区国家统计资料(2011—2015年),包括GDP、人口、水资源利用量、土地利用、农业用水和耕地等统计数据。对收集资料经过整理和筛选,只有哈萨克斯坦和吉尔吉斯斯坦两国的资料和数据能够满足研究需要时间序列和精度要求,因此本节主要对哈萨克斯坦和吉尔吉斯斯坦两国的水土资源匹配以及利用分区特征进行探究。

3.1.2.1　水土资源空间匹配分析

图3.1为哈国、吉国两国广义农业水土资源匹配系数的空间分布特征。从研究区整体来看,广义农业水土资源匹配系数呈现出南高北低,灌溉农业区高于雨养农业区的空间分布特征,高值区主要位于哈萨克斯坦的克孜勒奥尔达州和曼吉斯套州(M>1200 mm),水土资源匹配较好的区域主要分布在水热条件较好的研究区东南部地区,如吉尔吉斯斯坦巴特肯州、塔拉斯州、奥什州和贾拉拉巴德州,水土资源匹配系数均为600 mm以上,这些地区均为典型的农业灌溉区。研究区北部水热条件相对较差的地区水土资源匹配系数最低,均在200 mm以下,主要位于哈萨克斯坦北部各地州,这些地区主要是以雨养农业为主的旱作区。此外,位于哈萨克斯坦南部的南哈萨克斯坦州、阿拉木图州、江布尔州和吉尔吉斯斯坦的楚河州、纳伦州、伊塞克湖州尽管水热条件优于研究区北部,但水土资源匹配一般,均在600 mm以下,表明研究区存在严重的农业水土资源匹配错位现象,研究区南部水资源丰富,而耕地面积相对较少,北部耕地资源丰富,而水资源缺乏。

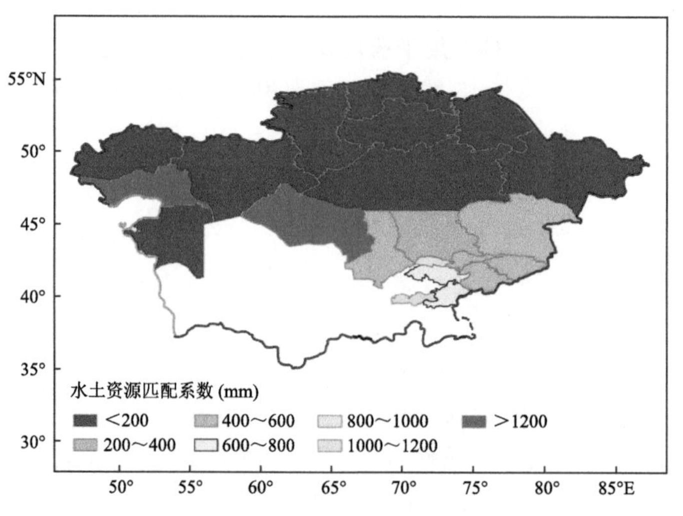

图 3.1　哈国、吉国两国水土资源匹配系数的空间分布特征

两国广义农业水土资源匹配结果显示，吉尔吉斯斯坦水土资源匹配程度好于哈萨克斯坦，其主要原因是位于下游的哈萨克斯坦水资源相对贫乏，耕地资源数量大、质量差，且两者在空间上分布极为不均。哈萨克斯坦耕地面积占中亚五国总耕地面积的 77.88%；但其水资源量仅为中亚五国水资源总量的 33.1%左右，并且水利工程损坏导致水资源运输过程中损失严重，均降低了该地区水资源可利用率，因此导致其水土资源匹配程度较差。而位于上游的吉尔吉斯斯坦受地形影响，降水较多，同时高山冰雪、融水量较大，使得吉尔吉斯斯坦水资源量十分丰富，其水资源量占中亚五国水资源总量的 25.2%，耕地面积仅占中亚耕地面积的 3.4%，但是两者在空间上的分配相对均匀，因此水土资源匹配较好。

从国家内部来看，哈萨克斯坦和吉尔吉斯斯坦两国南部各地州农业水土资源匹配程度优于北部各地州。哈萨克斯坦水土资源匹配格局的空间差异主要是由该国水土资源的时空分布特点所决定的，南部地区，水资源相对丰富，土地垦殖率相对较低，水土资源匹配程度较高；北部地区水资源短缺，耕地主要以旱地为主，垦殖率较高，水土资源匹配程度较差。克孜勒奥尔达州土地垦殖率较低，约为 0.72%，又处于哈萨克斯坦境内流域面积较大的锡尔河流域过境，可获取水资源量丰富，农业用水比例较高，因此水土资源匹配程度较好。阿拉木图州、江布尔州和南哈萨克斯坦州均位于哈萨克斯坦降水高值区，虽然水资源总量相对丰富，但垦殖率较高，农业用水比例相对较低，农业种植结构中水稻、玉米、大豆以及瓜果种植比例增大，生长期对灌溉用水的需求增大，且由不合理的灌溉方式引起的水资源浪费严重，因此这些地州水土资源匹配程度一般。位于西部的曼吉斯套州水资源十分匮乏，耕地面积不足 1200 hm^2，并且农业用水比例很低，导致其水土资源匹配很差。北哈萨克斯坦州、科斯塔奈州、东哈萨克斯坦州、巴甫洛达尔州和阿克莫拉州等州为典型的雨养农业区，绿水是农业生产用水的主要来源，虽然降水量比西部和中部地区多，但农业用水比例很低，而且垦殖率很高，近年来撂荒地的复垦使耕地面积不断扩大，对农业灌溉用水需求进一步增加，但由于农业水利基础设施年久失修，多数灌溉系统被废弃，农业用水供给不足，从而导致水土资源匹配很差。

相对于哈萨克斯坦，吉尔吉斯斯坦水资源总量较为丰富，地形因素是影响其水土资源匹配的主要因素之一。吉尔吉斯斯坦山地广布，可开垦土地面积受到限制，从而造成耕地资源在各地州之间分布差异较大。楚河州、伊塞克州和纳伦州虽然水资源总量较为丰富，但农业用水比例较低，并且土地垦殖率相对较高，因此水土资源匹配程度一般。贾拉拉巴德州和奥什州水资源总量丰富，农业用水比例较高，且垦殖率低于上述各地州，因此水土资源匹配程度较好。巴特肯州和塔拉斯州水资源总量相对较少，且垦殖率相对较低，但其农业用水比例较大，因此水土资源匹配程度最好。

图 3.2 为哈国、吉国两国各地州农业水资源中蓝水和绿水构成的空间分布特征。通过对水土资源匹配系数中蓝水和绿水构成的分析，不仅可以了解研究区农业生产过程中水资源利用的数量和类型，同时也能够深入分析水资源构成对区域水土资源匹配的影响，对于实现区域水土资源的优化配置具有一定的参考价值。从图中可以看出，研究区农业水资源中蓝、绿水构成比例的空间分布格局与水土资源匹配系数的空间分布较为一致。在水土资源匹配系数较低的地区，农业蓝水的构成比例也较低，如北哈萨克斯坦州、东哈萨克斯坦州、西哈萨克斯坦州、阿克托别州、阿克莫拉州和卡拉干达州等，蓝水比例均低于 10%。在水土资源匹配系数较高的地区，蓝水资源比例均在 60%以上，如克孜勒奥尔达州、阿特劳州、楚河州和巴特肯州。在水土资源匹配相对较好的地区，如吉尔吉斯斯坦巴特肯州、塔拉斯州、奥什州和贾拉拉巴德州，蓝水比例也在 50%以上。

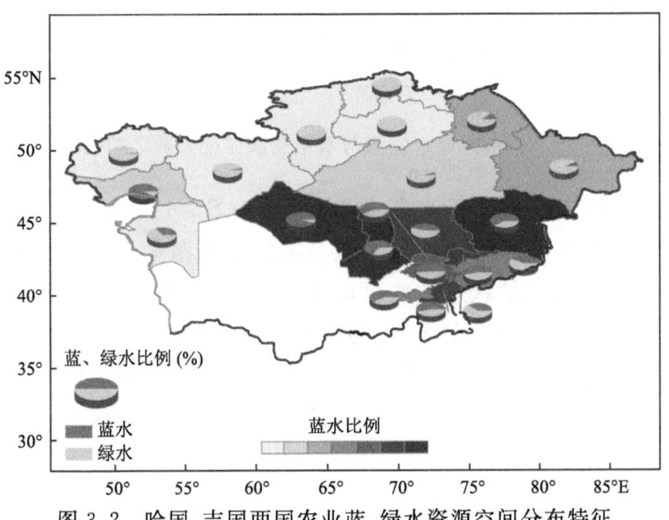

图 3.2　哈国、吉国两国农业蓝、绿水资源空间分布特征

为了进一步分析农业水资源构成对农业水土匹配系数的影响，对蓝、绿水构成比例与水土资源匹配系数的相关性进行分析(图 3.3)。由图 3.3a、c 可知，蓝、绿水构成比例与水土资源匹配系数呈幂函数关系，蓝、绿水间的比例越高，水土资源匹配系数越高，其中蓝水资源量与水土资源匹配系数呈线性正相关关系，即农业用水中蓝水资源量越高水土资源匹配系数越高。从图 3.3b 中可以看出，当绿水资源量在 250 mm 以下时，绿水资源农业水土匹配系数之间呈负相关关系，当绿水资源量大于 250 mm 时则呈正相关关系。水土资源匹配系数是由蓝、绿水资源共同影响的。

3.1.2.2　水土资源短缺评价

农业水土资源当量系数不仅能够反映出区域水土资源的短缺程度，也能够间接反映出区域的农业用水特征。研究区各地州水资源当量系数空间分布如图 3.4 所示。从图中可以看

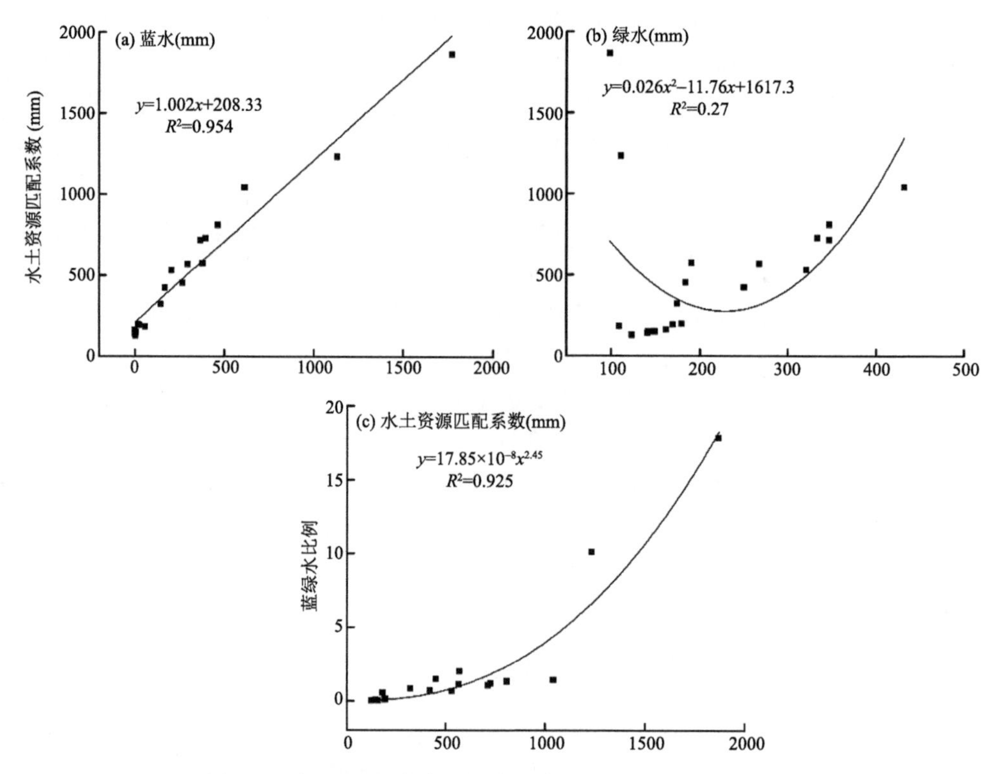

图 3.3 农业蓝、绿水资源与水土资源匹配系数之间的关系

出，哈萨克斯坦南部和西部地州处于水资源短缺状态($S>1$)；卡拉干达州处于中度缺水区($1.25<S<1.5$)，说明这些区域单位耕地面积消耗的水资源量已经超出了自然条件下水资源的供给能力。处于耕地资源短缺状态地区可以大致分为两种类型：① 水资源供给相对充足的地区，包括：降水较为丰富的研究区东南部、高山冰雪融水资源相对充足的地区，如吉尔吉斯斯坦各地州($S<1$)；② 依靠天然降水为主的雨养农业区，如北哈萨克斯坦州、阿克莫拉州、科斯塔奈州和东哈萨克斯坦州等。水土资源当量系数的结果表明研究区水土资源处于失衡状态。

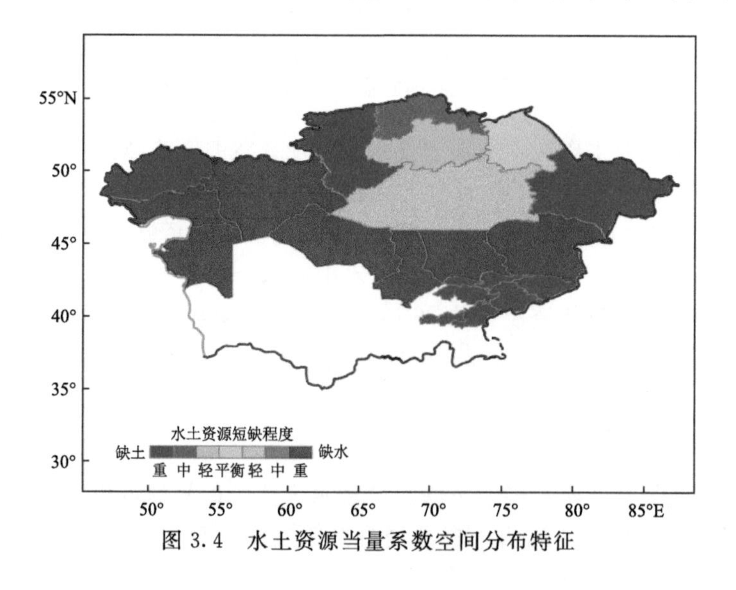

图 3.4 水土资源当量系数空间分布特征

3.1.3 基于水土资源时空匹配的利用分区

科学可行的指标体系框架和选取合理的分区指标体系是进行水土资源分区的前提和基础。完善的指标体系有利于对区域水土资源进行准确的分区以及后续的分析。本节通过总结已有研究指标体系建立方法，从区域资源条件、社会经济发展水平和技术水平三个方面，构建中亚地区水土资源分区指标体系，揭示水土资源利用的特点和分布规律，并提出适应于不同类型区的水土资源高效利用的措施，实现合理利用水土资源的目标，使区域的经济、社会和生态效益达到最大。

中亚水土资源数据来源于中亚及俄罗斯原文科技文献资源共享系统，下载网址 http://zywx.xjlas.org/。由于研究区统计年鉴各国家之间有所差别，并且资料缺失较多，为保证时间序列的完整性以及指标的可获取性，研究所使用数据为 2011—2015 年哈萨克斯坦、吉尔吉斯斯坦各地州的社会、经济与农业的年统计数据。通过总结以往研究方法，研究采用主成分分析和聚类分析相结合的方法，提取每个州的主成分，并计算每个州的综合得分，之后通过系统聚类法得到分区结果，再利用 ArcGIS10.5 绘制水土资源利用分区图。

3.1.3.1 *研究方法*

(1)主成分分析

主成分分析是一种降维处理技术，在进行降低数据维度的同时，使提炼的主成分尽可能多地反映原始信息，并保证主成分之间的独立性。研究所选取的指标数量较多，指标之间往往存在一定的相关性，因此，通过主成分分析将相关性较强的指标压缩为相关性较小的综合变量，以保证变量之间的独立性，并能最大程度保留原始数据的信息，各地州综合得分作为系统聚类分析的原始数据。主成分分析的数学方法如下。

根据原始数据矩阵 $\boldsymbol{X}$，对数据进行标准化处理，得到标准化矩阵 $\boldsymbol{X}'$：

$$x'_{ij}=\frac{x_{ij}-\overline{x_j}}{s_j}(i=1,2,3,\cdots,n;j=1,2,3,\cdots,p) \tag{3.9}$$

$$s_j=\sqrt{\frac{1}{N-1}\sum\nolimits_{k=1}^{p}(x_{ij}-\overline{x_j})^2} \tag{3.10}$$

$$\boldsymbol{X}'=\begin{pmatrix} x_{11} & \cdots & x_{1p} \\ \vdots & \ddots & \vdots \\ x_{n1} & \cdots & x_{np} \end{pmatrix} \tag{3.11}$$

式中，$\overline{x_j}$和s_j分别为第 j 个指标样本均值和标准差；x'_{ij} 为标准化后的样本值；N 为指标个数，在这里 $N=21$。

经过标准化后的原始矩阵为 $\boldsymbol{X}'$，然后计算相关系数矩阵 $\boldsymbol{R}=(r_{ij})(i,j=1,2,3,\cdots,p)$，式中 $\boldsymbol{R}$ 为 n 阶对称矩阵：

$$\boldsymbol{R}=\begin{pmatrix} r_{11} & \cdots & r_{1p} \\ \vdots & \ddots & \vdots \\ r_{p1} & \cdots & r_{pp} \end{pmatrix} \tag{3.12}$$

式中，r_{ij} 为原变量x_i和x_j的相关系数，$r_{ij}=r_{ji}$，计算如下式：

$$r_{ij}=\frac{\sum\nolimits_{k=1}^{n}(x_{ki}-\overline{x_i})(x_{kj}-\overline{x_j})}{\sqrt{\sum\nolimits_{k=1}^{n}(x_{ki}-\overline{x_i})^2}\sqrt{\sum\nolimits_{k=1}^{n}(x_{kj}-\overline{x_j})^2}} \tag{3.13}$$

式中，$\overline{x_i}$，$\overline{x_j}$分别是 i 个指标和 j 个指标的平均值。计算特征值和特征向量。对特征方程 $|\lambda \boldsymbol{I}-\boldsymbol{R}|=0$ 进行求解，求出特征值 $\lambda_i(i=1,2,3,\cdots,p)$，使其按大小顺序排列 $\lambda_1 \geqslant \lambda_2 \geqslant \cdots \geqslant \lambda_p \geqslant 0$，并求出特征值 λ_i 的特征向量 $\boldsymbol{e}_i$。特征值大小代表每个主成分的影响力。

计算贡献率 α_i 和累计贡献率 μ_i，贡献率 α_i 越大，说明相应的主成分所反映的综合信息的能力越强，通过 λ_i 的大小提取主成分，每一个主成分的组合系数 α_i 为所对应特征值 λ_i 的单位特征向量。主成分数 $m(m \leqslant p)$ 的确定一般要求特征值大于 1 且累积贡献率在 70%～90%。

$$\alpha_i = \lambda_i / \sum\nolimits_{k=1}^{p} \lambda_k (i = 1,2,3,\cdots,p) \tag{3.14}$$

$$\mu_i = \sum\nolimits_{k=1}^{i} \lambda_k / \sum\nolimits_{k=1}^{p} \lambda_k (i = 1,2,3,\cdots,p) \tag{3.15}$$

计算主成分的载荷，$l_{ij}=p(Z_i,x_i)=\sqrt{\lambda_i}e_{ij}(i,j=1,2,3,\cdots,p)$，式中 e_{ij} 表示向量 $\boldsymbol{e}_i$ 的第 j 个分量。计算每个样本的各主成分得分 $\boldsymbol{Z}$，

$$\boldsymbol{Z}=\begin{bmatrix} z_{11} & \cdots & z_{1m} \\ \vdots & \ddots & \vdots \\ z_{n1} & \cdots & z_{nm} \end{bmatrix} \tag{3.16}$$

构造综合主成分评价函数，利用选取的前 m 个主成分做线性组合，其中组合系数为每个主成分的方差贡献率$\frac{\lambda_m}{\lambda_1+\lambda_2+\cdots+\lambda_i}$，评价函数如下：

$$F=\frac{\lambda_1}{\lambda_1+\lambda_2+\cdots+\lambda_i}Z_1+\frac{\lambda_2}{\lambda_1+\lambda_2+\cdots+\lambda_i}Z_2+\cdots+\frac{\lambda_m}{\lambda_1+\lambda_2+\cdots+\lambda_i}Z_m \tag{3.17}$$

(2)系统聚类法

主成分分析法确定了影响分区的主要因素，然后通过系统聚类分析法确定分区方案。聚类分析法是根据对象之间的相似性或差异性用数学方法并根据对象自身属性定量确定对象之间的亲疏关系，将所有对象根据亲疏关系聚成几个不同的类。根据已有研究本节采用欧氏距离作为分类指标进行分类，基于计算得到的综合主成分值进行聚类分析，聚类分析步骤如下：

对原始数据进行标准化处理(与主成分分析一致)；计算样本间的距离，主要是反映样本间的差异性，差异性越小相似性越大。设原始数据量为 n，用 $d_{ij}(i,j=1,2,3,\cdots,p)$ 表示样本 x_i 和 x_j 之间的距离，欧氏距离计算方法如下：

$$d_{ij} = \sqrt{\sum\nolimits_{k=1}^{m} (x_{ik} - x_{jk})^2} \tag{3.18}$$

通过计算样本之间的距离 d_{ij} 得到距离矩阵 $\boldsymbol{D}=(d_{ij})_{m\times n}$；然后利用 SPSS 聚类分析功能，研究聚类方法为离差平方和法，得到聚类结果绘制聚类树图，再通过分析设定合理阈值，制定出分区方案。

3.1.3.2　中亚水土资源利用分区特征

(1)分区指标计算结果分析

根据水土资源利用分区各项指标，通过 SPSS 软件进行主成分分析和系统聚类分析。各成分的特征值及方差贡献度如表 3.2 所示，从表中我们可以看出，前 5 个主成分的特征值均大于 1，并且累积方差贡献度为 82.658%，同时根据碎石图比较平缓时所对应的主成分数，研究最终提取前五个主成分。因子载荷矩阵能够表示主成分与原始变量之间的相关性程度，为了使主成分的解释更为准确合理，对因子载荷矩阵进行方差最大化旋转，得到旋转因子载荷矩阵。

表 3.2　水土资源指标分区主成分方差贡献度

成分	初始特征值			提取平方和载入			旋转平方和载入		
	合计	方差(%)	累积(%)	合计	方差(%)	累积(%)	合计	方差(%)	累积(%)
1	9.274	38.642	38.642	9.274	38.642	38.642	6.529	27.205	27.205
2	5.122	21.342	59.985	5.122	21.342	59.985	4.889	20.373	47.577
3	2.261	9.419	69.404	2.261	9.419	69.404	3.655	15.231	62.808
4	1.859	7.747	77.150	1.859	7.747	77.150	2.456	10.233	73.042
5	1.322	5.508	82.658	1.322	5.508	82.658	2.308	9.617	82.658
6	0.841	5.125	87.783						
7	0.799	3.328	91.111						
8	0.684	2.850	93.962						
…	…	…	…						

由表 3.3 可知，人口密度、粮食单产、降水量、单位面积水资源可利用量、农业 GDP 所占比重、万元 GDP 耗水量以及农业用水比重在第一主成分上的载荷较高，主要反映与区域农业水资源利用相关的投入产出因子。垦殖率、人均耕地面积、单位面积农业产值、后备耕地资源、耕地灌溉率、单位面积农业产值、农业土地利用率等指标在第二主成分上的载荷最高，可以理解为区域农业耕地资源的支持程度以及投入产出因子。在第三主成分上载荷较高的因子主要包括化肥使用量、气温、水热积指数、海拔等，能够反映区域农业生产的投入或支持因子。第四主成分中高载荷因子主要有粮食水分生产效率、单位面积农业用水量、人均 GDP、水土资源匹配系数因子，反映了区域农业水资源的利用状况及经济水平。森林覆盖率、土地侵蚀强度因子在第五主成分中载荷最高，而单位面积农业用水量、水土资源匹配系数在这一成分中也有较高的载荷(>0.5)，这一成分体现区域农业生产的生态环境因子，可以反映水土资源的环境及供给能力。

表 3.3　旋转成分矩阵

分区指标	成分				
	1	2	3	4	5
降水量	0.800	−0.063	0.206	−0.194	0.064
气温	−0.311	0.281	−0.818	0.188	0.098
海拔	0.589	0.413	0.658	−0.135	0.055
水热积指数	−0.188	0.226	−0.807	−0.160	0.294
人均耕地面积	−0.067	−0.917	0.192	−0.059	−0.028
单位面积水资源可利用量	0.796	0.165	−0.079	0.009	−0.095
后备耕地资源	−0.087	−0.743	−0.054	−0.257	0.038
水土资源匹配系数	0.274	0.394	−0.050	0.623	0.518
单位面积农业用水量	0.156	0.356	−0.075	0.661	0.530
农业用水比重	0.659	0.391	0.321	−0.096	0.440
施肥量	0.130	0.080	0.885	−0.168	0.086
耕地灌溉率	0.488	0.740	0.123	−0.072	0.053

续表

分区指标	成分				
	1	2	3	4	5
垦殖率	−0.082	−0.918	0.096	−0.091	0.027
粮食水分生产效率	−0.166	0.085	−0.076	0.875	−0.033
粮食单产	0.806	0.231	0.280	0.013	0.161
单位面积农业产值	0.619	0.476	0.192	0.289	−0.249
农业土地利用率	0.768	−0.158	0.562	−0.061	−0.079
单位耗水农业生产 GDP	−0.202	−0.845	0.085	−0.040	−0.180
人口密度	0.907	0.148	−0.008	−0.015	0.102
人均 GDP	−0.556	0.002	−0.309	0.675	−0.324
农业 GDP 所占比重	0.779	0.199	0.472	−0.066	0.047
万元 GDP 耗水量	0.687	0.419	0.229	0.011	0.139
森林覆盖率	0.239	0.203	−0.284	−0.238	0.804
土壤侵蚀强度	0.089	0.168	−0.029	−0.148	−0.727

表 3.4　各地州主成分得分与综合得分

地州	成分					综合得分
	1	2	3	4	5	
阿克莫拉州	−0.42	−1.73	0.66	−0.08	−0.02	−0.45
阿克托别州	−1.03	−0.05	−0.19	−0.19	−0.61	−0.48
阿拉木图州	−0.39	0.47	−0.48	−0.82	0.90	−0.10
阿特劳州	−0.81	0.25	−0.37	3.79	−0.25	0.17
西哈萨克斯坦州	−0.82	−0.12	−0.57	−0.18	−0.56	−0.49
江布尔州	−0.42	0.34	−1.15	−1.15	1.08	−0.28
卡拉干达州	−0.99	0.21	−0.07	−0.37	−0.78	−0.42
科斯塔奈州	−0.20	−1.85	0.17	−0.07	−0.59	−0.57
克孜勒奥尔达州	−0.67	0.69	−0.40	1.25	2.31	0.30
曼吉斯套州	−0.61	1.33	−1.29	−0.33	−2.60	−0.45
南哈萨克斯坦州	0.16	0.24	−1.67	−0.87	1.27	−0.15
巴甫洛达尔州	−0.27	−0.77	−0.24	−0.33	−0.45	−0.41
北哈萨克斯坦州	0.18	−2.71	0.35	0.04	0.31	−0.50
东哈萨克斯坦州	−0.94	0.18	0.14	−0.65	0.24	−0.29
巴特肯州	1.69	0.37	−0.62	0.15	0.51	0.61
贾拉拉巴德州	1.12	0.46	0.52	−0.07	0.63	0.64
伊塞克州	−0.68	1.01	2.39	−0.45	0.14	0.43
纳伦州	−0.23	1.05	2.40	−0.28	0.08	0.60
奥什州	1.55	0.17	0.56	0.30	0.16	0.71
塔拉斯州	1.61	0.59	0.23	0.09	−1.00	0.61
楚河州	2.16	−0.12	−0.35	0.20	−0.77	0.55

根据主成分特征值和旋转成分矩阵可求出主成分得分系数矩阵，其与标准化原始变量的乘积即为各主成分得分，各主成分特征值分别为 6.529、4.889、3.655、2.456、2.308，再得到各地州主成分综合得分如表 3.4 所示。从表中可以看出，吉尔吉斯斯坦各州主成分综合得分均为正值，其中，奥什州综合得分最高为 0.71，而哈萨克斯坦各州除了阿特劳州和克孜勒奥尔达州为正值以外，其与各州均为负值。总体上，吉尔吉斯斯坦各州主成分综合得分大于哈萨克斯坦各州。

(2)水土资源利用分区特征分析

根据上述计算结果，借助 SPSS 软件对各地州主成分综合得分进行系统聚类分析，并采用 GIS 软件进行可视化，最终得到研究区 21 个地州的水土资源利用分区，共分为 4 种类型区(表 3.5)，空间分布如图 3.5 所示。

表 3.5　水土资源利用分区类型统计

分区类型	分区命名	属地
第一类型区	哈萨克斯坦北部雨养农业区	阿克莫拉州、阿克托别州、西哈萨克斯坦州、卡拉干达州、科斯塔奈州、曼吉斯套州、巴甫洛达尔州、北哈萨克斯坦州
第二类型区	哈萨克斯坦东南山麓平原灌溉农业区	阿拉木图州、南哈萨克斯坦州
		东哈萨克斯坦州、江布尔州
第三类型区	哈萨克斯坦农业比例较低的工矿业区	阿特劳州、克孜勒奥尔达州
第四类型区	吉尔吉斯斯坦山地灌溉农业区	巴特肯州、贾拉拉巴德州
		纳伦州、奥什州、塔拉斯州
		楚河州、伊塞克州

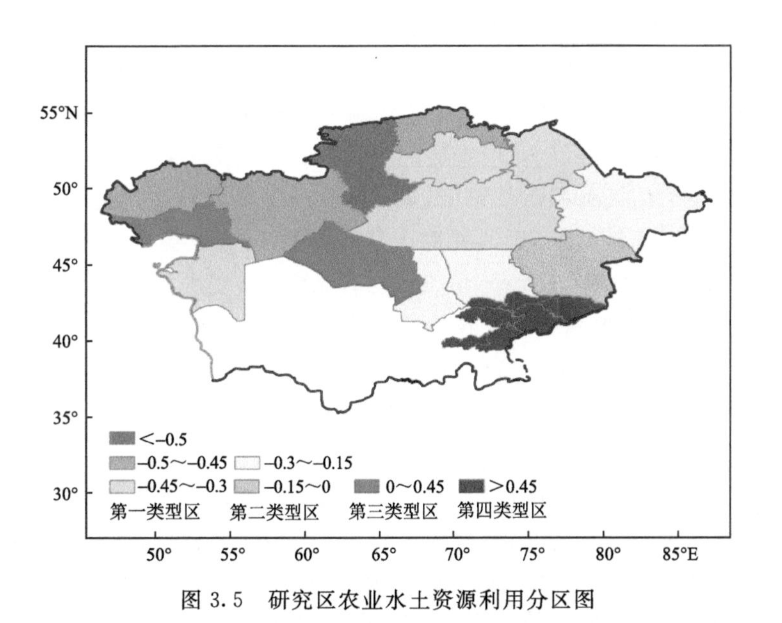

图 3.5　研究区农业水土资源利用分区图

第一类型区是以依靠天然降水为主的雨养农业区，农牧兼营是该区主要农业生产方式，其综合得分均小于－0.3，主要分布于研究区西部和北部，该区最大的特点是耕地资源十分丰富，水资源相对匮乏，由于纬度较高，热量条件较差，农业生产投入比重低。年降水在 300 mm 以下，气候在农业用水构成中，绿水资源所占比例较大(>90%)，农业灌溉用水量较少，单位面积农业灌溉用水量在所有类型区中最低，耕地灌溉率不足 15%，农业用水量占区域用水总量的比重低于 35%。地貌类型主要为平原低地和低山丘陵，地形相对平坦，该区农业用地面积比例较大，垦殖率相对较高，少数地州垦殖率在 25%以上，耕地面积约占研究区耕地总面积的 77.6%。水土资源和水热资源匹配程度较差，农业生产受到自然条件的约束较大，农业生产综合产出水平低下，粮食单产在 1.1 t/hm^2 左右，农业在产业结构中的比重较低，除了个别地区，其与各州农业生产总值在国民生产总值中的比例不到 10%。该区域人类活动较为频繁，水土资源过度开发导致农业生态环境破坏问题突出，土地盐渍化、草地退化、土地荒漠化面积不断扩大。

第二类型区为山麓平原谷地灌溉农业区，灌溉区广泛分布于哈萨克斯坦的东南地区山麓平原、盆地和绿洲。相对于第一类型区，该区水资源总量相对丰富，农业用水量占地区用水总量的 70%以上，农业用水结构中，灌溉用水量比例在 60%以上，单位面积农业用水量约为 2041 m^3/hm^2，耕地灌溉率约为 47.93%。但是从作物结构来看，主要高耗水作物，如水稻、棉花、玉米等种植面积比例最大，该区水分生产效率较低，农业水资源开发利用过程中浪费严重。受地形条件的约束，该区垦殖率低于 5%，耕地面积占研究区面积的 16%。该区水土资源、水热资源匹配程度相对较好，在所有类型区中农业生产条件最好，农业生产综合产出水平相对较高，单位面积农业产值为 30.72×10^4 kg/hm^2。

第三类型区主要以工矿业占主导，该区降水低于 220 mm，水资源不足且耕地面积较少，农业用水比重低于 40%，农业用地占区域土地面积的比例不到 1%，但其光温资源丰富，热量条件较好，同时区域能源矿产资源丰富，农业在区域经济处于次要地位，工业是地区社会经济的支柱产业，农业生产投入较低，该类型区农业生产总值占区域生产总值的比例不到 5%。

第四类型区山地灌溉农业区，主要位于研究区东南部，该区农业生产以农、林、畜牧业兼营方式为主，地形地貌以高山、河谷为主，海拔较高，受地形限制，耕地资源匮乏，垦殖率低于 0.5%，区域年降水量在 400 mm 以上，冰川积雪融水量较大，水资源十分丰富，农业用水比重高达 90%，耕地灌溉率在 75%以上，但是该区水资源利用效率不高，同样存在着严重的水资源浪费现象。区域多年平均气温在 5 ℃以下，热量条件是区域农业生产的限制性因子。该区农业生产总值约占区域生产总值的 75%，相对于其他类型区，农业生产投入较大，农业综合生产水平最高，粮食单产约为 11.42 t/hm^2，单位面积农业产值 830×10^4 kg/hm^2。

3.1.3.3　水土资源有效匹配措施与途径

为实现中亚地区水土资源的有效匹配，促进区域农业生产的稳定可持续发展。本节结合研究区水土资源的匹配特征和利用分区结果，针对不同类型区水土资源的特点给出以下措施和建议。

以雨养农业为主的第一类型区，该类型区农业水土和水热资源匹配程度均较差，农业生产用水主要依靠天然降水即绿水资源，灌溉用水即蓝水资源使用较少，降水是维系该区农业生产的主要水源，气候变暖将会引起降水的变率增大以及稳定性变小，同时热量条件也将得到改善。水资源是限制该区农业发展的主要障碍因子，对于此类型区应通过提高对降水资源的利用效率，推动农田水利工程建设为辅，来实现该区水土资源的有效匹配。具体措施：①降低降水资源的无效蒸发和流失，实现降水的资源化。可通过平整土地等工程措施强化降水入渗，减少水土流失；推动降水集蓄利用大型工程和微型水利工程建设，提高降水资源的收集储蓄和土壤水分调控能力；②在耕作技术方面可通过雨期深耕增加入渗，旱季深松免耕秸秆或地膜覆盖蓄水保墒；通过优化种植结、调整栽培方式、农牧轮作以及培肥地力来改善土壤结构，以增强土壤蓄水保水能力；③大力推广雨水集流技术，提升有效蓄集降水径流的能力，提高反季节或跨时空水资源的调控能力；加强农田水利建设，修复损坏灌渠，适时适度增加农业灌溉用水量，减少水资源在输送过程中的损失，也可以通过区域间调水来提高水土资源匹配能力。

以灌溉农业为主的类型区包括两种，一种是水资源总量相对丰富，热量条件较好的第二类型区，另一种是水资源总量十分丰富，热量条件相对较差的第四类型区。这两种类型区水土资源匹配程度较好，农业用水构成中蓝水比例较高，但两者在农业生产过程中水资源浪费严重，且利用效率很低。因此，两者应加强水土资源综合管理，以提高水资源利用效率，从而降低蓝水资源使用量。对于第二类型区应该发展现代节水农业，优化作物种植结构，增加农业水利设施的投入力度，提高灌溉效率，完善灌区配套设施，减少水资源在运输中的损耗，避免因生产结构不合理和缺乏有效管理造成的生产性缺水和管理性缺水。对于第四类型区，该区农业生产中面临的问题主要有热量不足、耕地资源短缺、降水资源化程度低和水土流失严重四个方面。因此，该区应因地制宜调整作物种植结构和面积，海拔较高地区应以抗寒能力强的作物为主，通过修建梯田、坝地等工程措施和改进农业耕作技术来保护现有耕地和提高对绿水资源的利用率，同时要加强生态环境保护和增强区域居民环保意识，减少对高山植被的破坏防治水土流失。从而提高水土资源的综合利用水平，实现农业生产的可持续发展。此外，对于以能源和采矿业为主的区域及第三类型区，由于该区能源矿产资源较为丰富，农业生产受自然条件限制较大，在产业结构中的比重很小，在区域发展中处于劣势，工业为区域的主导产业，当前农业用水能够满足区域农业生产的需求。因此，该类型区应主要加强对农业生态环境的保护。

3.2　水热资源匹配特征及分区

中亚位于亚欧大陆腹地，是非地带性典型的干旱半干旱地区，同时作为“陆上丝绸之路”的关键节点，而得到广泛关注。自 20 世纪以来，中亚水热资源条件发生了显著的变化。其升温表现出独特的阶段性和季节性，其中夏季升温较冬季明显，地表蒸散同步增大，年际和年内极端降水频率增大，出现季节性干旱，且伴随区域经济、社会发展而出现了一系列由于水热矛盾而衍生的生态环境问题，如区域沙漠化、土壤盐渍化。特别是在对水热资源严重依赖的农业生产中，区域增温及不确定的降水可能降低农业生产率，耕作需水量增大，加大粮食生产的不确定性风险，进而导致农作物减产，影响中亚粮食安全。

在水热的内在机理上，热量条件可作为区域水循环的动力基础，在水循环过程中又伴随热量的收支。“相互独立，又相互耦合”的水热特性要求在对区域气候评估中，水热变化是单独的分析单元，且生态变化、气候资源、植被分布、农业利用均要求了多气候因子的综合作用。单个水热因子变化趋势仅仅代表某时间尺度下区域热量和水资源变化，不能回答原水热的分配在量和空间上是否匹配，也不能用以分析在新的水热分配制度下水热匹配条件的变化，水热的变化程度是否匹配，以及主导区域水热矛盾的要素是否发生变化等。将水热作为相互耦合的气候因子，基于水热匹配角度综合分析区域干湿特性是新的区域气候分析思想。因此，通过气候变化背景下的水热匹配状况分析，结合中亚五国的农业国特性和农业对自然水热的敏感性，开展未来情景下中亚农业生态适宜研究，对中亚国家应对气候变化、稳定农业生产、保障粮食安全和水安全具有重要意义。同时,研究成果可以服务于绿色丝绸之路经济带建设。

3.2.1 水热资源匹配方法

区域植被群落生长及发育同气候要素高度相关,其中关键气候要素包括:热量、水分及湿度。倪健等(1997)基于植被同气候的高度相关性及水热平衡原理,开发了一个新的区域气候指标——水热积指数(Water-thermal product index,WTPI)用以表示区域水和热的平衡关系:

$$I_{WTPI}=T_{AS}\times S_D\div 100 \tag{3.19}$$

$$S_D=P_{RE}-P_{ET} \tag{3.20}$$

$$P_{ET}=\frac{0.408\Delta(R_n-G)+r\dfrac{900}{T_{AS}+273}(e_s-e_a)}{\Delta+\sigma\gamma(1+0.34u_2)} \tag{3.21}$$

式中,I_{WTPI}为水热积指数(℃·mm);T_{AS}(℃)为某时间尺度下的平均气温,用以表示区域冷热特性,T_{AS}越大,区域热量条件整体越好;P_{RE}为同时期的降水(mm),表示区域水分的汇项;P_{ET}为同期的潜在蒸散,作为水量平衡计算中水分的支出项(Allen et al.,1998);S_D为该时间尺度下水分收入和支出的差值,用以表示水分盈亏(mm)。R_n为地表净辐射(MJ/(m^2·d));G为土壤热通量(MJ/(m^2·d));γ为干湿表常数;e_s为饱和水汽压(kPa);e_a为实际水汽压(kPa);Δ为饱和水汽压曲线斜率。

因此 WTPI 的正负同 SD 与 TAS 有 4 种排列组合方式(表 3.6):WTPI>0,此时水热同号,区域水热资源匹配条件较好,WTPI 值大小同匹配条件正相关,同时 WTPI 值为正也可能存在水分收支和热量条件同为负的情况,该条件下区域水热特性表现为热量低,潜在蒸散较大,水分支出大于水分收入,经分析该情况在实际情况中较少出现;WTPI<0,水热因子异号,水热资源匹配失衡,其可能原因有:区域较少降水而较强蒸散状态或区域热量不足,偏于寒冷。WTPI 绝对值越大水热匹配失衡越严重。WTPI 值在农业部门规划和植被分类中得到较好应用。

表 3.6 WTPI 与 S_D 及 T_{AS} 关系表

WTPI	S_D(+)	S_D(−)
T_{AS}(−)	−	+
T_{AS}(+)	+	−

在评价中亚的季节差异中,将季节划分为春季(3—5 月),夏季(6—8 月),秋季(9—11 月),冬季(12 月至次年 2 月),用以分析水热资源匹配条件的季节差异。

3.2.2 水热资源时空匹配特征

选择 CRU TS4.04,作为分析百年尺度中亚水热资源匹配时空变化基础数据,该数据集被广泛用于区域气候分析,时间范围 1931—2019 年,所选取水热相关因子包括降水、平均气温、潜在蒸散、最高气温、最低气温的月尺度数据。

3.2.2.1 季节水热匹配时空特征

多年平均季节 WTPI 空间分布(图 3.6)明晰水热匹配条件空间特征及季节差异。

春季(3—5 月)WTPI 正值区分布在塔吉克斯坦、吉尔吉斯斯坦、哈萨克斯坦北部大草原,区域降水以天山山脉为中心,由东南向西北带状递减,年平均降水在 138.61 mm 以上。同时正值区热量资源相对不足，年均气温在−11.79～6.71 ℃。区域潜在蒸散较低，低于多年中亚春季平均潜在蒸散，最低值约为155.67 mm位于北部山地；WTPI负值区约为−21.16 ℃·mm，分布于中亚南部，是同期降水低值区，平均降水为76.24 mm，为热量和潜在蒸散高值区，多年平均气温为8.34 ℃，潜在蒸散最高可达422.49 mm。

夏季(6—8月)WTPI最高值为0.38 ℃·mm，以塔吉克斯坦、吉尔吉斯斯坦、哈萨克斯坦北部低山丘陵区和阿尔泰山脉为中心，向西南呈带状递减，最低值位于乌兹别克斯坦中部沙漠区。WTPI正值区为同期降水高值区，季节降水在100 mm以上，同时为潜在蒸散和气温低值区；负值区为同季降水低值区，区域季节降水不足20 mm，为潜在蒸散和气温高值区，区域季节潜在蒸散为556.70 mm，月平均气温在22℃左右。

秋季(9—11月)WTPI正值区分布在天山—帕米尔高原，北部低山丘陵区及西北部平原区，平均WTPI为2.07 ℃·mm，气温在2.35 ℃以下，最低气温可达 −11 ℃，潜在蒸散不足200 mm，局部最低值为126.98 mm，区域降水约为76.13 mm，局部最高值为157.45 mm；负值区以卡拉库姆沙漠为中心，平均WTPI为−15.1288 ℃·mm，潜在蒸散为325 mm，平均气温在8.00 ℃左右，降水在14.56～157.46 mm。

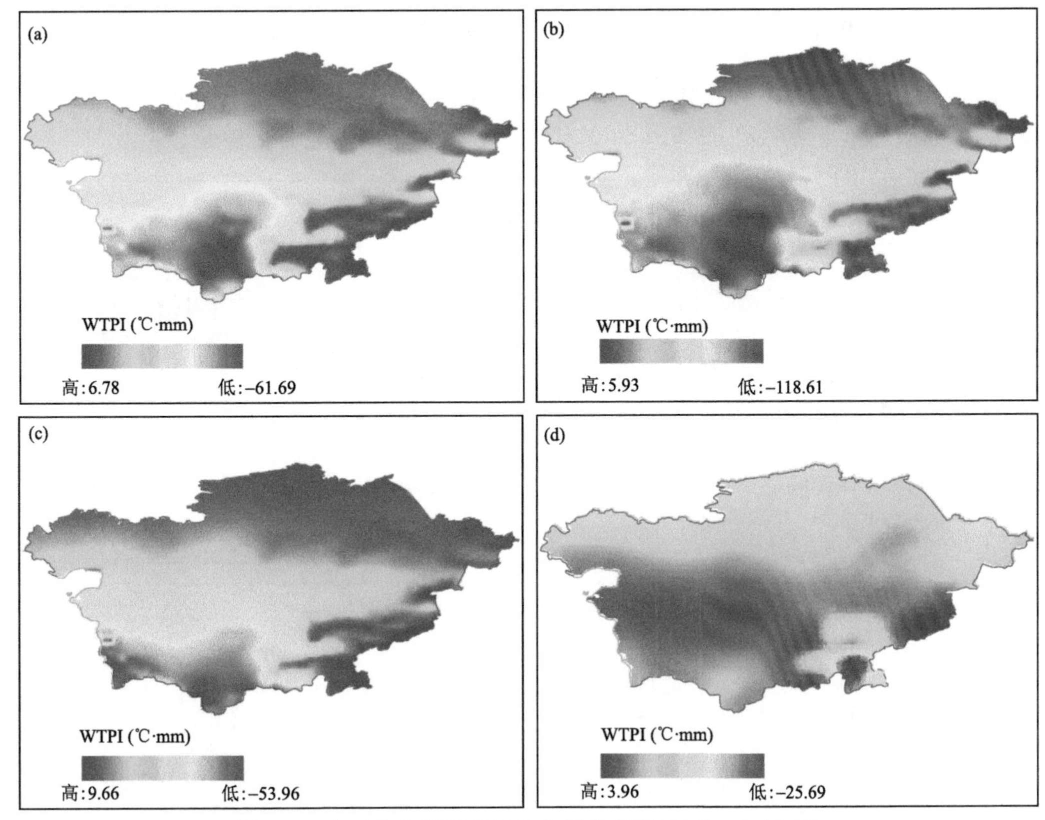

图3.6 中亚季节尺度WTPI空间分布图(1931—2019年)

(a)—(d)分别表示春、夏、秋、冬

冬季(12月至次年2月)WTPI空间方差低，整体水热匹配条件差异较小。负值区仅分布在帕米尔高原及阿尔泰山脉附近，为气温低值区，冬季平均气温−9 ℃，区域降水较多，降水以帕米尔为高值中心自东南向西北递减，中心降水为235.22 mm，区域潜在蒸散分布在3.43～

134.29 mm，非潜在蒸散高低值中心。冬季 WTPI 在－4.86～3.58 ℃ · mm 区域较广。

由图 3.7 可发现：冬季 WTPI 无明显变化趋势，水热匹配条件年际变幅较小；春夏秋三季均在 1931—1979 年 WTPI 呈上升趋势，区域整体水热匹配条件走势较好。春秋两季在 1971—2000 年波动上升，达到峰值后下降，且下降梯度较大；夏季在 1971—2000 年间波动下降，水热匹配条件随时间波动幅度最大。

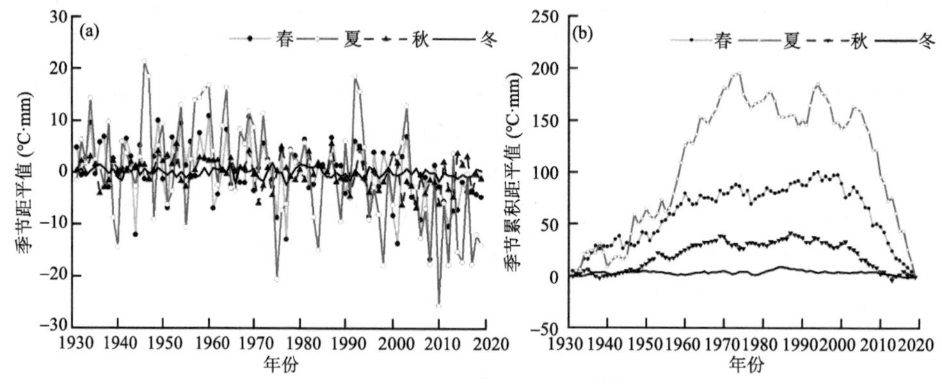

图 3.7　中亚季节尺度 WTPI 距平及累积距平图（1931—2019 年）

WTPI 倾向率（图 3.8）为正值表示随时间变化，水热匹配条件呈上升趋势；负值表示随时间变化，水热条件呈下降趋势；WTPI 为 0，代表趋势变化未通过显著性检验。

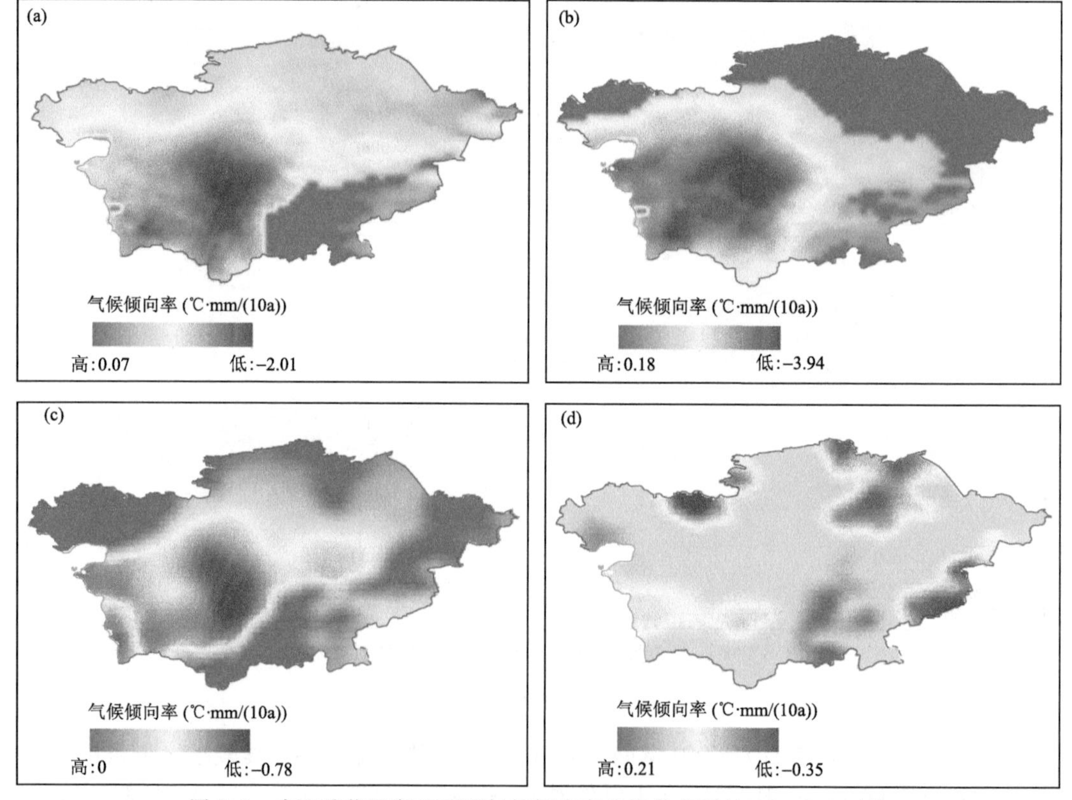

图 3.8　中亚季节尺度 WTPI 气候倾向率空间分布图（1931—2019 年）

(a)—(d)分别表示春、夏、秋、冬

95.14%的中亚区域，春季 WTPI 倾向率变化通过显著性检验，变化在−0.96 ℃ · mm/(10a)左右，最小值为−2.01 ℃ · mm/(10a)，位于中亚南部沙漠区，该地区春季水热匹配条件下降趋势最为显著。春季未通过显著性检验区域面积约占区域面积的 4.86%，分布于天山及山前灌溉区，WTPI 气候倾向率在−1.04～0.18 ℃ · mm/(10a)，均值为−0.32 ℃ · mm/(10a)；夏季变化显著性区域约占中亚面积的 74.43%，其中 WTPI 下降区面积占比 94.49%，下降均值为−2.07 ℃ · mm/(10a)。南部沙漠区夏季水热匹配条件随时间变化持续下降。中亚北部及东部，包括哈萨克斯坦北部草原、天山山脉—帕米尔高原区水热匹配条件有变好趋势，但通过显著性检验区域较少，区域 WTPI 变化均值为−0.53 ℃ · mm/(10a)。与春季相比，夏季倾向率负值区界限向北移动，且下降绝对值增大；秋季 WTPI 均呈现下降趋势，通过显著性检验面积约为 81.09%，分布在南部沙漠、北部草原和中亚东部山区，区域下降均值为−0.30 ℃ · mm/(10a)，空间标准差为 0.19。对比夏季 WTPI 变化，秋季 WTPI 虽全区下降，但下降趋势较小，且随时间变化差异也较小；冬季 WTPI 变化通过显著性检验占比最小，仅为 27.98%，上升区分布在天山山脉，下降区零星分布于中亚北部及东部部分地方。对比其余季节，冬季水热匹配条件随时间变化最小，与距平、累积距平方法分析一致。

3.2.2.2　年尺度水热匹配时空特征

中亚年水热积值(WTPI)空间分布图(图 3.9)，用以明确气候制度下水热资源匹配条件空间特征：水热积正值区，主要分布在吉尔吉斯斯坦和塔吉克斯坦山地，及阿尔泰山脉附近。区域 WTPI 为 10.82 ℃ · mm，平均海拔在 1000 m 以上，年降水为 417.69 mm，潜在蒸散为 660.42～1547.40 mm，年平均气温为−2.96 ℃，热量条件相对不足。区域局部地方水热均值高出区域水热匹配均值近 113.89 ℃ · mm，整体水热匹配良好，是中亚水热匹配相对优势区；哈萨克斯坦北部大部分丘陵低山区域、天山—帕米尔高原山前耕作区，WTPI 在−48.47～0 ℃ · mm，高于区域平均 WTPI，水热匹配较好，地表覆盖以草原、稀疏灌木、农田为主。该区域年平均气温为 3.58 ℃，降水在 168.88～308.65 mm，年潜在蒸散约为 884.22 ℃ · mm；中亚南部水热匹配条件较差，该区域 WTPI 均在−100 ℃ · mm 以下，但区域热量条件较好，年积温约为

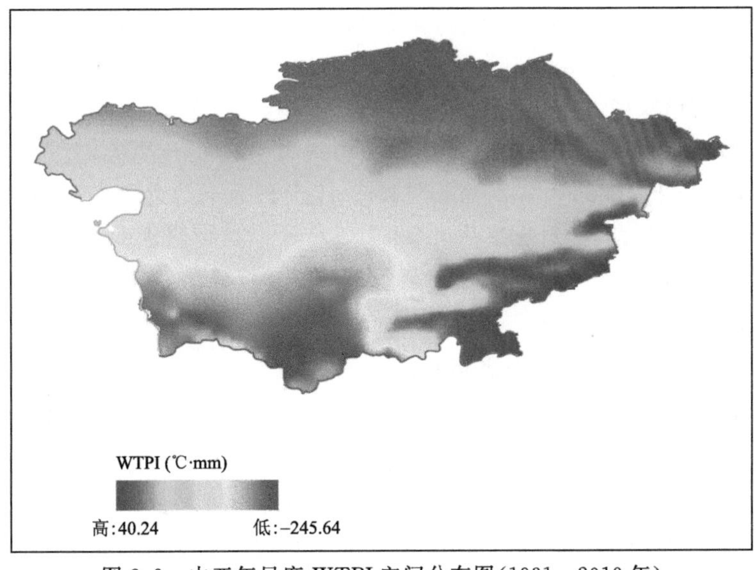

图 3.9　中亚年尺度 WTPI 空间分布图(1931—2019 年)

5412.00 ℃·d,降水不足且蒸散能力较大,地表覆盖以沙漠、荒漠、裸地为主,耕种制度以灌溉为主,主要分布在锡尔河和阿姆河沿岸。

年尺度水热匹配时序分析包括3个层次:基于距平和累积距平方法分析年平均WTPI年际变化趋势,利用空间气候倾向率同Sen斜率分析WTPI变化程度,结合Pettitt突变检验计算WTPI突变年份及突变面积占比。

中亚WTPI多年平均值为-75.91 ℃·mm,距平波动范围在[-20,25]。1931—1970年,距平值大多在0以上,累积距平曲线呈上升趋势;1970—1995年,WTPI年际变化较大,累积距平曲线波动上升,区域水热匹配条件呈上升趋势;在1995年,达到多年WTPI峰值;自1996年起,距平数值多在0以下,WTPI持续下降,累积距平曲线下降幅度较大,区域水热匹配程度变差(图3.10)。

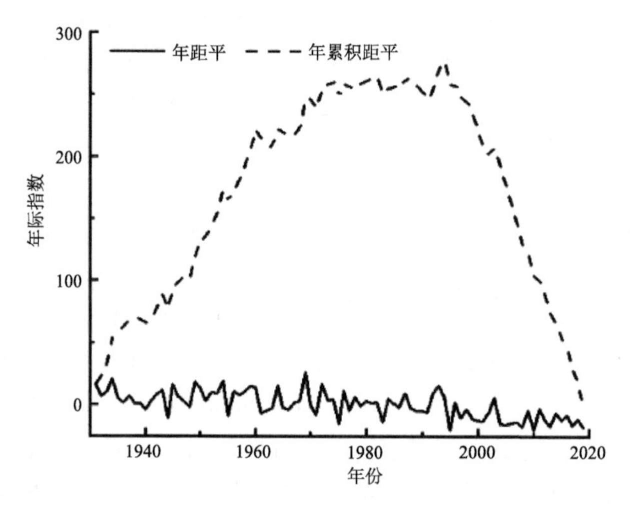

图3.10 中亚年尺度WTPI距平及累积距平图(1931—2019年)

年WTPI气候倾向率(图3.11):大部分区域为WTPI下降区,水热匹配条件随时间而呈现总体下降趋势。下降区占全区总面积的99.16%,下降均值为2.60 ℃·mm/(10a),空间标准差为1.34,下降极值可达-5.85 ℃·mm/(10a),位于中亚南部沙漠。下降区内60.82%面积年降水量呈上升趋势,平均上升程度为1.84 mm/(10a),位于哈萨克斯坦北部、天山一帕米尔高原、里海沿岸低地一带。WTPI下降区年平均气温呈现上升趋势,上升程度为0.63 ℃/(10a),年潜在蒸散上升程度约为0.25 mm/(10a);上升区且通过显著性检验区域仅占全区面积的0.53,分布在天山山前,上升程度为0.02 ℃·mm/a,区域降水变化较明显,约5.16 mm/(10a),年增温约为0.54 ℃/(10a),年潜在蒸散涨幅为0.18 mm/(10a)。气候倾向率分布同Sen斜率分布较一致。

3.2.3 基于水土热资源匹配的农业利用分区

水热条件作为农业生产不可或缺的自然要素之一,用于反映区域的自然特性和水热资源的供给能力,随着全球气候变暖,中亚地区水热资源的时空分布发生了显著变化,这将会引起水土资源的数量、质量及组合状况发生改变,并对区域水土资源的开发利用过程产生重要影响,从而影响地区农业生产的发展。但由于基于水热匹配量化下的农业利用分区未能构建明确的农业生产实际指标,因而本节拟从空间上水热重合的角度对中亚农业土地利用进行分区,

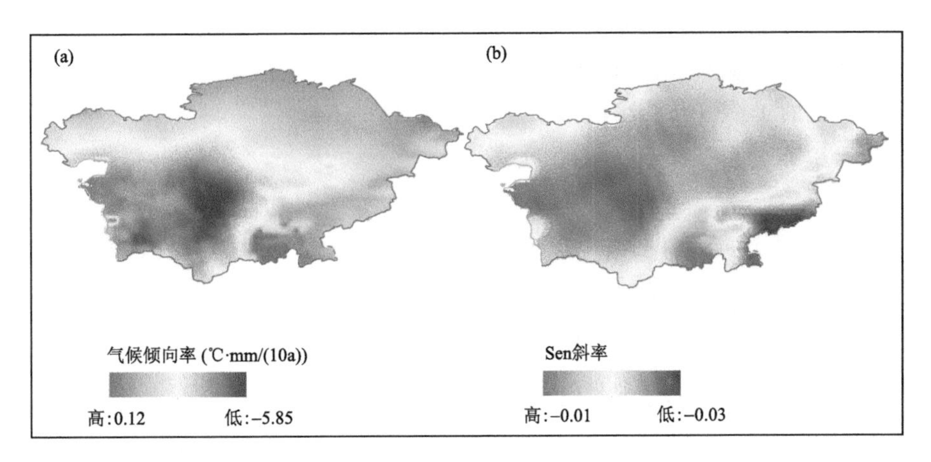

图 3.11　中亚年 WTPI 气候倾向率及 Sen 斜率空间分布(1931—2019 年)

探究不同水热组合特性及其区域的农业土地利用类型，完成农业利用的空间分区。该高精度的空间底图可为农业耕作和规划提供依据和参考标准。

本节所选时间序列为 1995—2015 年，年平均气温和降水数据来源于英国东英格兰大学气候研究中心(University of East Anglia Climate Research Unit，CRU)最新公布的 CRU TS4.01 高分辨率格网数据集(http://www.cru.uea.ac.uk/data)，空间分辨率为 0.5°×0.5°，该数据集是基于大量地表观测站点通过角距离加权插值(ADW)得到，具有较高的精度和一致性，并在干旱区的相关研究中被广泛应用。耕地数据来源于欧洲航天局气候变化倡议年度土地覆盖图(CCI-LC，)分别提取现有耕地以及潜在耕地，探究现有耕地同宜农耕地的时空分布特征，时间尺度上选择特征年份 1995 年、2005 年、2015 年。中亚地区土地类型主要以草地为主，并且研究时段内耕地主要由草地转化而来，所以将草地作为最主要的耕地后备资源，根据《全国耕地类型区、耕地地力等级划分》及已有研究，通过提取满足海拔低于 1500 m，且坡度小于 15°的草地作为潜在耕地资源。

在热量资源的分析上，0 ℃和 10 ℃是喜凉和喜温的界限。0 ℃表示：春季日平均温度稳定通过 0 ℃表示严寒已过，积雪融解，土壤开始解冻，早春喜凉作物如春小麦、青稞等可以开始播种，越冬作物冬小麦则开始萌动。秋季日平均温度稳定通过 0 ℃表示严寒期届，土壤开始冻结，冬小麦停止生长开始越冬，田间作业结束。0 ℃以上的持续时期称为温暖期或农耕期，表征一地农事季节的总长度，而 0 ℃以上的积温可反映一地农事季节中的总热量。10 ℃春季日平均温度稳定通过 1000 ℃·d，大地一片春色，喜凉作物进入积极生长的时期，冬小麦开始拔节，冬油菜相继抽薹开花，春播喜温作物玉米、高粱、谷子、烟草等可以播种。10 ℃以上的持续时期可作为喜温作物生长的时期和喜凉作物积极生长的时期，而 10 ℃以上积温则可反映喜温作物生长时期内可利用的总热量。由于“日平均温度 10 ℃与绝大多数乔木树种叶的萌发与枯萎大体相吻合”，要求热量较少的作物在 10 ℃以上时能积极生长，禾本科作物在“10 ℃以下不能结实，大多数春播喜温作物生长的起点温度与播种期在 10 ℃上下”这一系列生物学意义，所以10 ℃以上积温在农业气候热量资源的评价中是具有重要而普遍意义的一个指标，也是评价一地热量资源的基础。

综上所述，根据＞0 ℃积温，＞10 ℃积温分别划分出积温＜1000 ℃·d、1000～2000 ℃·d、2000～3000 ℃·d、3000～4000 ℃·d、4000～5000 ℃·d、5000～6000 ℃·d、＞6000 ℃·d

的积温分布区，同时依据降水量划分出降水＜100 mm、100～200 mm、200～300 mm、300～400 mm、＞400 mm 的降水区，进行空间叠加分析，在此基础上提取对应水热分区下的耕地类型，分析不同耕地的水热组合特性，完成水热匹配下的农业分区。

3.2.3.1　基于水热资源匹配的耕地利用分区

依据不同的水热组合特性将耕地区域共分为可能的 35 个分区，同时由于水热特性导致部分分区可能出现缺失现象。35 个分区可以分为 5 个一级分区，分别是 1～7 区、8～14 区、15～21 区、22～28 区、29～35 区。大区和大区之间降水是主要的变量，大区内如 1～7 区，热量（积温）是主要变量。理论上，分区等级组间上升，热量资源上升。分区等级越高，区域水热匹配条件越好，水热组合越合理。

对不同分区的水热特性详细解释如下：＞0 ℃积温＜2000 ℃ · d，＞10 ℃积温＜1700 ℃ · d 区域，多包括 1 级、2 级、8 级、9 级、15 级、16 级、22 级、23 级、29 级和 30 级分区。在该热量分区条件下，区域在水分适宜（大于 200 mm）的情况下适宜栽培耐寒作物，如马铃薯等；在水分稀少情景下，区域耕地利用可以向自然或人工畜牧业转换；大于 0 ℃积温在 2000～4000 ℃ · d 范围内，该区多为中温带，该区域冬季长、夏季短，区域在水分适宜的情景下多以喜凉作物为主，夏季大豆、高粱等喜温旱作物多可生长。在降水的限制下，分为半湿润和干旱半干旱区域。在 200 mm 以下的该区域，温度、水分的组合特征对牧业发展具有天然优势；大于 0 ℃积温在 4000～5000 ℃ · d，大于 10 ℃积温常年稳定于 3000 ℃ · d 以上的分区主要包括：5 级、12 级、19 级、20 级、26 级、33 级。理论上该分区下冬小麦、温带水果、玉米、棉花、甘薯具有生长优势。随着热量条件改善，该区域有农作物限制逐渐降低。在积温大于 5000 ℃ · d 以上，该分区积温的限制性降低，但降水主导的湿润区和半湿润区限制增加，该优势分区多为 27 级、28 级、34 级和 35 级。

在＞0 ℃积温下，对水热匹配的耕地利用分区分析发现：1995 年，区域整体的耕地资源较少，约占全区陆地面积的 18.98%，面积约 7603.00×10^4 hm^2，主要分布于中亚北部西西伯利亚平原、乌拉尔河流域、阿姆河流域及锡尔河流域区域。从水热匹配角度分析发现：年降水不足 100 mm 的耕地占据了总耕地面积的 11.42%，1～7 级分区自北向南分布，面积逐渐扩大，5 级、6 级、7 级分区分别占降水小于 100 mm 区域的 39.76%、29.60%、29.57%，空间上多位于土库曼斯坦境内。该水热匹配特性下，区域热量资源丰富，大部分耕地资源的热量条件较好，常年＞0 ℃积温在 4000 ℃ · d 以上，但降水不足，农业利用极大依赖地表径流和灌溉；年降水在100～200 mm 的耕地区域占据了总耕地面积的 32.96%，主要分布于里海沿岸低地、图尔盖高原、图尔盖洼地区域、东部山地高原前缘等。该区域的优势积温范围在 4000～5000 ℃ · d，占据了该分区下的 59.10%的面积；降水范围在 200～300 mm 的耕地区域为中亚耕地的面积优势区域，该分区面积较大，约占总耕地面积的 55.53%，分布于哈萨克斯坦丘陵西北、中亚东部山地高原等区域。该区热量资源显著区别于先前两个区域的主要是 2000～3000 ℃ · d 积温占比最大，约为 68.89%。热量资源最少的 1000～2000 ℃ · d 的 16 级分区有趋海拔分布的特点。热量资源在 4000 ℃ · d 以上的区域多分布于帕米尔高原南部；降水量在 300～400 mm 的耕地全区不足 1%，发展雨养农业限制性突出。

1995—2005 年，耕地面积减少；2005—2015 年，耕地面积增加。在绝对面积上，降水量小于 100 mm 的耕地面积在南部增加，其热量条件在 5000 ℃ · d 以上的 6 级、7 级分区显著增加；100～200 mm 的耕地减少主要发生于 9 级和 14 级分区，增加的区域多分布于 11 级分区；200～300 mm的耕作增加多发生北部热量条件在 1000～4000 ℃ · d 范围内的区域；降水丰富的区域耕地变化特征不明显。在相对占比分析中发现，1995 年和 2005 年的优势耕地水热匹配条件多为 17 级分区，该分区降水约在 200～300 mm，全年正积温约在 2000～3000 ℃ · d 范围。在 2015 年，1～14 级分区占比显著减少，在热量资源存在分区界限向北扩大的趋势下，1～14 级分区减少多由降水增加贡献。同时降水的增加使得 300～400 mm 和大于 400 mm 的耕地面积增加，占比分别从 0.01%增加至 31.09%，0%增加至 7.9%，且多发生于热量条件较好的区域。从水热组合的角度认为，2015 年水热匹配下的农业利用相比之前年份更具优势。

10 ℃的积温限制相对于 0 ℃积温限制更为严格。在降水保持相对不变的情况下，增加的热量限制主要影响了热量条件更高的区域。在该条件下，1995 年耕地利用分区的水热组合特性其降水多处于 100～200 mm，>10 ℃积温在 2000～3000 ℃ · d；2005 年和 2015 年优势耕地分区其降水多处于 200～300 mm，>10 ℃积温与 1995 年一样。与>0 ℃积温限制下的水热分区相比，大于 400 mm 的优势农业分区在受到 10 ℃积温的限制面积缩小(图 3.12)。

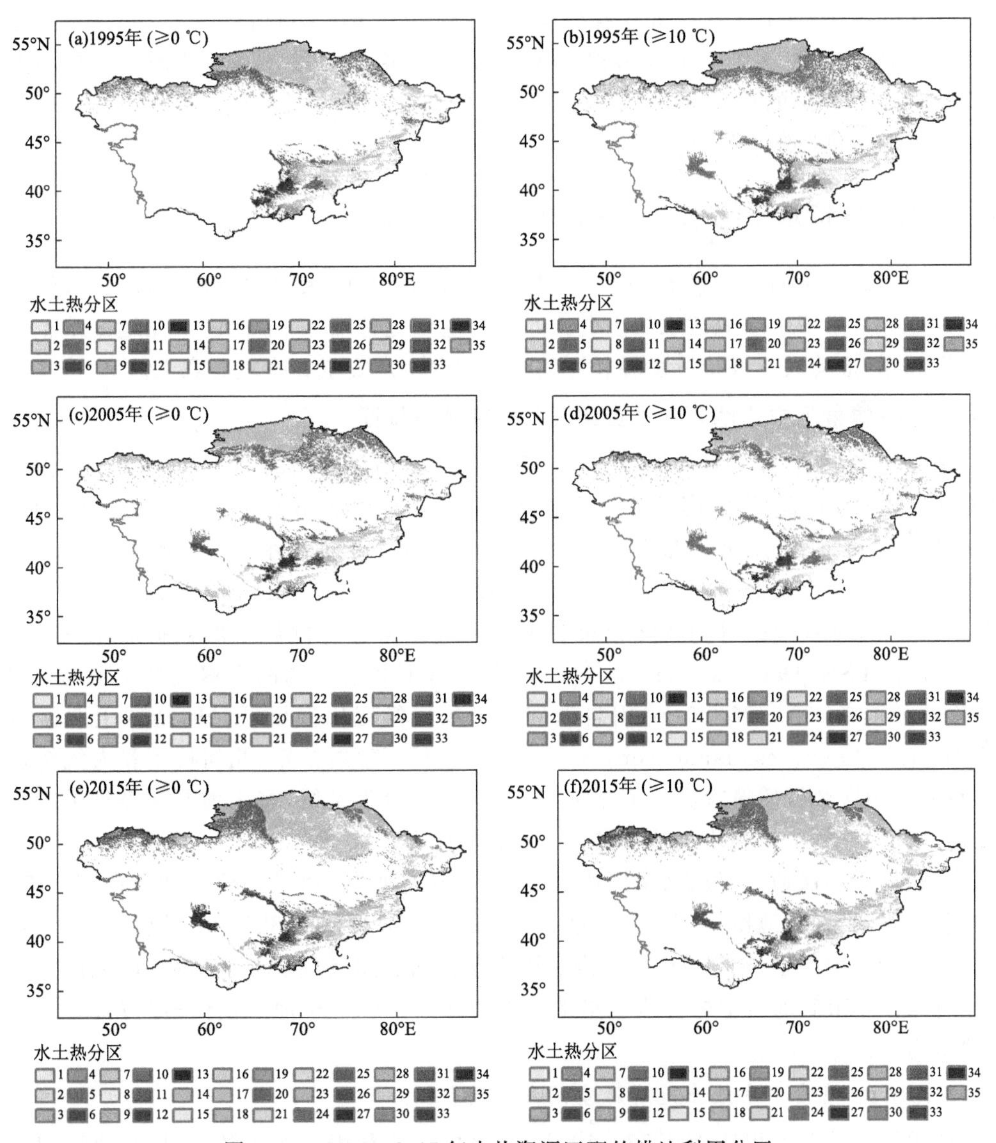

图 3.12　1995—2015 年水热资源匹配的耕地利用分区

3.2.3.2　基于水热资源匹配的潜在耕地利用分区

中亚潜在耕地面积较大，主要分布于哈萨克斯坦中部及北部，占据了全区潜在耕地面积的90%以上，其他零星分布于东部山地高原前沿。从1995—2015年，耕地面积的增加多从潜在耕地转换而来。基于水热资源匹配下的潜在耕地利用分区发现：在0 ℃积温下，1995年，降水在100～200 mm，大于0 ℃积温范围在3000～4000 ℃·d的耕地利用的11级分区具有明显的面积优势；2005年，降水在100～200 mm，大于0 ℃积温在2000～3000 ℃·d区域的10级分区具有优势，该区域分布于哈萨克斯坦丘陵东部和中部，向北延伸。因而相对于1995年，2005年热量条件有所降低；在2015年，潜在耕地的优势利用分区水热范围由11级分区转换为25级分区，与之相对应的是热量和水分条件的提升，在该级分区下优势分区的降水多在300～400 mm，而与中亚传统的水热资源错位相比，该分区下热量资源也较好多为3000～4000 ℃·d，由此分析发现2015年的水热组合特性较好。中亚的优势利用分区大于10 ℃积温多处于2000～3000 ℃·d，分布于作物生长季；在2015年，热量资源较于1995和2005年的优势性也得到体现，在该年份下优势热量条件多在3000～4000 ℃·d范围。在空间上大于0 ℃积温和10 ℃积温的重合，保证了最低的热量限制和持续生长的热量要求，因而2015年的潜在耕地资源向耕地转换的自然阻力较小(图3.13)。

3.3　未来气候情景下的水土热资源匹配特征及分区

在全球气候变暖的大背景下，未来中亚地区普遍升温，降水时空异质性进一步增强，预测未来气候变化情景下中亚地区水热土资源匹配时空变化特征，对于促进中亚地区水土热资源合理开发利用，推动农业可持续发展和评估中亚粮食生产安全具有重要意义。

3.3.1　RCPs情景下中亚地区水土资源匹配时空分布特征

在情景的考虑上，本节提取了RCP4.5和RCP8.5情景输出的2021—2050年逐月平均气温和降水量数据集，对其作多模式集合平均(Multi-Model Ensemble Mean)，径流量等数据，选取的时间尺度为2021—2050年。根据高程、坡度、土壤类型及土地利用类型等数据，可识别出研究区的宜农耕地。高程数据来源于SRTM，其范围为－228～4095 m，空间分别率90 m×90 m。利用GIS通过DEM数据得到坡度分布数据。土壤数据引自世界土壤数据库HWSD(Harmonized World Soil Database version 1.2)，选取适宜种植农作物的土壤类型。土地利用类型数据(空间分辨率300 m×300 m)引自欧洲航天局气候变化倡议项目的全球土地覆盖产品(CCI)(https://www.esa-landcover-cci.org/)，已进行了辐射校正、几何校正和大气校正等预处理，在中亚地区数据质量较高。依据IPCC土地利用分类系统，将土地利用类型进行重新分类，形成6种主要的土地利用土地覆被(Land Use and Land Cover，LULC)类型(农田、林地、草地、水域、城镇和裸地)。根据《全国耕地类型区、耕地地力等级划分》，考虑到中亚干旱区生态环境较为脆弱，将裸地作为不适宜开垦的土地。选取海拔低于3500 m、坡度小于15°且适宜农作物种植的土壤类型，用ArcGIS对满足以上条件的各图层叠加分析，得到研究区宜农耕地的空间分布。本节宜农耕地中除现有耕地之外的部分为后备耕地，后备耕地占宜农耕地的比例为耕地潜力。

3.3.1.1　RCPs情景下中亚土地资源空间分布特征

中亚地区土地总面积达400.78×10^4 km^2，区内土地利用类型多样，主要有耕地、林地、草

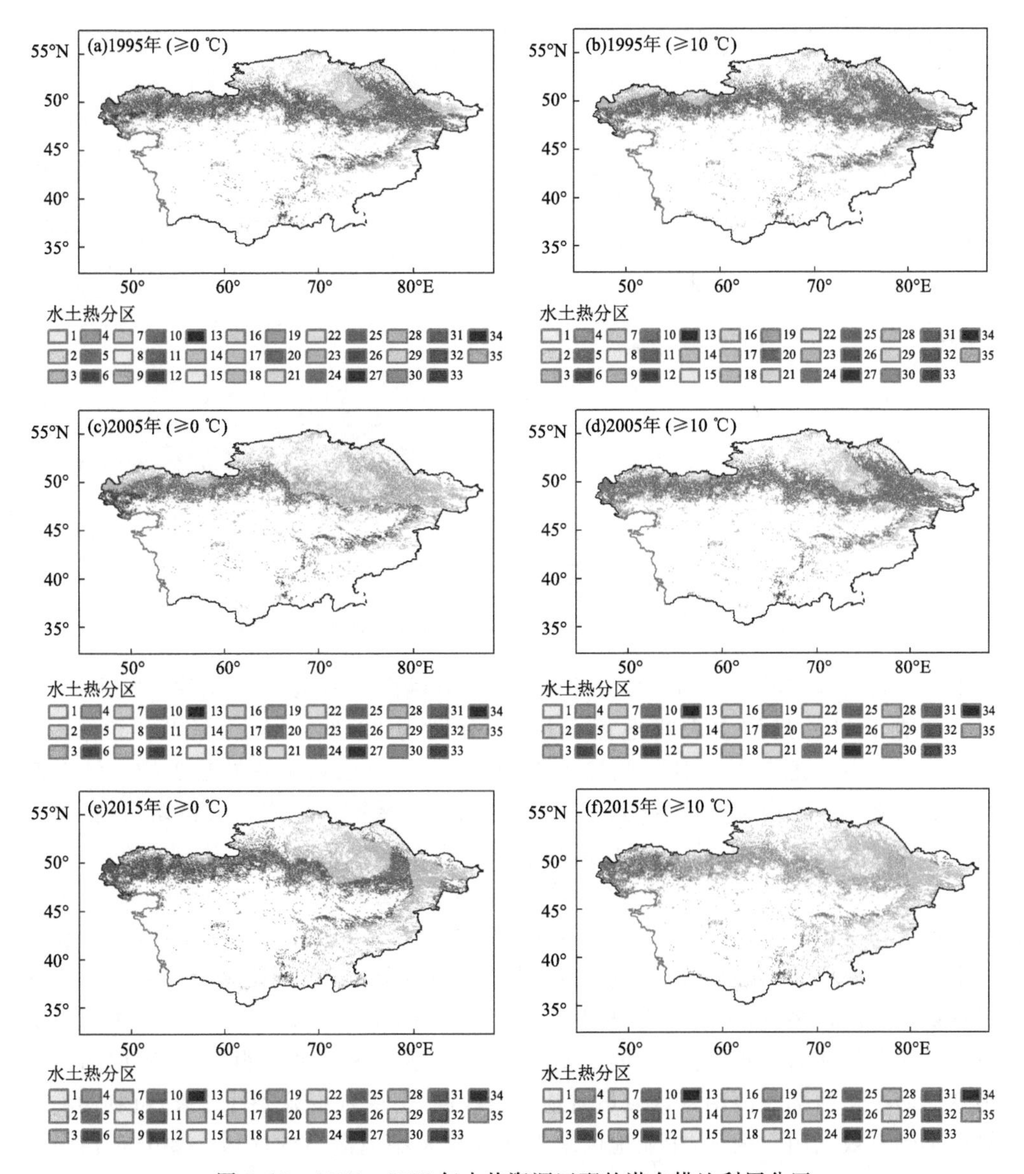

图 3.13　1995—2015 年水热资源匹配的潜在耕地利用分区

地、城镇、水域和裸地等(图 3.14a)。其中,面积最大的是草地,其次是裸地和耕地,而水域、林地和城镇面积所占的比重较小。中亚地区草地分布很广,主要在中部和东南部里海沿岸平原北部、哈萨克丘陵南部、天山及帕米尔山区,面积为 198.9×10^4 km^2,占土地总面积的 49.63%。裸地面积 95.96×10^4 km^2,占土地总面积的 23.9%,主要分布在西南部图兰低地。耕地是中亚农业用地当中十分重要的组成部分,其中雨养耕地主要在哈萨克丘陵北部,灌溉耕地分布在锡尔河流域、阿姆河流域、天山及帕米尔高原前山带,耕地面积为 84.57×10^4 km^2,占土地总面积的 21.09%。

草地作为未来可开发利用的土地资源,其农业生产潜力巨大。以州为单元,统计中亚地区的宜农耕地面积,将宜农耕地中除现有耕地之外的部分作为后备耕地,计算后备耕地占宜农耕地的比例,即耕地潜力指数(图 3.14c 和图 3.14d)。中亚北部区域宜农耕地较多,西南部区域

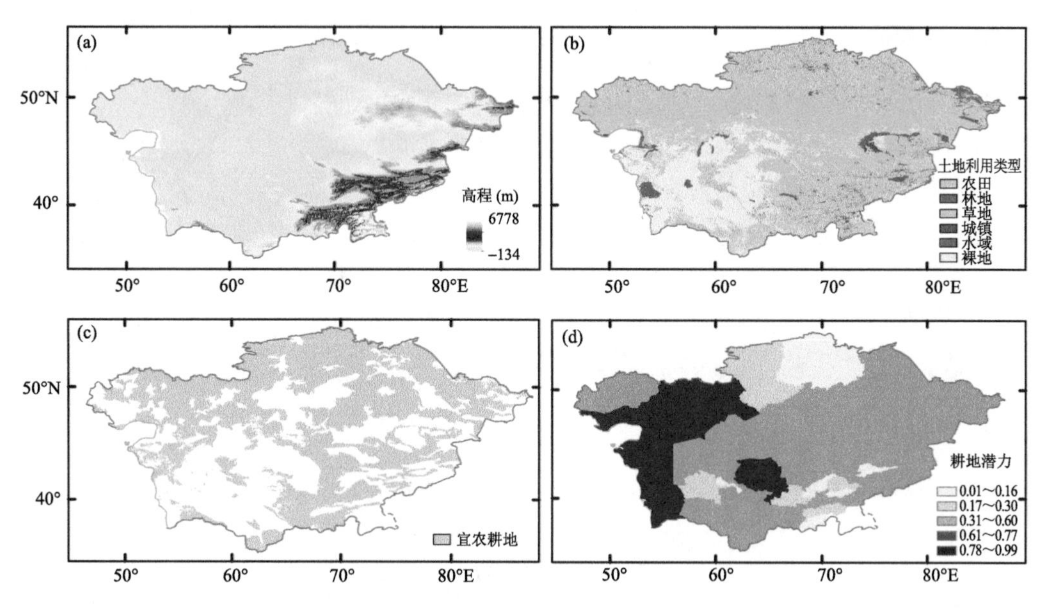

图 3.14 中亚地区宜农耕地资源及其耕地潜力空间分布

分布较少。宜农耕地资源最多的区域大部分都分布在哈萨克斯坦境内，其中卡拉干达、阿克托别和东哈萨克斯坦三州的宜农耕地面积最大，分别为 224365.87 km^2、219342.75 km^2 和 146965.65 km^2，其耕地潜力分别为 0.73、0.83 和 0.70。宜农耕地资源最少的区域大部分都分布在中亚西南部和东南部高山区，其中达沙古兹（土库曼斯坦境内）、塔拉斯州（吉尔吉斯斯坦境内）、安集延和花拉子模（乌兹别克斯坦境内）宜农耕地面积最少，分别为 3459.98 km^2、3600.49 km^2、4129.68 km^2 和 4157.94 km^2，其耕地潜力分别为 0.26、0.40、0.08 和 0.05。戈尔诺－巴达赫尚自治州（塔吉克斯坦境内），由于海拔过高，不适宜种植农作物，没有宜农耕地资源。由图 3.14c 可知，中亚北部区域的科斯塔奈、阿克莫拉、北哈萨克斯坦和巴甫洛达尔四州的宜农耕地资源较多，但耕地潜力分别仅为 0.28、0.16、0.09 和 0.33，主要是由于中亚北部区域农垦自然条件相对优越，为中亚的主要粮食产区，耕地垦殖率已很高，未利用的可耕地资源已很少。而中亚西部及西南部区域虽耕地潜力较高，但受水资源条件约束，可利用耕地资源的优势得不到有效利用。因此，中亚地区未来具有较大耕地潜力的区域主要分布在中部和东部区域。

3.3.1.2 RCPs 情景下中亚地区水土资源匹配时间变化特征

根据基尼系数（鲍文 等，2008）及相关研究（左其亭 等，2014）等，可将水土资源匹配度 A_t 的数值范围分 5 个标准：[0,0.5)为极不匹配，[0.5,0.6)为不匹配，[0.6,0.7)为较匹配，[0.7,0.8)为相对匹配，[0.8,1]为高度匹配。

在未来 RCP4.5、RCP8.5 情景下，2021—2050 年中亚地区水土资源匹配度大部分在 0.6 以上（图 3.15a），说明未来研究区水土资源整体处于较好匹配水平。2021—2050 年，RCP4.5 情景下中亚地区水土资源匹配程度趋于下降，而 RCP8.5 呈上升趋势，但不显著。未来两种情景下，水土资源匹配度在 2021—2029 年波动较为剧烈，2022 年和 2028 年为极不匹配水平，表明该时段极端干旱发生的频率和强度将增加，农业生产的波动性与不稳定性加大；2030—2040 年波动均较小，匹配水平较好，在 0.70～0.99 之间浮动；2041—2050 年水土资源匹配条件波动上升，这表明中亚地区未来农业生产条件将趋于改善，有利于粮食生产的安全性和稳定性。

图 3.15b 表明，2021—2050 年中亚地区水土资源匹配度年内变化。结果表明，RCP4.5 情景下，秋、冬季月份（9 月至次年 2 月）的水土资源匹配度变化大于春、夏季月份（3—8 月），而 RCP8.5 情景下夏季（6—8 月）和冬季（12 月至次年 2 月）大于春季（3—5 月）和秋季（6—8 月）。随着温室气体排放浓度的增加，水土资源匹配度波动幅度趋于减小。季节分析结果表明，2021—2050 年中亚地区水土资源匹配度的变化存在季节性差异，且随着温室气体排放浓度的增加，季节性差异减小（图 3.15c—d）。RCP4.5 情景下，2021—2039 年水土资源匹配度季节性差异相对较小，整体处于较匹配水平；2040—2050 年差异明显，其中春季为高度匹配水平，冬季为不匹配水平，与春、冬季相比，夏、秋季匹配度波动较大。RCP8.5 情景下，2021—2029 年，春、秋季为高度匹配水平，冬、夏季匹配度波动较大；2030—2039 年匹配度季节性差异很小，为高度匹配度水平；2040—2050 年春、秋季匹配度呈上升趋势，冬、夏季呈下降趋势。

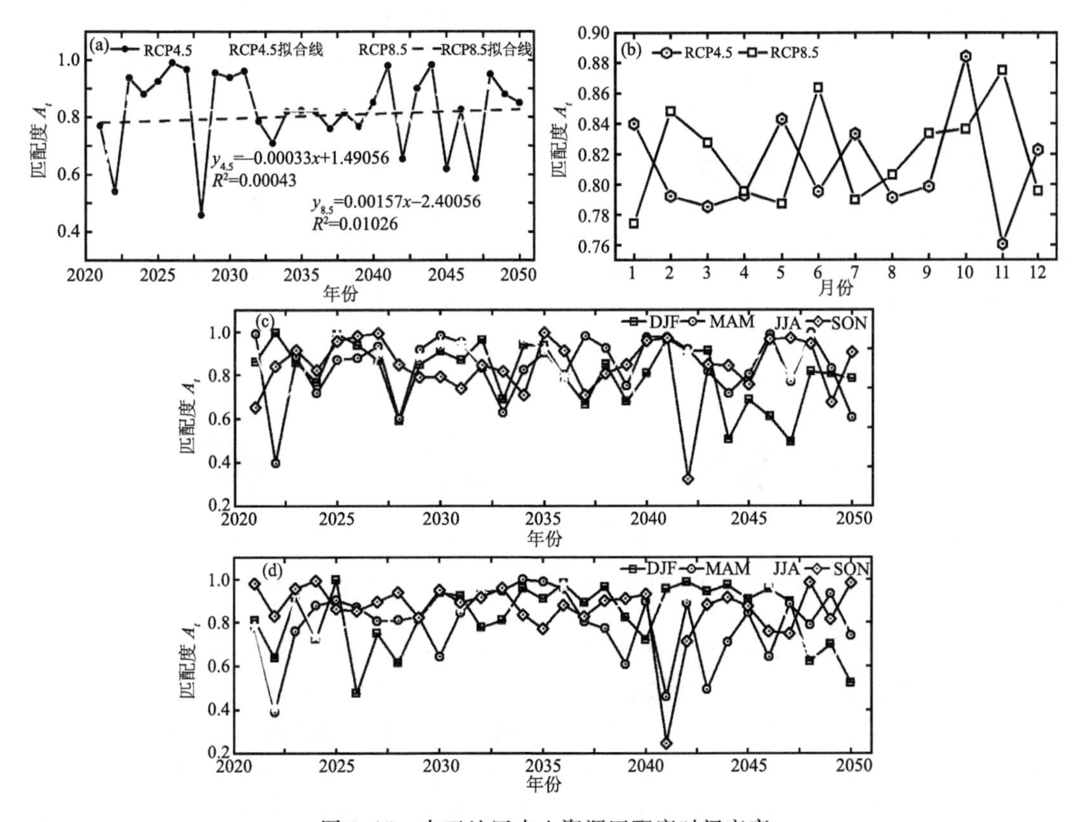

图 3.15　中亚地区水土资源匹配度时间变率

(a)2021—2050 年中亚地区水土资源匹配度变化；(b)中亚地区水土资源匹配度年内变化；(c)，(d)分别为 RCP4.5、RCP8.5 情景下 2021—2050 年中亚地区水土资源匹配度季节变化

3.3.1.3　RCPs 情景下中亚地区水土资源匹配空间分布

以中亚地区各州为基本单元，从河川径流量与宜农耕地资源的匹配角度，构建了区域水土资源匹配测算模型，并根据各州水土资源匹配当量系数（Rei）积聚与离散的分异特征，将其划分为 5 个等级：①Rei≥1.59，匹配程度极好；②1.26≤Rei≤1.58，匹配程度较好；③0.91≤Rei≤1.25，匹配程度相对合理；④0.36≤Rei≤0.90，匹配程度较差；⑤Rei≤0.35，匹配程度极差。

在未来 RCP4.5、RCP8.5 情景下，中亚地区水土资源匹配表现为极不均衡，东南部高山区匹配程度极好，西南部图兰低地匹配程度极差(图 3.16)。水土资源匹配系数最高的是国家直辖区(塔吉克斯坦)，匹配系数最低的是花拉子模(乌兹别克斯坦)，戈尔诺一巴达赫尚自治州由于海拔过高，不适宜种植农作物，没有宜农耕地。其中，水土匹配程度极好的州主要分布在天山、帕米尔高原(吉尔吉斯斯坦、塔吉克斯坦境内)：国家直辖区、巴特肯州、奥什州、索格特州、哈特隆州、费尔干纳、塔拉斯州、贾拉拉巴德州、纳曼干、吉扎克、塔什干等州，水土资源匹配系数均高于 1.59。水土匹配程度极差的州主要分布在图兰低地、里海沿岸平原东南部地区(土库曼斯坦、乌兹别克斯坦中西部、哈萨克斯坦西南部境内)：达沙古兹、花拉子模、卡拉卡尔帕克斯坦共和国、巴尔坎、曼戈斯套、阿哈尔、克孜勒奥尔达、阿特劳、布哈拉、马雷、列巴普、纳沃伊等州，水土资源匹配系数均低于 0.35。

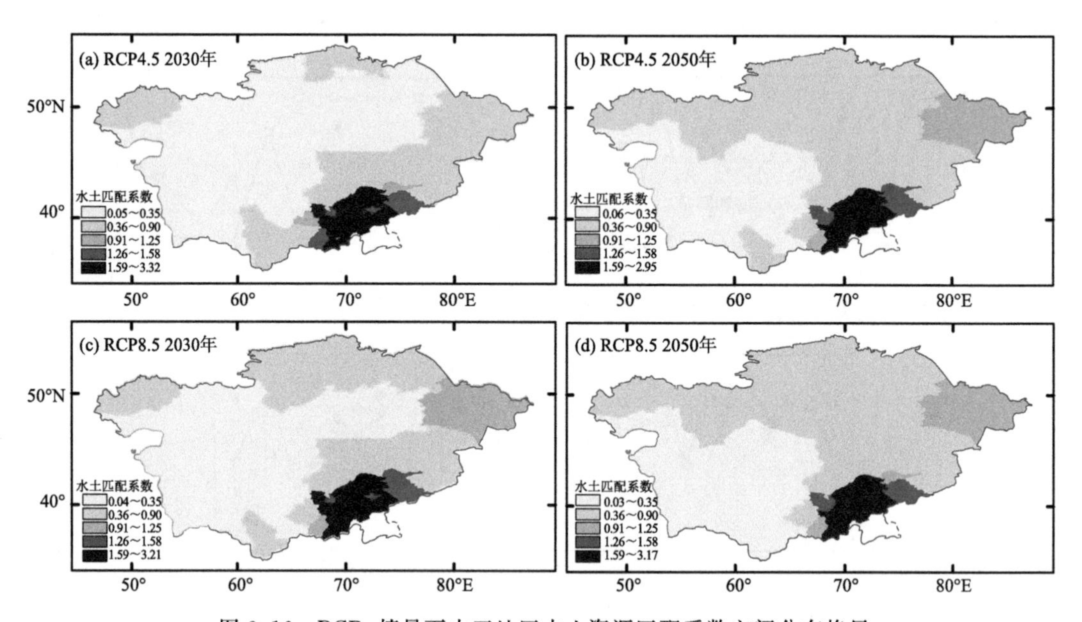

图 3.16 RCPs 情景下中亚地区水土资源匹配系数空间分布格局

未来两种 RCPs 情景下，中亚地区水土资源空间匹配呈东南部最好，东部和北部次之，西南部最差的分布格局(图 3.16)。这与中亚地区降水量的空间分布规律一致，水资源对水土资源匹配格局的制约作用非常明显。中亚地区东南部高山区水土资源匹配程度极好，但宜农耕地面积较少，水资源条件的优势得不到有效利用。随着温室气体排放浓度的增加，中亚西南部灌溉农业区水土资源匹配程度仍为极差，这主要是由于未来气候变化情景下该区域暖干化趋势加剧，极端干旱发生的频率和强度将增加；而中亚东部和北部雨养农业区水土资源匹配均有所改善，匹配程度为较差和相对合理，说明未来具有较大农业生产潜力的区域主要分布在东部和北部地区，其中北部地区土地垦殖率高，后备耕地资源不足，而东部地区后备耕地资源充足，可作为中亚地区未来粮食生产的重要后备基地。

上面分析了中亚地区水土资源匹配时序变化、总体匹配状况及空间分布特征，但对中亚地区水土资源空间匹配的长期变化趋势还缺乏一定的研究，为了进一步分析中亚地区未来水土资源匹配的趋势变化情况，分别从年、春、夏、秋、冬等尺度分析未来气候变化情景下中亚地区水土资源匹配的空间变化。

在未来 RCP4.5、RCP8.5 情景下，中亚地区水土资源匹配的空间变化存在显著的空间差异(图 3.17 和图 3.18)。从图 3.17a 中可以看出，在 RCP4.5 情景下，中亚南部地区水土资源匹配系数呈下降趋势，而北部和东部地区(雨养农业区、锡尔河下游及伊犁河流域)呈 0～0.02/a 的增加速率。此外，研究结果表明，中亚地区大部分灌溉农业区水土资源匹配系数呈下降趋势，速率为－8～0/a，尤其是东南部帕米尔高原区下降速率最大(－0.08～－0.02/a)。与 RCP4.5 情景相比，RCP8.5 情景下中亚西北部(里海沿岸平原东部、哈萨克丘陵东部、锡尔河下游及伊犁河流域)和东南部地区(天山及帕米尔高原区)呈下降趋势，而东北部地区(哈萨克丘陵东北部雨养农业区)和西南部少部分地区呈上升趋势。随着温室气体排放浓度的增加，中亚地区 2021—2050 年中亚水土资源匹配状况区域改善的范围缩小。

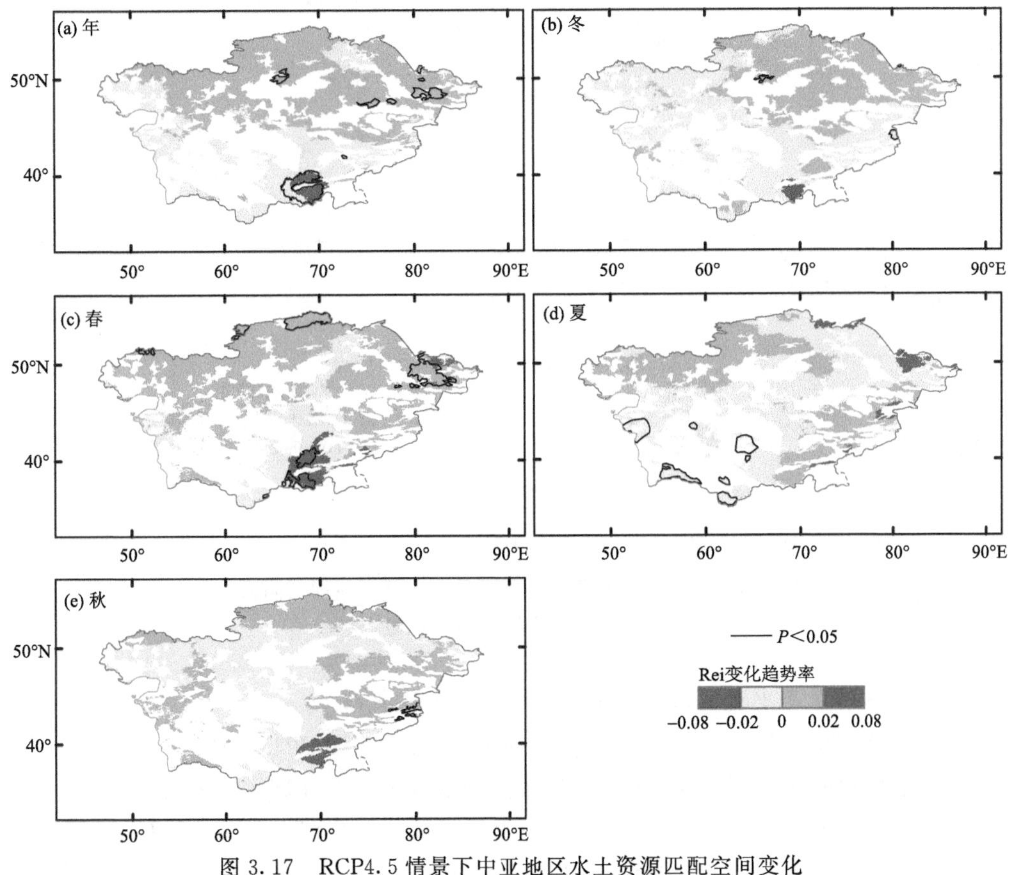

图 3.17　RCP4.5 情景下中亚地区水土资源匹配空间变化

(a)—(e)分别为年、冬、春、夏、秋

年内不同季节空间分析结果表明，未来两种气候变化情景下，中亚地区的水土资源匹配变化在春季呈现增加趋势的范围最大(图 3.17c 和图 3.18c)，增幅为 0～0.02/a，而在夏季呈现下降趋势的范围最大，下降速率为－0.02～0/a。RCP4.5 情景下，中亚东南部高山区除在夏季呈增加趋势外(图 3.17d)，其他季节均呈现最大的下降趋势，下降速率为－8～－2/a。而在 RCP8.5 情景下，中亚东南部高山区除在冬季呈 0.02～0.08/a 的增加速率外(图 3.18b)，其他季节均呈现－8～－2/a 的下降速率。随着温室气体排放浓度的增加，中亚东南部高山区呈下降趋势的范围变大。与 RCP4.5 情景相比，RCP8.5 情景下中亚地区水土资源匹配变化的最大增加速率为 0.08～0.23/a，且呈最大增加速率的范围也较大，冬季(图 3.18b)主要分布在中亚东南部高山区，夏、秋季(图 3.18d—e)主要分布在中亚东北部地区。

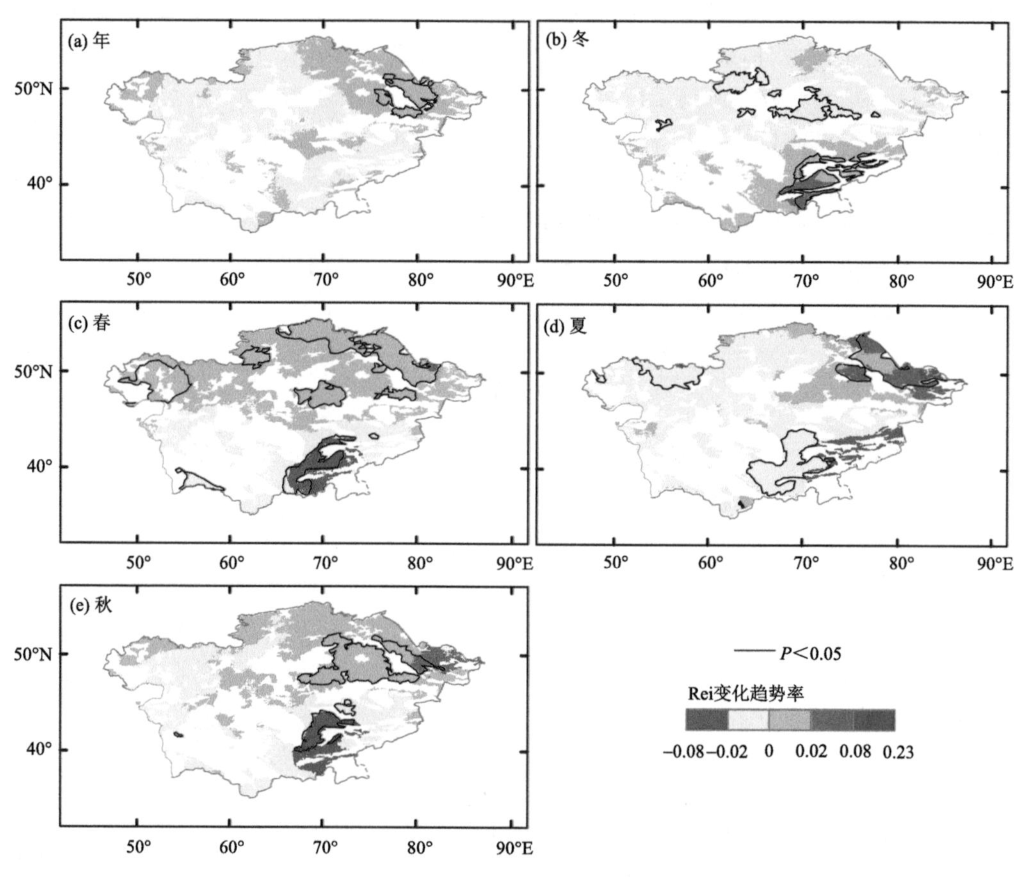

图 3.18　RCP8.5 情景下中亚地区水土资源匹配空间变化

(a)—(e)分别为年、冬、春、夏、秋

3.3.1.4　RCPs 情景下中亚地区水土资源匹配程度总体状况

根据中亚地区可利用水资源和宜农耕地面积，构建未来 RCP4.5、RCP8.5 情景下中亚地区水土资源洛伦兹曲线(图 3.19)，测算出未来两种情景下中亚地区水土资源匹配基尼系数分别为 0.464 和 0.475。根据联合国有关组织对基尼系数的划分标准(姚海娇 等，2013)，将水土资源匹配的基尼系数划分为 5 个等级：①匹配状况极好($0<G\leqslant0.2$)；②匹配状况较好($0.2<G\leqslant0.3$)；③匹配状况相对合理($0.3<G\leqslant0.4$)；④匹配状况较差($0.4<G\leqslant0.5$)；⑤匹配状况极差($G>0.5$)(姚海娇 等，2013)。

可见，在 RCP4.5 和 RCP8.5 情景下，2021—2050 年中亚地区水土资源匹配状况均处于较差水平，80%的水资源服务着 50%的宜农耕地，而剩下 20%的水资源服务着 50%的宜农耕地面积，表明中亚地区水土资源空间分布存在严重错位。且随着温室气体排放浓度的增加，中亚地区 2021—2050 年水土资源匹配状况变差。姚海娇等(2013)研究发现，基于水资源可利用量计算的中亚五国水土匹配基尼系数为 0.3256，处于相对合理水平；而基于农业用水量测算的基尼系数则为 0.5032，属于极差匹配水平。与已有成果对比，以州为单元，中亚地区 2021—

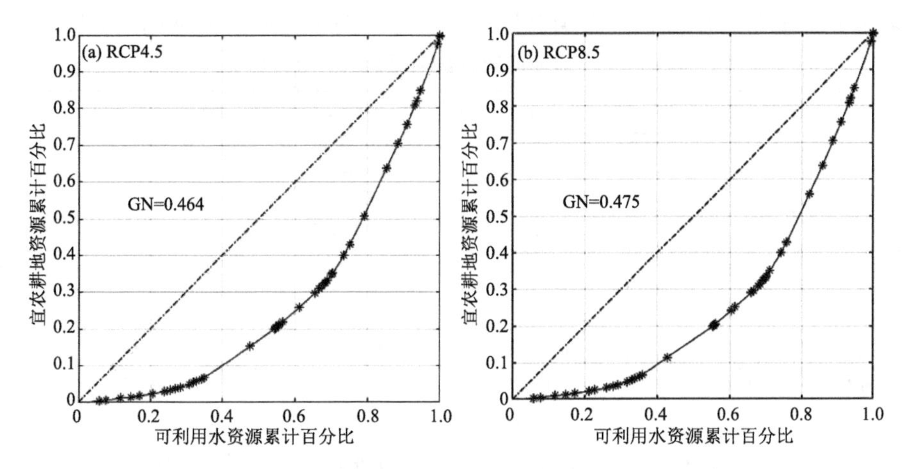

图 3.19 RCPs 情景下中亚地区水土资源匹配洛伦兹曲线

2050 年水土资源匹配的总体状况优于中亚五国可利用水资源量与现有耕地资源的匹配现状，但低于实际用水量与现有耕地资源的匹配现状。由于区域基尼系数的大小会受到单元划分选取多少所影响，单元划分越细，基尼系数结果越大。因此，与中亚五国水土资源匹配现状相比，未来气候变化情景下中亚地区水土资源匹配的总体状况有所改善，但仍处于较差水平。

3.3.2 考虑径流再分配后水土资源匹配时空分布特征

中亚地区地形地貌变化大，水土资源空间分布存在严重错位，东南部高山区（上游塔吉克斯坦、吉尔吉斯斯坦）拥有该地区 90％的水资源，但由于地形原因大部分产水量补给到阿姆河、锡尔河下游流域；而中西部丘陵平原区（下游乌兹别克斯坦、哈萨克斯坦和土库曼斯坦）河川径流较少，除北部雨养农业区以天然降水为水源外，下游大部分地区以灌溉农业为主，耕地严重依赖地表水灌溉。

前一节（3.3.1 节）主要预估了 RCPs 情景下 2021—2050 年中亚地区水土资源的自然匹配状况，即基于栅格尺度分析区域河川径流量与宜农耕地资源间的匹配状况，而没有考虑上游径流再分配对下游的补给，因此对下游灌溉农业区水土资源匹配程度的预估会存在一定的低估。故本节在前章节的基础上，进一步预估考虑径流再分配后中亚地区水土资源匹配的时间变化趋势和空间分布特征，从而有利于较为准确预测未来气候变化情景下中亚地区水土资源耦合条件，将可为中亚地区未来粮食安全评估提供科学依据。

利用等权重集合平均结果的模式预估降水数据和宜农耕地面积等数据，详见 3.3.1 节。

3.3.2.1 *研究方法*

本节基于考虑径流再分配后的水资源量和宜农耕地面积数据，运用基于数列匹配度计算方法，从地州尺度预估不同 RCP 情景下 2021—2050 年中亚雨养农业区和灌溉农业区水土资源匹配程度的时间变化特征，然后采用基尼系数法对比分析考虑径流再分配后中亚地区水土资源总体匹配程度，最后利用单位面积所拥有的水资源量法，预估考虑径流再分配后中亚水土资源匹配系数的空间分布特征，这一研究有利于较为准确预测未来气候变化情景下中亚地区水土资源耦合条件，将可为中亚地区未来粮食安全评估提供科学依据。

本节采用径流系数法粗略估算出 2021—2050 年东南部高山区（上游塔吉克斯坦、吉尔吉斯斯坦）的产水量，然后根据下游灌溉农业区各地州的现有耕地面积占比对上游产水量数据进行分配，最后基于地州尺度统计下游灌溉农业区各地州的水资源量数据(表 3.7)。

表 3.7　中亚地区现有耕地面积及其所占比例

州	耕地面积(km^2)	占比	州	耕地面积(km^2)	占比
阿拉木图	30769.49	0.0401	哈特隆州	11621.60	0.0152
阿克莫拉	96418.29	0.1257	索格特州	5699.69	0.0074
阿克托别	38379.77	0.0500	国家直辖区	4570.29	0.0060
阿特劳	1871.64	0.0024	阿哈尔	4122.81	0.0054
东哈萨克斯坦	43703.76	0.0570	巴尔坎	1937.32	0.0025
曼戈斯套	6.87	0.0000	列巴普	4881.09	0.0064
北哈萨克斯坦	82423.34	0.1074	马雷	5805.07	0.0076
巴甫洛达尔	59930.78	0.0781	达沙古兹	2576.47	0.0034
卡拉干达	61642.06	0.0804	安集延	3812.78	0.0050
科斯塔奈	97018.50	0.1265	布哈拉	3832.63	0.0050
克孜勒奥尔达	16506.51	0.0215	费尔干纳	5466.79	0.0071
南哈萨克斯坦	29183.44	0.0380	吉扎克	9122.26	0.0119
西哈萨克斯坦	34843.43	0.0454	卡拉卡尔帕克斯坦	13354.27	0.0174
江布尔	23113.39	0.0301	卡什卡达里亚	12773.15	0.0167
巴特肯州	1552.45	0.0020	花拉子模	3941.83	0.0051
楚河州	6341.90	0.0083	纳曼干	4277.82	0.0056
贾拉拉巴德州	4335.86	0.0057	纳沃伊	2769.67	0.0036
纳伦州	3343.15	0.0044	撒马尔罕	8910.73	0.0116
奥什州	4688.65	0.0061	锡尔河	4350.37	0.0057
塔拉斯州	2161.06	0.0028	苏尔汉河	5252.97	0.0068
伊塞克湖州	2543.63	0.0033	塔什干	7235.34	0.0094

表 3.8 中径流系数 α 是某一时段的径流深度 R 与相应的降水深度 P 之比值，其综合反映了降水形成径流过程中总损失的大小。径流系数法是一种粗略估算产流量的方法，根据 USDA-SCS 和经验值法可估算不同坡度所对应的径流系数(Li et al.，2018)(表 3.8)，产流量计算为降水与径流系数之积。

表 3.8　不同坡度所对应的径流系数

坡度	0°～5°	5°～10°	10°～15°	15°～20°	20°～25°	>25°
径流系数(α)	0	0.04	0.12	0.2	0.27	0.35

3.3.2.2　考虑径流再分配后中亚水土资源匹配时序变化特征

通过对下游灌溉农业区进行径流再分配，进一步对比分析 2021—2050 年中亚雨养农业区及灌溉农业区水土资源匹配度的时间变化特征，如图 3.20 所示。从整体上看，未来两种情景下雨养农业区和灌溉农业区的水土资源匹配度大部分处于较好匹配水平，且与 RCP4.5 情景相比，RCP8.5 情景下雨养农业区和灌溉农业区的水土资源匹配度较高且波动相对较为平稳。

RCP4.5 情景下(图 3.20a)，雨养农业区 2021—2050 年水土资源匹配度呈增强减弱交替变化，其中匹配度最大值大于 0.9，发生在 2044 年，最小值约为 0.4，出现在 2022 年；灌溉农业区水土资源匹配度在 2021—2027 年呈逐年波动上升状态，2028—2050 年波动较为剧烈，且匹配度总体略低于雨养农业区。RCP8.5 情景下（图 3.20b），雨养农业区在 2026—2031 年波动较大，匹配度在 0.60～0.95 间浮动，2021—2025 年、2032—2048 年匹配度均为 0.8 以上的高度匹配水平；灌溉农业区在 2021—2027 年波动较为剧烈，2028—2040 年变化平稳且为高度匹配水平，且匹配度总体略高于雨养农业区，从 2041 年开始匹配度逐年上升，匹配水平低于雨养农业区。这表明随着温室气体排放浓度的增加，雨养农业区和灌溉农业区水土资源匹配波动幅度趋于减小，且考虑径流再分配后的灌溉农业区水土资源匹配水平有较大提升，说明 2021—2050 年中亚地区水土资源耦合条件趋于改善，有利于提升粮食生产的安全性和稳定性。

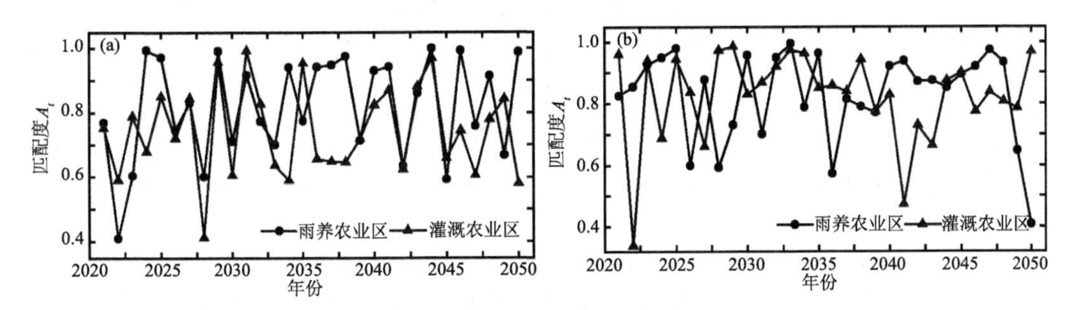

图 3.20　考虑径流再分配后中亚地区水土资源匹配度时间变化特征

(a)、(b)分别为 RCP4.5、RCP8.5 情景下 2021—2050 年雨养农业区及灌溉农业区水土资源匹配度变化

此外，进一步对不同 RCPs 情景下中亚雨养农业区和灌溉农业区的水土资源匹配度季节变化特征进行分析（图 3.21）。结果表明，与雨养农业区相比，考虑径流再分配后的灌区水土资源匹配度季节变化幅度趋于减小，且随着温室气体排放浓度的增加，雨养农业区与灌溉农业区二者间的匹配度季节变化差异加大。

RCP4.5 情景下，雨养农业区和灌溉农业区水土资源匹配度变化幅度不大，整体处于较匹配水平；冬季匹配度变化幅度先增加后减小，春、夏、秋三季在 2021—2040 年波动较为平稳，2041—2050 年波动较大（图 3.21a）；灌溉农业区春季匹配度呈逐年波动上升趋势，除 2026 年、2042 年和 2047 年为极不匹配水平外，冬、夏、秋三季匹配水平较好，匹配度在 0.70～0.99 波动（图 3.21b）。随着温室气体排放浓度的增加，雨养农业区和灌溉农业区水土资源匹配度变化幅度均趋于增大，其中雨养农业区匹配度波动幅度变化尤为剧烈，2035—2045 年波动最为明显（图 3.21c）。灌溉农业区匹配度波动幅度略有增加，2021—2035 年夏、秋季匹配度变化平稳，匹配水平优于冬、春季，2036—2050 年冬、秋季变化平稳且为高度匹配水平，春、秋季呈逐年波动上升态势（图 3.21d）。这与未来气候变化将导致极端气候发生的频率和强度将增加，水土资源匹配变化的波动性与不稳定性加大有关，与雨养农业区相比，灌溉农业区在径流补给调节作用下，2021—2050 年水土资源匹配变化则相对较为平稳。

3.3.2.3　考虑径流再分配后中亚水土资源匹配空间分布格局

采用单位面积水资源量法分别从年、春、夏、秋、冬多时间尺度进一步分析考虑径流再分配后中亚地区水土资源匹配的空间分布格局。结果表明，与水土资源自然匹配相比，考虑径流再分配后的中亚地区水土资源匹配空间分布呈自东南向西北递减，位于西南部的下游灌溉农业区匹配水平优于北部雨养农业区。此外，考虑径流再分配后的水土资源匹配度变化存在显著的季节性空间差异（图 3.22 和图 3.23）。

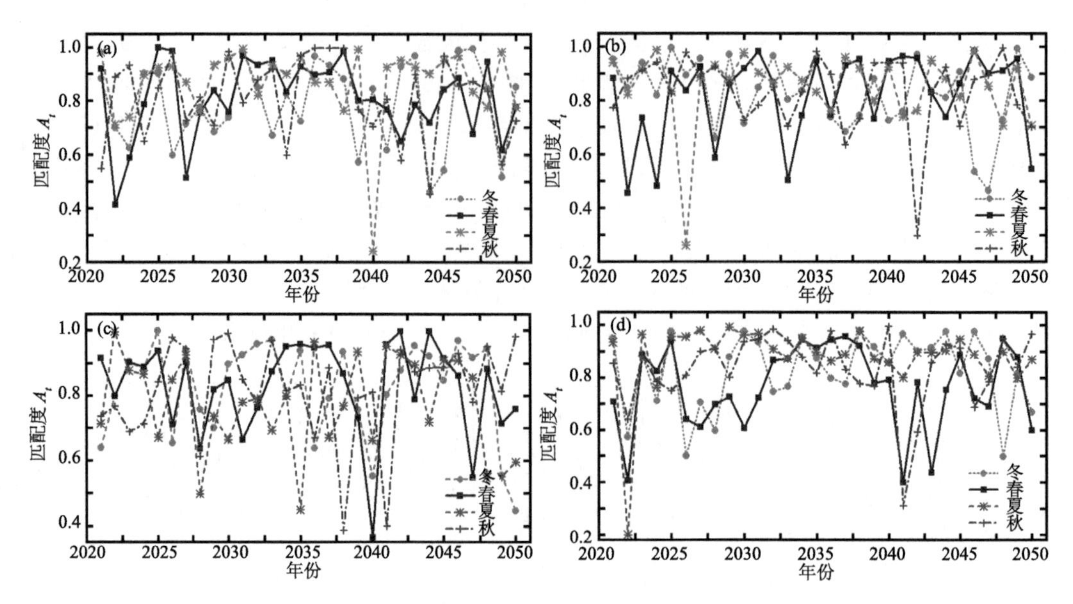

图 3.21　考虑径流再分配后中亚地区水土资源匹配度季节变化特征

(a)、(b)分别为 RCP4.5 情景下雨养农业区和灌溉农业区水土资源匹配度季节变化；
(c)、(d)分别为 RCP8.5 情景下雨养农业区和灌溉农业区水土资源匹配度季节变化

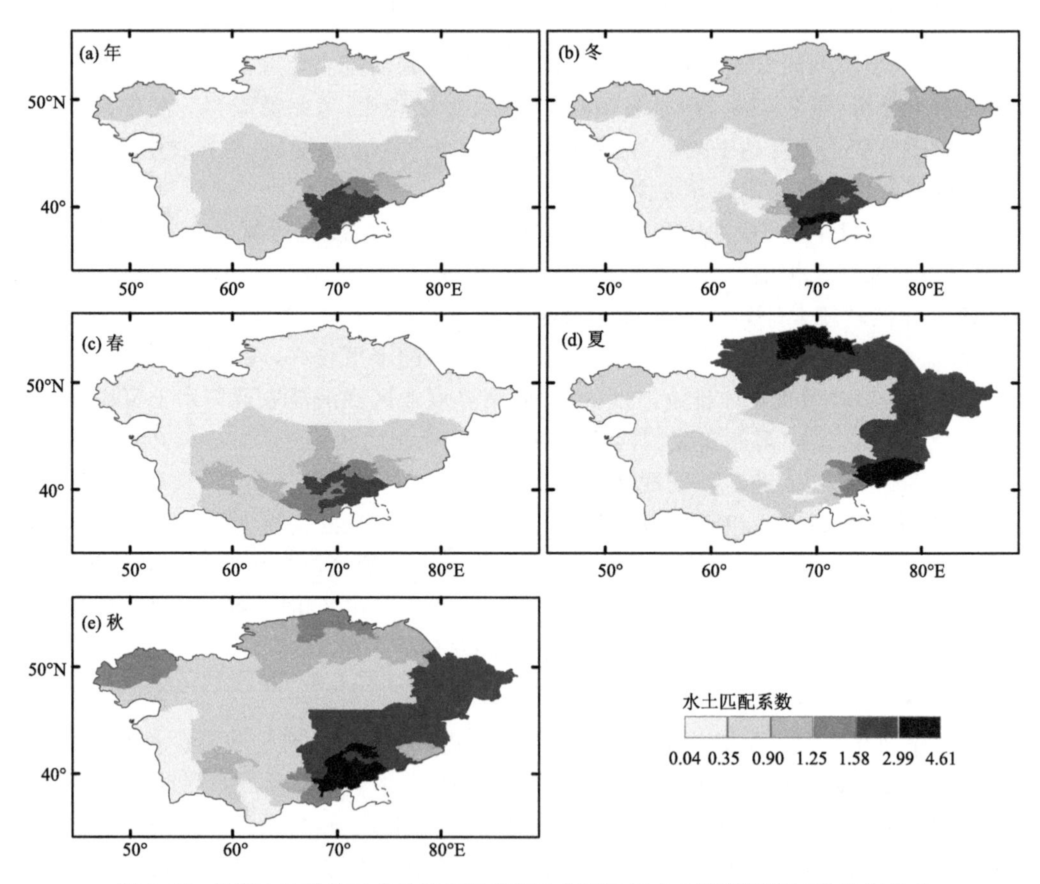

图 3.22　RCP4.5 情景下考虑径流再分配后中亚地区水土资源匹配系数空间分布

在未来RCP4.5和RCP8.5情景下,考虑径流再分配后的中亚地区水土资源匹配表现为东南部山前平原区(吉尔吉斯斯坦、塔吉克斯坦西部及乌兹别克斯坦东北部)匹配程度极好,下游灌溉农业区次之,北部雨养农业区及下游灌溉农业区西部极差(图3.22和图3.23)。就季节性空间分布差异来看,夏季水土资源匹配空间差异最大,空间分布呈自东向西降低(图3.22和图3.23)。其中,匹配系数最大的分别是北哈萨克斯坦州、伊塞克湖州和纳伦州,其次是北部雨养农业区的阿克莫拉、科斯塔奈和巴甫洛达尔三州及东部地区的东哈萨克斯坦、阿拉木图和楚河州匹配程度均为极好;匹配系数最低的州主要分布在哈萨克斯坦西部及土库曼斯坦境内:阿克托别、阿特劳、曼戈斯套、克孜勒奥尔达、巴尔坎、阿哈尔、马雷、列巴普等州,匹配程度极差;位于下游灌溉农业区的卡拉干达州、南哈萨克斯坦、江布尔等州匹配程度较差。冬、秋季水土资源匹配空间差异最小,空间分布呈东南部最好、北部次之、西南部最差的分布格局,秋季水土资源空间匹配优于冬季,且随着温室气体排放浓度的增加,秋季水土资源匹配程度趋于变差。夏季水土资源空间匹配呈自南向北降低,下游灌溉农业区水土资源匹配程度优于北部雨养区(图3.22和图3.23)。

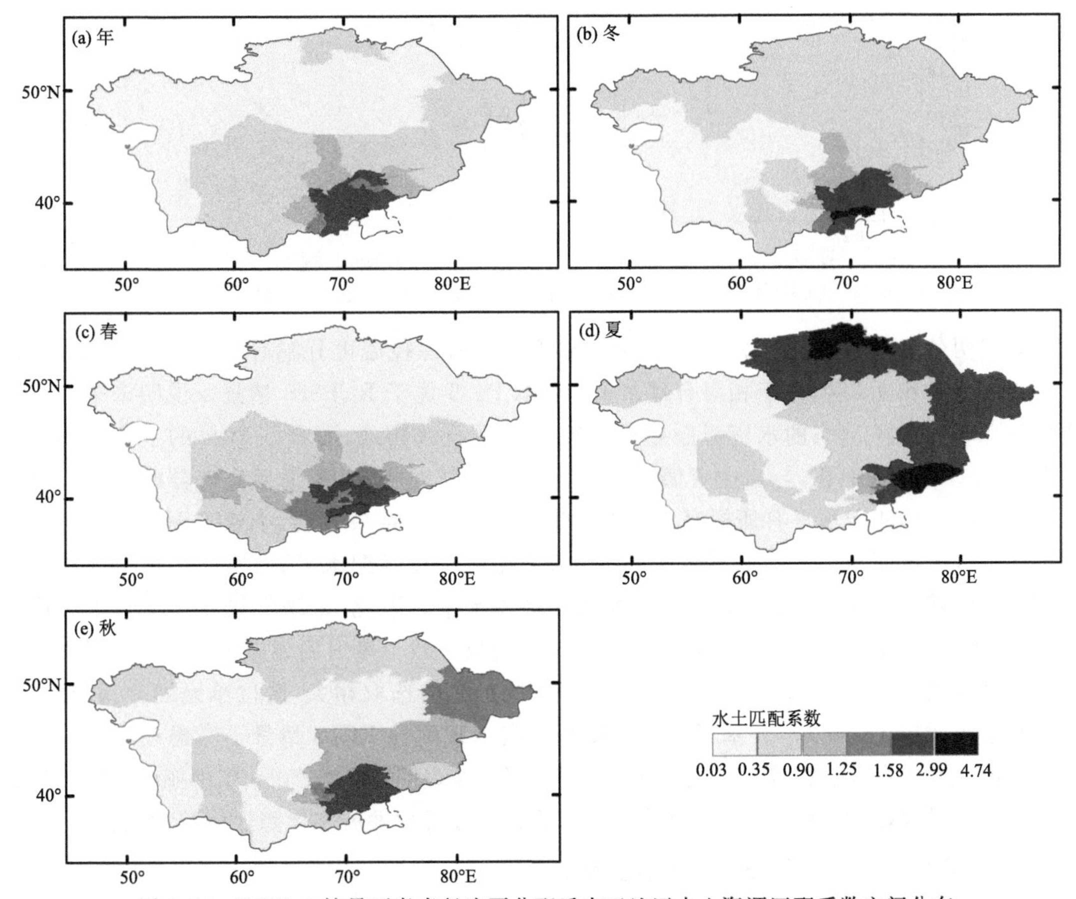

图3.23 RCP8.5情景下考虑径流再分配后中亚地区水土资源匹配系数空间分布

考虑到中亚地区以种植小麦和棉花为主,农作物生长季主要集中在4—9月,即春、夏季的水土资源匹配程度直接影响中亚地区粮食生产的安全性和稳定性。未来两种情景下,下游灌溉农业区水土资源匹配表现为春季优于夏季,而北部雨养农业区则相反。这说明未来气候变化改变降水量的季节分配，使天然降水和农作物需水的不匹配程度加剧，不利于进一步提高农田生产力。未来中亚地区下游灌溉农业区要加强水利调节设施建设，发展节水灌溉农业；雨养农业区要提高土壤的蓄保水能力，一方面可利用地表覆膜减少无效蒸发，提高农作物的水分利用效率，另一方面可以通过培育、种植耐旱高产新品种，以保证粮食产量稳产。

3.3.2.4　考虑径流再分配后中亚水土资源匹配程度总体状况

中亚地区地处欧亚大陆腹地，跨界河流众多，是全球跨界河流水资源开发利用的典型区域，为了能较真实地对其水土资源匹配程度进行定量研究，需要以考虑上游区域对下游区域的水资源补给为前提条件。因此，要进一步探究未来气候变化情景下考虑径流再分配后中亚地区水土资源匹配的总体状况，如图 3.24 所示。

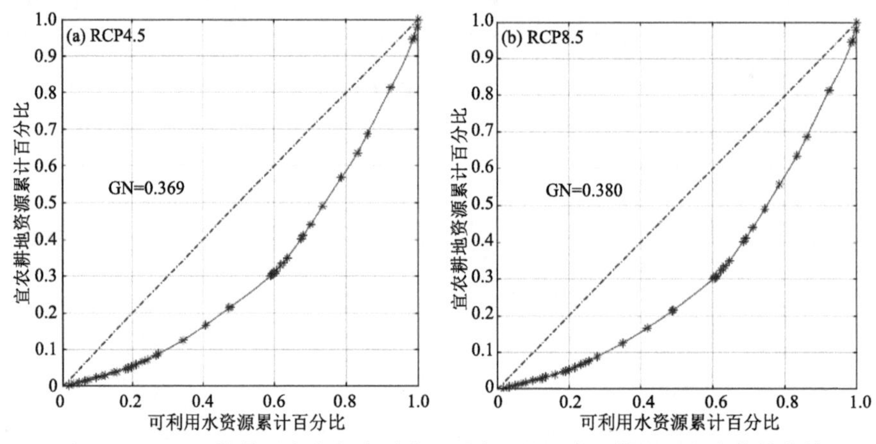

图 3.24　RCPs 情景下考虑径流再分配后中亚地区水土资源匹配洛伦兹曲线

未来两种 RCPs 情景下，2021—2050 年中亚地区考虑径流再分配后的水土资源基尼系数分别为 0.369 和 0.380，处于相对合理水平，且 RCP4.5 优于 RCP8.5 情景。说明未来气候变化情景下中亚地区 80％的水资源服务着将近 60％的宜农耕地，而剩下 20％的水资源服务着约 40％的宜农耕地面积，与水土资源自然匹配的总体状况相比，考虑径流再分配后中亚地区水土资源的总体匹配水平有所提高。姚海骄等(2018)研究结果表明，中亚五国的水资源可利用量与现有耕地面积间的基尼系数为 0.3256，为相对合理匹配水平，而实际用水量与现有耕地面积间的基尼系数为 0.5032，处于匹配状况极差水平。因此，未来气候变化情景下考虑径流再分配后的水土资源总体匹配水平与已有研究结果一致。考虑到姚海骄等的研究是基于国家尺度进行测算，由于区域基尼系数的计算与区位单元的选取相关，区位单元划分得越细，所得的基尼系数越大，所以本节基于地州尺度测算出未来两种 RCPs 情景下考虑径流再分配后的中亚地区水土资源总体匹配仍处于相对合理水平，这表明 2021—2050 年中亚地区水土资源耦合条件相对较好，有利于促进中亚地区未来的农业可持续发展和保障区域粮食安全。

3.3.3　不同 SSP-RCP 情景下水热资源匹配分区

水热匹配状况是制约干旱半干旱区农牧业发展、生态环境演变以及土地开垦利用的重要因素。中亚拥有广泛的干旱半干旱区，水热时空分布的错位，导致区域水热不匹配问题突出。全球气候变化使得中亚地区水热条件时空变化趋于复杂，影响着区域农业生态系统的演替。预测未来水热匹配时空分布，对于中亚地区农牧业发展及生态系统的稳定具有重要意义。

历史基准数据包括了 CRU TS4.04 1975—2014 年(历史基准期)月尺度降水、平均气温、最高温度、最低温度和潜在蒸散数据。GCMs 输出数据获取于 CMIP(https://esgf-node.llnl.gov/search/CMIP6/)。在情景考虑上选取了 CMIP6 的 SSP126、SSP245、SSP460 和 SSP585 情景模式,分别代表不同的社会经济发展路径和辐射强迫水平。模型包括 CanESM5、IPSL-CM6A-LR、MIROC6、MRI-ESM2-0 和 FGOALS-g3,气候变量包括月尺度的短波辐射、长波辐射、平均气温、最高气温、最低气温、地表风速、湿度,实验为 r1i1p1f1,时间范围为 1975—2014 年的历史模型输出数据和 2015—2100 年未来模型输出数据。将经过偏差校正后的 MME 结果作为未来水热匹配特征的基础数据,以 WTPI 作为评估未来水热匹配条件的主要指标,同时将未来长时间序列分为了近期(2015—2045 年)、中期(2046—2075)、远期(2076—2100 年)来分析不同时间下水热匹配条件的变化规律。

3.3.3.1　不同 SSP-RCP 情景下水热匹配时序特征预测

未来近期的水热匹配条件在冬季呈现出优势,其 WTPI 最高,约为－1.57 ℃ · mm,其次春季和秋季也体现了较好的匹配条件,WTPI 分别为－21.79 ℃ · mm 和－20.29 ℃ · mm。在近期阶段,夏季水热匹配条件严重失衡,WTPI 体现了极大的负绝对值,约为－140.49 ℃ · mm。相对历史基准期的水热匹配条件,近期 WTPI 值有明显的降低,且随着辐射浓度增强,下降的趋势更明显,最明显的下降波动出现在夏季。2046—2075 年间,中期水热匹配条件有一个轻微的增加,同时与历史基准期的差距相对缩小,而在 2076—2100 年间,水热匹配条件明显降低,同时也证明了在 21 世纪末,中亚可能迎来更失衡的水热匹配条件,区域水热矛盾更突出(图 3.25)。

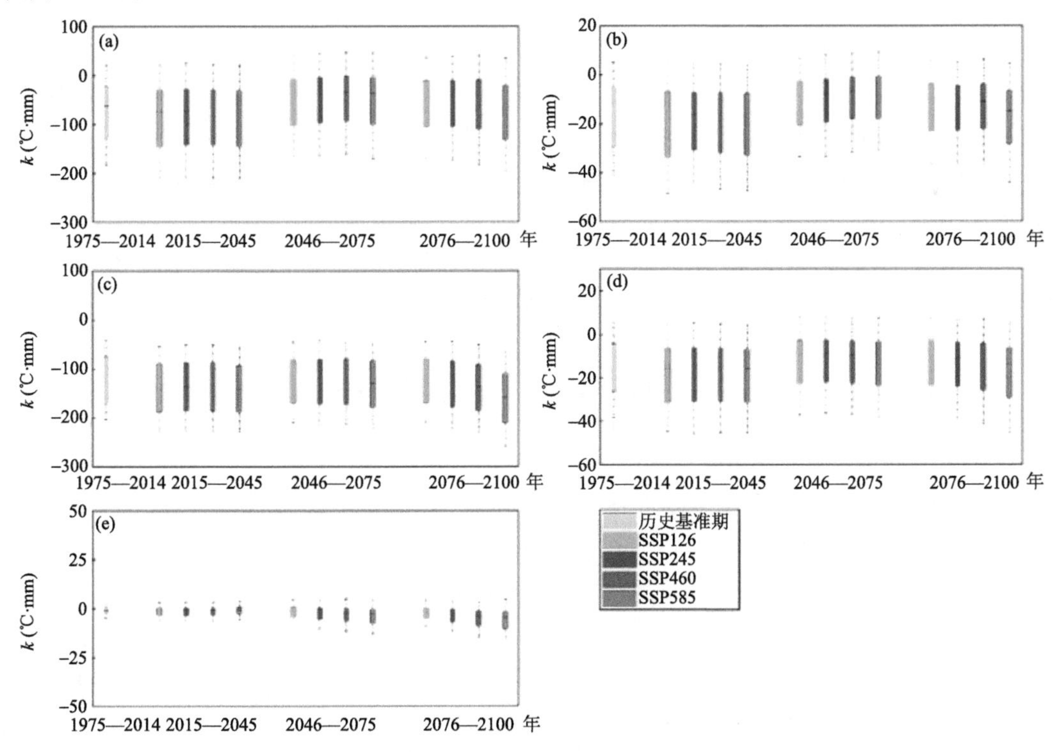

图 3.25　未来各时间段的年尺度和季节尺度 WTPI 预测值

(a)全年;(b)春季;(c)夏季;(d)秋季;(e)冬季

3.3.3.2　不同 SSP-RCP 情景下水热匹配时空分布特征预测

在预测中亚水热资源匹配条件的空间分布上，首先将偏差校正后的多模式集合平均月尺度数据进行了季节及年上的切片，分别计算了不同情景下季节尺度和年尺度的 WTPI。选定 SSP126 情景为基准情景，以 SSP126 情景下 WTPI 值的空间分布为探讨基准，依次计算了其他情景同基准情景 WTPI 值的差异，并将这种差异在空间上进行表达。根据差异的正负将空间分布分出了情景优势区和情景劣势区，其情景优势区表示该情景相对基准情景 WTPI 值较大，水热资源匹配条件更好；情景劣势区则相反。借此探究将不同 SSP-RCP 情景下区域水热资源匹配条件的空间分布差异。

SSP126 情景下，年尺度 WTPI 值在－263.81～43.81 ℃・mm，以天山－帕米尔高原为中心呈东南－西北递减。天山－帕米尔高原地表覆被以草地、林地、农田为主，约占全区面积的 4.6％，是区域降水的高值中心，年降水多在 100 mm 左右，气温较低，蒸散能力较小，水热资源匹配条件较好；卡拉库姆沙漠一带为 WTPI 值的负高中心，区域热量资源丰富，蒸散旺盛，降水较少，水热资源匹配条件处于失衡状态(图 3.26)。对比各季节 WTPI 值的空间分布发现，春、夏、秋三季 WTPI 值的相对高低空间分布同年尺度相似，冬季则相反。不同的区域 WTPI 值存在季节差异，如中亚南部沙漠区冬季水热匹配条件季节最好，天山—帕米尔高原区、哈萨克斯坦北部草原区水热匹配条件原春季大于秋季，中部荒漠秋季匹配较春季好(图 3.26)。

随 SSP-RCP 情景变化，年、春、夏、秋 WTPI 的空间均值降低，整体水热匹配条件下降，空间标准差逐渐增大，水热匹配条件的空间差异性更加显著，而冬季体现明显的季节差异，WTPI 的空间均值先降低后增加，空间标准差先增加后减小。不同空间区域对随 SSP-RCP 情景变化的响应不同，WTPI 的增减趋势和区域整体变化存在差异，进而在区域上体现出不同的优势情景(图 3.26)：整体上中亚优势情景为 SSP126 情景，但区域的情景差异性体现在，春季里海沿海低地西部优势情景为 SSP245、天山及天山山前灌溉平原及北部阿尔泰山脉零星区域优势情景为 SSP460、SSP585；夏季哈萨克斯坦北部旱作农业区优势情景为 SSP245 情景，天山山脉东南部为 SSP585 情景；秋季哈萨克斯坦北部草原及旱作农业区、图兰平原南部、里海沿海低地南部优势情景为 SSP245、西南山南部优势情景为 SSP585；冬季 SSP585 情景优势占比比较其他季节均高，分布于东部山地及山前灌溉平原、里海沿海低地西部、图尔盖洼地等，面积占比约 23.98％，图兰平原优势情景为 SSP245。

探究水热匹配时序变化的空间特征中，以空间栅格为最小的计算单元，遍历空间栅格和时间序列，计算 WTPI 的气候倾向率，预测区域水热资源匹配条件变化的空间分异规律。

SSP126 情景下，中亚整体 WTPI 值呈上升趋势，上升幅度在 1.85 ℃・mm/(10a)，水热资源匹配条件有改善趋势。不显著变化区主要位于中亚东部高山高原前缘、哈萨克斯坦北部丘陵草原，约占全区面积的 34％；显著改善区占比约 59％，分布于中部南部；显著变差区域位于东部高山高原区，劣变面积约占 6％，WTPI 值下降幅度为－1.85 ℃・mm/(10a)(图 3.27)。空间分布上南部变化比北部明显，西部比东部明显，如中部荒漠草原 WTPI 值变化幅度为 1.80～2.41 ℃・mm/(10a)，而南部区域变化幅度在 4.42 ℃・mm/(10a)以上。春夏两季同年尺度 WTPI 值变化的空间分布相似，整体 WTPI 值呈上升趋势，上升幅度依次为 0.65、2.41 ℃・mm/(10a)；秋、冬两季整体 WTPI 值有下降趋势，下降幅度依次为

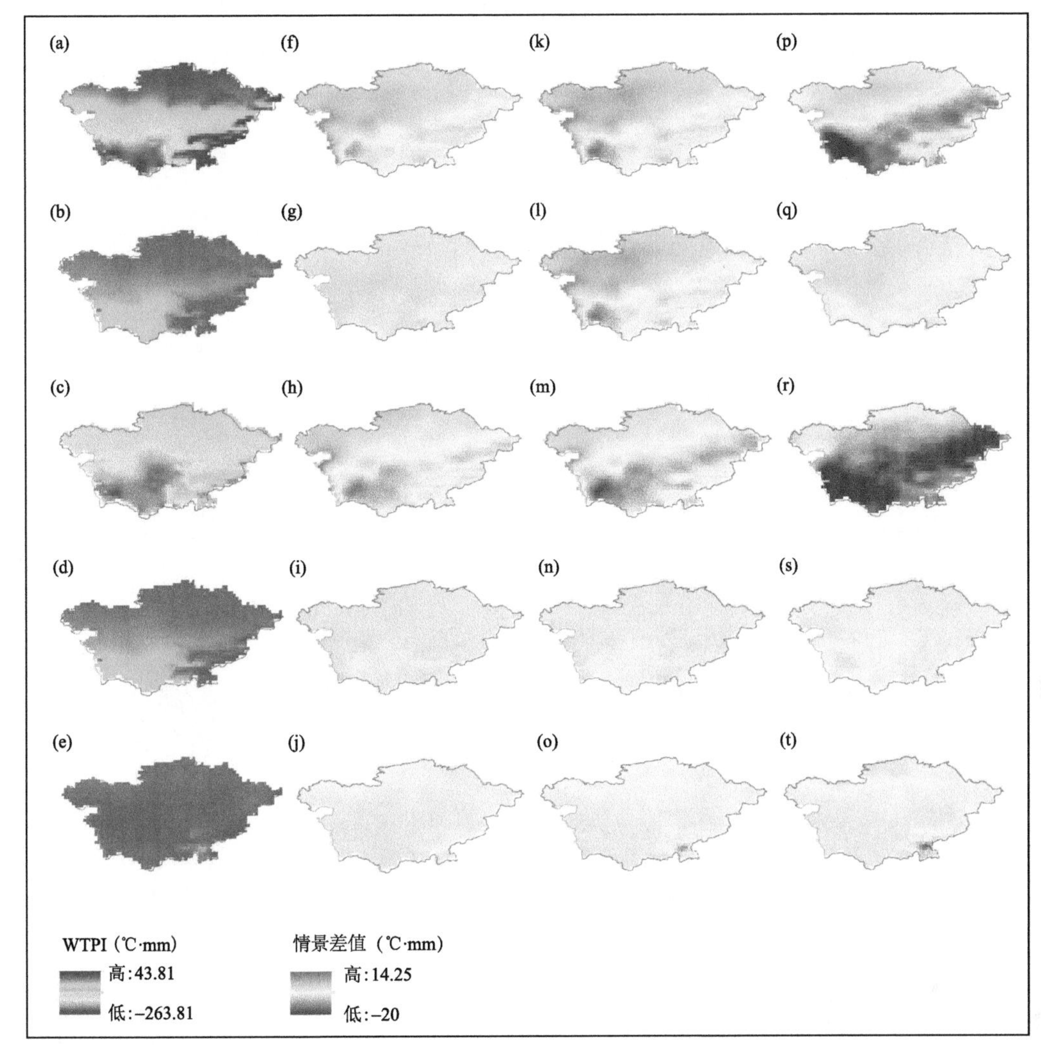

图 3.26　未来各时间尺度下中亚 WTPI 的空间分布图(2015—2100 年)
(行从上到下分别表示年、春、夏、秋、冬;列从左到右分别为 SSP126、SSP245、SSP460、SSP585)

−0.65 ℃ · mm/(10a)、−0.14 ℃ · mm/(10a),秋季下降趋势自中亚南部沙漠向东北减少,冬季下降趋势自里海沿岸往东减少(图 3.27)。

随 SSP-RCP 情景变化,WTPI 值气候倾向率的空间标准差先减小后增大,SSP460 情景多为空间标准差最小的辐射强迫情景;显著上升区面积逐渐减少,上升程度先增大后减小;显著下降区域面积逐渐增多,下降程度增大;全区通过显著性检验面积占比先减小后增大,中等辐射强迫情景下 WTPI 值变化不显著性占比明显较大,高辐射强迫情景下各季节及年尺度整体 WTPI 值呈下降趋势(图 3.27)。季节对随 SSP-RCP 情景变化响应的差异性在空间上也得到体现:中亚北部哈萨克斯坦丘陵及中部荒漠区在秋冬季中高辐射强迫情景下较明显;东南山地高原区、北部阿尔泰山脉在高辐射强迫情景下,出现轻微的单一季节上升幅度,但幅度不大(图 3.27)。

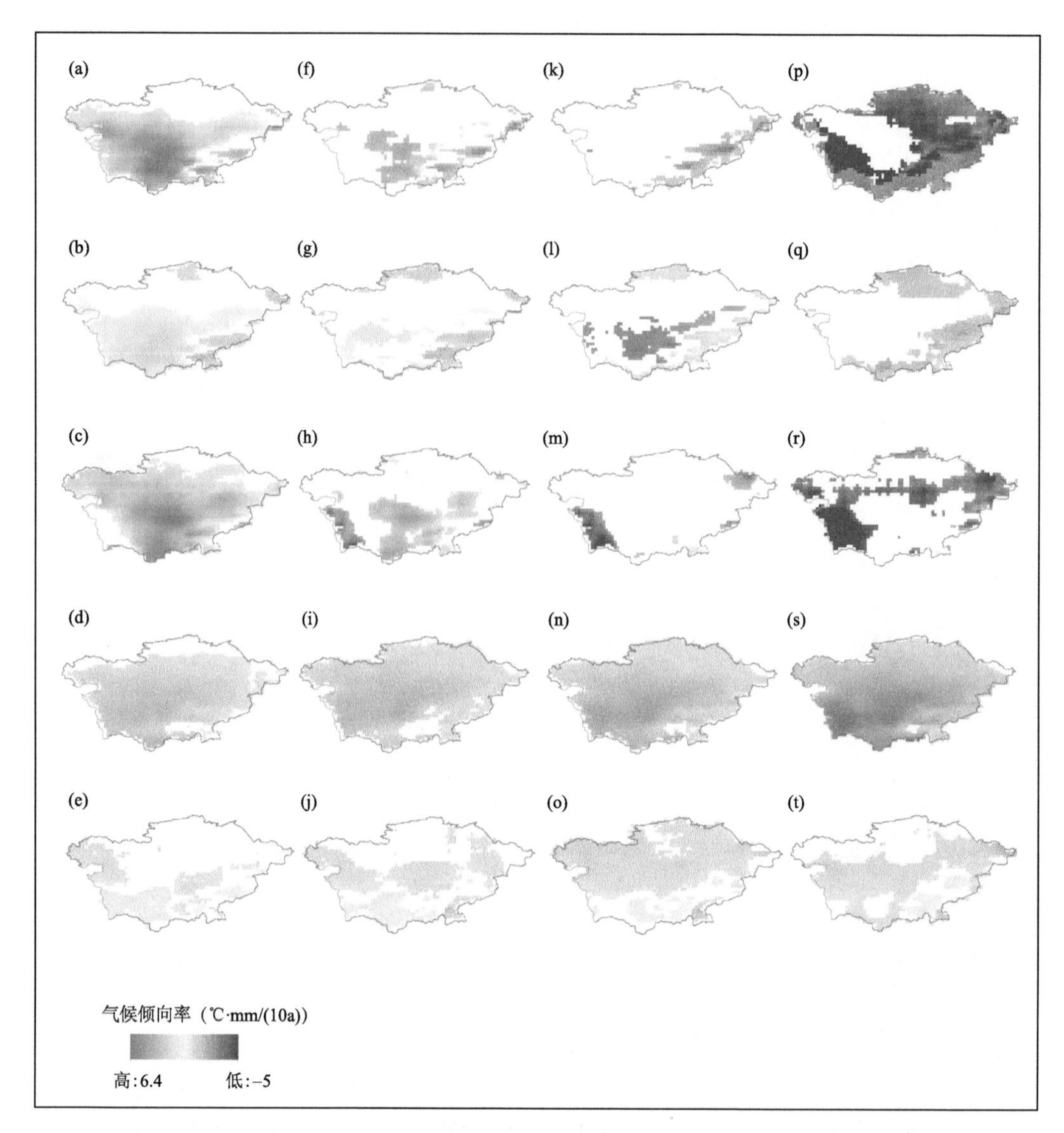

图 3.27　未来各时间尺度下中亚 WTPI 气候倾向率的空间分布图(2015—2100 年)
(行从上到下分别表示年、春、夏、秋、冬;列从左到右分别为 SSP126、SSP245、SSP460、SSP585)

3.4　基于水土热资源匹配分析的农业生产适宜性评价

3.4.1　农业生产适宜性评价方法

农业生产过程极易受多种因素影响,因此结合中亚生态环境特性与农业生产模式,选取分别涉及气候(热量、水资源)、地形、取水条件、土壤条件等多个方面,分别是 10 ℃积温($T_{sum}\geq$ 10 ℃)、1 月平均温度(T_{jan})、7 月平均温度(T_{jul})、年降水(PRE)、年降水变差系数(CV_{pre})、高程(DEM)、坡度(Slope)、取水距离(Water withdraw distance,WWD)、地下水位(Underground water level,UWL)、土壤有机碳(Soil organic,SOC)、土壤黏粒含量(Clay content)及土壤酸碱度(Soil pH)12 个评价指标因子构建农业生产适应性评价体系。这些评价因子对农业生产影响的范围及强度存在差异，结合中亚实际情况，采用德尔菲法将所有指标对当地农业影响的重要程度逐一评分，最终确定各指标权重。在此基础上参考“双评价指南”，并与专家评定结合，共同划定某一农业类型的适宜程度等级。评价单元的综合得分是确定土地开发建设适宜性等级的基础，本次研究通过 ArcGIS 的空间统计方法，采用 12 个适宜性评价因子加权求和的数据模型来构建农业生产适宜性指数，计算公式如下所示：

$$T_i = \sum_{i=1}^{n} W_i \times C_i \tag{3.22}$$

式中，T 代表中亚农业生产适宜性指数及综合得分，$i=1,\cdots,n$，代表第 i 个评价因子；W_i 表示第 i 个评价因子的权重；C 表示对应的评价因子等级评分。其中 AHP（Analytic hierarchy process）层级分析法用以确定该因子的权重、模糊函数用以去量级和归一化过程。根据中亚农业类型，评价对象主要包括旱作农业、灌溉农业、林业及牧业。水热分区的依据为 3.3.3 节，分区等级如表 3.9 所示。

表 3.9　水热匹配层级、范围及对应的水热分区

WTPI 层级	范围	水热分区
一级	≤−190.00	一级水热分区
二级	(−190.00,−55.36]	二级水热分区
三级	(−55.36,23.40]	三级水热分区
四级	(23.40,79.28]	四级水热分区
五级	>79.28	五级水热分区

历史气象数据从 CRU 中获得，时间尺度为 1975—2014 年。CMs 输出数据获取于 CMIP（https://esgf-node.llnl.gov/search/CMIP6/）。在情景考虑上选取了 SSP126、SSP245、SSP460 和 SSP585 情景模式，分别代表不同的社会经济发展路径和辐射强迫水平。模型包括 CanESM5、IPSL-CM6A-LR、MIROC6、MRI-ESM2-0 和 FGOALS-g3，实验为 r1i1p1f1，时间范围为 2015—2045 年未来模型输出数据。为了增加预测的可靠性，BCSD（Bias-correction and spatial disaggregation）方法被应用于偏差校正和降尺度过程；高分辨率（30 m×30 m）的数字高程基于美国地质调查局所提供的 SRTM DEM 裁剪后获得；水文数据包括河流年径流和地下水位，该数据从 HydroRIVERS（https://www.hydrosheds.org）中获得；土壤数据包括土壤酸度、有机质含量和土壤黏粒含量均来源于世界和谐土壤数据库。数据预处理过程包括重采样、投影和统一空间分辨率（1 km×1 km）。

3.4.2　历史中亚农业生产适宜性评估

应用完成偏差校正和统计降尺度的未来气候数据和农业生产适宜性评价模型，并分析了未来不同阶段、不同情景下四种农业类型的适宜性，绘制了未来单个评价对象的农业生态适宜性空间分布图（图 3.28）。在分析框架的构建中，SSP126 被选择作为基准情景，以 2021—2050 年为基础时段，分析了情景和时间差异对适宜性的影响。

中亚整体旱作农业生态适宜性均值约为 0.44，空间标准差为 0.10，较高的旱作农业适宜性分布多分布于哈萨克斯坦北部、东部山前平原，46°N 以南的绝大多数区域适宜性不足 0.5。从水热分区的角度分析发现：在一级分区下，旱作农业适宜性仅为 0.33，二级分区下适宜性和一级分区差异较小，仅增了 0.07，三级分区适宜性增大至 0.5，其中最高适宜性由 0.61、0.82

增加至 0.87，四级分区由于海拔和坡度的限制，适宜性反而下降至 0.27。

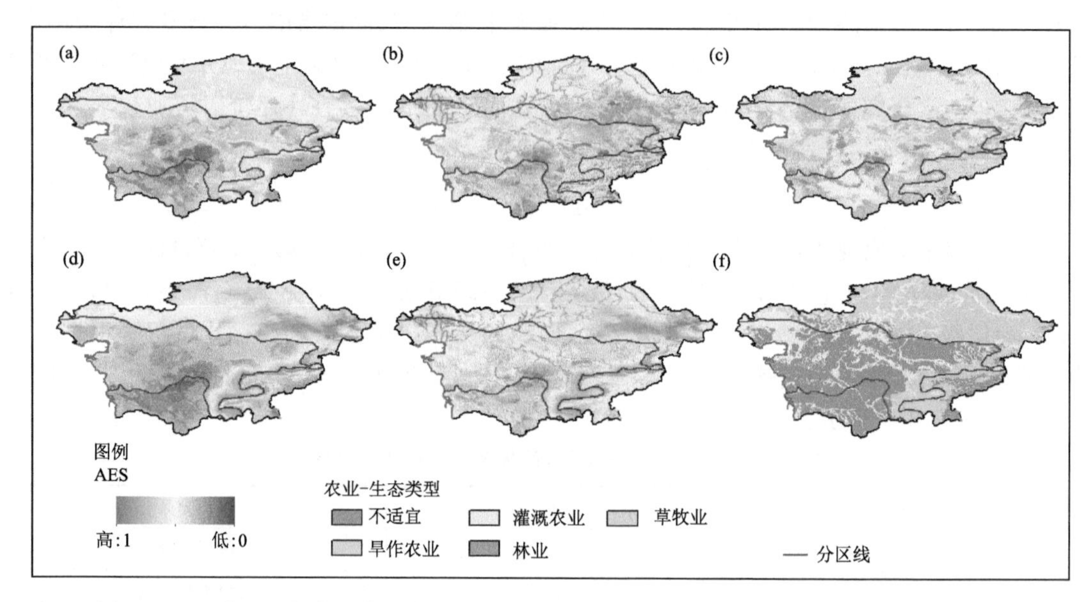

图 3.28　历史基准期中亚典型农业生态类型适宜性、综合适宜性及潜在农业生态类型分布

(a)—(d)分别表示旱作农业、灌溉农业、林业、草牧业；(e)表示综合适宜性；(f)表示潜在农业生态类型

灌溉农业依赖河川径流和浅层地下水，较高的适宜性多沿河流分布，如中亚南部的阿姆河和锡尔河流域，北部的乌拉尔河沿岸。全区适宜性为 0.46，不同分区下的适宜性变化不大；林业对降水的要求，导致其适宜性自东南一西北降低，空间适宜性均值仅为 0.36，低于旱作农业和灌溉农业，其中一区、二区的林业适宜性均低于空间平均水平，三区和四区适宜性分别为 0.39、0.45；草牧业适宜性较高区域分布于哈萨克斯坦丘陵和东部山地高原区域，空间适宜性均值约 0.52，其中一区和二区适宜性较低，分别为 0.29 和 0.41，随分区增加，三级分区适宜性增加至 0.57，最高适宜性可达 0.95，在水热匹配较好的四级分区，牧业适宜性降低至 0.27。

3.4.3　未来中亚农业生产适宜性预测

在未来预测分析框架的构建中，历史基准期的各适宜性分布作为分析未来适宜性相对增减趋势的空间参考；SSP126 被选择作为基准情景分析情景对适宜性的影响。

图 3.29 展示了 2015—2045 年适宜性的空间分布。分析发现：在 SSP126 情景下，旱作农业适宜性以西西伯利亚平原、图尔盖洼地、东部高山高原山前平原为高值中心向南、向西递减，其中 50°N 以南、70°E 以西的区域适宜性多小于 0.5。各水热分区分别为 0.29、0.43、0.53、0.53，相对历史水平下有所上升，这种上升的变化在空间上主要聚集在西西伯利亚和东部山地区域等三级分区，相对下降的变化多分布于 48°—45°N 和 65°E 以东的绝大多数区域；灌溉农业适宜性较高的区域沿河流分布。对比历史水平下，未来情景假设的灌溉农业适宜性在空间和量上的变化都较小，其中较弱的上升趋势分布在三级分区下的哈萨克斯坦丘陵区域，西南部将更不适宜于灌溉农业的发展；在未来情景下，原不适宜发展林业的一、二级分区适宜性变化较小。南部一、二级水热分区下，林业的潜在适宜性与历史水平相比，将变得更低。三级分区的东部山地区域，如天山一帕米尔区域、阿尔泰山脉附近，由于降水的增加适宜性有所增加，适宜性增加的范围在 0.11～0.20，其他大部分的区域适宜性变化在 0～0.05；草牧业潜在适宜性

在 46°N 以北的区域均超过 0.5，同样东部山地高原区适宜性也较高，而在南部、中部适宜性较低。哈萨克斯坦中部等三级分区相对历史水平，适宜性明显增高，增加范围在 0.08～0.32。

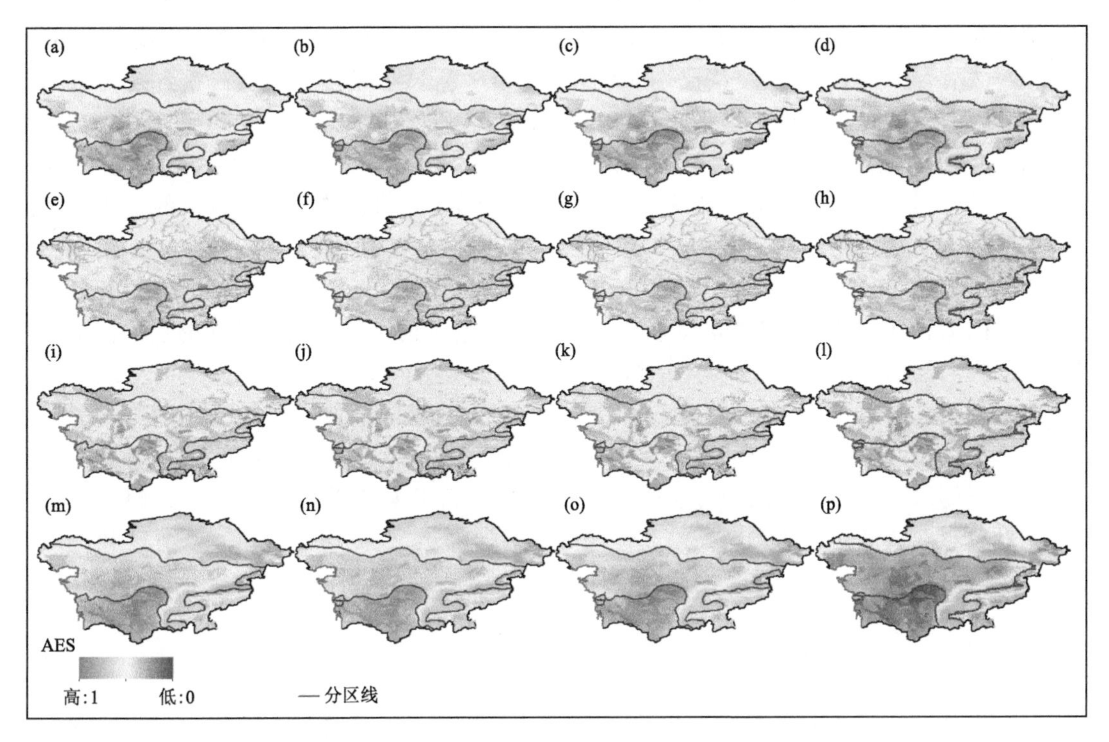

图 3.29　未来多 SSP-RCP 情景下中亚 AES 空间分布图
（行从上到下分别表示旱作农业、灌溉农业、林业、草牧业；列从左到右分别表示 SSP126、SSP245、SSP460、SSP585）

在辐射强迫浓度对农业生态适宜性的影响分析中发现，相对于灌溉农业和林业，旱作农业和草地格局更容易受到情景和时间变化的影响，且表现出巨大的空间变异：对于旱作农业，三级分区的适宜性随着辐射强迫增加而降低，四个情景下适宜性分别为 0.53、0.52、0.52 和 0.50。在 SSP585 情景下，中亚北部平原的旱作农业适宜性最大，且在天山－帕米尔高原前缘适宜性增加，其他区域由于情景差异带来的适宜性浮动较小。与基准情景相比，SSP245 情景灌溉农业的适宜性在哈萨克斯坦中部有微弱上升，上升幅度在 0～0.04，SSP460、SSP585 情景适宜性的上升聚集在以阿尔泰山脉为中心的区域；以分区为统计分析单元发现，各个情景下分区间适宜性差异较小，最好的适宜性分布在 SSP245 情景下的三级水热分区，该分区下平均适宜性为 0.67。在林业的分析中，随着辐射浓度由低到高，适宜性相对减少的区域自南向北扩大，但变化幅度较小，适宜性增大程度没有明显的扩张趋势；与基准情景相比，随辐射强迫增加，草牧业适宜性下降的极值增大，上升极值减小。由于分区内上升和上升区域的波动相互抵消，导致以分区为分析单位去分析情景引起的差异不明显，但在空间上发现 SSP245 情景下天山－帕米尔高原区域适宜性高于 SSP126 情景；SSP460 情景下，适宜性较高的区域向北、向东移动，且伴随面积扩大，但上升的幅度减少；SSP585 情景下适宜性较高的区域多分布于二、三级分区。

图 3.30 和图 3.31 分别展示了 2046—2075 年和 2076—2100 年适宜性的空间分布。结果表明:整体上,大部分地区的潜在的旱作农业和牧业的适宜性在 2046—2075 年间有轻微的增加,而在 2076—2100 年呈现较明显的下降趋势。以分区为分析单位发现,由于分区内适宜性的增加和减少的区域相互抵消,导致以分区的平均适宜性并没有存在大的增加和减少的幅度。同 2015—2045 年空间分布规律相比,2046—2075 年旱作农业适宜性高值区在各个情景下均有向南、向东扩张的趋势,这种扩张的趋势随着情景增高而逐渐减弱;而 2076—2100 年适宜性高值区向北缩减,且伴随各个分区的适宜性均相对下降。在灌溉农业的变化中发现,分区整体的适宜性随时间变化没有呈现一致的上升和下降的趋势,但明显的有各情景下的三级分区适宜性均随时间增加而减少后增加,如 SSP126 情景下适宜性由 0.47 下降至 0.46、0.47,SSP245 情景由 0.67 下降至 0.48,SSP460 情景下适宜性由 0.66 降至 0.59。林业的各分区适宜性随时间变化在 SSP126 情景波动较小;SSP245 情景下的三级分区对林业的适宜性随时间变化呈下降后增加趋势,依次为 0.39、0.37、0.39,在 SSP460 和 SSP585 情景下的三级分区适宜性也呈现下降趋势,但下降幅度较 SSP245 情景小。随时间增加,2046—2075 年间,中亚东部及里海沿岸地区适宜性牧业下降了 0～0.25,远期中亚北部适宜性下降更明显。同时,里海沿岸低地至锡尔河下游区域成为可能的新的下降中心,变化幅度为 0.16～0.25。时间对适宜性的这种负影响从低排放情景至高排放情景而得到加剧,主要分布于水热二级分区和三级分区的分区线附近。

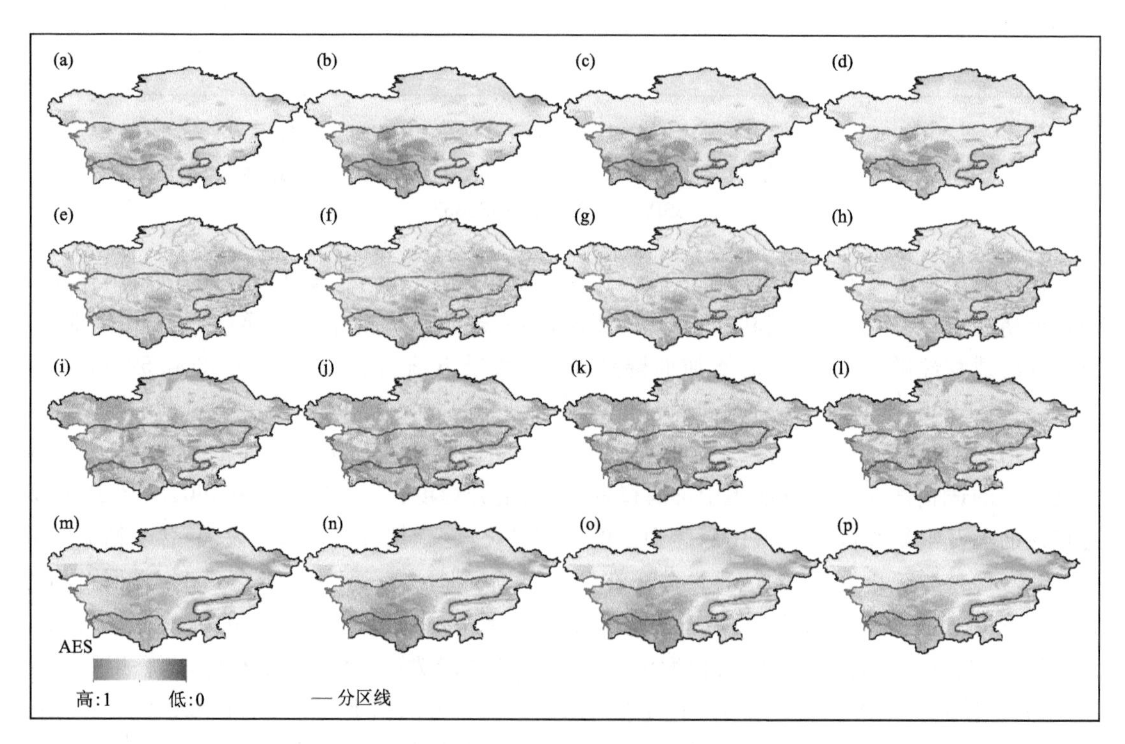

图 3.30 未来中期多 SSP-RCP 情景下中亚 AES 空间分布图

(行从上到下分别表示旱作农业、灌溉农业、林业、草牧业;列从左到右分别表示 SSP126、SSP245、SSP460、SSP585)

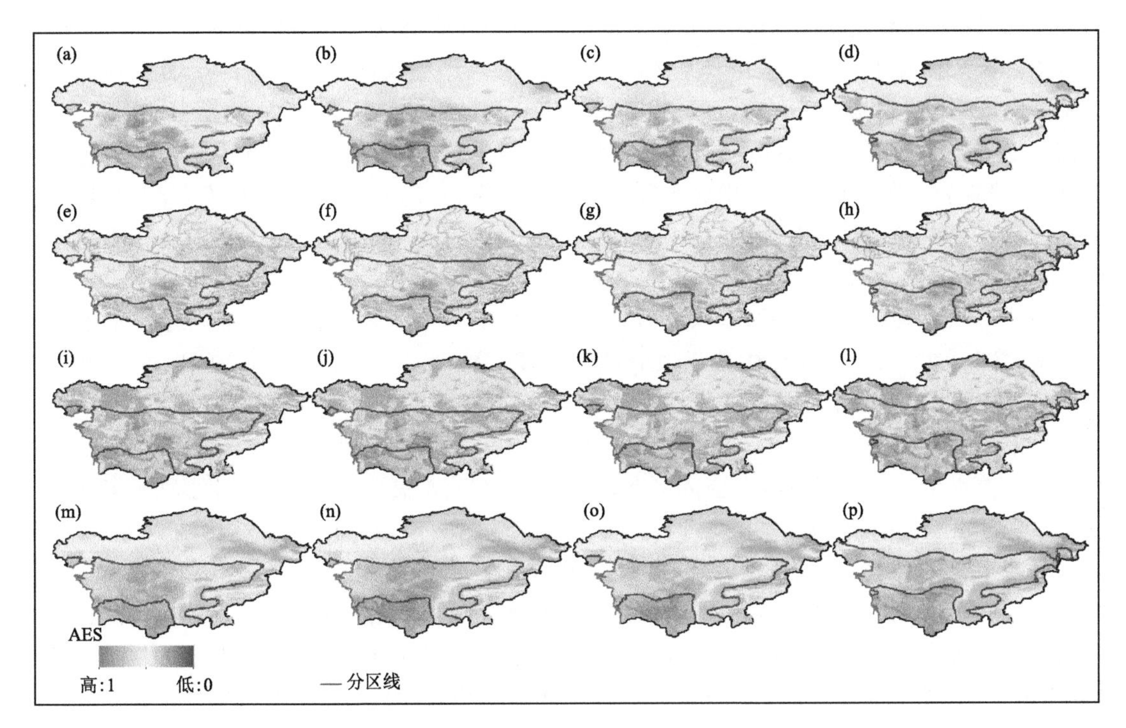

图 3.31　未来远期多 SSP-RCP 情景下中亚 AES 空间分布图
(行从上到下分别表示旱作农业、灌溉农业、林业、草牧业;列从左到右分别表示 SSP126、SSP245、SSP460、SSP585)

3.5　小结

水土热资源作为农业生产的基本自然资源,其质量、数量和组合状态不仅关系到区域粮食生产的安全性和稳定性,同时影响着区域农业生产和生态环境的健康发展。广义农业水土资源匹配系数、水资源当量系数及 DPSIR 模型结合历史气象、土地利用遥感等数据评价水土资源匹配特征、短缺程度和分区特征;利用 CMIP5 模型预估数据和 CRU 再分析数据,基于典型浓度路径(RCP)排放情景,分析中亚未来水土资源匹配的空间格局和匹配系数的时序趋势,最后从地州尺度对比分析考虑径流再分配后雨养农业区和灌溉农业区水土资源匹配的时间变化特征和空间分布格局。水热资源匹配基于 CRU TS4.04 再分析数据集、CMIP6 多气候模型(GCMs)预估数据以及遥感、水文和土壤等数据,利用水热积指数作为量化水热匹配的综合评价指标,多种时序分析手段用以明确水热匹配的时空变化趋势,并基于水土热资源完成了中亚潜在耕地、现有耕地等典型农业利用的空间区划。最后基于农业生态适宜性评价体系结合水土热匹配特征对中亚历史和未来农业生产的适宜性进行评价和预估,结果如下。

(1)水土资源匹配时空特征及分区可分为历史及未来两个时间尺度

在历史尺度上,中亚地区水资源空间分布不均,后备耕地资源、水土资源在开发利用过程中存在诸多问题,水土资源处于极其不平衡的状态,哈萨克斯坦各地州都不同程度表现出水资源短缺和耕地资源短缺现象,哈萨克斯坦南部和西部各地州处于中度和重度缺水状态,这些区域农业用水投入量已经超过了自然条件下水资源的供给能力;北部的科斯塔奈州、阿克莫拉州、北哈萨克斯坦州、东哈萨克斯坦州及西哈萨克斯坦州农业土地资源相对缺乏，是由于这些区域主要以天然降水为主的旱作农业区，农业用水投入比例较低。而吉尔吉斯斯坦各地州降水及高山冰雪融水资源十分丰富，但是其地形复杂，且以山地地形为主，可开垦土地面积少，导致该区农业土地资源相对不足。未来气候情景分析发现，中亚宜农耕地资源丰富，呈北部较多、西南部较少分布格局。北部雨养农业区宜农耕地资源较多，但耕地潜力较小，主要是由于北部区域农垦自然条件相对优越，为中亚的主要粮食产区，耕地垦殖率已很高，未利用的可耕地资源已很少。而西部及西南部区域虽耕地潜力较高，但受水资源条件约束，可利用耕地资源的优势得不到有效利用。因此，未来中部和东部区域具有较大耕地潜力。中亚地区水土资源匹配度大部分在 0.6 以上，整体处于较好匹配水平，RCP4.5 呈下降趋势，RCP8.5 呈上升趋势，但下降或上升的幅度均较小并未通过显著性检验，且匹配度变化存在季节性差异，RCP4.5 季节性差异明显大于 RCP8.5。从匹配总体状况来看，RCP4.5 情景略优于 RCP8.5，但二者均处于较差水平。水土资源匹配空间分布极不均衡，东南部高山区匹配程度极好，西南部图兰低地匹配程度极差。考虑径流再分配后，与 RCP4.5 相比，RCP8.5 情景下雨养农业区和灌溉农业区水土匹配波动幅度均趋于减小，且灌溉农业区匹配水平有较大提升。就季节而言，RCP4.5 情景下，雨养农业区与灌溉农业区的水土匹配度季节差异明显小于 RCP8.5。从水土匹配总体状况看，两种情景下水土资源基尼系数分别为 0.369 和 0.380，均处于相对合理水平，RCP4.5 仍略优于 RCP8.5。与自然匹配总体状况相比，考虑径流再分配后水土资源总体匹配水平有所提高。

(2)水热资源匹配时空特征

中亚历史水热匹配条件自东南向西北递减，水热匹配条件优势区域多分布于中亚高纬及高山—高原地带，如哈萨克斯坦北部低山丘陵，天山—帕尔米高原及山前耕作区；区域水热匹配较差区域多分布于中亚南部沙漠，区域年际变幅较大。由于水热匹配条件受到多因子综合作用，且各气候因子间存在相互作用，水热匹配优势区多和同期降水高值区、潜在蒸散低值区和气温低值区重合，水热匹配较差区域多为同期潜在蒸散和气温高值区，降水低值区，但冬季水热匹配条件优势区为同期气温低值区，降水高值区。

在未来气候下中亚整体水热资源匹配条件在 2046—2075 年春夏尺度上波动上升，秋、冬两季波动下降，2076—2100 年间春夏突降。水热资源匹配条件随时间变化未出现新的极值中心，而是在原水热匹配条件基础上呈现上升或下降趋势：整体上随 SSP-RCP 情景变化，上升区域占比逐渐减少，下降区域面积增加且下降幅度加大，全区通过显著性变化区域减少后增加；在低中辐射强迫情景下，中亚南部原水热失衡区水热资源匹配条件可能有上升趋势，中亚东部山地高原水热资源匹配条件有下降趋势。在高辐射强迫情景下，中亚南部区域水热匹配条件急剧下降。

(3)基于水土热资源匹配分析的农业生产适宜性评价

中亚农业生产适宜性自东北向西南降低，较高的旱作农业适宜性分布于哈萨克斯坦北部，灌溉农业多沿河分布，草牧业多分布于对比历史基准期，旱作农业和草牧业的适宜性面积有较小幅度的增加。“不适宜”、旱作农业、灌溉农业、林业和草牧业在近期分别占据了中亚陆地面积的 38.46%、8.75%、20.41%、0.67%和 31.5%，使得未来草牧业的发展可能成为中亚农业发展的重心。

综上所述，中亚水土、水热匹配存在极大的空间异质性和时间变异性，可能成为中亚农业生产中的限制要素。对于雨养农业区和灌溉农业区，一是通过调整农业用水结构中蓝绿水之间的比例达到水土资源匹配的相对平衡；二是要推动农田水利工程建设，加强水土资源综合管理，改进农业生产技术，提高水资源利用效率，加快农业生产现代化步伐，增强对气候变化的应对和适应能力；三是需要加大河流水资源的调配力度，保证水土资源匹配较好区域的水土热资源的可持续最大化利用。

第4章 中亚水土资源脆弱性及土地利用开发风险

脆弱性研究始于国外自然灾害领域，之后被引入到农业、生态等领域，用来衡量系统自身及其构成要素受到影响和破坏后，缺乏抵御干扰和恢复初始状态的能力（商彦蕊，2000；姜玉龙，2019；杨飞 等，2019）。农业用水和土地是链接自然环境和社会经济发展的重要环节，研究农业水资源和土地资源脆弱性的时空变化对揭示土地资源的可持续开发利用、保障水土资源安全具有重要意义。本章以中亚五国为研究区，基于气象、土地覆盖、地形、土壤、遥感植被指数和社会经济数据等，建立了农业水资源脆弱性、土地资源脆弱性、土地资源开发利用风险评价指标体系，采用统计学方法确定指标权重，对1990—2010年中亚水土资源脆弱性及土地利用开发风险进行了评价及特征分析，并结合2020—2050年IPCC6气候情景和土地覆盖数据，研究了未来气候变化和土地覆盖变化影响下的中亚水土资源脆弱性及土地利用开发风险。本章共分5小节：4.1节论述了1990—2010年中亚农业水资源脆弱性现状与分区，4.2节分析了未来气候与土地利用变化影响下的中亚农业水资源脆弱性时空分布，4.3节评估了1990—2010年中亚土地资源脆弱性以及开发利用风险，4.4节探讨了未来不同情景下土地资源脆弱性以及开发利用风险时空变化，4.5节对本章内容进行了总结。

4.1 中亚农业水资源脆弱性现状与分区

农业水资源脆弱性是分析农业水资源系统对自然条件变动或人类开发利用响应的农业可持续发展能力的重要指标，其评价对于农业水资源管理至关重要。在自然、社会以及人类活动变化条件下，农业水资源脆弱性研究可以结合暴露度、敏感度和适应度综合表达，这为实现农业用水系统的高效运作提供可能。分析中亚农业水资源脆弱性空间格局，并对其进行分区与评价，将为农业水土管理提供科学依据。

4.1.1 农业水资源脆弱性评价与分区方法及数据

4.1.1.1 数据来源

农业水资源脆弱性评价所用的数据包括：①平均气温、降水量和潜在蒸散量来源于英国东英吉利大学气候研究中心（CRU）（http://data.ceda.ac.uk/badc/cru/data/）提供的1992—2017年气象数据集（TS4.02），空间分辨率为0.5°；②土地覆盖类型来源于欧洲航空局（ESA）1992—2015年土地覆盖产品（https://www.esa-landcover-cci.org），空间分辨率为300 m；③土壤有效含水量来源于寒区旱区科学数据中心的基于世界土壤数据库（HWSD）的土壤数据集（V1.2）（http://data.casnw.net/portal/）；④DEM来源于地理空间数据云（http://www.gscloud.cn），空间分辨率为90 m（图4.1）；⑤森林覆盖率和人均农业生产总值指数等数据来源于世界银行（https://data.worldbank.org.cn/indicator）；施政效率数据来源于世界银行（https://databank.worldbank.org/databases/rule-of-law）；人均水资源量、产水系数、农村安全饮用水指数、农业用水比例、农田灌溉定额、水分胁迫、灌溉指数等数据来源于联合国粮农组织(http://www.fao.org/faostat/en/#data);农业增加值用水量和农业用水产出率共同来源于世界银行(https://data.worldbank.org.cn/indicator)和联合国粮农组织,以上均为1992—2017 年各国统计数据。对上述数据,利用最邻近法重采样至 1 km 空间分辨率。

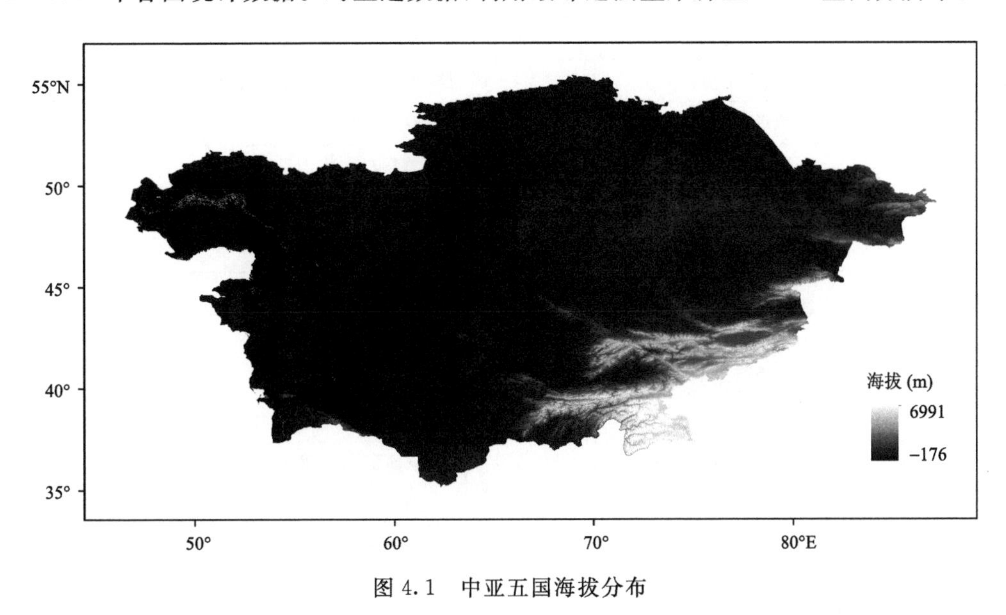

图 4.1　中亚五国海拔分布

4.1.1.2　脆弱性评价方法

(1)框架模型及评价指标的构建

根据 Polsky 于 2007 年提出的 VSD 框架概念,将脆弱性定义为暴露度、敏感度和适应度 3 个一级指标,采用一级指标—二级指标—三级指标逐级递进、细化的方式研究脆弱性(Polsky et al.,2007;陈佳 等,2016)。其中,暴露度是农业水资源系统受到自然与社会环境冲击的程度;敏感度是农业水资源系统受到气候环境变化影响的程度;适应度是农业水资源系统在采取相应措施后达到适应环境变化以及应对不利后果中恢复的能力。脆弱度与暴露度和敏感度呈正相关,暴露度或敏感度越大,脆弱度就越大;脆弱度与适应度呈负相关,适应度越大,脆弱度越小。中亚地区下垫面条件和水资源质量空间差异明显,各地区对水资源的处理方式不同,导致居民饮用水达标程度不同,特别是东部农区近年来才开始关注居民饮用水安全;同时苏联解体后中亚五国管理模式不一,各国法律法规、监管质量、政府效能存在差异,导致各国施政效率和农业水资源的管理方式不同。因此,本节基于 VSD 框架,依据暴露度、敏感度和适应度的定义,结合区域自然环境和社会经济条件(陈佳 等,2016),考虑上述两种更能体现中亚农业水资源脆弱性的因素,并根据已有农业水资源脆弱性研究(Varis et al.,2012;Hill et al.,2017;焦士兴 等,2020;于水 等,2020),从科学性和完备性原则、主导性和相互独立性原则、可操作性和可比性原则以及区域性和动态性原则出发,构建了中亚农业水资源脆弱性评价指标体系(表 4.1)。

(2)指标权重及脆弱性等级的确定

归一化处理。为了消除农业水资源脆弱性评价中各指标量纲的影响,采用极差正规化法将各级指标进行无量纲归一化处理(于水 等,2020),即:各个指标值在 0～1。

表 4.1　中亚农业水资源脆弱性评价指标体系

一级指标	二级指标	三级指标	指标指向
暴露度	人均水资源量	水资源总量、总人口	负
	生长期降水量	4—10 月降水量	负
	生长期平均气温	4—10 月平均气温	正
	生长期干旱指数	4—10 月降水量、4—10 月潜在蒸散量	负
	地形起伏	数字高程(DEM)	正
	产水系数	水资源总量、4—10 月降水量	负
敏感度	农村安全饮用水指数	农村饮用水达标人数、农村总人口	负
	土壤有效含水量	土壤数据	负
	森林覆盖率	森林覆盖面积、国土面积	负
	农业用水比例	农业用水量、总用水量	正
	农田灌溉定额	农业用水量、耕地面积	正
	水分胁迫指数	淡水总流出量/(可再生水资源量－环境流量要求)	正
适应度	灌溉指数	灌溉面积、耕地面积	正
	土地覆盖类型	土地覆盖类型数据	负
	农业增加值用水量	农业增加值、农业用水量	负
	农业用水产出率	农业用水量、谷物产量	正
	人均农业生产总值指数	人口数量、农业生产总值	正
	施政效率	法律法规、监管质量、政府效能	正

正向指标归一化公式为：

$$X_i=\frac{x_i-x_{i\min}}{x_{i\max}-x_{i\min}} \tag{4.1}$$

负向指标归一化公式为：

$$X_i=\frac{x_{i\max}-x_i}{x_{i\max}-x_{i\min}} \tag{4.2}$$

式中，X_i为正向化值；x_i为评价指标的样本值；$x_{i\max}$和 $x_{i\min}$分别为评价指标最大值和最小值。

农业水资源暴露度、敏感度和适应度计算公式为：

$$F_j = \sum_{i=1}^{m} e_i X_i \tag{4.3}$$

式中，F_j值在 0～1，为各二级指标综合作用于一级指标暴露度、敏感度和适应度的结果；m 为 F_j的二级指标数量，文中 $m=6$；X_i为各一级指标下的二级指标；e_i为 X_i的权重。等权重法假定构成综合指标的各个指标对研究对象的影响程度相同。从社会全面发展角度来看，水资源脆弱性所涉及的各个方面都同等重要，地理学者哈特向也认为二级指标权重应当相同(周瑞瑞等，2017)。因此，采用等权重法确定各二级指标权重，$e_i=1/6$。

农业水资源脆弱性计算公式为：

$$V = \sum_{j=1}^{n} w_j F_j \tag{4.4}$$

式中，V 值在 0～1，为各级指标综合作用于水资源脆弱性的结果；n 为一级指标数量，文中 $n=3$；F_j 为暴露度、敏感度或适应度，即脆弱性的一级指标；w_j 为 F_j 的权重系数。为降低一级指标之间的相互影响，通过差异权重法将一级指标的权重差异化，而主成分分析法能够实现权重的差异化，同时相对准确地评估研究对象。因此，利用主成分分析法获得了暴露度、敏感度和适应度的权重系数(表 4.2)，再通过加权平均计算农业水资源脆弱性(林海明 等，2013；王莺 等，2014)。

表 4.2　1992—2017 年中亚农业水资源脆弱性一级指标权重系数

指标	1992—1996 年	1997—2001 年	2002—2006 年	2007—2011 年	2012—2017 年	1992—2017 年
暴露度	0.244	0.271	0.249	0.242	0.249	0.243
敏感度	0.456	0.500	0.423	0.432	0.451	0.440
适应度	0.300	0.229	0.328	0.326	0.300	0.317

农业水资源脆弱性等级划分。水资源系统具有复杂性和变化性，各研究人员对水资源脆弱性概念与内涵的理解以及研究区域均存在差异，因此对水资源脆弱性分级并没有统一的评价标准。参考相关文献(刘倩倩 等，2016；李彤玥，2017；苏贤保 等，2018)，采用自然间断点法将中亚农业水资源脆弱性时空分布结果分为微度(0～0.189)、轻度(0.189～0.357)、中度(0.357～0.573)、重度(0.573～0.739)和极度(0.739～1.000)5 个等级，并将不同时段中亚农业水资源脆弱性空间分布结果两两相减，把农业水资源脆弱性演变信息分为显著降低(最小值～−0.079)、缓慢降低(−0.079～−0.028)、相对稳定(−0.028～0.019)、缓慢升高(0.019～0.063)和显著升高(0.063 至最大值)5 个等级。

(3)指标敏感分析

将中亚 1992—2017 年划分为 5 个分时段(1992—1996 年、1997—2001 年、2002—2006 年、2007—2011 年、2012—2017 年)。根据敏感分析法等(Zheng et al.，2009；陈迪桃 等，2018)，获得 1992—2017 年各二级评价指标对中亚农业水资源脆弱性的敏感系数。其公式为：

$$\varepsilon=\frac{\overline{X}}{\overline{V}}\cdot\frac{\sum(X_i-\overline{X})\cdot(V_i-\overline{V})}{\sum(X_i-\overline{X})^2} \tag{4.5}$$

式中，X_i 为各二级指标分时段的序列值；V_i 为脆弱性分时段的序列值，文中 $i=1,2,3,4,5$；X 和 V 分别为 X_i 与 V_i 的平均值；ε 为各二级指标的敏感系数，ε 为正表明脆弱性随着该二级指标的增加而增加，为负表明随着该二级指标的增加而减小。

4.1.1.3　脆弱性分区方法

基于农业水资源脆弱性 V 的空间分布，结合研究区地理特征，得出中亚农业水资源脆弱性分区图。具体步骤为：

(1)在中亚农业水资源脆弱性地图上，均匀的选择 276 个样点，提取各样点信息；

(2)根据提取的样点信息，内插出每个样点的农业水资源脆弱性值，绘制等值线，初步构成农业水资源脆弱性分区图；

(3)在对农业水资源脆弱性分区合理性进行论证的基础上，结合自然地理特征合并破碎图斑，使分区特征与实际互为吻合，最终得出农业水资源脆弱性分区图。参照各分区的典型地理特征进行命名，并对各个分区的特征进行定性和定量描述。

4.1.2　农业水资源脆弱性时空分布特征及影响因子

4.1.2.1　农业水资源脆弱性时空分布特征

暴露度：图 4.2 是不同时段中亚农业水资源暴露度格局时空变化。1992—2017 年，中亚地区农业水资源暴露度大致呈现为由西南向东北降低的空间格局。其中：重度以上暴露度面积比例为 27.42%，主要分布于中亚南部四国，除东部山区以外，大部分地区年平均气温高、降水稀少，干旱强度大，河网稀疏，主要为径流耗散区域；中度暴露面积比例为 30.28%，主要呈条带状分布于中西部地区，这里是过渡地带受气候变化影响显著；轻度以下暴露面积比例为 42.30%，主要位于北部图尔盖台地、东北部哈萨克丘陵地和东部天山山脉等地，这些地区有年降水量较多、年平均气温低、河网密集等特征。

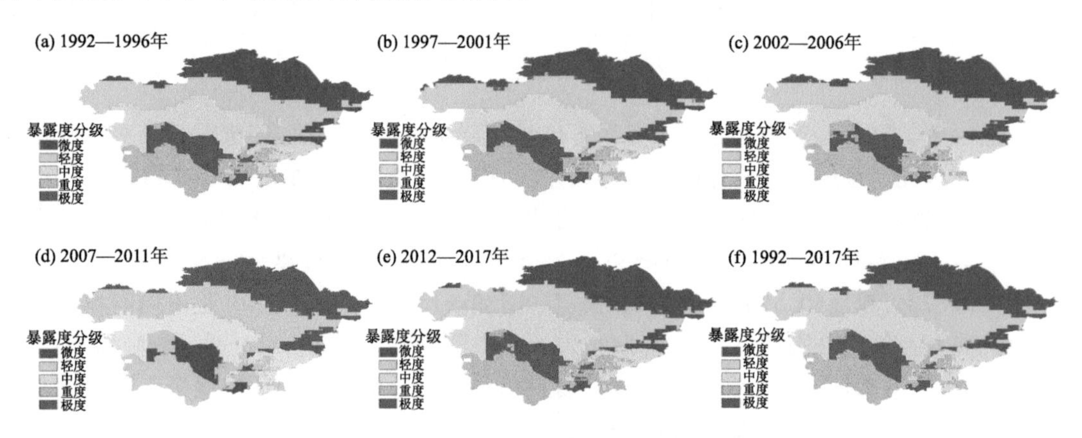

图 4.2　不同时段中亚农业水资源暴露度格局时空变化

敏感度：图 4.3 是不同时段中亚农业水资源敏感度格局时空变化。1992—2017 年，中亚地区农业水资源敏感度呈现为由南向北逐渐降低的空间格局。其中：轻度以下敏感面积比例为 62.58%，主要分布于北部哈萨克斯坦的雨养农业区，农业用水比例和农田灌溉定额较小；中度敏感面积比例为 19.33%，分布于乌兹别克斯坦、吉尔吉斯斯坦和哈萨克斯坦主要湖区及沿湖低地，这些地区可利用水量小，对农业发展限制较大；重度以上敏感面积比例为 18.09%，分布于土库曼斯坦、塔吉克斯坦和乌兹别克斯坦中部等地，土库曼斯坦和乌兹别克斯坦两国水资源总量有限，而塔吉克斯坦农田灌溉定额较高，农村获得安全饮用水人口比例较低。

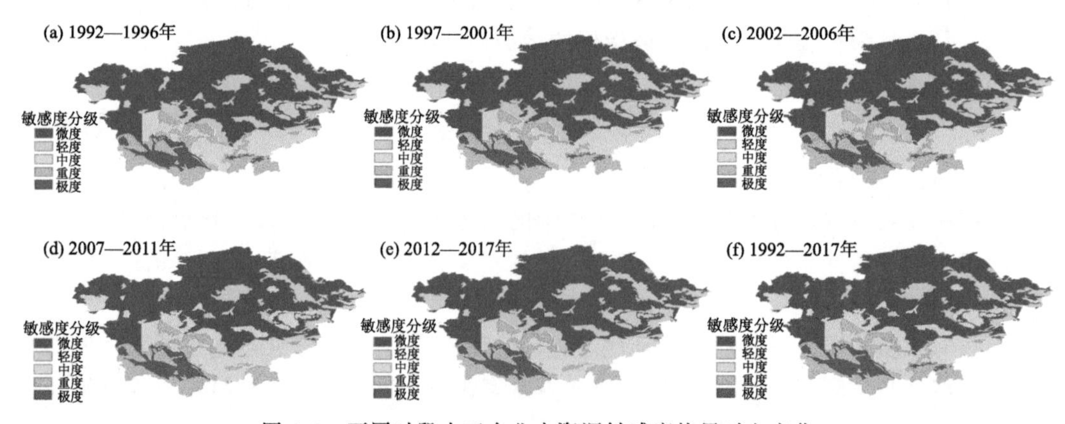

图 4.3　不同时段中亚农业水资源敏感度格局时空变化

适应度：图 4.4 是不同时段中亚农业水资源适应度格局时空变化。1992—2017 年，中亚地区农业水资源适应度呈现为由南向北逐渐升高的空间格局。其中：重度以上适应面积比例为 73.22%，主要分布于哈萨克斯坦和吉尔吉斯斯坦山区，这里农业水分生产率、施政效率以及水资源利用率较高；中度适应面积比例为 8.00%，分布在乌兹别克斯坦中西部和吉尔吉斯斯坦河谷地带；轻度以下适应面积比例为 18.78%，主要分布于土库曼斯坦、塔吉克斯坦及乌兹别克斯坦东部地区，这些地区农业增加值用水量较高，相反农业用水产出率和施政效率较低。

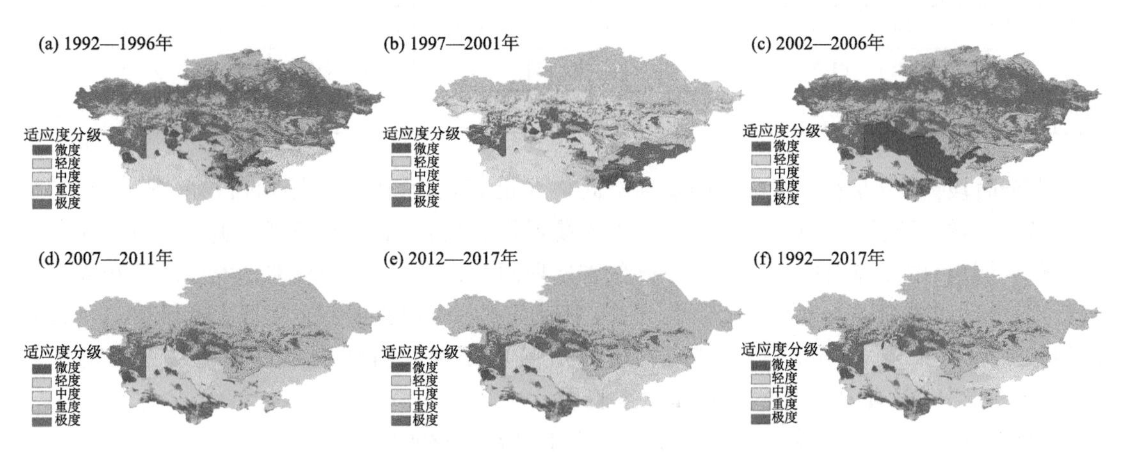

图 4.4　不同时段中亚农业水资源适应度格局时空变化

在各分时段内，中亚农业水资源脆弱性空间格局表现为“南高北低”的态势(图 4.5a—e)，但其分布格局随时间变化较小。微轻度脆弱面积在各分时段内变化较小，其分布面积比例在 66.06%～68.34%(表 4.3)，该等级脆弱性变化主要发生在哈萨克斯坦；中度脆弱面积比例从 5.04%增加到 10.04%，其中于 2007—2011 年和 2012—2017 年两个时段在乌兹别克斯坦部分地区出现明显增加；极重度脆弱面积比例从 27.28%减少到 21.93%，其中于 2007—2011 年和 2012—2017 年两个时段在乌兹别克斯坦部分地区呈现明显减少。从各国农业水资源脆弱性分布来看，哈萨克斯坦以微轻度脆弱为主；吉尔吉斯斯坦以中度脆弱为主；塔吉克斯坦以重度脆弱为主；土库曼斯坦以极度脆弱为主；乌兹别克斯坦由极重度脆弱向中重度脆弱转变。

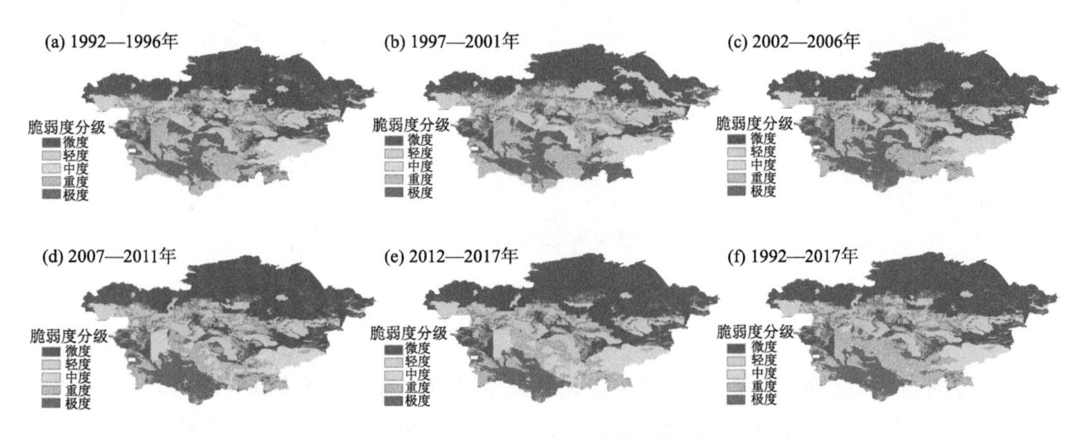

图 4.5　1992—2017 年中亚农业水资源脆弱性空间分布

表 4.3　1992—2017 年中亚不同时段各等级农业水资源脆弱性的面积与比例

等级	1992—1996 年		1997—2001 年		2002—2006 年		2007—2011 年		2012—2017 年		1992—2017 年	
	面积（×10⁴ km²）	比例（%）	面积（×10⁴ km²）	比例（%）	面积（×10⁴ km²）	比例（%）	面积（×10⁴ km²）	比例（%）	面积（×10⁴ km²）	比例（%）	面积（×10⁴ km²）	比例（%）
微度	182.75	44.75	160.83	39.38	199.24	48.79	191.29	46.84	200.96	49.21	190.85	46.73
轻度	93.64	22.93	108.95	26.68	79.85	19.55	86.55	21.19	76.88	18.82	86.98	21.30
中度	20.58	5.04	27.47	6.73	18.60	4.56	31.92	7.82	40.99	10.04	20.16	4.94
重度	68.44	16.76	61.11	14.97	63.52	15.55	56.60	13.86	55.67	13.63	70.85	17.35
极度	42.97	10.52	50.01	12.25	47.16	11.55	42.03	10.29	33.88	8.30	39.53	9.68

在全时段内，中亚农业水资源脆弱性空间格局也表现为“南高北低”的态势（图 4.5f）。极重度脆弱区域主要分布于乌兹别克斯坦、土库曼斯坦和塔吉克斯坦；微轻度脆弱区域主要分布于哈萨克斯坦；中度脆弱区域仅分布于吉尔吉斯斯坦。由此可见，中亚北部农业水资源脆弱性较低，但南部四国脆弱程度较高。总体而言，中亚农业水资源脆弱性重度以上和轻度以下面积比例分别为 27.03%和 68.03%，其中轻度以下脆弱区域所占比例超过重度以上脆弱区域 41.00%。此外，仅有 4.94%的区域呈中度脆弱。

根据之前获取的中亚各时段（1992—1996 年、1997—2001 年、2002—2006 年、2007—2011 年、2012—2017 年）农业水资源脆弱性空间格局，将不同时段农业水资源脆弱性空间分布结果两两相减，把农业水资源脆弱性演变信息分为显著降低（最小值至－0.079）、缓慢降低（－0.079～－0.028）、相对稳定（－0.028～0.019）、缓慢升高（0.019～0.063）和显著升高（0.063 至最大值）5 个等级，从而得到了 4 个分时期（1992—2001 年、1997—2006 年、2002—2011 年、2007—2017 年）以及 1 个整个时期（1992—2017 年）的中亚农业水资源脆弱性演变特征图（图 4.6），并提取各时期不同变化等级的面积和比例（表 4.4）。

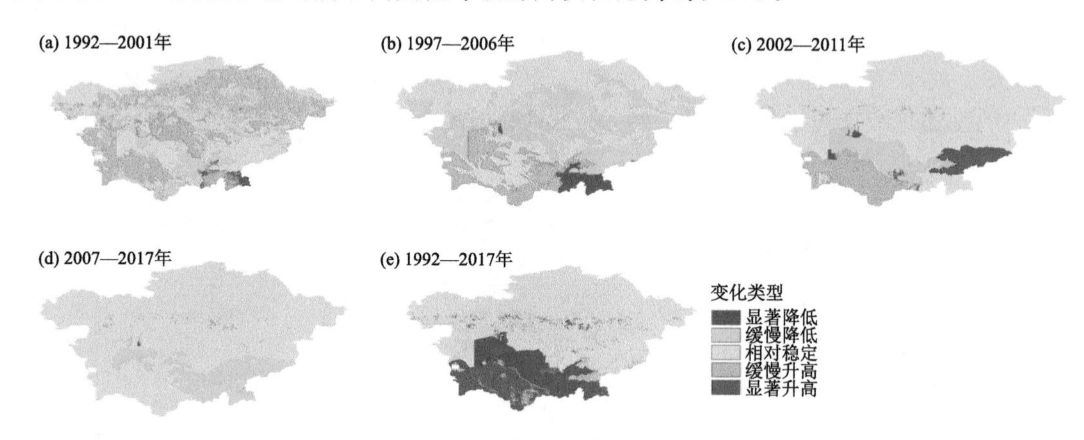

图 4.6　1992—2017 年中亚不同时段农业水资源脆弱性变化类型

在分时期内，中亚农业水资源脆弱性变化整体表现为“前期升高，中期降低，后期稳定”的特点，其变化类型主要以相对稳定为主（图 4.6a—d）。1992—2001 年脆弱性升高区域达到 47.30%，而脆弱性降低区域仅占 5.67%。1997—2006 年脆弱性降低区域达到 33.85%，而脆弱性升高区域占比 15.84%。2002—2011 年和 2007—2017 年两个时期，脆弱性降低区域占比

表 4.4　1992—2017 年不同时段中亚农业水资源脆弱性变化的面积与比例

变化类型	1992—2001 年		1997—2006 年		2002—2011 年		2007—2017 年		1992—2017 年	
	面积（$\times10^4$ km²）	比例（%）	面积（$\times10^4$ km²）	比例（%）	面积（$\times10^4$ km²）	比例（%）	面积（$\times10^4$ km²）	比例（%）	面积（$\times10^4$ km²）	比例（%）
显著降低	0.49	0.12	15.95	3.91	4.37	1.07	0.26	0.06	61.33	15.02
缓慢降低	22.66	5.55	122.27	29.94	44.45	10.09	57.48	14.08	1.05	0.26
相对稳定	192.05	47.03	205.46	50.31	283.79	69.49	347.52	85.10	279.71	68.49
缓慢升高	186.38	45.64	63.63	15.58	54.28	13.29	2.61	0.64	18.98	4.65
显著升高	6.78	1.66	1.06	0.26	21.48	5.26	0.50	0.12	47.31	11.59

分别为 11.16%和 14.14%，而脆弱性升高区域占比分别为 18.55%和 0.76%，农业水资源脆弱性变化类型中相对稳定占主导。从各国变化情况来看，哈萨克斯坦脆弱性变化经历升高—降低—稳定—稳定的过程；吉尔吉斯斯坦脆弱性变化主要经历稳定—降低一升高—降低的过程；塔吉克斯坦脆弱性变化主要表现为升高—降低—稳定—降低的过程；土库曼斯坦脆弱性变化主要表现为升高—升高—升高—稳定的过程；乌兹别克斯坦脆弱性变化主要表现为稳定—升高—降低—降低的过程。

在整个时期内，中亚农业水资源脆弱性变化主要表现为相对稳定(图 4.6e)。脆弱性升高区域主要分布在吉尔吉斯斯坦和土库曼斯坦；脆弱性降低区域主要分布在乌兹别克斯坦、塔吉克斯坦和哈萨克斯坦境内咸海地区；而哈萨克斯坦和吉尔吉斯斯坦的大部分地区脆弱性变化较小。总体来看，中亚农业水资源脆弱性升高与降低面积比例分别为 16.24%和 15.28%。此外，有 64.90%的区域脆弱性相对稳定。由此可见，中亚农业水资源脆弱性整体上变化较小，但区域内部变化差异较大。

总体而言，中亚农业水资源脆弱性变化随时间的推移表现为“前期升高，中期降低，后期稳定”的特点，其变化类型以相对稳定为主。脆弱性升高地区分布在吉尔吉斯斯坦西部和土库曼斯坦地区，而脆弱性降低地区分布在乌兹别克斯坦、塔吉克斯坦和咸海等地，其他地区脆弱性变化较小。

4.1.2.2　农业水资源脆弱性影响因子

根据之前获取的中亚各时段(1992—1996 年、1997—2001 年、2002—2006 年、2007—2011 年、2012—2017 年)农业水资源脆弱性以及脆弱性评价指标空间格局，通过敏感性分析方法以及相关系数，研究了中亚农业水资源脆弱性影响因子。结果表明，农业水资源脆弱性随时间的变化对人均水资源量的敏感程度在咸海和阿尔泰山地区较大，对作物生育期降水量的敏感程度在泽拉夫尚河流域较大，对作物生育期平均气温和作物生育期潜在蒸散量的敏感程度在哈萨克斯坦部分地区较高，对产水系数的敏感程度相对较小(图 4.7)；咸海地区对农村安全饮用水指数的敏感程度大于其他地区，大部分地区对森林覆盖率的敏感程度较高，特别是乌兹别克斯坦北部和中部，塔吉克斯坦对农业用水比例和水分胁迫指数的敏感性较高，而乌兹别克斯坦对农田灌溉定额的敏感程度较高(图 4.8)；农业水资源脆弱性随时间的变化对灌溉指数敏感的地区主要位于吉尔吉斯斯坦，对土地覆盖类型敏感的地区较为分散，对农业增加值用水量的高敏感地区主要位于咸海，对农业水分生产率高敏感的地区主要位于吉尔吉斯斯坦，对人均农业生产总值和施政效率的高敏感地区主要位于土库曼斯坦(图 4.9)。

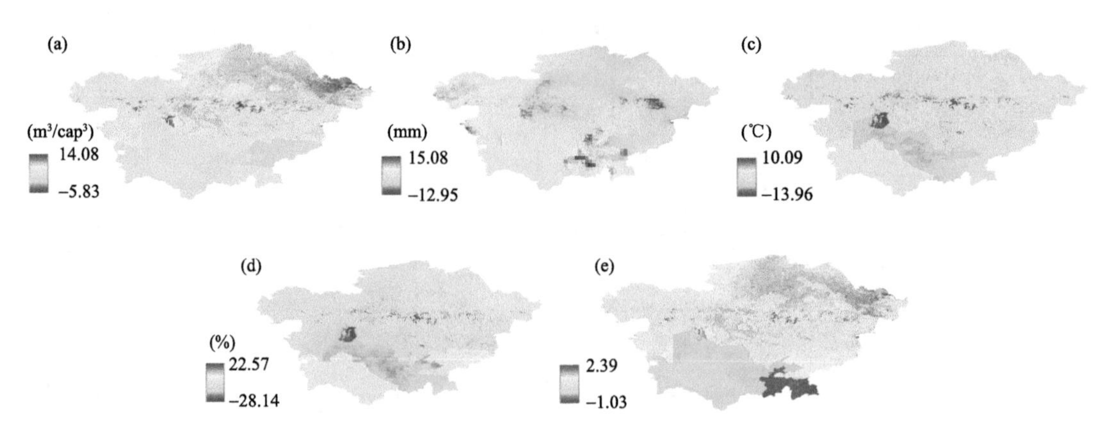

图 4.7　中亚农业水资源脆弱性对人均水资源量(a)、作物生长期降水量(b)、作物生育期平均气温(c)、作物生育期潜在蒸散量(d)、产水系数(e)敏感系数的空间分布

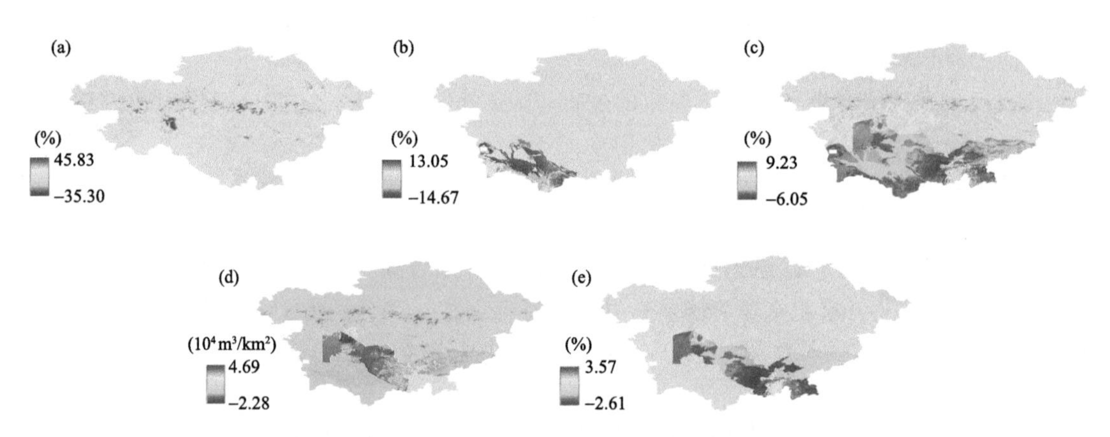

图 4.8　中亚农业水资源脆弱性对农村安全饮用水指数(a)、森林覆盖率(b)、农业用水比例(c)、农田灌溉定额(d)、水分胁迫指数(e)敏感系数空间分布

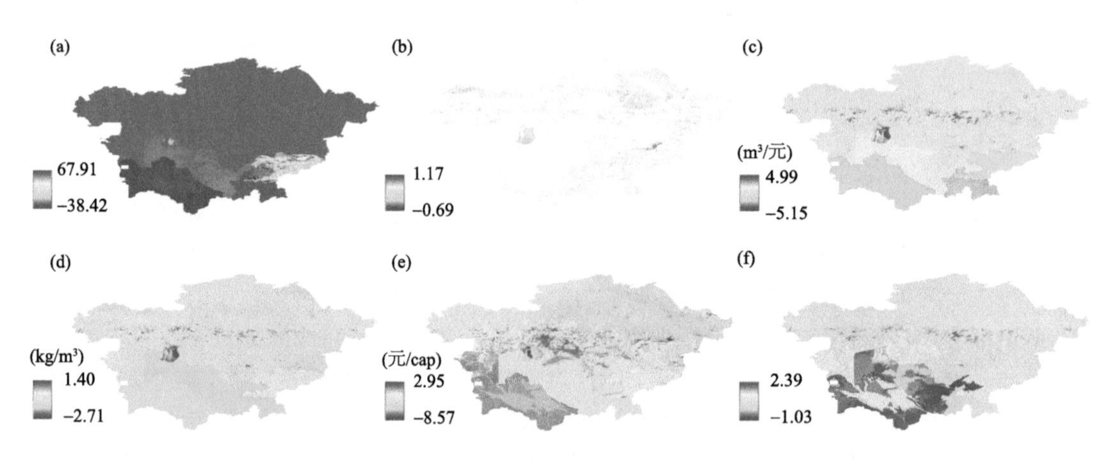

图 4.9　中亚农业水资源脆弱性对灌溉指数(a)、土地覆盖类型(b)、农业增加值用水量(c)、农业水分生产率(d)、人均农业生产总值指数(e)、施政效率(f)敏感系数空间分布

在空间分布上，中亚农业水资源脆弱性与森林覆盖率、农业用水比例、农田灌溉定额、水分

胁迫指数和灌溉指数呈显著正相关(相关系数＞0.80)，而与农业水分生产率和施政效率呈显著负相关(相关系数＜－0.80)。从相关系数随时间的变化来看(表4.5)，仅有作物生育期降水量和施政效率两个二级指标与农业水资源脆弱性之间的负相关系数在逐时段增强，这表明中亚各国作物生育期降水量和施政效率的提高，一定程度上可以减缓中亚农业水资源脆弱性。

表4.5　1992—2017年不同时段中亚农业水资源脆弱性与各指标的相关系数

一级指标	二级指标	1992—1996年	1997—2001年	2002—2006年	2007—2011年	2012—2017年	1992—2017年
暴露度	人均水资源量	－0.74	－0.80	－0.83	－0.78	－0.77	－0.78
	作物生育期降水量	－0.46	－0.45	－0.45	－0.45	－0.49	－0.46
	作物生育期平均气温	0.39	0.40	0.45	0.40	0.42	0.41
	作物生育期潜在蒸散量	0.49	0.50	0.53	0.44	0.47	0.48
	地形起伏度	0.24	0.25	0.19	0.24	0.21	0.23
	产水系数	－0.56	－0.55	－0.64	－0.64	－0.54	－0.60
敏感度	农村安全饮用水指数	－0.75	－0.78	－0.78	－0.83	－0.80	－0.80
	土壤有效含水量	－0.16	－0.17	－0.12	－0.16	－0.16	－0.15
	森林覆盖率	0.91	0.90	0.93	0.92	0.92	0.93
	农业用水比例	0.94	0.93	0.93	0.94	0.91	0.94
	农田灌溉定额	0.96	0.96	0.97	0.96	0.95	0.97
	水分胁迫指数	0.89	0.89	0.94	0.90	0.90	0.91
适应度	灌溉指数	0.95	0.95	0.96	0.96	0.95	0.96
	土地覆盖类型	－0.20	－0.23	－0.23	－0.22	－0.25	－0.23
	农业增加值用水量	0.62	0.67	0.79	0.62	0.87	0.63
	农业水分生产率	－0.96	－0.95	－0.95	－0.96	－0.95	－0.96
	人均农业生产总值指数	－0.83	－0.34	－0.90	－0.74	－0.15	－0.64
	施政效率	－0.81	－0.83	－0.93	－0.94	－0.96	－0.94

中亚北部农业水资源脆弱性仅对农业水分生产率和人均农业生产总值指数为负敏感，而南部则对多数指标的敏感程度正负均有，表明南部农业水资源脆弱性的影响因素较为复杂，解决农业水资源问题更加困难。从相关分析结果来看，作物生育期降水量和施政效率的提高对缓解地区水资源压力，促进农业发展有着积极作用。森林覆盖率、农业用水比例、农田灌溉定额、水分胁迫指数、灌溉指数和农业水分生产率等二级指标与各时段农业水资源脆弱性相关系数的绝对值≥0.85，表明这些指标对农业水资源脆弱性空间分布影响较为明显。

4.1.3　农业水资源脆弱性分区

在中亚农业水资源脆弱性图上，均匀的选择276个样点，提取各样点信息；根据提取的样点信息，内插出每个样点的农业水资源脆弱性值，绘制等值线，初步构成农业水资源脆弱性分区图；结合自然地理特征合并破碎图斑，最终得出农业水资源脆弱性分区图。

参考相关文献，结合中亚农业水资源脆弱性特征的实际情况，采用相等间隔法，对中亚农业水资源脆弱性进行分区，将研究区分为北部微度脆弱区、中北部轻度脆弱区、中南部中度脆弱区、南部重度脆弱区和西南部极度脆弱区 5 个大区，其中北部微度脆弱区和中北部轻度脆弱区又可分为 3 个和 2 个子区(图 4.10)，并对各分区提出了未来发展方向和对策。

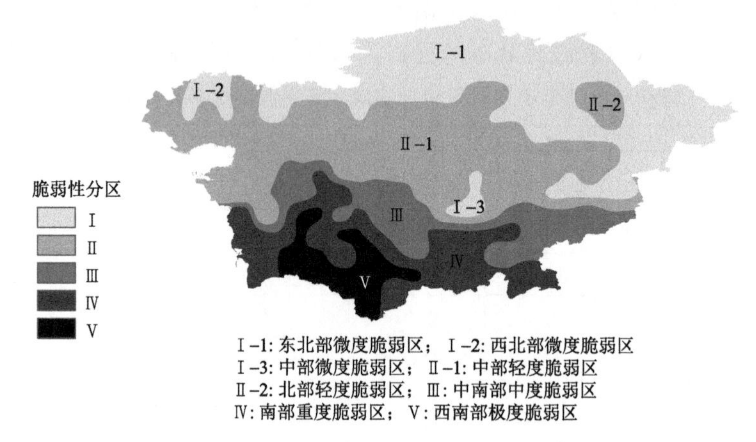

图 4.10　中亚农业水资源脆弱性分区图

(1) Ⅰ-1 东北部湿润耕地—草地微度脆弱区，该区分布于哈萨克斯坦北部丘陵及森林草原区，面积 111.01 万 km^2。该区作物生育期平均气温 14.2 ℃，作物生育期降水量 217.2 mm，作物生育期相对湿润度指数－0.73，地形起伏度 58.1 m，土地覆被类型以耕地和草地为主，分别占该区域的 43.4%和 40.6%。这里水源充足，地形平坦，是中亚雨养农业集中分布区，农区应充分利用土地资源，发挥水土组合优势，合理布局农业种植结构，避免牧区过度放牧而产生的草地退化问题。

(2) Ⅰ-2 西北部湿润草地—耕地微度脆弱区，该区位于哈萨克斯坦西北部乌拉尔河中游，面积 6.67 万 km^2。该区作物生育期平均气温 17.3 ℃，作物生育期降水量 180.9 mm，作物生育期相对湿润度指数－0.80，地形起伏度 10.5 m，土地覆被类型以草地和耕地为主，分别占该区域的 51.3%和 39.2%。这里降水相对充足，平原面积广阔，土壤肥沃，草地和耕地资源比较丰富，随着弃耕与复垦过程镶嵌交错，耕地分布碎片化加重，因此农牧业应协调发展，防止土地沙化和草场退化。

(3) Ⅰ-3 中部半干旱林地微度脆弱区，该区位于哈萨克斯坦南部，面积 3.56 万 km^2。该区作物生育期平均气温 20.6 ℃，作物生育期降水量 127.4 mm，作物生育期相对湿润度指数－0.89，地形起伏度 44.6 m，土地覆被类型中林地占该区域的 44.0%，耕地占该区域的 30.3%。这里与Ⅰ-1 和Ⅰ-2 相比，降水条件稍差，林区应注重水土保持，避免过度放牧、乱砍滥伐及森林火灾所引发林地面积减少等问题；锡尔河中游因农业灌溉流入咸海水量减少，湖底干涸将加剧土壤盐渍化进程，因此应当更新灌溉系统的配套设施，适度发展节水农业。

(4) Ⅱ-1 中部半干旱林地轻度脆弱区，该区横贯中亚中部，面积 142.90 万 km^2。该区作物生育期平均气温 18.2 ℃，作物生育期降水量 118.4 mm，作物生育期相对湿润度指数－0.88，地形起伏度 33.0 m，土地覆被类型中林地和草地分别占该区域 45.5%和 20.9%，耕地仅占 8.4%。西部里海沿岸低地因水位上涨，使得数百万公顷农田被湖水淹没，应退耕还湖、还湿地；咸海北部因地下水位下降，植被退化，盐沙暴频发，因而荒漠化加剧，应重点加强草地生态系统保护，提高其防风固沙能力；南部锡尔河灌溉农业区因人口快速增长，水资源急剧短缺，应适当控制人口规模，而其他地区林地面积较大，水土保持工作同样不容忽视。

(5)Ⅱ-2 北部湿润草地轻度脆弱区，该区位于哈萨克斯坦丘陵地带，面积 6.45 万 km^2。该区作物生育期平均气温 13.7 ℃，作物生育期降水量 194.8 mm，作物生育期相对湿润度指数 −0.75，地形起伏度 46.5 m，土地覆被类型中草地和耕地分别占该区域的 80.6%和 11.0%。这里草地面积较大，长期的过度放牧导致草场资源再生速度下降，因此应当避免过度放牧产生的植被覆盖旱生化和盐生化、生物多样性减少以及土壤肥力下降等问题。

(6)Ⅲ中南部半湿润裸地中度脆弱区，该区位于中亚中南部，面积 51.86 万 km^2。该区作物生育期平均气温 16.4 ℃，作物生育期降水量 136.6 mm，作物生育期相对湿润度指数 −0.84，地形起伏度 248.1 m，土地覆被类型以裸地最高，占该区域 44.0%，包括乌兹别克斯坦和吉尔吉斯斯坦地区，林地与草地分别占 19.6%和 18.2%，耕地仅占 13.8%。乌国农业用水主要来自邻国阿姆河和锡尔河，灌溉农业需水量大，土壤盐渍化和沙化问题严峻，应适当提高灌溉技术，提高水资源利用效率；吉国地表引水量较大，因灌溉设施老化，其灌溉用水效率较低，同时山前陡坡开荒会引起生态环境恶化和土壤侵蚀加剧等问题，应对陡坡开荒适当加以节制。

(7)Ⅳ南部半干旱裸地重度脆弱区，该区位于中亚南部，面积 61.52 万 km^2。该区作物生育期平均气温 19.7 ℃，作物生育期降水量 100.4 mm，作物生育期相对湿润度指数 −0.90，地形起伏度 183.1 m，土地覆被类型裸地占该区域 42.8%，耕地占 20.1%，草地与林地分别仅占 15.1%和 14.5%。西部地区荒漠化和盐风暴频发，境内河网稀疏，水资源匮乏，应发展节水农业，避免过度灌溉带来的水资源短缺和土地退化等问题；东部高山和山前平原地区草地和林地面积较大，在亚热带低地从事灌溉农业生产时，应调整农业结构、提升灌溉系统能力以及防止土地退化等工作。

(8)Ⅴ西南部干旱裸地极度脆弱区，该区位于土库曼斯坦境内，面积 26.24 万 km^2。该区作物生育期平均气温 23.9 ℃，作物生育期降水量 51.6 mm，作物生育期相对湿润度指数 −0.96，地形起伏度 36.9 m，土地覆被类型中裸地占该区域 66.5%，林地占 14.4%，耕地仅占 13.6%。这里大部分为沙漠地区，气温高、降水少、蒸发旺盛、水资源匮乏，在南部山前平原地带以及北部阿姆河沿岸的绿洲区，应提高农业灌溉水资源利用效率，防止土壤盐渍化；中部荒漠区，应注重荒漠植被保护，加强防风固沙措施，对森林地带应加强生态环境保护。

4.2　未来农业水资源脆弱性时空变化

4.2.1　未来情景数据及处理方法

全球气候模式(Global Climate Models，GCMs)是当前预测未来气候变化的主要途径。世界气候研究计划(World Climate Research Program，WRCP)下的国际耦合模式比较计划(Coupled Model Intercomparison Project，CMIP)目前已经进入第六阶段，CMIP6 是 CMIP 计划实施以来参与模式最多、设计试验最完善、提供数据最庞大的一次，为评估模式对过去和当前气候变化的模拟能力、预估未来气候变化提供了重要数据基础。其中，情景模式比较计划(ScenarioMIP)是 CMIP6 中的重要组成部分。该部分基于不同共享社会经济路径可能发生的能源结构所产生的人为排放及土地利用变化，设计了一系列新的情景预估试验，为未来气候变化机理研究以及气候变化减缓和适应研究提供关键的数据支持。

ScenarioMIP 的气候预估情景是不同共享社会经济路径(Shared Socioeconomic Pathways,SSPs)与辐射强迫(Respestative Concentration Pathways,RCPs)的矩形组合。ScenarioMIP 共包含 8 组未来的情景实验,其中 Tier-1 为核心实验。中亚农业水资源脆弱性评估拟采用 Tier-1 的 4 种未来情景试验,即 SSP1-2.6、SSP2-4.5、SSP3-7.0 和 SSP5-8.5。其中,SSP1-2.6 是 CMIP5 中 RCP2.6 情景在 CMIP6 中更新后的情景,代表的是低社会脆弱性、低减缓压力和低辐射强迫的综合影响;SSP2-4.5 是 CMIP5 中 RCP4.5 情景在 CMIP6 中更新后的情景,代表的是中等社会脆弱性与中等辐射强迫的组合;SSP3-7.0 是 CMIP6 中新增的辐射强迫情景,代表的是高社会脆弱性与相对高的人为辐射强迫的组合;SSP5-8.5 是 CMIP5 中 RCP8.5 情景在 CMIP6 中更新后的情景,是唯一可以实现 2100 年人为辐射强迫达到 8.5 W/m^2 的共享社会经济路径。

中国科学院大气物理研究所发布的 FGOALS-f3-L 气候模式的数据集(https://esgf-node.llnl.gov/projects/cmip6/),在 Scenario MIP 实验中,有效减少了长期气候漂移的影响,在预测未来气候变得更为可靠。因此,采用 FGOALS-f3-L 气候模式的历史试验与 SSP1-2.6、SSP2-4.5、SSP3-7.0 和 SSP5-8.5 四种未来情景试验结果,选择 2020—2059 年作为未来时段,从而对中亚地区的未来农业水资源脆弱性进行评估。

所用数据包括:①月平均气温、降水量,来源于 CMIP6 FGOALS-f3-L 气候模式(https://esgf-node.llnl.gov/projects/cmip6/)提供的未来气象数据集,空间分辨率为 0.5°×0.5°;并根据月气温和降水计算获取月潜在蒸散(Xu et al.,2016a,2016b);②土地覆盖类型,来源于全球土地利用数据集(2010—2100 年)(https://figshare.com/articles/dataset/A_cellular_automata_downscaling_based_1_km_global_land_use_datasets_2010 年_2100_/9943688),空间分辨率为 1 km;③土壤有效含水量、DEM 见 4.1.1.1;④根据 4.1.1.1 中 1992—2017 年各国统计资料,利用线性回归方法预测未来数据。

4.2.2　不同情景下农业水资源脆弱性时空分布

将 2021—2050 年划分 6 个分时段(2021—2025 年、2026—2030 年、2031—2035 年、2036—2040 年、2041—2045 年、2046—2050 年),分别得到各时段中亚农业水资源脆弱性空间分布图(图 4.11—图 4.14),并提取各时段不同等级脆弱性的面积和比例(表 4.6—表 4.9)。

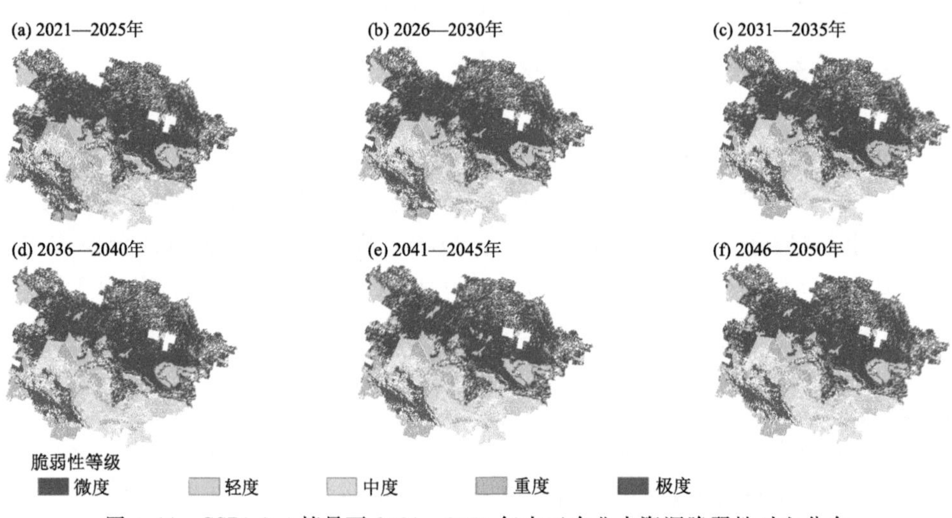

图 4.11　SSP1-2.6 情景下 2021—2050 年中亚农业水资源脆弱性时空分布

在 SSP1-2.6 情景下，微轻度脆弱面积在各分时段内变化较大，其分布面积比例在 72.78%～76.95%，该等级脆弱性变化主要发生在吉尔吉斯斯坦和塔吉克斯坦东部；中度脆弱面积比例从 5.01%增加到 10.75%，其中于 2026—2030 年时段在吉尔吉斯斯坦和塔吉克斯坦东部出现明显增加；极重度脆弱面积比例从 19.03%减少到 13.77%，其中于 2026—2030 年和 2031—2035 年两个时段在乌兹别克斯坦部分地区呈现明显减少。

表 4.6　SSP1-2.6 情景下 2021—2050 年不同时段中亚各等级农业水资源脆弱性的面积与比例

脆弱性等级	2021—2025 年		2026—2030 年		2031—2035 年		2036—2040 年		2041—2045 年		2046—2050 年	
	面积（$\times10^4$ km²）	比例（%）	面积（$\times10^4$ km²）	比例（%）	面积（$\times10^4$ km²）	比例（%）	面积（$\times10^4$ km²）	比例（%）	面积（$\times10^4$ km²）	比例（%）	面积（$\times10^4$ km²）	比例（%）
微度	184.74	61.36	186.35	62.18	185.02	61.73	265.20	63.76	258.59	63.29	262.25	63.95
轻度	43.93	14.59	31.75	10.6	34.16	11.40	49.02	11.79	51.23	12.54	47.29	11.53
中度	15.10	5.01	31.86	10.63	33.91	11.31	44.09	10.60	42.86	10.49	44.10	10.75
重度	35.00	11.62	30.82	10.28	30.11	10.05	36.72	8.83	37.40	9.15	37.11	9.05
极度	22.32	7.41	18.91	6.31	16.50	5.51	20.89	5.02	18.53	4.53	19.35	4.72

在 SSP2-4.5 情景下，微轻度脆弱面积在各分时段内呈现先减少后略微增加的变化，该等级脆弱性变化主要发生在吉尔吉斯斯坦和塔吉克斯坦东部；中度脆弱面积比例从 4.25%增加到 10.62%，其中于 2026—2030 年时段在吉尔吉斯斯坦和塔吉克斯坦东部出现明显增加；极重度脆弱面积比例从 17.62%减少到 13.77%，其中于 2026—2030 年时段在乌兹别克斯坦部分地区呈现明显减少。

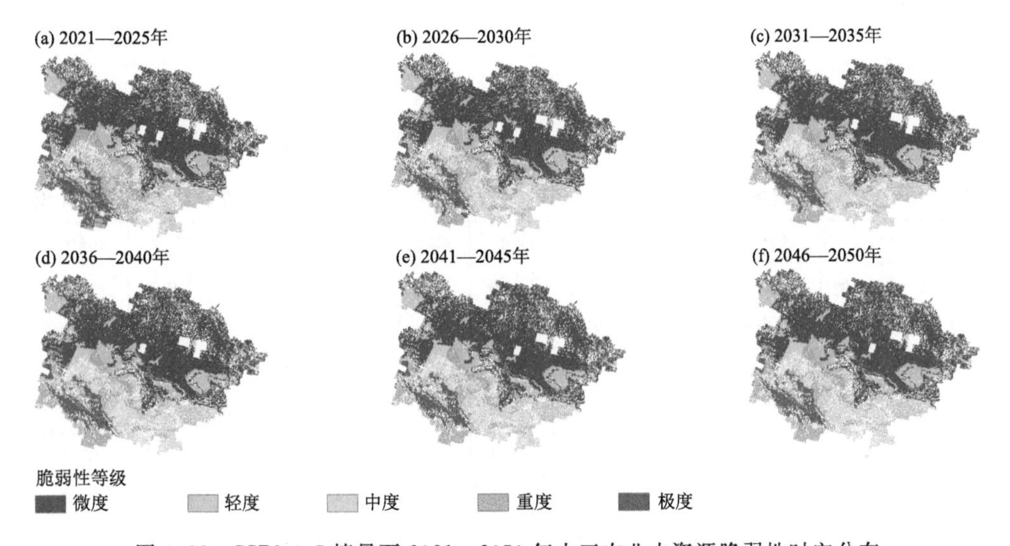

图 4.12　SSP2-4.5 情景下 2021—2050 年中亚农业水资源脆弱性时空分布

在 SSP3-7.0 情景下，微轻度脆弱面积在各分时段内呈现先减少后略微增加的变化，该等级脆弱性变化主要发生在吉尔吉斯斯坦和塔吉克斯坦东部；中度脆弱面积比例从 4.60%增加到 10.71%，其中于 2026—2030 年时段在吉尔吉斯斯坦和塔吉克斯坦东部出现明显增加；极重度脆弱面积比例从 17.08%减少到 13.87%，其中于 2026—2030 年时段在乌兹别克斯坦部分地区呈现明显减少。

表 4.7　SSP2-4.5 情景下 2021—2050 年不同时段中亚各等级农业水资源脆弱性的面积与比例

脆弱性等级	2021—2025 年		2026—2030 年		2031—2035 年		2036—2040 年		2041—2045 年		2046—2050 年	
	面积（$\times10^4$ km²）	比例（%）	面积（$\times10^4$ km²）	比例（%）	面积（$\times10^4$ km²）	比例（%）	面积（$\times10^4$ km²）	比例（%）	面积（$\times10^4$ km²）	比例（%）	面积（$\times10^4$ km²）	比例（%）
微度	261.89	64.38	256.89	63.15	259.16	63.46	259.54	63.56	261.30	63.97	258.62	63.31
轻度	55.91	13.74	48.02	11.8	47.87	11.72	47.89	11.73	46.64	11.42	50.22	12.29
中度	17.30	4.25	41.41	10.18	42.48	10.40	43.78	10.72	43.80	10.72	43.37	10.62
重度	43.71	10.74	38.33	9.42	38.47	9.42	37.43	9.17	37.12	9.09	37.19	9.10
极度	27.98	6.88	22.14	5.44	20.39	4.99	19.72	4.83	19.62	4.80	19.09	4.67

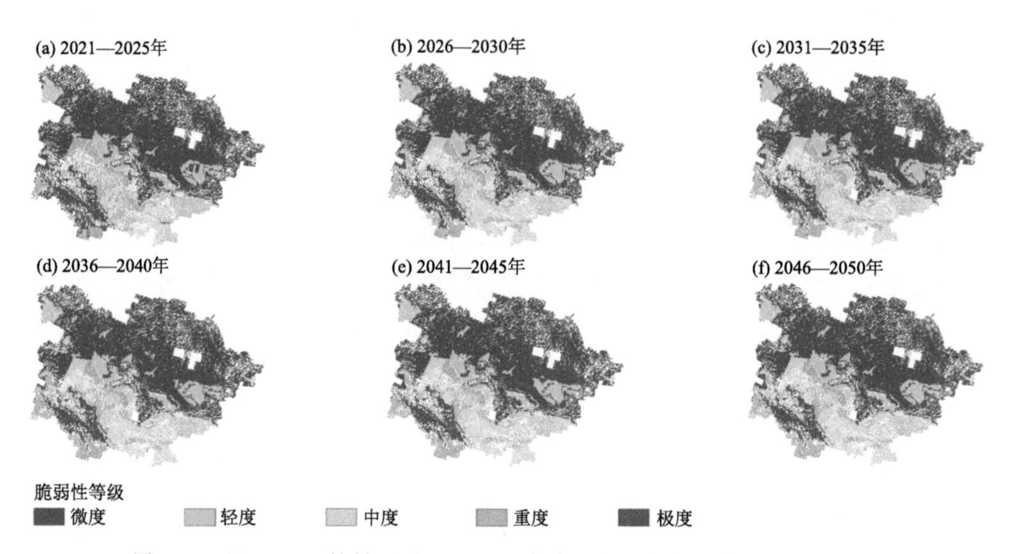

图 4.13　SSP3-7.0 情景下 2021—2050 年中亚农业水资源脆弱性时空分布

表 4.8　SSP3-7.0 情景下 2021—2050 年不同时段中亚各等级农业水资源脆弱性的面积与比例

脆弱性等级	2021—2025 年		2026—2030 年		2031—2035 年		2036—2040 年		2041—2045 年		2046—2050 年	
	面积（$\times10^4$ km²）	比例（%）	面积（$\times10^4$ km²）	比例（%）	面积（$\times10^4$ km²）	比例（%）	面积（$\times10^4$ km²）	比例（%）	面积（$\times10^4$ km²）	比例（%）	面积（$\times10^4$ km²）	比例（%）
微度	266.36	65.08	261.59	63.92	260.36	63.76	258.69	63.35	258.06	63.2	260.36	63.76
轻度	54.17	13.24	45.82	11.2	45.62	11.17	48.35	11.84	49.56	12.14	47.62	11.66
中度	18.82	4.60	42.27	10.33	43.56	10.67	43.44	10.64	43.73	10.71	43.74	10.71
重度	42.82	10.46	38.93	9.51	39.42	9.65	38.88	9.52	37.41	9.16	36.96	9.05
极度	27.1	6.62	20.65	5.05	19.39	4.75	19.00	4.65	19.59	4.80	19.68	4.82

在 SSP5-8.5 情景下，微轻度脆弱面积在各分时段内变化较为波动，该等级脆弱性变化主要发生在吉尔吉斯斯坦和塔吉克斯坦东部；中度脆弱面积比例从 4.18%增加到 10.40%，其中于 2026—2030 年时段在吉尔吉斯斯坦和塔吉克斯坦东部出现明显增加；极重度脆弱面积比例从 17.08%减少到 13.87%，其中于 2026—2030 年时段在乌兹别克斯坦部分地区呈现明显减少。

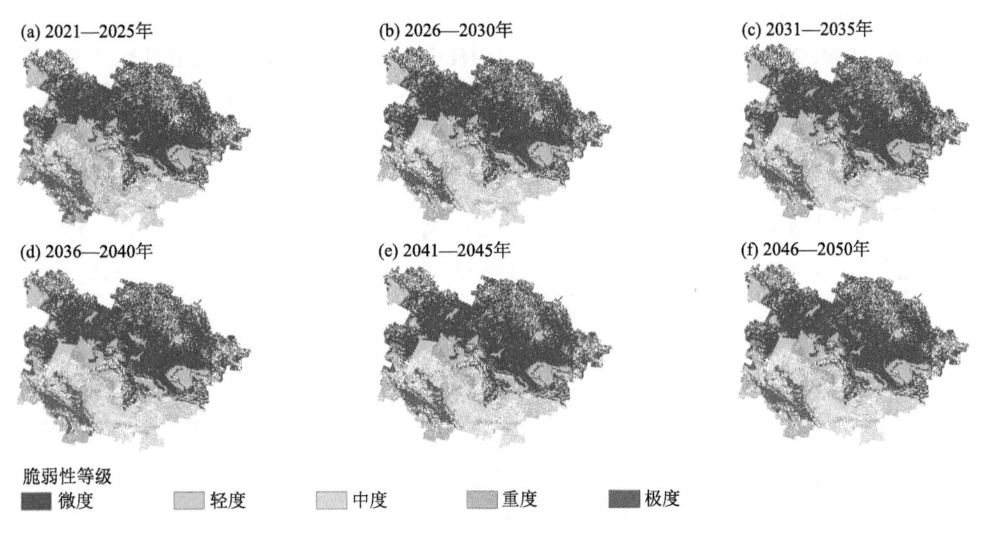

图 4.14　SSP5-8.5 情景下 2021—2050 年中亚农业水资源脆弱性时空分布

表 4.9　SSP5-8.5 情景下 2021—2050 年不同时段中亚各等级农业水资源脆弱性的面积与比例

脆弱性等级	2021—2025 年		2026—2030 年		2031—2035 年		2036—2040 年		2041—2045 年		2046—2050 年	
	面积($\times10^4$ km^2)	比例(%)	面积($\times10^4$ km^2)	比例(%)	面积($\times10^4$ km^2)	比例(%)	面积($\times10^4$ km^2)	比例(%)	面积($\times10^4$ km^2)	比例(%)	面积($\times10^4$ km^2)	比例(%)
微度	269.04	64.84	270.13	65.1	266.19	64	265.2	63.76	268.54	64.42	267.68	64.21
轻度	56.79	13.69	42.98	10.36	48.15	11.58	49.02	11.79	47.41	11.37	49.02	11.76
中度	17.36	4.18	44.10	10.63	43.48	10.46	44.09	10.6	43.92	10.54	43.36	10.4
重度	44.35	10.69	37.31	8.99	37.58	9.03	36.72	8.83	37.49	8.99	37.66	9.03
极度	27.38	6.60	20.40	4.92	20.52	4.93	20.89	5.02	19.50	4.68	19.14	4.59

在分时段内，中亚农业水资源脆弱性空间格局表现为“西南高东北低”的态势(图 4.11—图 4.14)，但其分布格局随时间变化较小。从各国农业水资源脆弱性分布来看，哈萨克斯坦以微轻度脆弱为主；吉尔吉斯斯坦以中度脆弱为主；塔吉克斯坦以中度脆弱为主；土库曼斯坦以极度脆弱为主；乌兹别克斯坦由重度脆弱向中度脆弱转变。

根据各时段的农业水资源脆弱性空间格局，利用农业水资源脆弱性演变分级方法，得到了5 个分时期(2021—2030 年、2026—2035 年、2031—2040 年、2036—2045 年、2041—2050 年)不同变化等级的面积和比例(表 4.10—表 4.13)。

在 SSP1-2.6 情景下，2021—2025 年和 2046—2050 年脆弱性降低区域占比较高，分别为61.80%和 61.79%，主要分布于中亚中部地区。在 2026—2035 年和 2036—2045 年脆弱性升高区域分别达到 17.73%和 19.17%，主要分布在哈萨克斯坦部分地区。在 2031—2040 年和2036—2045 年两个时期脆弱性变化类型中相对稳定占比较大，分别为 63.98%和 71.40%。从各国变化情况来看，哈萨克斯坦脆弱性变化经历降低—稳定—稳定—稳定—降低的过程；吉尔吉斯斯坦脆弱性变化主要经历升高—降低—稳定—降低—降低的过程；塔吉克斯坦脆弱性变化主要表现为升高—降低—降低—降低—降低的过程；土库曼斯坦脆弱性变化主要表现为稳定—降低—稳定—稳定—稳定的过程；乌兹别克斯坦脆弱性变化主要表现为降低—降低—

降低—稳定—降低的过程。

表 4.10　SSP1-2.6 情景下 2021—2050 年不同时段中亚农业水资源脆弱性变化的面积与比例

变化类型	2021—2030 年		2026—2035 年		2031—2040 年		2036—2045 年		2041—2050 年	
	面积（$\times10^4$ km^2）	比例（%）	面积（$\times10^4$ km^2）	比例（%）	面积（$\times10^4$ km^2）	比例（%）	面积（$\times10^4$ km^2）	比例（%）	面积（$\times10^4$ km^2）	比例（%）
显著降低	46.53	13.94	8.30	2.03	5.37	1.31	0.51	0.13	19.37	5.80
缓慢降低	159.75	47.86	101.49	24.83	122.49	29.97	38.02	9.30	186.87	55.99
相对稳定	89.75	26.89	222.42	55.40	261.46	63.98	291.81	71.40	100.59	30.14
缓慢升高	37.73	11.30	66.46	16.26	19.35	4.73	76.35	18.68	12.76	3.82
显著升高	—	—	6.00	1.47	—	—	1.98	0.49	14.19	4.25

在 SSP2-4.5 情景下，2036—2045 年脆弱性降低区域占比为 62.89%，其余时期降低区域占比均低于 30%。在 2021—2030 年脆弱性升高区域达到 32.58%，主要分布在吉尔吉斯斯坦、塔吉克斯坦和哈萨克斯坦的西部地区。在 2026—2035 年、2031—2040 年和 2041—2050 年 3 个时期脆弱性变化类型中相对稳定占比较大，分别为 70.89%、69.50%和 66.62%。从各国变化情况来看，哈萨克斯坦脆弱性变化经历升高—稳定—稳定—降低一升高的过程；吉尔吉斯斯坦脆弱性变化主要经历升高—降低—稳定—稳定—降低的过程；塔吉克斯坦脆弱性变化主要表现为升高—降低—降低—降低—降低的过程；土库曼斯坦脆弱性变化主要表现为降低—降低—降低—降低—稳定的过程；乌兹别克斯坦脆弱性变化主要表现为降低—降低—降低—降低—稳定的过程。

表 4.11　SSP2-4.5 情景下 2021—2050 年不同时段中亚农业水资源脆弱性变化的面积与比例

变化类型	2021—2030 年		2026—2035 年		2031—2040 年		2036—2045 年		2041—2050 年	
	面积（$\times10^4$ km^2）	比例（%）	面积（$\times10^4$ km^2）	比例（%）	面积（$\times10^4$ km^2）	比例（%）	面积（$\times10^4$ km^2）	比例（%）	面积（$\times10^4$ km^2）	比例（%）
显著降低	9.17	2.25	0.98	0.25	13.68	3.35	10.19	2.53	—	—
缓慢降低	49.38	12.14	97.66	24.46	107.94	26.43	242.95	60.36	39.85	9.75
相对稳定	215.76	53.03	283.07	70.89	283.88	69.50	145.26	36.09	272.21	66.62
缓慢升高	103.38	25.41	17.49	4.38	2.53	0.62	4.11	1.02	89.36	21.87
显著升高	29.18	7.17	0.12	0.03	0.40	0.10	—	—	7.15	1.75

在 SSP3-7.0 情景下，2026—2035 年和 2041—2050 年脆弱性降低区域占比分别为 40.13%和 34.68%，其余时期降低区域占比相对较小。在 2021—2030 年脆弱性升高区域达到 23.62%，主要分布在吉尔吉斯斯坦、塔吉克斯坦和哈萨克斯坦的部分地区。在 2031—2040 年和 2036—2045 年两个时期脆弱性变化类型中相对稳定占比较大，分别为 89.12%和 76.87%。从各国变化情况来看，哈萨克斯坦脆弱性变化经历稳定—降低—稳定—稳定—降低的过程；吉尔吉斯斯坦脆弱性变化主要经历升高—稳定—降低—降低—稳定的过程；塔吉克斯坦脆弱性变化主要表现为升高—稳定—降低—降低—稳定的过程；土库曼斯坦脆弱性变化主要表现为降低—稳定—稳定—降低—稳定的过程；乌兹别克斯坦脆弱性变化主要表现为降低—降低—稳定—降低—降低的过程。

表 4.12　SSP3-7.0 情景下 2021—2050 年不同时段中亚农业水资源脆弱性变化的面积与比例

变化类型	2021—2030 年		2026—2035 年		2031—2040 年		2036—2045 年		2041—2050 年	
	面积（$\times10^4$ km^2）	比例（%）	面积（$\times10^4$ km^2）	比例（%）	面积（$\times10^4$ km^2）	比例（%）	面积（$\times10^4$ km^2）	比例（%）	面积（$\times10^4$ km^2）	比例（%）
显著降低	17.58	4.29	1.46	0.36	—	—	0.38	0.09	8.78	2.15
缓慢降低	64.35	15.72	161.68	39.77	38.50	9.43	82.47	20.26	132.87	32.53
相对稳定	230.72	56.36	218.44	53.73	363.99	89.12	312.88	76.87	266.34	65.21
缓慢升高	66.72	16.30	20.64	5.08	5.56	1.46	11.11	2.73	0.44	0.11
显著升高	29.98	7.32	4.33	1.06	—	—	0.17	0.04	—	—

在 SSP5-8.5 情景下，2021—2030 年和 2036—2045 年脆弱性降低区域占比分别为 56.99%和 53.66%，主要分布在乌兹别克斯坦、土库曼斯坦和哈萨克斯坦等地，其余时期降低区域占比相对较小。在 2021—2030 年脆弱性升高区域达到 12.35%，主要分布在吉尔吉斯斯坦和塔吉克斯坦地区；在 2026—2035 年脆弱性升高区域达到 36.91%，主要分布在哈萨克斯坦中西部地区。在 2031—2040 年和 2041—2050 年两时期脆弱性变化类型中相对稳定占主导，占比分别为 88.91%和 93.66%。从各国变化情况来看，哈萨克斯坦脆弱性变化经历降低—升高—稳定—降低—稳定的过程；吉尔吉斯斯坦脆弱性变化主要经历升高—稳定—稳定—降低—降低的过程；塔吉克斯坦脆弱性变化主要表现为升高—稳定—降低—降低—降低的过程；土库曼斯坦脆弱性变化主要表现为降低—稳定—稳定—降低—稳定的过程；乌兹别克斯坦脆弱性变化主要表现为降低—稳定—降低—稳定—稳定的过程。

表 4.13　SSP5-8.5 情景下 2021—2050 年不同时段中亚农业水资源脆弱性变化的面积与比例

变化类型	2021—2030 年		2026—2035 年		2031—2040 年		2036—2045 年		2041—2050 年	
	面积（$\times10^4$ km^2）	比例（%）	面积（$\times10^4$ km^2）	比例（%）	面积（$\times10^4$ km^2）	比例（%）	面积（$\times10^4$ km^2）	比例（%）	面积（$\times10^4$ km^2）	比例（%）
显著降低	53.22	12.82	—	—	0.63	0.15	0.02	0.00	—	—
缓慢降低	183.32	44.17	17.75	4.28	41.93	10.08	222.81	53.60	26.41	6.33
相对稳定	127.22	30.66	243.81	58.81	369.89	88.91	190.60	45.85	390.52	93.66
缓慢升高	24.83	5.98	137.41	33.15	3.56	0.86	2.26	0.54	0.01	0.00
显著升高	26.42	6.37	15.57	3.76	—	—	—	—	—	—

将 21 世纪 30 年代、50 年代不同情景下农业水资源脆弱性空间分布与 1992—2017 年农业水资源脆弱性进行比较，结果（图 4.15）表明：相对于 2015 年，2030 年、2050 年不同情景下微度、中度脆弱性面积比例升高，轻度、重度、极度脆弱性面积比例降低，这主要由于哈萨克中部农业水资源脆弱性由轻度变为微度，塔吉克农业水资源脆弱性由重度变为中度，土库曼斯坦东部农业水资源脆弱性由极度变为重度，说明未来中亚农业水资源脆弱性程度整体降低。此外，2050 年不同情景下中亚农业水资源脆弱性比 2030 年的低。

4.3　土地资源脆弱性及开发利用风险现状

中亚五国水土资源开发利用已经引发了严重的生态环境问题，已直接影响到当地农业可

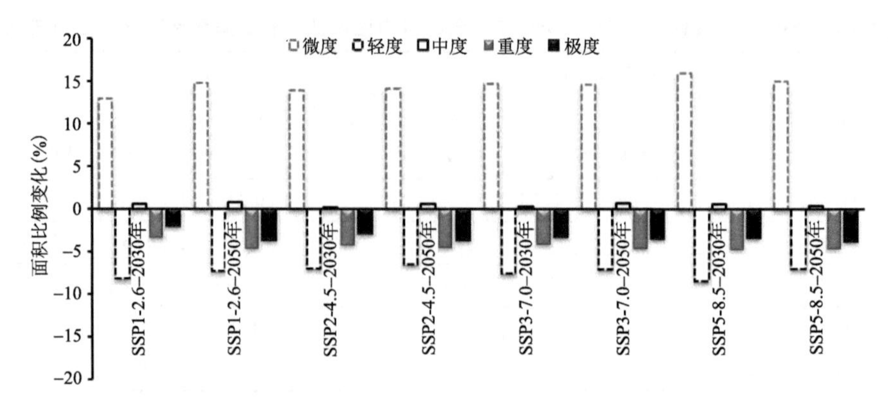

图 4.15　不同情景下农业水资源脆弱性程度面积比例与历史时期的差值

持续发展。为了实现中亚五国农业可持续发展，在该地区开展土地资源脆弱性及开发利用研究十分必要。以下面向中亚土地资源可持续开发利用，以耕地开发利用为目标，基于综合指数法构建土地资源开发利用风险评估模型，并将土地资源脆弱性作为土地资源开发利用风险的一部分，开展土地资源开发利用风险研究。

4.3.1　土地资源脆弱性及开发利用风险评价方法及数据

4.3.1.1　评价体系及数据

以农业可持续发展为目标，结合中亚五国气候、社会经济、土地利用等数据，选取该地区农业水土资源承载力、气候生产潜力、水土热匹配、水资源脆弱性主要影响因子及土地资源开发利用因子作为评价指标，利用多元回归模型，确定各个指标因子的权重，应用加权平均所获综合指数，对中亚五国土地资源开发利用风险进行评价，评价指标确定方法如下。

根据朱薇等(2020)的研究结果，哈萨克斯坦农业水土资源承载力主要影响因素包括垦殖率(耕地面积/土地面积)、单位耕地面积农业产值(农业总产值/耕地面积)、农业灌溉率(灌溉面积/耕地面积)、水土资源匹配系数、人口密度(总人口/土地面积)；根据柴晨好等(2020)的研究结果，哈萨克斯坦气候生产潜力主要由降水主导；根据闫雪等(2020)的研究结果，中亚五国水土热匹配跟降水密切相关；根据于水等(2020)的研究结果，中亚五国农业水资源脆弱性与农业用水比例、农业水分生产率(单位面积谷物产量/单位面积灌水量)密切相关。另一方面，根据庞悦(2014)的研究，以耕地为目标的土地开发利用评价因子包括：地形因子(高程、坡度)、土地利用类型、土壤质地、植被覆盖度等。除上述因子外，大量学者利用人均 GDP、人均谷物产量、农业经济增长率、城市化水平、人口自然增长率、土壤有机质含量等指标评价了区域农业可持续发展(彭念一 等，2003；张红富 等，2009；时惠敏，2012；王岱 等，2014；罗其友 等，2017)。根据上述指标以及各指标因子独立性原则，将利用如下 17 个指标(表 4.14)构建中亚五国基于农业可持续发展的土地资源开发利用风险评价体系。

指标获取使用的数据包括地形数据、气象数据、土地覆盖数据、土壤数据、社会经济数据、植被指数数据。

数字高程模型(DEM)数据来源于中国科学院数据云，采用航天飞机雷达地形测绘任务(SRTM)地形数据中的 SRTM3，空间分辨率为 90 m× 90 m；基于该数据集获得了高程(N_1)、坡度(N_2)指标。

表 4.14 中亚五国土地资源开发利用风险评价指标

一级指标	二级指标	三级指标	指标指向
自然禀赋 N	高程 N_1	DEM	正
	坡度 N_2	DEM	正
	降水 N_3	年降水量	负
土地资源脆弱性 L	开发适宜性 L_1	土地利用类型	负
	土壤持水能力 L_2	土壤质地	负
	土壤有机质含量 L_3	土壤有机碳含量	负
社会可持续性 S	人口自然增长率 S_1	人口	正
	城市化水平 S_2	城市人口、人口	负
	人均谷物产量 S_3	人口、谷物总产量	负
	人口密度 S_4	人口密度	正
经济可持续 E	人均 GDP E_1	人口、GDP	负
	农业经济增长率 E_2	农业 GDP	负
	农业用水比例 E_3	总用水量、农业用水	负
	农业水分生产率 E_4	灌溉面积、谷物总产量、谷物种植面积、农业用水	负
	农业灌溉率 E_5	灌溉面积、耕地面积	负
生态可持续 C	水土资源匹配系数 C_1	农业用水、灌溉面积	负
	植被覆盖 C_2	NDVI	负

气象数据来源于由 ERA-Interim 再分析数据经插值、海拔和月尺度实测数据矫正(Weedon et al.,2010)得到的时间分辨率为 1 d,空间分辨率为 0.5°的全球实测气候数据集(http://www.waterandclimatechange.eu/about/watch-forcing-data-20th-century),利用该数据集 1995—2015 年的降水产品获取年降水量,计算指标降水 N_3。

土地覆盖数据来源于欧洲太空局(CCI)1995—2015 年全球土地覆盖产品,时空分辨率分别为 1 a 和 300 m×300 m;基于该数据集获得了开发适宜性 L_1。

土壤数据包括土壤质地和土壤有机碳含量数据,土壤质地根据砂粒、黏粒、粉粒百分比数据,利用美国农业部(USDA)制定的标准计算。土壤三分量和有机质含量数据都来源于 Shangguan 等(2014),下载地址 http://globalchange.bnu.edu.cn/research/soilw. 基于土壤质地和土壤有机碳含量获得了土壤持水能力 L_2、土壤有机质含量 L_3。

社会经济数据(人口、城市人口、人口密度、耕地面积、GDP、农业 GDP、总用水量、农业用水、谷物总产量、谷物种植面积、灌溉面积)来源于世界银行数据库和联合国粮农组织数据库;基于该数据集获得了人口自然增长率 S_1、城市化水平 S_2、人均谷物产量 S_3、人口密度 S_4、人均 GDP E_1、农业经济增长率 E_2、农业用水比例 E_3、农业水分生产率 E_4、农业灌溉率 E_5、水土资源匹配系数 C_1 指标。

植被覆盖与 NDVI 密切相关,且 NDVI 高的地方植被覆盖度高(吴云 等,2010),故利用遥感 NDVI 代表植被覆盖。植被数据来源于长时间序列 GIMMS NDVI 数据集(NDVI3g),时间分辨率 15 d,空间分辨率 0.0833°(http://ecocast.arc.nasa.gov/data/pub/gimms/3g.v0/)。

选取 1995—2015 年生长季(4—9 月)(Yin et al. ,2016)NDVI3g 数据,利用最大值合成法得到月 NDVI,以进一步降低大气残余效应及双向传输效应的影响(Piao et al. ,2006)。对 4—9 月 NDVI 求平均,得到生长季 NDVI,据此计算指标植被覆盖 C_2。

在通过以上数据计算区域相关指标时,均利用双线性采样法将相关数据重采样至 0.5°。

4.3.1.2 *研究方法*

(1)相关指标计算

温度随海拔的变化而变化,海拔不同,农作物生长发育情况将不同。参照庞悦(2014)所述方法,根据海拔高度,开发风险指标 N_1 计算方法如下:

$$N_1=\begin{cases}1 & 0<x\leqslant 100\\ 2 & 100<x\leqslant 300\\ 3 & 300<x\leqslant 500\\ 4 & 500<x\leqslant 1000\\ 5 & 1000<x\leqslant 2000\\ 7 & x\leqslant 0\\ 8 & 2000<x\end{cases} \tag{4.6}$$

坡度是影响土地开发利用的重要影响因子,坡度越小,土壤侵蚀程度越低,且越有益于机耕化,因此越适宜开发。根据坡度大小,开发风险指标 N_2 计算方法如下:

$$N_2=\begin{cases}1 & x\leqslant 5\\ 3 & 5<x\leqslant 15\\ 7 & 15<x\end{cases} \tag{4.7}$$

以种植业为目的的各土地覆盖类型开发利用中,耕地开发风险最低,其次为草地、稀疏植被地区、林地、裸地,水体、城镇、冰雪等土地利用类型不宜开发。根据土地覆盖类型,开发适宜性 L_1 计算方法如下:

$$L_1=\begin{cases}10 & \text{耕地}\\ 9 & \text{草地}\\ 7 & \text{稀疏植被}\\ 5 & \text{林地}\\ 1 & \text{裸地}\end{cases} \tag{4.8}$$

(2)指标归一化处理

为了消除各指标的量纲影响,数据分析时需要对各指标进行归一化处理(陈芳 等,2015)。采用极差正规化法将数据进行无量纲归一化处理,处理后指标值在 0～1(陈桃 等,2019)。

正向指标:即指标 x_i 的数值越高,所评价的目标值也越高,归一化方法为:

$$X_i=\frac{x_i-x_{i\min}}{x_{i\max}-x_{i\min}} \tag{4.9}$$

负向指标:即指标 x_i 的数值越高,所评价的目标值却越低,归一化方法为:

$$X_i=\frac{x_{i\max}-x_i}{x_{i\max}-x_{i\min}} \tag{4.10}$$

式中,X_i 为正向化值;x_i 为评价指标的样本数据;$x_{i\max}$ 为评价指标最大值;$x_{i\min}$ 为评价指标最小值。

(3)土地资源开发利用风险计算

为避免赋予权重的主观性，利用国家尺度标准化单位面积作物产量对标准化各指标的多元线性回归系数确定各指标对土地资源开发利用风险的权重(牛海鹏 等，2003)，进而获取开发利用风险。具体方法为：

$$R = \sum_{i=1}^{m} w_i X_i \tag{4.11}$$

式中，R 为土地资源开发利用风险；m 为二级指标数量，本研究中 $m=17$；w_i 为归一化评价指标 X_i的权重。

(4)土地资源脆弱性计算

土地资源开发利用风险评估指标包括自然禀赋、土地资源脆弱性、社会可持续、经济可持续、生态可持续五部分，土地资源脆弱性评估是土地资源开发利用风险评估的一部分。以耕地为目标的土地资源开发利用风险评价因子包括：地形因子(高程、坡度)、土地利用类型、土壤质地、植被覆盖度等；另一方面，人均 GDP、人均谷物产量、农业经济增长率、城市化水平、人口自然增长率、土壤有机质含量等影响区域农业可持续发展。在上述指标中，土地利用类型、土壤质地、土壤有机质含量直接代表了土地的属性。因此，以耕地为目标，考虑农业可持续发展，利用土地利用类型、土壤质地、土壤有机质含量构建了土地资源脆弱性模型：根据土地利用类型，获得了开发适宜性指标 L_1，基于土壤质地和土壤有机碳含量获得了土壤持水能力指标 L_2、土壤有机质含量指标 L_3。

进行土地资源开发利用风险评估时确定 L_1、L_2、L_3 的权重，这些权重同时作为土地资源脆弱性评估时对应指标的权重。通过加权平均，根据 L_1、L_2、L_3 获取土地资源开发利用脆弱性 L，计算公式如下：

$$L = \sum_{j=1}^{n} w_j L_j \tag{4.12}$$

式中，$n=3$，w_j 为 L_j 的权重，进行土地资源开发利用风险评估时确定 w_j，具体方法见开发利用风险计算部分。

4.3.2　土地资源脆弱性及开发利用风险时空分布

4.3.2.1　土地资源脆弱性时空分布

中亚地区 1995 年、2000 年、2005 年、2010 年以及 2015 年的土地资源脆弱性空间分布如图 4.16 所示。根据自然间断点法，对各个时期的中亚地区土地资源脆弱性进行等级划分。在整个时期来看，1955—2015 年，中亚地区土地资源脆弱性空间分布具有相似性。中亚地区东部、东南部、南部山区土地资源脆弱性较低，其余地方土地资源脆弱性由北向南逐渐增加。就各个国家而言，哈萨克斯坦的北部地区脆弱性为微度，北部地区主要为雨养农业区，降水充沛，土壤持水能力较好，且有机碳含量较高；东部地区主要为山地地形，多为河流上游，水资源充足。哈萨克斯坦南部和西南部地区主要土地资源脆弱性较差，多为中度和重度，该区域土地类型多为沙漠和盐沼，土地开发适宜性较差。吉尔吉斯斯坦和塔吉克斯坦两国，多为山地地形，且为众多河流的发源地或上游河段，土壤持水能力较好，因此该区域土地资源脆弱性多为微度或轻度。土库曼斯坦和乌兹别克斯坦两国，分布有较多的沙漠，如卡拉库姆沙漠和克孜勒库姆沙漠，因此土资源脆弱性多为重度和极度；仅位于阿姆河三角洲的地区土地资源脆弱性为微度或轻度。

利用 ArcGIS 软件中的统计功能，得到中亚地区不同时期土地资源脆弱性程度面积百分

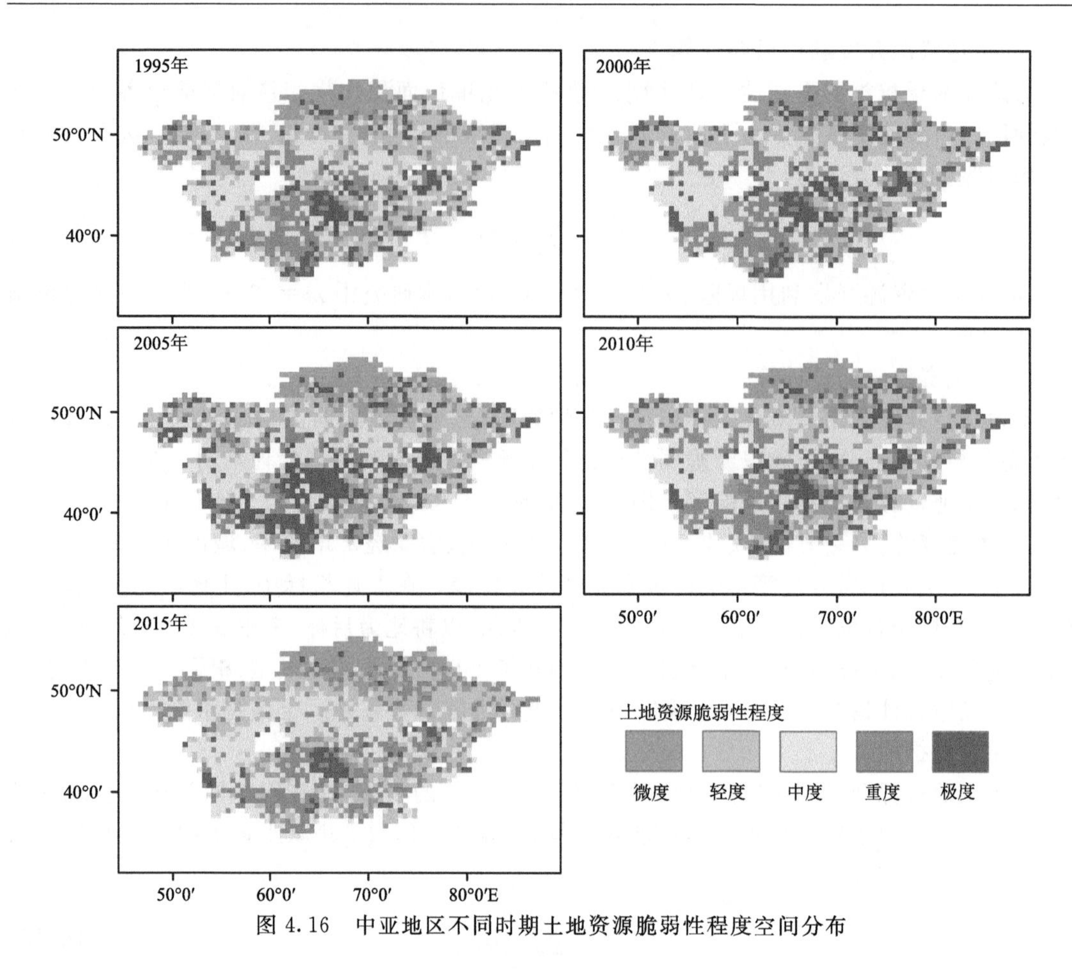

图 4.16　中亚地区不同时期土地资源脆弱性程度空间分布

比，如表 4.15 所示。中亚地区土地资源脆弱性的轻度和中度占有较大比例，在 1995—2015 年期间比例均超过 25%。脆弱性的微度、重度和极度所占比重相对较小，均未超过 20%。脆弱性程度在各个时期变化差异较小，基本保持稳定。

表 4.15　中亚地区不同时期土地资源脆弱性程度面积百分比

脆弱性程度	1995 年	2000 年	2005 年	2010 年	2015 年
微度	14.83%	16.04%	17.48%	17.30%	16.65%
轻度	30.20%	27.24%	31.29%	26.19%	29.40%
中度	26.30%	28.01%	26.46%	26.19%	30.33%
重度	15.93%	13.34%	8.45%	14.77%	18.52%
极度	12.74%	15.38%	16.32%	15.54%	5.11%

考虑到哈萨克斯坦国家领土面积较大以及数据的可用性，将哈萨克斯坦按照各个州进行数据及统计分析；即对哈萨克斯坦 14 个州和其余 4 个国家，共 18 个地区的数据，进而得到中亚地区不同时期土地资源脆弱性的统计数据，如图 4.17 所示。1995—2015 年，中亚各个地区最大、最小及平均土地资源脆弱性整体呈先降低后增加的趋势，但 2010 年最大、最小及平均土地资源脆弱性低于其余年份，脆弱性数值范围为 0.008～0.017。各个时期均存在一个脆弱性极低的异常值，该地区为北哈萨克斯坦地区。该地区为哈萨克斯坦的主要农业耕种区，土地开

发适宜性较高。而 1995 年，中亚各个地区的土地资源脆弱性差异程度相对较大。

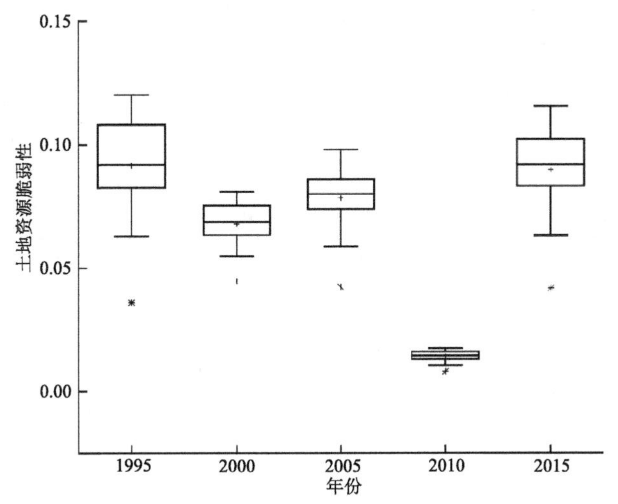

图 4.17　中亚地区不同时期土地资源脆弱性

4.3.2.2　土地资源脆弱性变化

将 1995 年、2000 年、2005 年、2010 年以及 2015 年相邻时期的土地资源脆弱性分别进行差值运算，基于自然间断点法，得到中亚地区不同时期年土地资源脆弱性的空间变化，如图 4.18 和表 4.16 所示。通过对比 4 个变化时期，2000—1995 年和 2010—2005 年这两个时期，土地资源脆弱性变化具有空间的相似性，哈萨克斯坦北部地区，以北哈萨克斯坦州为主，土地资源脆弱性显著升高。吉尔吉斯斯坦和塔吉克斯坦土地资源脆弱性存在缓慢升高的趋势，而土库曼斯坦和乌兹别克斯坦则存在土地资源脆弱性降低的趋势（缓慢降低和显著降低）。2000—1995 年、2010—2005 年土地资源脆弱性变化相对稳定的区域占有比例分别为 31.37%

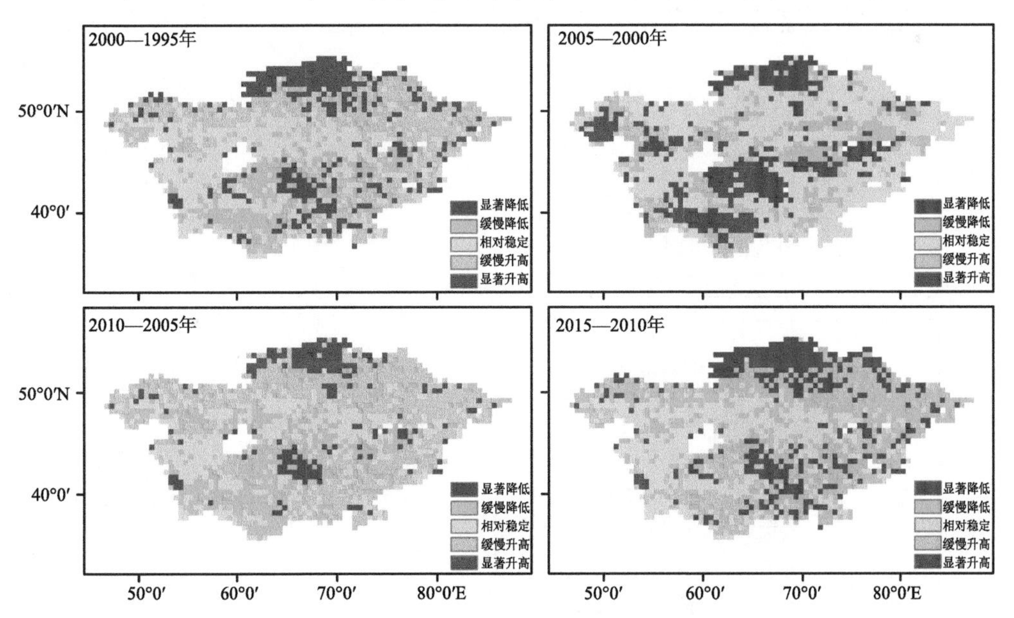

图 4.18　中亚地区不同时期土地资源脆弱性的空间变化

和 26.15%。对于 2005—2000 年和 2015—2010 年这两个时期，土地资源脆弱性变化空间分布相似，哈萨克斯坦北部和东部地区土地资源脆弱性是降低的趋势，中部地区相对稳定，南部地区土地资源脆弱性存在升高的趋势（缓慢升高和显著升高）。吉尔吉斯斯坦和塔吉克斯坦土地资源脆弱性存在缓慢升高的趋势，而土库曼斯坦和乌兹别克斯坦则存在土地资源脆弱性降低的趋势。这两个时期土地资源脆弱性变化主要以相对稳定为主，其所占比例分别为 50.88%和 30.31%。

表 4.16　中亚地区不同时期土地资源脆弱性空间变化类型面积百分比

变化类型	2000—1995 年	2005—2000 年	2010—2005 年	2015—2010 年
显著降低	5.11%	12.36%	4.73%	16.69%
缓慢降低	18.30%	13.79%	24.40%	29.38%
相对稳定	31.37%	50.88%	26.15%	30.31%
缓慢升高	30.33%	9.78%	38.19%	18.51%
显著升高	14.89%	13.19%	6.54%	5.11%

4.3.2.3　土地资源开发利用风险时空分布

中亚地区 1995 年、2000 年、2005 年、2010 年以及 2015 年土地资源开发利用风险空间分布如图 4.19 所示。根据自然间断点法，在整个时期，中亚地区土地资源开发利用风险整体由

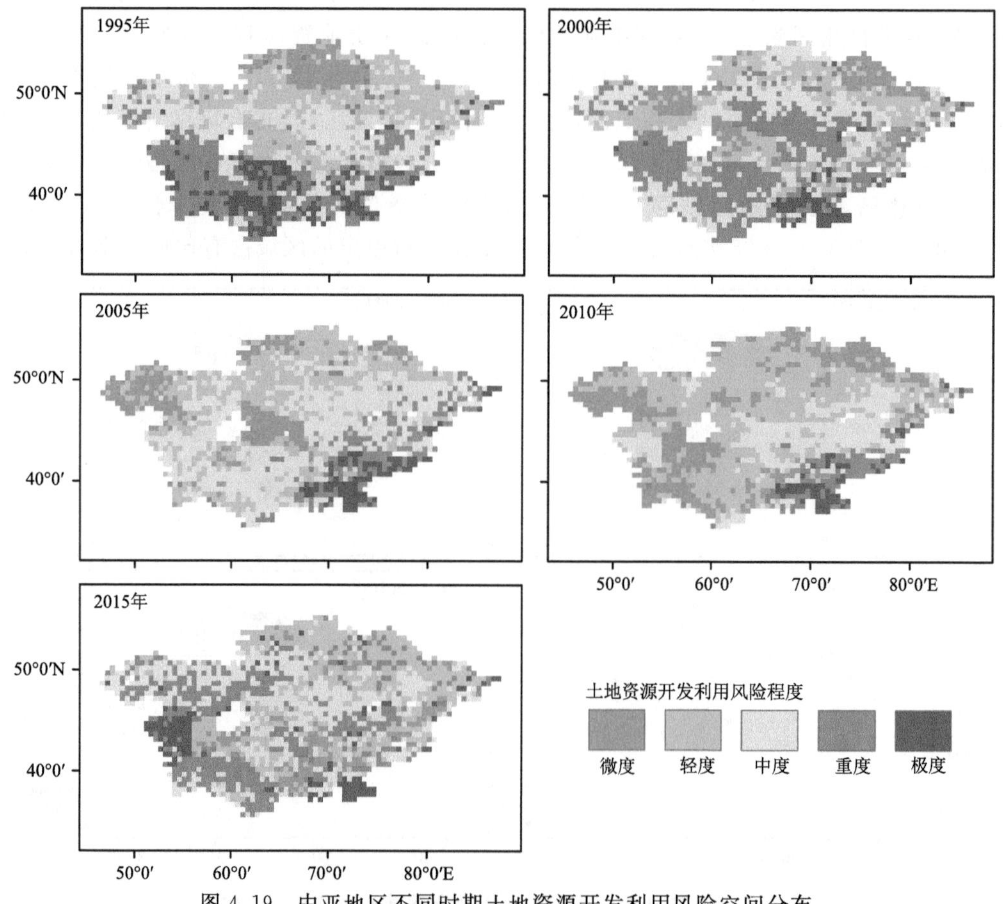

图 4.19　中亚地区不同时期土地资源开发利用风险空间分布

北向南逐渐增加，中亚的北部地区土地资源开发利用风险较低，南部地区土地资源开发利用风险较高。从各个国家来看，哈萨克斯坦北部地区土地资源开发利用风险较低，中部地区土地资源开发利用风险为中度，土地资源开发利用风险较高。吉尔吉斯斯坦和塔吉克斯坦两个国家土地资源开发利用风险处于重度或极度的状态，可能是地形因素抑制两国的社会经济发展所致。土库曼斯坦和乌兹别克斯坦的土地资源开发利用风险随着时间存在差异；首先是 1995 年和 2000 年两国的土地资源开发利用风险以重度和极度为主，风险程度较高；而 2005 年和 2010 年两国的土地资源开发利用风险以微度和轻度为主，风险程度较低。

利用 ArcGIS 软件中的统计功能，得到中亚地区不同时期土地资源开发利用风险面积百分比，如表 4.17 所示。中亚地区土地资源开发利用风险的微度和极度占有较小比例，轻度、中度和重度的比例较大。对比分析各个时期轻度和重度的比例，2005 年和 2010 年两个时期轻度比例远大于重度的比例，这也反映在图 4.19 中。

表 4.17　中亚地区不同时期土地资源开发利用风险面积百分比

风险程度	1995 年	2000 年	2005 年	2010 年	2015 年
微度	7.36%	11.84%	13.34%	24.28%	7.59%
轻度	28.00%	22.91%	31.16%	44.80%	28.74%
中度	29.50%	28.89%	40.40%	21.18%	31.01%
重度	23.63%	32.26%	9.74%	6.31%	25.30%
极度	11.51%	4.10%	5.37%	3.43%	7.36%

考虑到哈萨克斯国家领土面积较大以及数据的可用性，将哈萨克斯坦按照各个州进行数据及统计分析；即对哈萨克斯坦 14 个州和其余 4 个国家，共 18 个地区的数据，进而得到中亚地区不同时期土地资源开发利用风险的统计数据，如图 4.20 所示。1995—2015 年，中亚各个地区平均土地资源开发利用风险整体呈降低的趋势，而 1995 年，中亚各个地区的土地资源开发利用风险差异程度相对较大。

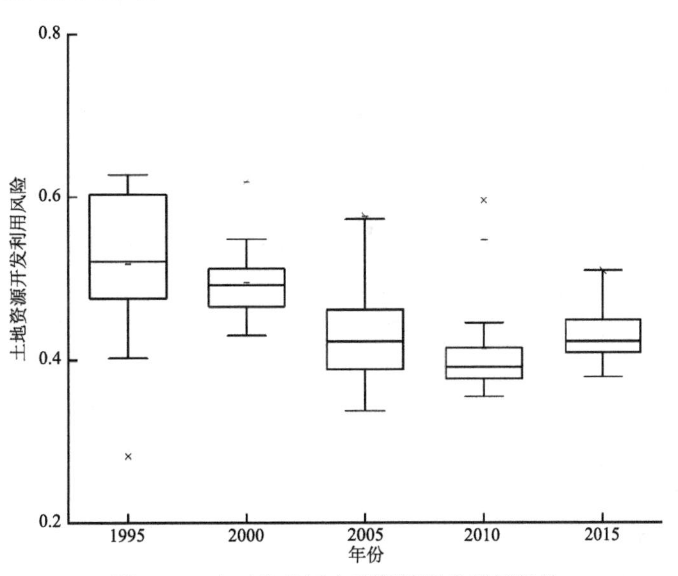

图 4.20　中亚各地区土地资源开发利用风险

4.3.2.4　土地资源开发利用风险变化

将 1995 年、2000 年、2005 年、2010 年以及 2015 年相邻时期的土地资源开发利用风险分别进行差值运算，基于自然间断点法，得到中亚地区不同时期年土地资源开发利用风险的空间变化，如图 4.21 和表 4.18 所示。通过对比 4 个变化时期，2000—1995 年、2005—2000 年和 2010—2005 年这 3 个时期，土地资源开发利用风险变化具有一定空间相似性，从中亚地区的西南部到东北部土地资源开发利用风险变化程度逐渐升高；而 2015—2010 年，从中亚地区的西部到东部土地资源开发利用风险变化程度逐渐降低。就各个国家而言，2000—1995 年、2005—2000 年和 2010—2005 年这 3 个变化时期，土库曼斯坦和乌兹别克斯坦的土地资源开发利用风险变化程度主要以降低(显著降低和缓慢降低)为主；2015—2010 年，该变化时期，两国的土地资源开发利用风险变化程度以升高为主。哈萨克斯坦土地资源开发利用风险变化在不同时期具有差异性：2000—1995 年期间，土地资源开发利用风险变化程度的升高区域主要集中在该国的北部地区；2005—2000 年期间，土地资源开发利用风险变化程度的升高区域主要集中于哈萨克斯坦的东部地区和阿克托别州；2010—2005 年期间，土地资源开发利用风险变化程度显著升高的区域为克孜勒奥尔达州；2015—2010 年期间，土地资源开发利用风险变

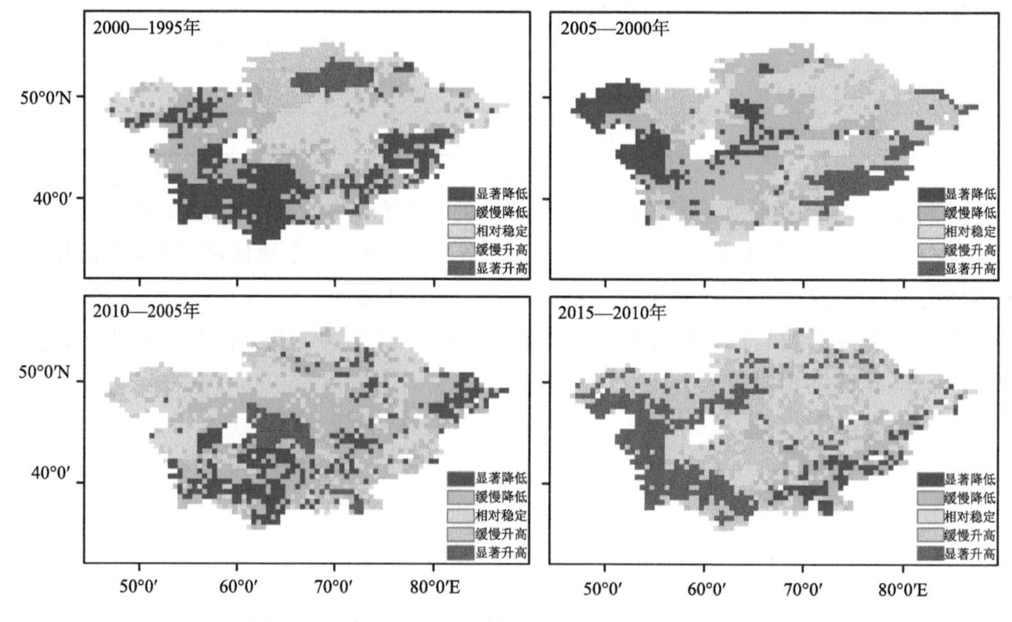

图 4.21　中亚地区土地资源开发利用风险时空变化

表 4.18　中亚地区不同时期土地资源开发利用风险空间变化类型面积百分比

变化类型	2000—1995 年	2005—2000 年	2010—2005 年	2015—2010 年
显著降低	27.50%	14.93%	17.81%	5.10%
缓慢降低	27.73%	32.63%	35.18%	9.97%
相对稳定	30.82%	25.77%	30.48%	29.86%
缓慢升高	9.80%	18.69%	11.39%	32.08%
显著升高	4.15%	7.96%	5.14%	22.99%

化程度升高的区域主要分布在哈萨克斯坦西部地区。吉尔吉斯斯坦和塔吉克斯坦在 2000—1995 年、2010—2005 年和 2015—2010 年期间土地资源开发利用风险变化程度主要以降低为主，在 2005—2000 年期间土地资源开发利用风险变化程度以升高为主。

4.3.3　土地资源开发利用风险影响因子

4.3.3.1　土地资源开发利用风险与土地资源脆弱性关系

1995 年、2000 年、2005 年、2010 年、2015 共 5 个时期，中亚地区土地资源开发利用风险与土地资源脆弱性正相关（图 4.22a—e），即土地资源脆弱性高的州，土地资源开发利用风险也高。但随时间推移，各州土地资源脆弱性与土地资源开发利用风险的相关性越来越低。2005 年的土地资源脆弱性和开发利用风险几乎不存在相关性，R^2 仅为 0.03。整体来看，中亚地区土地资源开发利用风险与土地资源脆弱性相关性较低。

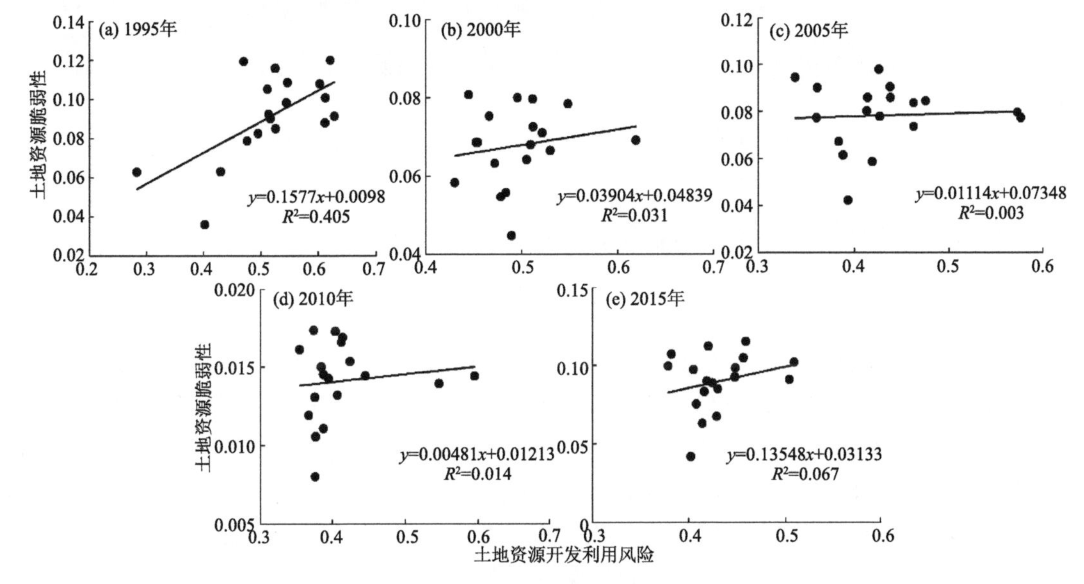

图 4.22　1995—2015 年中亚地区土地资源开发利用风险与土地资源脆弱性关系

4.3.3.2　土地资源开发利用风险关键指标

根据偏最小二乘法所得各指标对各国土地资源开发利用风险的重要性指标 VIP（图 4.23），1995 年土地资源开发利用风险空间分布主要受土壤质地、土壤有机质含量、人口自然增长率、农业用水比例、农业水分生产率、农业灌溉率的影响，2000 年主要受降水、农业经济增长率、农业水分生产率、水土资源匹配系数、植被覆盖度影响，2005 年主要受土地利用类型、土壤有机碳含量、人口密度、农业用水比例、农业水分生产率、水土资源匹配系数影响，2010 年主要受土地利用类型、土壤有机质含量、人口自然增长率、城市化水平、人均谷物产量、人口密度、农业经济增长率、农业用水比例影响，2015 年主要受高程、土地利用类型、人口密度、农业水分生产率、水土资源匹配系数影响，1995—2015 年主要受土壤有机质含量、人口自然增长率、人均谷物产量、人口密度、农业经济增长率、农业用水比例、农业水分生产率、农业灌溉率、植被覆盖影响。因此，土壤质量、人口、农业用水、生态环境质量是影响中亚农业土地资源开发利用的重要因子。

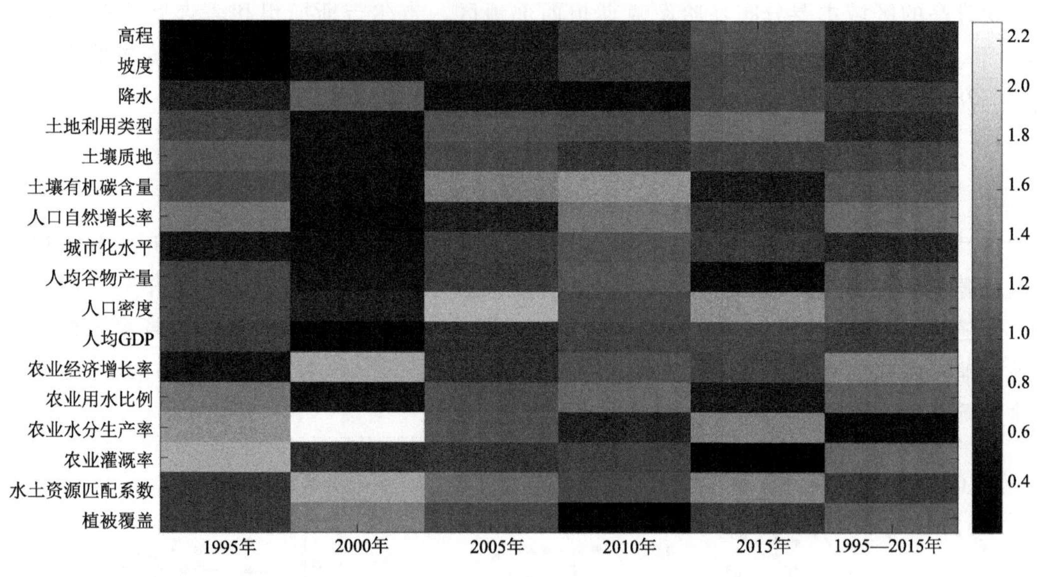

图 4.23 各评价指标对土地资源开发利用风险空间分布的重要性 VIP

4.4 未来土地资源脆弱性、开发利用风险

4.4.1 数据与方法

在区域尺度上，全球气候模式对未来气候变化的模拟结果不确定性较大，特别是降水。为了确保全球气候模式在中亚地区预估结果的可靠性，利用 CMIP6 多模式集合平均降水预估未来不同情景下（SSP1-2.6、SSP2-4.5、SSP3-7.0 和 SSP5-8.5）中亚土地资源脆弱性和开发利用风险，所用 CMIP6 模式信息如表 4.19 所示。将不同情景下多模式集合平均降水纳入土地开发利用风险评价体系，以 2015 年为基准年，在其他指标不变的条件下，获取对应情景下各指标的权重。

表 4.19 CMIP6 模式信息

序号	模式名称	国家	研究机构	分辨率
1	BBC-CSM2-MR	中国	Beijing Climate Center	1.9°×1.9°
2	CanESM5	加拿大	Canadian Centre for Climate Modelling and Analysis	2.8°×2.8°
3	IPSL-CM6A-LR	欧洲	IPSL(Institute Pierre-Simon Laplace)	2.5°×1.3°
4	MIROC6	日本	Japanese Research Community	1.4°×1.4°
5	MRI-ESM2-0	日本	MRI(Meteorological Research Institute)	1.9°×1.9°

4.4.2 不同情景下土地资源脆弱性及开发利用风险时空分布

4.4.2.1 未来情景下中亚地区土地资源脆弱性时空分布

获得的 2015 年及 SSP1-2.6、SSP2-4.5、SSP3-7.0 和 SSP5-8.5 四种未来情景下的中亚五国土地资源脆弱性的空间分布如图 4.24 所示。根据自然间断点法，对各个时期的中亚地区土地资源脆弱性进行等级划分。在各个时期来看，中亚地区土地资源脆弱性空间分布具有相似性。中亚的西南部地区土地资源脆弱性较为严重，以重度和极度为主；北部和东南部地区土地资源脆弱性主要为轻微程度，中部地区土地资源脆弱性为中度。从各个国家来看，哈萨克斯坦土地资源脆弱性以轻度和中度为主，吉尔吉斯斯坦和塔吉克斯坦土地资源脆弱性以微度和轻度为主，而土库曼斯坦和乌兹别克斯坦土地资源脆弱性重度和极度占据主要比例。

利用 ArcGIS 软件中的统计功能，得到中亚地区不同时期土地资源脆弱性程度面积百分比，如表 4.20 所示。各个时期的脆弱性程度比例较为接近，可以在图 4.24 中得到反映。土地资源脆弱性微度比例约为 11%，轻度约为 34%，中度约为 24%，重度约为 17%，极度约为 14%。中亚地区在未来土地资源脆弱性程度将以轻度和中度为主。

表 4.20　21 世纪未来情景下中亚地区不同时期土地资源脆弱性程度面积百分比(%)

脆弱程度	SSP1-2.6		SSP2-4.5		SSP3-7.0		SSP5-8.5	
	30 年代	50 年代	30 年代	50 年代	30 年代	50 年代	30 年代	50 年代
微度	16.37%	10.93%	10.93%	10.87%	10.93%	10.93%	10.93%	10.82%
轻度	26.87%	34.07%	33.96%	33.55%	33.85%	33.44%	33.94%	33.11%
中度	26.26%	23.90%	24.07%	24.22%	23.74%	24.16%	24.00%	24.49%
重度	13.90%	17.47%	17.14%	17.46%	17.58%	17.52%	17.46%	17.63%
极度	16.70%	13.63%	13.90%	13.95%	13.90%	13.95%	13.67%	13.95%

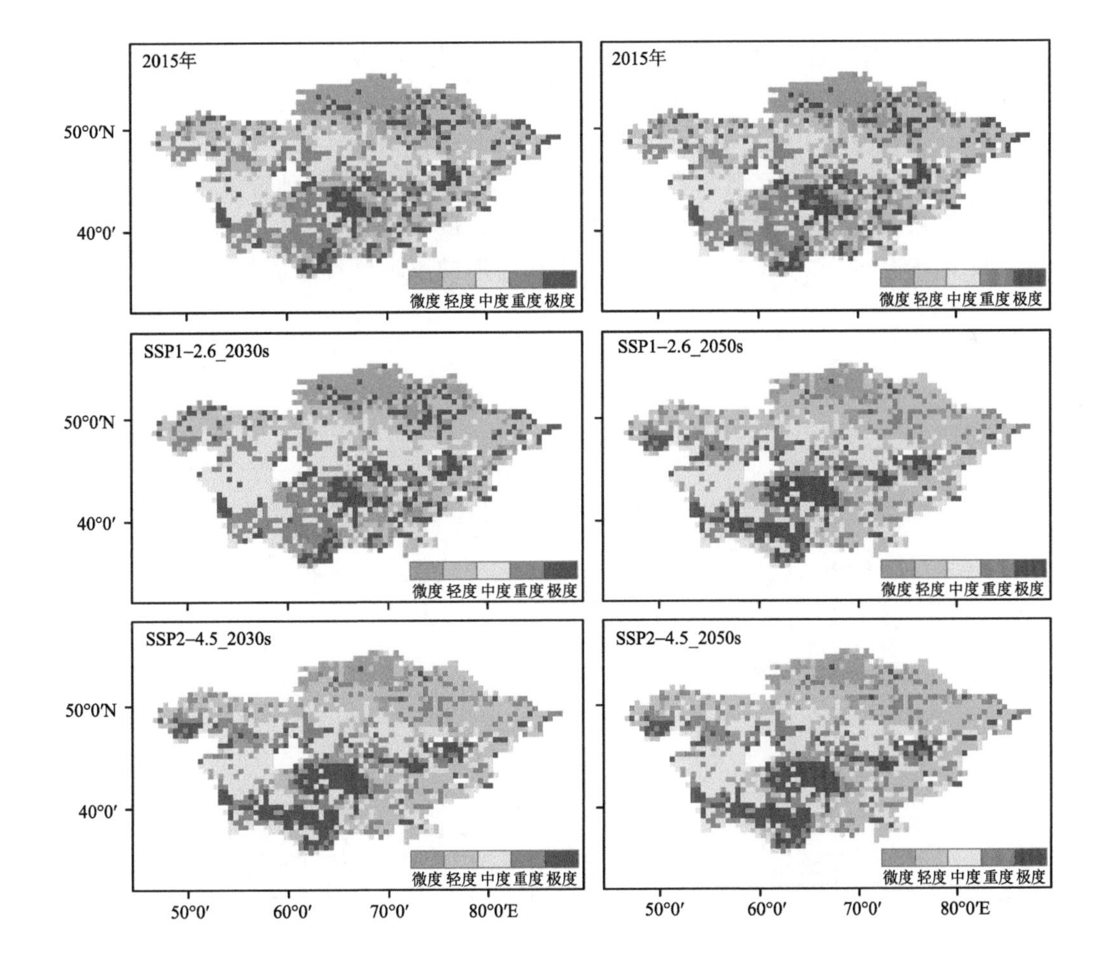

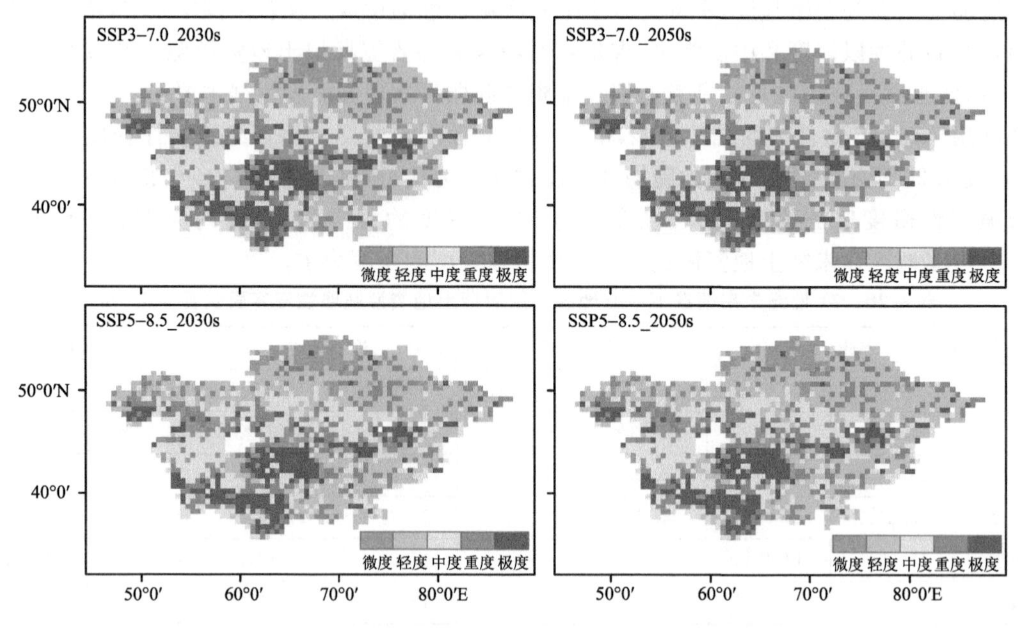

图 4.24　未来情景下中亚地区不同时期土地资源脆弱性空间分布

考虑到哈萨克斯坦国家领土面积较大以及数据的可用性，将哈萨克斯坦按照各个州进行数据及统计分析；即对哈萨克斯坦 14 个州和其余 4 个国家，共 18 个地区的数据进行统计分析，进而得到未来情景下中亚地区不同时期土地资源脆弱性的统计数据，如图 4.25 所示。在不同未来情景下，从 SSP1-2.6 到 SSP5-8.5，21 世纪 30 年代时期的土地资源脆弱性的最大、最小及平均值存在缓慢上升的趋势；50 年代时期的最大、最小及平均土地资源脆弱性则保持相对稳定。其中，SSP1-2.6 情景下 21 世纪 30 年代时期的土地资源脆弱性变化较大，范围为 0.012～0.044。

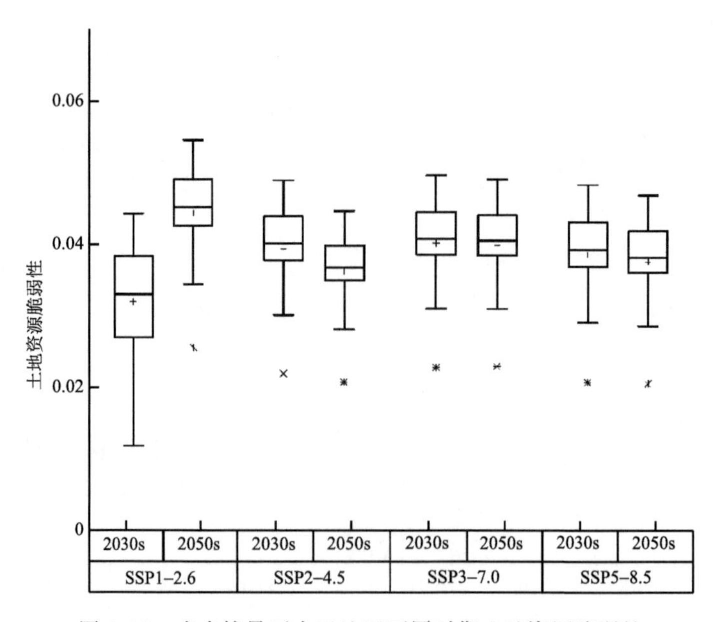

图 4.25　未来情景下中亚地区不同时期土地资源脆弱性

4.4.2.2　土地资源脆弱性时空变化

将4种未来情景下21世纪30年代和50年代年土地资源脆弱性与2015年的土地资源脆弱性两两相减，基于自然间断点法，得到未来情景下中亚地区不同时期年土地资源脆弱性的空间变化，如图4.26和表4.21所示。从各国变化情况来看，哈萨克斯坦土地资源脆弱性变化较为复杂，变化缓慢和稳定的区域比例较大，土地资源脆弱性变化显著降低和显著升高的区域比例相对较小。吉尔吉斯斯坦和塔吉克斯坦的土地资源脆弱性变化以升高为主。土库曼斯坦和乌兹别克斯坦的土地资源脆弱性变化相对稳定。

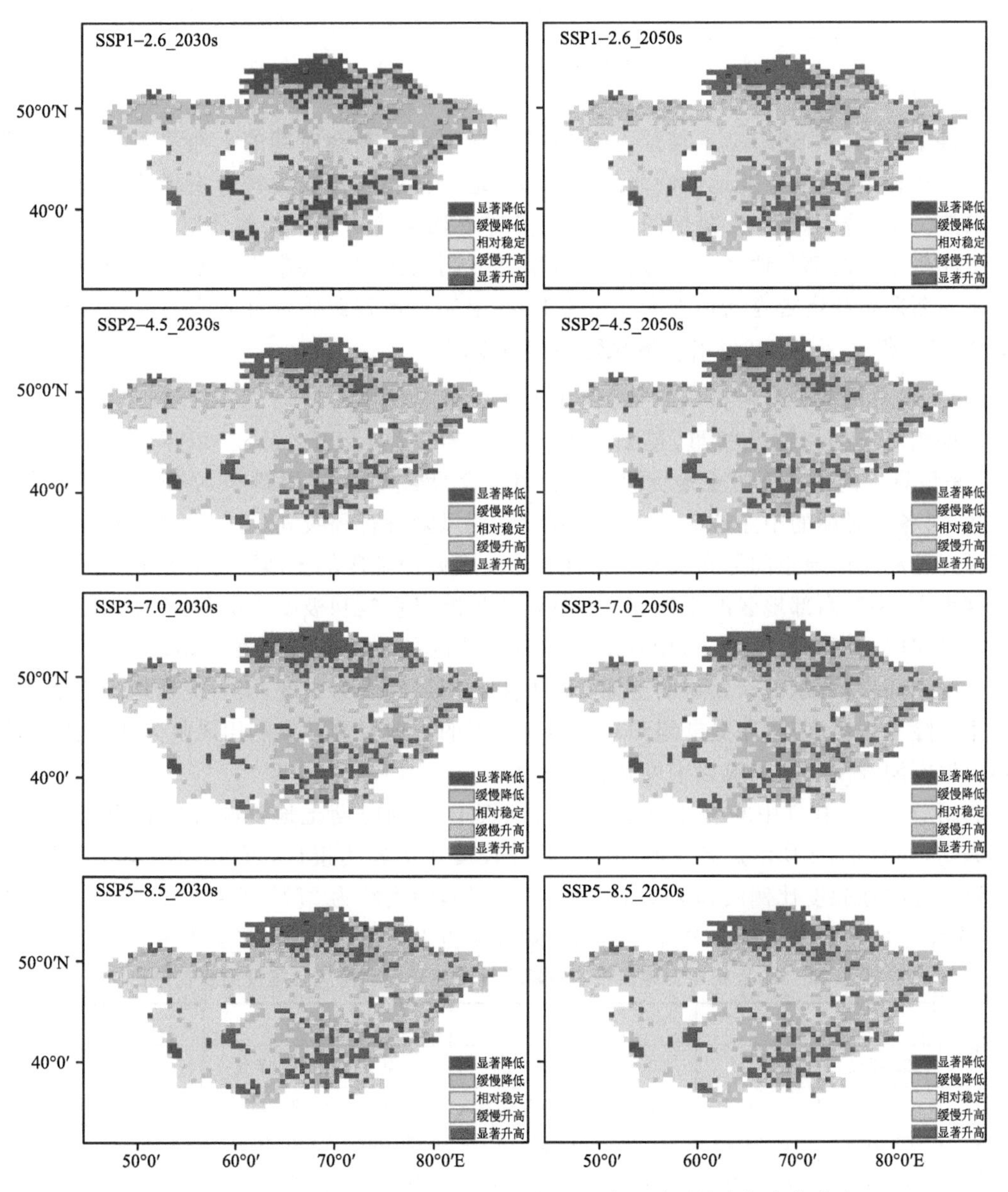

图4.26　未来情景下中亚地区不同时期土地资源脆弱性空间变化分布

表 4.21　未来情景下中亚地区不同时期土地资源脆弱性空间变化类型面积百分比

变化类型	SSP1-2.6		SSP2-4.5		SSP3-7.0		SSP5-8.5	
	2030s—2015 年	2050s—2015 年	2030s—2015 年	2050s—2015 年	2030s—2015 年	2050s—2015 年	2030s—2015 年	2050s—2015 年
显著降低	16.36%	2.48%	2.43%	2.48%	2.43%	2.42%	2.42%	2.43%
缓慢降低	26.84%	14.28%	14.29%	14.28%	14.29%	14.22%	14.22%	14.29%
相对稳定	40.12%	40.30%	40.32%	40.30%	40.32%	40.14%	40.14%	40.32%
缓慢升高	14.22%	26.96%	26.97%	26.96%	26.97%	26.85%	26.85%	26.97%
显著升高	2.47%	15.99%	16.00%	15.99%	16.00%	16.36%	16.36%	16.00%

在各个时期，除 SSP1-2.6 情景下的 21 世纪 30 年代，其余时期的土地资源脆弱性变化在空间上存在相似性，从中亚地区的北部到南部土地资源脆弱性变化符合由降低到稳定再到增加的趋势。土地资源脆弱性降低的区域主要集中在哈萨克斯坦南部部分地区以及乌兹别克斯坦和土库曼斯坦的部分地区；而土地资源脆弱性升高的区域主要集中在哈萨克斯坦北部地区和吉尔吉斯斯坦和塔吉克斯坦地区。总体来看，中亚土地资源脆弱性升高与降低面积比例分别约为 20%和 40%，有 40%的区域风险性相对稳定。

4.4.2.3　未来情景下中亚地区土地开发利用风险时空分布

根据相对应的指标及权重，得到 2015 年及 SSP1-2.6、SSP2-4.5、SSP3-7.0 和 SSP5-8.5 4 种未来情景下的中亚五国土地资源开发利用风险的空间分布，如图 4.27 所示。根据自然间断点法，对各个时期的中亚地区土地资源开发利用风险进行等级划分。各时段内，中亚地区土地资源开发利用风险空间分布具有相似性。中亚西南部地区的土地资源开发利用风险以微度和轻度为主；中亚西部地区的土地资源开发利用风险以重度和极度为主；南部地区土地资源开发利用风险以重度和极度为主；中亚北部和东部地区的土地资源开发利用风险以中度为主。就各个国家而言，吉尔吉斯斯坦的土地资源开发利用风险多为中度；塔吉克斯坦的土地资源开发利用风险多为极度；土库曼斯坦和乌兹别克斯坦的土地资源开发利用风险为微轻度，哈萨克斯坦土地资源开发利用风险以中度和重度为主。

利用 ArcGIS 软件中的统计功能，得到中亚地区不同时期土地资源开发利用风险等级面积百分比，如表 4.22 所示。各个时期的危险性程度比例较为接近，可以在图 4.27 得到反映。土地资源危险性微度比例约为 21%，轻度约为 12%，中度约为 27%，重度约为 32%，极度约为 8%。中亚地区在未来土地资源开发利用风险程度将以微度、中度和重度为主。

表 4.22　21 世纪中亚地区不同时期土地资源开发利用风险程度面积百分比

风险程度	SSP1-2.6		SSP2-4.5		SSP3-7.0		SSP5-8.5	
	30 年代	50 年代	30 年代	50 年代	30 年代	50 年代	30 年代	50 年代
微度	18.01%	22.86%	23.08%	19.82%	19.82%	23.41%	22.91%	22.92%
轻度	23.34%	11.21%	11.10%	13.18%	13.18%	10.93%	11.15%	11.32%
中度	22.24%	26.59%	26.70%	27.51%	27.51%	26.70%	27.03%	27.21%
重度	27.90%	31.76%	31.21%	31.52%	31.52%	31.15%	31.04%	30.68%
极度	8.51%	7.58%	7.91%	7.96%	7.96%	7.80%	7.86%	7.86%

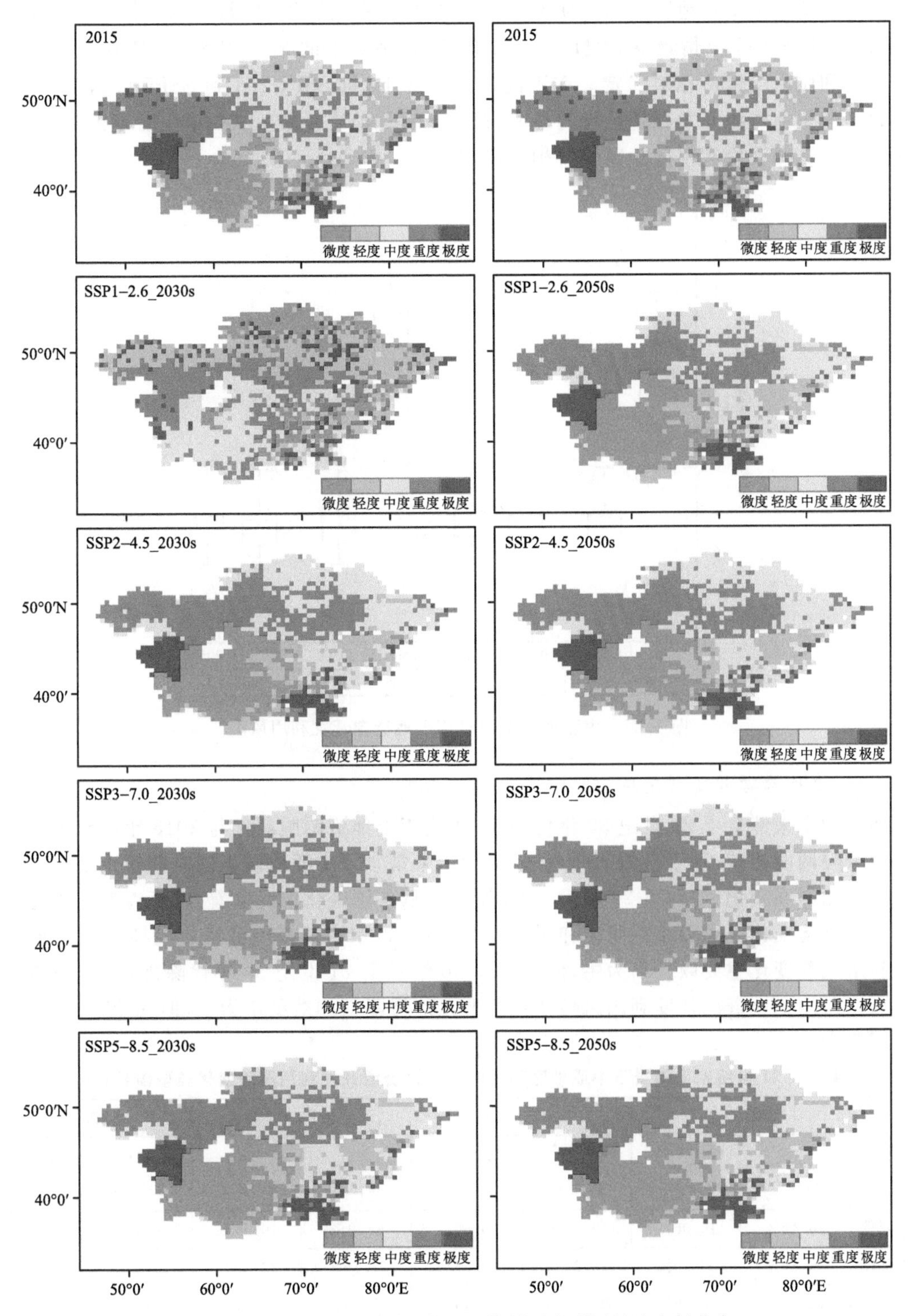

图 4.27 中亚地区不同时期土地资源开发利用风险空间分布

考虑到哈萨克斯坦国家领土面积较大以及数据的可用性，将哈萨克斯坦按照各个州进行数据及统计分析；即对哈萨克斯坦 14 个州和其余 4 个国家，共 18 个地区的数据进行分析，进而得到未来情景下中亚地区不同时期土地资源开发利用风险的统计数据，如图 4.28 所示。除 SSP1-2.6 和 SSP3-7.0 情景下 21 世纪 30 年代，其他情景下的 30 年代和 50 年代时期的土地资源开发利用风险保持相对稳定。在不同未来情景下，从 SSP1-2.6 到 SSP5-8.5，21 世纪 30 年代时期的土地资源开发利用风险的最大、最小及平均值变化较大；50 年代时期的最大、最小及平均土地资源开发利用风险则保持相对稳定。

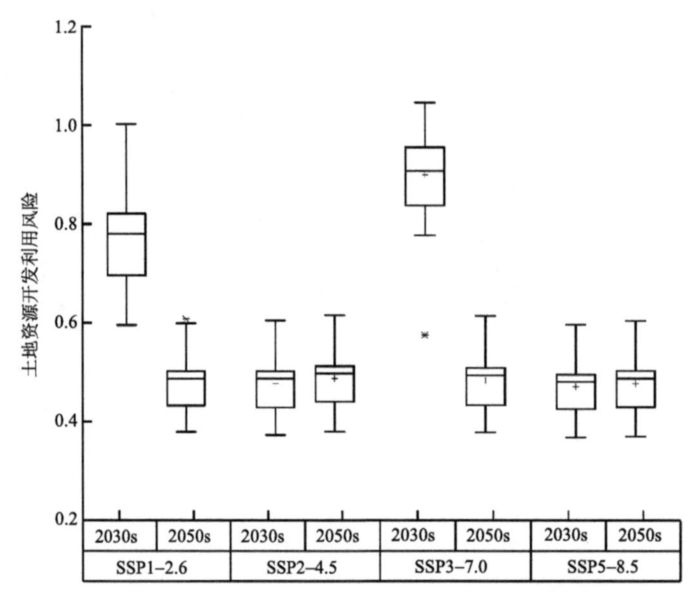

图 4.28　中亚地区不同时期土地资源开发利用风险

4.4.2.4　土地资源开发利用风险时空变化

将 4 种未来情景下 21 世纪 30 年代和 50 年代年土地资源脆弱性与 2015 年的土地资源开发利用风险两两相减，基于自然间断点法，得到未来情景下中亚地区不同时期年土地资源开发利用风险的空间变化，如图 4.29 和表 4.23 所示。从各国变化情况来看，哈萨克斯坦土地资源开发利用风险变化主要以相对稳定和缓慢升高为主；吉尔吉斯斯坦和塔吉克斯坦的土地资源开发利用风险变化主要以升高为主，但 SSP3-7.0 情景下 21 世纪 30 年代除外；土库曼斯坦和乌兹别克斯坦土地资源开发利用风险变化主要以缓慢降低相对稳定为主，但 SSP3-7.0 情景下 30 年代除外。

表 4.23　21 世纪未来情景下中亚地区不同时期土地资源开发利用风险变化类型面积百分比

变化类型	SSP1-2.6		SSP2-4.5		SSP3-7.0		SSP5-8.5	
	30 年代—2015 年	50 年代—2015 年	30 年代—2015 年	50 年代—2015 年	30 年代—2015 年	50 年代—2015 年	30 年代—2015 年	50 年代—2015 年
显著降低	16.42%	10.06%	10.10%	10.50%	3.19%	10.11%	10.16%	10.76%
缓慢降低	26.80%	23.20%	23.23%	22.54%	27.36%	23.79%	27.64%	27.35%
相对稳定	12.96%	28.75%	28.39%	29.14%	27.64%	27.97%	24.73%	25.48%
缓慢升高	27.18%	33.21%	33.22%	32.82%	15.71%	33.19%	32.31%	31.47%
显著升高	16.64%	4.78%	5.05%	5.00%	26.10%	4.95%	5.16%	4.94%

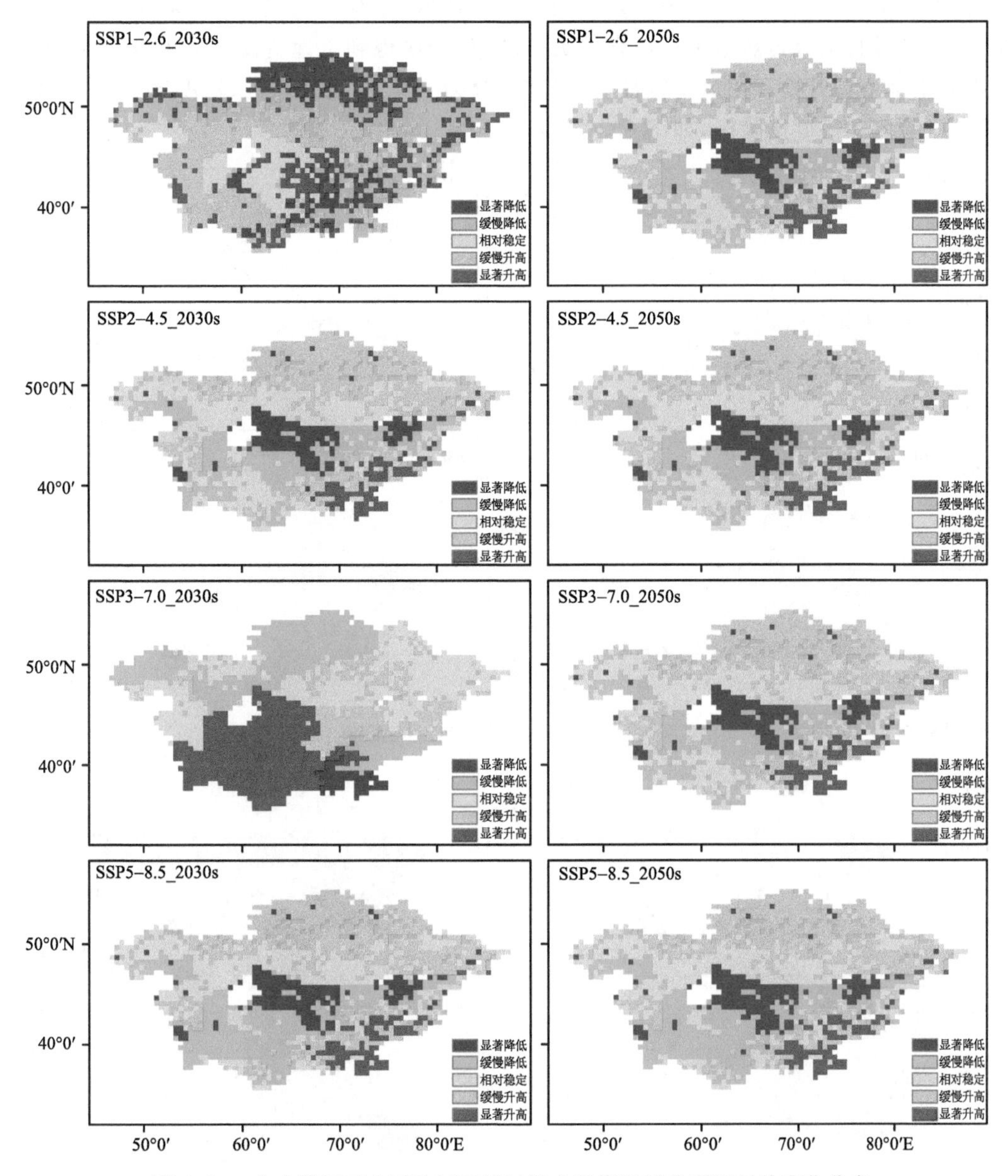

图 4.29　未来情景下中亚地区不同时期土地资源开发利用风险变化分布

从所有时期来看，除去 SSP1-2.6 和 SSP3-7.0 情景下的 21 世纪 30 年代，其余时期的土地资源开发利用风险变化在空间上存在相似性。土地资源开发利用风险变化降低的区域主要集中在哈萨克斯坦南部部分地区以及乌兹别克斯坦和土库曼斯坦的部分地区；而土地资源开发利用风险变化升高的区域主要集中在哈萨克斯坦北部地区和吉尔吉斯斯坦和塔吉克斯坦地区。总体来看，中亚土地资源开发利用风险升高与降低面积比例分别为 38%和 35%，有 27%的区域风险性相对稳定。

4.4.3　未来土地资源开发利用风险分区

在中亚土地资源开发利用风险图上，提取每个像元的属性值至点；根据提取的像元点信息，内插出每个像元点的土地资源开发利用风险的数值，绘制等值线，初步得到土地资源开发利用风险分区图；结合自然地理特征合并破碎图斑，最终得到土地资源开发利用风险分区图。根据中亚土地资源开发利用风险特征，将研究区分为5类：微度风险区、轻度风险区、中度风险区、重度风险区和极度风险区，如图4.30所示。

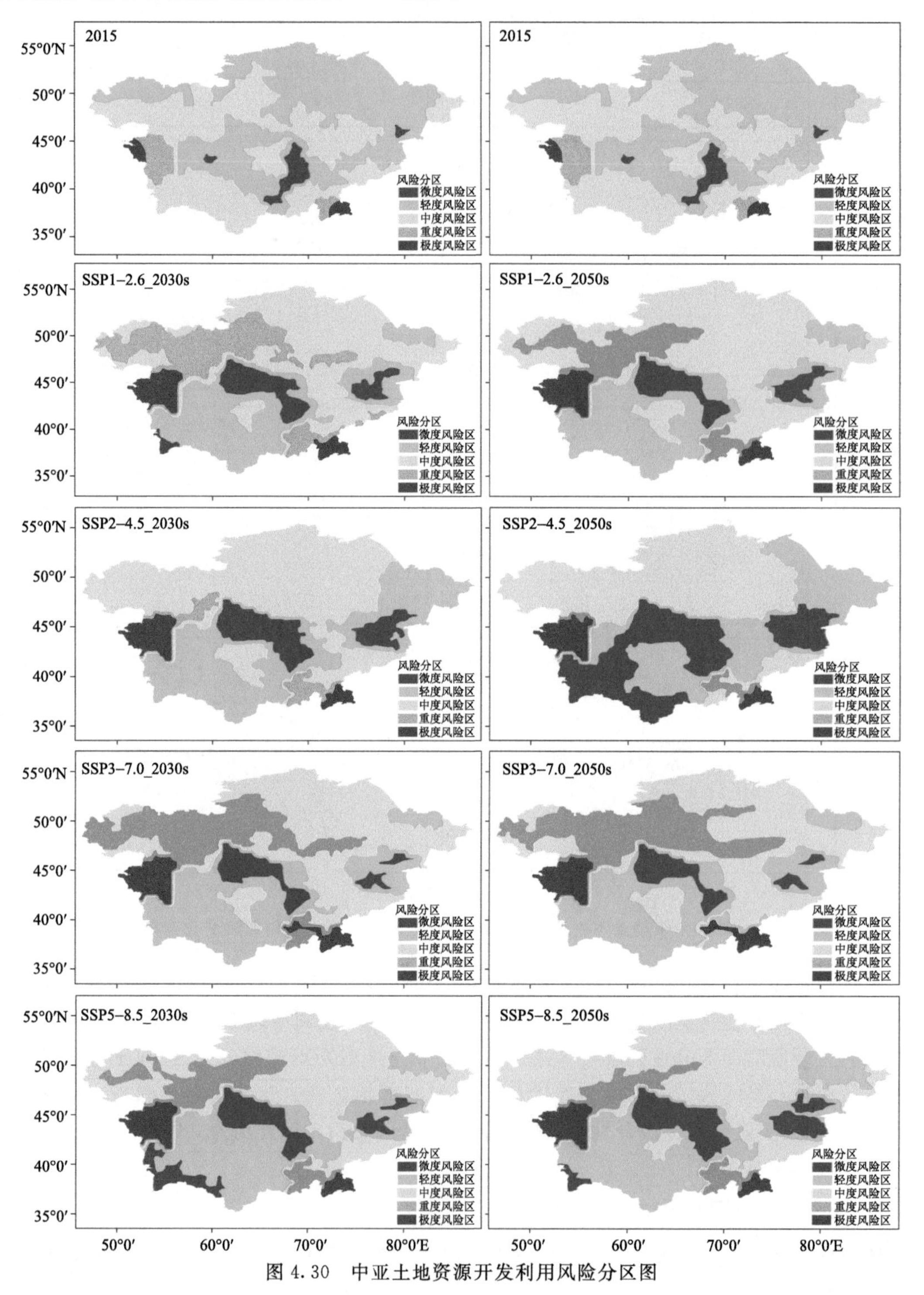

图4.30　中亚土地资源开发利用风险分区图

为便于分析各类分区的面积在不同情景下的变化，绘制了 5 种分区类型的面积在历史时期和未来情景下的点线图，并将未来时期分为 21 世纪 30 年代和 50 年代两个时期，如图 4.31 所示。微度风险区在不同情景下(SSP1-2.6，SSP2-4.5，SSP3-7.0 和 SSP5-8.5)对于历史时期(2015 年)，21 世纪 30 年代和 50 年代时期的面积均存在增加趋势，增加面积主要集中于中亚地区的中部和东部区域，尤其在 SSP2-4.5 21 世纪 50 年代时期。轻度风险区在不同情景下(SSP1-2.6，SSP2-4.5，SSP3-7.0 和 SSP5-8.5)对于历史时期(2015 年)，21 世纪 30 年代和 50 年代时期的面积均存在减少趋势，历史时期轻度风险区主要分布在中亚北部、东部和中南部区域，不同情景下的轻度风险区主要分布在中亚的东南和西南部区域。中度风险区在不同情景下(SSP1-2.6，SSP2-4.5，SSP3-7.0 和 SSP5-8.5)对于历史时期(2015 年)，面积变化差异较大；对于 21 世纪 30 年代，在 SSP1-2.6 情景下中度风险区面积最小，SSP2-4.5 情景下面积最大；对于 50 年代，在 SSP3-7.0 情景下中度风险区面积最小，在 SSP1-2.6 情景下面积最大；中度风险区主要分布在中亚的北部、西部和南部的部分区域。重度风险区在不同情景下(SSP1-2.6，SSP2-4.5，SSP3-7.0 和 SSP5-8.5)对于历史时期(2015 年)，面积变化也存在差异，但 2030 年代和 50 年代时期面积变化在不同情景下存在一致性：两个时期在 SSP2-4.5 情景下面积达到最小值，在 SSP3-7.0 情景下面积达到最大值。重度风险区主要分布在中亚地区的西北部和南部小块区域，重度风险区在不同情景下(SSP1-2.6，SSP2-4.5，SSP3-7.0 和 SSP5-8.5)对于历史时期(2015 年)，21 世纪 30 年代和 50 年代时期的面积均存在增加趋势，在 SSP3-7.0 情景下面积最大。极度风险区主要集中在中亚地区西部和南部区域。

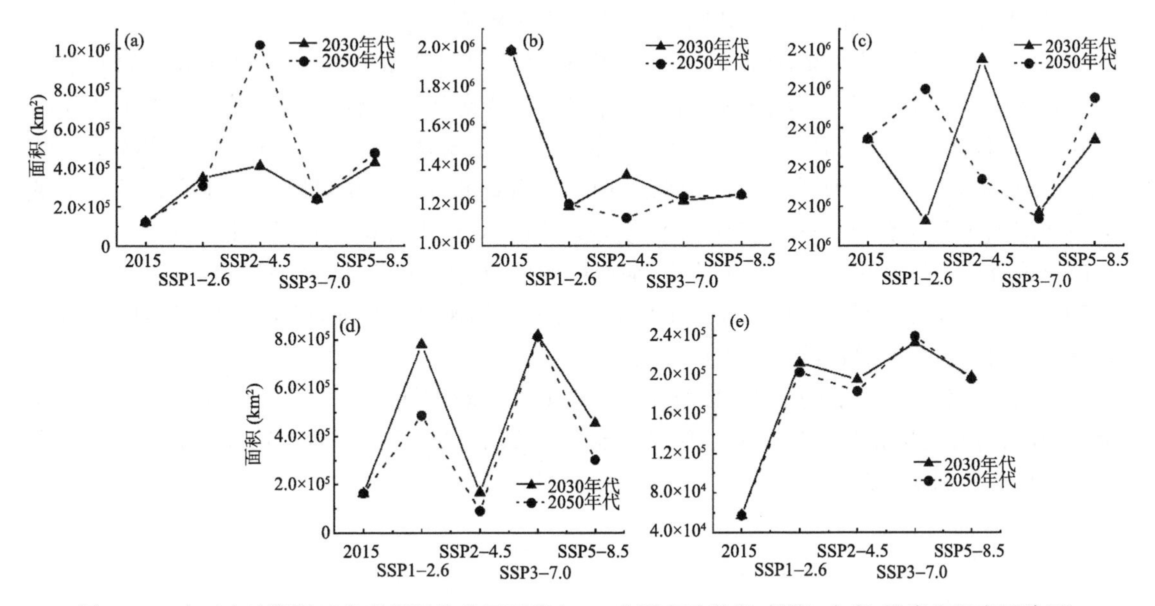

图 4.31 中亚土地资源开发利用风险分区面积(a—e 分别表示微度、轻度、中度、重度和极度风险区)

4.5 本章小结

研究中亚农业水土资源脆弱性以及土地利用开发利用风险，有益于该地区农业的可持续发展。通过对研究区年鉴数据、遥感数据、气候模式数据等的收集，应用统计学等方法，基于综合指数法，结合暴露度、敏感度和适应度构建了中亚农业水资源脆弱性评估方案，以耕地开发利用为目标，建立了中亚土地资源开发利用风险评估模型，并将土地资源脆弱性评估寓于土地资源开发利用风险评估，进而分析了中亚五国水土资源脆弱性和土地资源开发利用风险，预估了变化环境下中亚水土资源脆弱性变化和土地资源开发利用风险，取得的主要结论如下。

(1)中亚农业水资源脆弱性时空分布及变化特征

1992—2017 年，中亚农业水资源脆弱性在空间尺度上表现为自东北向西南升高的变化；其在时间尺度上表现为“前期升高，后期降低”的态势，且脆弱性发生变化的面积随时间经历“升高—降低—稳定—稳定”的过程。历史时期农业水资源脆弱性的空间变化主要受到森林覆盖率、农业用水比例、农田灌溉定额、水分胁迫指数、灌溉指数和施政效率的影响；根据中亚农业水资源脆弱性空间分布特征，将其划分为北部湿润一半干旱耕草地微度脆弱区、中北部半干旱一湿润林草地轻度脆弱区、中南部半湿润裸地中度脆弱区、南部半干旱裸地重度脆弱区和西南部干旱裸地极度脆弱区 5 个大区，管理农业水资源和调整农业生产布局成为各分区农业发展的重要问题；21 世纪 30 年代和 50 年代各种社会发展情景下，中亚农业水资源脆弱性较当前都整体降低，且 50 年代的降低程度大于 30 年代。

(2)中亚土地资源脆弱性时空分布及变化特征

1995—2015 年，中亚土地资源脆弱性在东部边缘地区较低，其余地区由南向北逐渐降低，区域土地资源脆弱性整体呈先降低后增加的趋势；21 世纪 30 年代和 50 年代大部分社会发展情景下，中亚土地资源脆弱性空间分布与 1995—2015 年的基本一致，但北部和东部地区土地资源脆弱性较 1995—2015 年增加，其余地区则基本保持不变。

(3)中亚土地资源开发利用风险时空分布及变化特征

1995—2015 年，受土壤质量、人口、农业用水、生态环境质量的影响，中亚土地资源开发利用风险在空间主要表现为东南部高山区、哈萨克斯坦西南部里海沿岸较高，哈萨克斯坦北部地区开发利用风险较低；在时间变化上，土地资源开发利用风险表现为“逐步降低”的趋势；21 世纪 30 年代和 50 年代各种社会发展情景下，中亚土地资源开发利用风险的空间分布主要表现为由西南到东北逐渐升高；相较于历史时期，21 世纪 30 年代可持续发展和局部发展情景下，北部土地资源开发利用风险以降低为主，而南部的以升高为主，30 年代中度发展、常规发展情景和 50 年代各发展情景下，中亚北部土地资源开发利用风险将增加，而南部的将降低，特别是在人为辐射强迫相对较高的常规发展情景下。

中亚地区数据资料相对匮乏，影响各地区水土资源脆弱性以及土地开发利用风险的因素复杂，今后应提高数据质量和采用卫星遥感等多源数据方法，深刻了解中亚水土资源脆弱性特征及土地开发利用风险。

第 5 章　中亚农业生产与农产品贸易格局

农业是一个国家赖以生存和发展的最基础和最核心产业，是各国生存之本、衣食之源，粮食安全又关系着一个国家的社会生活稳定。从种植业包括：粮食作物、棉花（经济作物）、水果蔬菜和畜牧业等大农业视角，全面分析中亚五国自苏联解体独立以来农业生产的整体变化过程和生产力水平，评价各类农产品的供需状况和对国际贸易的依存程度，同时分析我国与中亚主要农产品的贸易发展历程，对系统掌握中亚农业生产状况和贸易格局，提升我国与中亚农产品贸易合作潜力具有重要意义。本章共分 6 小节：5.1 节阐明了 1992 年来中亚粮食生产、供需均衡、消费和贸易特征，并预测了至 2030 年的粮食单产及供需平衡情况，5.2 节分析了中亚棉花生产与贸易情况，5.3 节分析了中亚蔬菜水果生产与贸易情况，5.4 节分析了中亚畜牧产品生产、消费和贸易情况，5.5 节从贸易额的角度分析了中亚不同农产品的贸易规模，5.6 节对本章内容进行了总结。

5.1　粮食生产与贸易

当今世界农业生产与国际贸易复杂多变，人口增长（费文绪，2022）、自然灾害（王龙 等，2013）、政治矛盾（周力，2022）不断威胁着粮食安全。“新冠疫情”“俄乌冲突”等对世界各国粮食生产、供应、贸易格局和价格稳定带来了严重影响。“丝绸之路”倡议为中亚与中国以及丝绸之路周边各国的贸易合作提供了便捷（白永秀 等，2014；杜为公 等，2014）。中亚粮食生产与贸易格局对世界及我国周边粮食安全有不可忽视的影响（薛曜祖 等，2017；布娲鹣 · 阿布拉，2008）。

本章首先基于 FAO 统计数据，厘清了中亚五国农业用地面积、粮食种植结构、农业投入与粮食总产量、总产值年际变化特征；其次，基于粮食产量、进口量、库存释放量、出口量和国内消费量阐明了各国的粮食供需均衡；结合各国人口数量和城乡人口结构分析了各国粮食作物消耗总量和人均粮食消耗量；探讨了 2001—2020 年中亚与世界各国间粮食贸易量；最后基于 ARIMA 模型预测了 2021—2030 年粮食单产变化及粮食供需平衡。

5.1.1　粮食作物种植结构

5.1.1.1　农作物用地类型和面积变化

描述农作物土地使用情况的指标包括：农业用地面积（Agricultural land）、农田面积（Cropland）、多年生作物面积（Land under permanent crops）、灌溉面积（Land area equipped for irrigation）（图 5.1）。根据 FAO 定义，农业用地面积是指用于种植作物和畜牧养殖的土地，既包括“耕地”又包括“永久草地、牧场”。农田面积是指种植一年和多年生作物的面积总和，多年生作物面积主要指用于种植乔灌类花卉（如玫瑰和茉莉）和苗圃的土地（不包括林木）。灌溉面积是指具备灌溉设施和水源条件的土地。

由图 5.1a 可知，1992—2019 年间，各国农业用地面积均无明显年际变化，中亚农业用地总面积基本稳定在 3 亿 hm^2。哈萨克斯坦农业用地面积在中亚五国中占比最大，多年平均占比为 73.8%，吉尔吉斯斯坦、塔吉克斯塔、土库曼斯坦以及乌兹别克斯坦依次占比 11.9%、9.1%、3.6%、1.6%。1992 年以来，各国农业用地面积变差较小，乌兹别克斯坦、吉尔吉斯斯坦、塔吉克斯坦、哈萨克斯坦、土库曼斯坦年际最大与最小值间的差值分别占平均值的 10.1%、7.1%、6.2%、5.1%、4.9%。

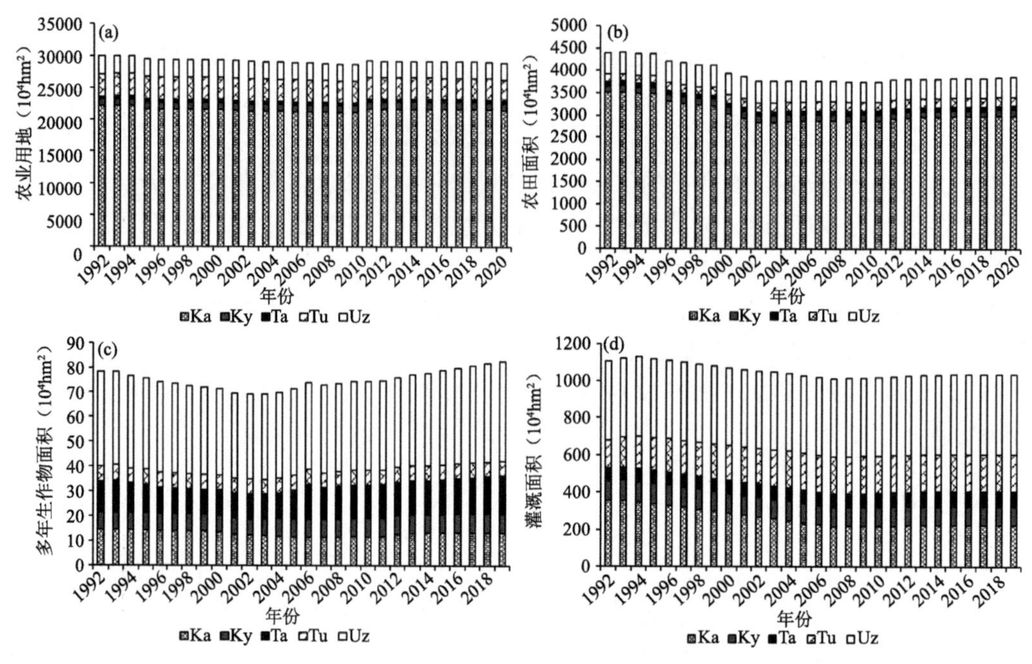

图 5.1　中亚五国农业土地利用面积变化

（柱状图从下到上分别表示哈萨克斯坦(Ka)、吉尔吉斯斯坦(Ky)、塔吉克斯坦(Ta)、土库曼斯坦(Tu)及乌兹别克斯坦(Uz)，五国简称下同）

中亚五国农田面积占农业用地面积的比例为 13.5%（图 5.1a、b），说明中亚畜牧业发展所用的牧场和草场面积较大。哈萨克斯坦、土库曼斯坦、乌兹别克斯坦、吉尔吉斯斯坦以及塔吉克斯坦的草场面积年际变化十分稳定，没有明显增加或减少的趋势，由图 5.1a 可知，其多年平均值分别为 1.85 亿 hm^2、3274 万 hm^2、2181 万 hm^2、921 万 hm^2 和 376 万 hm^2，说明具有大面积草场和永久牧场的哈萨克斯坦、土库曼斯坦、乌兹别克斯坦的畜牧业比较发达。五国中，哈萨克斯坦人均农业用地面积最大(13.2 hm^2/人)，其次为土库曼斯坦(7.2 hm^2/人)、吉尔吉斯斯坦(2.1 hm^2/人)，其余两国均不足 1 hm^2/人。

自苏联解体、五国独立以来，农田总面积呈下降趋势，由 1992 年的 4397.8 万 hm^2 下降至 2002 年的 3768.8 万 hm^2（减少量为 629 万 hm^2），之后基本稳定在 3800 万 hm^2（图 5.1b）。哈萨克斯坦、乌兹别克斯坦、土库曼斯坦、吉尔吉斯斯坦、塔吉克斯坦农田面积占中亚农田面积总量的比例分别为 77.5%、11.8%、5.0%、3.5%、2.5%，其人均耕地多年平均值分别为 1.9 hm^2/人、0.2 hm^2/人、0.4 hm^2/人、0.3 hm^2/人、0.1 hm^2/人。据报道，2018 年中国总耕地面积为 14329.6 万 hm^2，远大于中亚耕地面积，然而我国人口众多，人均耕地仅 0.1 hm^2。由此可见，中亚人均耕地除塔吉克斯坦外都远大于中国，说明中亚各国农业有比较大的发展空间。

多年来，中亚五国多年生作物（乔灌类花卉）总面积之和不足 80 万 hm^2（图 5.1c），占中亚农田总面积的 2.1%，说明中亚国家具有一定的花卉生产市场。乌兹别克斯坦、哈萨克斯坦和土库曼斯坦面积较大。乌兹别克斯坦的多年生作物土地面积于 2003 年之前表现为逐年递减，之后逐年递增，其他四国无明显年际变化（图 5.1c）。

乌兹别克斯坦、哈萨克斯坦、土库曼斯坦、吉尔吉斯斯坦和塔吉克斯坦灌溉面积多年平均分别为 425.1 万 hm^2、260.6 万 hm^2、190.4 万 hm^2、103.8 万 hm^2 和 75.2 万 hm^2，人均灌溉面积多年平均分别为 0.2 hm^2/人、0.2 hm^2/人、0.4 hm^2/人、0.2 hm^2/人和 0.1 hm^2/人（图 5.1d）。可以看出各国间由于气候和地形差异农业发展存在明显分异，哈萨克斯坦境内多为丘陵山地和平原，粮食作物种植以广种薄收的旱作雨养为主，灌溉面积仅占总农田面积的 8.6%。吉尔吉斯斯坦和塔吉克斯坦为高山地形，位于锡尔河和阿姆河上游，水资源相对充沛，以灌溉农业为主，灌溉农田分别占各国总农田的 75.4%和 84.4%，土库曼斯坦和乌兹别克斯坦气候类型与我国新疆的绿洲农业类型相似，海拔多在 200 m 以下，农田灌溉比例最高，分别为 96.9%和 91.2%，土库曼斯坦人均灌溉面积最大。

5.1.1.2　作物收获面积、单产与总产

(1)作物收获面积

本研究基于 FAO 作物收获面积（Area harvested）数据和《中国农业统计年鉴》对粮食作物的定义，针对小麦、大麦、玉米、水稻四种主要作物，分析了中亚粮食作物的收获面积变化情况。

从中亚各国粮食作物收获面积占比来看，哈萨克斯坦粮食种植面积最大，占中亚粮食总种植面积多年平均值的 81%，乌兹别克斯坦、土库曼斯坦、吉尔吉斯斯坦和塔吉克斯坦占比较少，分别为 9%、5%、3%和 2%。其中哈萨克斯坦变化相对剧烈，1992 年占中亚粮食总种植面积的 90%，此后逐年递减，直到 2000 年才出现缓慢回升。

图 5.2 为中亚五国各粮食作物收获面积总和与年际变化。由图 5.2a 可知，29 年来中亚年均粮食收获面积为 1791.37 万 hm^2。小麦和大麦是主要的粮食作物，其收获面积分别占总面积的 81.4%、15.7%，其他粮食占比较少。1991 年后，中亚五国总种植面积呈现下降趋势，1999 年降至 1399.5 万 hm^2，此后开始缓慢回升，2009 年后基本稳定在 1972.7 万 hm^2，截至 2020 年依然没有恢复到苏联时期的种植规模。中亚多年平均人均小麦收获面积为 0.24 hm^2/人，人均总粮食收获面积为 0.59 hm^2/人。

哈萨克斯坦小麦和大麦年均收获面积分别为 1183.3 万 hm^2 和 245.8 万 hm^2，分别占总种植面积的 81.7%和 17.0%，其余作物收获面积占比极少（图 5.2b）。1992 年、1999 年、2009 年、2020 年是小麦面积增减变化的转折年份，分别由 1372.29 万 hm^2 下降至 873.63 万 hm^2，而后增长至 1428.0 万 hm^2，接着下降至 1205.7 万 hm^2。大麦种植面积先是由 1992 年的 562.7 万 hm^2 逐年递减至 2000 年的 162.5 万 hm^2，其后基本稳定在 169.5 万 hm^2/a，并于 2011 年开始逐年递增，2020 年达到 272 万 hm^2。主要作物小麦、玉米多年人均收获面积分别为 0.72 hm^2/人和 0.15 hm^2/人，玉米、水稻不足 0.01 hm^2/人。

吉尔吉斯斯坦的主要粮食作物是小麦、大麦、玉米，收获面积分别占该国总收获面积的 62.9%、23.6%、12.3%（图 5.2c）。吉尔吉斯斯坦总收获面积年际变化不大，其最大值、最小

值、平均值分别为 67.7 万 hm^2(1997 年)、55.5 万 hm^2(2017 年)、59.4 万 hm^2(1992—2020 年)。小麦、玉米多年人均收获面积分别为 0.07 hm^2/人、0.03 hm^2/人。

塔吉克斯坦主要由小麦、大麦、玉米、水稻组成,收获面积占比分别为 77.3%、13.6%、4.5%、3.7%(图 5.2d)。1992—1995 年所有作物总收获面积平均值分别为 25.9 万 hm^2/a,1996 年骤然增加至 34.9 万 hm^2/a,此后直到 2020 年基本稳定,在 39.7 万 hm^2/a 上下小范围波动。小麦、玉米多年人均收获面积分别为 0.04 hm^2/人、0.01 hm^2/人。

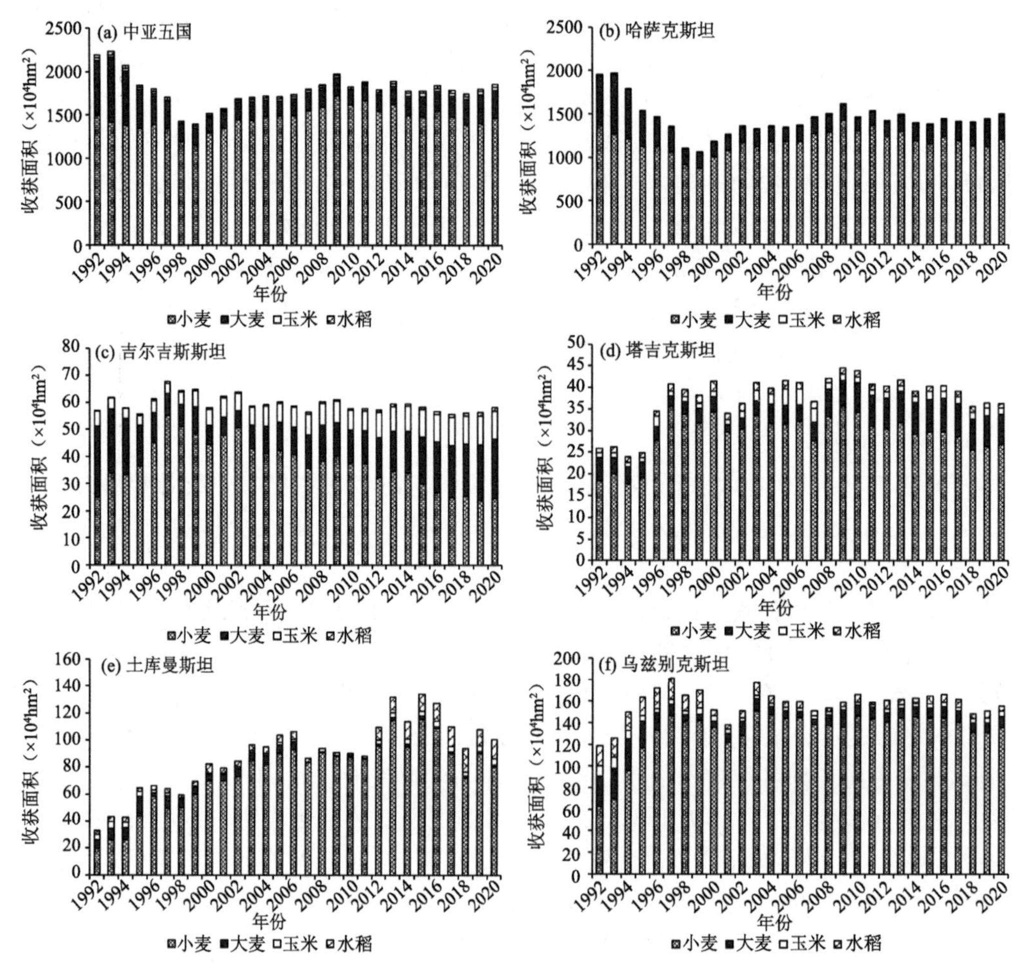

图 5.2　中亚五国小麦、大麦、玉米、水稻总种植面积年际分布

土库曼斯坦小麦、大麦、玉米、水稻 4 种作物年均收获面积分别为 75.6 万 hm^2/a、4.1 万 hm^2/a、2.4 万 hm^2/a、6.4 万 hm^2/a,分别占该国总种植面积的 85.4%、4.6%、2.7%、7.3%(图 5.2e),小麦种植面积占比在该国占据绝对的主导地位。1992—2006 年间,总收获面积持续稳定增加,从 32.9 万 hm^2 增长至 106.1 万 hm^2,共增加粮食种植面积 73.3 万 hm^2。2007—2020 年总种植面积年际波动较大,平均值、最大值、最小值分别为 105.5 万 hm^2、133.8 万 hm^2 和 86.3 万 hm^2。其中小麦、玉米多年人均收获面积分别为 0.16 hm^2/人和 0.01 hm^2/人。

乌兹别克斯坦小麦、大麦、水稻、玉米多年总收获面积分别占总种植面积的 83.6%、7.5%、5.7%、2.8%(图 5.2f)。总收获面积先是由 1992 年的 120.06 万 hm^2 连续增长至 1997

年的182.5万hm^2，之后保持稳定，1998—2020年所有粮食作物的多年总种植面积平均值为159.7万hm^2/a。其中小麦多年人均收获面积为0.05 hm^2/人。

(2)粮食作物单产

表5.1展示了4种主要粮食作物和其余作物单产的多年平均值、最大产量、最小产量。可以看出，中亚各国年际间粮食单产波动较大，以最主要作物小麦为例，中亚平均单产为1375.0 kg/hm^2，其中最高单产为1918.4 kg/hm^2，最低为779.3 kg/hm^2，一方面，中亚小麦单产水平不高，远低于世界平均水平的3510.0 kg/hm^2和我国的5911.0 kg/hm^2，有巨大的提升潜力，另一方面由于灌溉条件难以保障，年际波动较大，其中哈萨克斯坦产量最小年份不足最高年份的1/3，土库曼斯坦则不足1/4。

表5.1　中亚及各国1992—2020年粮食年均单产和极值(kg/hm^2)

国家		小麦	大麦	玉米	水稻	其他
中亚	平均值	1375.1	1247.2	4880.0	3062.1	7971.6
	最大值	1918.4	1747.3	6531.4	3876.1	15256.2
	最小值	779.3	652.1	2563.4	2035.1	2927.4
哈萨克斯坦	平均值	1032.3	1191.3	4202.1	3639.4	6350.4
	最大值	1661.3	1711.2	5885.0	5498.3	14350.8
	最小值	520.2	561.3	1680.2	2193.2	2246.6
吉尔吉斯斯坦	平均值	2255.2	1972.1	5680.4	2811.1	9645.6
	最大值	2733.0	2355.3	6799.1	3729.1	19269.2
	最小值	1675.2	1054.2	3207.3	960.2	3788.5
塔吉克斯坦	平均值	2072.3	1307.3	7291.2	4497	5262.8
	最大值	3170.1	2175.4	14887.2	8881.4	14954.0
	最小值	841.3	520.1	1800.3	1538.3	1572.5
土库曼斯坦	平均值	1911.0	1205.4	1477.4	1486.1	—
	最大值	3524.0	2366.1	4280.4	2710.1	—
	最小值	776.3	195.1	294.3	390.1	—
乌兹别克斯坦	平均值	3674.4	1515.3	6562.1	4011.3	13747.7
	最大值	4901.3	2026.4	12361.4	7577.4	30699.9
	最小值	1358.3	1108.1	2654.3	1925.2	2828.7

注："—"表示数据缺失。

图5.3挑选小麦、大麦、玉米和水稻4种主要作物对其单产的年际变化进行了分析。整体上看，2000年后小麦、玉米、水稻、大麦单产呈上升趋势(图5.3a)；哈萨克斯坦和塔吉克斯坦的玉米、水稻，乌兹别克斯坦的玉米单产增长最为明显；土库曼斯坦的粮食作物单产表现为下降趋势。以小麦为例，乌兹别克斯坦多年平均单产最高(3674.4 kg/hm^2)，其次为吉尔吉斯斯坦(2255.2 kg/hm^2)、塔吉克斯坦(2072.3 kg/hm^2)、土库曼斯坦(1911.0 kg/hm^2)、哈萨克斯坦(1032.3 kg/hm^2)。

1992—1999年，哈萨克斯坦、吉尔吉斯斯坦、土库曼斯坦作物单产均有不同程度的下降，说明1991年苏联解体后对该国粮食单产影响较大(图5.3b、c、e)。1995年哈萨克斯坦大麦、小麦相比于1992年，分别减产62.9%、56.9%；1995年吉尔吉斯斯坦大麦相比于1992年减产55.2%；1997年土库曼斯坦大麦、玉米、水稻、小麦相比于1992年分别减产89.8%、92.0%、63.1%、25.5%。单产下降反映了耕作、施肥、灌溉、农业设施、育种等方面管理水平有所倒退。

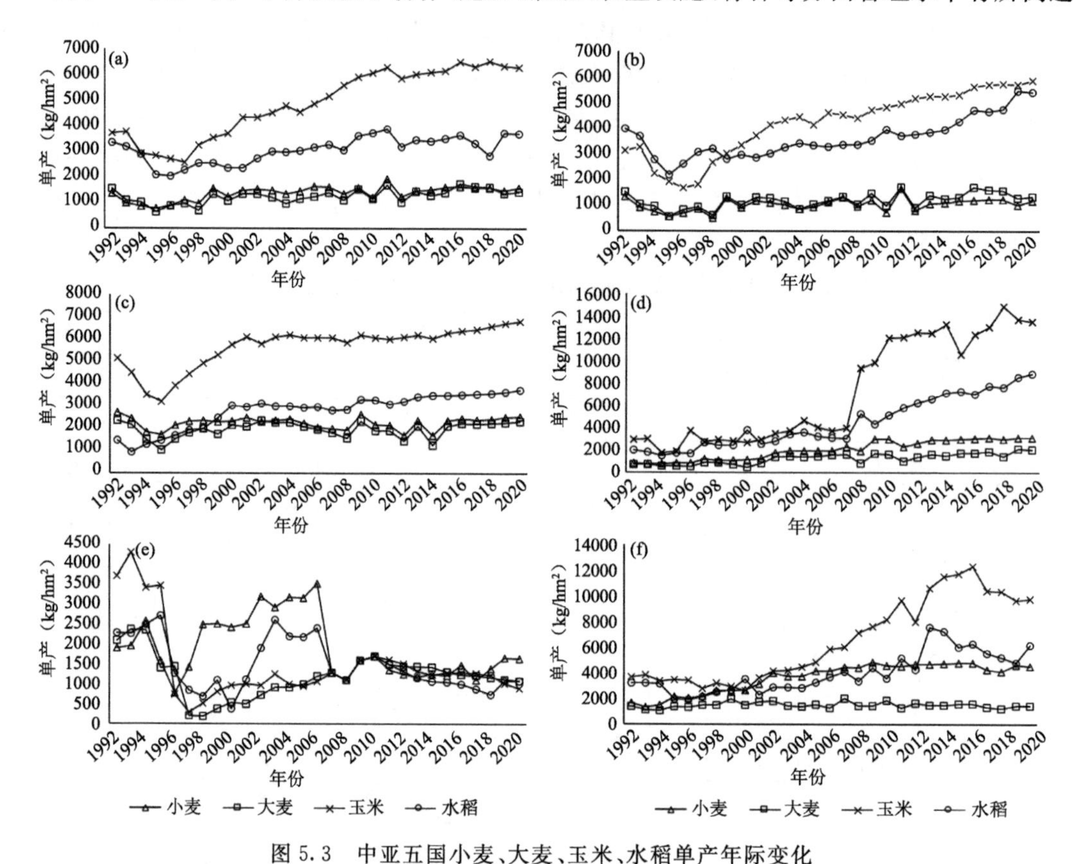

图5.3 中亚五国小麦、大麦、玉米、水稻单产年际变化

(a)中亚五国；(b)哈萨克斯坦；(c)吉尔吉斯斯坦；(d)塔吉克斯坦；(e)土库曼斯坦；(f)乌兹别克斯坦

2000—2010年，吉尔吉斯斯坦、土库曼斯坦粮食单产开始逐年提高，期间有个别年份单产小幅度下降，2010年后单产基本稳定，但是依然没有高于1992—1995年(图5.3c,e)。2000年后，哈萨克斯坦粮食单产变化较大，高粱单产大幅度减产，玉米、水稻单产大幅度提高(图5.3b)。吉尔吉斯斯坦、塔吉克斯坦和乌兹别克斯坦粮食单产在2000年前一直处于较低水平，无明显年际变化，2001—2020年呈现逐步稳定提高趋势(图5.3c,d,f)，塔吉克斯坦玉米和水稻单产增加较为明显(图5.3d)，乌兹别克斯坦玉米、小米、小麦单产明显增加，2014年后粮食单产小幅下降(图5.3f)。

(3)粮食作物产量

表5.2为1992—2020年4种主要粮食作物和其余作物的年均产量及最大、最小值，用于描述产量的极差和平均值特征。表5.3为分3个时间段(1992—2000年、2001—2010年、2011—2020年)每种作物的年均总产变化。图5.4为大麦、小麦、玉米、水稻等主粮作物的年际变化。本节为摸清中亚及中亚各国粮食作物产量的时间变化规律，结合图表从不同时间尺度分析粮食作物年均产量、最大值、最小值以及年际变化趋势。

表 5.2　中亚及中亚五国 1992—2020 年不同作物年均产量和极值(×10⁴ t/a)

国家		小麦	大麦	玉米	水稻	其他
中亚	平均值	2020.0	344.0	133.0	81.1	62.3
	最大值	3195.3	969.2	237.4	116.3	267.4
	最小值	1047.1	138.1	45.4	38.1	14.1
哈萨克斯坦	平均值	1231.3	287.2	46.1	33.4	59.3
	最大值	2273.2	851.3	96.0	56.2	263.0
	最小值	475.3	109.0	11.2	18.4	11.1
吉尔吉斯斯坦	平均值	84.1	28.4	43.4	2.3	0.0
	最大值	127.3	62.3	71.1	4.3	1.1
	最小值	54.2	14.4	12.3	0.1	0.3
塔吉克斯坦	平均值	62.3	7.1	12.2	6.0	0.3
	最大值	109.4	16.2	24.2	11.1	0.4
	最小值	15.1	2.4	2.3	2.1	0.3
土库曼斯坦	平均值	141.4	5.1	4.4	8.4	0.1
	最大值	326.1	21.4	21.4	15.2	0.1
	最小值	38.1	0.4	0.3	1.3	0.0
乌兹别克斯坦	平均值	502.3	17.3	27.1	31.2	2.4
	最大值	696.4	39.2	49.4	58.2	4.3
	最小值	95.1	7.3	12.3	9.2	1.4

表 5.3　中亚及中亚五国粮食分段年均产量(×10⁴ t/a)

年份	国家	小麦	大麦	玉米	水稻	其他
1992—2000 年	中亚	1431.9	435.6	75.9	79.1	84.1
	哈萨克斯坦	967.9	374.1	21.5	27.4	80.9
	吉尔吉斯斯坦	92.6	26.8	21.5	0.9	0.7
	塔吉克斯坦	27.9	2.5	3.7	3.5	0.2
	土库曼斯坦	87.3	9.4	7.7	5.2	0.0
	乌兹别克斯坦	256.3	22.9	21.4	42.0	2.3
2001—2010 年	中亚	2218.9	243.9	117.8	61.7	40.3
	哈萨克斯坦	1272.4	198.1	42.7	27.5	37.1
	吉尔吉斯斯坦	94.8	21.0	43.9	1.9	0.4
	塔吉克斯坦	69.1	6.4	11.5	5.6	0.2
	土库曼斯坦	202.3	3.6	1.1	7.1	0.0
	乌兹别克斯坦	580.4	14.9	18.5	19.7	2.5
2011—2020 年	中亚	2351.2	361.5	198.4	100.6	65.7
	哈萨克斯坦	1427.0	297.1	72.3	43.8	62.9
	吉尔吉斯斯坦	65.5	35.7	62.1	3.3	0.4
	塔吉克斯坦	85.3	12.5	19.8	8.9	0.3
	土库曼斯坦	127.6	2.1	4.3	12.1	0.0
	乌兹别克斯坦	645.8	14.1	39.9	32.4	2.0

中亚粮食作物中受收获面积影响，小麦产量最大，占比最高，其次为大麦、玉米、水稻和其他作物(表 5.2)。水稻种植主要分布在灌溉面积较大的塔吉克斯坦、土库曼斯坦和乌兹别克斯坦。五国小麦、大麦、玉米、水稻年均产量分别为 2020.0 万 t、344.0 万 t、133.0 万 t、81.1 万 t，占所有作物总产量的比例分别为 76.5%、13.0%、5.0%、3.1%(表 5.2)。4 种主要作物年均总产量共 2578.1 万 t，人均主要粮食占有量约为 426 kg。

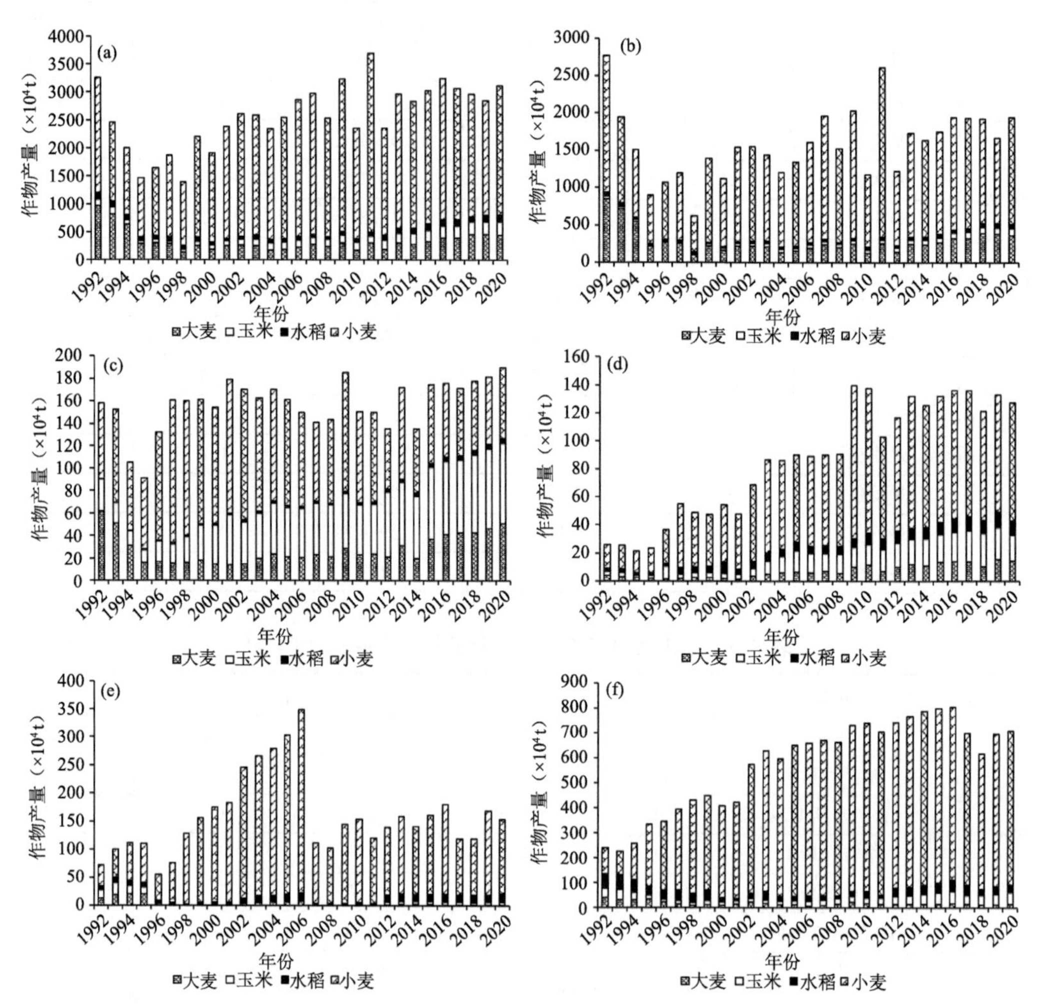

图 5.4　中亚五国各年各作物总产量变化

(a)是五国总产量布，(b)、(c)、(d)、(e)、(f)分别为哈萨克斯坦、吉尔吉斯斯坦、塔吉克斯坦、土库曼斯坦及乌兹别克斯坦的作物产量

1992—2000 年、2001—2010 年、2011—2020 年 3 个时间段内中亚小麦年均产量分别为 1431.9 万 t、2218.9 万 t、2351.2 万 t，2000 年以后，小麦产量保持基本稳定(表 5.3)。大麦年均产量经历了先减少后增加的变化阶段，3 个阶段年均产量分别为 435.6 万 t、243.9 万 t、361.5 万 t。玉米年均产量多年来一直处于上升趋势，3 个阶段年均产量分别为 75.9 万 t、117.8 万 t、198.4 万 t，水稻年均产量 3 个阶段分别为 79.1 万 t、61.7 万 t、100.6 万 t。2011—2020 年 4 种作物平均总产量为 3011.7 万 t，人均主要粮食占有量约为 439 kg，基本相当于我国 20 世纪 90 年代末的人均粮食占有量。

各国具体情况因国情不同而有所差异，详情可根据本研究所提供图表进行查阅。

5.1.1.3　化肥-农药投入与粮食产值

(1)化肥-农药投入情况

中亚化肥投入主要包括氮(N)、磷(P_2O_5)、钾(K_2O)肥，农药主要是杀虫剂，由于种类繁多且年际差异较大，为便于分析，统一用农药代替。统计数据以每公顷所施 N、P_2O_5、K_2O 肥和总杀虫剂施用量表示，以衡量各国农业肥料和农药的投入情况。由于土库曼斯坦肥料数据不全，不能够满足数据分析的需要，因此这里只考虑其他四个国家。同理，乌兹别克斯坦缺少农药施用数据，因此不做分析。对于个别数据缺失年份，用前后两年平均值进行插值处理，对连续几年缺失数据年份，采用相邻年份数据代替处理。

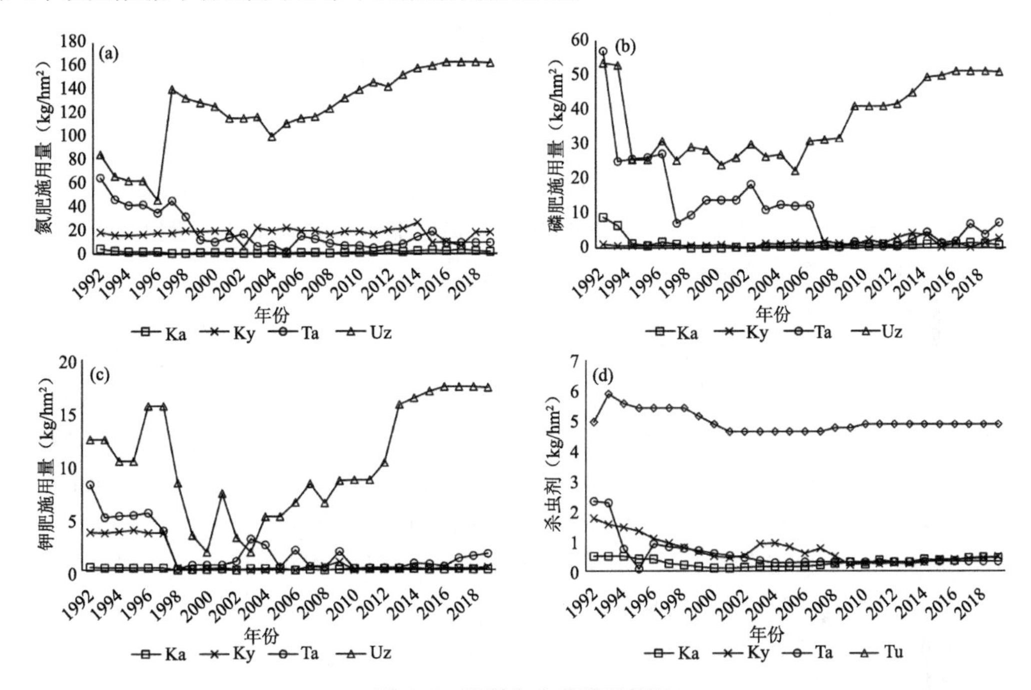

图 5.5　肥料和农药施用情况

五国中乌兹别克斯坦氮肥、磷肥、钾肥单位面积施用量最大，呈明显上升趋势。其次为塔吉克斯坦、吉尔吉斯斯坦、哈萨克斯坦。哈萨克斯坦施肥量最少，主要是因为该国粮食作物种植以雨养旱作为主(图 5.2b，图 5.5b)。

作为五国中化肥用量最高的国家，乌兹别克斯坦 1992—1996 年氮肥施用量平均值为 64.0 kg/hm²，1997 年骤增为 140.2 kg/hm²，到 2004 年下降至 99.5 kg/hm²，此后呈线性增长，到 2019 年为 162.6 kg/hm²。磷肥施用量在 1994—2005 年基本稳定不变，年均值为 26.7 kg/hm²，2006—2019 年由 31.0 kg/hm² 增至 50.9 kg/hm²。钾肥施用量在 1992—1997 年较高，均值为 12.7 kg/hm²，1998—2003 年递减，均值为 4.2 kg/hm²，2004—2019 年从 5.1 kg/hm² 增至 17.3 kg/hm²。

塔吉克斯坦氮肥施用量在 1998 年前较高，平均值为 43.7 kg/hm²，之后氮肥施用量一直维持很低状态，1999—2019 年平均值为 9.9 kg/hm²。磷肥单位面积施用量有相似趋势，自 1992 年开始急剧下降，从 56.9 kg/hm² 下降到 1997 年的 7.1 kg/hm²，之后一直维持较低状态。钾肥自 1992 年的 8.1 kg/hm^2 下降至 1998 年的 0.1 kg/hm^2 后，施用量很低。

哈萨克斯坦氮肥、磷肥、钾肥施用强度在 2000 年前均呈现下降趋势，分别由 1992 年的 4.3 kg/hm^2、8.9 kg/hm^2、0.3 kg/hm^2 下降至 1999 年的 0.9 kg/hm^2、0.1 kg/hm^2、0.1 kg/hm^2；此后一直保持较低的施肥水平。2000—2010 年氮、磷、钾年均施肥量为 1.0 kg/hm^2、0.5 kg/hm^2、0.1 kg/hm^2；2011—2019 年施肥量有回升趋势，但增长缓慢，年均值分别为 2.5 kg/hm^2、1.1 kg/hm^2、0.1 kg/hm^2。

吉尔吉斯斯坦 2002 年、2015 年、2016 年、2017 年氮肥施用量很低，分别为 6.5 kg/hm^2、9.4 kg/hm^2、10.3 kg/hm^2、6.8 kg/hm^2。其他年份，年均施肥量略高，但仍为极低状态，多年平均为19.0 kg/hm^2。磷肥 2000 年前维持较低水平，其后开始逐年增长，截至 2013 年施用量为 4.7 kg/hm^2，钾肥在 1998 年骤降后一直处于较低水平。

哈萨克斯坦、吉尔吉斯斯坦、塔吉克斯坦、土库曼斯坦的杀虫剂施用量均在 2000 年前递减，其后较为稳定，处于较低水平。

中亚五国化肥及农药的投入量从另外一个侧面反映，中亚五国自苏联解体后，化肥施用量较苏联管理时期除乌兹别克斯坦外降幅巨大，反映出该区域国家粮食生产的化肥、农药投入量明显不足，严重制约了农业发展和产量提升，也反映出中亚农作物种植业经营整体处于相对粗放、广种薄收状态，集约程度不高，有极大的提升空间。

(2)粮食产值

根据 FAO 定义，粮食总产值是由粮食总产量乘以农场的产出价格计算获取的，由于种子和饲料等成本投入没有从产值数据中扣除，因此粮食产值指的是“总产出”的概念(区别于“净产出”)。用一种统一的货币表示能够避免当地货币重估，在本研究采用美元作为结算币种。图 5.6 表示粮食作物每年产值与多年平均产值的差占多年平均产值的比例，即平均值的偏离系数，用以反映粮食作物产值的时间变化特征。绿色表示年产值低于多年平均产值的 100%，黄色表示高于多年平均产值的 100%，0%表示年产值等于多年平均产值。

可以看出，2010—2011 年开始哈萨克斯坦几乎所有作物的产值都呈上升趋势，说明该国农作物种植产值保持较好的增长态势(图 5.6a)，仅高粱和黑麦后期产值有减少趋势。但是由于黑麦、高粱占比较小，因此小幅度下降不会对产值增长的大趋势造成较大影响。

吉尔吉斯斯坦缺乏 1998 年以前的数据，以 2007 年为界，各作物产值开始不同程度的超过多年平均值，呈较好的发展态势(图 5.6b)。荞麦比较例外，2001—2008 年产值均超过多年平均值，但此后一直低于平均值，2018 年、2019 年产值均低于平均值的 66%。小麦除个别年份外，大部分时间均低于平均产值，结合种植面积数据，吉尔吉斯斯坦小麦产值的下降与种植面积大幅下降有关。

塔吉克斯坦和土库曼斯坦不同作物间差异相对明显，特别是 2010 年以后产值呈增加趋势的作物不足 1/2，这与 FAO 统计数据不足有关，特别是均缺少关键作物小麦的数据。

表 5.4 分 3 个时期比较了各国粮食作物年均产值的变化情况。以主要作物为例，哈萨克斯坦小麦、大麦、玉米和水稻三个时期对比产值增加均比较明显。其他几个国家几个时期不同作物之间变化各异，这与种植面积和价格因素变化有关。以哈萨克斯坦小麦为例进行说明，1992—2000 年、2001—2010 年、2011—2019 年 3 个时期，哈萨克斯坦小麦年均产值分别为 69009.1 万美元、156335.4 万美元、224151.3 万美元，1992—2019 多年平均值为 156299.2 万美元，这主要是由哈萨克斯坦小麦产量和面积的增加导致的(图 5.4b)。

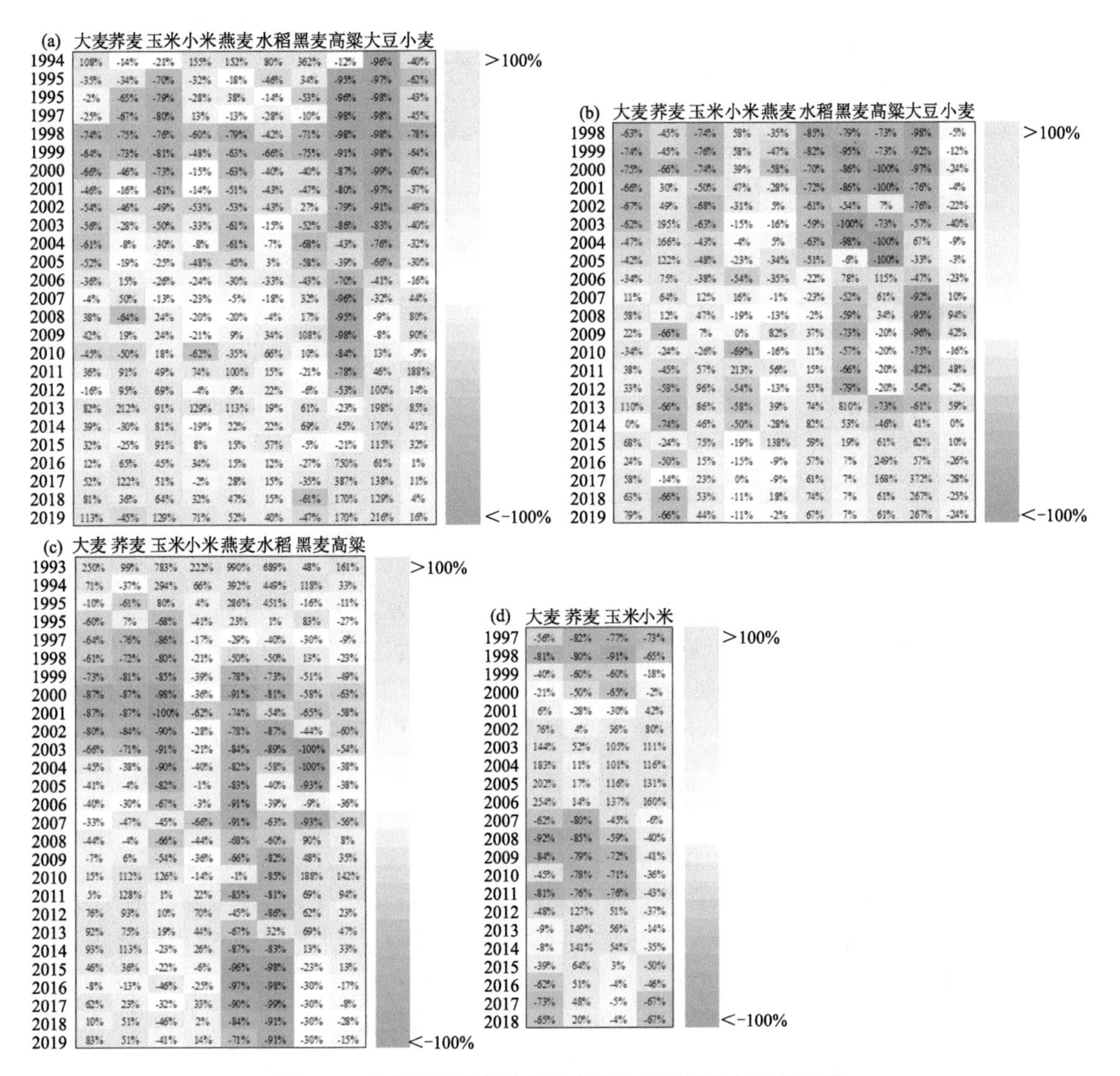

图 5.6　生产总值当前价值年产值与多年平均产值的比例

(a)哈萨克斯坦，(b)吉尔吉斯斯坦，(c)塔吉克斯坦，(d)土库曼斯坦

注：采用插值处理的数据为哈萨克斯坦的高粱(2019 年)；吉尔吉斯斯坦的荞麦、小米(1998 年、2018 年、2019 年)、黑麦(2017—2019 年)、高粱、大豆(2019 年)；塔吉克斯坦的高粱(2019 年)、大豆(2018—2019 年)

表 5.4　基于生产总值当前价值的中亚五国粮食分段年均产值(10^4 美元)

年份	国家	小麦	大麦	玉米	水稻	其他
1992—2019 年	哈萨克斯坦	156299.2	22154.1	5988.1	7106.2	7031.0
	吉尔吉斯斯坦	15015.4	3995.4	9906.2	2280.1	60.2
	塔吉克斯坦	19513.3	1843.2	3249.2	4095.4	120.3
	土库曼斯坦	82791.2	1112.2	1782.1	9070.1	—

续表

年份	国家	小麦	大麦	玉米	水稻	其他
1992—2000年	哈萨克斯坦	69009.1	17161.3	1880.4	5528.1	3278.4
	吉尔吉斯斯坦	12946.4	1171.0	2491.3	478.1	30.7
	塔吉克斯坦	19809.4	1765.4	1994.3	4796.1	268.0
	土库曼斯坦	50140.4	563.1	571.2	2407.2	—
2001—2010年	哈萨克斯坦	156335.4	16144.4	4857.2	6676.4	4522.4
	吉尔吉斯斯坦	15470.4	2954.1	7220.3	1584.1	52.1
	塔吉克斯坦	16498.2	1059.2	2444.1	2797.2	47.1
	土库曼斯坦	125528.4	1760.0	1332.2	11048.1	—
2011—2019年	哈萨克斯坦	224151.3	32713.0	10440.2	8810.0	12734.9
	吉尔吉斯斯坦	15199.1	6092.3	15363.3	3654.2	80.4
	塔吉克斯坦	22601.1	2784.4	5257.3	4914.2	69.7
	土库曼斯坦	45694.1	578.1	2949.3	9928.1	—

5.1.2 粮食供需均衡与国际贸易

国内粮食消费量、储备粮变化量是粮食进出口贸易的重要影响因素，共同构成国内粮食供需的均衡项(李中海，2013)。本节首先厘清了粮食供给(粮食生产量、进口量、库存供应量)和粮食消费(粮食出口量、国内消费量)收支平衡状况，其次分析了人口结构与数量变化对粮食需求的影响，最后以哈萨克斯坦和吉尔吉斯斯坦为例，分析了与世界各国之间的粮食进出口情况。

5.1.2.1 粮食供需均衡

粮食均衡研究中，共包含9种作物，即小麦、水稻、玉米、大麦、黑麦、燕麦、小米、高粱和其他谷物；考虑到黑麦、燕麦、小米、高粱产量占比较小，现将粮食产量中占主导作用的小麦、大麦、水稻、玉米单独分析，其他作物归为一类，共产生5个指标。鉴于FAO食物均衡项在2010年后采用新的统计方法，且2010年后的数据对现状和未来粮食生产、消费和国际贸易预测更具有参考价值，选用2010—2019年的各作物产量(生产)、进口量(进口)、库存释放量(库存)、出口量(出口)和国内消费量(国内)作为数据源。

粮食均衡项中，供给项主要包括生产、进口和库存，消费项主要为国内消费量和出口，供给量和消费量长期保持平衡(绝对值相等)(图5.7)。

哈萨克斯坦研究期内小麦、大麦、水稻、玉米和其他粮食作物的供给项主要是国内生产，其次为进口量和库存向粮食市场的释放量。进口量比较少，除水稻进口量占比较大外(6.5%)，其余作物进口量占粮食总供给量的比例均不足2%。库存向市场释放总量为负值，占总市场供给量的−3.3%、−11.6%、−16.8%、−30.3%、−9.9%，说明研究期内国家增加了粮食库存或库存中存在粮食损失(图5.7a、f、k、p、u)。粮食消费项主要是国内消费，小麦、水稻、大麦、玉米和其他粮食分别占各自总消费量的44.4%、74.1%、66.5%、93.9%和95.5%；消费量缺口是粮食出口，分别占各自总消费量的55.6%、25.9%、33.5%、6.1%和4.5%。由此可知，小麦、水稻和大麦的出口量较大，分别占总消费量的1/2、1/4和1/3左右。小麦的出口量比较稳定，水稻和大麦的出口量呈逐年递增趋势，从2010年到2019年期间，小麦从6.5万t增长到13.6万t，大麦由38.6万t增长到164.4万t；玉米和其他作物出口量较小，但也有增长趋势，说明2010年后哈萨克斯坦与国外粮食贸易往来逐渐频繁。中亚五国中，除哈萨克斯坦粮食出口量较大外，其他国家粮食出口均较少。

吉尔吉斯斯坦小麦的供给量和消费量均呈现下降趋势。2010—2012年年均供给量为132.5万t/a，2017—2018年年均供给量为100.1万t/a(图5.7b)。小麦、水稻和其他粮食作物的进口量占比较大，特别是2015年前(图5.7b、g、v)，其年均进口量占总粮食供给量的41.4%、52.2%和64.3%，说明小麦、水稻和其他粮食作物的国内生产量不足以供给国内民众消费，国内粮食消费对进口有很强的依赖。大麦国内产量和消费量基本持平且数值在逐年增大，说明产量能够自给自足，且民众消费量和消费水平在提高(图5.7l)。玉米变化趋势与大麦相似，产量能够满足自身消费需求(图5.7q)。

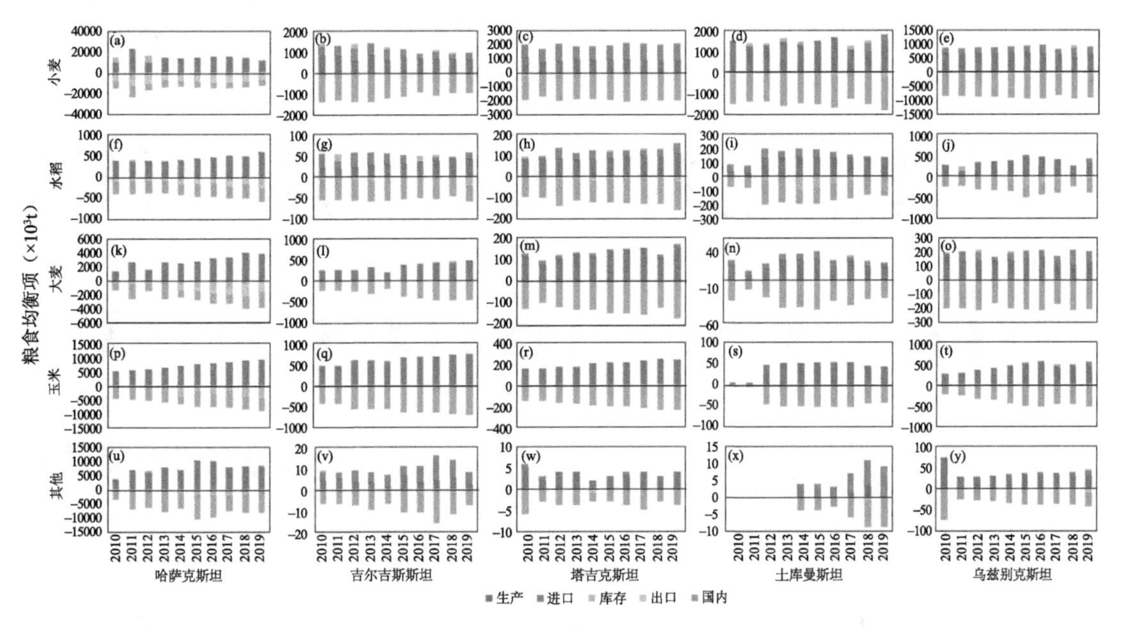

图5.7 五国粮食均衡项年际变化

(生产、进口、库存(库存释放量)表示向市场提供的粮食量，出口、国内(国内消费量)指离开市场的粮食量)

塔吉克斯坦小麦、水稻有比较可观的进口量，多年平均值分别占其总供给量的56.69%、28.33%；大麦和其他作物有少量进口，而玉米无进口。该国各作物库存量和库存释放量均较小，可以忽略不计，说明其自身生产的粮食勉强满足国内需求，基本不存在出口情况，也没有足够余粮满足库存需求(图5.7c、h、m、r、w)。

土库曼斯坦小麦供给主要依赖本国生产，2018年、2019年有少量进口，分别为35.5万t、29.8万t进口量，2010—2017年进口量较少，年均为8.4万t(图5.7d)。2010—2011年水稻消费量较少，水稻消费主要依赖进口，2013—2019年年均水稻国内生产量为13.0万t，进口5.4万t/a，该阶段水稻的供给量基本能够满足国内消费和库存储备(图5.7i)。2011—2012年大麦生产和国内消费量较少，其余年份年均生产量、进口量、消费量分别为2.5万t、0.8万t、3.3万t(图5.7n)。玉米供给来源主要是国内生产，消费量主要是国内消费，能实现自给自足(图5.7s)。其他作物的供给主要依赖进口。

乌兹别克斯坦小麦、大麦进口量较大，分别占总供给量的26.2%、27.4%，其他作物进口量较少，水稻、玉米、其他项的进口占比分别为7.5%、9.6%、15.0%(图5.7e、j、o、t、y)。小麦多年供需总量变化不大，水稻和玉米呈现出先增后减的趋势，分别在 2015 年和 2016 年达到最高，大麦除了 2013 年和 2017 年较低外其他年份变化不大。

5.1.2.2 粮食消费

粮食消费特别是人均粮食消费，除与粮食生产本身有关外，还与人口增长、城乡人口比例等密切相关。本节首先基于 FAO 提供的人口数据分析各国城乡人口年际变化特征，其次结合国内粮食消费量分析了 2010—2019 年人均消费变化，最后探讨了人均消费量与城市化率的关系。

哈萨克斯坦人口呈先减后增的趋势，2000 年人口最少为 1492 万，2018 年增至 1832 万人；城乡人口比例也呈现先减后增的趋势，多年平均值为 1.3（图 5.8a）。吉尔吉斯斯坦、塔吉克斯坦、土库曼斯坦和乌兹别克斯坦四国人口总数均呈持续增长趋势，城市人口与乡村人口比值的多年平均值分别为 0.6、0.4、0.9 和 0.9（图 5.8），各国城市人口虽有少量扩张，但最近 10 年间城乡人口比例无明显变化，可能与四国的社会经济发展状况有关。

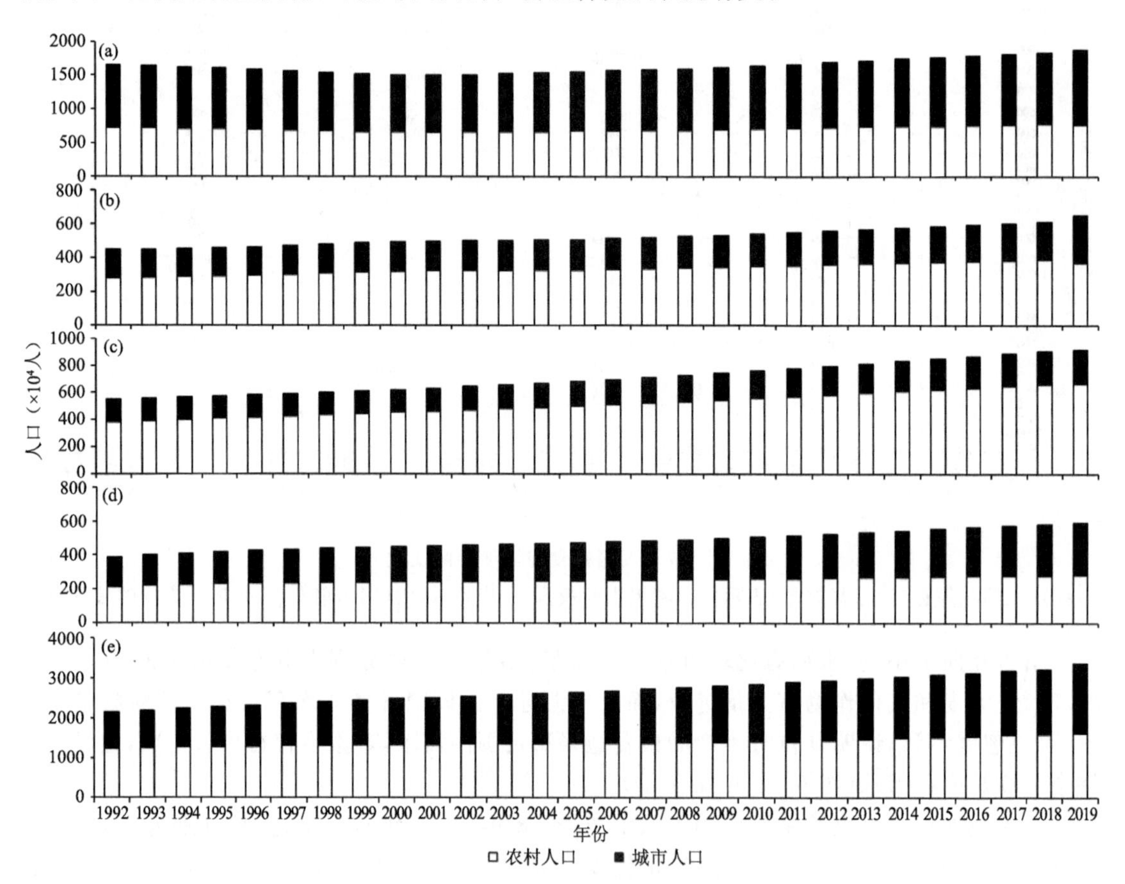

图 5.8 五国城乡人口年际变化

（a）哈萨克斯坦；（b）吉尔吉斯斯坦；（c）塔吉克斯坦；（d）土库曼斯坦；（e）乌兹别克斯坦

哈萨克斯坦国内人均粮食消费总量明显高于其他四国，在 2010—2014 年呈下降趋势（图 5.9a）。2015—2019 年人均消费总量基本稳定，哈萨克斯坦、吉尔吉斯斯坦、塔吉克斯坦、土库曼斯坦和乌兹别克斯坦年人均粮食消费量分别为 446.4 kg/人、351.9 kg/人、280.6 kg/人、288.8 kg/人和 299.9 kg/人。

2010—2014 年,哈萨克斯坦国内人均粮食消费是由小麦和大麦的消费主导(图 5.9a、b、d),由于水稻、玉米和其他粮食作物在数值上较小,且无明显年际波动,因此对人均粮食消费变化趋势影响不大(图 5.9c、e、f)。2015—2019 年哈萨克斯坦大麦人均消费量显著提高,对该时间段内人均粮食提高有较大贡献(图 5.9d、a)。吉尔吉斯斯坦小麦、水稻均呈现多年持续下降趋势,大麦、玉米则有明显上升趋势(图 5.9b、c、d、e)。塔吉克斯坦、土库曼斯坦、乌兹别克斯坦各作物年际间无明显变化特征,值得注意的是 2012 年、2013 年土库曼斯坦水稻人均消费明显高于其他年份,2014—2019 年水稻人均消费有小幅上升。人均其他杂粮消费中,除哈萨克斯坦外,其他四国的消费量均低于 5 kg/人,反映中亚地区粮食消费的多样性偏低(图 5.9f)。

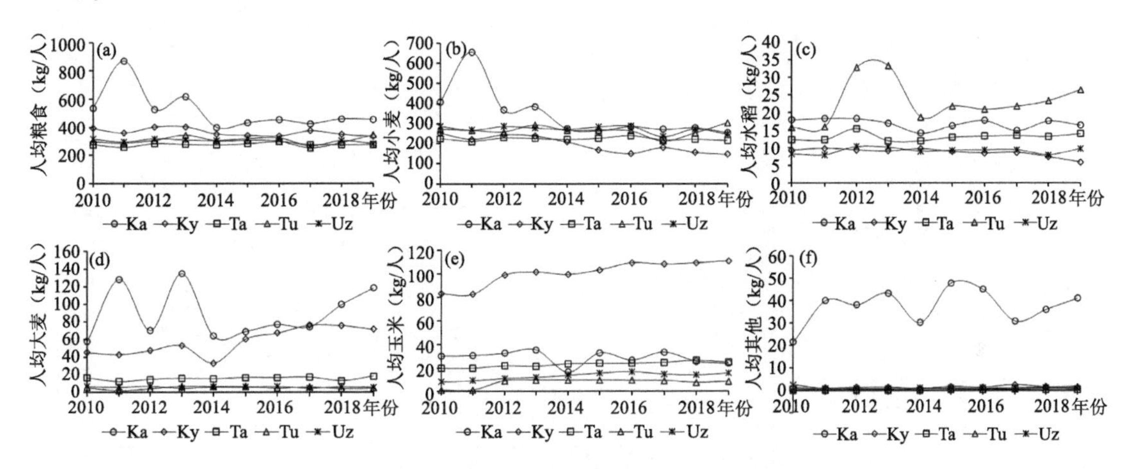

图 5.9　中亚五国国内人均粮食消费量和各作物消费量年际变化

5.1.2.3　粮食国际贸易

本节主要研究中亚五国与世界各国间贸易量和贸易流特征。共搜集到 23 类作物及食品如:小麦、大麦、玉米、大米、燕麦和面粉、麦芽、面包、早餐类谷物等。为便于分析,将同种作物及产品归类,共分为小麦、大麦、大米、玉米、食品和其他六类,计算 2001—2020 年间各国年均进出口贸易量。FAO 仅提供了中亚五国中哈萨克斯坦和吉尔吉斯斯坦的详尽贸易流信息,考虑到哈萨克斯坦是区域内主要的粮食出口国,而吉尔吉斯斯坦是小麦和水稻的主要进口国,区域代表性较好,本研究以该二国为例展开。

由图 5.10、图 5.11 可知,哈萨克斯坦粮食作物和食品进出口量均普遍大于吉尔吉斯斯坦,交易国数量也远大于吉尔吉斯斯坦,这与哈萨克斯坦人口基数、粮食生产、粮食消费和人均消费量均大于吉尔吉斯斯坦有关(图 5.7、图 5.8、图 5.9)。

哈萨克斯坦是全球主要小麦出口国之一,平均每年向 54 个国家出口小麦共 419.5 万 t/a,主要出口国为阿富汗、阿塞拜疆、中国、伊朗、意大利、吉尔吉斯斯坦、塔吉克斯坦、土耳其、乌兹别克斯坦。2001—2020 年分别向上述国家累计出口小麦量均超过 20 万 t(图 5.10a)。哈萨克斯坦还向周边国家如俄罗斯联邦、塔吉克斯坦、吉尔吉斯斯坦、乌兹别克斯坦、土库曼斯坦和乌克兰等国出口数量可观的大麦,年均出口量分别为 4.3 万 t、2.1 万 t、0.6 万 t、0.8 万 t、0.5 万 t 和 0.5 万 t(图 5.10b)。玉米、大米、食品和其他粮食作物出口量相对较少,且出口对象主要是俄罗斯联邦、乌兹别克斯坦、阿富汗、塔吉克斯坦等周边国家(图 5.10d、e、f、g)。

虽然吉尔吉斯斯坦小麦单产为 2255.2 kg/hm²，是哈萨克斯坦（1032.3 kg/hm²）的 2 倍（表 5.1），但是巨大的国内消费量和较少的生产量使得该国小麦往往需要依赖国外进口以满足国内消费（图 5.7）。除小麦外，由图 5.10 可见，大麦、玉米、大米、食品和其他粮食作物出口量同样比较少。

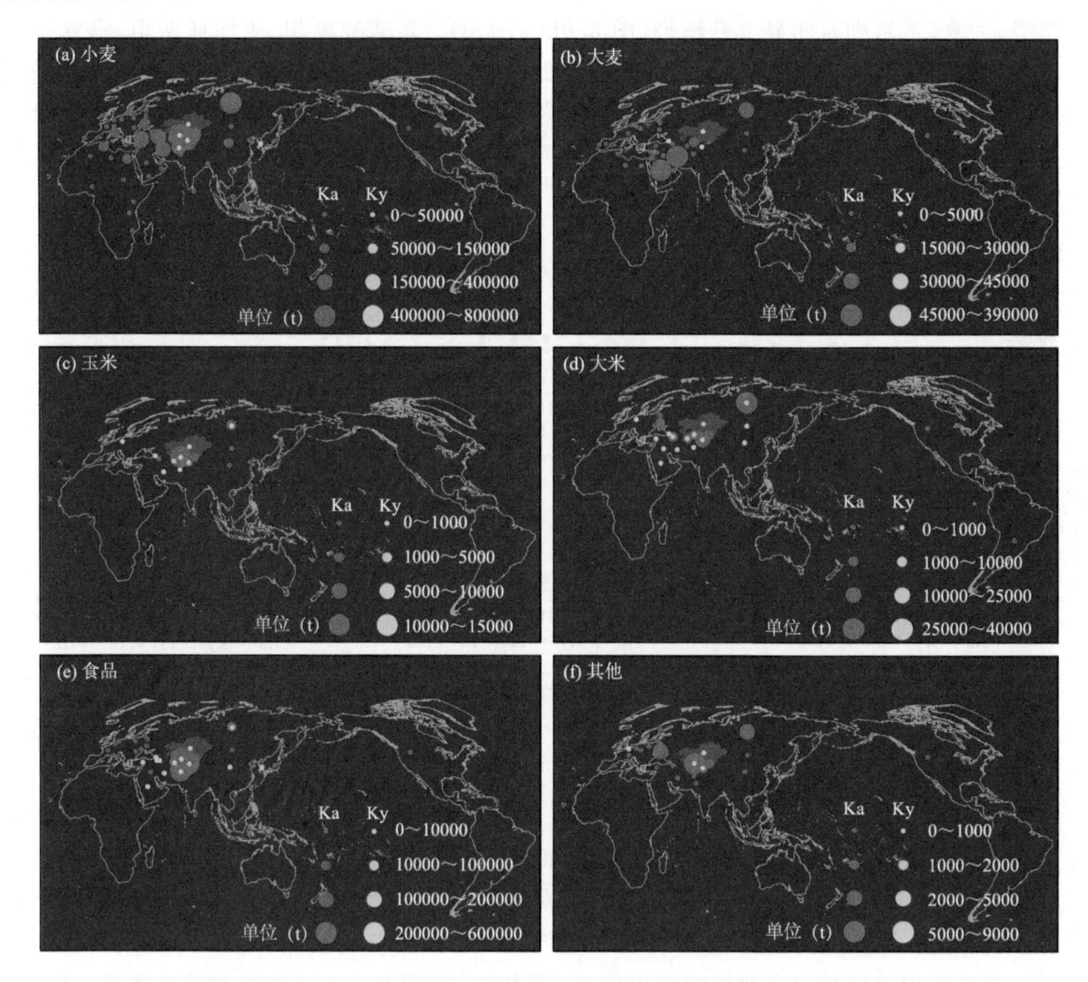

图 5.10　2001—2020 年哈萨克斯坦和吉尔吉斯斯坦粮食作物年均出口量及出口国

哈萨克斯坦尽管是全球主要小麦出口国之一，但 20 a 间来自俄罗斯联邦的小麦进口量为 19.3 万 t/a，其余国家总进口量为 0.2 万 t/a，说明哈萨克斯坦的小麦主要进口来自俄罗斯联邦，其余国家如法国、德国、中国虽有进口，但总量几乎可以忽略不计（图 5.11a）。大麦进口同样主要来自周边国家，其他国家进口量不大，哈萨克斯坦从俄罗斯联邦的年进口量为 2.3 万 t/a，其余国家合起来一共进口 0.7 万 t（图 5.11b）。玉米年进口量较少，从各国的进口量均不足 0.2 万 t，年总进口量为 0.3 万 t，进口主要来自俄罗斯联邦和乌克兰。哈萨克斯坦大米进口主要来自俄罗斯联邦，年均进口 1.8 万 t/a，其次为中国的 0.8 万 t/a，印度的 0.1 万 t/a。从中国的进口量于 2016 年后增加速度较快，这可能是“一带一路”倡议便捷了两国农产品贸易的结果。除俄罗斯联邦外，食品进口和其他粮食类产品的进口量均比较少。由图 5.11f 可见，哈萨克斯坦从俄罗斯联邦进口食品和其他粮食作物 1.8 万 t/a 和 1.4 万 t/a，其余国家均不足 0.5 万 t/a。

吉尔吉斯斯坦小麦、大麦、玉米进口主要来自哈萨克斯坦，年均进口量分别为 20.6 万 t/a、0.3 万 t/a、0.2 万 t/a，占总进口量的 96.1%、88.8%、89.5%（图 5.11a、b、c）。大米进口国主要依赖中国（1.5 万 t/a）、哈萨克斯坦（0.6 万 t/a）、俄罗斯联邦（0.4 万 t/a），分别占总大米进口量的 56.2%、21.9%、14.4%（图 5.11d）。食品和其他粮食类产品的进口量大部分来自哈萨克斯坦和俄罗斯联邦，其余国家进口总量占总进口量的比例均不足 30%（图 5.11e、f）。

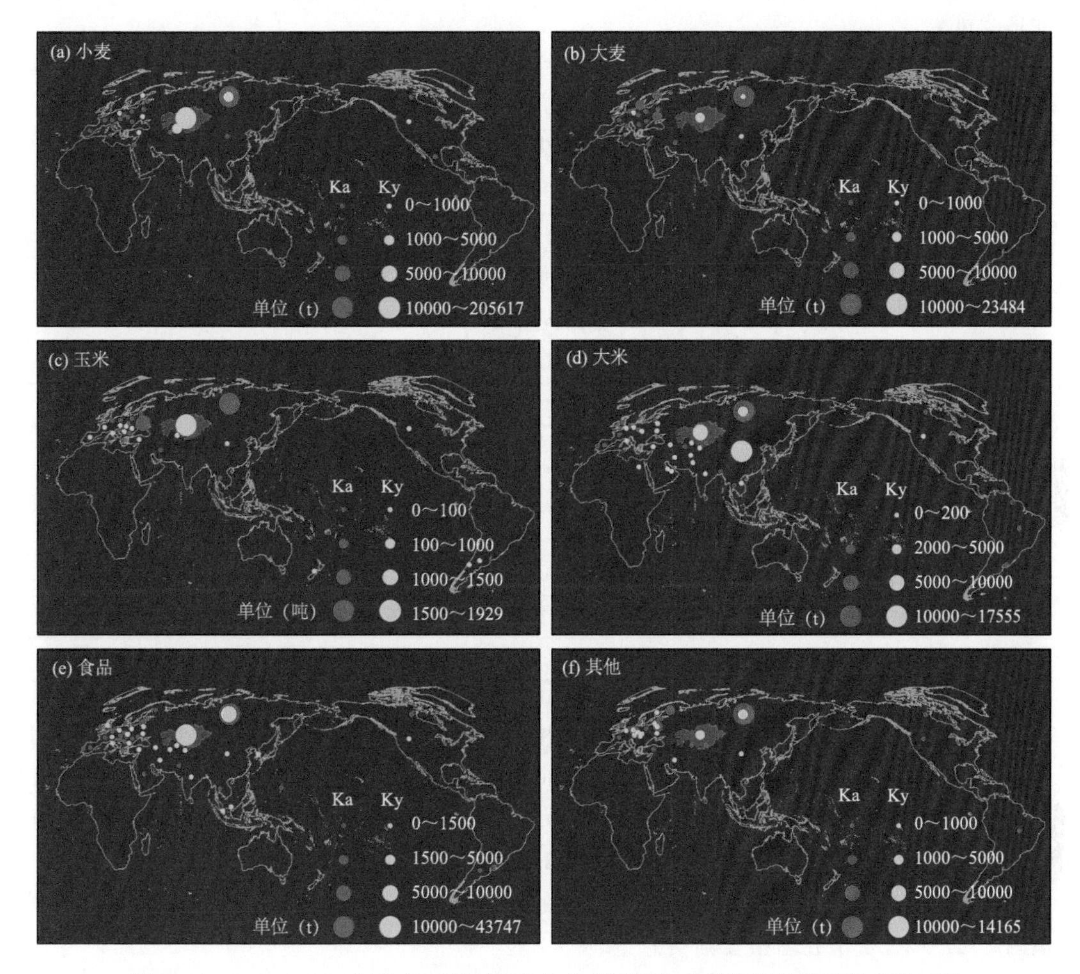

图 5.11　2001—2020 年哈萨克斯坦和吉尔吉斯斯坦粮食作物年均进口量及进口国

以上分析表明，中亚各国粮食种植结构和产量差异较大，除哈萨克斯坦粮食生产过剩大量出口外，其余四国受粮食总量和人均粮食占有量不足影响，以进口小麦为主。

5.1.3　中亚近期粮食供需分析

为评估中亚各国近期粮食盈余状况（粮食盈余即粮食供给量与粮食总消费量的差，正值为盈余、负值为亏缺），需要分别估算粮食供给项和消费项，主要包括近期粮食产量和居民粮食消费总量变化。

要计算居民粮食消费总量，首先需要评估未来人口变化和人均粮食消费量变化。鉴于过去数据人均粮食消费量变化不大（图 5.9），本研究以 2015—2019 年人均粮食消费量的平均值代替 2021—2030 年的人均粮食消费量。同理，以 2001—2020 年各国平均城乡人口年增长率为固定增长率，分别计算 2021—2030 年城乡人口变化。城乡人口数分别与城乡居民人均粮食消费量相乘即可获取居民粮食消费总量。

近期粮食产量预测主要通过时间序列法（ARIMA）（Contreras et al. ，2003）预测单产变化，ARIMA 方法以概率论与数理统计为基础，在物价指数、GDP 预测等方面得到了广泛应用（张奕韬，2009；常亮，2011）。利用各作物播种面积的历史平均值设定未来种植规模，简单计算粮食总产量。

根据 Ren 等（2018）研究结果即农村人均谷物消费量是城市的 1.75 倍，结合中亚各国人均各粮食作物消费量（图 5.9），可以计算出 2015—2019 年中亚五国城市、农村人均小麦、水稻、大麦、玉米和其他项的消费量，具体数据见表 5.5。

表 5.5　2015—2019 年城乡人均粮食作物年消费量（kg/（人·a））

城乡	作物	哈萨克斯坦	吉尔吉斯斯坦	塔吉克斯坦	土库曼斯坦	乌兹别克斯坦
城市	小麦	197.5	116.4	163.2	188.9	193.4
	水稻	12.1	5.7	9.7	16.6	6.7
	大麦	63.8	51.1	12.1	4.0	4.5
	玉米	20.7	78.8	17.9	6.4	11.3
	其他	29.3	1.3	0.3	0.8	0.8
乡村	小麦	345.6	203.7	285.6	330.6	338.4
	水稻	21.1	9.9	17.0	29.0	11.7
	大麦	111.6	89.5	21.1	7.1	7.9
	玉米	36.2	137.9	31.4	11.2	19.7
	其他	51.3	2.3	0.5	1.4	1.5

2001—2020 年（2020 年数据根据前 19 年推测），哈萨克斯坦、吉尔吉斯斯坦、塔吉克斯坦、土库曼斯坦、乌兹别克斯坦人口增长分别为 20.06 万人/a、8.31 万人/a、16.41 万人/a、2.95 万人/a、45.88 万人/a，城乡比例分别为 1.31、0.55、0.36、0.94、0.99（图 5.8）。假设未来 10 年人口增长率和城乡人口比例保持不变，那么预计 2030 年中亚总人口将达到 7854.74 万人。

假设未来 10 年城乡饮食结构不会发生大的变化，那么结合表 5.5 和五国未来人口数据即可预测 2021—2030 年五国粮食消费总量。

产量预测依据 ARIMA 方法，首先以 1992—2015 年中亚五国各作物历史单产变化值为训练数据集，以 2016—2020 年历史单产为验证数据集（图 5.4），对相应国家和相应作物的预测结果分别进行验证（图 5.12）。可以看出，除个别国家个别作物外（如图 5.12 a22、a38、a39），预测结果与实际单产的变化趋势和数值范围均比较一致，说明 ARIMA 在该研究中的预测结果具有可靠性。之后，对 2021—2030 年五国各作物单产分别进行预测，预测结果见表 5.6。最后，基于单产和历史播种面积平均值，计算各国粮食作物总产量变化，结果见表 5.7。需要特别指出的是，土库曼斯坦自 2010 年以来，小麦产量一直呈下降趋势，造成近期作物单产预测值走低，如果该国针对农业开展比较大的改革和技术更新，预测结果会存在比较大的不确定性。

对不同情景下国内粮食总产和总消费量求差，即获得 2030 年前各年份中亚粮食盈余状况，见表 5.8。国内粮食盈余结果中，正值表示可以出口的粮食量，负值表示需要进口的粮食量。

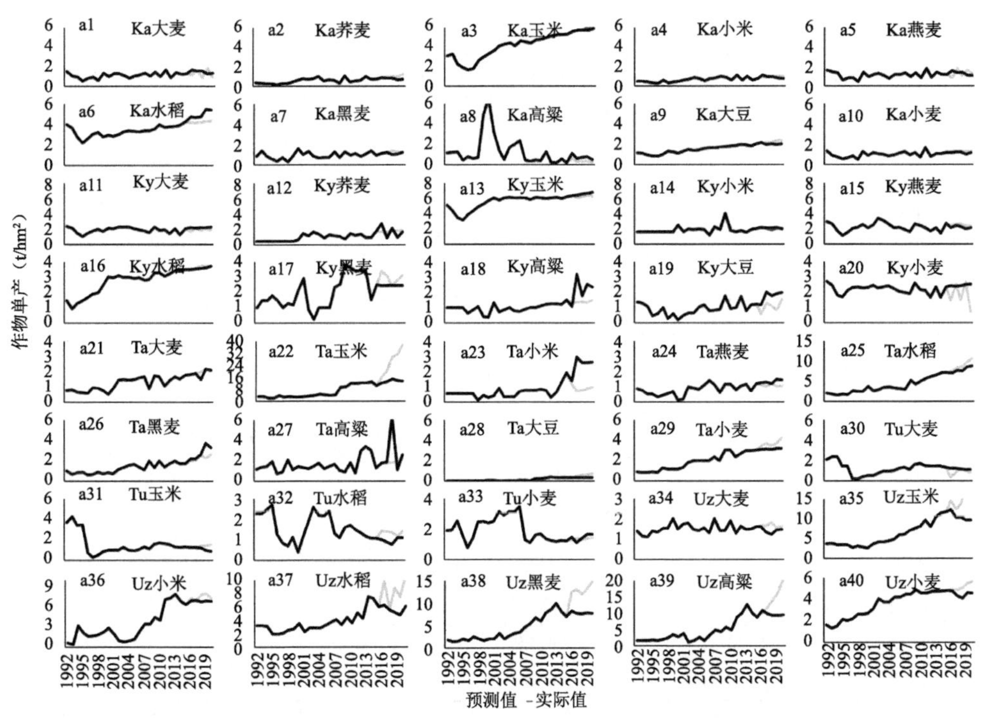

图 5.12　中亚五国各作物各年实际单产(1992—2015 年)与预测单产测试结果(2016—2020 年)

研究表明，当播种面积为历史均值时，哈萨克斯坦、吉尔吉斯斯坦、塔吉克斯坦、土库曼斯坦、乌兹别克斯坦地区未来 10 年内人均每年粮食生产量分别为 1252.6 kg/人、279.1 kg/人、202.6 kg/人、193.1 kg/人、236.0 kg/人，中亚五国人均每年粮食生产量为 481.1 kg/人。中亚五国小麦盈余量分别为 1056.7 万 t、−18.2 万 t、−82.6 万 t、−6.1 万 t、−203.0 万 t；大麦盈余为 239.1 万 t、−17.1 万 t、−2.8 万 t、2.3 万 t、−3.7 万 t；玉米盈余为 17.0 万 t、−23.7 万 t、26.2 万 t、−1.1 万 t、15.7 万 t；水稻盈余为 22.1 万 t、−2.7 万 t、5.8 万 t、−3.5 万 t、49.9 万 t；其他作物盈余为 6.2 万 t、−0.6 万 t、−0.4 万 t、−0.5 万 t、8.0 万 t。整体上，截至 2030 年，除土库曼斯坦外，五国粮食产量均比 2020 年有所提高，但除哈萨克斯坦外，各国小麦依然依赖进口以满足国内需求。

表 5.6　中亚五国未来 10 年粮食作物单产变化预测(t/hm^2)

国家	作物	2021 年	2022 年	2023 年	2024 年	2025 年	2026 年	2027 年	2028 年	2029 年	2030 年
哈萨克斯坦	大麦	1.38	1.44	1.60	1.68	1.70	1.77	1.69	1.66	1.65	1.66
	荞麦	0.79	0.80	0.85	0.83	0.91	0.92	1.01	0.92	0.93	0.80
	玉米	6.08	6.18	6.33	6.48	6.62	6.69	6.78	6.85	6.94	7.00
	小米	1.10	0.95	1.11	1.08	1.09	1.14	1.03	1.11	1.17	1.16
	燕麦	1.22	1.24	1.48	1.48	1.44	1.51	1.42	1.40	1.48	1.39
	水稻	5.13	5.18	5.36	5.59	5.79	5.89	5.99	6.29	6.58	6.79
	黑麦	1.08	1.09	1.25	1.26	1.31	1.32	1.21	1.16	1.15	1.29
	高粱	1.49	0.69	0.95	0.60	0.56	1.06	0.54	0.81	0.62	0.49
	大豆	2.26	2.24	2.21	2.30	2.35	2.39	2.47	2.49	2.51	2.53
	小麦	1.22	1.28	1.38	1.35	1.23	1.34	1.33	1.29	1.33	1.35

续表

国家	作物	2021 年	2022 年	2023 年	2024 年	2025 年	2026 年	2027 年	2028 年	2029 年	2030 年
吉尔吉斯斯坦	大麦	2.17	2.28	2.17	2.25	2.22	2.21	2.27	2.23	2.26	2.24
	荞麦	1.27	2.70	1.46	3.17	1.42	3.45	1.35	3.62	1.27	3.29
	玉米	6.86	6.68	6.92	7.02	6.92	7.03	7.05	6.99	7.12	7.08
	小米	2.03	2.13	2.25	2.22	2.35	2.29	2.30	2.23	2.27	2.40
	燕麦	2.20	2.41	2.49	2.55	2.36	2.27	2.08	2.14	2.18	2.10
	水稻	3.78	3.84	3.87	3.93	3.97	3.99	4.03	4.08	4.05	4.07
	黑麦	2.72	2.86	2.87	3.12	2.96	3.23	3.40	3.22	3.44	3.89
	高粱	2.01	1.92	2.21	2.42	2.82	3.06	3.10	3.80	3.48	3.64
	大豆	1.68	1.82	1.74	1.83	1.92	2.20	2.32	2.40	2.74	2.53
	小麦	2.35	2.39	2.50	2.57	2.46	2.44	2.45	2.47	2.44	2.54
塔吉克斯坦	大麦	2.07	2.16	2.22	2.28	2.37	2.31	2.38	2.47	2.53	2.51
	玉米	13.44	18.24	21.61	26.45	25.81	28.42	31.26	34.54	38.17	44.25
	小米	1.40	2.23	2.41	2.55	2.47	4.47	3.60	4.09	4.52	4.65
	燕麦	1.40	1.44	1.56	1.57	1.51	1.66	1.63	1.62	1.71	1.74
	水稻	9.68	9.98	11.09	12.11	12.72	12.34	14.06	13.58	14.72	14.66
	黑麦	3.71	3.58	4.24	4.28	4.28	4.65	4.84	5.25	6.14	6.25
	高粱	2.03	2.09	1.28	4.66	1.64	4.43	1.42	3.45	1.99	4.50
	大豆	0.45	0.49	0.53	0.63	0.68	0.80	0.86	0.98	1.11	1.30
	小麦	3.48	3.78	3.65	3.71	4.01	4.15	4.23	4.31	4.39	4.53
土库曼斯坦	大麦	0.98	1.04	1.09	1.12	1.11	1.28	1.25	1.27	1.28	1.30
	玉米	0.92	0.94	1.02	1.17	1.30	1.33	1.33	1.31	1.35	1.27
	水稻	0.91	0.92	0.86	1.09	1.24	1.22	1.21	1.11	1.04	1.01
	小麦	1.56	1.56	1.59	1.72	1.72	1.45	1.30	1.35	1.22	1.27
乌兹别克斯坦	大麦	1.37	1.77	1.49	1.51	1.59	1.34	1.44	1.42	1.43	1.42
	玉米	10.95	11.44	12.09	15.67	16.72	16.32	14.41	17.07	19.08	20.25
	小米	7.49	8.46	8.48	8.62	8.88	12.05	10.44	11.59	10.71	16.25
	水稻	6.41	7.16	7.50	8.26	9.21	9.34	9.91	10.58	10.95	11.26
	黑麦	6.16	13.48	11.24	12.88	15.13	18.95	20.23	26.94	24.42	32.24
	高粱	11.19	12.27	13.03	14.59	15.97	18.55	18.46	20.78	21.86	25.88
	小麦	4.94	4.98	5.25	5.22	5.21	5.40	5.48	5.49	5.44	5.64

表 5.7　作物产量变化(万 t)

国家	作物	2021 年	2022 年	2023 年	2024 年	2025 年	2026 年	2027 年	2028 年	2029 年	2030 年
哈萨克斯坦	大麦	339	353	394	412	418	434	415	408	405	408
	荞麦	9	9	10	10	11	11	12	11	11	9
	玉米	63	64	66	67	69	70	71	71	72	73
	小米	12	10	12	12	12	12	11	12	13	13
	燕麦	29	29	35	35	34	36	34	33	35	33
	水稻	46	46	48	50	52	53	53	56	59	61
	黑麦	10	10	12	12	12	12	11	11	11	12
	高粱	0	0	0	0	0	0	0	0	0	0
	大豆	12	12	12	12	12	13	13	13	13	13
	小麦	1439	1515	1629	1600	1459	1589	1574	1524	1576	1600

续表

国家	作物	2021 年	2022 年	2023 年	2024 年	2025 年	2026 年	2027 年	2028 年	2029 年	2030 年
吉尔吉斯斯坦	大麦	30	32	30	32	31	31	32	31	32	31
	荞麦	0	0	0	0	0	0	0	0	0	0
	玉米	50	49	51	51	51	51	51	51	52	52
	小米	0	0	0	0	0	0	0	0	0	0
	燕麦	0	0	0	0	0	0	0	0	0	0
	水稻	3	3	3	3	3	3	3	3	3	3
	黑麦	0	0	0	0	0	0	0	0	0	0
	高粱	0	0	0	0	0	0	0	0	0	0
	大豆	0	0	0	0	0	0	0	0	0	0
	小麦	88	89	93	96	92	91	92	92	91	95
塔吉克斯坦	大麦	11	11	11	12	12	12	12	13	13	13
	玉米	23	31	37	45	44	49	53	59	65	76
	小米	0	0	0	0	0	0	0	0	0	0
	燕麦	0	0	0	0	0	0	0	0	0	0
	水稻	14	14	16	17	18	17	20	19	21	21
	黑麦	0	0	0	0	0	0	0	0	0	0
	高粱	0	0	0	0	0	0	0	0	0	0
	大豆	0	0	0	0	0	0	0	0	0	0
	小麦	102	111	107	108	117	121	124	126	128	132
土库曼斯坦	大麦	4	4	4	5	5	5	5	5	5	5
	玉米	2	2	2	3	3	3	3	3	3	3
	水稻	6	6	6	7	8	8	8	7	7	6
	小麦	118	118	120	130	130	109	98	102	93	96
乌兹别克斯坦	大麦	16	21	18	18	19	16	17	17	17	17
	玉米	49	51	54	70	74	72	64	76	85	90
	小米	1	1	1	1	1	1	1	1	1	2
	水稻	57	64	67	74	83	84	89	95	98	101
	黑麦	1	3	2	3	3	4	4	6	5	7
	高粱	4	5	5	6	6	7	7	8	9	10
	小麦	653	660	695	690	690	715	726	726	721	746

5.1.4 小结

本节研究结果表明：①中亚五国粮食面积、单产、产量、产值、化肥投入基本在 1992—2010 年呈现不同程度下降趋势，2011 年至今有逐年增加的趋势；②粮食作物以小麦、大麦种植为主，旱作雨养、广种薄收是其主要特征，人均粮食占有量除哈萨克斯坦较高外，自给自足均存在一定缺口；③哈萨克斯坦是主要粮食出口国，出口作物以小麦、大麦、水稻为主，出口对象以中亚及周边和中国为主，2016 年后对中国的出口量明显增加；其他四国均为小麦、大麦、水稻进口国；④近期粮食供需预测表明，2030 年前除土库曼斯坦外，各国粮食产量均比 2020 年有较大程度的提高，但除哈萨克斯坦外，各国小麦依然需要依赖进口。

表 5.8　中亚五国国内粮食盈余(万 t)

国家	作物	2021 年	2022 年	2023 年	2024 年	2025 年	2026 年	2027 年	2028 年	2029 年	2030 年
哈萨克斯坦	大麦	182	195	236	253	258	274	255	248	244	247
	玉米	12	13	14	16	17	18	19	19	20	21
	水稻	16	16	18	20	22	22	23	26	28	30
	小麦	950	1025	1138	1108	966	1095	1078	1027	1078	1101
	其他	0	−2	8	8	8	11	8	6	9	6
吉尔吉斯斯坦	大麦	−17	−16	−18	−17	−17	−17	−17	−17	−17	−17
	玉米	−24	−25	−24	−23	−24	−23	−23	−24	−23	−24
	水稻	−3	−3	−3	−3	−3	−3	−3	−3	−3	−3
	小麦	−21	−20	−16	−14	−18	−19	−19	−19	−20	−17
	其他	−1	−1	−1	−1	−1	−1	−1	−1	−1	−1
塔吉克斯坦	大麦	−4	−3	−3	−3	−3	−3	−3	−2	−2	−2
	玉米	1	9	15	23	22	27	31	37	43	53
	水稻	2	2	4	5	6	6	8	7	9	9
	小麦	−95	−87	−92	−91	−83	−79	−78	−76	−74	−71
	其他	0	0	0	0	0	0	0	0	0	0
土库曼斯坦	大麦	2	2	2	2	2	3	3	3	3	3
	玉米	−2	−2	−2	−1	−1	−1	−1	−1	−1	−1
	水稻	−4	−4	−5	−3	−2	−2	−3	−3	−4	−4
	小麦	1	1	3	12	13	−8	−19	−16	−26	−22
	其他	0	0	0	0	0	0	0	0	0	0
乌兹别克斯坦	大麦	−5	0	−3	−3	−2	−5	−4	−5	−5	−5
	玉米	−3	−1	1	17	22	20	11	23	32	37
	水稻	27	33	36	43	51	52	57	63	67	69
	小麦	−241	−237	−204	−211	−214	−192	−183	−185	−193	−170
	其他	3	5	5	6	7	9	9	11	11	15

5.2　棉花生产与贸易

棉花是中亚地区最主要的经济作物，在中亚五国农业生产中占据重要地位。本节内容主要描述了该地区棉花的种植情况、五国之间棉花产量对比和变化趋势以及棉花作为中亚商品化极高的经济作物的进、出口贸易情况。

5.2.1 棉花种植情况

棉花被誉为“白色黄金”，占中亚农作物总种植面积的1/10左右。棉花适宜生长在热量充沛、光照充足、有较多灌溉水源且排水条件好的地区，而中亚五国位于亚欧大陆的腹地，是远离海洋的内陆区域，其典型的大陆性干旱气候为棉花的种植和生长提供了得天独厚的农业生产条件。具体来说，第一，光热充足、光热同季、夏天温度高且气温日较差比较大，十分有利于棉花生长和养分积累，棉花产量高、品质好；第二，尽管中亚五国降水量少且季节分配不均匀，但春季冰川融水和阿姆河、锡尔河等河湖为中亚棉花的种植提供了充足的地表灌溉水源；第三，土壤多为沙质土，排水透气性好，有利于棉花生长。

中亚五国是世界重要的产棉基地之一。棉花生产位列前两位的国家是乌兹别克斯坦和土库曼斯坦。从图5.13可以看出，自1992年至2020年，中亚棉花收获面积平均每年234.4万 hm^2，年际间呈显著下降趋势，从265.22万 hm^2 下降至193.9万 hm^2，下降了26.9%。下降的主要原因是棉花生产大国乌兹别克斯坦种植面积大幅下降，从1992年的166.7万 hm^2 下降至2020年的105.8万 hm^2，下降了36.5%。土库曼斯坦棉花收获面积在1992—2020年间变化不大，平均值为55.4万 hm^2，但由于中亚总体棉花收获面积的下降，其占整个中亚棉花总收获面积的比例却从1992年的21.4%提升至2020年的27.6%。棉花生产排第三位的是塔吉克斯坦，占中亚总棉花收获面积的9.7%。棉花收获面积从1992年的28.5万 hm^2 下降至2015年的15.9万 hm^2 后，开始微弱增加。哈萨克斯坦和吉尔吉斯斯坦棉花占比较小，分别为中亚的6.1%和1.3%，二者近30年间收获面积总趋势都是先增长后减少，2004—2006年是棉花收获面积最多的时段。

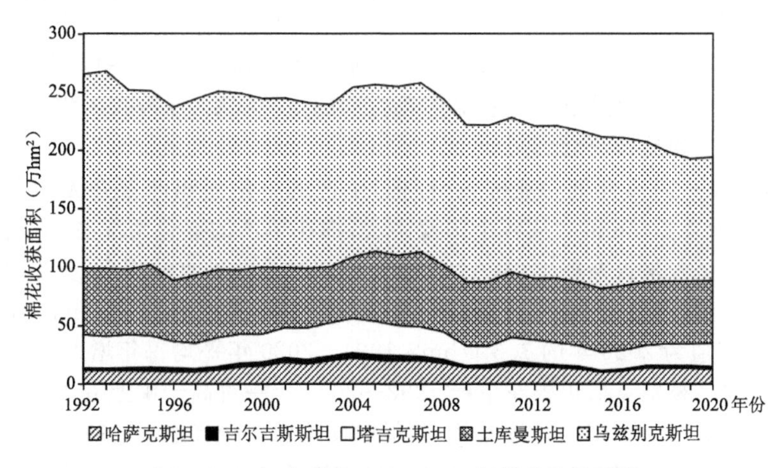

图5.13 中亚五国1992—2020年棉花收获面积

从棉花收获面积减少的成因来看，20世纪90年代之前，苏联在中亚境内设立棉花产区，耕地面积和收获面积一度增长很快(马大海，1995)。然而，随着苏联的解体中亚五国的经济陷入了长期的转型和衰退，改变了中亚棉花种植的需求和策略，导致了中亚棉花收获面积下降，同时，中亚地区除哈萨克斯坦北部以外，棉花种植以灌溉农业为主，耕地扩张导致地表水资源减少，限制了棉花生产。以乌兹别克斯坦为例，1992年以来，棉花收获面积持续下降，占该国作物种植面积的比例从1992—2000年间的42.2%下降到2010—2017年间的35.1%，降低了7.1%，而同期小麦种植比例则从31.4%上升到38.9%，提高了7.5%，可以推断出乌兹别克斯坦部分棉花播种面积改种为小麦(辛萍 等,2021),原因是苏联解体后,乌兹别克斯坦需要逐步实现小麦从配给制转向自给自足的供应模式,因而进行了种植结构调整,增加了小麦的种植比例而逐渐地减少了棉花的种植(中亚科技服务中心,2020)。棉花是土库曼斯坦的传统经济作物和主要出口产品,一直以来,土库曼斯坦非常注重发展棉花产业,把棉花生产和棉纺业作为其经济发展的一个增长点,棉花收获面积保持稳定态势。塔吉克斯坦和吉尔吉斯斯坦地形以山地、高原为主,很多地区海拔在 3000 m 以上,因此两国耕地资源有限,塔吉克斯坦只有不足 7%的可耕地,由于谷地众多,高山冰川积雪融化后形成众多河流湖泊,为灌溉棉田提供了有利条件,因此塔吉克斯坦自古就有种植棉花的传统,棉田占农耕地面积的 40%,棉花生产一直是促进本国经济和社会发展的支柱产业(彭玲,1998),然而苏联解体后,棉花种植业也面临严重的衰退,棉花产量下降,收获面积也一度呈递减趋势,直到 21 世纪初棉花收获面积才出现增长。吉尔吉斯斯坦低海拔地区仅占土地面积的 15%,从根本上限制了棉花收获面积的大幅增长,由于该国农业以畜牧业为主,畜牧产品需求量大、收入高,因此农业种植面积中饲料粮占比例较大,棉花收获面积是中亚五国中最少的。哈萨克斯坦是中亚五国中面积最大的国家,大部分领土为平原和低地,拥有超过 2000 万 hm^2 的可耕地资源,早在苏联时期,哈萨克斯坦的农业已经基本实现规模化和机械化作业(任志远,2014)。哈萨克斯坦的主要农作物有小麦、玉米、大麦等,棉花的收获面积较小,仅占总农作物面积的 0.9%,在中亚五国中位居第四,且哈萨克斯坦水资源短缺,机井等水利设施的使用费用高,棉价不稳定,影响了棉农的积极性(努斯热提·吾斯曼 等,2015)。

5.2.2　棉花单产与总产

5.2.2.1　棉花单产

单产是综合反映土地生产能力和农业生产水平的重要指标之一。中亚棉花单产及其变化反映出中亚五国土地肥力以及五国政府对棉花生产的重视程度、经济投入程度、机械化程度以及农业生产技术投入如品种、化肥等。

整体来看,1992—2020 年间中亚棉花(籽棉)生产的单位面积产量并无显著变化,呈稳定波动状态,平均值为 2.2 t/hm^2。从各个国家来看,棉花单产的变化情况各不相同。五国中棉花单产居第一位的是吉尔吉斯斯坦,从 1996 年开始超过乌兹别克斯坦后,其单产不断上升,且一直稳居中亚棉花单产第一。吉尔吉斯斯坦棉花单产多年平均为 2.7 t/hm^2,最低为 1994 年的 2.0 t/hm^2,最高值为 2020 年的 3.3 t/hm^2,1994—2020 年平均每年增产 0.1 t/hm^2。中亚棉花生产第一大国乌兹别克斯坦棉花单产 1992—2020 年一直高于中亚五国平均水平,且呈波动上升态势,除 1998—2003 年期间较低外,其他时间均保持较高水平,1994—2020 年间单产均值为 2.5 t/hm^2,最大为 2020 年的 2.9 t/hm^2。哈萨克斯坦位居中亚五国的中等水平,2010 年之前平均为 2.0 t/hm^2,但多年来一直呈波动增长趋势,2010 年后单产平均为 2.6 t/hm^2,最大值为 2013 年的 2.9 t/hm^2。塔吉克斯坦棉花单产较低,2010 年之前保持稳定,且均值只有 1.7 t/hm^2,2010 年后开始缓慢增长,平均值约为 2.0 t/hm^2。土库曼斯坦 1992—2020 年棉花单产平均只有 1.6 t/hm^2,产量波动较大,波峰波谷此起彼伏,3 个高值分布区间分别是 1992—1995 年、1999—2001 年和 2010—2011 年,从 2012 年开始棉花单产一直维持在较低水平,平均仅为 1.2 t/hm^2,是中亚五国中单产最低的国家(图 5.14)。

5.2.2.2　棉花总产

棉花总产量(籽棉产量)取决于棉花收获面积和单产。从整体上看,棉花产量变化与棉花

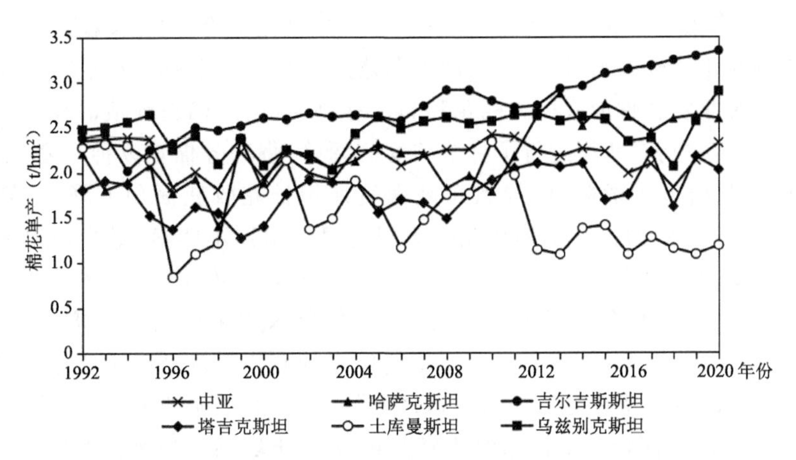

图 5.14　中亚及五国 1992—2020 年棉花(籽棉)单产量

种植面积直接相关,另外还需考虑影响单产的棉花品种、农业种植技术以及灌溉技术等因素。

图 5.15 显示了 1992—2020 年中亚五国棉花总产量及其变化趋势。中亚棉花总产量自 1992 年以来呈波动中下降趋势,从 20 世纪 90 年代初期的 600 多万 t 下降到 2020 年的 450 万 t,最低值为 2018 年的 362.3 万 t,年均产量为 507.2 万 t。具体来说,乌兹别克斯坦和土库曼斯坦是棉花产量最多的两个国家,占整个中亚棉花总量的 80%以上。乌兹别克斯坦年产量基本保持在 300 万 t 以上,土库曼斯坦在 2012 年之前年产量基本保持在 100 万 t 以上,1992—2020 年两国年均产量分别为 339.1 万 t 和 88.5 万 t。1992—2020 年,这两个国家棉花年产量都呈现不同程度的下降趋势,乌兹别克斯坦从 20 世纪 90 年代初期的 423.5 万 t 下降到 2016—2019 年的 269.7 万 t,土库曼斯坦则从 20 世纪 90 年代初期的 128.9 万 t 下降到 2019 的 58.2 万 t。塔吉克斯坦棉花年均产量在 2005 年之前为 44.2 万 t,远高于哈萨克斯坦 2005 年之前的年均产量 27.7 万 t,但在 2005 年之后,塔吉克斯坦棉花年均产量下降至 36.9 万 t,而哈萨克斯坦棉花年均产量上升至 34.4 万 t,塔吉克斯坦棉花产量仅仅略高于哈萨克斯坦,且两国 2005 年之后棉花产量的变化趋势基本相同。吉尔吉斯斯坦尽管单产最高,但总产是中亚五国中最低的国家,最高产量为 2004 年的 12.2 万 t,年均棉花产量仅为 7.9 万 t,是塔吉克斯坦棉花年均产量的 1/5、乌兹别克斯坦棉花年均产量的 1/40。吉尔吉斯斯坦棉花产量变化趋势

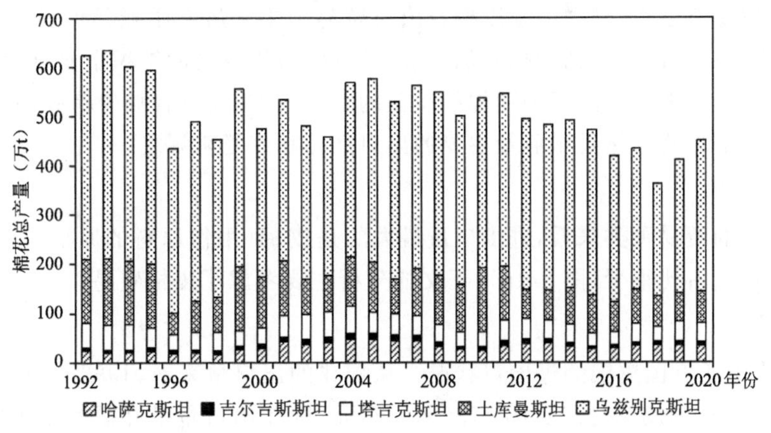

图 5.15　中亚五国 1992—2020 年棉花(籽棉)总产量

为 1992—2004 年棉花年产量持续增长，2005—2015 年波动下降，之后又稳定增长。

从棉花产量变化的成因来看，主要生产国乌兹别克斯坦棉花种植历史悠久，苏联时期利用增加灌溉用水和农业发展政策来扩大棉花利润，一度使得该国棉花种植面积和单产水平都很高，而苏联解体后乌兹别克斯坦进行了种植结构的调整，将部分棉花改种小麦，加之灌溉需水的大量消耗和棉花出口量的降低，导致乌兹别克斯坦棉花收获面积下降，尽管棉花单产在 1992—2020 年逐步提高，但由于土壤盐碱化等问题仍然增速不明显，最终使得乌兹别克斯坦的棉花产量表现出明显的波动下降趋势。但乌兹别克斯坦棉花收获面积在中亚五国中依然是最大的，棉花产量也约占整个中亚棉产量的 66%，如果未来采用高效栽培技术、种植高产品种，会有很大增产潜力(辛萍 等，2021)。土库曼斯坦棉花产量降低的主要原因是单产水平较低，尤其是 2012 年以后维持在更低的水平(1.2 t/hm^2)。由于地处炎热、干旱的中间地带，土库曼斯坦约 80%的国土面积被卡拉库姆沙漠占据，另外土壤高度盐碱化严重阻碍了农业的发展。塔吉克斯坦棉花收获面积总量不高，2005 年以后出现一定程度的下降，除了棉花单产水平较低外，资金和技术问题是制约塔吉克斯坦农业发展的主要因素。由于棉花种植面积最小，吉尔吉斯斯坦是中亚五国中棉花总产量最少的国家。尽管如此，吉尔吉斯斯坦棉花单产却逐年攀升，究其原因主要得益于该国政府对农业科技研究的重视和技术投入的增加(杨建梅，2009)。

中亚棉花在国际市场上具有很强的竞争力，是世界上棉花产量最多且品质最优的地区之一，棉花产业也成为中亚五国的经济命脉和支柱性产业(张春嘉，2004)。同时，为了获得更高的经济利益，2010 年后，中亚五国政府实施一系列政策和技术措施旨在提高棉花加工能力，提升棉花生产附加值，使各国纺织产业链逐步得到完善。如哈萨克斯坦不仅积极推进发挥规模化棉花种植的优势，采取了一系列优惠政策鼓励水利设施更新和灌溉技术改进，同时，针对粗加工落后的问题，鼓励在南哈州设立纺织发展园区，享受各项政策，重点发展棉花加工产业；乌兹别克斯坦政府决定逐年减少原棉出口比例，提高棉纱、棉布和纺织品等棉花制成品的出口量；土库曼斯坦和塔吉克斯坦政府大力改进棉花深加工技术，把棉纺业作为其经济发展的一个增长点。随着中亚各国棉纺织加工业的进一步发展，中亚的棉花产业将具有越来越大的发展潜力和更加良好的发展前景。

5.2.3 棉花进出口与对中贸易

中亚棉花贸易量巨大，其中主要以棉花出口贸易为主。虽然中亚是世界上最大的产棉区之一，但是由于中亚五国独立初期棉花加工能力不高，每年自己的纺织企业对棉花的消费量较低，大部分出口国外，近年来随着中亚棉纺织业的发展，棉花出口有减少趋势，但棉花这种商品化程度极高的经济作物依然是中亚最主要的出口产品和外汇来源之一。

5.2.3.1 贸易种类

从中亚棉花的贸易种类来看，进出口量最大的是皮棉(用作原料的原棉)，而棉绒、棉纱和精梳棉的进出口量占比很少(图 5.16)，下文的分析主要考虑了皮棉贸易。

5.2.3.2 贸易量

图 5.17 为中亚五国皮棉的进出口状况。从棉花的出口量来看，1992—2020 年，中亚棉花出口年均 92.9 万 t，为皮棉总产量的 57.9%。然而，棉花出口量及在总产量中的占比均呈下降趋势，从 1992 年的 154.0 万 t 下降至 2020 年的 28.9 万 t，最严重下降发生在 2008 年，当年

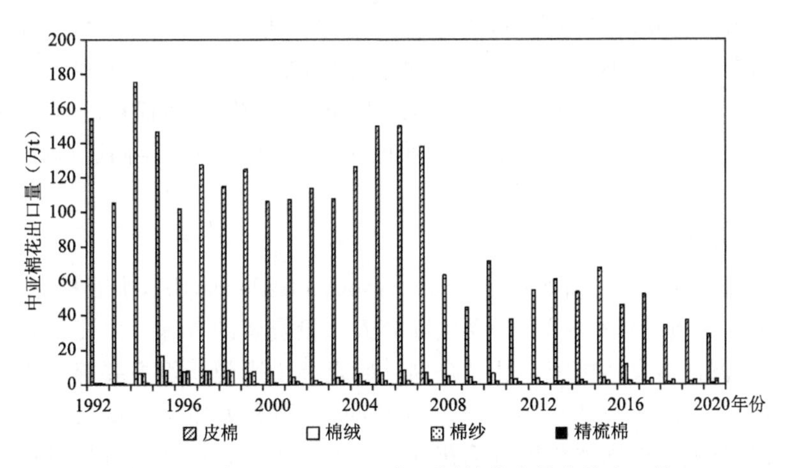

图 5.16　中亚 1992—2020 年不同棉花贸易产品出口量

棉花出口仅为前一年(2007 年)的一半,之后中亚棉花出口波动下降。由图 5.17 可以看出,出口下降主要受乌兹别克斯坦影响。从 1992—2007 年,乌兹别克斯坦棉花出口波动变化,但变化幅度不大,然而,从 2008 年开始,该国棉花出口量大幅下跌,仅为 2007 年的 38.9%,从 2008—2020 年,乌兹别克斯坦棉花出口量降幅高达 72.6%,29 a 间总降幅达 90.4%。近年来,随着乌兹别克斯坦纺织业的加速扩张,乌兹别克斯坦棉花出口有可能全面停止。土库曼斯坦作为中亚第二大产棉国,1992—2020 年棉花出口量年均值为 15.1 万 t,占总产量的比例达到 59.7%,而变化趋势是在波动中下降。在 1992—2011 年期间,个别年份出口量虽有微增,但总体呈现下降状态,从 41.1 万 t 下降至 4.4 万 t,仅为 20 世纪初棉花出口量的 1/10,2012—2014 年棉花出口量增加至 21.6 万 t,随后又逐渐降低,最低值为 2020 年的 8092 t。塔吉克斯坦棉花出口量总体不高,呈先增长、后降低、又增长的态势,年均出口量为 8.7 万 t。2014 年后,塔吉克斯坦棉花出口量逐年递增,超过了土库曼斯坦,且在 2020 年甚至超过了乌兹别克斯坦,成为 2020 年中亚棉花出口量第一的国家。哈萨克斯坦在 1992—2020 年间棉花出口量表现为“倒 U 型”,以 2006 年为顶点,棉花出口量先增加后减少。吉尔吉斯斯坦是中亚五国中棉花出口量最低的国家,从 1992—2020 年,该国棉花出口量平均仅为 2.5 万 t,然而却是出口量占产量比例最大的国家,约 95%的棉花用于出口。

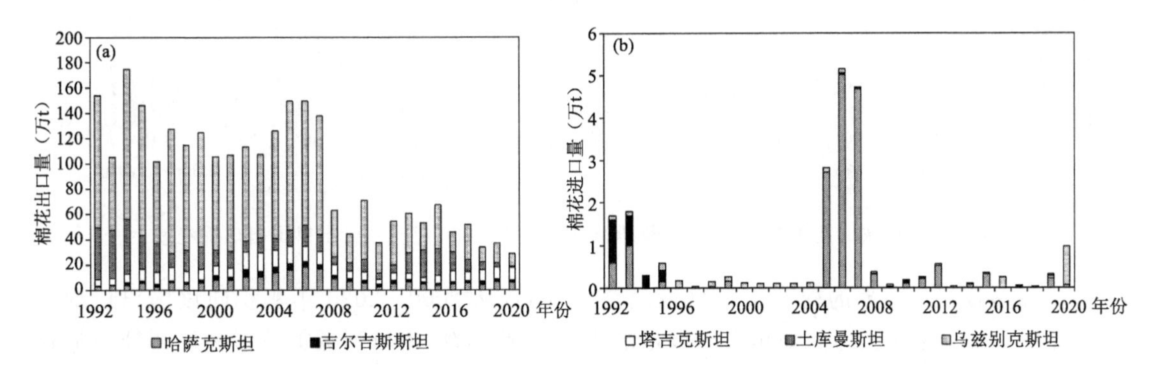

图 5.17　中亚五国 1992—2020 年棉花(皮棉)进口(a)、出口(b)量

尽管中亚地区以棉花出口为主，但也存在少量棉花进口。1992—2020年间，皮棉进口量最多的国家是哈萨克斯坦，但主要存在于个别年份，如2005年、2006年和2007年，进口量分别为2.7万t、5.0万t和4.7万t。吉尔吉斯斯坦1992—1995年间棉花进口量相对较多，分别为1万t、0.7万t、0.3万t和0.3万t，其余时间更少，2006—2011年间进口介于100 t与500 t间。

5.2.3.3　主要贸易国家

根据全球资源贸易网的统计数据(http://resourcetrade.earth)，中亚棉花由于其产量大、品质优而在国际棉花市场享有盛誉，深受国际商人和投资者的青睐。中亚棉花大多数用于出口，销往中国和欧洲许多发达国家。从乌兹别克斯坦和土库曼斯坦主要棉花出口国及出口量图中可以看出(图5.18、图5.19)，2000—2020年间，中国和孟加拉国是乌兹别克斯坦最大的两个贸易伙伴国，分别向两国累积出口棉花328.3万t和269.4万t，贸易量占乌兹别克斯坦棉花出口量的31%和26%，排在第三位的是俄罗斯，21 a间累积从乌国进口棉花144.1万t，占乌兹别克斯坦棉花总出口量的14%。

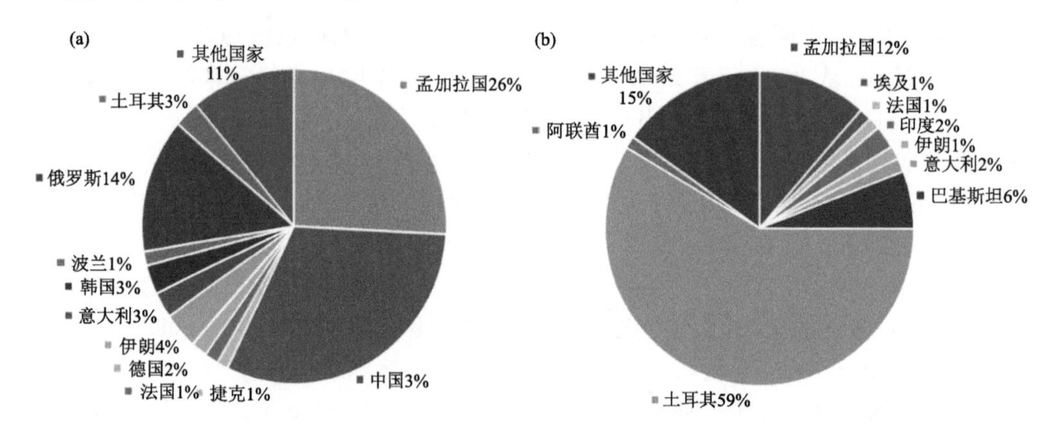

图5.18　乌兹别克斯坦(a)和土库曼斯坦(b)主要棉花出口国及出口量占比

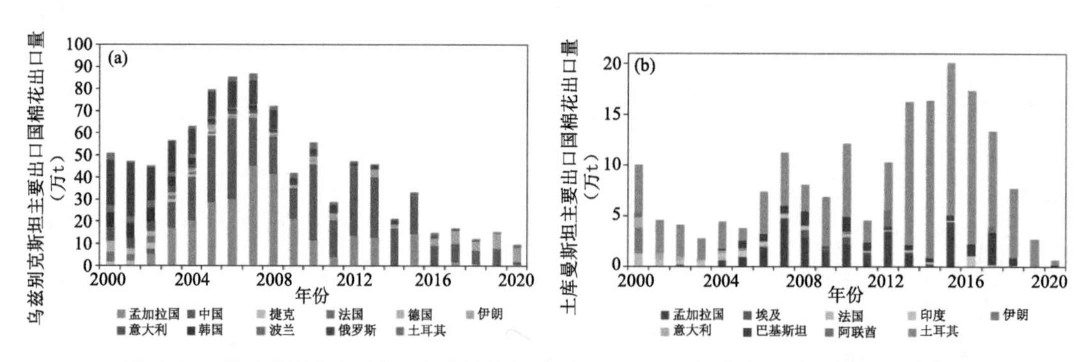

图5.19　乌兹别克斯坦(a)和土库曼斯坦(b)2000—2020年向主要出口国出口棉花量

土库曼斯坦最主要的棉花出口目标国是土耳其，从2000—2020年累积向该国出口棉花127.8万t，出口量占土库曼斯坦总出口量的比例达到59%，出口到孟加拉国和巴基斯坦的棉花分别为25.0万t和12.9万t，占土库曼斯坦棉花总出口量的12%和6%。此外，中亚主要的贸易伙伴还有伊朗、韩国、意大利、德国、法国等。

5.2.3.4　与中国贸易情况

中国是全球最大的棉花生产国之一，又是全球最大的棉花消费国和棉纺制造业基地。从中国棉花出口量可以看出(图 5.20)，一直以来中国棉花可供出口的数量较少且不稳定。20 世纪 80 年代之前，我国棉花种植和生产缺乏高效的经济和技术投入，整体生产水平较低，因而棉花单位面积产量和总产量不高，这是很长时间内中国棉花出口量偏低的主要原因。改革开放之后，为更多地换取外汇收入，我国皮棉出口特别是在 20 世纪 80 年代和 90 年代初显著增长，1983—1994 年平均每年皮棉出口量 28.6 万 t，其中最高出口量 75.5 万 t。从 2004 年后，中国棉花以进口为主，出口量维持极低水平，平均每年仅出口 1.8 万 t 棉花。

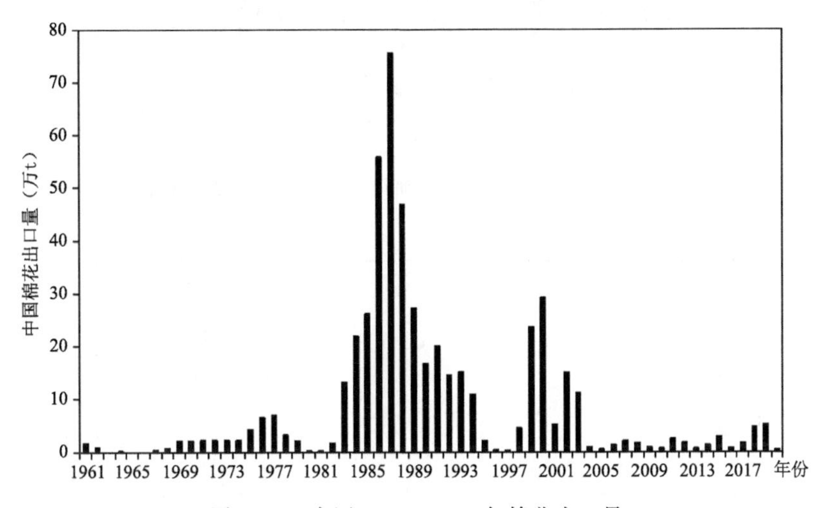

图 5.20　中国 1961—2020 年棉花出口量

进入 21 世纪特别是中国加入 WTO 以来，中国经济和对外贸易进入高速增长阶段，棉纺织业生产能力和技术也得到了极大的改善和提升，特别是中国成为全球服装业的世界工厂后，国内市场原棉需求量大幅度上升，棉花进口进入快速增长阶段。2000 年以后，平均每年从国外进口棉花 201.8 万 t，其中 2012 年、2013 年、2006 年棉花进口量位列历史前三位，分别从国外进口棉花 513.5 万 t、414.7 万 t、364.0 万 t。中国棉花进口国众多，包括美国、印度、澳大利亚、乌兹别克斯坦以及巴西等多个主要棉花生产国。此外，我国还从喀麦隆、布基纳法索、贝宁等国家进口少量棉花(图 5.21)。

2003 年开始，中国加大了从中亚及世界各国的棉花进口。2004—2020 年，中国从中亚五国平均每年进口棉花 19.7 万 t，占中国棉花进口量的 8.1%，占中亚棉花出口量的 29.4%，且占中亚比例在 2012 年高达 59%，当年从中亚进口棉花 32.0 万 t，即中亚一半以上的棉花出口到中国。2006 年从中亚进口棉花最多，为 39.3 万 t，占中国棉花总进口量的比例达到 10.8%。2016—2020 年，中国从国外进口棉花量显著上升，而中亚各国却由于棉花产量的下降和政府缩紧棉花出口政策等，减少了向中国的棉花出口量，因此中国从中亚地区进口棉花比例也逐年下降，到 2020 年中国从中亚进口棉花量仅为 2.3 万 t，占当年中国棉花进口总量的比例为 1.1%(图 5.22、图 5.23)。

中亚五国中，乌兹别克斯坦是中亚最大的对华棉花出口国(叶小伟，2005)。1992—2020 年，中亚五国共向中国出口棉花 369.4 万 t，其中仅乌兹别克斯坦一国就累计向中国出口棉花

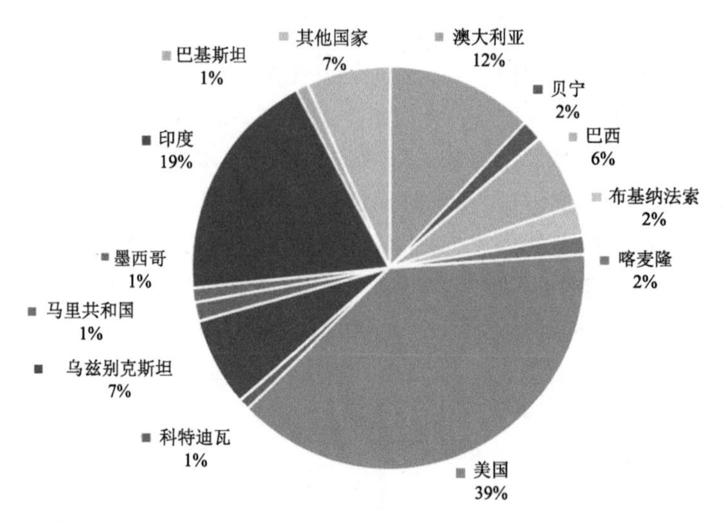

图 5.21　中国 1987—2020 年棉花主要进口国及进口量占比

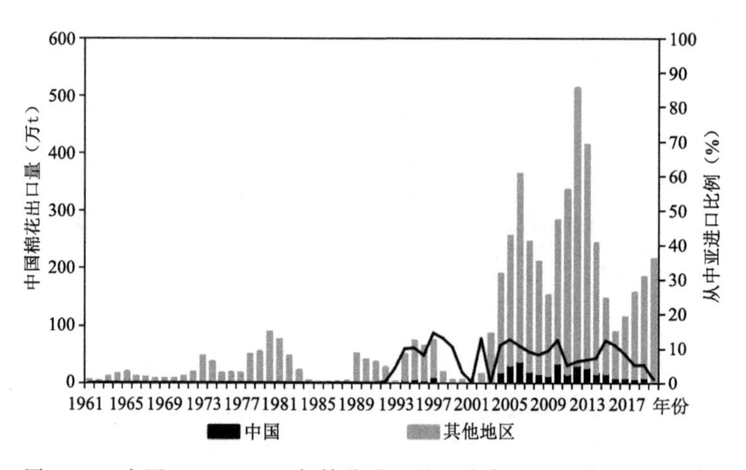

图 5.22　中国 1961—2020 年棉花进口量及从中亚五国进口所占比例

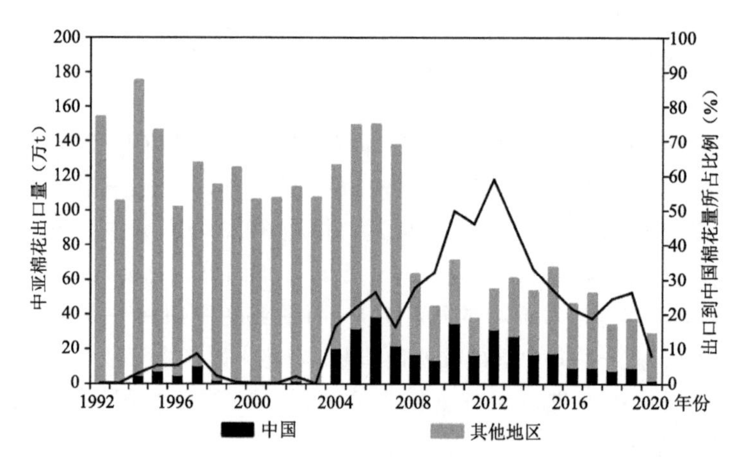

图 5.23　中亚五国 1992—2020 年棉花出口量及出口到中国所占比例

335.6 万 t，占中亚五国整体向我国出口棉花总量的 90.9%。2004 年之前我国从乌兹别克斯坦进口棉花数量较少，平均每年 2.2 万 t，仅占乌国总出口量的 2.6%。从 2004 年开始，随着中国经济的快速增长和国内棉纺织业对原棉需求量的上涨，乌兹别克斯坦逐步加大了棉花出口量中中国所占的市场份额，出口比例日渐提高，2004—2020 年，乌兹别克斯坦平均每年向我国出口棉花 18.6 万 t，其中，棉花出口最多的年份是 2006 年，出口原棉 36.4 万 t，占当年中亚出口到中国棉花总量的 92.6%。就变化趋势而言，2004—2013 年是中国从乌兹别克斯坦进口棉花的高峰期，随后，乌兹别克斯坦棉花出口逐步下降，2020 年出口我国棉花量跌破 1 万 t，为 2004 年以来两国棉花贸易数量最少的年份(图 5.24、图 5.25)。

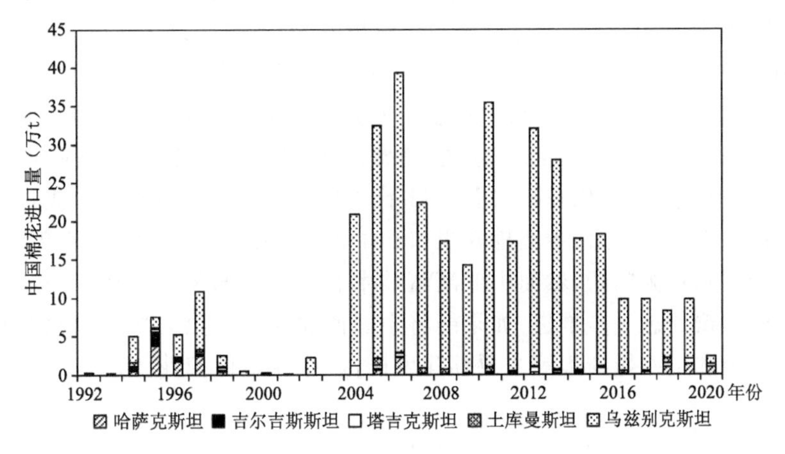

图 5.24　中国 1992—2020 年从中亚五国进口棉花量

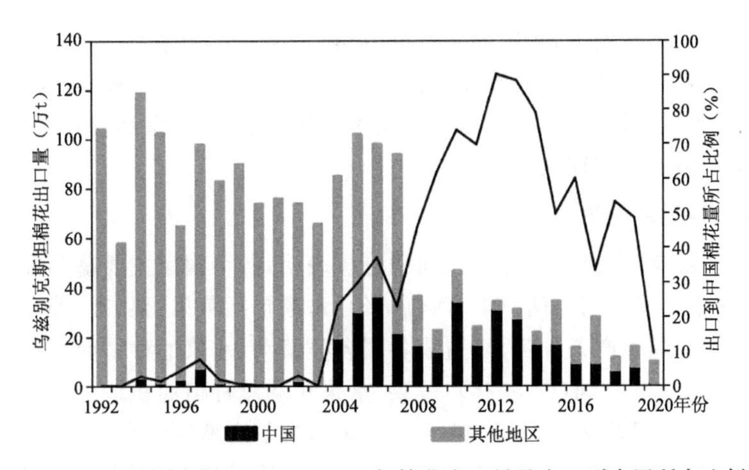

图 5.25　乌兹别克斯坦 1992—2020 年棉花出口量及出口到中国所占比例

除乌兹别克斯坦外，中亚其他国家也与中国有棉花进出口贸易联系。哈萨克斯坦出口到中国的棉花在 1995—1997 年及 2006 年较多，分别为 3.8 万 t、1.8 万 t、2.4 万 t 以及 2.2 万 t。2018—2020 年，哈萨克斯坦出口到我国的棉花总量占比有增大趋势。塔吉克斯坦对中国棉花出口量最多年份为 2004 年，出口棉花 1.2 万 t。土库曼斯坦虽然是中亚第二大产棉国和棉花净出口国，但是我国从该国进口棉花数量较少，最大进口量仅在 2005 年达到 0.9 万 t。1992—2020 年，中国从吉尔吉斯斯坦共进口棉花 3.6 万 t，总量很少(图 5.24)。

5.2.4 小结

棉花是中亚地区最主要的经济作物，在中亚五国农业生产中占据重要地位。本节主要描述了该地区棉花的种植情况、五国之间棉花产量对比和变化趋势以及棉花作为中亚商品化极高的经济作物的进、出口贸易情况。结果显示，自1992年至2020年，中亚棉花收获面积呈明显下降趋势，尤其以乌兹别克斯坦下降幅度最大，达到了36.5%。同期，中亚棉花单产呈稳定波动状态，吉尔吉斯斯坦棉花单产第一且在1992—2020年不断上升。就棉花总产而言，乌兹别克斯坦和土库曼斯坦棉花总产量占整个中亚的80%以上，然而，年际间两国都呈现不同程度的下降趋势，原因是灌溉水源减少、土地肥力下降和农业技术水平相对较低。中亚棉花产量的将近60%用于对外出口，其中主要以皮棉出口贸易为主，然而近年来(2008年始)，中亚棉花出口第一大国乌兹别克斯坦棉花出口量大幅下降，2008年棉花出口量仅为2007年的38.9%，且从2008年至2020年，乌兹别克斯坦棉花出口量降幅高达72.6%。随着棉纺织加工技术的提升，中亚各国政府为满足国内棉纺织业的消费需求，将更多的原棉从国际市场转向国内市场，收紧原棉出口政策是中亚棉花出口贸易量下降的重要原因。中国是中亚重要的棉花出口贸易目标国，进入21世纪以来，中亚棉花出口到中国的比例达到高峰期，最高可达59%，中亚棉花生产严重受到水资源制约，然而中亚灌溉技术和设施普遍相对落后，有较大的提升空间，随着“一带一路”倡议的进一步推进，如果能将中国西北地区成熟的地膜滴灌节水技术逐步应用到乌兹别克斯坦和土库曼斯坦等主要棉花生产国，中亚地区棉花生产与进出口贸易发展潜力巨大。

5.3 蔬菜水果生产与贸易

在经济全球化的大背景下，各国经济不断发展，消费观念也发生了重大变化，在日常饮食结构中摄入更多的蔬菜水果，日渐成为人们追求健康生活的一种选择(窦晓博 等，2018)。在此背景下，本节以中亚五国1992—2020年蔬菜水果种植面积、产量和贸易量为基本数据，分析了中亚五国蔬菜水果的供应现状。

5.3.1 蔬菜水果种类及面积

对不同国家的蔬菜、水果种植种类和面积分析表明，各个国家主要蔬菜和水果种类差别不大，主要蔬菜包括土豆、卷心菜、胡萝卜、西红柿等，水果包括苹果、梨、杏、葡萄等。不同国家由于地理位置和气候不同生产条件各异，造成各国各类蔬菜、水果的种植面积存在较大差异。

1992—2020年近30年间(图5.26)，蔬菜、水果年均总种植面积最大的国家为乌兹别克斯坦(51.8万 hm^2)，其次是哈萨克斯坦(44.5万 hm^2)，吉尔吉斯斯坦和塔吉克斯坦蔬菜、水果种植面积较少，分别为15.8万 hm^2 和17.8万 hm^2，而土库曼斯坦的蔬菜、水果种植面积最小，为8.3万 hm^2。

从水果种植面积看，1992—2020年乌兹别克斯坦种植面积最大，达到28.8万 hm^2，其次是哈萨克斯坦和塔吉克斯坦，吉尔吉斯斯坦和土库曼斯坦种植面积较少；蔬菜的总种植面积中，哈萨克斯坦最大，为32.9万 hm^2，其次是乌兹别克斯坦，为23.0万 hm^2，而吉尔吉斯斯坦、塔吉克斯坦、土库曼斯坦3个国家的种植面积均较少，分别为10.6万 hm^2、6.9万 hm^2、4.3万 hm^2。以蔬菜为例，中亚五国1992—2020年年均蔬菜种植面积为77.7万 hm^2，折合人均蔬菜面积0.01 hm^2。

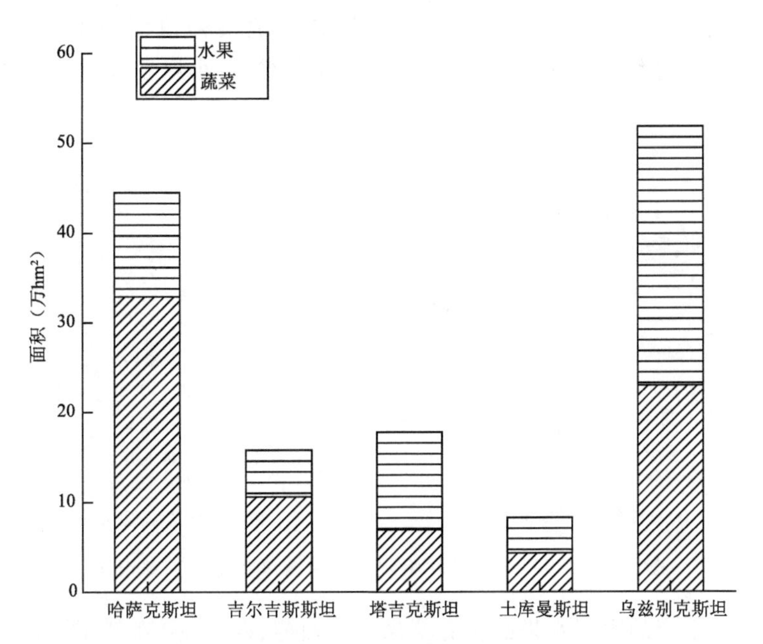

图 5.26　1992—2020 年中亚五国蔬菜、水果多年平均种植面积

中亚五国蔬菜、水果的种类及各种蔬菜、水果的占比如图 5.27 所示。由图可知，中亚地区种植的蔬菜种类主要包括土豆、西红柿、洋葱、胡萝卜等，主要水果种类包括苹果、葡萄、西瓜、李子等。各类蔬菜、水果的种植面积差别较大，其中，土豆占比最大，占整个中亚蔬菜种植面积的 46.2%，西红柿和洋葱分别以 13.2% 和 9.3% 的比例占比相对较大，而茄子、韭菜、西兰花等新鲜叶类蔬菜种植面积较少，种植面积比例均小于 1%。水果种植面积中，苹果、葡萄和西瓜的面积占比位居前三，分别为 29.1%、27.6% 和 20.8%，其余水果类面积占比均小于 5%，树莓、无花果、蓝莓等的比例甚至不足 1%。整体来说，中亚蔬果种类相对匮乏，尤其受到地理条件限制，热带水果种类缺乏，再加之技术水平相对不高，蔬果反季生产能力差。

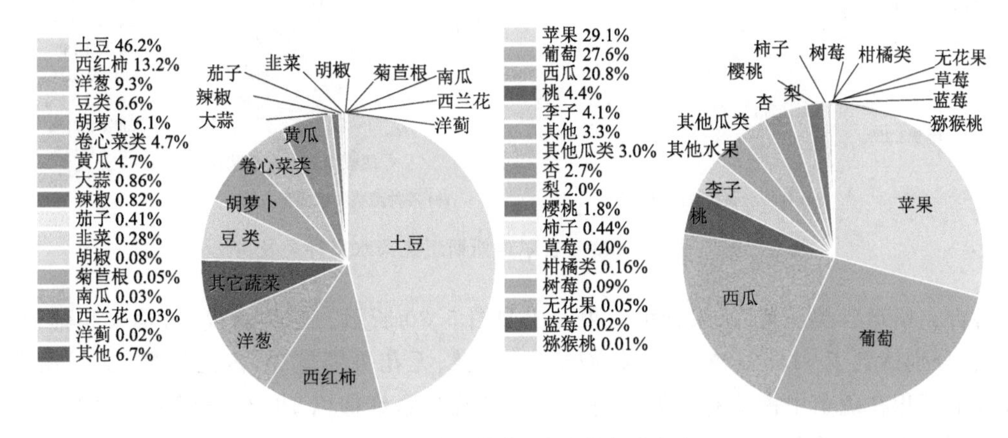

图 5.27　中亚蔬菜、水果种类及占比

哈萨克斯坦 1992—2020 年间各类水果、蔬菜占比见图 5.28。各类水果中，瓜类占比约达 50%，其中西瓜种植面积占比最高，达 33.79%，苹果和葡萄占比也较大，其余水果如草莓、李

子、樱桃等占比较少，均为 2%左右。哈萨克斯坦各种蔬菜种植面积中，土豆占比最高，达 55.22%，超过了其他蔬菜种植面积的总和，剩余蔬菜种类中，小扁豆、西红柿、洋葱等种植面积相对较大。

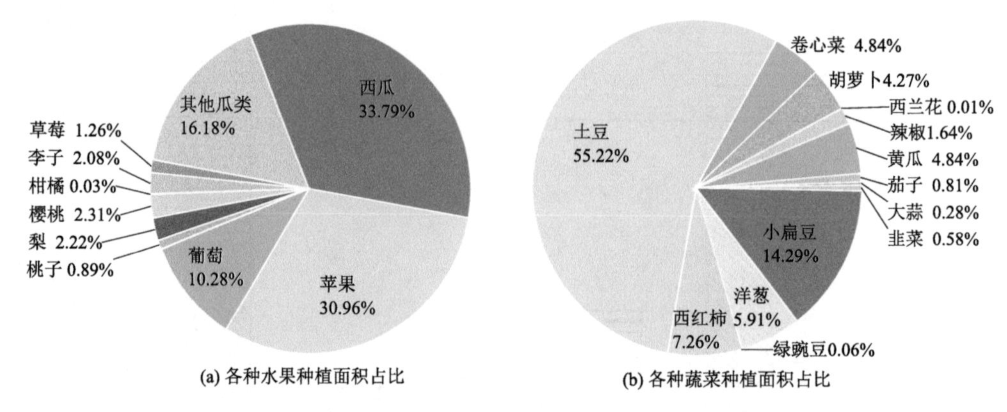

图 5.28 1992—2020 年哈萨克斯坦蔬菜水果种类及占比

吉尔吉斯斯坦生产的主要水果品种有苹果、杏、葡萄、西瓜、樱桃等(图 5.29)，其中苹果种植面积占比最大达 46.58%，其次是杏、葡萄和西瓜，占比分别为 13.48%、11.82%和 11.64%，剩余种类如草莓、树莓、猕猴桃等占比均在 1%左右。各种蔬菜种植面积占比中，与哈萨克斯坦相似的是土豆占比最高，达 66.64%，其次，西红柿、洋葱和胡萝卜占比相对较大，分别为 8.31%、6.76%和 6.13%，西兰花、辣椒、茄子等蔬菜占比较少。

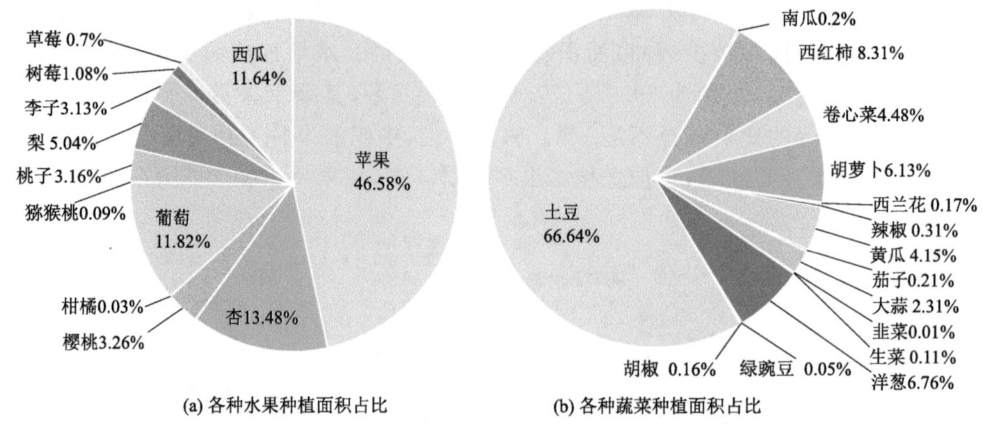

图 5.29 1992—2020 年吉尔吉斯斯坦蔬菜水果种类及占比

塔吉克斯坦各类蔬菜、水果种植面积占比如图 5.30 所示。各类水果中，苹果和葡萄的占比相当，分别达到了 31.9%和 30.2%，而橙子、柠檬、无花果等较少，占比不足 1%。蔬菜中，土豆种植面积在蔬菜中占绝对优势，达 41.6%，洋葱和西红柿以 19.2%和 16.1%的占比紧随其后，大蒜、小扁豆等蔬菜占比 1%左右。

土库曼斯坦生产的蔬菜水果种类相对较少，主要水果种类包括苹果、葡萄、西瓜，主要蔬菜种类包括土豆、洋葱、西红柿，各类蔬菜、水果总种植面积占比如图 5.31 所示。各类水果中，西瓜占比为 47.6%，葡萄种植面积居第二，占比为 33%，苹果以 11.8%的比例位居第三，而桃子

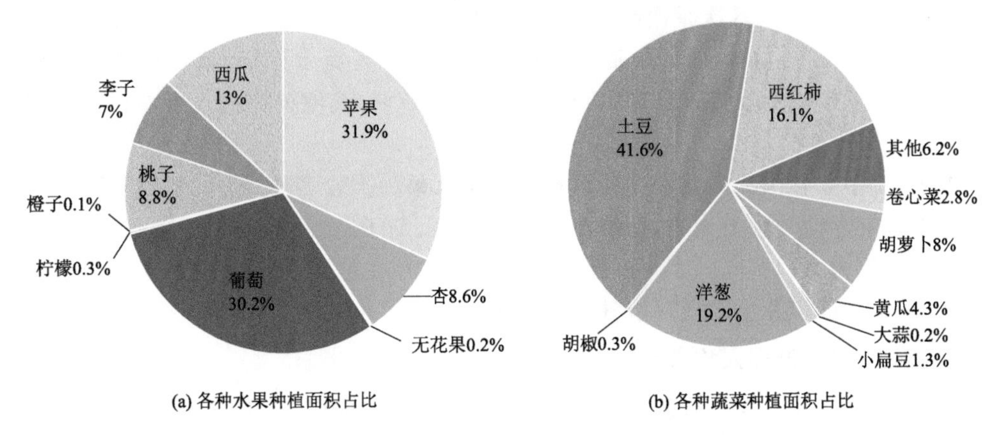

图 5.30　1992—2020 年塔吉克斯坦蔬菜、水果种类及占比

和李子的种植面积占比较少，仅为 4％和 3.7％。蔬菜种植面积中，土豆和西红柿种植最多，分别达到了 31.8％和 26.2％，洋葱和卷心菜的种植面积次之，分别为 13.9％和 12.7％，剩余的胡萝卜、黄瓜等其他蔬菜占比相对较小，在 5％左右。

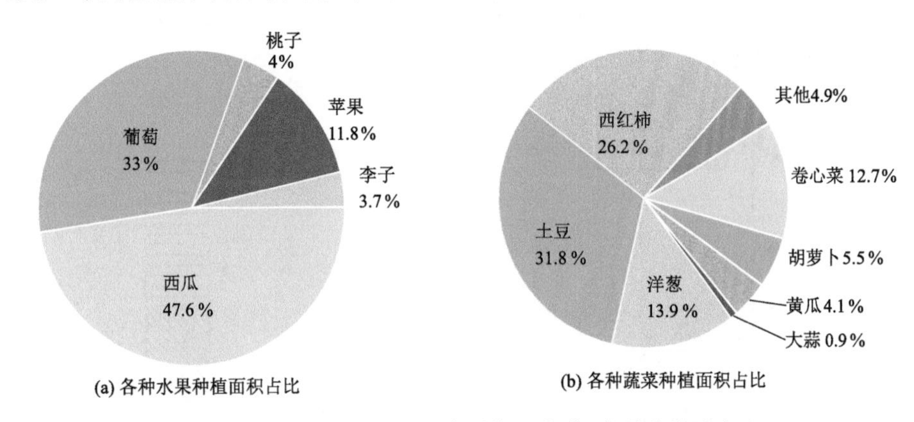

图 5.31　1992—2020 年土库曼斯坦蔬菜、水果种类及占比

乌兹别克斯坦由于位于绿洲地区，气候条件与中国新疆相似，相对于中亚其他 4 个国家，蔬菜、水果种植种类较多，各类蔬菜、水果总种植面积占比如图 5.32 所示，其中土豆种植面积

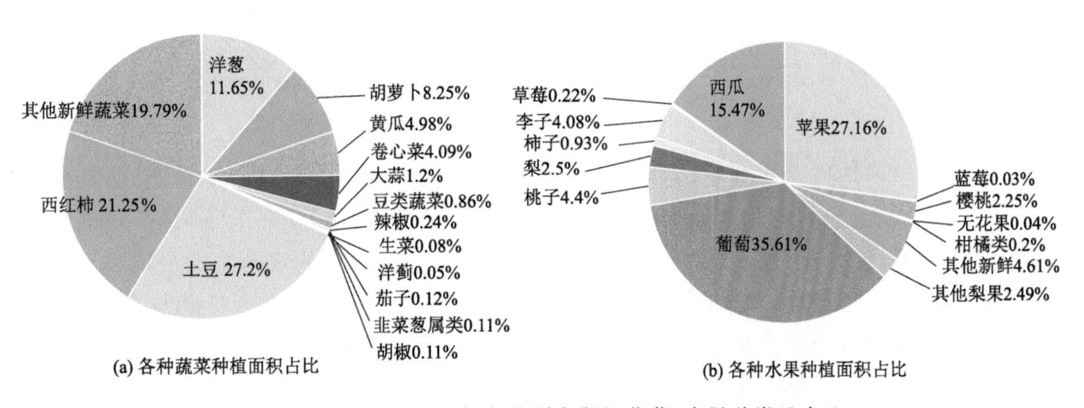

图 5.32　1992—2020 年乌兹别克斯坦蔬菜、水果种类及占比

占比依然最大为 27.2%，其次是西红柿，洋葱和胡萝卜占比较少分别为 11.65%和 8.25%，黄瓜和卷心菜占比在 5%左右，而其余蔬菜种植面积较少。各类水果中，葡萄种植面积最大，占比达 35.61%，苹果次之，为 27.16%，西瓜占比为 15.47%，其他种类的水果面积较少，均不足 5%，甚至不足 1%。

整体来看，中亚各国除乌兹别克斯坦种植蔬菜水果种类较多外，其他国家以土豆、洋葱、胡萝卜等易于长期存储的种类为主，新鲜蔬菜例如生菜、茄子、黄瓜等的种植面积较少。水果以苹果、葡萄、西瓜为主。不同国家间不同种类面积占比存在差异，乌兹别克斯坦蔬菜、水果种类最为丰富，塔吉克斯坦和土库曼斯坦种类相对集中。

5.3.2　蔬菜、水果总产和人均占有量

蔬菜、水果产量和人均占有量是衡量一个地区蔬菜、水果生产、消费和供需水平的重要指标，本小节主要分析了中亚各国蔬菜、水果总产量和人均占有量。

5.3.2.1　蔬菜、水果产量

从蔬菜、水果多年平均产量来看(图 5.33)，1992—2020 年最高的国家为乌兹别克斯坦，年产约为 1000 万 t，其次为哈萨克斯坦，总产量约为 597 万 t，吉尔吉斯斯坦、塔吉克斯坦蔬菜、水果年均产量较少，分别为 202 万 t、224 万 t，而土库曼斯坦仅为 123 万 t，是中亚五国中所有蔬菜、水果产量最少的国家。

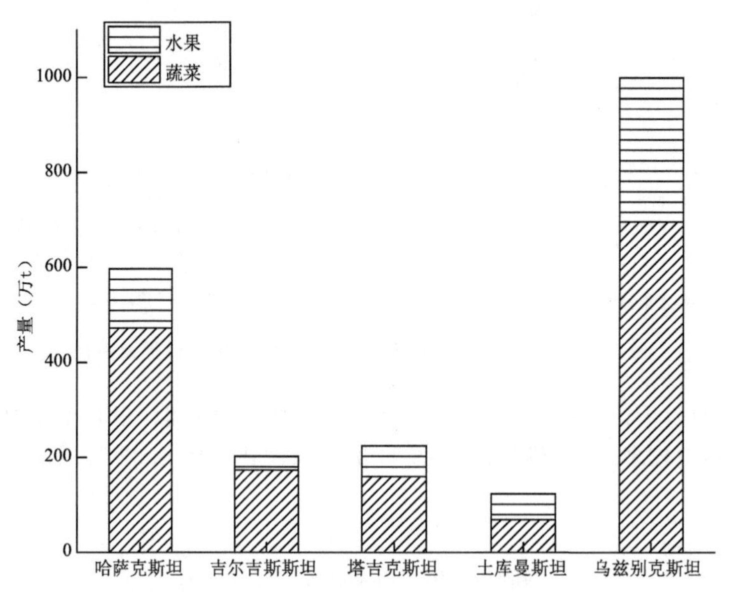

图 5.33　1992—2020 年中亚五国蔬菜、水果多年平均产量

从蔬菜多年平均产量来看，乌兹别克斯坦的产量最高，约为 697 万 t 左右，紧随其后的为哈萨克斯坦，达 472 万 t，吉尔吉斯斯坦和塔吉克斯坦的产量在 160 万 t 上下，总产量最少的国家为土库曼斯坦，仅有 69 万 t 左右。从水果总产量来看，5 个国家的水果总产量均小于本国蔬菜总产量，乌兹别克斯坦的水果产量仍然是最高的，约在 303 万 t，其次为哈萨克斯坦，产量在 124 万 t 左右，其余 3 个国家的水果总产量较小，其中吉尔吉斯斯坦仅有 29 万 t 左右。

各个国家蔬菜产量年际变化如图 5.34 所示，整体来看，苏联解体后，5 个独立国家蔬菜生产均经历了一定的阵痛期，以乌兹别克斯坦产量位于低谷期最长，吉尔吉斯斯坦时间最短。哈

萨克斯坦蔬菜产量自 1992 年起呈下降趋势，1998 年后开始增加，年均产量约增长了 3 倍；吉尔吉斯斯坦蔬菜产量从 1993 年开始迅速增加，1993—2001 年间增加了近 3 倍，自 2002 年后增长开始放缓，增长了约 50%；塔吉克斯坦初始阶段下降较少，1997 年后开始增长，23 a 间增长了近 5 倍；土库曼斯坦蔬菜产量 1997 年后一直呈增长趋势，2003—2010 年间增加最为明显，2011 年后增长缓慢；乌兹别克斯坦从 1998 年蔬菜产量开始增长，前期增长较为缓慢，后期增长迅速，2020 年蔬菜产量高出 1998 年约 900 万 t，增长了近 5 倍。总之，中亚国家蔬菜生产从 2000 年前后增长迅速，改善了中亚五国的膳食需求。

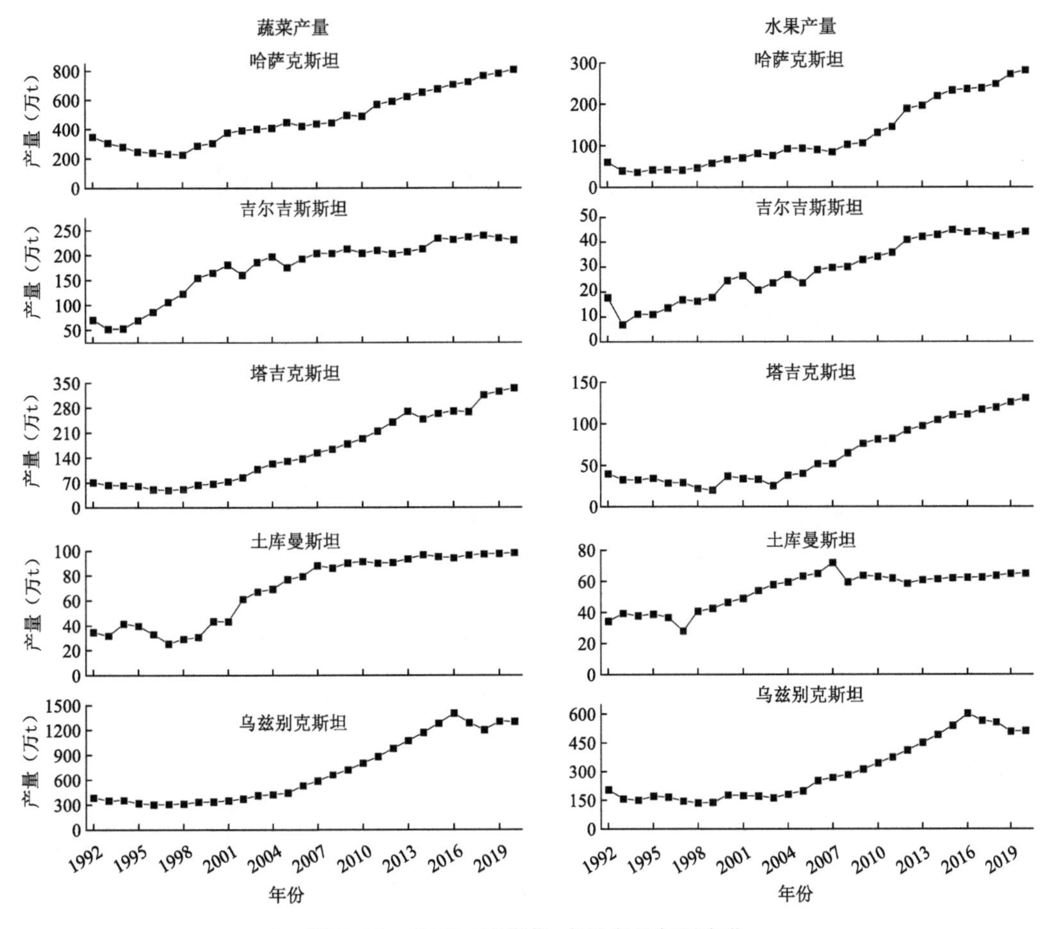

图 5.34　中亚五国蔬菜、水果产量年际变化

与蔬菜产量变化相似(图 5.34)，1992 年后各国水果产量变化经历了苏联解体后水果生产的阵痛期，以乌兹别克斯坦产量位于低谷期最长，吉尔吉斯斯坦时间最短。如图 5.34 所示，从年际间的变化趋势上看，哈萨克斯坦 1992—2007 年间短暂下降后平缓增长，2008 年后，产量快速增长了近 3 倍；吉尔吉斯斯坦水果产量从 1993 年开始迅速回升，1993—2013 年间增加了近 5 倍，自 2012 年后增长放缓；塔吉克斯坦 2003 年开始增长提速，17 a 间增长了近 4 倍；土库曼斯坦水果产量 1997 年后呈增长趋势，2008 年以后基本保持稳定，相对其他几个国家增长较为缓慢；乌兹别克斯坦从 2003 年开始快速增长，2016 年达到峰值，增长了近 4 倍，2017 年后略有下降。综上所述，中亚五国水果生产除土库曼斯坦 2008 年后产量增长较为缓慢外，其他几

国都取得了巨大进步。

5.3.2.2　蔬菜和水果人均占有量

图 5.35 展示了 1992—2020 年间中亚各国水果人均占有量变化。与蔬菜、水果的年际变化类似，蔬菜、水果的人均占有量也经历了苏联解体后的阵痛期。几个国家的蔬菜人均占有量年际变化中，哈萨克斯坦自 1995 年后人均占有量开始逐步提高，尤其在 1998—2012 年间保持在较高水平；吉尔吉斯斯坦阵痛时期最短，自 1994 年开始人均占有量开始增长，增长也最为迅速，并在 1995—2012 年间数值为几个国家中最高；塔吉克斯坦和乌兹别克斯坦的年际变化幅度相对一致，人均占有量也相差无几；而土库曼斯坦各个年份人均占有量一直最低，其变化也最为平稳，增速较为缓慢。

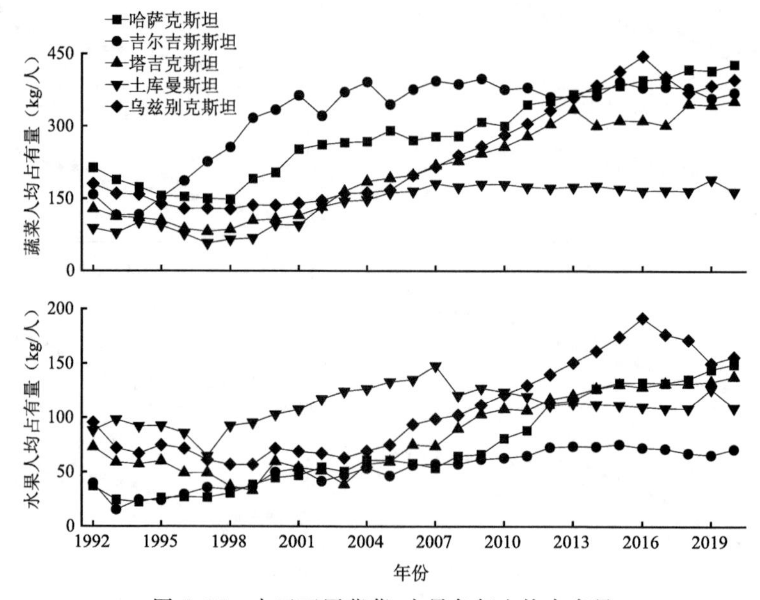

图 5.35　中亚五国蔬菜、水果各年人均占有量

水果人均占有量中，经历阵痛期后，各个国家均在 1998 年后开始恢复增长趋势，其中，乌兹别克斯坦的增长速度最快，并在 2011 年后成为中亚人均水果占有量最高的国家；土库曼斯坦的水果人均占有量年际变化较为平缓，但在 1992—2010 年间始终保持在最高水平；研究时段内，吉尔吉斯斯坦的人均水果占有量增速最缓，数值在各个年份间也一直在较低水平，尤其在 2010 年后显著低于其他几个国家；哈萨克斯坦的变化幅度较大，增长速率也较大，虽然 1992—2009 年水果人均占有量一直维持在较低水平，但自 2010 年开始急速上升，跃居中亚第二位；而塔吉克斯坦的变化幅度和变化量一直维持在中等水平。

由图 5.35 分析可知，5 个国家的人均蔬菜产量均高于水果产量。从多年平均值来看，人均蔬菜、水果产量中，吉尔吉斯斯坦最高，达到 383 kg，土库曼斯坦最低。从不同国家来看，蔬菜多年人均产量中最高的是吉尔吉斯斯坦，达到了 328 kg/人，远低于中国 515 kg/人，其次是哈萨克斯坦为 290 kg/人，紧随其后的是乌兹别克斯坦和塔吉克斯坦，分别为 257 kg/人和 224 kg/人，而土库曼斯坦最低，仅为 142 kg/人，低于世界平均水平的 151 kg/人；多年水果人均产量中，土库曼斯坦和乌兹别克斯坦人均产量均在 111 kg 左右，低于中国人均水果占有量的 131 kg，但高于世界人均水果占有量的 97 kg，其余几个国家均低于世界平均水平，塔吉克斯坦和哈萨克斯坦分别为 90 kg/人和 77 kg/人，吉尔吉斯斯坦最低仅有 54 kg/人，是几个中亚国家中人均水果占有量最少的国家，同时仅是世界平均水平的一半。

5.3.3　中亚五国蔬菜、水果贸易分析

表 5.9 展示了根据 FAO 统计数据获取的中亚 5 个国家 1992—2020 年的蔬菜、水果进出口总量。从进出口总量来看，中亚地区水果略有出口，出口量较多的国家是乌兹别克斯坦，29 a 累计净水果出口量为 433.9 万 t，合每年 14.9 万 t，说明水果出口量相对较少。从蔬菜进出口总量来看，除吉尔吉斯斯坦外，其他四国都存在一定的蔬菜缺口。

表 5.9　中亚各国 1992—2020 年蔬菜、水果进出口总量统计表(万 t)

国家	水果进口	水果出口	蔬菜进口	蔬菜出口
哈萨克斯坦	374.3	117.8	176.6	167.5
吉尔吉斯斯坦	56.4	77.3	10.6	71.4
塔吉克斯坦	1.2	36.1	78.6	40.0
土库曼斯坦	51.7	3.2	126.5	7.5
乌兹别克斯坦	4.8	438.7	283.3	103.3
合计	488.4	673.1	675.6	389.7

FAO 官网的贸易流统计数据仅提供了哈萨克斯坦和吉尔吉斯斯坦两个国家，且仅有的两个国家有限的年份数据，可基本反映中亚地区蔬菜进出口所针对的国家。

哈萨克斯坦蔬菜和水果出口量都大于进口量(图 5.36)，水果主要出口国家为俄罗斯，占

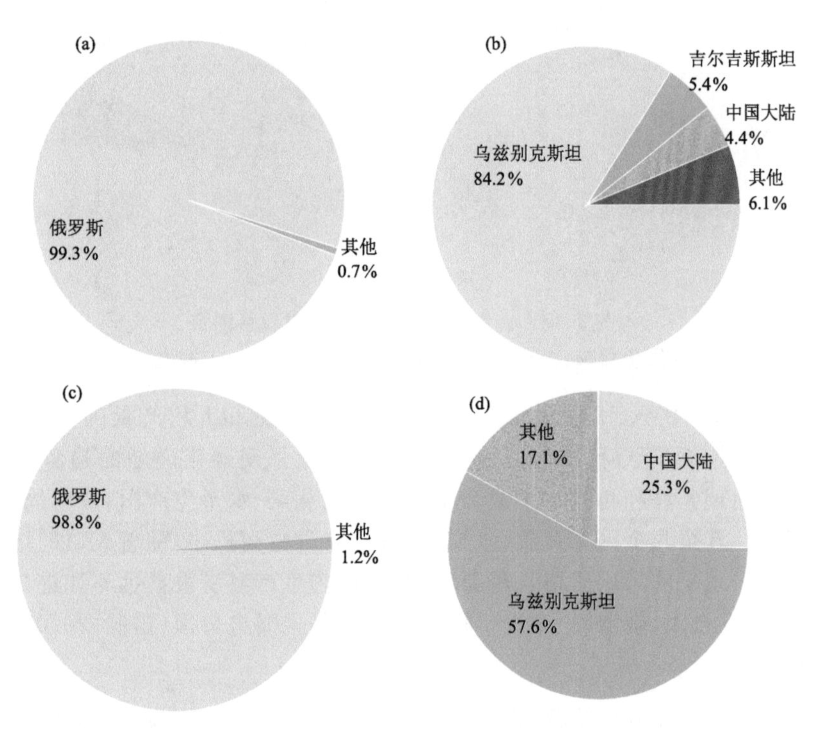

图 5.36　哈萨克斯坦蔬菜水果贸易国家

(a)水果出口国；(b)水果进口国；(c)蔬菜出口国；(d)蔬菜进口国

据整个水果出口份额的 99.3%。主要进口国家为乌兹别克斯坦、吉尔吉斯斯坦和中国，以乌兹别克斯坦进口为主，占 84.2%。蔬菜主要出口国为俄罗斯，占整个出口份额的 98.8%，其余国家占比很小。最大蔬菜进口国家为乌兹别克斯坦达到 57.6%，其次为中国，占比为 25.3%，其他国家占比相对较少，说明哈萨克斯坦水果、蔬菜贸易以周边国家为主，出口主要针对俄罗斯，进口则主要来自乌兹别克斯坦和中国。

吉尔吉斯斯坦蔬菜、水果总出口量大于进口量(图 5.37)，从水果来看，主要出口俄罗斯和哈萨克斯坦，其中，俄罗斯占 76.4%，哈萨克斯坦占 23.2%。主要进口国为乌兹别克斯坦和塔吉克斯坦，分别占比 64.2%和 27.7%，中国也有一定的进口，占 5.3%。蔬菜出口主要为俄罗斯和哈萨克斯坦，两者合计占比 99.3%。蔬菜进口 50.7%来自中国，29.2%来自乌兹别克斯坦，11.4%来自哈萨克斯坦，说明吉尔吉斯斯坦水果、蔬菜贸易以周边国家为主，出口主要针对俄罗斯和哈萨克斯坦，中国向两个中亚国家均有一定的蔬菜进口。

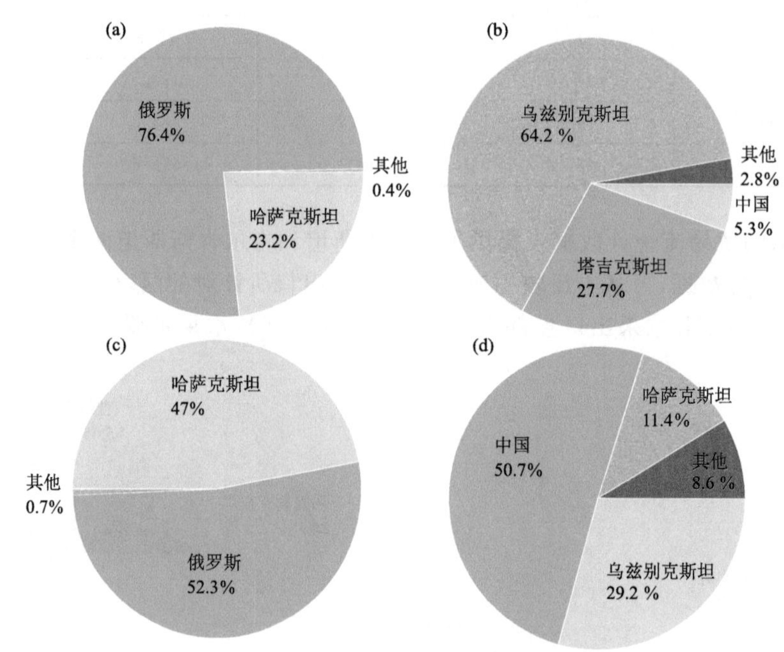

图 5.37　吉尔吉斯斯坦蔬菜水果贸易国家

(a)水果出口国；(b)水果进口国；(c)蔬菜出口国；(d)蔬菜进口国

从以上分析可知，中亚五国蔬菜、水果种植面积、总产量和人均产量的变化都受苏联解体影响，自 1992 年开始逐步下降，2000 年前后面积和产量呈现逐年递增的趋势。其中，乌兹别克斯坦因优越的地理条件和科技水平成为中亚重要的蔬菜、水果生产国，并向周边国家输出一定的水果和蔬菜。其余几个国家蔬菜、水果种类较少，种植面积小，随着人口的增长，消费结构改善，对新鲜蔬菜、水果的需求呈增长趋势，但由于国内生产经济效益远不如进口，中亚各国的蔬菜、水果进口需求较大，俄罗斯、中国等周边国家仍是主要进口国(雷源，2020)。

5.3.4　小结

本节主要分析了中亚五国蔬菜、水果生产和贸易状况，5 个国家蔬菜、水果生产差异显著，种植种类较为单一，主要蔬菜、水果种类包括苹果、葡萄、西瓜、土豆、洋葱、西红柿等。从蔬菜、水果总产来看，各个国家的蔬菜产量均高于水果产量，其中乌兹别克斯坦蔬菜、水果种植面积和总产量最大，是中亚蔬菜、水果生产大国，也是中亚主要蔬菜供应国；自 1992—2019 年 5 个国家蔬菜、水果总产量和人均产量均呈上升趋势，其中，哈萨克斯坦和乌兹别克斯坦的增长较快。蔬菜、水果贸易中，哈萨克斯坦为蔬菜、水果进口国，主要进口国家为乌兹别克斯坦；吉尔吉斯斯坦为蔬菜、水果出口国，主要出口俄罗斯和哈萨克斯坦。随着消费结构的改善，中亚五国对蔬菜、水果需求日益增长，中国因具有与中亚地区接壤的地理优势和政府政策的支持，未来与中亚蔬菜、水果贸易具有一定的发展潜力。

5.4　畜牧业生产与贸易

畜牧业占全球农业 GDP 的 40%，为人类提供了 1/3 的蛋白质来源，随着人口数量和收入的增加，人们食物偏好随之改变，导致畜产品需求迅速增加，促进了畜牧业生产和畜产品贸易(FAO,2006)。全球 25%以上的土地(大多位于干旱或高寒地区)都经营草原畜牧业，该行业已经或正在发挥着承载牧业人口、提供生产和生态服务、保障贫困地区人口的生计和生活等多重功能(董世魁 等,2013)。中亚丰富的草原资源非常适合畜牧业的发展，目前有草地面积 2.52 亿 hm^2，约相当于我国的 65%，与种植业一样，畜牧业也是中亚农业的支柱产业。在 20 世纪 90 年代，随着苏联解体，中亚五国将发展战略重点转向重建农业生产，草地利用管理逐渐由国有牧场向集体牧场、私有化、承租等方式转变，草地农业系统有一定程度的退化，影响了畜牧业的发展(董世魁 等,2013)；随着中亚五国国家治理逐渐走向正轨，对农业关注程度逐步提高，各项改革措施对畜牧业发展起到了较好的推动作用，生产能力大幅提升，肉类和奶类等畜产品产量增长较快，但目前薄弱的农业生产基础、落后的生产技术、退化的种源设备以及老化的基础设施给畜牧业的持续发展带来了一定的阻碍(石先进,2020；于敏 等,2017)，长期在低水平徘徊的畜牧业发展还不能满足中亚内部持续增长的需求，还依赖大量进口(陈蔚,2017)。

本研究基于联合国粮农组织 FAOSTAT 和 Our World in Data 网站数据，对 1992—2020 年中亚五国畜牧业生产、消费和国际贸易情况进行系统分析，为未来提升畜牧业生产水平和贸易潜力提供数据支撑。

5.4.1　畜牧业生产结构

中亚地区畜禽种类很多，家畜类主要有牛、羊、马、猪、骆驼等，而家禽类以鸡为主。依据 FAO 数据源，家畜类中的羊类包括山羊、绵羊、奶山羊和奶绵羊，牛类主要包括肉牛、奶牛和水牛，马、猪、兔子和骆驼等数量较少，本研究中合并到其他类牲畜；家禽中的鸡类主要包括肉用鸡、蛋鸡、火鸡，其他禽类有鸭、鹅等。

中亚地区主要畜产品包括肉类产品、蛋类产品、奶类产品及其他畜产品。其中，肉类产品包括牛肉、羊肉、鸡肉和其他肉类，蛋类产品包括鸡蛋和其他蛋类产品，奶类产品包括鲜奶(鲜牛奶和鲜羊奶等)和奶制品(奶粉和炼乳等)，其他畜产品包括肉类副产品(动物脂肪和内脏等)、皮革类(牛皮和羊皮等)、羊毛类(羊毛、蚕茧和蚕丝等)。

畜牧业的生产情况常以存栏量(头/只)和产量(t)为单位进行统计和描述。

5.4.1.1　中亚畜禽存栏量及构成

按照中亚畜禽存栏量总体情况和不同国家情况分别进行说明。

(1)中亚存栏量及构成

图 5.38 为 1992—2020 年中亚不同畜禽类的存栏量，受苏联解体影响，1998 年前呈下降

趋势，之后随着不同国家治理逐渐走向正轨，存栏量逐步回升。牲畜和禽类总存栏量在 1992 年为 2.62 亿头/只，1998 年降至 1.09 亿头/只，2020 年又增长到 3.23 亿头/只，为 1992 年存栏量的 1.23 倍。研究时段内总存栏量 2.09 亿头/a，其中畜类 0.85 亿头/a，占比为 40.6%，禽类 1.24 亿只/a，占比为 59.4%；禽类占比出现先下降后上升的趋势，而畜类相反，占比先上升后下降，目前两类占比与 1992 年基本相同(图 5.38a)。

牲畜类中羊存栏量最高，研究时段内为 5423 万头/a，占比达到 63.9%；其次为牛，存栏量为 2619 万头/a，占比为 30.9%；其他牲畜(马、猪、骆驼和兔等)存栏量为 447 万头/a，占比为 5.3%。在变化趋势上，牲畜类存栏量低谷期出现在 1998 年或 1999 年，与 1992 年相比，羊、牛和其他牲畜存栏量分别减少了 3146.1 万头、645.6 万头和 439.7 万头，减幅分别为 49.2%、26.3%和 58.8%。低谷期之后不同牲畜存栏量普遍开始增长，2011 年总存栏量基本恢复到 1992 年的养殖规模，2020 年羊、牛和其他牲畜存栏量分别为 7231 万头、3684 万头和 610 万头，羊和牛存栏量分别是 1992 年的 1.13 和 1.5 倍，而其他牲畜数量为原来的 81.6%(图 5.38b)。

禽类中鸡的存栏量占绝对优势，研究时段内为 1.24 亿只/a，占到 99.8%，而其他禽类(鸭、鹅)仅为 22 万只/a(0.2%)。在变化趋势上，禽类 1997 年达到最低存栏量(5284 万只/a)，与 1992 年相比，存栏量减少了 1.14 亿只，减幅为 68.2%。低谷期之后在 2013 年基本恢复到 1992 年的养殖规模，2020 年禽类存栏量为 2.07 亿只，是 1992 年存栏量的 1.25 倍(图 5.38c)。

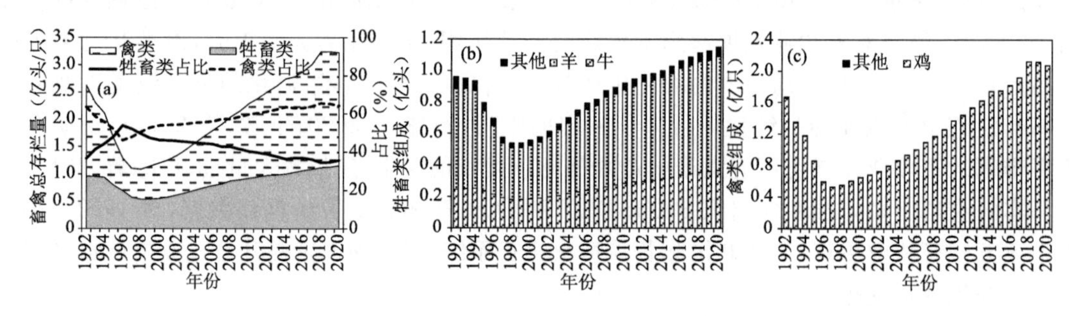

图 5.38 1992—2020 年中亚不同畜禽类存栏量及组成

(2)不同国家存栏量及构成

图 5.39 为 1992—2000 年中亚不同国家畜禽存栏量及占比情况，总体呈先下降后上升的趋势，1998 年前后达到最低存栏量，之后得到不同程度的恢复和发展。研究时段内五国中存栏量最多的国家是哈萨克斯坦，平均 7652 万头/a(占 36.6%)，乌兹别克斯坦与哈萨克斯坦存栏量相当，平均 7622 万头/a(占 36.5%)，排在第三的土库曼斯坦为 2947 万头/a(占 14.1%)，存栏量最低的两个国家分别是吉尔吉斯斯坦(1534 万头/a，占 7.3%)和塔吉克斯坦(1143 万头/a，占 5.5%)。从发展速度来看，乌兹别克斯坦在五国中畜牧业发展最快，占比基本上持续增长，从 1992 年的 28.2%提高到 2020 年的 43.7%，而同期哈萨克斯坦占比则从 48.7%下降到 30.8%，其余 3 个国家占比相对稳定。

不同国家不同畜禽种类存栏量变化趋势和增长速度不同，以下按照存栏量从大到小分别进行说明。

哈萨克斯坦(图 5.40a)：1992 年畜禽总量为 1.28 亿头，1998 年减少到 4353 万头，2020 年畜禽存栏总量又增长到 9941 万头，还没有发展到 1992 年的养殖规模，仅为原来的 77.8%。

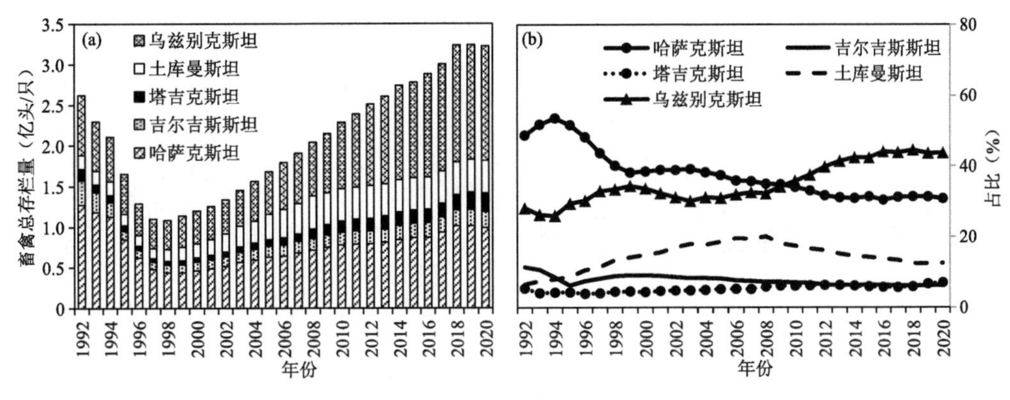

图 5.39　1992—2000 年中亚不同国家畜禽存栏量及占比

从占比来看，畜类占总存栏量的比例从 1992 年的 41%下降至 2020 年的 35.4%，而禽类占比从 59%提高到 64.6%，畜类和禽类的平均占比分别为 39.2%和 60.8%，因此畜类增长速度低于禽类，但二者都没有达到 1992 年的总存栏量。从不同种类构成来看，与 1992 年相比，1998 年羊、牛和其他牲畜年存栏量分别减少了 2399 万头、638 万头和 285 万头，相当于减少了 68.9%、50.8%和 57.5%；1998 年禽类总量与 1992 年相比减少了 5095 万只，相当于减少了 67.6%。在存栏量上升阶段，截至 2020 年，不同种类存栏量都有所恢复并持续增长，但均未达到 1992 年的养殖规模，2020 年羊、牛、其他牲畜和禽类存栏量分别为 1992 年的 58.9%、82.7%、86.6%、85.2%，因此羊的发展速度最慢，其他牲畜和禽类发展速度相对较快。

乌兹别克斯坦(图 5.40b)：1992 年畜禽总量为 7387 万头，1997 年减少到 3625 万头，2020 年畜禽存栏总量又增长到 1.41 亿头，远超过 1992 年的养殖规模，是 1992 年的 1.91 倍。从占比来看，畜类发展速度稍快于禽类，1992 年的畜类占比为 25.3%，禽类占比为 74.7%，研究时段内畜类和禽类的平均占比分别为 35.9%和 64.1%。从不同种类构成来看，与 1992 年相比，1997 年牛增加了 10 万头(增长 1.4%)，而羊和其他牲畜年存栏量分别降低了 18%(190 万头)和 66.2%(59 万头)，禽类总量与 1992 年相比减少了 63.8%(3523 万只)。在存栏量上升阶段，截至 2020 年，不同种类存栏量基本上都持续快速增长，羊、牛、禽类的存栏量分别是 1992 年的 2.13 倍、2.38 倍、1.82 倍，其他牲畜与 1992 年的养殖规模相当，是 1992 年的 1.02 倍，因此畜类中牛、羊的发展速度相对较快。

土库曼斯坦(图 5.40c)：1992 年畜禽总量为 1710 万头，1997 年减少到 1256 万头，2020 年畜禽存栏总量又增长到 4025 万头，是 1992 年的 2.35 倍，远超过 1992 年的养殖规模。1992 年总存栏量中畜类占比为 41.5%，禽类占比为 58.5%，2020 年二者占比相当，研究时段内畜类占比超过禽类，分别为 53.5%和 46.5%，从占比看畜类发展速度稍快于禽类。从不同种类构成来看，与 1992 年相比，1997 年羊和牛分别增加了 18 万头和 30 万头，其他牲畜年存栏量减少了 17 万头，相当于羊、牛分别增加了 3.1%、26.6%，其他畜类降低了 46.1%；1997 年禽类总量与 1992 年相比减少了 485 万只，相当于减少了 48.5%。在存栏量上升阶段，截至 2020 年，不同种类存栏量基本上都持续快速增长，羊、牛、禽类的存栏量分别是 1992 年的 2.91 倍、2.89 倍、2.05 倍，其他牲畜未达到 1992 年的养殖规模，仅为 1992 年的 43.3%，因此牛、羊的发展速度最快，其他牲畜发展速度最慢。

吉尔吉斯斯坦(图 5.40d)：1992 年畜禽总量为 2977 万头，1997 年减少到 894 万头，2020

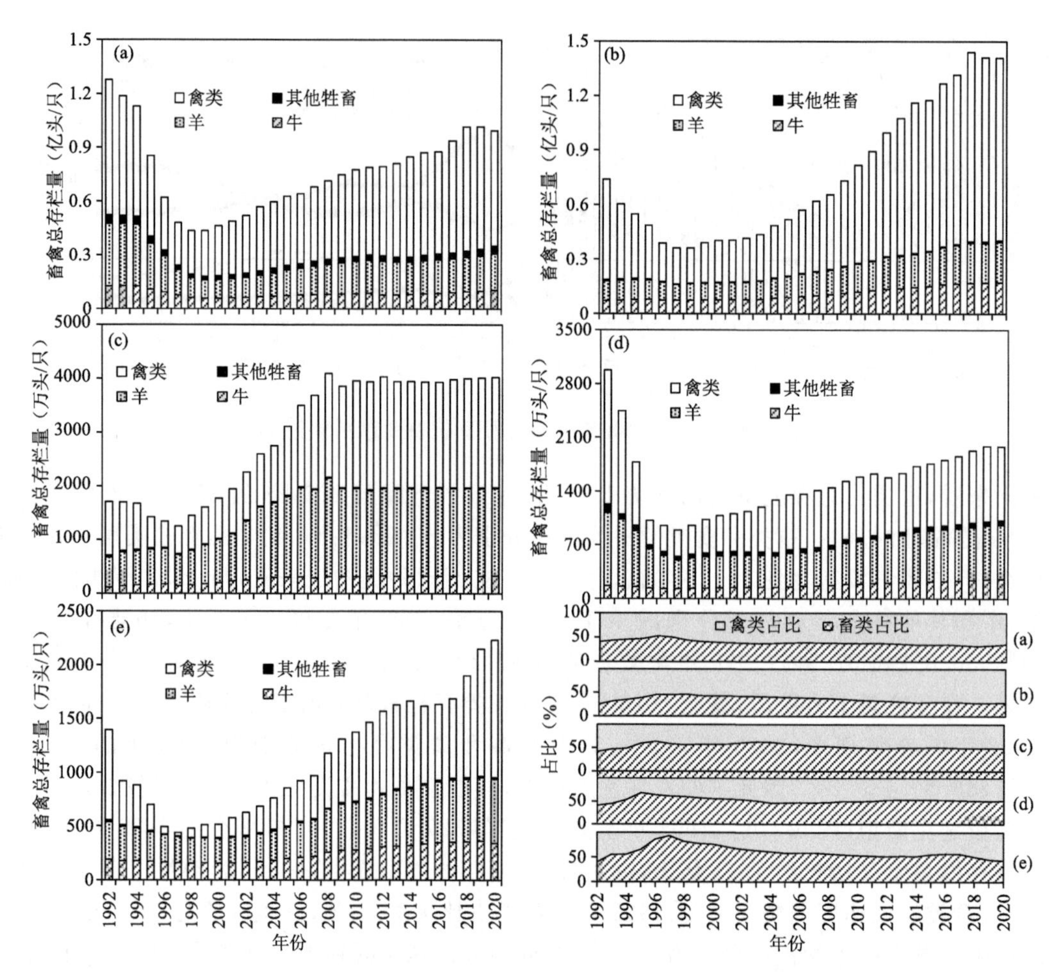

图 5.40 1992—2000 年中亚不同国家畜禽存栏量及种类构成占比

(a)哈萨克斯坦;(b)乌兹别克斯坦;(c)土库曼斯坦;(d)吉尔吉斯斯坦;(e)塔吉克斯坦

年畜禽存栏总量又增长到 1980 万头，是 1992 年的 66.5%，从总存栏量来看，还没有发展到 1992 年的养殖规模。从存栏量占比看，畜类增长速度高于禽类，前者占比从 1992 年的 41.3% 提高到 2020 年的 51.6%，而禽类占比则从 58.7%下降到 48.4%，研究时段内畜类和禽类的平均占比分别为 52.8%和 47.2%，但二者都没有达到 1992 年的总存栏量。从不同种类构成来看，与 1992 年相比，1997 年羊、牛和其他牲畜年存栏量分别减少了 581 万头、39 万头和 59 万头，相当于减少了 61%、22.8%和 54.3%，1997 年禽类总量下降更剧烈，减少了 1404 万只(80.4%)。在存栏量上升阶段，截至 2020 年，不同种类存栏量都有所恢复并持续增长，牛的存栏量是 1992 年的 1.52 倍，而羊、其他牲畜和禽类未达到 1992 年的养殖规模，分别为 1992 年的 74.0%、54.8%和 54.9%，因此只有牛的发展速度相对较快，但总存栏量不高。

塔吉克斯坦(图 5.40e):1992 年畜禽总量为 1396 万头，1997 年减少到 438 万头，2020 年畜禽存栏总量又增长到 2231 万头，是 1992 年的 1.6 倍，已经超过 1992 年的养殖规模。从不同种类占比看，畜类和禽类在研究时段内占比分别稳定在 60%和 40%左右。从不同种类构成来看，在存栏量下降阶段，与 1992 年相比，1997 年羊、牛和其他牲畜年存栏量分别减少了 107

万头、31 万头和 12 万头，相当于减少了 30.9%、16.3%和 60.6%，禽类下降最剧烈，减少了 808 万只，基本上在低谷期没有禽类生产。在存栏量上升阶段，截至 2020 年，不同种类存栏量基本上都持续快速增长，羊、牛和禽类的存栏量分别是 1992 年的 1.72 倍、1.79 倍和 1.52 倍，其他牲畜未达到 1992 年的养殖规模，因此牛、羊、禽类的发展速度较快。

5.4.1.2　中亚畜产品产量及构成

按照中亚畜产品总体情况和不同国家情况分别进行说明。

(1)中亚不同畜产品产量及构成

图 5.41 为 1992—2020 年中亚五国不同畜产品产量及占比，与存栏量变化趋势一致，总体呈先下降后上升的趋势，从 1992 年的 1676 万 t 下降到 1997 年的 1119 万 t，又增加到 2020 年的 2959 万 t，2020 年总产量是 1992 年的 1.76 倍，1992—2020 年畜产品产量为 1886 万 t/a。从构成来看，奶类产量最高为 1562 万 t/a，占到畜产品总量的 82.6%，肉类产量为 213 万 t/a(11.5%)，其他畜产品(肉类副产品、动物皮革和羊毛等)产量为 70 万 t/a(3.8%)，蛋类产量最低，仅 41 万 t/a(2.1%)。尽管蛋类产量最低，但发展速度最快，2000 年产量是 1992 年的 2.15 倍，其次分别是奶类(1.82 倍)、肉类(1.49 倍)和其他畜产品(1.3 倍)。

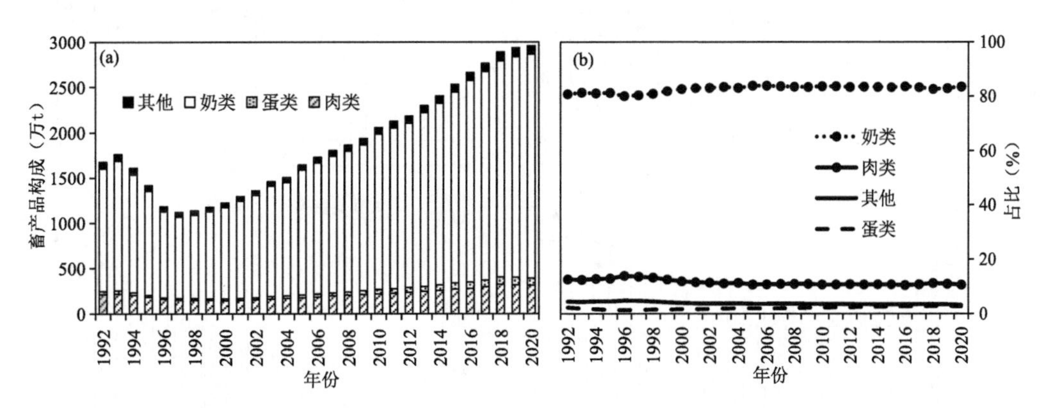

图 5.41　1992—2020 年中亚五国不同畜产品产量(a)及占比(b)

以下基于不同种类占比从高到低分别阐述其组成及趋势变化特征。

不同奶类产品中，基本都来自鲜奶，1992—2020 年中亚地区鲜奶和奶制品平均产量分别为 1544 万 t 和 18 万 t，分别占奶类总量的 98.9%和 1.1%。在变化趋势上，1992 年奶类产量为 1354 万 t，1997 年降至最低为 899 万 t，降幅 33.6%；在产量上升阶段，基本在 2004 年恢复到 1992 年的产量水平，2020 年产量为 2468 万 t，为 1992 年产量的 1.82 倍(图 5.42a)。

不同肉类产品中产量最高的是牛肉，1992—2020 年平均产量为 127.2 万 t，占到肉类总产量的 59.7%，其次分别是羊肉(45.3 万 t/a，21.3%)、其他肉类(26 万 t/a，占到总量的 12.2%，其中猪肉产量占到其他肉类的 60%)和鸡肉(14.5 万 t/a，6.8%)；在变化趋势上，1992 年肉类产量为 212 万 t，2000 年降至最低为 145 万 t，降幅 31.4%；不同肉类中，与 1992 年相比，降幅最大的是鸡肉(71.7%)，其次是其他肉类(44.9%)，羊肉和牛肉降幅分别为 30.9%和 19.2%。在产量上升阶段，2009 年肉总产量基本达到 1992 年产量水平，到 2020 年，牛肉、羊肉和鸡肉产量分别为 190.8 万 t、61.4 万 t 和 32.9 万 t，分别是 1992 年产量的 1.74 倍、1.41 倍和 1.55 倍；其他肉类产量增加不明显，2020 年产量仅为 1992 年产量的 78%，主要原因是猪肉产量降低明显(图 5.42b)。

不同其他畜产品中,1992—2020 年肉类副产品、动物皮革、羊毛蚕丝年平均产量分别为 35.9 万 t、20.2 万 t 和 13.8 万 t,分别占其他畜产品总量的 51.3%、28.9%和 19.8%。在变化趋势上,1992 年其他畜产品产量为 74 万 t,2000 年降至最低为 48.2 万 t,降幅 34.9%;在产量上升阶段,基本在 2011 年恢复到 1992 年的产量水平并持续增长,2020 年产量为 96.4 万 t,为 1992 年产量的 1.3 倍;不同种类发展速度不同,2020 年肉类副产品、动物皮革产量是 1992 年产量的 1.48 倍、1.57 倍,而羊毛蚕丝产量仅为 1992 年的 76.8%(图 5.42c)。

不同蛋类产品中,基本都来自鸡蛋,1992—2020 年鸡蛋和其他蛋类产品平均产量为 41.0 万 t 和 0.3 万 t,分别占蛋类总量的 99.2%和 0.8%。在变化趋势上,1992 年蛋类产量为 37 万 t,1996 年降至最低为 15.5 万 t,降幅 58.3%;在产量上升阶段,基本在 2008 年恢复到 1992 年的产量水平并持续增长,2020 年产量为 79.4 万 t,为 1992 年产量的 2.15 倍(图 5.42d)。

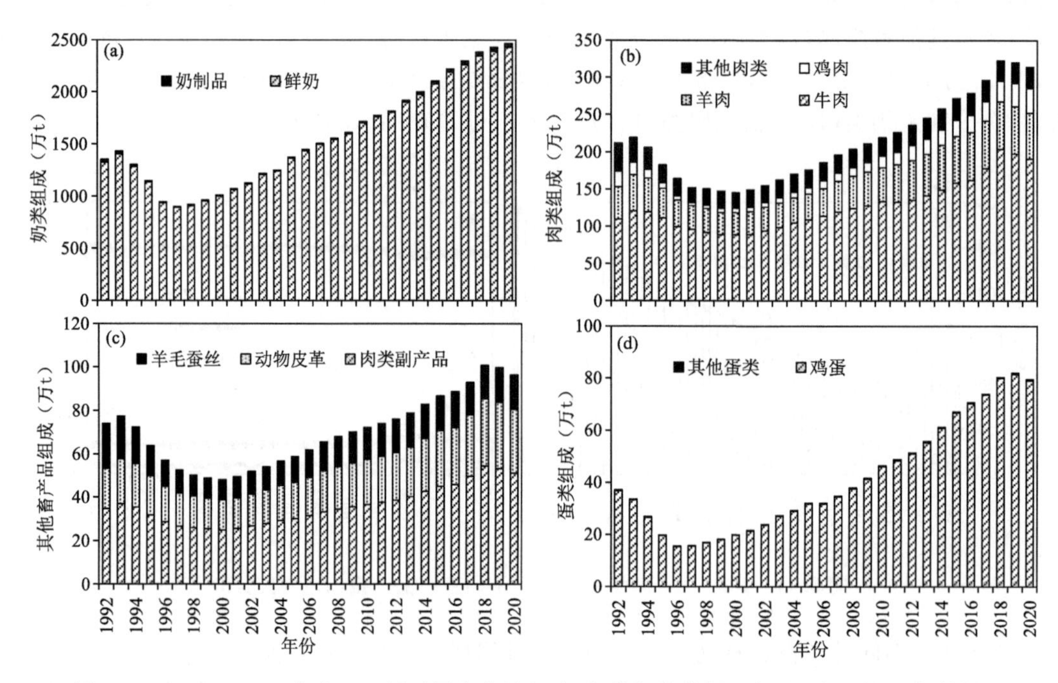

图 5.42　1992—2020 年中亚五国不同畜产品组成(部分奶类数据不完整,采用 2019 年数据)

(2)不同国家畜产品产量及构成

图 5.43 为 1992—2000 年中亚不同国家畜禽总产量及占比情况,总体呈先下降后上升的趋势,在 1997 年前后达到最低产量,之后得到不同程度的恢复和发展。研究时段内五国中年均产量最高的国家是乌兹别克斯坦,平均 777 万 t/a(占 41.2%),其次为哈萨克斯坦,平均 671 万 t/a(占 35.6%),排在第三的土库曼斯坦(197 万 t/a,占 10.4%),产量最低的两个国家分别是吉尔吉斯斯坦(163 万 t/a,占 8.6%)和塔吉克斯坦(78 万 t/a,占 4.1%)。从占比来看,乌兹别克斯坦增长最快,占比从 1992 年的 28.1%提高到 2020 年的 51.6%,而哈萨克斯坦占比持续走低,同期从 54.3%下降到 28.4%,其余 3 个国家占比相对稳定。

不同国家不同畜禽种类产量变化趋势和增长速度不同,以下按照产量从大到小分别进行说明。

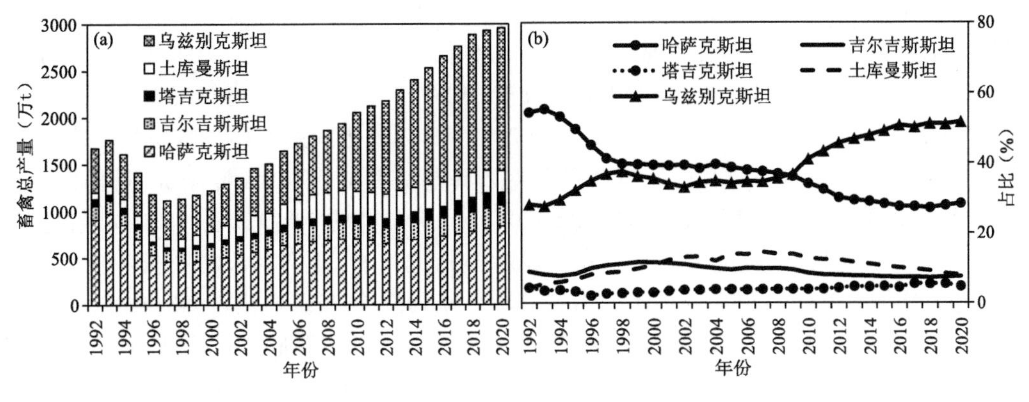

图 5.43　1992—2000 年中亚不同国家畜禽总产量(a)及占比(b)

乌兹别克斯坦(图 5.44a)：畜产品总产量前期没有明显下降趋势，后期增速明显。1992 年畜产品总产量为 472 万 t，1997 年减少到 412 万 t，2020 年总产量又增长到 1526 万 t，是 1992 年的 3.24 倍，远超过 1992 年产量。从不同种类构成来看，研究时段内奶类和肉类平均占比分

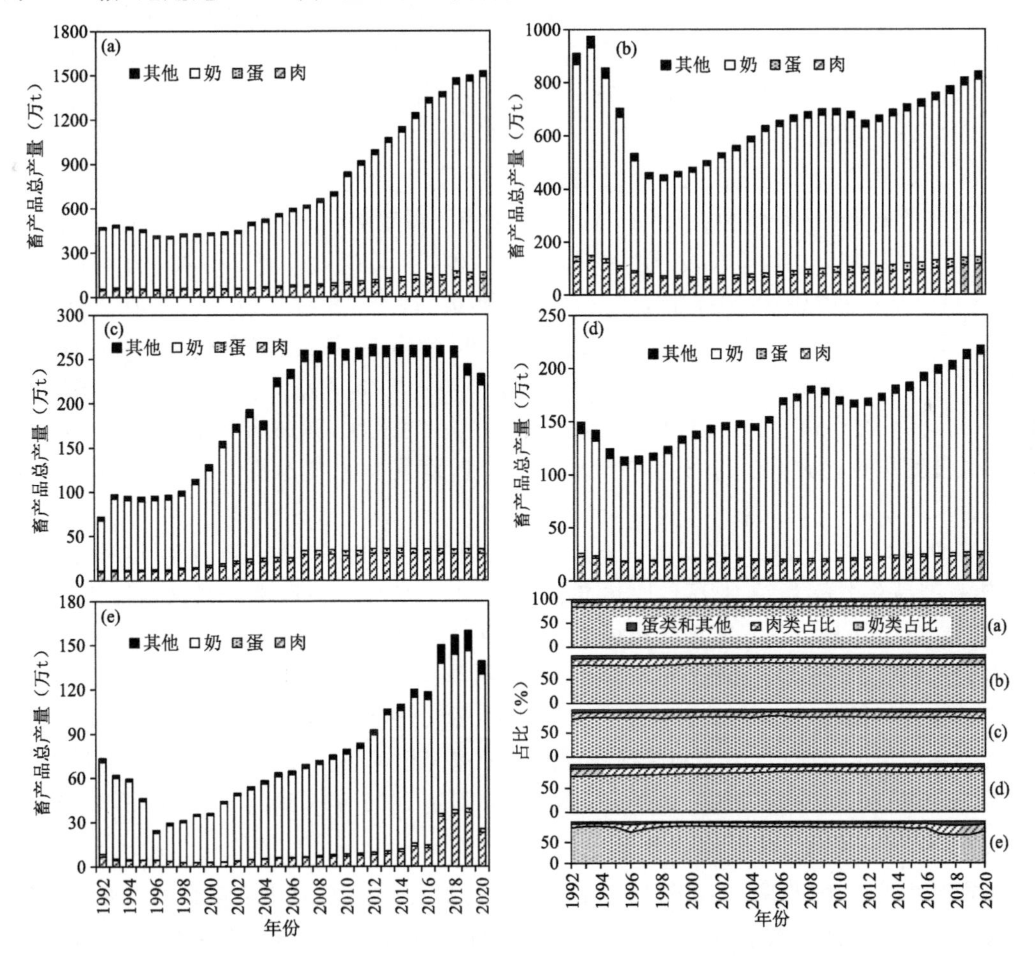

图 5.44　1992—2000 年中亚不同国家畜产品产量及种类构成占比

(a)乌兹别克斯坦；(b)哈萨克斯坦；(c)土库曼斯坦；(d)吉尔吉斯斯坦；(e)塔吉克斯坦

别为 84.8%和 9.7%,蛋和其他类共占 5.5%。与 1992 年产量相比,1997 年肉类和其他畜产品产量变化不大,奶类和蛋类分别减少了 56 万 t(降低 14.1%)和 4 万 t(降低 43.0%),在产量上升阶段,不同种类产量基本上都持续快速增长,2020 年肉类、蛋类、奶类和其他畜产品产量分别是 1992 年的 2.59 倍、4.18 倍、3.32 倍和 2.37 倍,因此蛋和奶类的产量增加更快。

哈萨克斯坦(图 5.44b):畜产品总产量前期下降趋势明显,后期缓慢增加,目前没有超过 1992 年产量水平。1992 年畜产品总产量为 910 万 t,1998 年减少到 452 万 t,2020 年总产量又增长到 840 万 t,为 1992 年的 92.2%。从不同种类构成来看,研究时段内奶类和肉类平均占比分别为 81%和 12.8%,蛋和其他类共占 6.2%。与 1992 年产量相比,1998 年肉类、蛋类、奶类和其他畜产品分别减少了 62 万 t(降低 49.1%)、12 万 t(降低 60.5%)、364 万 t(降低 50.3%)和 21 万 t(降低 52.3%);在产量上升阶段,不同种类产量基本上都持续稳定增长,2020 年蛋类产量是 1992 年的 1.27 倍,而肉类、奶类为 1992 年的 92.4%,其他畜产品为 71.3%,因此蛋类产量增速相对明显,但总量不高。

土库曼斯坦(图 5.44c):畜产品总产量存在稳定、快速增长和相对稳定 3 个阶段。第一阶段(1992—1997 年)产量稳定在 92 万 t/a 左右,快速增长阶段(1998—2007 年)从 101 万 t/a 增加到 260 万 t/a,2008 年之后产量稳定在 260 万 t 左右,2019—2020 年稍有下降趋势。从不同种类构成来看,研究时段内奶类、肉类、蛋与其他类占比保持相对稳定,平均占比分别为 82.2%、11.3%、6.5%。第三阶段(2008—2020 年)与第一阶段产量相比,肉类、蛋类、奶类和其他畜产品分别增加了 19.4 万 t、3.5 万 t、138 万 t 和 7.4 万 t,分别是原来产量的 2.86 倍、3.27 倍、2.85 倍和 2.53 倍,各类畜产品增速都很明显。

吉尔吉斯斯坦(图 5.44d):畜产品总产量前期有下降趋势,后期呈波动缓慢增长。1992 年畜产品总产量为 149 万 t,1995 年减少到 116 万 t,2020 年总产量又增长到 221 万 t,是 1992 年的 1.48 倍。从不同种类构成来看,研究时段内奶类、肉类、蛋与其他类的平均占比分别为 82.2%、12.3%和 5.5%。与 1992 年产量相比,1995 年肉类、蛋类、奶类和其他畜产品产量分别减少了 4.8 万 t(降低 21.0%)、2.5 万 t(降低 75.0%)、22.5 万 t(降低 19.9%)和 3.1 万 t(降低 29.8%);在产量上升阶段,只有奶类发展速度相对最快,2020 年产量是 1992 年产量的 1.65 倍,肉类相对稳定,是 1992 年产量的 1.05 倍,而蛋类和其他畜产品分别是 1992 年的 93.8%和 77.4%。

塔吉克斯坦(图 5.44e):在五国中畜产品产量最低,前期有下降趋势,后期相对持续增长。1992 年畜产品总产量为 73.4 万 t,1996 年减少到 24.6 万 t,2020 年总产量又增长到 139 万 t,是 1992 年的 1.89 倍。从不同种类构成来看,研究时段内奶类、肉类、蛋与其他类占比分别为 81.3%、12.4%、6.3%。与 1992 年产量相比,1996 年肉类、蛋类、奶类和其他畜产品产量分别减少了 2.4 万 t(降低 34.4%)、1.6 万 t(降低 98.0%)、44 万 t(降低 70.7%)和 0.8 万 t(降低 30.5%);在产量上升阶段,肉类和其他畜产品发展速度相对最快,2020 年产量分别是 1992 年产量的 3.35 倍和 3.25 倍,蛋类、奶类相对较慢,分别是 1992 年产量的 1.37 倍、1.69 倍。

5.4.1.3 人均肉蛋奶占有量与消费量

畜产品中的肉蛋奶是人们日常饮食中营养物质的主要来源,是平衡膳食的重要组成部分。不同国家人均肉蛋奶占有量/产量在一定程度上反映了国内供给情况,而人均肉蛋奶消费量可以衡量当地人们的饮食水平,本研究 1992—2020 年人均肉蛋奶占有量利用 FAOSTAT 提供的产量除以人口计算得出,1992—2017 年人均肉蛋奶消费量来源于 Our World in Data 网站。

(1)人均肉蛋奶占有量

1992—2020年不同国家人均肉占有量在数值和变化趋势上有很大差异(图5.45a)。哈萨克斯坦呈先下降后上升趋势,但后期增长缓慢,2020年人均占有量为61.6 kg,仍未达到1992年的人均水平,为原来的80%,但人均占有量在五国中最高,为52.2 kg/人,是中亚平均水平(34.6 kg/人)的1.51倍;土库曼斯坦人均肉占有量2007年之前上升趋势明显,达到最高占有量(59.9 kg/人)后稍有下降,2020年为49.9 kg/人,是1992年人均水平的2.05倍,研究时段内人均为43.9 kg,排在第二,是中亚平均水平的1.27倍;吉尔吉斯斯坦人均肉占有量大致呈缓慢下降趋势,2020年为36.6 kg/人,仅为1992年的71.5%,研究时段内人均38.2 kg,排在第三,是中亚平均水平的1.1倍;乌兹别克斯坦虽然肉类产量在中亚五国中排在第二,2020年达到121万t/a,但由于人口多,研究时段内人均占有量为27.0 kg,在五国中仅排在第四位,为中亚平均水平的78.1%,但呈缓慢上升趋势,2020年人均产量(36.2 kg)是1992年人均水平的1.65倍;人均肉占有量最低的国家是塔吉克斯坦,大部分年份都低于10.0 kg/人,尽管2017—2019年急剧上升到近40.0 kg/人,但2020年又将至24.3 kg/人,是1992年的1.94倍,研究时段内人均12.3 kg,仅为中亚平均水平的35.4%。

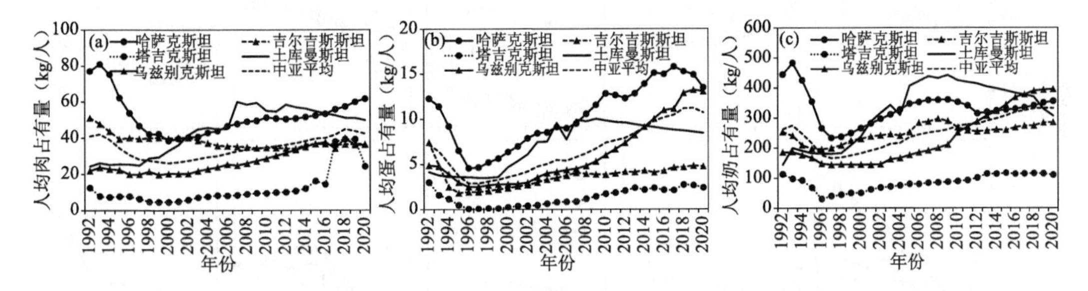

图5.45　1992—2020年中亚不同国家人均肉(a)、蛋(b)、奶(c)占有量

不同国家人均蛋占有量大都呈先下降后上升的趋势(图5.45b),在从高到低的排序上,与人均肉占有量稍有差异,反映了各国在畜类和禽类发展速度上的差异。哈萨克斯坦人均蛋占有量下降和上升趋势变化最剧烈,后期又显著下降,2020年人均占有量(13.5 kg)是1992年的1.1倍,1992—2020年人均占有量在五国中最高,为10.4 kg/人,是中亚平均水平(6.5 kg/人)的1.59倍;土库曼斯坦人均蛋占有量在2009年之前上升到最高值(10 kg/人)后又呈下降趋势,2020年为8.4 kg/人,是1992年的2.03倍,研究时段内人均占有量为7.2 kg,排在第二,是中亚平均水平的1.1倍;乌兹别克斯坦由于禽类发展速度很快,人均蛋占有量后期呈快速上升趋势,2020年人均占有量为13 kg,是1992年的2.67倍,研究时段内人均为6.0 kg,排在第三,为中亚平均水平的92.4%;吉尔吉斯斯坦和塔吉克斯坦由于蛋类产量低,人均蛋占有量很低,2020年都没有达到1992年的水平,研究时段内人均占有量分别为中亚平均水平的55.7%和20.3%。

不同国家人均奶占有量变化趋势不同(图5.45c),在从高到低的排序上,与人均肉占有量排序相同,反映了畜类在奶和肉类畜产品生产中的贡献。哈萨克斯坦人均奶占有量呈先急剧下降后上升趋势,但后期增长缓慢,2020年人均占有量(355 kg)仍未达到1992年的水平(444 kg),仅为原来的80%,但1992—2020年人均占产量在五国中最高,为332 kg/人,是中亚平均水平(252 kg/人)的1.32倍;土库曼斯坦人均奶占有量2009年之前上升趋势明显,达到最高占有量(442 kg/人)后又呈下降趋势,2020 年为 306 kg/人,是 1992 年的 2.12 倍,研究时段内人均为 321 kg,仅次于哈萨克斯坦排在第二,是中亚平均水平的 1.28 倍;吉尔吉斯斯坦人均奶占有量大致呈缓慢上升趋势,2020 年人均占有量(285 kg)是 1992 年的 1.13 倍,研究时段内人均 251 kg,排在第三,与中亚平均水平相当;乌兹别克斯坦人均奶占有量后期上升趋势明显,2020 年人均为 395 kg,是 1992 年的 2.12 倍,研究时段内人均 232 kg,排在第四,为中亚平均水平的 92.2%;人均奶占有量最低的国家是塔吉克斯坦,呈先下降后上升趋势,1996 年最低为 31 kg/人,2020 上升到 110 kg/人,基本恢复到 1992 年的水平(113 kg/人),研究时段内人均为 86 kg,仅为中亚平均水平的 34.1%。

(2)人均肉蛋奶消费量

中亚不同国家肉蛋奶的消费水平与全球人均消费水平有很大差异,在很大程度上受到国内生产供应情况的影响(图 5.46)。

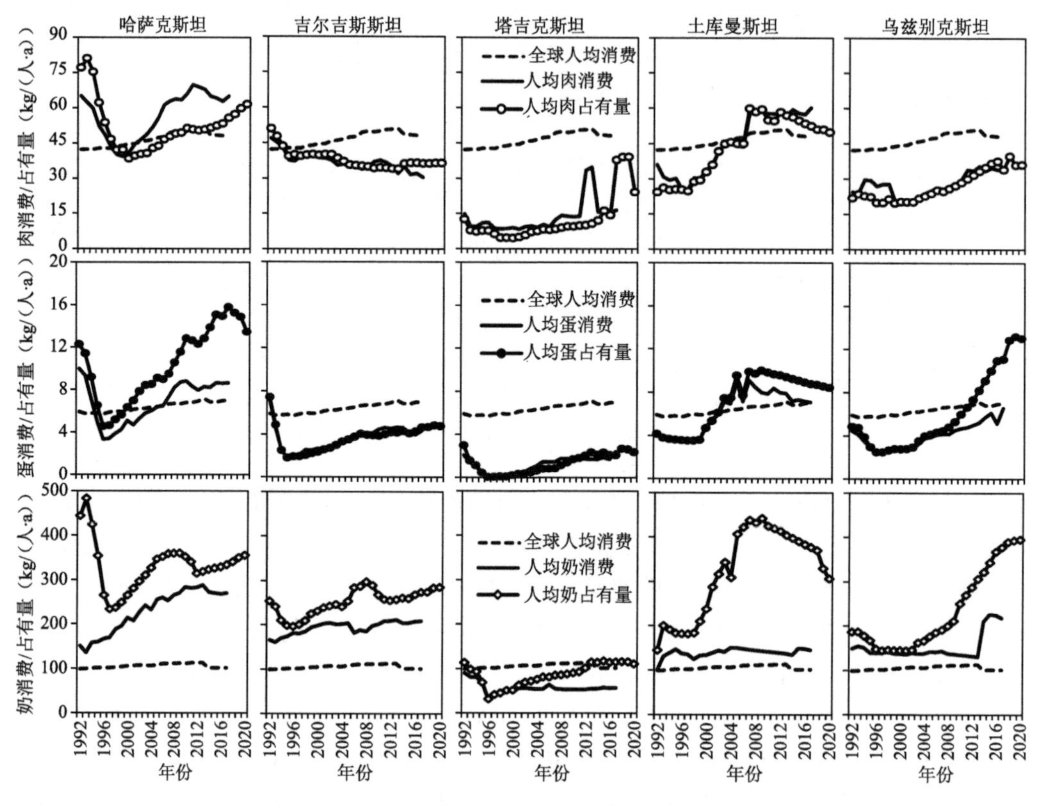

图 5.46　中亚不同国家人均肉蛋奶占有量与消费量

不同国家人均肉消费量在变化趋势和数值上与人均占有量高度吻合(哈萨克斯坦在趋势上更吻合),与全球消费水平相比,基本上哈萨克斯坦长期以来和土库曼斯坦自 2007 年以来超过全球水平,其他国家都低于全球水平。具体表现为:哈萨克斯坦人均肉消费量呈先下降后上升趋势,在 2000 年前人均占有量高于消费量,之后消费量高于生产量,需要依赖进口贸易进行补充。2017 年人均消费量(64.9 kg)与 1992 年水平相当,人均消费量在五国中最高,为 56.9 kg/人,是全球平均消费水平(46.6 kg/人)的 1.22 倍;土库曼斯坦人均肉消费量 2009 年之前上升到 58.6 kg/人,之后相对稳定,2017 年人均消费(60.2 kg/人)是 1992 年的 1.67 倍,研究时段内人均消费量 44.9 kg，排在第二，稍低于全球平均水平（占 96.4%），但 2007 年之后已经超过全球水平；吉尔吉斯斯坦人均肉消费呈缓慢下降趋势，2017 年人均消费量（30.5 kg）仅为 1992 年人均水平的 64.8%，研究时段内人均 37.0 kg，排在第三，是全球平均水平的 79.5%；乌兹别克斯坦人均肉消费呈缓慢上升趋势（个别年份远高于人均占有量），2017 年人均消费量（34.4 kg）是 1992 年的 1.4 倍，研究时段内人均 27.8 kg，排在第四，为全球平均水平的 59.7%；人均肉消费最低的国家是塔吉克斯坦（个别年份超过 30 kg/人），大部分年份都低于 15 kg/人，2017 为 16.5 kg/人，是 1992 年的 1.12 倍，研究时段内人均 13.3 kg，仅为全球平均水平的 28.6%。

不同国家人均蛋消费量大致与人均占有量吻合，后期一些国家人均占有量显著高于消费量，与全球消费水平相比，研究时段内只有哈萨克斯坦和土库曼斯坦与全球消费水平相当。具体表现为：哈萨克斯坦呈先下降后上升趋势（2009 年之后相对稳定），但人均占有量一直高于消费量，尤其在 2008 年之后，2017 年人均消费量（8.62 kg）为 1992 年的 86.5%，平均消费量在五国中最高，为 6.8 kg/人，是全球平均消费水平（6.4 kg/人）的 1.1 倍；土库曼斯坦人均蛋消费量 2007 年之前上升趋势明显，达到 9.1 kg/人，之后又逐渐下降，2017 年人均消费（7.1 kg）是 1992 年人均水平的 1.74 倍，研究时段内人均消费 6.2 kg，排在第二，稍低于全球平均水平（占 97.6%），目前与全球消费水平持平；乌兹别克斯坦人均蛋消费呈先下降后上升趋势，2009 年之后人均占有量远高于消费水平，2017 年人均消费（6.6 kg/人）是 1992 年人均水平的 1.47 倍，研究时段内人均 4.0 kg，排在第三，为全球平均水平的 63.3%，但目前人均消费量接近全球水平；吉尔吉斯斯坦和塔吉克斯坦人均蛋消费量都呈先下降后缓慢上升趋势，并且与生产水平高度吻合，但消费水平很低，其中吉尔吉斯斯坦人均 3.6 kg，是全球平均水平的 56.5%，塔吉克斯坦人均 1.2 kg，仅为全球平均水平的 19%。

由于丰富的奶源供应，不同国家人均奶消费量远低于人均占有量，同时远高于全球平均消费水平（塔吉克斯坦除外）。具体表现为：哈萨克斯坦人均奶消费量大致呈上升趋势（2010 年之后相对稳定），2017 年人均消费量（270 kg）是 1992 年的 1.79 倍，1992—2017 年平均消费量在五国中最高，为 230 kg/人，是全球平均消费水平（106 kg/人）的 2.17 倍；吉尔吉斯斯坦人均奶消费量大致呈缓慢上升趋势，2017 年人均消费量（208 kg）是 1992 年的 1.26 倍，1992—2017 年平均消费量 193 kg/人，排在第二，是全球消费水平的 1.83 倍；乌兹别克斯坦人均奶消费呈先缓慢下降 2014 年之后急剧上升趋势，2009 年之后人均占有量远高于消费水平，2017 年人均消费量（218 kg）是 1992 年人均水平的 1.46 倍，研究时段内消费量 152 kg/人，排在第三，是全球水平的 1.44 倍；土库曼斯坦人均奶消费量相对稳定，但人均占有量远高于消费量（甚至超过 2 倍），2017 年人均消费量（145 kg）是 1992 年人均水平的 1.45 倍，研究时段内消费量 139 kg/人，排在第四，是全球平均水平的 1.32 倍；塔吉克斯坦是五国中人均消费量最低的国家，甚至低于人均占有量，是五国中唯一低于全球消费水平的国家，呈先急剧下降后缓慢上升的趋势，2017 年人均奶消费量（56.7 kg）是 1992 年人均水平的 63%，研究时段内人均 56.4 kg，仅为全球消费水平的 53.4%。

5.4.2　畜产品贸易特征

按照与中亚畜产品生产情况相一致的分类方法，贸易量按肉类产品、蛋类产品、奶类产品和其他畜产品（肉类副产品、动物皮革产品和羊毛纤维产品等）四大类分别进行阐述，同时还对活畜禽产品的进出口贸易量进行了分析。需要说明的是，在计算中亚畜产品的进口量与出口量时，分别利用5个国家的进口量相加和出口量相加得出，这里面包含了中亚内部国家间的贸易量，但在计算中亚净进口量时，利用中亚的进口量减去出口量，因此内部贸易量被抵消，实际为从中亚外部国家进口的量(为负时表示出口到中亚外部国家的贸易量)；在评价每个国家的贸易特征时，包含了与中亚内部国家的贸易量。

5.4.2.1 中亚畜产品贸易量及构成

(1)中亚贸易量及构成

图5.47为1992—2020年中亚不同畜产品的进出口贸易及构成，总体表明中亚畜产品进口总量大于出口总量，处于贸易逆差态势，以下从贸易量和构成分别进行说明。

进口情况表明，1992—2020年中亚畜产品平均进口量为40.8万t/a，总体呈现上升趋势，从1992年的15.8万t提高到2020年的70.2万t，是原来的4.45倍，但在1999—2004年存在低谷期(与1992年进口量相当)。从构成来看，肉类进口量占比最高，为23.2万t/a，占到畜产品总进口量的56.7%，其次为奶类产品，进口量为11.5万t/a(28.1%)，其他畜产品进口量为5.1万t/a(12.4%)，最低的为蛋类产品(1.1万t/a，2.8%)。

出口情况表明，1992—2020年中亚畜产品平均出口量为11.0万t/a，总体呈急剧上升一下降一缓慢上升趋势，从1992年的3.2万t提高到2020年的15.4万t，是原来的4.9倍。从构成来看，其他畜产品出口量占比最高，为6.3万t/a，占到畜产品总出口量的57.5%，其次为奶类产品，出口量为2.9万t/a(26.4%)，肉类进口量为1.4万t/a(12.3%)，最低的为蛋类产品(0.4万t/a，3.8%)。

净进口情况表明，1992—2020年中亚畜产品总进口量为29.8万t/a，总体呈现上升趋势，净进口量从1992年的12.6万t提高到2020年的54.9万t，是原来的4.35倍，但在2004年之前，贸易量较低且波动大，总体处于贸易逆差状态。从构成来看，肉类净出口量占比最高，为21.8万t/a，占到畜产品总净出口量的73.1%，其次为奶类产品，净出口量为8.6万t/a(28.8%)，蛋类产品相对较少(0.7万t/a，2.3%)，而其他畜产品研究时段内总体处于贸易顺差状态，年均净出口量为1.2万t/a。

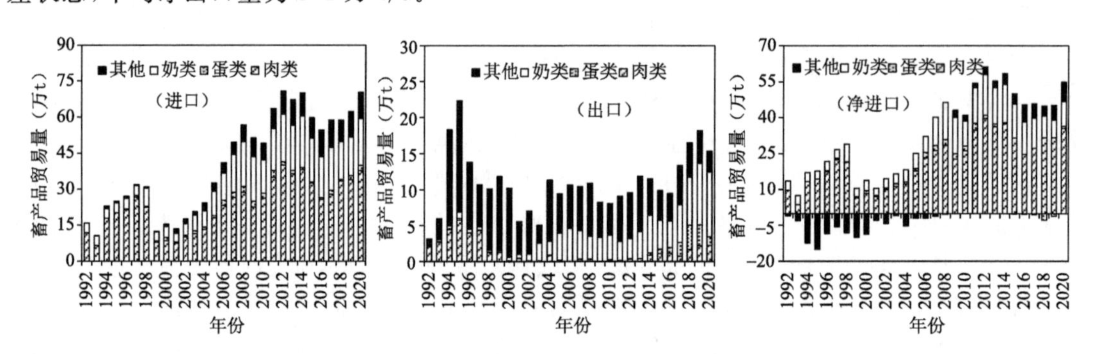

图5.47 1992—2020年中亚不同畜产品进出口贸易及构成(负值表示净出口量)

(2)不同种类畜产品贸易量变化特征

图5.47还展示了不同种类畜产品贸易的年际变化特征。

肉类情况表明，1992—2020年肉类产品贸易一直处于逆差状态，进口量呈上升趋势，出口量呈下降趋势，进出口差额/净进口量总体呈上升趋势(平均21.8万t/a)，但1999—2004年存在低谷期(9.3万t/a)，2020年净进口上升至35.5万t，是1992年的3.63倍。奶类产品贸易也一直处于逆差状态，由于进口呈先上升后稳定的趋势，而出口量一直呈上升趋势，因此净进口总体呈先上升后下降趋势(平均 8.6 万 t/a)，2006 年之前平均为 4.4 万 t/a，上升到 2007—2017 年的 14.2 万 t/a，而后又下降到 2018—2020 年的 8.9 万 t/a，总体上，2020 年净进口量 10.4 万 t，是 1992 年的 2.76 倍。蛋类产品贸易总体属于贸易逆差，呈先上升后下降趋势(0.7 万 t/a)，同时存在短暂阶段的贸易顺差(1992—1995 年、2015—2019 年)，2014 年后出口贸易相对活跃，但贸易量很小。

尽管其他畜产品贸易量不大，但从贸易顺差转为贸易逆差，图 5.48 展示了贸易态势发生转变的原因。1992—2020 年总体处于贸易顺差状态(净出口量 1.2 万 t/a)，但出口量逐渐下降，进口量逐渐上升，因此在 2009 年发生逆转，从贸易顺差转为贸易逆差，2020 年净进口量达到 8.1 万 t。发生转变的原因主要是肉类副产品贸易一直处于贸易逆差并呈持续增长趋势，2020 年净进口 9.5 万 t，同时，处于贸易顺差的动物皮革和动物纤维出口量持续下降，2020 年净出口量仅分别为 0.78 万 t 和 0.64 万 t。

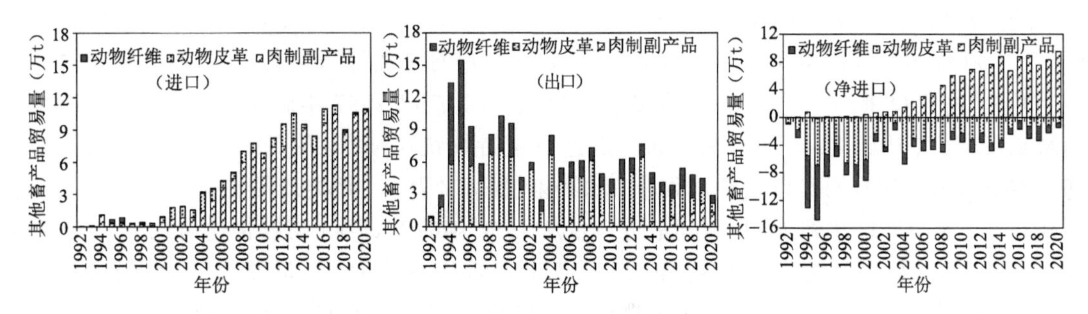

图 5.48　1992—2020 年中亚其他畜产品进出口贸易及构成(负值表示净出口量)

5.4.2.2　不同国家畜产品贸易及构成

(1)不同国家畜产品贸易量

图 5.49 为 1992—2020 年中亚不同国家畜产品的进出口贸易量，总体来看各国进口总量都大于出口总量，处于贸易逆差状态，以下按照不同国家的贸易量从大到小分别进行说明。

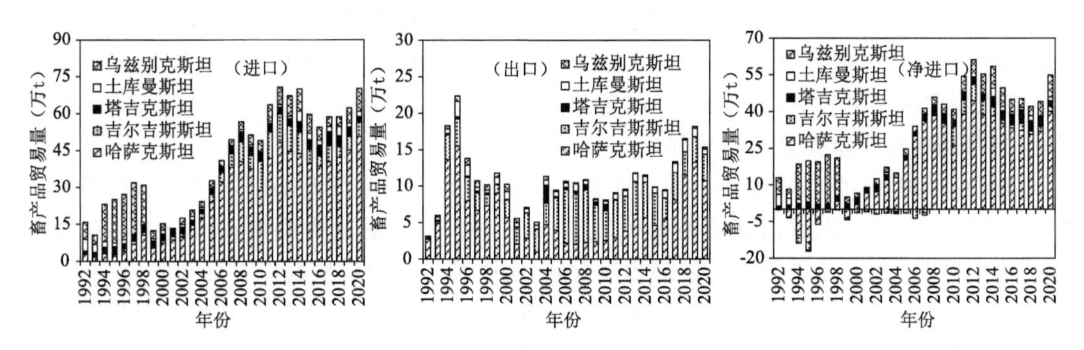

图 5.49　1992—2020 年中亚不同国家畜产品的进出口贸易量(负值表示净出口量)

哈萨克斯坦在中亚五国中贸易量占比最大，1992—2020 年畜产品进口量为 25.2 万 t/a，出口量为 5.9 万 t/a，净进口量(19.3 万 t/a)占中亚贸易总量(29.8 万 t/a)的 64.6%。2000 年之后一直处于贸易逆差，呈逐渐增加趋势，2008 年后净进口量保持在 36 万 t/a 左右，2020 年达到 40.1 万 t。乌兹别克斯坦贸易量排在第二，研究时段内畜产品进口量为 6.8 万 t/a，出口量为 0.3 万 t/a，净进口量(6.5 万 t/a)占中亚贸易总量的 21.8%，基本上一直处于贸易逆差，但高峰期在 1994—1998 年(16.8 万 t/a)，2002 年后贸易量逐步回升，2020 年达到 9 万 t。塔吉克斯坦贸易量排在第三，研究时段内畜产品进口量为 3.0 万 t/a，出口量为 0.3 万 t/a，净进口量(2.7 万 t/a)占中亚贸易总量的 8.1%，基本上一直处于贸易逆差(2004 年除外)，贸易量相对稳定，2020 年达到 2.3 万 t。土库曼斯坦和吉尔吉斯斯坦贸易量分别排在第四和第五位，在中亚贸易总量中占比分别为 2.6%和 2.0%，净进口量不足 1.0 万 t/a。

(2)不同国家畜产品贸易构成

图 5.50 展示了 1992—2020 年中亚不同国家畜产品净进口量和构成，其中肉类产品贸易量最大，并且都为贸易逆差，奶类产品贸易量排在第二，除吉尔吉斯斯坦为贸易顺差外，其余国家都为贸易逆差，其他类畜产品哈萨克斯坦、吉尔吉斯斯坦和土库曼斯坦为贸易顺差，而塔吉克斯坦和乌兹别克斯坦为贸易逆差，蛋类产品贸易量最小并且都为贸易逆差，以下按照不同国家净进口贸易量从大到小分别进行介绍。

哈萨克斯坦：在平均每年 19.3 万 t 的净进口量中，肉类为 12.0 万 t/a(62.3%)，奶类为 8.0 万 t/a(41.6%)，蛋类为 0.2 万 t/a(0.8%)，从总量看三类都为贸易逆差，而其他畜产品为贸易顺差，净出口量为 0.9 万 t/a。在变化趋势上，肉类产品 1997 年后保持贸易逆差并持续快速增长，2020 年达到 24.3 万 t，主要原因是进口量持续快速增长，从 1992 年的 1.3 万 t 增至 2020 年的 26.5 万 t，而出口量相对很小，2020 年仅 2.22 万 t。奶类产品也保持贸易逆差日益活跃，2020 年净进口达到 11 万 t，其中进口量从 1992 年的 1.5 万 t 持续快速增长至 2020 年的 16.6 万 t，出口量也呈持续增长趋势，2020 年出口量为 5.6 万 t。蛋类总量为贸易逆差，但 2014 年后保持顺差，进口、出口贸易量都很小，目前在 1 万 t/a 左右；其他类研究时段总量为贸易顺差，但由于进口量逐渐增加和出口量逐渐减少，2006 年开始从贸易顺差转为贸易逆差，2020 年净进口量 4.8 万 t。

乌兹别克斯坦：在平均每年 6.5 万 t 的净进口量中，肉类为 4.4 万 t/a(67.1%)，其他类为 1.2 万 t/a(18%)，奶类为 0.9 万 t/a(14.5%)，蛋类仅占到 0.4%，从总量看都为贸易逆差。在变化趋势上，肉类产品存在高峰期(1994—1998 年平均为 16.4 万 t/a)，其余年份相对稳定，2020 年为 5.5 万 t，净进口量变化特征完全决定于进口贸易特征，基本没有出口贸易。其他类贸易 2005 年之后保持贸易逆差，2014 年净进口量达到顶峰(4.6 万 t)，2020 年为 1.5 万 t，变化趋势主要取决于进口贸易。奶类产品进口贸易量一般在每年 1.0 万 t 左右，基本没有出口贸易，同时基本没有蛋类进出口贸易。

塔吉克斯坦：在平均每年 2.7 万 t 的净进口量中，肉类为 1.9 万 t/a(71.6%)，奶类和蛋类都为 0.3 万 t/a(11%左右)，其他类为 0.2 万 t/a(6.3%)，从总量看都为贸易逆差。在变化趋势上，肉类产品、蛋类和奶类贸易量都相对稳定，同时都没有出口贸易。其他类贸易 2016 年之后保持贸易逆差，2017 年净进口量达到顶峰(3.6 万 t)，2020 年为 1.1 万 t，变化趋势主要取决于进口贸易。

土库曼斯坦：平均每年 0.8 万 t 的净进口量，其中肉类(1.0 万 t/a)、蛋类(0.1 万 t/a)和奶类(0.5 万 t/a)为贸易逆差，而其他类(0.8 万 t/a)为贸易顺差。在变化趋势上看，四类畜产品贸易量都相对稳定，其中肉类产品、蛋类和奶类都没有出口贸易，而其他类出口贸易活跃，基本没有进口贸易。

吉尔吉斯斯坦：五国中贸易量最少，进出口贸易量相当，平均每年 0.6 万 t 净进口量，其中肉类(2.5 万 t/a)和蛋类(0.2 万 t/a)为贸易逆差,而奶类(1.2 万 t/a)和其他类(0.9 万 t/a)为贸易顺差。在变化趋势上,肉类产品在 1997 年后保持贸易逆差先上升后下降的趋势,2010 年最高为 9.8 万 t,2020 年又下降到 3.1 万 t,基本没有出口贸易。奶类产品保持贸易顺差日益活跃,2020 年净出口量 2.9 万 t。其他类出口量逐渐减少,从 2016 年开始转为贸易逆差,2020 年净进口量 1.4 万 t。蛋类产品贸易量很小并且相对稳定,没有出口贸易。

为进一步反映不同国家进口贸易情况,图 5.50 还展示了畜产品进口量占生产量的比重,中亚整体比例呈增加趋势,多年平均为 2.2%。五国中哈萨克斯坦和塔吉克斯坦占比最高,平均都为 3.8%,并且前者呈增加趋势,后者呈降低趋势,吉尔吉斯斯坦占比稍高于中亚水平,平均为 2.6%,呈增加趋势,土库曼斯坦和乌兹别克斯坦占比最低,不足 1%,并呈下降趋势。

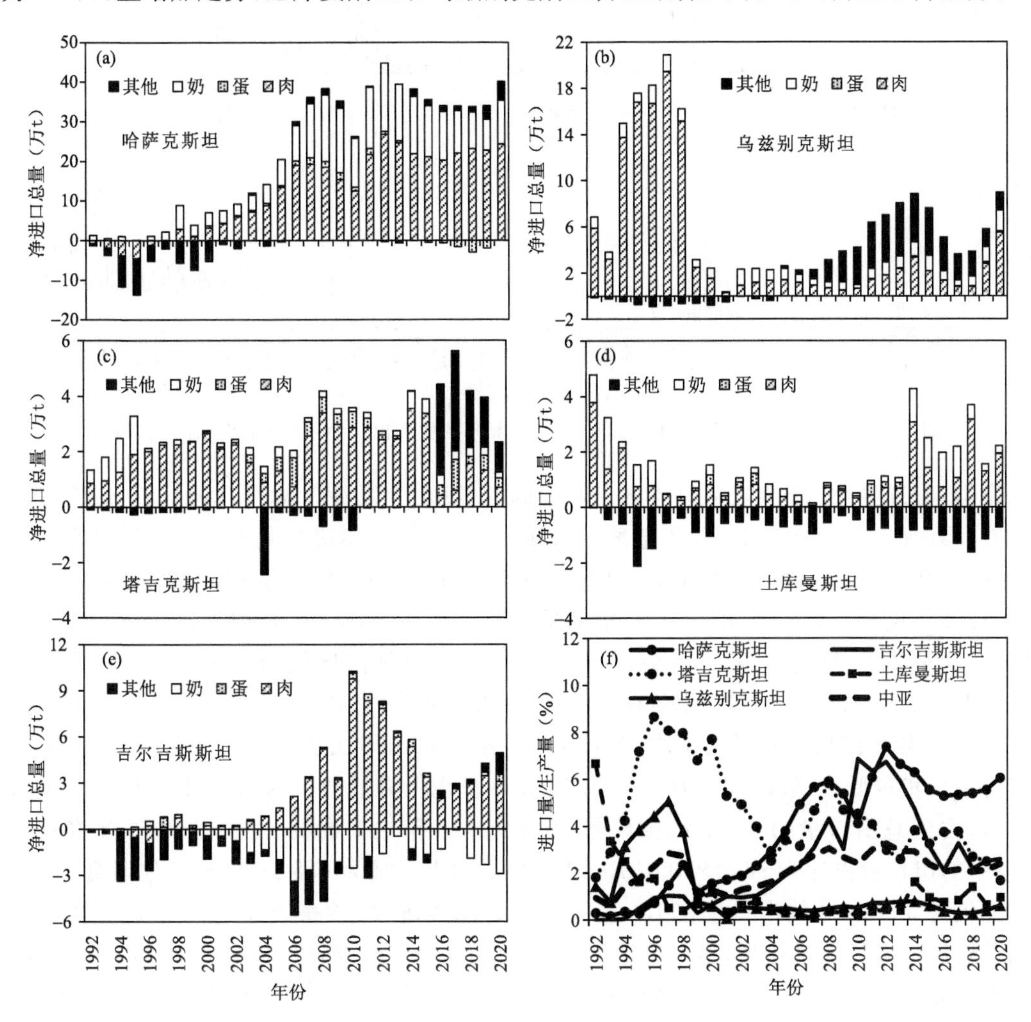

图 5.50　1992—2020 年中亚不同国家畜产品净进口情况(负值表示净出口量)及进口占生产量的比例

5.4.2.3　中亚活畜禽产品贸易量

除了肉、蛋和奶等一般的畜禽产品,活体动物也存在于贸易往来中,被称为活畜禽产品。以下中亚五国的活畜禽进口量和出口量分别为 5 个国家的进口量之和和出口量之和,包含了中亚内部贸易量,而中亚净进口量为从外部国家进口的贸易量(为负时表示出口到中亚外部国家的贸易量)，针对国家时包含了与中亚内部国家的贸易量。

(1)中亚贸易总量及构成

图 5.51 为 1992—2020 年中亚不同种类活畜禽产品的进出口贸易特征，总体来看，畜类从贸易顺差转为贸易逆差，禽类一直处于贸易逆差，以下分别进行阐述。

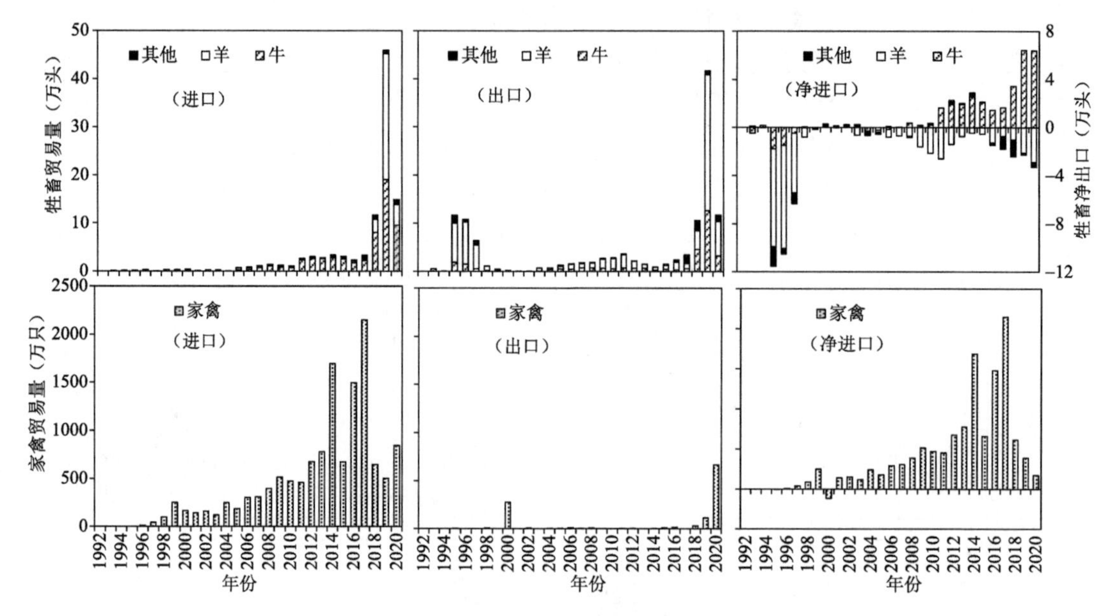

图 5.51　1992—2020 年中亚不同种类活畜禽产品的进出口贸易(负值表示净出口量)

畜类:①进口:2010 年之前总体进口量很低，一般在 1 万头/a 以下，2011—2017 年进口量稳定在 3 万头左右，2018—2020 年急剧增长随后又下降，3 年进口量分别为 11.7 万头、45.9 万头和 14.9 万头，总体呈上升趋势。从进口种类来看，牛的进口量最多，占总进口量的 57%，2018—2020 年进口量为 12.2 万头/a;羊的进口量占比为 36.6%，主要是 2018—2020 年进口量高，尤其是 2019 年高达 26.2 万头;其他活畜产品进口量占比仅为 6.4%，目前每年进口量不足 1 万头。②出口:出口贸易存在两个高峰期，1995—1997 年达到 6.3 万～11.7 万头，2018—2020 年急剧增长随后又下降，3 年出口量分别为 10.6 万头、41.7 万头和 11.8 万头，其余年份出口量很低，一般在 3.6 万头/a 以下，总体呈现上升趋势。从出口种类来看，羊的出口量最多，占到总出口量的 64.5%，主要是 2018—2020 年出口量高，尤其是 2019 年高达 28.3 万头;牛的出口量占比为 26.2%，2018—2020 年平均出口量为 6.8 万头/a;其他活畜产品进口量占比仅为 9.3%，年均出口量在 1.5 万头左右。③净进口:牲畜类净进口情况表明，研究时段内总体进出口贸易量相当，净出口量仅为 22.3 万头(1 万头/a)，1995—1997 年以出口为主，达到 6.3 万～11.6 万头，2018—2020 年以进口为主，达到 1.1 万～4.2 万头，研究时段内总体呈贸易顺差，但目前为贸易逆差。从净进出口种类来看，研究时段内牛以进口为主，羊以出口为主，其他活畜产品以出口为主，同时还可以推断出，2019 年羊的进出口贸易基本上为中亚内部交易。

禽类:1996 年之前还没有进口贸易，之后进口量呈增长趋势，2014 年和 2015—2016 年 3 年进口量达到高峰期，进口量在 1495 万～2150 万只，2020 年又下降到 843 万只;禽类基本没有出口贸易，仅在 2000 年、2020 年分别达到 276 万只、668 万只;由于出口量极低，禽类贸易一直处于逆差状态，净进口量主要受进口贸易影响，呈先上升后下降的趋势，最高年份为 2014—2016 年，平均为 1773 万只/a，2020 年主要为内部贸易，仅从外部净进口 175 万只。

(2)不同国家贸易量及构成

图 5.52 为 1992—2020 年中亚不同国家活畜禽产品的进出口贸易特征，以下按照不同种类分别进行说明。

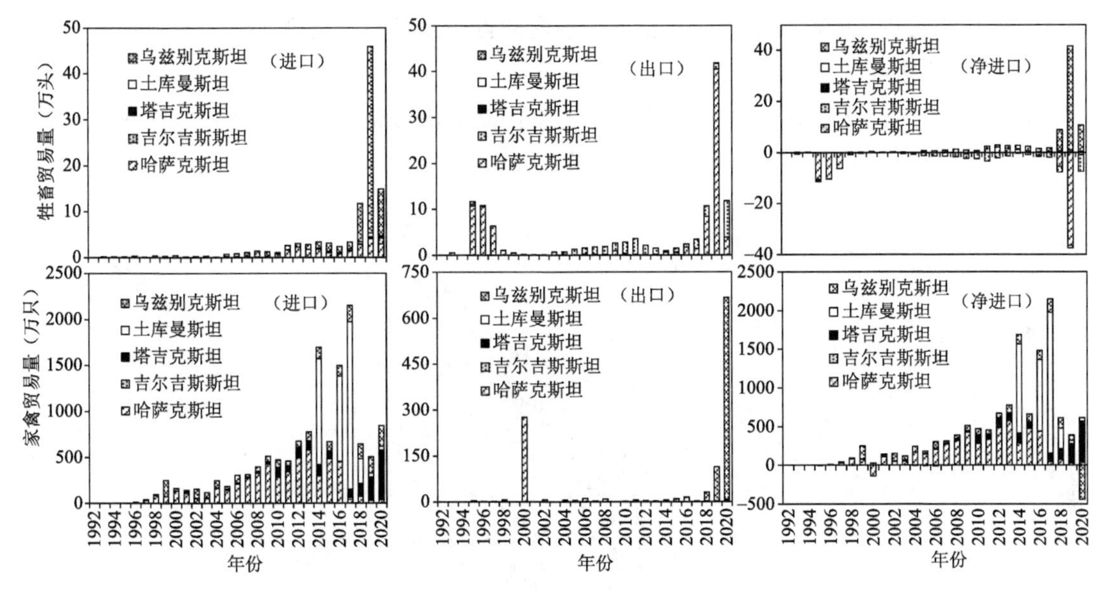

图 5.52　1992—2020 年中亚不同国家活畜禽产品的进出口贸易（负值表示净出口量）

畜类：进口情况表明，乌兹别克斯坦在中亚的进口贸易总量中排在第一，占比高达 70.7%，主要是因为 2018—2020 年进口量很高，达到 8.3 万～40.6 万头，其他年份都在 1 万头左右；哈萨克斯坦在中亚的进口贸易中排在第二，占比为 24.1%，2018—2020 年平均进口量 3.3 万头/a；其他类进口贸易占比很小，仅 2%左右。出口情况表明，哈萨克斯坦贸易量最多，占中亚出口贸易总量的 71.9%，2018—2020 年平均出口 17.5 万头/a，尤其是 2019 年高达 40.4 万头；吉尔吉斯斯坦在出口贸易中排在第二，占比为 27.5%，其他国家基本没有出口贸易。净出口情况同样表明了 2018—2020 年乌兹别克斯坦较高的进口量，而哈萨克斯坦较高的出口量，两国相似的贸易量推测出存在内部贸易，尤其是在前面(1)部分提到的羊的交易。

禽类：进口情况表明，不同国家进口量变化差异很大，总体来看，哈萨克斯坦在中亚的进口贸易中排在第一，占比为 39.4%，主要来源于 2016 年以前的贸易量，2017—2020 年基本没有进口；土库曼斯坦在中亚的进口贸易中排在第二，占比为 31.9%，主要来源于 2014 年和 2016—2018 年的贸易量，2019—2020 年基本没有进口；乌兹别克斯坦占比排在第三(15.4%)，呈持续增长趋势，2020 年为 220 万只；排在第四的塔吉克斯坦(12.9%)主要是由于 2017—2020 年贸易量的快速增长，2020 年为 537 万只；吉尔吉斯斯坦基本没有进口贸易。出口情况表明，哈萨克斯坦仅在 2000 年、乌兹别克斯坦仅在 2019—2020 年贸易量较高，其他年份基本没有出口贸易。不同国家净出口量占比基本与进口量占比相似，都为贸易逆差，2020 年塔吉克斯坦和乌兹别克斯坦之间可能存在贸易。

5.4.3 中亚畜产品贸易流

目前为止，FAOSTAT 数据只提供了 1998—2020 年哈萨克斯坦和吉尔吉斯斯坦这两个国家的详细畜产品贸易流数据，在该时段内，哈萨克斯坦和吉尔吉斯斯坦的畜产品进口量分别占到中亚进口总量的 67.6%和 11.4%，两国占比之和达到 79%，同时，两国畜产品出口量分别占到中亚出口总量的 49.4%和 37.9%，占比之和高达 87.3%，因此哈萨克斯坦和吉尔吉斯斯坦的贸易情况基本能够反映中亚在全球范围内的畜产品贸易流特征。

5.4.3.1 哈萨克斯坦畜产品贸易流

图 5.53 为哈萨克斯坦 1998—2020 年平均畜产品进出口贸易量及主要贸易伙伴。

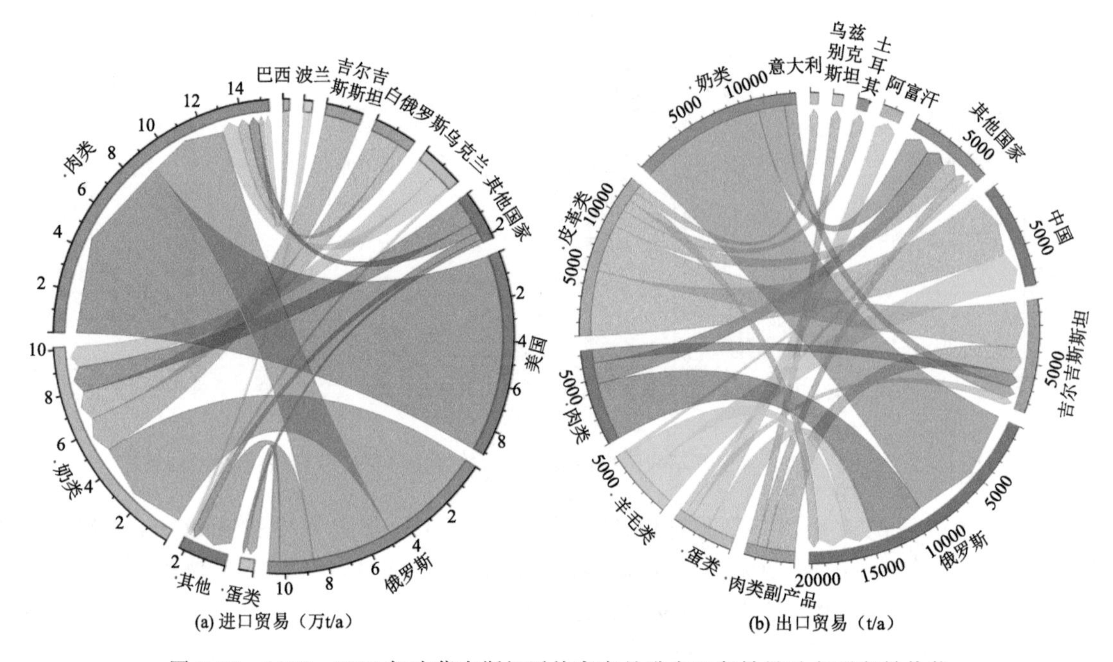

图 5.53　1998—2020 年哈萨克斯坦平均畜产品进出口贸易量及主要贸易伙伴

(1)进口贸易流

哈萨克斯坦所有畜产品平均进口量为 28.4 万 t/a，以肉类(15.4 万 t/a)和奶类(10.1 万 t/a)占绝对优势，共占比 89.7%，蛋类(0.7 万 t/a)和其他畜产品(2.3 万 t/a)贸易量很少。从进口贸易伙伴来看，俄罗斯贸易量占到 38%(10.8 万 t/a)，美国贸易量占到 32.1%(9.1 万 t/a)，与乌克兰和白俄罗斯的贸易量相当，占比都在 7%(2.0 万 t/a)左右，以下根据不同种类占比从高到低分别进行说明。

肉类产品进口贸易伙伴排在前三位的是美国(9.1 万 t/a，59.3%)、俄罗斯(3.8 万 t/a，24.8%)和乌克兰(0.8 万 t/a，5.4%)，贸易量占到进口总量的 89.5%，其他国家还有白俄罗斯、巴西和波兰等，总贸易量为 1.6 万 t/a。奶类产品进口贸易伙伴排在前三位的是俄罗斯(4.9 万 t/a，48.2%)、吉尔吉斯斯坦(1.7 万 t/a，16.7%)和白俄罗斯(1.3 万 t/a，13.5%)，贸易量占到进口总量的 78.3%，其他国家还有乌克兰、立陶宛和法国等，总贸易量为 2.2 万 t/a。蛋类产品进口贸易伙伴最主要的两个国家是俄罗斯(4945 t/a，74.6%)和乌克兰(838 t/a，12.6%)，贸易量占到进口总量的 87.3%，其他国家还有白俄罗斯、中国和捷克等，总贸易量为

843 t/a。进口的其他畜产品主要包括肉类副产品、皮革和羊毛等，由于贸易量少，在图中合并展示，其中肉类副产品占到 93.3%，皮革占到 6.2%，而羊毛类贸易量不足 1%。进口来源国中俄罗斯贸易量排在第一位(1.6 万 t/a)，乌克兰和波兰贸易量相当，在 0.14 万 t/a 左右，3 个国家贸易量占比达到 83.7%，其他国家还有吉尔吉斯斯坦、德国、巴西等，总贸易量为 0.4 万 t/a。

(2)出口贸易流

图 5.53 表明，哈萨克斯坦所有畜产品平均出口量为 4.8 万 t/a，以其他畜产品(2.2 万 t/a)和奶类(1.4 万 t/a)占绝对优势，共占比 74.4%，肉类(0.7 万 t/a)和蛋类(0.5 万 t/a)贸易量相对较少。从出口贸易伙伴来看，俄罗斯贸易量占到 42.3%(2.0 万 t/a)，吉尔吉斯斯坦贸易量占到 18.2%(0.9 万 t/a)，中国贸易量占到 17%(0.8 万 t/a)，以下根据不同种类占比分别进行说明。

在出口贸易中占比最大的其他类畜产品，其中又以皮革类出口量最多，为 1.3 万 t/a，羊毛类出口量为 0.5 万 t/a，肉类副产品为 0.4 万 t/a。皮革类贸易伙伴主要有中国，出口到我国的贸易量(5210 t/a)占到皮革类总出口量的 40.6%，另外出口到吉尔吉斯斯坦的贸易量为 3820 t/a，占比 29.8%，其他国家还有土耳其、俄罗斯和意大利等，总贸易量为 3800 t/a。羊毛类出口贸易伙伴最主要的是中国，出口到中国的贸易量占到羊毛类总出口量的一半以上(54.1%，2940 t/a)，出口到俄罗斯的贸易量占到 40.8%(2218 t/a)，其他国家总贸易量仅为 273 t/a。肉类副产品出口贸易伙伴主要包括吉尔吉斯斯坦(2256 t/a，57.8%)和乌兹别克斯坦(808 t/a，20.7%)，其他国家还有俄罗斯、塔吉克斯坦和土库曼斯坦等，总贸易量为 838 t/a。

奶类产品出口贸易伙伴排在前两位的是俄罗斯(10317 t/a，76.9%)和吉尔吉斯斯坦(964 t/a，7.2%)，贸易量占到出口总量的 84.1%，其他国家还有塔吉克斯坦、日本和乌兹别克斯坦等，总贸易量为 2150 t/a。肉类产品出口贸易伙伴排在前三位的是俄罗斯(4618 t/a，62.7%)、吉尔吉斯斯坦(1058 t/a，14.4%)和乌兹别克斯坦(379 t/a，5.1%)，贸易量占到出口总量的 82.3%，其他国家还有立陶宛、伊朗和中国等，总贸易量为 1306 t/a。蛋类产品出口贸易伙伴排在前三位的是俄罗斯(2221 t/a，45.3%)、阿富汗(1617 t/a，33%)和吉尔吉斯斯坦(622 t/a，12.7%)，贸易量占到出口总量的 90.9%，其他国家总贸易量仅为 445 t/a。

5.4.3.2 吉尔吉斯斯坦畜产品贸易流

图 5.54 为吉尔吉斯斯坦 1998—2020 年平均的畜产品进出口贸易量及主要的贸易伙伴。

(1)进口贸易流

吉尔吉斯斯坦所有畜产品平均进口量为 4.3 万 t/a，以肉类(2.7 万 t/a)和其他畜产品(1.06 万 t/a)占绝对优势，共占比 87.2%，奶类(0.4 万 t/a)和蛋类(0.15 万 t/a)贸易量很少。从进口贸易伙伴来看，从美国进口量占到畜产品贸易总量的 30%(1.3 万 t/a)，并且都是肉类，从哈萨克斯坦进口畜产品占到总量的 18.7%(0.8 万 t/a)，从俄罗斯(0.75 万 t/a)和中国(0.71 万 t/a)进口量相当，占比都在 17%左右，以下根据不同种类占比分别进行说明。

肉类产品进口贸易伙伴排在前三位的是美国(1.3 万 t/a，47.7%)、中国(0.7 万 t/a，25.6%)和俄罗斯(0.3 万 t/a，10.6%)，贸易量占到进口总量的 83.9%，其他国家还有乌克兰、巴西和白俄罗斯等，总贸易量为 0.4 万 t/a。进口的其他畜产品主要包括肉类副产品、皮革和羊毛等，其中皮革类占 50.6%，肉类副产品占 45.7%，而羊毛类贸易量仅 3.7%；皮革类进口来源国中最重要的为哈萨克斯坦，贸易量为 4922 t/a，占到 91.5%，其他国家总贸易量仅 456 t/a；肉类副产品进口来源国中，俄罗斯和哈萨克斯坦贸易量排在前两位，贸易量分别为

2082 t/a(42.9%)和 1944 t/a(40%),其他国家总贸易量仅 832 t/a;羊毛类进口量最少,主要来自哈萨克斯坦(217 t/a,56.4%)。奶类产品进口贸易伙伴排在前三位的是俄罗斯(1604 t/a,39.7%)、乌克兰(793 t/a,19.6%)和白俄罗斯(716 t/a,17.7%),贸易量占到进口总量的77.1%,其他国家总贸易量为 924 t/a。蛋类产品进口量最少,贸易伙伴排在前三位的是俄罗斯(871 t/a,57.4%)、哈萨克斯坦(446 t/a,29.4%)和中国(165 t/a,10.9%),贸易量占到进口总量的 97.7%,其他国家总贸易量仅为 35 t/a。

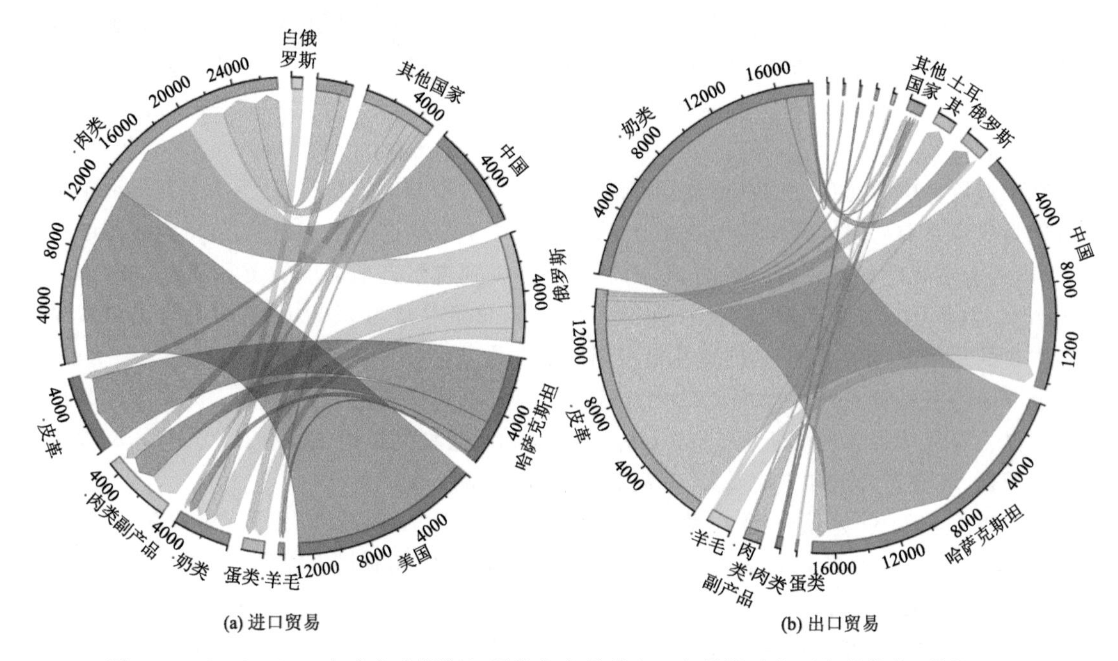

图 5.54 1998—2020 年吉尔吉斯斯坦平均畜产品进出口贸易量及主要贸易伙伴(单位:t/a)

(2)出口贸易流

吉尔吉斯斯坦所有畜产品平均出口量为 3.75 万 t/a,以奶类(1.82 万 t/a)和其他畜产品(1.77 万 t/a)占绝对优势,共占比 95.7%,蛋类(0.13 万 t/a)和肉类(0.03 万 t/a)贸易量非常少。从出口贸易伙伴来看,与哈萨克斯坦贸易量占到 48.2%(1.76 万 t/a),与中国贸易量占到39.6%(1.44 万 t/a),以下根据不同种类占比分别进行说明。

奶类产品在出口贸易中占比最大,出口贸易伙伴排在前两位的是哈萨克斯坦(16498 t/a,90.5%)和俄罗斯(1363 t/a,7.5%),贸易量占到出口总量的 98%,其他国家总贸易量仅为 377 t/a。其他畜产品在出口贸易中占比排在第二位,其中皮革类贸易占绝对优势,贸易量为 15063 t/a(85.1%),羊毛类为 1555 t/a(8.8%),肉类副产品为 1072 t/a(6.1%);占比最大的皮革贸易伙伴主要有中国(13174 t/a,87.5%)和土耳其(1252 t/a,8.3%),其他国家总贸易量仅为 638 t/a;羊毛类出口贸易伙伴主要有中国(1210 t/a,77.8%)、俄罗斯(214 t/a,13.8%),其他国家总贸易量仅为 132 t/a;肉类副产品出口贸易伙伴最重要的是哈萨克斯坦(938 t/a,87.5%)。蛋类出口贸易伙伴最重要的是塔吉克斯坦(118 t/a,92.8%),肉类产品基本没有出口。

5.4.4 畜牧业小结

中亚丰富的草原为畜牧业的良好发展创造了条件,与种植业一样,畜牧业也是中亚农业的支柱产业,但目前相对薄弱的生产技术水平为畜牧业在苏联解体受挫后的快速恢复和可持续发展带来了一定的阻碍;同时,人均畜产品消费量普遍高于全球人均水平(尤其是哈萨克斯坦),长期以来的产量还不能满足内部持续增长的需求,存在大量进口贸易。

(1)畜牧业生产情况

中亚畜牧业产量总体在 1998 年前后呈下降而后逐步上升的态势,反映了畜牧业在低谷期之后的持续向好发展。从存栏量来看,1992—2020 年平均存栏量为 2.09 亿头/只,主要来源于禽类,目前超过总存栏量的 60%,主要来源于哈萨克斯坦和乌兹别克斯坦。从畜产品来看,1992—2020 年平均产量为 1886 万 t,主要来源于奶类,占到总量的 82.6%(1562 万 t/a),肉类占比为 11.5%(213 万 t/a,其中 60%为牛肉);从来源国看,乌兹别克斯坦占 41.2%(777 万 t/a),哈萨克斯坦占 35.6%(671 万 t/a),其余 3 个国家占比依次为土库曼斯坦 10.4%(197 万 t/a)、吉尔吉斯斯坦 8.6%(163 万 t/a)和塔吉克斯坦 4.1%(78 万 t/a)。五国中乌兹别克斯坦畜牧业发展势头最强劲,该国产量占中亚总产量的比例从 1992 年的 28.1%提高到 2020 年的 51.6%,而同期哈萨克斯坦从 54.3%下降至 28.4%。

(2)人均畜产品占有量与消费量

不同国家人均肉蛋奶占有量在一定程度上反映了国内供给情况,而人均消费量可以衡量当地人们的饮食水平。

人均占有量:中亚肉类占有量为 34.6 kg/人、奶类为 252 kg/人、蛋类为 6.5 kg/人,哈萨克斯坦和土库曼斯坦两国人均占有量偏高,其中肉和奶是中亚整体人均占有量的 1.3～1.5 倍,其他 3 个国家偏低。

人均消费:不同国家肉、蛋、奶的消费水平与全球人均消费水平有很大差异,在很大程度上受到国内生产情况的影响。肉类:哈萨克斯坦人均肉消费量为 56.9 kg,超过全球平均水平(46.6 kg/人),土库曼斯坦为 44.9 kg/人,接近全球平均水平,其他 3 个国家都偏低。奶类:受国内生产供应充足的影响,不同国家人均奶消费量远高于全球平均水平(塔吉克斯坦除外);哈萨克斯坦消费量为 230 kg/人,是全球平均水平(106 kg/人)的 2.17 倍,吉尔吉斯斯坦(193 kg/人)、乌兹别克斯坦(152 kg/人)、土库曼斯坦(139 kg/人)消费量也超过全球平均水平,塔吉克斯坦为全球水平的一半。蛋类:哈萨克斯坦是中亚唯一与全球人均蛋消费水平(6.4 kg/人)相当的国家,平均为 6.8 kg/人,其他国家都低于全球水平。

(3)畜牧业贸易情况

中亚畜产品贸易整体呈逆差态势。(a)畜产品:1992—2020 年进口量(40.8 万 t/a)远高于出口量(11.0 万 t/a),净进口量上升趋势明显,平均为 29.8 万 t/a,主要来源于肉类(21.8 万 t/a),占到总净出口量的 73.1%,奶类占比为 28.8%(8.6 万 t/a),蛋类较少(0.7 万 t/a,2.3%),而其他畜产品总体处于贸易顺差态势,净出口量 1.2 万 t/a。从来源国看,哈萨克斯坦净进口量为 19.3 万 t/a,占到中亚净进口总量的 64.6%,乌兹别克斯坦(6.5 万 t/a)占比为 21.8%,塔吉克斯坦(3.0 万 t/a)占比为 8.1%,而土库曼斯坦和吉尔吉斯斯坦年均净进口量不足 1.0 万 t。(b)活畜禽产品:总体进出口贸易量相当,存在中亚内部交易。

中亚贸易伙伴主要以俄罗斯及周边国家为主,从美国进口肉类,皮革、羊毛等其他畜产品出口到我国。

5.5　农产品贸易额及构成

5.1 节至 5.4 节系统阐明了中亚自 1992 年以来主要农产品的进出口量及构成,由于不同农产品在价格上的差异，只用重量（如吨）和头/只两类表征数量的单位不能完全反映不同种类农产品在贸易中的地位，因此本节利用 FAOSTAT 提供的 1992—2020 年贸易额数据来分析不同农产品对贸易的贡献。贸易额又称贸易值，是以货币形式反映贸易规模的指标，各国贸易额一般都用本国货币表示，为了便于国际比较，许多国家常用美元计算。主要农产品共分为四大类，分别是粮食作物、棉花、蔬菜水果和畜产品。

5.5.1　中亚农产品贸易额及构成

图 5.55 为 1992—2020 年中亚主要农产品的进出口贸易额，在 49.1 亿美元/a 的总贸易量中，出口额占 60%，进口额占 40%，出口额占比高是由于 2010 年之前进口额低，目前进口和出口贸易额相当，都在 40 亿美元/a 左右。具体变化特征如下。

中亚主要农产品进口总额为 19.7 亿美元/a，尽管受苏联解体影响，但总体呈上升趋势，从 1992 年的 16.1 亿美元提高到 2020 年的 39.8 亿美元，是原来的 2.5 倍，2000—2003 年低谷期的进口贸易额不超过 5 亿美元/a。从构成来看，粮食作物、蔬菜水果和畜禽产品各占 1/3，贸易额在 6.5 亿美元/a 左右，基本没有棉花进口。

中亚主要农产品出口总额为 29.4 亿美元/a，不同于低谷期进口额的锐减，该时期由于棉花贸易额较高没有导致出口额的剧烈降低，总体呈上升趋势，从 1992 年的 21.4 亿美元提高到 2020 年的 41 亿美元，基本上翻了 1 倍，主要是粮食作物和蔬菜水果贸易额的快速增长。从构成来看，棉花出口额占比最高，达到 42.5%（12.5 亿美元/a），其次为粮食作物，占到 36.9%（10.8 亿美元/a），蔬菜水果和畜产品占比分别为 16.3%（4.8 亿美元/a）和 4.3%（1.3 亿美元/a）。

进出口总额表明，1992—2020 年中亚主要农产品贸易总额为 49.1 亿美元/a，尽管棉花贸易额呈下降趋势，但其他三类贸易额的快速增长使农产品贸易额总体呈上升趋势，从 1992 年的 37.5 亿美元提高到 2020 年的 80.7 亿美元，是原来的 2.2 倍。从构成来看，粮食作物占比最高，达到 35.1%（17.2 亿美元/a），其次为棉花，占到 26%（12.8 亿美元/a），蔬菜水果和畜产品占比分别为 23.3%（11.4 亿美元/a）和 15.6%（7.7 亿美元/a）。

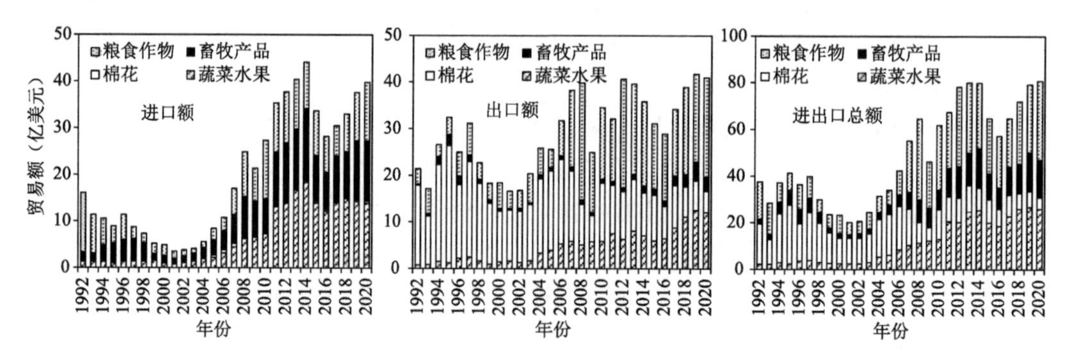

图 5.55　1992—2020 年中亚农产品进出口贸易额及构成

5.5.2　不同国家农产品贸易额及构成

图 5.56 为 1992—2020 年中亚不同国家农产品进口额、出口额及进出口总额，以下按照不同国家贸易额从大到小分别进行说明。

哈萨克斯坦在中亚五国中贸易额占比最大，1992—2020 年进出口总额为 22 亿美元/a，其中出口额为 12.9 亿美元/a，进口额为 9.1 亿美元/a，占到中亚总贸易额的 44.8%。乌兹别克斯坦进出口总额在中亚五国中排在第二，为 16.7 亿美元/a，其中出口额为 11.6 亿美元/a，进口额为 5.1 亿美元/a，占比为 34.1%。塔吉克斯坦、土库曼斯坦和吉尔吉斯斯坦 3 个国家的贸易总额较低，分别为 3.9 亿美元/a(7.9%)、3.8 亿美元/a(7.7%)和 2.7 亿美元/a(5.6%)。

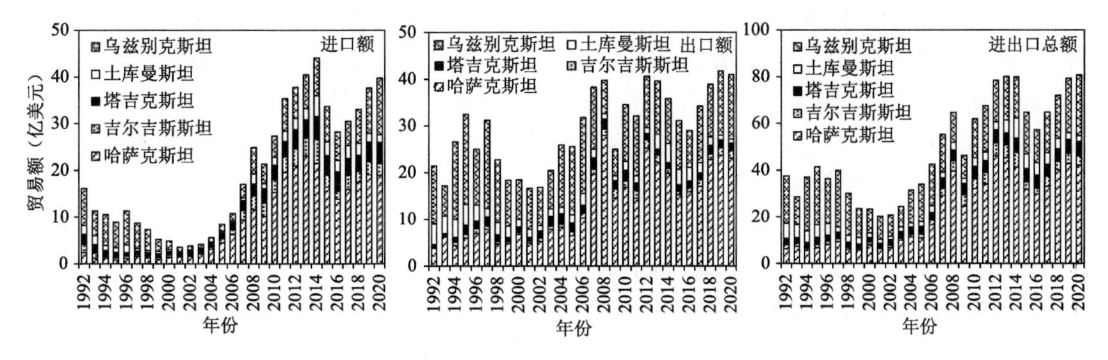

图 5.56　1992—2020 年中亚不同国家农产品进口额、出口额及进出口总额

5.6　本章小结

中亚五国自 1991 年苏联解体分解为 5 个独立国家以来，农业发展普遍经历了衰退到逐渐复苏的变化过程。本章利用历史数据分析了中亚各国种植业特别是小麦、棉花、蔬菜、水果和畜牧业的发展过程、当前生产力水平和未来发展趋势；从粮食供需平衡和食品安全角度，阐明了中亚各国大农业各类农畜产品的供需状况和国际进出口贸易，希望为进一步开展与中亚地区的农业技术与贸易合作提供支撑，取得的主要结论如下。

(1)粮食作物生产与供需

中亚地势和气候特点决定了中亚五国农业具有较大的空间异质性。其中，哈萨克斯坦境内多为丘陵山地和平原，粮食作物种植以广种薄收的旱作雨养为主，灌溉面积仅占总农田面积的 8.6%，作物以小麦和大麦为主，占总作物种植面积的 78.4%和 16.4%，小麦单产较低，多年平均仅为 1032 kg/hm^2，远低于我国的旱作农业小麦产量。吉尔吉斯斯坦和塔吉克斯坦为高山地形，位于锡尔河和阿姆河上游，水资源相对充沛，以灌溉农业为主，灌溉农田分别占各国总农田的 75.4%和 84.4%，种植业以小麦、大麦、玉米为主，有少量的水稻种植，两个国家的小麦单产多年平均分别为 2255 kg/hm^2 和 2072 kg/hm^2。土库曼斯坦和乌兹别克斯坦气候类型相似，海拔多在 200 m 以下，与中国新疆的绿洲农业类型相似，农田灌溉比例高达 96.9%和 91.2%，粮食作物以小麦为主，单产多年平均分别为 1911 kg/hm^2 和 3674 kg/hm^2。与世界发达水平相比，中亚粮食单产有较大提升潜力，如目前小麦单产的世界平均水平为 3510 kg/hm^2，中国为 5911 kg/hm^2，均高于大部分中亚国家。

中亚国家粮食单产较低与各国农业生产的粗放经营有关，以化肥投入为例，中亚国家普遍化肥投入不高，哈萨克斯坦化肥施用量 2000 年以前呈下降趋势，氮肥施用量由 1992 年的 4.3 kg/hm^2下降至 1999 年的 0.9 kg/hm^2，至 2019 年增长至 2.50 kg/hm^2。其他国家亦有相似特点，吉尔吉斯斯坦和塔吉克斯坦多年平均氮肥施用量为 17.5 kg/hm^2 和 18.4 kg/hm^2，仅乌兹别克斯坦较高，为 128 kg/hm^2。

从国际贸易平衡来看，中亚五国中，除哈萨克斯坦粮食特别是小麦出口较多外，其他四国粮食生产难以满足国内需求。乌兹别克斯坦、塔吉克斯坦、吉尔吉斯斯坦和土库曼斯坦小麦缺口分别达 229 万 t/a、108 万 t/a、44 万 t/a 和 13 万 t/a，玉米、大麦等作物则基本可以实现自给自足。水稻产量较低，但各国受经济水平制约，进口较少。中亚国家人均粮食消费量大致经历了 1992—2000 年的下降期、2001—2010 年逐年上升期和 2011—2019 年的基本稳定期，2015—2019 年人均消费总量基本稳定，哈萨克斯坦、吉尔吉斯斯坦、塔吉克斯坦、土库曼斯坦和乌兹别克斯坦年人均粮食消费量分别为 446.4 kg/人、351.9 kg/人、280.6 kg/人、288.8 kg/人和 299.9 kg/人，除哈萨克斯坦粮食消费水平较高外，其他国家粮食消费较低，基本为中国 20 世纪 90 年代初的消费水平。

(2)棉花生产与供需

棉花是中亚最主要的经济作物，与中国新疆棉相似，干旱的大陆性气候为棉花生长提供了足够的光热资源，使得中亚棉花在国际市场上具有较强的竞争力。以绿洲农业为主的乌兹别克斯坦和土库曼斯坦是主要棉花生产国，占中亚棉花总产的 80%以上。

从棉花收获面积看，1992—2020 年间，中亚棉花收获面积呈下降趋势，以乌兹别克斯坦降幅最大，达 36.5%。中亚棉花单产 1992—2020 年间平均值为 2.16 t/hm^2，呈年际波动但无显著增长趋势，低于中国新疆水平。总产量 2005 年后受水资源限制，呈现不同程度的下降。

中亚棉花近 60%对外出口，以皮棉贸易为主，其中乌兹别克斯坦皮棉总产量长期保持在 100 万 t 以上，是中亚棉花出口第一大国。但随着棉纺加工技术的提升，中亚各国为满足国内棉纺织业的消费需求，将更多的皮棉用于国内市场，收紧了原棉出口。以乌兹别克斯坦为例，2008—2020 年间，棉花出口降幅高达 72.6%。

中国是中亚特别是乌兹别克斯坦棉花的主要出口贸易目标国，进入 21 世纪以来，中亚棉花出口到中国的比例逐渐升高，但 2012 年后有下降趋势。中亚棉花生产严重受水资源制约，然而灌溉技术和设施普遍相对落后，有较大的提升空间，随着“一带一路”建设的进一步推进，如果能将中国西北地区成熟的地膜滴灌节水技术逐步应用到乌兹别克斯坦和土库曼斯坦等主要棉花生产国，中亚地区棉花生产与进出口贸易发展潜力巨大。

(3)水果与蔬菜生产及供需

受苏联解体影响，蔬菜、水果种植面积和产量自 1992 年开始下降，2000 年后逐年增长。其中，哈萨克斯坦和乌兹别克斯坦的增速和增量较大。从生产技术水平看，中亚五国针对蔬菜、水果的设施和投入不足，果蔬生产力水平低于中国。

从总产来看，各个国家蔬菜总产均高于水果，其中人均蔬菜、水果产量吉尔吉斯斯坦、哈萨克斯坦和乌兹别克斯坦 3 个国家较高，多年均值分别达到了 383 kg、366 kg 和 368 kg，蔬菜人均占有量高于世界平均水平，但低于中国人均蔬菜占有量，水果人均占有量除乌兹别克斯坦和土库曼斯坦高于世界平均水平外，其余三国均较低。

蔬菜、水果国际贸易中，乌兹别克斯坦蔬菜、水果出口规模最大，其余 4 个国家为进口国。从贸易对象看，中亚五国最主要的贸易伙伴是俄罗斯和中亚五国内部贸易，中国也是中亚五国的主要贸易伙伴，特别是近年来，双边贸易增长迅速，中国具有很好的蔬菜、水果生产优势，依靠与中亚地区接壤的地理优势，有望进一步加强双方的贸易往来。

(4)畜牧业生产与供需

畜牧业在区域粮食安全和膳食营养方面发挥着重要作用，中亚丰富的草场资源为畜牧业发展创造了天然的便利条件。与种植业一样，畜牧业也是中亚农业的支柱产业，以牛、羊、鸡为主，为中亚提供肉、鲜奶和皮毛等畜产品。

受苏联解体影响，中亚畜牧业产量在 1998 年前后呈下降趋势，随着中亚五国国家治理逐渐走向正轨，对农业关注程度不断提高，各项改革措施对畜牧业发展起到了较好的推动作用，生产潜力逐步提升。肉蛋奶等产量从 1992 年的 1676 万 t 增加到 2020 年的 2959 万 t，是原来的 1.76 倍，平均产量为 1886 万 t/a。五国中乌兹别克斯坦畜牧业发展势头最强劲，总产量在中亚的占比从 1992 年的 28.1%提升到 2020 年的 51.6%，而同期哈萨克斯坦占比则从 54.3%降至 28.4%，畜产品中奶类占比高达 82.6%，肉类占比为 11.5%(60%为牛肉)。

从消费水平上看，中亚人均畜产品消费量普遍高于全球人均水平，长期自身畜产品无法满足内部需求的持续增长，进口远大于出口，整体呈贸易逆差态势，1992—2020 年畜产品年均进口量为 40.8 万 t，出口量为 11.0 万 t，净进口量为 29.8 万 t，并呈上升态势，其中肉类贸易最活跃，年均净进口量达 21.8 万 t。中亚五国中，哈萨克斯坦虽然有丰富的草场资源，但畜产品进口规模最大，年均净进口量为 19.3 万 t，占中亚净进口总量的 64.6%，乌兹别克斯坦占比为 21.8%。中亚贸易伙伴以俄罗斯为主，而从美国进口肉类，皮革、羊毛等畜产品出口到中国。

第6章　中亚农业生产与贸易对虚拟水土流通与水土资源承载力的影响

农业种植是农业水资源消耗的主要来源(Ruan et al.,2020;Saccon,2018)。中亚地区农业生产多为灌溉模式,农业水资源的脆弱性高,土地资源循环发展水平低(于水 等,2020)。同时,人口和农产品需求的增加加剧了当地的水土资源压力,严重威胁中亚地区的经济发展(Guan et al.,2019;Zhang et al.,2020;吉力力·阿不都外力 等,2015;杨恕 等,2002)。中亚地区农业水资源消耗剧烈、水土资源供需区域分布不均,针对该区域的农作物水足迹和虚拟水土流通及其承载力评价研究却鲜有报道。通过整理中亚地区农作物水足迹变化背后的农作物清单,评价虚拟水土贸易变化特征及其对水土资源承载力的影响,可以为调整农业种植结构和贸易政策来实现农业基础资源高效利用提供数据基础。

本章以农作物水足迹为评估手段,分析了1992—2017年间中亚五国农作物水足迹的时空变化特征,揭示了中亚五国农作物水足迹结构,厘清了引起中亚五国水足迹变化的主要农作物的贡献;通过计算2000—2020年间虚拟水与虚拟土贸易量探析了中亚农产品贸易导致的区内外虚拟水土流通;利用ArcGIS10.2及MATLAB R2016a软件构建了基尼系数和匹配系数模型,并引入可再生水资源总量、实际用水量和耕地面积等参数,对中亚水土资源在时间和空间尺度上的一致性水平进行评价,说明了中亚农产品贸易对水土资源承载力的影响。

6.1　中亚农作物生产的水足迹变化特征及其影响因素

Hoekstra(2002)提出水足迹的概念,水足迹作为一种量化生产生活中淡水使用量的指标,它不仅可以反映消费者或生产者的直接用水,还反映其间接用水(Egan et al.,2011)。农作物水足迹表示在作物生长过程中,作物直接或间接消耗的淡水资源(Lovarelli et al.,2016)。具体可以分为绿水足迹(消耗的雨水)、蓝水足迹(消耗的地表、地下水)和灰水足迹(稀释化肥浓度达到地方地表水质排放标准所需要的淡水量)(Lovarelli et al.,2016)。前两者表示农作物直接耗水,表征水量;后者表示农作物间接耗水,表征水质。针对中亚地区农业水资源匮乏、分布不均匀的相关特征(邓铭江 等,2010,2011;姚海娇 等,2013),有必要开展中亚地区农作物蓝、绿水足迹的量化研究。同时,通过解析水足迹变化背后的农作物来源可为中亚地区农业水资源管理提供参考。

6.1.1　农作物水足迹计算

在以往的农作物水足迹研究中,农作物虚拟水含量的时间差异性很少有人考虑(Zhang et al.,2018;Soligno et al.,2019;Qian et al.,2019)。采用一种快速通道方法(Tuninetti et al.,2017),首先计算出中亚五国1992—2017年间的农作物虚拟水含量(VWC),在此基础上,再结合中亚五国1992—2017年的农作物产量,计算得到农作物的水足迹量。快速通道方法描述如下：对于国家而言，在农作物生长过程中，相较于农作物的蒸散发量和有效降雨量，农作物单产每年的变化更加剧烈。在仅仅考虑农作物单产对农作物水足迹影响的情况下，长时间序列的蒸散发量和有效降雨量可以认为是稳定在较小波动范围内的值，可以用多年平均蒸散发量$\overline{E}_{c,T}(n)$和多年平均有效降雨量$\overline{P_{\mathrm{eff\,c},T}}(n)$表示。该方法可以结合现有农作物虚拟水含量和FAO农作物生产数据，从时空尺度上更加详细地分析农作物水足迹的变化。具体步骤(Lovarelli et al.，2016；Ma et al.，2021)如下：

$$\overline{W_{\mathrm{green}(c,T)}}(n)=\begin{cases}10\,\dfrac{\overline{E}_{c,T}(n)}{Y_{c,t}(n)} & (\overline{E}_{c,T}(n)\leqslant\overline{P_{\mathrm{eff\,c},T}}(n))\\[2ex] 10\,\dfrac{\overline{P_{\mathrm{eff\,c},T}}(n)}{Y_{c,t}(n)} & (\overline{E}_{c,T}(n)>\overline{P_{\mathrm{eff\,c},T}}(n))\end{cases}\tag{6.1}$$

$$\overline{W_{\mathrm{blue}(c,T)}}(n)=\begin{cases}0 & (\overline{E}_{c,T}(n)\leqslant\overline{P_{\mathrm{eff\,c},T}}(n))\\[2ex] 10\,\dfrac{\overline{E}_{c,T}(n)}{Y_{c,t}(n)}-10\,\dfrac{\overline{P_{eff\,c,T}}(n)}{Y_{c,t}(n)} & (\overline{E}_{c,T}(n)>\overline{P_{\mathrm{eff\,c},T}}(n))\end{cases}\tag{6.2}$$

$$\overline{W_{\mathrm{total}(c,T)}}(n)=\overline{W_{\mathrm{green}(c,T)}}(n)+\overline{W_{\mathrm{blue}(c,T)}}(n)\tag{6.3}$$

式(6.1)—(6.3)表示农作物虚拟水含量的计算过程，$\overline{P_{\mathrm{eff\,c},T}}(n)\geqslant\overline{E}_{c,T}(n)$时，农作物只有绿水足迹，$\overline{P_{\mathrm{eff\,c},T}}(n)$小于$\overline{E}_{c,T}(n)$时，农作物既有绿水足迹，又有蓝水足迹。其中$\overline{E}_{c,T}(n)$表示国家$n$，作物$c$在一段时间$T$的平均蒸散发量；$\overline{P_{\mathrm{eff\,c},T}}(n)$表示国家$n$，作物$c$在一段时间$T$的平均有效降雨量。$\overline{W_{\mathrm{total}(c,T)}}(n)$，$\overline{W_{\mathrm{green}(c,T)}}(n)$，$\overline{W_{\mathrm{blue}(c,T)}}(n)$分别为国家$n$，作物$c$在一段时间$T$的农作物虚拟水含量(总水、绿水、蓝水)，$T$为1996—2005年期间，$n$为中亚5个国家。

$$W_{\mathrm{total}(c,t)}(n)=\frac{(\overline{W_{\mathrm{total}(c,T)}}(n)\times\overline{Y_{c,T}(n)})}{Y_{c,t}(n)}\tag{6.4}$$

$$W_{\mathrm{green}(c,t)}(n)=\frac{(\overline{W_{\mathrm{green}(c,T)}}(n)\times\overline{Y_{c,T}(n)})}{Y_{c,t}(n)}\tag{6.5}$$

$$W_{\mathrm{blue}(c,t)}(n)=W_{\mathrm{total}(c,t)}(n)-W_{\mathrm{green}(c,t)}(n)\tag{6.6}$$

式(6.4)—(6.6)表示通过快速通道法计算1992—2017年中亚五国每种作物水足迹强度的过程。$W(n)$，$W_{\mathrm{green}(c,t)}(n)$，$W_{\mathrm{blue}(c,t)}(n)$分别为国家$n$，作物$c$在任意时间$t$的作物水足迹强度(总水、绿水、蓝水)。$t$为1992—2017年时期内的每一年。

$$\begin{cases}W_{F\,\mathrm{total}(c,t)}(n)=W_{F\,\mathrm{green}(c,t)}(n)+W_{F\,\mathrm{blue}(c,t)}(n)\\ W_{F\,\mathrm{green}(c,t)}(n)=W_{\mathrm{green}(c,t)}(n)\times P_{\mathrm{ro}\,(c,t)}(n)\\ W_{F\,\mathrm{blue}(c,t)}(n)=W_{\mathrm{blue}(c,t)}(n)\times P_{\mathrm{ro}\,(c,t)}(n)\end{cases}\tag{6.7}$$

式(6.7)表示作物水足迹的计算过程(Lovarelli et al.，2016；Ma et al.，2021)。$P_{\mathrm{ro}\,(c,t)}(n)$表示国家$n$，作物$c$在任意时间$t$的农作物产量。$W_F$代表作物水足迹。

以上农作物虚拟水含量和农作物水足迹值计算借助了MATLAB程序化语言，并且集成了农作物水足迹计算工具包。1996—2005年中亚五国农作物虚拟水含量数据来自于Report47_WaterFootprint Crops_Vol2(Mekonnen et al.，2011)，该数据是目前在国家尺度上描述农作物虚拟水含量最详细的数据(Zhang et al.，2018)，并且被广泛地用于国家农作物水足迹及虚拟水流动分析中(Zhang et al.，2018；Soligno et al.，2019；Qian et al.，2019)。1992—2017年间农作物数据(包括产量、种植面积、单产)均来自于联合国粮食及农业组织

(FAO)。

6.1.2 农作物水足迹结构特征

为了能够更加系统地归纳农作物水足迹结构，马驰等(2021)将中亚五国所有作物划分为11个大类，以1992—2017年中亚五国各种农作物水足迹平均值为基础，展示了中亚五国农作物水足迹特征(图6.1)。中亚五国的农作物绿水足迹结构中，主要是以粮食作物为主，其中哈萨克斯坦占比为92.8%，吉尔吉斯斯坦占比为71.3%，塔吉克斯坦占比为51.5%，土库曼斯坦占比为63.8%，乌兹别克斯坦占比为62.5%。中亚五国农作物蓝水足迹结构中，哈萨克斯坦、吉尔吉斯斯坦主要以粮食作物为主，分别为65%、63.2%；而塔吉克斯坦、土库曼斯坦、乌兹别克斯坦主要以油料作物为主，依次占比为58%、73.8%、71.2%。其余农作物类别中，像水果和蔬菜也是各国农作物水足迹的主要来源。

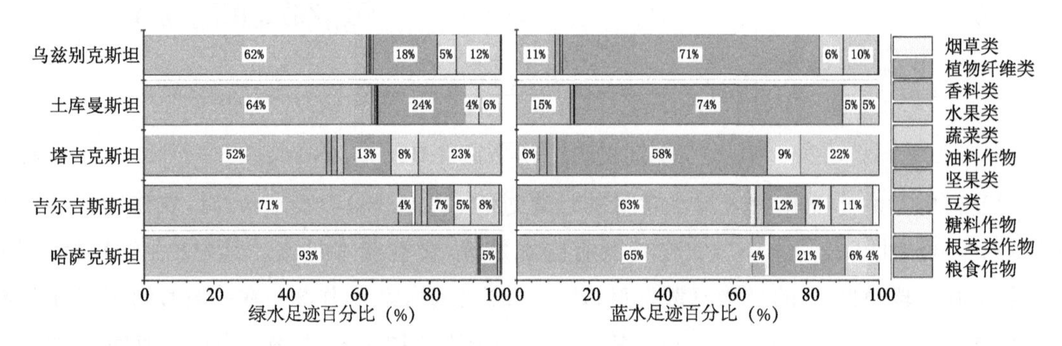

图6.1　中亚五国农作物水足迹结构

根据上述中亚五国农作物蓝、绿水足迹结构特征，选择各国水足迹占比较高的主要农作物类别——粮食作物和油料作物，进一步分析该类别下具体农作物的水足迹结构(图6.2)。

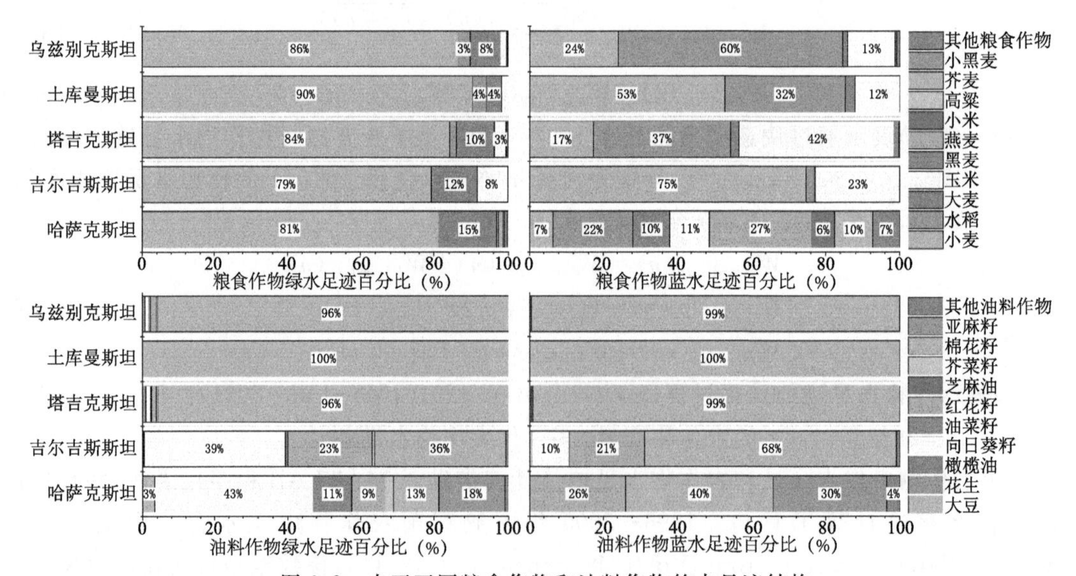

图6.2　中亚五国粮食作物和油料作物的水足迹结构

在各国粮食作物的绿水足迹结构中，主要以小麦为主，其中哈萨克斯坦占比81%，吉尔吉斯斯坦占比79%，塔吉克斯坦占比84%，土库曼斯坦占比90%，乌兹别克斯坦占比86%；其次为大麦，各国平均占比为9.4%。各国粮食作物蓝水足迹结构中，吉尔吉斯斯坦主要以小麦和玉米为主，占比分别为75%和23%；土库曼斯坦主要以小麦和水稻为主，占比分别为53%和32%；乌兹别克斯坦主要以水稻和小麦为主，占比分别为60%和24%；塔吉克斯坦主要以玉米和水稻为主，占比分别为42%和37%；哈萨克斯坦各类粮食作物占比比较平均，占比较高的有燕麦和水稻，分别为27%和22%。

在各国油料作物的绿水足迹结构中，乌兹别克斯坦、土库曼斯坦和塔吉克斯坦主要以棉花籽为主，占比分别为96%、100%和96%；哈萨克斯坦主要以向日葵籽为主，占比达到43%；吉尔吉斯斯坦主要以向日葵籽、棉花籽和红花籽为主，占比分别为39%、36%和23%。各国油料作物蓝水足迹结构中，棉花籽的占比在五国中均是最高，乌兹别克斯坦为99%，土库曼斯坦为100%，塔吉克斯坦为99%，吉尔吉斯斯坦为68%，哈萨克斯坦为40%；其中吉尔吉斯斯坦除了棉花籽外，还有红花籽和向日葵籽，分别为21%和10%；哈萨克斯坦除了棉花籽外，还有亚麻籽和红花籽，分别为30%和26%。

6.1.3 农作物水足迹时空变化特征

6.1.3.1 农作物水足迹时间变化特征

1992—2017年，中亚五国农作物水足迹变化趋势差异性显著。哈萨克斯坦农作物绿水足迹和蓝水足迹变化剧烈，以1998年为分界点，哈萨克斯坦农作物蓝、绿水足迹呈现先下降后增长的趋势（图6.3a、b）；除此之外，哈萨克斯坦农作物绿水足迹与其他各国差距悬殊，常年高于10×10^9 m^3，而其他国家常年在10×10^9 m^{3}以下（图6.3a）；而哈萨克斯坦农作物蓝水足迹却小于乌兹别克斯坦，与土库曼斯坦基本相当（图6.3b）。乌兹别克斯坦农作物蓝水足迹高于其

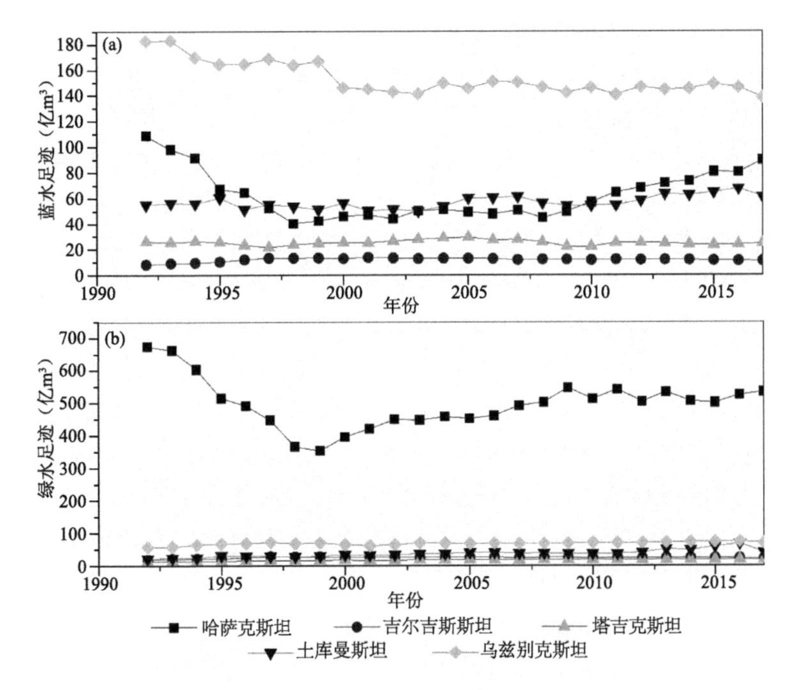

图6.3 中亚五国农作物水足迹时间变化

(a)蓝水足迹；(b)绿水足迹

他四国，但常年总体处于下降水平（－24.2%）（图 6.3b）。土库曼斯坦农作物绿水足迹 1992—2016 年一直呈增长趋势（214.5%），而在 2017 年迅速下降（－40.4%），整体变化剧烈；蓝水足迹 1922—2017 年基本趋于平稳（10.7%）（图 6.3a、b）。吉尔吉斯斯坦和塔吉克斯坦绿水足迹 1992—2017 年处于增长状态，分别为 22.5%和 37.5%；吉尔吉斯斯坦和塔吉克斯坦农作物蓝水足迹变化量比其他三国相对较少，1992—2017 年期间，吉尔吉斯斯坦增长了 2.7×10^8 m^3，塔吉克斯坦减少了 -1.6×10^8 m^3（图 6.3a、b）。

6.1.3.2　农作物水足迹空间分布特征

中亚五国农作物水足迹在空间分布上表现出极大差异化。首先是作物多年平均水足迹的分布不均，作物绿水足迹哈萨克斯坦和其他四国差距显著，哈萨克斯坦为 49.6×10^9 m^3，其他四国分别为：吉尔吉斯斯坦 2.4×10^9 m^3、塔吉克斯坦 1.6×10^9 m^3、土库曼斯坦 3.6×10^9 m^3 和乌兹别克斯坦 6.8×10^9 m^3。作物蓝水足迹乌兹别克斯坦和其他四国差距悬殊，乌兹别克斯坦为 15.3×10^9 m^3，其他四国分别为：哈萨克斯坦 6.3×10^9 m^3、吉尔吉斯斯坦 1.2×10^9 m^3、塔吉克斯坦 2.5×10^9 m^3 和土库曼斯坦 5.7×10^9 m^3。

在农作物水足迹的变化率上，中亚五国也表现出极大的空间差异。其中对于 1992—2017 年作物绿水足迹变化，仅哈萨克斯坦表现为减少的国家（－20.7%），土库曼斯坦增长最快（87.6%），其余吉尔吉斯斯坦、塔吉克斯坦和乌兹别克斯坦增长率分别为 22.5%、37.5%和 22.6%。作物蓝水足迹的变化中，吉尔吉斯斯坦增长最快（32.3%），其次为土库曼斯坦（10.8%），其余三国均表现为减少：哈萨克斯坦－17.6%、塔吉克斯坦－6.1%和乌兹别克斯坦－24.2%。

6.1.4　水足迹变化的驱动因素分析

6.1.4.1　中亚五国显著农作物的水足迹贡献

在中亚五国绿水足迹增加的农作物中，哈萨克斯坦主要包括亚麻籽（37.2%）、向日葵籽（22.2%）、豆子（13.8%）和红花籽（7.2%）。而小麦是乌兹别克斯坦和土库曼斯坦绿水足迹增加的主要作物，贡献率分别为 80.3%和 86%。吉尔吉斯斯坦和塔吉克斯坦绿水足迹增长的农作物分布比较均匀，没有主要贡献作物（图 6.4a）。在中亚五国绿水足迹减少的农作物中，哈萨克斯坦主要包括大麦（51.6%）、小麦（28.2%）、小米（8.9%）、荞麦（4.3%）、燕麦（2.5%）和黑麦（2.2%）；可以看出，哈萨克斯坦绿水足迹的减少主要来自于一些粮食作物。乌兹别克斯坦绿水足迹减少的农作物主要有大麦（36.3%）、棉花籽（26.6%）（图 6.4b）。

在中亚五国蓝水足迹增加的农作物中，哈萨克斯坦主要包括亚麻籽（58.1%）和红花籽（19.3%）；土库曼斯坦主要有水稻（51.2%）和小麦（36.7%）；其余各国蓝水足迹增加的农作物分布均匀，主要贡献农作物不突出（图 6.4c）。在中亚五国蓝水足迹减少的作物中，哈萨克斯坦主要有小米（32.2%）、荞麦（26.1%）、燕麦（19.7%）和大麦（10.7%）；乌兹别克斯坦主要有棉花籽（61.9%）、水稻（21.2%）和玉米（4.9%）；塔吉克斯坦和土库曼斯坦主要是棉花籽，贡献率分别为 94.5%和 58.9%（图 6.4d）。

6.1.4.2　中亚五国农作物水足迹驱动力分析

采用动态分解分析方法（Dynamic Decomposition Analysis）（Qin et al.，2021），将中亚五国农作物蓝、绿水足迹变化分别分解为水足迹强度、单产、种植结构、农民人均耕地、农业人口比例、总人口 6 个影响因子，分别探究不同影响因子对蓝、绿水足迹变化的贡献量。

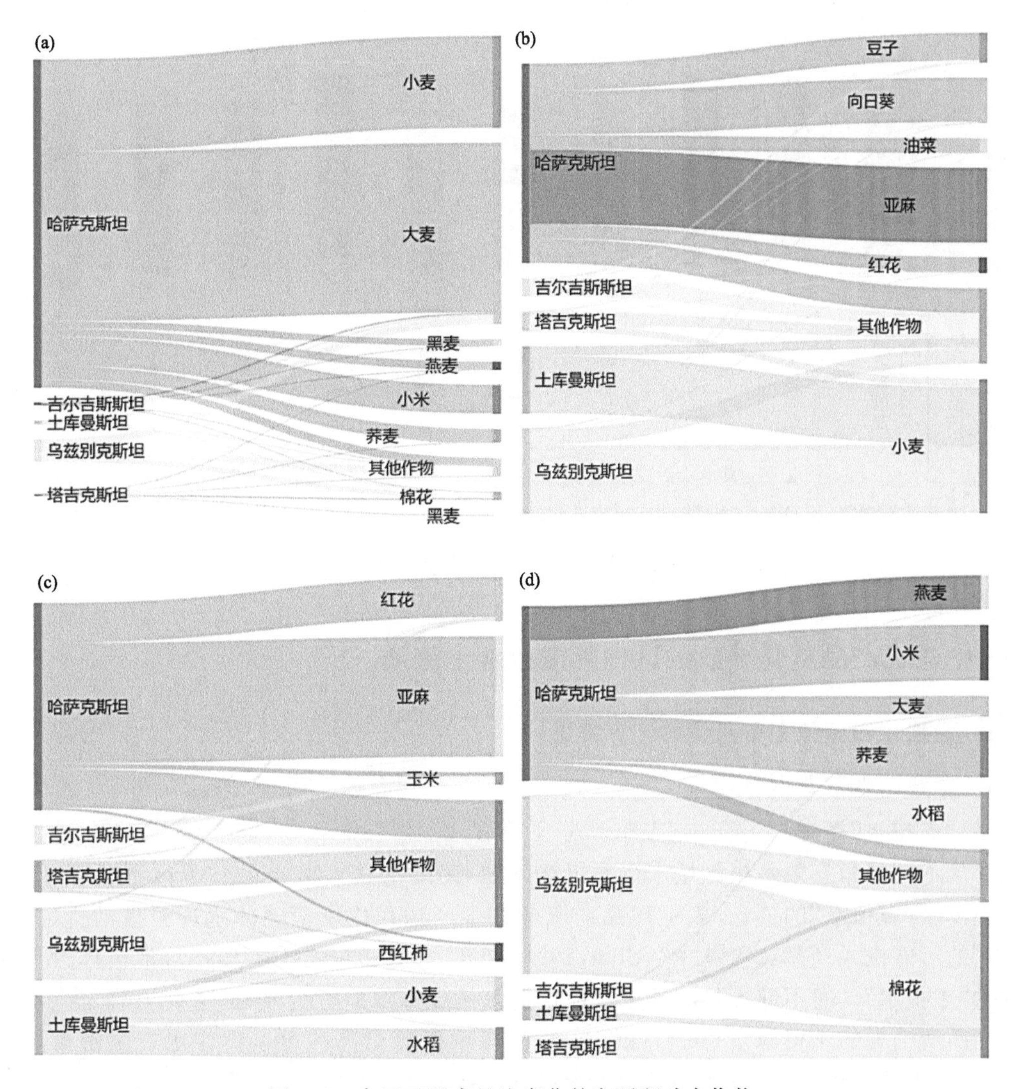

图 6.4　中亚五国水足迹变化的主要驱动农作物

(a)绿水足迹增加作物；(b)绿水足迹减少作物；(c)蓝水足迹增加作物；(d)蓝水足迹减少作物(图中不同颜色分别表示 5 个国家。单幅图左侧表示国家水足迹相对变化量，单幅图右侧表示农作物水足迹相对变化量，中间部分表示水足迹变化对应的国家与农作物之间的关系。图中量纲均为 1)

在中亚五国的蓝、绿水足迹的变化中，总人口驱动着水足迹的增长。作物单产在土库曼斯坦抑制着水足迹的增长，在其余四国驱动着水足迹增长。虚拟水含量在哈萨克斯坦和土库曼斯坦驱动着水足迹增长，在其他 3 个国家抑制着水足迹增长。种植结构在土库曼斯坦驱动着水足迹增长，在其他四国抑制着水足迹增长。农民人均耕地在吉尔吉斯斯坦驱动着水足迹的增长，在其他四国抑制水足迹的增长。农业人口比例在塔吉克斯坦驱动着水足迹的增长，在其他四国抑制着水足迹的增长(图 6.5)。总体而言，影响中亚五国水足迹变化的驱动因子随国家不同而呈现出不同的驱动特征。其中，种植结构对于农作物水足迹变化的贡献率突出，这为调整作物种植结构来缓解水资源压力提供了可能。

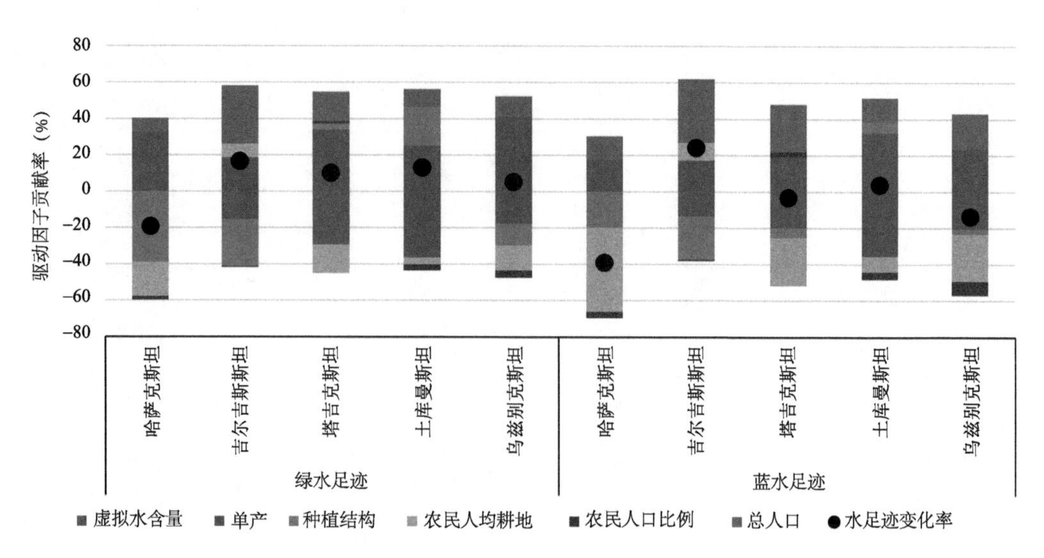

图 6.5 中亚五国农作物蓝、绿水足迹变化驱动因子贡献率

6.2 中亚农产品贸易导致的区内外虚拟水土流通

6.2.1 虚拟水和虚拟土贸易量的计算方法

6.2.1.1 虚拟水贸易量的计算

(1)“虚拟水”概念

为从不同视角有效解决区域水资源短缺问题，英国伦敦大学 Tony Allan 教授于 1993 年最早提出了“虚拟水”的概念，表征商品或服务在生产过程中所消耗的水资源量，它以“无形”“虚拟”的形式嵌入商品或服务中(Allan，1993，1996，1998；Hoekstra，1998)，常被称为产品中所含的“虚拟水”。对不同产品的虚拟水进行量化是虚拟水研究的基础，首先要确定生产单位质量产品所消耗的水资源量(m^3/t；m^3/kg)，消耗水资源量高的可以称为水资源密集型农产品。例如，生产 1 kg 粮食，我们需要 1000～2000 kg 的水，相当于 1～2 m^3。生产 1 kg 牲畜产品通常需要更多的水，如生产 1 kg 奶酪需要 5000～5500 kg 的水，生产 1 kg 牛肉平均需要 16000 kg 的水(Hoekstra，2003；Chapagain et al.，2003)。关于“虚拟水”的第一次国际会议于 2002 年 12 月在荷兰的 delft 举行，2003 年在“第三届世界水论坛”上对虚拟水贸易进行了专题讨论，至此，“虚拟水”的概念对实现区域和全球水安全的重要性得到全球的承认，花了近 10 年的时间(Hoekstra，2003)。

“虚拟水”概念应用的最基本体现是虚拟水贸易，而虚拟水贸易产生的根源是不同国家或地区间的水资源禀赋存在差异，是水资源在地域上的再分配。如果一个国家(或地区)向另一个国家(或地区)以贸易的形式出口一种水资源密集型产品，相当于以虚拟的形式出口水资源。对于缺水国家，通过进口水密集型产品而不是在国内生产来实现水资源安全是很有吸引力的，同时水资源丰富的国家可以生产用于出口的水密集型产品，从其丰富的水资源中获利。对全球而言，虚拟水由水分生产力高的国家向水分生产力低的国家流动能够节约全球的水资源，Konar 等(2012)估算的 2008 年的虚拟水贸易使全球节省水资源分别为蓝水 1.19×10^{11} m^3、绿水 1.05×10^{11} m^3。其中贡献最大的国家是美国、阿根廷和巴西；对某个国家而言，进口水密集型产品能够减少本国水资源的消耗，缓解水资源危机；区域间的虚拟水贸易是另一种形式的水资源再分配。在全球虚拟水贸易中，Hoekstra 等(2002)和 Chapagain 等(2003)估算了全球1995—1999 年的虚拟水贸易，结果表明该时期全球的虚拟水贸易为 1.04×10^{12} m^3/a，其中由农作物产品贸易和动物类产品贸易引起的虚拟水贸易分别占 67％和 23％。在水资源和粮食安全的大背景下，农产品贸易日益活跃，甚至占虚拟水总量的 90％以上 Allan(2013)，农产品国际贸易正在成为一种很重要的跨界水资源交换方式(Hoekstra et al.，2005；Chapagain et al.，2006；Hanasaki et al.，2010；D'Odorico et al.，2019；Goswami et al.，2015；Liu et al.，2019)。

从贸易流动角度，对"虚拟水"的概念还可有更深层次的理解，对生产地区(出口国)来说，"虚拟水"指产品生产过程中实际消耗的当地水资源量，被称为"嵌入式水"；而对消费地区(进口国)来说，是指该地区生产相应的产品原本应该消耗的水资源量，被称为"外源性水"(Hoekstra，2003)。为了对虚拟水作出更精确的定量定义，有两种方法：①一种方法中，虚拟水含量被定义为实际用于生产产品水的体积。这将取决于生产条件，包括生产地点和时间以及当地的用水效率。例如，在一个干旱的国家生产 1 kg 粮食需要的水比在一个潮湿的国家生产同样数量的粮食需要的水多 2～3 倍。②在第二种方法中，从消费者而不是生产者的角度出发，将产品的虚拟水含量定义为在使用该产品的地方生产产品所需的水量(Hoekstra，2003)。因此，由于生产条件的差异，同等贸易量的产品相对于出口国和进口国来说虚拟水量往往不同，从而实现了虚拟形式的水资源的合理调配，增加了缺水地区的水供给，为解决水资源短缺和保障水资源安全提供了新视角。

(2)虚拟水战略

虚拟水贸易为解决全球水资源短缺提供了新思路，通过水密集型产品(生产过程消耗水量大的产品，尤其是粮食)的贸易来实现全球水资源的空间配置。随着全球化的发展，虚拟水贸易日益成为水资源管理的重要组成部分。虚拟水战略是指贫水国家或地区通过贸易方式从富水国家或地区购买水资源密集型农产品来获得水和粮食的安全，在一定程度上缓解区域性粮食安全问题和该国自身的水资源压力，在缺水国家应尽量限制水资源密集型产品的出口。"虚拟水"的可获得性对缺水国家水资源政策的制定具有重要意义，利用这一额外的水源可以有效配置全球或区域的水资源，成为实现区域水安全的一种手段。从经济角度来看，在水资源最丰富的地方生产世界上所需的水密集型产品是有意义的，从一个水生产率相对较高的国家到一个水生产率相对较低的国家进行虚拟水贸易，意味着在全球范围内实现了真正的节水(Hoekstra，2003)。虚拟水贸易可以成为解决地缘政治问题的工具，甚至可以通过进口粮食防止水资源战争，但对全球体系的影响却适得其反，因为虚拟水的可用性减缓了旨在提高用水效率的改革步伐(Allan，2003)。

有研究表明农作物耗水量的 13％是为了全球贸易，而不是本国消费(Hoekstra et al.，2002，2005)。尽管水资源丰富的国家利用其比较优势出口水资源密集型产品是有利可图的，但不合理的虚拟水贸易会加重地区的水资源危机。Hoekstra 等(2016)分析了英国虚拟水贸易合作伙伴国家的水资源可持续性，研究表明，向英国输出虚拟水贸易的西班牙(14％)、美国(11％)、巴基斯坦(10％)、印度(7％)、伊朗(6％)和非洲(6％)等国家和地区蓝色水资源的消耗量都超过了当地最大可开采量，从而引起了本地区和英国粮食安全的不稳定性，同时也加重了虚拟水输出地区的水资源危机。Zhou 等(2021)也认为缺水国家出口水密集型农产品是导致水资源过度开发和生态环境退化的重要原因之一。通过农产品贸易动态了解虚拟水的流动状况对指导区域水资源管理、制定水政策具有重要意义，特别是在干旱地区(Yang et al.,2007)。

(3)农作物虚拟水贸易量

为估算虚拟水贸易量，基本方法是将产品的贸易量(t/a)乘以相应的虚拟水含量(m^3/t)，因此首先要确定不同农作物的虚拟水含量。

①农作物虚拟水含量

Hoekstra 和 Hung(2002)为量化 1995—1999 年期间仅与国际作物贸易有关的各国之间的所有虚拟水贸易量，基于粮农组织各种数据库(CropWat、ClimWat、FAOSTAT)估算了不同国家不同作物的虚拟水含量。由于不同国家生产水平的差异，生产同样质量的农产品所消耗的水资源量不同。以小麦生产为例，中亚五国生产 1 kg 小麦需要消耗 1.3～5.0 m^3 水量，我国为 1.0 m^3(Hoekstra et al.,2002)。主要计算过程如下：

$$S_{WD}[n,c]=\frac{C_{WR}[n,c]}{C_Y[n,c]} \tag{6.8}$$

式中，S_{WD}(specific water demand)表示国家 n 作物 c 的虚拟水含量(m^3/t)，C_{WR}表示整个生育期作物需水量(m^3/hm^2)，C_Y 表示作物产量(t/hm^2)。C_{WR}有多种估算方法，Hoekstra 和 Hung (2002)根据整个生育期作物累计蒸散量 ET_c(mm/d)计算得出，采用了参考作物系数法，即将“参考作物蒸散量”ET_0 与作物系数 K_c 相乘，得到作物蒸散量 ET_c。

基于农作物生长过程中消耗的水资源来源的不同，虚拟水可进一步分为“绿色虚拟水”和“蓝色虚拟水”。“绿水”指降水形成的储存在不饱和土壤中的水分，是雨养农业主要的水资源来源；“蓝水”指降水形成的径流、湖泊、水库、池塘和地下含水层中的水，是灌溉农业主要的水资源来源。在一些虚拟水计算中，还考虑到“灰水”，是指以自然水体的水质为背景，将污染物质稀释到某种环境所容纳的水质标准所需要的清水的水资源量，具有同时指示水质和水量的双重功能。区分水来源的蓝色虚拟水含量和绿色虚拟水含量的计算公式为(Hoekstra et al., 2011)：

$$S_{WDg}[n,c]=\frac{C_{WRg}[n,c]}{C_Y[n,c]} \tag{6.9}$$

$$S_{WDb}[n,c]=\frac{C_{WRb}[n,c]}{C_Y[n,c]} \tag{6.10}$$

$$C_{WR}[n,c]=C_{WRg}[n,c]+C_{WRb}[n,c] \tag{6.11}$$

式中，S_{WDg} 和 S_{WDb} 分别表示国家 n 作物 c 的绿色和蓝色虚拟水含量(m^3/t)，C_{WRg} 和 C_{WRb} 分别表示整个生育期作物消耗的绿水和蓝水(m^3/hm^2)，这里没有考虑灰水。

②农作物虚拟水贸易量

虚拟水贸易量常用农作物贸易量乘虚拟水含量进行计算，虚拟水含量取决于作物生产国对作物的具体需水量。虚拟水贸易量的计算公式如下(Hoekstra et al.,2002)：

$$V_{WT}[n_e,n_i,c,t]=C_T[n_e,n_i,c,t]\times S_{WD}[n_e,c] \tag{6.12}$$

式中，V_{WT}表示在 t 年通过农作物 c 贸易从出口国/地区 n_e 向进口国/地区 n_i 出口的虚拟水贸易量(m^3/a)，C_T 表示在 t 年从出口国/地区 n_e 向进口国/地区 n_i 出口的农作物 c 的贸易量(t/a)，S_{WD}表示出口国/地区 n_e 农作物 c 的虚拟水含量(m^3/t)。

值得注意的是，如果从消费者角度考虑，估算在 t 年进口了原本应该在本国/地区消耗的水资量时，需要将 S_{WD} 换成进口国/地区 n_i 农作物 c 的虚拟水含量(m^3/t)。另外，当划分虚拟蓝水贸易量和虚拟绿水贸易量时，需要将蓝色虚拟水含量和绿色虚拟水含量代替式中的虚拟水含量，以下处理方法相同。

一个国家或地区的虚拟水进口总量是所有进口作物虚拟水量的和(如果从消费者角度考虑，需要采用进口国/地区的 S_{WD})：

$$G_{VWI}[n_i,t]=\sum_{n_e,c}V_{WT}[n_e,n_i,c,t] \tag{6.13}$$

一个国家或地区的虚拟水出口总量是所有出口作物虚拟水量的和：

$$G_{VWE}[n_e,t]=\sum_{n_i,c}V_{WT}[n_e,n_i,c,t] \tag{6.14}$$

一个国家或地区的净虚拟水进口量等于总虚拟水进口量减去总虚拟水出口量。因此，x 国家/地区在 t 年的虚拟水贸易余额可以写成：

$$N_{VWI}[x,t]=G_{VWI}[x,t]-G_{VWE}[x,t] \tag{6.15}$$

式中，N_{VWI} 代表一个国家或地区的净虚拟水进口量(m^3/a)，N_{VWI} 为负表明该国或地区存在净虚拟水出口。

值得注意的是，一个国家的用水总量本身并不能准确衡量该国对全球水资源的实际占用情况。当存在净进口虚拟水时，应将净进口的虚拟水量添加到用水总量中，以了解一个国家对全球水资源的真实需求；同样，当一个国家存在净出口虚拟水时，应将净出口的虚拟水量从用水总量中扣除。

(4)畜牧产品虚拟水贸易量

Chapagain 和 Hoekstra(2003)制定了一套方法来评估不同畜类和畜牧产品的虚拟水含量，并估算了 1995—1999 年虚拟水贸易量。首先，根据活体动物饲料的虚拟水含量和它们一生中饮用和使用水的量，计算活体动物的虚拟水含量；第二，将活体动物分配到不同的产品中，计算每一个牲畜产品虚拟水含量，需要考虑到生产过程中的产品比例(每吨活体动物生产多少吨产品)和价值系数(一种动物产品的价值与该动物所有产品的市场价值之和的比例)。最后，根据国际产品贸易量和每个产品的虚拟水含量估算畜类产品虚拟水贸易量。为简化起见，在计算虚拟水含量时假设从某个国家出口的牲畜产品实际上完全是在该国生产，动物的喂养、饮用和生活都依赖于国内资源(Chapagain et al. ,2003)。计算方法如下。

①活体动物虚拟水含量的计算

一个活体动物在出栏时的虚拟水含量指用于生产和加工饲料、饮用及清扫其居住环境所需要的总用水量，由三个部分组成：

$$V_{WCa}[e,a]=V_{WC\,feed}[e,a]+V_{WC\,drink}[e,a]+V_{WC\,serv}[e,a] \tag{6.16}$$

式中，$V_{WCa}[e,a]$ 表示出口国/地区 e 动物 a 的虚拟含水量，$V_{WC\,feed}$、$V_{WC\,drink}$、$V_{WC\,serv}$ 分别是动物饲料、饮用、服务过程中的虚拟水含量，单位用每吨活体动物所消耗的水的体积来表示(m^3/t)。

(a)饲料虚拟水含量

饲料虚拟水含量包括两部分，分别是动物从出生到出栏整个生命周期内各种饲料作物种植所需要的水量和混合饲料需要的水量。动物每天的饲料需求量取决于许多变量，如品种、体重(年龄)、养殖系统、环境温度等，采用的计算公式如下：

$$V_{\mathrm{WC\,feed}}[e,a]=\frac{\int_{\mathrm{birth}}^{\mathrm{slaughter}} q_{\mathrm{mixing}}[e,a]+\sum_{c=1}^{n_c} S_{\mathrm{WD}}[e,c]\times C[e,a,c]\mathrm{d}t}{W_a[e,a]} \tag{6.17}$$

式中，$V_{\mathrm{WC\,feed}}[e,a]$表示出口国/地区 e 动物 a 饲料的虚拟水含量（m^3/t），$q_{\mathrm{mixing}}[e,a]$是出口国/地区 e 为动物 a 搅拌饲料每日所需的水量（m^3/d），$C[e,a,c]$是动物 a 在出口国/地区 e 每日消耗的饲料作物 c 的重量（t/d），$S_{\mathrm{WD}}[e,c]$是出口国/地区 e 作物 c 的虚拟水含量（m^3/t），计算过程见公式(6.8)，t 是动物 a 从出生到出栏的时间(d)，$W_a[e,a]$是出口国/地区 e 活体动物 a 在出栏时的重量(t)。

(b)饮用水虚拟水含量

饮用水的虚拟水含量表示在动物的整个生命周期平均每吨活体动物需要消耗的饮用水的体积，计算如下：

$$V_{\mathrm{WC\,drink}}[e,a]=\frac{\int_{\mathrm{birth}}^{\mathrm{slaughter}} q_d[e,a]\mathrm{d}t}{W_a[e,a]} \tag{6.18}$$

式中，$V_{\mathrm{WC\,drink}}[e,a]$表示出口国/地区 e 动物 a 饮用水的虚拟水含量（m^3/t），$q_d[e,a]$是出口国/地区 e 动物 a 每日的饮用水量（m^3/d），t 是动物 a 从出生到出栏的时间(d)，$W_a[e,a]$表示出口国/地区 e 活体动物 a 在出栏时的重量(t)。值得注意的是，q_d 取决于品种、年龄、体重、养殖制度、环境温度等变量，如一头幼小的牛在工业化养殖和放牧养殖情况下的日需水量都在5 L左右，而一头成年牛在工业化养殖情况下为 38 L，放牧养殖情况下为 22 L(Chapagain et al.，2003)。

(c)服务水虚拟水含量

服务水的虚拟水含量表示在动物整个生命周期中平均每吨活体动物需要消耗的清洁农家庭院、清洗动物以及维护环境等方面的服务水的体积，计算如下：

$$V_{\mathrm{WC\,serv}}[e,a]=\frac{\int_{\mathrm{birth}}^{\mathrm{slaughter}} q_{serv}[e,a]\mathrm{d}t}{W_a[e,a]} \tag{6.19}$$

式中，$V_{\mathrm{WC\,serv}}[e,a]$表示出口国/地区 e 动物 a 服务水的虚拟水含量（m^3/t），$q_{serv}[e,a]$是动物 a 在出口国/地区 e 每日需要消耗服务水的体积（m^3/d），不同养殖系统中不同年龄段动物的 q_{serv} 不同，t 是动物 a 从出生到出栏的时间(d)，$W_a[e,a]$是出口国/地区 e 动物 a 在其生命结束时的重量(t)。

②畜牧产品虚拟水含量的计算

在计算畜牧产品虚拟水含量时，必须以一种既不会重复计算也不会不计算的方式来分配活体动物的虚拟水分含量。例如，如果首先将一头奶牛的全部虚拟水含量归因于牛奶，然后再归因于肉，就会发生重复计算。因此，在计算虚拟水含量时假定了生产水平，直接来源于活体动物的产品称为初级畜牧产品。例如，奶牛生产的牛奶、胴体和皮肤是主要的初级牲畜产品，随后一些初级产品中被进一步加工成次级产品，如牛奶加工成奶酪和黄油，胴体加工成肉制品和香肠(Chapagain et al.，2003)。

(a)第一级加工(活体动物的初级产品)

初级产品的虚拟水含量包括活体动物的虚拟水含量(部分)和加工处理所需的水量，每吨活体动物的处理水量定义为：

$$P_{WR}[e,a]=\frac{Q_{proc}[e,a]}{W_a[e,a]} \tag{6.20}$$

式中，$P_{WR}[e,a]$是出口国/地区 e 生产单位重量活体动物 a 的初级产品需要的处理水量（m^3/t），$Q_{proc}[e,a]$是出口国/地区 e 每头活体动物需要的处理水量（m^3），$W_a[e,a]$表示出口国/地区 e 动物 a 在出栏时的重量（t）。对于任何特定的产品，不同国家对处理用水的要求或多或少是相同的，根据水的使用效率（取决于循环利用率、冷却过程等）也有小的变化。

活体动物的总虚拟水含量（V_{WCa}）和加工处理需水量（P_{WR}）应以合理的方式归因于每吨活体动物的初级产品，为此，引入产品比例（product fraction）和价值比例（value fraction）两个系数。产品 p 在出口国/地区 e 中的生产比例 $pf[e,p]$被定义为每吨活体动物获得的初级产品的重量（Chapagain et al. ，2003），计算公式如下：

$$pf[e,p]=\frac{W_p[e,p]}{W_a[e,a]} \tag{6.21}$$

式中，$W_p[e,p]$是出口国/地区 e 中从一头活体动物 a 获得的初级产品 p 的重量，$W_a[e,a]$是出口国/地区 e 活体动物 a 的重量。产品比例通常小于 1，因为产品只是来自于该动物的一部分。然而，如果一种产品是在动物的一生中获得，如牛奶和鸡蛋，pf 可以大于 1。初级产品的产品比例在很大程度上取决于动物的品种。在后面用到的二、三级产品的产品比例对动物品种的依赖性较小。

$$vf[e,p]=\left[\frac{v[p]\times pf[e,p]}{\sum(v[p]\times pf[e,p])}\right] \tag{6.22}$$

式中，价值比例 $vf[e,p]$是一种动物产品的市场价值与该动物产生的所有产品的市场价值之和的比值。分母是来源于该活体动物 a 的所有初级产品市场价值的总和，$v[p]$是产品 p 的市场价值（美元/t）。

初级产品 p 的虚拟水含量（V_{WCp}，m^3/t）与 vf 成正比，与 pf 成反比，计算公式为：

$$V_{WCp}[e,p]=(V_{WCa}[e,a]+P_{WR}[e,a])\times\frac{vf[e,p]}{pf[e,p]} \tag{6.23}$$

（b）二级加工（初级产品的二级加工）

二级产品的虚拟水含量由初级产品的虚拟含水量（部分）和消耗的加工处理水量组成。加工处理水量 $P_{WR}[e,p]$定义为将一吨初级产品 p 加工成二级产品所需的水量。

在计算二级产品的虚拟水含量时，$pf[e,p]$定义为出口国/地区 e 从每吨初级产品中获得的二级产品的重量，$vf[e,p]$定义为一种二级产品的市场价值与从初级产品中获得的所有产品市场价值之和的比值。因此，二级产品 p 的虚拟水含量与初级产品采用相同的计算方法，见公式（6.23）。不同的是，这里需要把初级产品的虚拟水含量和加工处理初级产品的需水量变为二级产品。

以同样的方法可以计算第三级及以上产品的虚拟水含量。在计算时，第一步通常是获取上一级产品（input/root product）的虚拟水含量和与之对应的加工处理需水量。然后，将这两种水的总量根据产品比例和价值比例分配到不同的输出产品（out products）中。

③畜牧产品虚拟水贸易量

对于每个国家或地区，流入和流出的畜牧产品的虚拟水贸易量可以通过贸易量乘以其对应的虚拟水含量来计算，计算公式为：

$$V_{\mathrm{WF}}[e,i,p,t]=P_T[e,i,p,t]\times V_{\mathrm{WC}p}[e,p] \tag{6.24}$$

式中，V_{WF}表示在t年出口国/地区e向进口国/地区i出口的畜产品p的虚拟水贸易量(m^3/a)，P_T表示在t年出口国/地区e向进口国/地区i出口的畜产品p的重量(t/a)，$V_{\mathrm{WC}p}$表示出口国/地区e畜产品p的虚拟水含量(m^3/t)。

一个国家或地区的虚拟水进口总量与虚拟水出口总量之差即为特定时间段内的净虚拟水平衡量。如果余额为正，则意味着虚拟水的净进口量，如果余额为负，则意味着虚拟水的净出口量。

6.2.1.2　虚拟土贸易量的计算

(1)“虚拟土”概念

在土地资源稀缺的制约下，借鉴“虚拟水”的概念，也提出了“虚拟土”的概念，是指在商品和服务生产过程中所需要的土地资源数量，虚拟土也并非真实意义上的土地，也是以“虚拟”的形式隐形于产品中(罗贞礼 等，2004；罗贞礼，2006)。以农作物产品为例，虚拟土含量在数值上为单位面积产量的倒数，受农作物种类、自然地理环境、耕作管理措施等多因素的影响。

虚拟土贸易是“虚拟土”概念的具体应用，产生的根源是不同国家或地区间的土地资源禀赋存在差异，是土地资源在地域上的再分配。如果一个国家或地区向另一个国家或地区以贸易的形式出口一种土地资源密集型产品，相当于以虚拟土的形式出口土地资源。在量化虚拟土贸易量时，常用虚拟土含量与产品贸易量的乘积进行估算，以农作物产品为例，由于作物产量受多因素影响，因此要区分生产地区和消费地区的虚拟土含量，对生产地区(出口国/地区)来说，“虚拟土”指产品生产过程中实际消耗的当地耕地资源量，而对消费地区(进口国/地区)来说，是指该地区生产相应的产品原本应该消耗的耕地资源量。因此，同等贸易量的产品相对于进口地区和出口地区来说虚拟土量往往不同，从而实现了虚拟形式的土地资源的合理调配，为解决土地资源的短缺提供了新视角。

虚拟土战略，就是指土地贫乏的国家或地区通过贸易的方式从土地富足的国家或地区购买土地资源密集型农产品(尤其是粮食等大宗土地密集型产品)来获得土地和粮食的安全(罗贞礼 等，2004)。对于土地资源稀缺的国家或地区，通过贸易进口土地密集型产品在一定程度上是减少本国或地区土地资源消耗、缓解自身的土地资源压力的有效途径。随着全球化的发展，虚拟土贸易流动也日趋成为研究热点，对实现粮食安全和土地资源的优化配置都具有重要意义。

(2)农作物虚拟土贸易量

虚拟土地贸易也是虚拟自然资源贸易的一种，是对虚拟水贸易定义的转移，其计算方法与虚拟水贸易相似，首先需要确定产品虚拟土含量。

①农作物虚拟土含量

计算公式如下：

$$S_{\mathrm{LD}}[n,c]=\frac{T_{\mathrm{CL}}[n,c]}{T_{\mathrm{CY}}[n,c]}=\frac{1}{C_Y[n,c]} \tag{6.25}$$

式中，S_{LD}(specific land demand)表示国家n作物c的虚拟土含量(hm^2/t)，T_{CL}表示作物种植面积(hm^2)，T_{CY}表示在T_{CL}种植条件下获得的作物总产量(t/hm^2)，C_Y表示单位面积作物产量(t/hm^2)。因此，农作物虚拟土含量在数值上等于单产的倒数。

②农作物虚拟土贸易量

虚拟土贸易量常用农作物贸易量乘以虚拟土含量来进行计算，计算公式如下：

$$V_{\mathrm{LT}}[n_e,n_i,c,t]=C_T[n_e,n_i,c,t]\times S_{\mathrm{LD}}[n_e,c]=\frac{C_T[n_e,n_i,c,t]}{C_Y[n_e,c]} \tag{6.26}$$

式中，V_{LT}表示在 t 年通过农作物 c 贸易从出口国/地区 n_e 向进口国/地区 n_i 出口的虚拟土贸易量(hm^2/a)，C_T 表示在 t 年从出口国/地区 n_e 向进口国/地区 n_i 出口的农作物 c 的贸易量(t/a)，S_{LD}表示出口国/地区 n_e 农作物 c 的虚拟土含量(hm^2/t)。如果从消费者角度考虑，估算在 t 年进口了原本应该在本国/地区消耗的土地资源量时，需要将 C_Y 换成进口国/地区 n_i 农作物 c 的产量(t/hm^2)。

一个国家或地区的虚拟土进口总量是所有进口作物虚拟土量的和(如果从消费者角度考虑，需要采用进口国的 S_{LD}或 C_Y)：

$$G_{\mathrm{VLI}}[n_i,t]=\sum_{n_e,c}V_{\mathrm{LT}}[n_e,n_i,c,t] \tag{6.27}$$

一个国家或地区的虚拟土出口总量是所有出口作物虚拟土量的和：

$$G_{\mathrm{VLE}}[n_e,t]=\sum_{n_i,c}V_{\mathrm{LT}}[n_e,n_i,c,t] \tag{6.28}$$

一个国家或地区 x 在 t 年的净虚拟土进口量($N_{\mathrm{VLI}}[x,t]$，hm^2/a)为：

$$N_{\mathrm{VLI}}[x,t]=G_{\mathrm{VLI}}[x,t]-G_{\mathrm{VLE}}[x,t] \tag{6.29}$$

N_{VLI}为正表明该国或地区存在净虚拟土进口，为负表明存在净虚拟土出口。

(3)畜牧产品虚拟土贸易量

①畜牧产品虚拟土含量

由于动物生活和畜牧产品的加工生产过程所占用的土地资源相对很少，为简化计算，在计算畜牧产品的虚拟土含量时，只考虑动物饲养过程中饲料作物的虚拟土含量，饲料需求量受动物品种、年龄、养殖条件等多种因素的影响。畜牧产品的虚拟土含量计算公式为：

$$V_{\mathrm{LC}}[e,a]=\frac{\int_{\mathrm{birth}}^{\mathrm{slaughter}}\sum_{c=1}^{n_c}S_{\mathrm{LD}}[e,c]\times C[e,a,c]\mathrm{d}t}{W_a[e,a]} \tag{6.30}$$

式中，$V_{\mathrm{LC}}[e,a]$表示出口国/地区 e 动物 a 畜产品的虚拟土含量(hm^2/t)，$C[e,a,c]$是动物 a 在出口国/地区 e 每日消耗的饲料作物 c 的重量(t/d)，$S_{\mathrm{LD}}[e,a,c]$是出口国/地区 e 作物 c 的虚拟土含量(hm^2/t)，t 是动物 a 从出生到出栏的时间(d)，$W_a[e,a]$是出口国/地区 e 活体动物 a 在出栏时的重量(t)。

②畜牧产品虚拟土贸易量

对于每个国家或地区，流入和流出的畜牧产品的虚拟土贸易量可以通过贸易量乘以其对应的虚拟土含量来计算，计算公式为：

$$V_{\mathrm{LF}}[e,i,a,t]=P_T[e,i,a,t]\times V_{\mathrm{LC}}[e,a] \tag{6.31}$$

式中，V_{LF}表示在 t 年出口国/地区 e 向进口国/地区 i 出口的动物 a 畜产品的虚拟土贸易量(hm^2/a)，P_T 表示在 t 年出口国/地区 e 向进口国/地区 i 出口的动物 a 畜产品的重量(t/a)，V_{LC}表示出口国/地区 e 动物 a 畜产品的虚拟土含量(hm^2/t)。

一个国家或地区的虚拟土进口总量与虚拟土出口总量之差为正，表示以虚拟土的形式进口了土地资源，为负则表示出口了土地资源。

6.2.2 农产品贸易导致的区内外虚拟水流通

6.2.2.1 研究目的和意义

自20世纪90年代中期以来，虚拟水的概念逐步纳入到水资源综合管理中，虚拟水研究加深了人们对贸易(尤其粮食贸易)缓解水资源短缺方面的认识(Yang et al.,2007)。中亚作为一个具有干旱的温带大陆性气候特性的典型内陆地区，经历了世界上最严重的河川径流量的衰减，导致了咸海的干涸。人们普遍认为，该区域水资源密集型农产品的跨界贸易是造成水资源过度开发利用和环境退化的主要因素。咸海曾经是世界上第四大内陆湖(Micklin et al.,2008)。历史上，由于流入和流出咸海水资源量的平衡，咸海的水位相对稳定(Micklin,2010)。20世纪50年代早期，苏联中央开始实施棉花大规模生产计划，集中种植在乌兹别克斯坦、土库曼斯坦地区和塔吉克斯坦，开始从两条主要河流(阿姆河和锡尔河)引水灌溉，到20世纪90年代中亚灌溉面积扩大了1倍(FAO,2013)。由于灌溉土地的大规模扩张，目前咸海的面积仅为1960年的1/10。

根据FAOSTAT数据统计，中亚农产品贸易中，棉花出口量较大，主要出口国为土库曼斯坦和乌兹别克斯坦，2010年以前保持在100万t/a以上，近年来受水资源制约和粮食需求增长影响，种植面积减少，但出口量仍保持在50万t/a左右。小麦也是中亚主要的出口农产品，2015—2019年出口量占到生产量的22%，主要来自哈萨克斯坦，常年小麦出口500万t以上，是全球主要的小麦出口国之一。中亚棉花需要灌溉条件才能实现可持续的生产(Kahriz et al.,2019)，包括棉花在内的多种水资源密集型农产品的出口在很大程度上导致了目前的水资源短缺状况(FAO,2013)。评估整个中亚地区农产品虚拟水贸易流的变化对于了解该地区的水资源状况和制定可持续管理政策至关重要。

全球虚拟水贸易流分析表明，中亚是虚拟水的净出口国(Hoekstra et al.,2005;Chapagain et al.,2008;Carr et al.,2013;D'Odorico et al.,2019)。然而，这些研究主要有两个不足之处：(1)大多数研究都使用了整个中亚地区，因此忽略了虚拟水贸易流对5个国家各自水资源影响的差异。有研究表明，虽然消除虚拟水贸易可以大大缓解乌兹别克斯坦的水资源短缺，但在其他国家的影响可能要小得多(Porkka et al.,2012)。(2)大多数研究深入分析了区域外农产品贸易(以下简称“对外贸易”)中嵌入的虚拟水流动情况，而中亚国家内部农产品贸易(以下简称“内部贸易”)的大量虚拟水流动情况往往被忽略。事实上，由于中亚五国内部相似的饮食习惯和临近的地理位置，农产品的内部贸易规模相当可观(Mogilevskii et al.,2014)。因此，本研究以中亚最主要的两种农作物(小麦、棉花)和畜产品为例，分析2000—2018年中亚地区虚拟水贸易的时空变化趋势，阐明中亚各国对外和内部贸易中虚拟水流动特征，评价虚拟水贸易对区域水资源量的影响。

6.2.2.2 研究方法

(1)研究区农业概况

中亚地区是典型的大陆性干旱气候，光热条件有利于作物生长，目前耕地面积3700万hm^2，占国土总面积(400万km^2)的9.3%。小麦、棉花是最主要的农作物，根据FAOSTAT数据统计，1992—2016年中亚小麦、棉花收获面积占总收获面积的60%、10%。灌溉农业是中亚的最大用水户，哈萨克斯坦占总取水量的75.6%，其他4个国家占总取水量的90%以上(FAO,2013)。土库曼斯坦几乎所有耕地都可以得到灌溉，乌兹别克斯坦、塔吉克斯坦、吉尔吉斯斯坦和哈萨克斯坦分别有 89%、85%、75%和 9%的灌溉耕地。灌溉区主要分布在阿姆河和锡尔河下游地区，灌溉作物主要是棉花和小麦，而水稻、土豆、玉米、蔬菜和饲料种植面积相对较小(FAO,2013)。旱作农业主要集中在哈萨克斯坦北部和中部地区，主要种植春小麦(Gupta et al.,2009)。1991 年苏联解体后，中亚地区的农业种植情况发生了显著变化。在苏联时期，哈萨克斯坦是一个重要的粮仓种植基地，独立后豆类作物的种植显著增加(Kraemer et al.,2015)。吉尔吉斯斯坦在独立前主要种植苜蓿、土豆和玉米，但在独立后，小麦的种植面积增加了一倍。塔吉克斯坦、土库曼斯坦和乌兹别克斯坦主要种植棉花，但在独立后，小麦种植面积快速增长(Hamidov et al.,2016)。地表水是农业灌溉的主要来源，平均占总灌溉用水量的 97.2%，其中乌兹别克斯坦最低为 93.6%，哈萨克斯坦最高为 99.8%(FAO,2013)。农业灌溉用水主要来自阿姆河和锡尔河，同时也是流入咸海的两条最大的河流，天山、帕米尔高原和喀喇昆仑山的冰川积雪融水是河川径流的主要来源(Shafeeque et al.,2020)。

中亚具有发展畜牧业的良好条件，畜牧养殖业是当地传统的支柱产业，草原牧场面积 2.5 亿 hm^2。随着生活水平的不断提高，中亚肉奶类畜牧产品以进口为主，出口量不足产量的 1%。

(2)数据来源

本研究使用的数据主要包括中亚五国的小麦、棉花和畜产品的进出口贸易量，2000—2018 年数据来自英国皇家国际事务研究所的全球资源贸易数据库(Chatham,2018)。下载的农产品贸易数据中包含原材料、中间产品和副产品；小麦数据包括小麦、硬质小麦、蒸粗麦粉、小麦面筋、小麦面粉等贸易量；棉花数据包括皮棉、棉纱和棉线等贸易量；畜产品数据包括活体动物、肉类、乳制品、鸡蛋等贸易量。

(3)研究方法

①虚拟水贸易量估算

将不同农产品的贸易量(t/a)乘以各自的虚拟水含量(VWC,m^3/t)，计算出不同农产品的虚拟水量，VWC 表示不同国家生产每吨农产品所需的水资源量。小麦和棉花的 VWC 来自 Hoekstra 等(2002)的研究成果，根据单位面积的产量和作物需水量计算得出，需要注意该文献中哈萨克斯坦小麦的虚拟水含量偏高，而事实上哈萨克斯坦小麦的生产绝大部分是旱作农业，雨养条件下小麦的 VWC 比灌溉条件下要低得多，因此本研究哈萨克斯坦小麦的 VWC 采用 Martinez-Aldaya(2010)的研究结果。农业畜产品的虚拟水含量来自 Chapagain 等(2003)的研究成果，根据不同等级的畜产品采用不同的参数，分为活体动物(如牛、羊、猪和家禽等)、初级畜产品(如牛肉、猪肉、鸡肉、鸡蛋等)和次级产品(如黄油、奶酪和奶粉)等，这些虚拟水含量参数被广泛用于虚拟水贸易量的估算。

在棉花和小麦农产品贸易中包括原材料和加工产品两大类，它们具有不同的虚拟水含量。对于棉花而言，加工产品(如棉纱和棉线)的贸易量占总贸易量的 17%(Chatham,2018)，为简化计算，本研究将所有贸易量都看作是皮棉的交易量，并通过除以系数 0.37 转化为籽棉的重量(Hayat et al.,2020)。对于小麦而言，也忽略了原材料和加工产品之间虚拟水含量的差异，因为小麦加工产品的贸易量仅占总贸易量的 1.8%(Chatham,2018)。

另外，由于不同国家作物单位面积产量和需水量的差异，对于同一种作物出口国和进口国的虚拟水含量不同，因此相同的贸易量往往对应不同的虚拟水量。为准确评价虚拟水贸易对中亚及不同国家水资源的影响，在估算虚拟水贸易量时，出口虚拟水量从生产国角度进行分析，进口虚拟水量从消费国的角度进行分析，采用消费国的虚拟水含量参数。内部贸易中，仅从生产国角度进行虚拟水贸易分析。

②蓝水和绿水贸易量的估算

作物生产过程中的蓝水和绿水组成对区域水资源的影响明显不同，通过灌溉被作物利用的蓝水从地表水/地下水抽取，对水资源压力产生直接影响，而被作物利用的绿水来源于降水，通过改变水循环过程对水资源压力产生间接影响。将虚拟水贸易量划分为绿水和蓝水有助于更好地评估跨境贸易对水资源的影响。由于棉花和小麦出口量较大，且都是净出口，因此本研究仅探讨了通过棉花和小麦贸易净输出到中亚以外及在中亚内部的虚拟水总量中的蓝、绿水构成。中亚五国小麦和棉花生产中蓝水和绿水的占比来自 Martinez-Aldaya 等(2010)的研究。一般来说，棉花种植主要集中在咸海流域南部地区，由于降水少，棉花生产严重依靠灌溉，蓝水占总利用水量的 60.3%～97.2%(Martinez-Aldaya et al.，2010)。相反，绿水在小麦生产中占主导地位，因为中亚最大的小麦生产国哈萨克斯坦以春小麦为主，基本都是在旱作条件下进行种植(Morgounov et al.，2007；Martiez-Aldaya et al.，2010)。

与虚拟水含量情况类似，同一种作物生产中不同国家的绿水/蓝水的比例不同。因此，在中亚对外贸易和内部贸易分析中，出口的蓝水和绿水量从生产国角度进行估算，进口的蓝水和绿水量从消费国的角度进行估算。

③水资源压力评估

鉴于水资源安全度量问题的重要性，常利用水资源压力指数反映一个国家或地区的水资源安全程度，该指数定义为每年提取的淡水资源量占可利用(可更新)淡水资源量的比值(Water Withdrawal To Available Water resources，WTA)。不同行业提取的淡水一般来源于地表水/地下水，农业灌溉提取的水按照水足迹可划分到蓝水。不同的 WTA 值的范围代表不同的水资源压力程度，一般分为 4 个等级，分别是低水资源压力(＜0.1)、中水资源压力(0.1～0.2)、中高水资源压力(0.2～0.4)和高水资源压力(＞0.4)(Vörösmarty et al.，2000)。本研究估算的蓝水贸易量实际上是指作物需要的净灌溉需水量，而不是农业灌溉过程中的实际取水量。由于在输水和田间水平上都有巨大的水量损失，实际取水量远高于需水量。中亚由于农业基础设施陈旧和灌溉技术落后，农业用水浪费严重，灌溉效率极低(Peyrouse，2013；Bekchanov et al.，2016)。在中亚只有 30%～35%的水源用于灌溉农作物(Ikramov，2007；Dukhovny et al.，2018)，因此在评价虚拟水贸易对水资源的影响时，将蓝水贸易量除以系数 0.33 得到实际的蓝水贸易量(取水量)；从每年的取水量中扣除实际输出的蓝水贸易量，重新计算不同国家的 WTA 来评价虚拟水贸易对区域水资源的影响。

④虚拟水贸易流的可视化

Circos 是一个软件包，用来可视化中亚外部贸易中虚拟水的流动方向(Krzywinski et al.，2009)。根据 FAOSTAT 的数据特征，从 8 个区域角度考虑外部合作伙伴，分别是美洲、欧洲、北亚、东亚、南亚、东南亚、非洲和大洋洲。用桑基图来可视化内部贸易中的虚拟水流动方向。桑基图被广泛用于可视化水或能源从出口国到进口国的流动特征(Curmi et al.，2013；Mathis et al.，2019)。

⑤趋势分析

利用最小二乘法评估研究时段内虚拟水贸易的趋势(斜率)变化特征，利用标准的 t-test 检验趋势变化的显著性(p 值)。

6.2.2.3　研究结果

(1)中亚对外虚拟水贸易

①中亚对外虚拟水贸易特征

扣除中亚五国内部的虚拟水贸易量,图 6.6 为中亚 2000—2018 年不同农产品净输出虚拟水贸易量及构成的动态变化。图 6.6a 表明研究时段内中亚通过棉花和小麦贸易平均净出口虚拟水 15.6 km^3/a,其中 10.2 km^3/a 来自棉花、5.4 km^3/a 来自小麦,同时通过畜牧产品净进口 2.8 km^3/a 的虚拟水,所有农产品净出口 12.8 km^3/a。在研究时段的 19 a 内,中亚地区累计出口虚拟水 296.1 km^3,其中棉花占 194.3 km^3,小麦占 101.8 km^3;同时,中亚地区通过牲畜进口获得虚拟水 53.7 km^3。从变化趋势看,通过棉花和小麦贸易净出口的虚拟水总量呈轻微但不显著的下降趋势(beta=−0.17 km^3/a, $p=0.23$),其中通过棉花净出口的虚拟水量呈显著下降(beta=−0.24 km^3/a, $p=0.018$),通过小麦净出口的虚拟水量呈不显著上升趋势(beta= 0.07 km^3/a, $p = 0.39$);通过动物产品净进口的虚拟水量极显著增加(beta = 0.24 km^3/a, $p<0.01$)。

从不同国家的小麦虚拟水净出口量来看(图 6.6b),哈萨克斯坦是中亚最大的小麦出口国,也是唯一持续出口小麦的国家。哈萨克斯坦通过小麦净出口虚拟水 5.3 km^3/a,占中亚小麦净出口虚拟水总量的 99.6%。其余 4 个国家净进口/净出口虚拟水量都很低,不同年份净进口、出口交替出现,从 2000—2018 年总体来看,乌兹别克斯坦和土库曼斯坦是小麦净出口国,塔吉克斯坦和吉尔吉斯斯坦是小麦净进口国,但平均交易量仅仅在 0.1 km^3/a 左右。

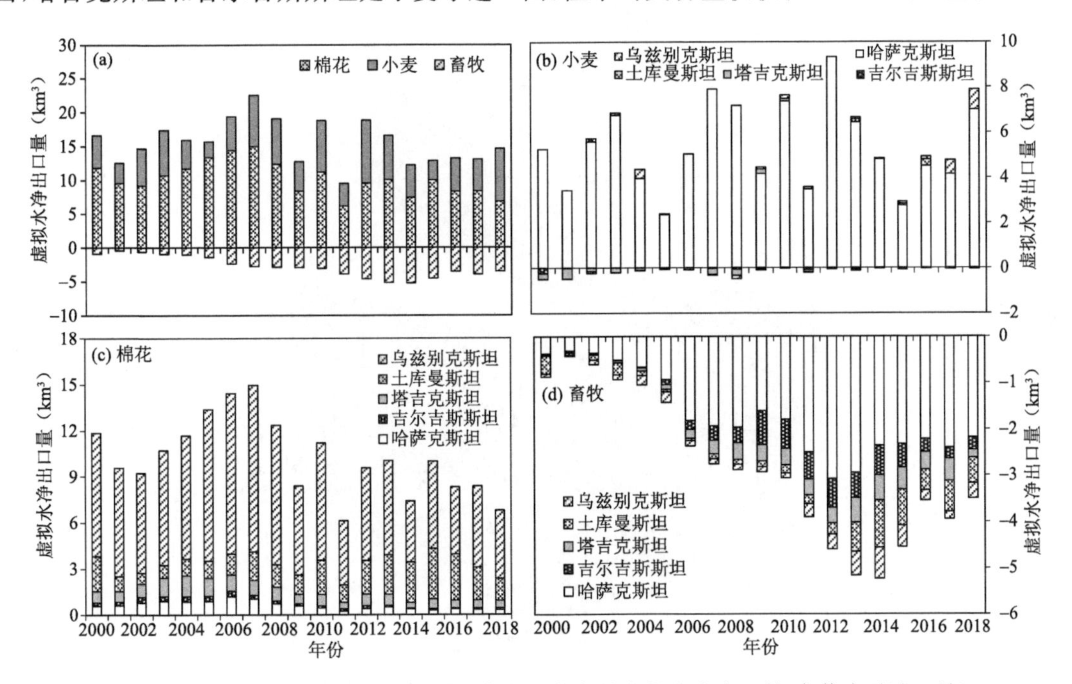

图 6.6　2000—2018 年中亚及不同国家主要农产品虚拟水净出口量(负值表示进口量)

从不同国家的棉花虚拟水净出口量来看(图 6.6c),乌兹别克斯坦是中亚最大的棉花出口国,平均净出口 6.9 km^3/a,占虚拟水净出口总量的 67.3%。土库曼斯坦是第二大棉花出口国,平均净出口 1.8 km^3/a,占净出口总量的 17.2%。其余 3 个国家共净出口 1.6 km^3/a,占净虚拟水出口总量的15.5%。从净出口量的变化趋势来看，乌兹别克斯坦、塔吉克斯坦、哈萨克斯坦和吉尔吉斯斯坦虚拟水净出口量呈显著下降趋势，下降速率分别为0.24 km^3/a、0.03 km^3/a、0.04 km^3/a和0.01 km^3/a。相反，土库曼斯坦通过棉花输出的虚拟水净出口量呈显著上升趋势(0.08 km^3/a)，2015年达到最高，然后开始下降。另外，2007年是所有国家棉花贸易的转折点，2007年以前棉花虚拟水净出口量上升，之后快速下降。

中亚五国在研究时段内均净进口畜牧产品虚拟水，2014年达到顶峰(图6.6d)。哈萨克斯坦是最大的畜牧产品虚拟水净进口国，净进口虚拟水1.7 km^3/a，占中亚总进口水量的60%。吉尔吉斯斯坦、土库曼斯坦、塔吉克斯坦和乌兹别克斯坦通过畜牧产品净进口0.32 km^3/a、0.32 km^3/a、0.27 km^3/a和0.22 km^3/a的虚拟水。总体而言，中亚通过动物产品进口的虚拟水量在2014年达到顶峰，然后开始下降。

②中亚对外虚拟水贸易伙伴

图6.7为2000—2018年中亚对外虚拟水贸易的主要伙伴。根据虚拟水流向，亚洲(不包括中亚)是中亚最大的农产品贸易伙伴，从中亚获得的虚拟水量最多，累计进口191.8 km^3，占中亚小麦和棉花净输出虚拟水总量的64.7%，其中北亚的贸易量最大，东亚和南亚从中亚进口的虚拟水量相当，东南亚最少，可以忽略不计。欧洲是中亚的第二大贸易伙伴，虚拟水贸易量占中亚总量的25.1%；其次是非洲，虚拟水贸易量占中亚总量的10.2%；美洲和大洋洲与中亚的虚拟水贸易可以忽略不计。

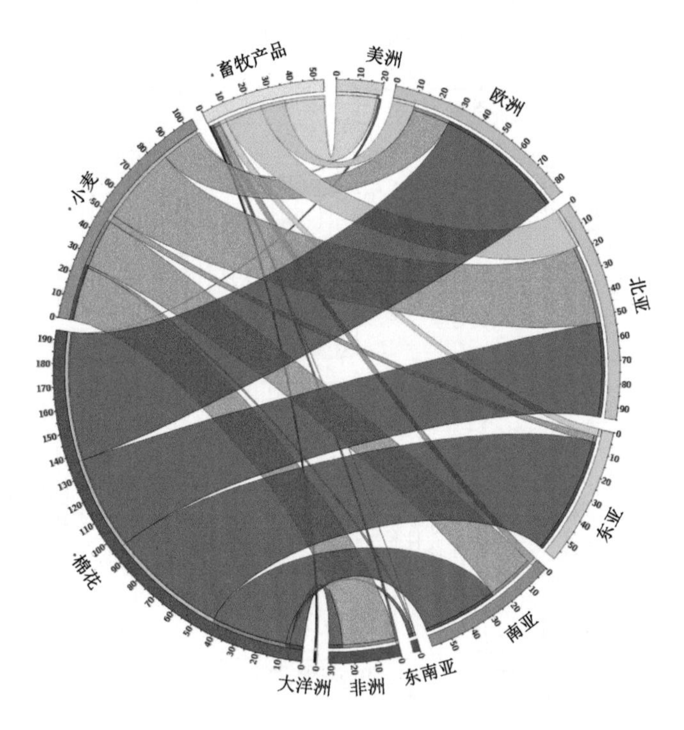

图6.7 2000—2018年中亚主要农产品虚拟水贸易流

2000—2018年，北亚作为中亚最大的贸易伙伴，分别通过小麦和棉花贸易从中亚进口35.6 km^3和41.9 km^3的虚拟水，同时通过畜牧产品向中亚出口17.7 km^3的虚拟水。欧洲作为第二大贸易伙伴，分别通过小麦和棉花贸易从中亚进口17.3 km^3和57.1 km^3的虚拟水，同时通过畜牧产品向中亚出口 10.2 km^3 的虚拟水。南亚分别通过小麦和棉花贸易从中亚进口 21.9 km^3 和 33.7 km^3 的虚拟水，同时通过畜牧产品从中亚进口 3.1 km^3 的虚拟水。东亚主要通过棉花贸易从中亚进口 53.0 km^3 的虚拟水，其中中国占到 89.2%。非洲主要通过小麦贸易从中亚进口 24.5 km^3 的虚拟水，美洲主要通过畜牧产品向中亚出口 18.2 km^3 的虚拟水。

(2)中亚区域内虚拟水贸易

除了与外部地区的农产品贸易，中亚五国之间也存在着大量的农产品虚拟水贸易，图 6.8 展示了 2000—2018 年内部贸易中不同农产品的虚拟水流向。内部贸易总虚拟水量达到 71.2 km^3(3.7 km^3/a)，约占中亚净出口虚拟水量(12.8 km^3/a)的 1/3。小麦是内部农产品贸易的主要商品，总虚拟水贸易量为 64.2 km^3(3.4 km^3/a)，占内部总虚拟水贸易量的 90.2%，其中来自哈萨克斯坦的小麦虚拟水贸易量高达 64.0 km^3；从虚拟水流向来看，出口到乌兹别克斯坦的虚拟水量最多，为 35.4 km^3，其次为塔吉克斯坦(20.3 km^3)、吉尔吉斯斯坦(8.5 km^3)和土库曼斯坦(2.2 km^3)，这些基本来源于哈萨克斯坦的小麦虚拟水。

畜牧产品和棉花的虚拟水贸易量仅占内部总虚拟水贸易量的 9.8%，其中畜牧产品虚拟水贸易量为 5.4 km^3，棉花虚拟水贸易量为 1.6 km^3。吉尔吉斯斯坦是最大的畜牧产品虚拟水出口国，而哈萨克斯坦则是牲畜和棉花虚拟水的主要进口国。

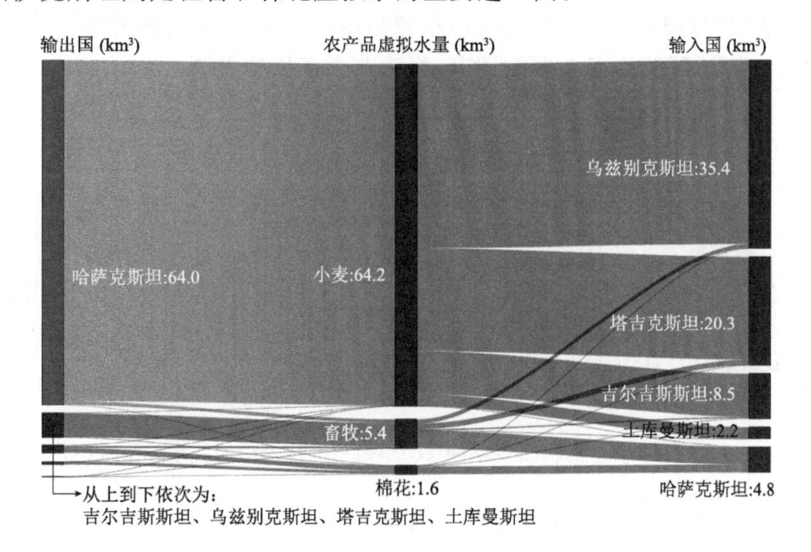

图 6.8　2000—2018 年中亚内部虚拟水贸易流动

(虚拟水从出口国(左)通过不同农产品贸易(中)流入到进口国(右)，数字为对应的虚拟水量)

(3)中亚对外与内部虚拟水贸易比较

从中亚对外与内部不同农产品虚拟水贸易比较来看(图 6.9)，小麦在中亚内部虚拟水贸易量占比较大，占比为 38.7%，净出口虚拟水量占比为 61.3%；棉花虚拟水主要出口到境外，占比为 99.2%，而内部虚拟水贸易量不足 1%，年均仅为 0.1 km^3；畜牧主要是进口虚拟水，年均净进口量 2.8 km^3，占比为 90.8%。3 种农产品内部虚拟水贸易总量为 3.8 km^3/a，对外净出口 12.8 km^3/a，内部虚拟水贸易量将近占到净出口总量的 30%。

(4)中亚农产品贸易中的蓝水和绿水

由于中亚畜牧产品以净进口为主，且与小麦和棉花的虚拟水量相比较少，因此本研究只讨论了农作物虚拟水贸易中的蓝水和绿水特性。

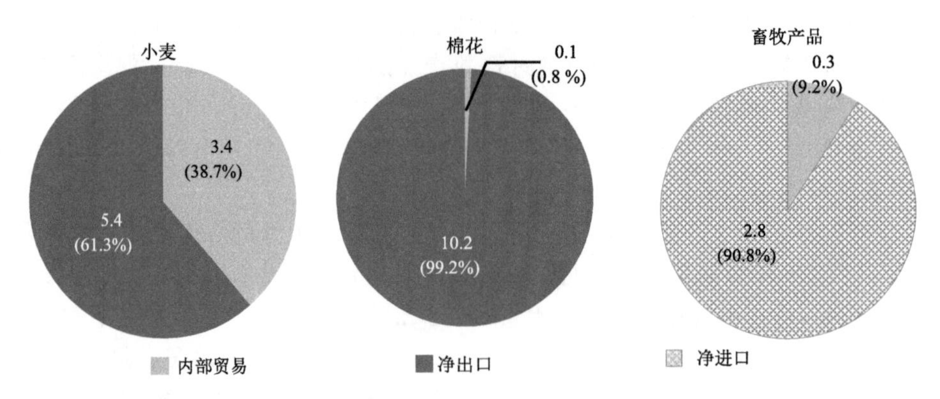

图 6.9　2000—2018 年中亚对外与内部年均虚拟水贸易量(km^3/a)及比例

①中亚对外虚拟水贸易中的蓝水和绿水

2000—2018 年中亚通过棉花贸易净输出虚拟水量 194.3 km^3(10.2 km^3/a),棉花出口输出的虚拟水总量中蓝水比例高达 92.4%(9.5 km^3/a),而通过小麦出口输出的虚拟水总量 101.8 km^3(5.4 km^3/a)中蓝水比例只有 0.6%(0.03 km^3/a),两种农作物蓝水净输出量占总输出虚拟水量的 61%(图 6.10)。小麦虚拟水贸易以绿水输出为主,棉花虚拟水贸易以蓝水输出为主,是由于中亚地区的小麦大多为雨养,而棉花大多依赖灌溉。

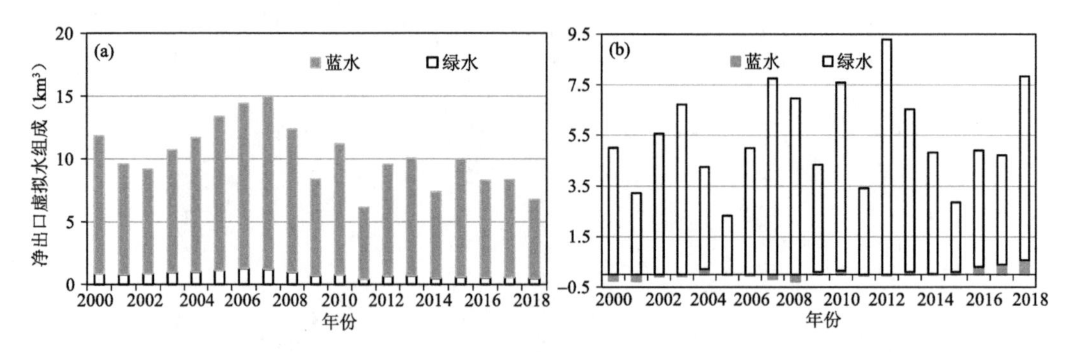

图 6.10　2000—2018 年中亚棉花(a)和小麦(b)净输出虚拟水中的蓝水和绿水(负值为进口量)

②中亚各国内部和外部虚拟水贸易中的蓝水和绿水

中亚对外虚拟水贸易中净输出的蓝水和绿水量忽略了不同国家的贡献,而准确评价虚拟水贸易对区域水资源的影响,需要针对不同国家的对外贸易和内部贸易中的蓝水和绿水进行估算。图 6.11 显示了不同国家通过棉花/小麦贸易出口到中亚外部和内部其余 4 个国家的蓝水和绿水,以下针对不同国家进行说明。

哈萨克斯坦是最大的净虚拟水输出国,2000—2018 年通过对外和内部贸易净输出 176 km^3 的虚拟水,其中 112.9 km^3 输出到外部地区(占 64%),63.1 km^3 输出到其他中亚国家(36%)。在净输出的虚拟水总量中,94%来自小麦贸易,为 165.4 km^3(57.6%来自对外贸易,36.4%来自内部),并且基于小麦贸易输出的虚拟水基本全部为绿水,忽略小麦虚拟水贸易中的蓝水是合理的(Martinez-Aldaya et al.,2010)。棉花方面,哈萨克斯坦向外部地区出口虚拟水 11.5 km^3,从中亚其他国家进口 0.83 km^3,基于棉花贸易输出的虚拟水中绿水占比为 40%。

乌兹别克斯坦和土库曼斯坦分别是第二和第三大虚拟水净输出国,通过对外和内部贸易

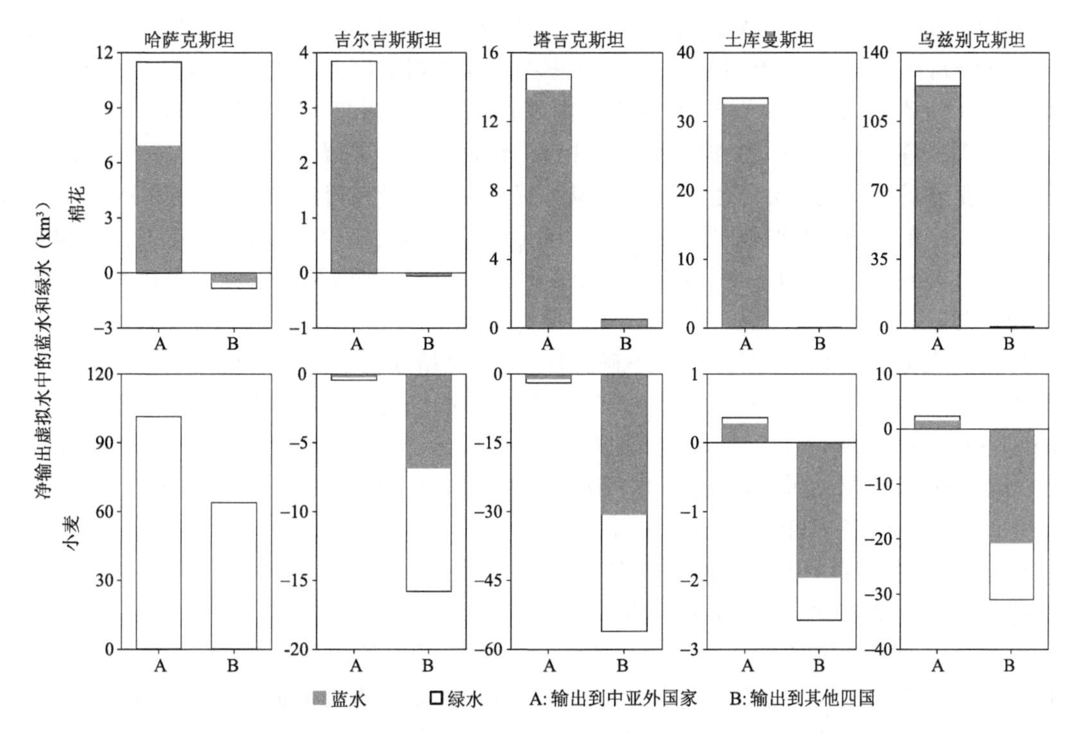

图 6.11　2000—2018 年中亚各国棉花和小麦净输出虚拟水中的蓝水和绿水
（负值表示净输入，A：输出到中亚外国家，B：输出到其他四国）

分别净输出 103 km^3 和 31.3 km^3 的虚拟水。这两个国家主要通过棉花出口输出虚拟水（占虚拟水输出总量的 98%以上，基本都是对外输出），通过小麦进口输入虚拟水（基本都来自内部贸易）。在对外和内部贸易中乌兹别克斯坦和土库曼斯坦分别通过棉花贸易净输出 131.6 km^3 和 33.5 km^3 的虚拟水，其中蓝水比例分别为 94%和 97%。同时通过小麦贸易净输入 28.6 km^3 和 2.2 km^3 的虚拟水，其中蓝水比例分别为 67%和 76%。

塔吉克斯坦和吉尔吉斯斯坦是两个虚拟水净输入国。塔吉克斯坦通过棉花出口净输出 15.3 km^3 的虚拟水（97%输出到中亚外部），其中蓝水占比为 94%，同时通过小麦进口输入了 57.9 km^3 的虚拟水（97%来自内部贸易），其中蓝水占比为 55%。吉尔吉斯斯坦通过棉花出口输出了 3.9 km^3 的虚拟水（都输出到中亚外部），其中蓝水占比为 78%，同时通过小麦进口输入了 16.2 km^3 的虚拟水（97%来自内部贸易），其中蓝水占比为 43%。

6.2.2.4　讨论

（1）虚拟水量估算的可靠性

本研究在估算农产品虚拟水贸易量时存在一定的不确定性。首先，在影响估算结果的因素中，各种农产品的虚拟水含量对虚拟水量估算的准确性起着至关重要的作用。在本研究中，由于中间产品和副产品贸易量相对原材料的占比较少，因此忽略了它们之间虚拟水含量的差异，这可能会导致在估计总虚拟水量时出现一定程度的不确定性。其次，用不同方法计算虚拟水含量也存在不同程度的差异。例如，针对乌兹别克斯坦棉花的虚拟水含量，由于不同方法估算需水量的差异会导致虚拟水含量的差异。Thevs 等（2015）综合利用卫星遥感和作物系数方法，比较了土库曼斯坦棉花用水的差异。Rudenko 等（2013）在估算棉花需水量时，考虑了冲洗土壤中盐分、灌溉输水损失和灰水 3 个方面的用水量，这导致了较高的棉花虚拟水含量（6819 m^3/t），而 Hoekstra 和 Hung(2002)在不考虑灌溉输水损失和灰水的情况下的虚拟水含量仅为 3642 m^3/t。第三，从生产角度（出口国）和消费角度（进口国）考虑，对同一种作物也会因自然地理条件、用水效率、耕作措施、管理措施、作物品种等差异导致不同虚拟水含量，因此尽管相等重量的贸易量也会产生不同的虚拟水贸易量。本研究聚焦评价虚拟水贸易对中亚五国水资源安全的影响，因此在中亚对外贸易中，无论进口和出口，只采用了中亚五国的虚拟水含量参数；同样在区域内贸易中，分析某一个国家的贸易特征时，无论进口和出口都使用该国的虚拟水含量。

即使在虚拟水贸易量估算中存在不确定性，本研究结果仍然具有一定的可靠性。本研究估算的 2000—2018 年中亚对外贸易净出口的虚拟水量为 15.6 km^3/a，接近 Hoekstra 和 Chapagain(2008)估算的 16.7 km^3/a 的虚拟水出口量。另外，本研究估算的乌兹别克斯坦 2000 年通过棉花贸易向国外净出口 8.0 km^3 的虚拟水量，接近 Martinez-Aldaya 等(2010)估算的 1997—2001 年平均的出口量(7.9 km^3/a)。

(2)虚拟水贸易对中亚水资源的影响

①虚拟水贸易对中亚区域水资源的影响

全世界农业消耗的蓝水中大约 24%用于国际农产品贸易的生产(Porkka et al.，2012)。本研究表明中亚地区仅通过棉花和小麦贸易对外净输出虚拟水流出量为 15.6 km^3/a，其中蓝水为 9.5 km^3/a(占比 61%)，该部分蓝水量为作物生产所消耗的净蓝水资源量。如果考虑灌溉过程中的各种水资源损失（灌溉用水效率为 0.33），实际净出口的蓝水资源量高达 28.7 km^3/a，该部分水量占中亚五国农业生产总取水量（108.7 km^3/a）的 26.5%（FAO，2013）。本研究还仅考虑了棉花和小麦产品的贸易，如果包含其他农作物的产品，实际净输出的蓝水量可能会更高。因此，与全球估算的 24%的比例相比(Porkka et al.，2012)，中亚农作物产品虚拟水贸易对当地水资源的影响更高，加剧了农业水资源的消耗。

根据 FAO(2013)的统计，中亚地区可更新水资源量为 227.6 km^3/a，取水量为 124.6 km^3/a，实际的水资源压力指数 WTA(取水量与可更新水资源量的比值)为 0.55，属于高水资源压力（>0.4 为高水资源压力标准）。包括损失在内，目前出口的蓝水资源量(28.7 km^3/a)占中亚可更新水资源总量的 12.6%，若减少该部分蓝水（小麦和棉花净输出蓝水为零），中亚地区水资源压力指数将降至 0.42，接近中高水资源压力水平(0.2～0.4)，农业取水量降至 95.9 km^3/a。

②虚拟水贸易对中亚各国水资源的影响

整体评价虚拟水贸易对中亚水资源的影响往往会忽略对不同国家更深远的影响，如 Porkka 等(2012)指出，取消农产品出口对该地区水资源压力的影响不大。而实际上，虚拟水贸易对不同国家的影响差异很大，从 3 个净出口国（哈萨克斯坦、乌兹别克斯坦和土库曼斯坦）的情况来看，取消虚拟水出口对不同国家的影响是不同的。对哈萨克斯坦来说，尽管虚拟水出口量很大，但由于绿水在小麦生产中占主导地位，取消农作物产品贸易对哈萨克斯坦水资源压力的直接影响并不大。值得注意的是，绿水对区域水循环有一定的间接影响，因为：(a)为储蓄更多的雨水，耕地可能会被整平，这会增加作物生长季的蒸散量和非生长季土壤水分的蒸发量。同时，还会减少雨水对水文系统其他组成部分的补给，如该区域的地表水和地下水。(b)全球约 80%的雨养农田(Rosa et al.，2018)，一旦种植上农作物，将降低其他土地类型（如森林、草地或建设用地)利用绿水的潜力(D'Odorico et al.,2019)。减少虚拟水输出对乌兹别克斯坦和塔吉克斯坦影响更大,因为乌兹别克斯坦和土库曼斯坦这两个国家的水资源压力最大,又通过棉花贸易输出了大量的蓝色虚拟水,乌兹别克斯坦的蓝水出口量(包括损失)占可更新水资源的比例为 40.7%,而土库曼斯坦为 21.1%,是水资源压力受贸易影响最严重的两个国家,因此取消农产品贸易对其缓解水资源压力更有意义。

在目前的贸易模式下,取消蓝水出口将使乌兹别克斯坦的水资源压力指数从 1.15 减少到 0.74(取水量从 56 km^3/a 减少到 36.1 km^3/a),土库曼斯坦的水资源压力指数从 1.13 减少到 0.92(取水量从 28.0 km^3/a 减少到 0.92 km^3/a)。与此同时,这两个国家在中亚内部贸易中从哈萨克斯坦进口的小麦虚拟水也有助于减轻其水资源压力。在研究时段内,乌兹别克斯坦和土库曼斯坦分别从哈萨克斯坦进口了 34.5 km^3 和 2.2 km^3 的虚拟水,全部来自绿水。然而,这是根据哈萨克斯坦的虚拟水含量系数估算的。如果这两个国家自己生产小麦,乌兹别克斯坦就会消费其水资源量 31.1 km^3(其中蓝水 20.7 km^3),土库曼斯坦将消耗水资源量 2.6 km^3(其中蓝水 2.0 km^3),考虑到灌溉损失,需要消耗的灌溉取水量将分别达到 62.7 km^3 和 6 km^3,两国缺水问题将进一步恶化。

(3)虚拟水贸易的变化与预测

尽管减少原棉或棉花产品的出口有利于中亚(尤其乌兹别克斯坦和土库曼斯坦)的水资源安全和生态环境的可持续性,但目前通过减少虚拟水输出缓解水资源压力的可行性不高,因为减少贸易将损害国家的收入以及农民的收入。棉花出口对乌兹别克斯坦 GDP 的贡献很大,占 GDP 的 13%(Djanibekov et al.,2018),涉及 30%的农村人口就业问题。同样,棉花出口占土库曼斯坦 GDP 的 8%,并雇佣了该国近一半的劳动力(Djanibekov et al.,2010)。

国家政府通过配额和补贴等措施对棉花的生产实行高度管理,如在乌兹别克斯坦,2008 年以前棉花出口的增长是由于低税收,这减轻了棉花生产者的经济负担,导致了更高的产量和出口(MacDonald,2012)。2008 年后棉花出口的下降是由于高税收和粮食安全水平不高造成的,在 2008 年世界粮食价格创历史新高(Josling et al.,2010),哈萨克斯坦(乌兹别克斯坦小麦的主要进口国)颁布了粮食出口禁令。为应对国际贸易政策的变化和粮食安全,乌兹别克斯坦宣布一些地区从种植棉花转向种植谷物(MacDonald,2012),随后该国的棉花出口也大致呈下降趋势。在土库曼斯坦,2014 年以前棉花出口的增长得益于灌溉土地的扩张(Lerman et al.,2012),2014 年后棉花出口的下降是由棉花价格下跌引起的(Batsaikhan et al.,2017)。

最近各国政府开始鼓励扩大种植水果和蔬菜等高价值作物(Lombardozzi,2020),并计划禁止原棉出口,推动加强在纺织和服装行业高价值成品和半成品的投资生产(USDA,2020)。乌兹别克斯坦和土库曼斯坦政府采取了一系列政策,鼓励种植小麦,以促进粮食自给自足(Svanidze et al.,2019)。由于这些国家宏观政策,乌兹别克斯坦和土库曼斯坦的原棉和小麦出口预计在将来呈下降趋势。然而,农产品出口量的减少并不完全等于出口虚拟水量的减少,因为:①水果和蔬菜是高度耗水作物,有提高出口虚拟水量的风险;②从原棉到纺织品的增值过程也增加了产品的虚拟水含量,纺织品出口量的增长存在提高出口虚拟水量的风险。从长远来看,中亚在世界虚拟水贸易中的份额可能会下降。由于区域间虚拟水贸易的增加和不可持续的虚拟水输出,预计到 2100 年中亚将成为虚拟水进口国(Rosa et al.,2019;Graham et al.,2020)。

在当前贸易和农业生产形式下,通过农业节水措施减少灌溉用水量可能是降低中亚地区水资源压力的更有效措施。而对于雨养作物，由于降水参与农田水循环过程对水资源压力产生间接影响，通过提高旱作农田水分利用效率、控制种植面积对缓解中亚水资源压力同样具有重要意义。

6.2.2.5 结论

在中亚水资源压力形势严重和环境退化的情景下，虚拟水贸易在中亚水资源管理中的作用至关重要。了解虚拟水贸易流动的构成和变化趋势，对于明晰区域水资源演变过程和制定科学的水资源管理对策具有重要意义。本研究阐明了中亚地区主要农产品(棉花、小麦和畜牧产品)的虚拟水贸易特征，系统分析了 2000—2018 年中亚对外及内部贸易中虚拟水贸易量和流动方向，并讨论了蓝水出口对中亚及各国水资源的影响。

中亚对外贸易出口虚拟水为 15.6 km^3/a，其中 10.2 km^3/a 来源于棉花出口，5.4 km^3/a 来源于小麦出口，对外贸易通过畜牧产品进口虚拟水量为 2.8 km^3/a；中亚内部贸易中的虚拟水量(3.8 km^3/a)占到对外净输出虚拟水量(12.8 km^3/a)的 30%，主要以小麦贸易的形式从哈萨克斯坦流向其他 4 个国家。

哈萨克斯坦是中亚最大的虚拟水净出口国，小麦占虚拟水出口总量的 94%。乌兹别克斯坦是中亚第二大的净虚拟水出口国，棉花占虚拟水出口总量的 98%。鉴于不同国家农作物耗水绿水/蓝水的比例不同，乌兹别克斯坦和土库曼斯坦的水资源受农业出口贸易的影响最大，因为输出了大量蓝水资源量。哈萨克斯坦受出口贸易的直接影响较小，因为其小麦生产中绿水占据绝对主导地位。

6.2.3 农产品贸易导致的区内外虚拟土流通

6.2.3.1 研究目的和意义

全球土地资源需求量的 1/4 用于虚拟土贸易(Weinzettel et al.,2013)，日益活跃的农产品贸易对不同国家或地区间的土地资源进行重新分配，促进了土地资源的安全和合理利用，但同时也会改变甚至加剧出口国家或地区的土地资源压力。一些发展中国家农业生产方式较为粗放，农业生产效率明显低下，生态环境严重恶化，农产品贸易对其土地资源的影响更需要系统的评估(Liu et al.,2021)。农业是中亚传统主导产业，土地资源密集型农产品贸易在国际市场中占据重要的地位，由于咸海萎缩带来的巨大生态灾难，虚拟水贸易作为中亚水资源输出的重要方式，一直是该区域研究的热点(Zhou et al.,2021;Carr et al.,2013;D'Odorico et al.,2019)，而针对虚拟土贸易的研究很少。中亚还将长期依靠农产品贸易(尤其棉花和小麦)不断推动经济社会发展，提升人民生活水平，因此虚拟土贸易研究不容忽视。本研究以中亚最主要的两种农作物(小麦、棉花)为例，分析 2000—2020 年中亚地区虚拟土贸易的时空变化趋势，阐明对外和内部贸易中的虚拟土流动特征，对实现土地资源的优化配置和经济社会发展提供重要数据支撑。

6.2.3.2 研究方法

将不同农产品的贸易量(t/a)乘以各自的虚拟土含量(hm^2/t)，计算出不同农产品的虚拟土贸易量，虚拟土含量表示不同国家生产每吨农产品所需的土地资源量，农作物产品的虚拟土含量在数值上等于单位面积产量的倒数。对于畜牧产品，由于动物生活和畜牧产品的加工生产过程所占用的土地资源相对很少，为简化计算，在计算畜牧产品的虚拟土含量时，只考虑动物饲养过程中饲料作物的虚拟土含量。由于中亚畜牧产品以进口为主，并且贸易量较少，

2000—2018年均净进口肉类、活体动物及蛋奶等类共计仅32.5万t(Chatham,2018),因此,本研究只评估小麦和棉花两大主要农作物的虚拟土贸易量。

首先下载贸易量和产量两大类数据,其中,①贸易量数据:主要包括中亚五国的小麦、棉花及产品的进出口贸易量,2000—2020年数据来自英国皇家国际事务研究所的全球资源贸易数据库(Chatham,2018)。下载的农产品贸易数据中包含原材料、中间产品和副产品;小麦数据包括小麦、硬质小麦、蒸粗麦粉、小麦面筋、小麦面粉等贸易量;棉花数据包括皮棉、棉纱和棉线等贸易量。②产量类数据:为准确评估虚拟土贸易量,采用与当年贸易相对应的产量而非恒定产量,2000—2020年小麦、棉花的产量,来源于FAO的FAOSTAT数据库。另外,由于不同国家产量的差异,相同的贸易量往往对应不同的虚拟土资源量。为准确评价虚拟土贸易对中亚及不同国家土地资源的影响,在估算虚拟土贸易量时,出口虚拟土资源量从生产国角度进行分析,进口虚拟土资源量从消费国的角度进行分析,采用消费国的虚拟土含量参数;内部贸易中,仅从生产国角度进行虚拟土贸易的分析。

尽管农产品贸易包括原材料和加工产品两大类,它们具有不同的虚拟土含量,对于棉花(皮棉)而言,2000—2018年加工产品(如棉纱和棉线)的贸易量占总贸易量的17%,对于小麦而言,小麦加工产品的贸易量仅占总贸易量的1.8%(Chatham,2018),为简化计算,本研究采用了与虚拟水贸易估算同样的处理方式,忽略了原材料和加工产品之间虚拟土含量的差异。

6.2.3.3　研究结果

(1)中亚对外虚拟土贸易

①中亚对外虚拟土贸易特征

扣除中亚五国内部贸易,图6.12为2000—2020年中亚对外贸易中净出口棉花和小麦的贸易量及分别对应的虚拟土贸易量。图6.12表明,研究时段内中亚通过棉花和小麦贸易平均净出口分别为107.2万t/a(共2252万t)和367.9万t/a(共7726万t),对应虚拟土净出口量分别为158.5万hm^2/a(共3329万hm^2)和347.0万hm^2/a(共7286万hm^2)。两种作物共计净出口量为475.1万t/a(10615万hm^2),其中棉花占比为22.6%,小麦占比为77.4%;两种作物共计虚拟土净出口量为505.5万hm^2/a,其中棉花占比为31.4%,小麦占比为68.6%。

从不同国家的棉花虚拟土净出口量来看(图6.12),乌兹别克斯坦、土库曼斯坦、塔吉克斯坦、哈萨克斯坦和吉尔吉斯斯坦的净出口量依次减少,对应的平均净出口量分别为87.0万hm^2/a(54.9%)、38.8万hm^2/a(24.4%)、15.3万hm^2/a(9.7%)、14.1万hm^2/a(8.9%)和3.3万hm^2/a(2.1%)。从不同国家的小麦虚拟土净出口量来看(图6.12d),哈萨克斯坦净出口量高达345万hm^2/a,占比为99.4%;乌兹别克斯坦和土库曼斯坦净出口量为3.2万hm^2/a(0.9%)和0.7万hm^2/a(0.2%);塔吉克斯坦和吉尔吉斯斯坦为小麦虚拟土净进口国,净进口量共计为1.9万hm^2/a。两种作物综合考虑,哈萨克斯坦贸易量最大,虚拟土净出口量为359.1万hm^2/a(71.0%);其次为乌兹别克斯坦,虚拟土净出口量为90.2万hm^2/a(17.9%);排在第三位的为塔吉克斯坦,虚拟土净出口量为39.5万hm^2/a(7.8%);塔吉克斯坦和吉尔吉斯斯坦共计16.7万hm^2/a(3.3%)。

从变化趋势看,2007年是中亚棉花贸易的转折点,2007年以前棉花虚拟土净出口量呈上升趋势,之后呈下降趋势,2016—2020年135万hm^2/a(对应85万t/a)。小麦不同年份净出口量变化较大,变化在164万～645万t/a,2012年达到最高,总体趋势相对稳定,而虚拟土净出口量变化在143万～814万hm^2/a,总体呈轻微下降趋势,2016—2020年271万hm^2/a,表

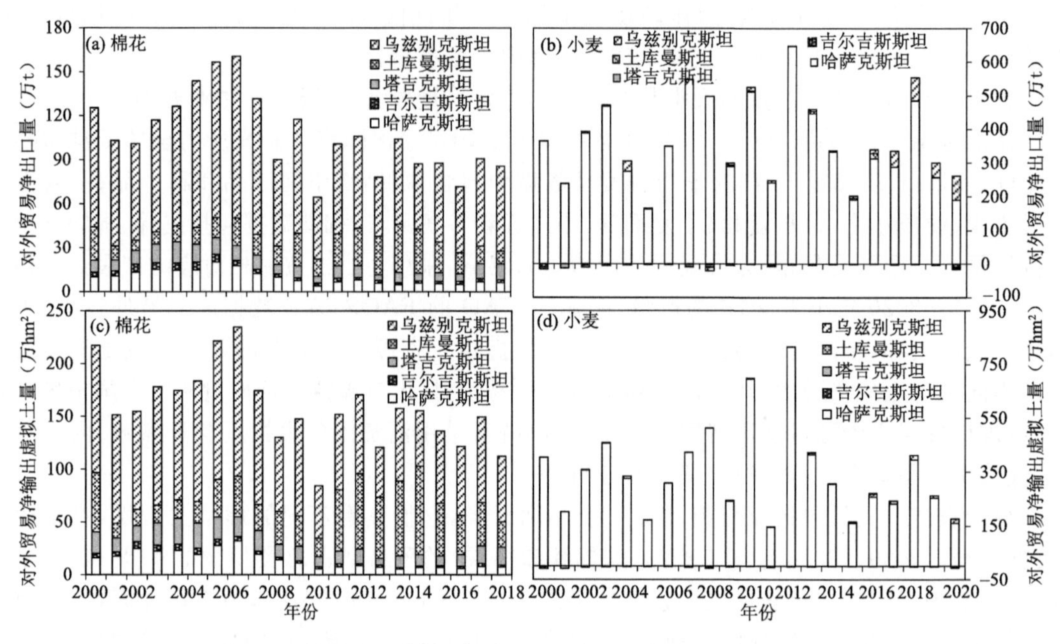

图 6.12　2000—2020 年中亚对外贸易中小麦和棉花的净出口量及对应的虚拟土贸易量

明小麦生产水平有一定的提升。

②中亚对外虚拟土贸易伙伴

图 6.13 为 2000—2020 年中亚对外虚拟土贸易的主要伙伴。根据虚拟土的流向，亚洲（不包括中亚）是中亚最大的小麦和棉花贸易伙伴，累计进口虚拟土为 6411 万 hm²（305.3 万 hm²/a），小麦和棉花分别为 209.5 万 hm²/a 和 95.8 万 hm²/a，二者占中亚净输出虚拟土总量的 60.4%；在亚洲伙伴中，北亚的贸易量最大（占总量的 30.6%），其次为南亚（19%）和东亚（10%），东南亚最少（0.8%）。欧洲是中亚的第二大贸易伙伴，贸易量占中亚净输出虚拟土总量的 21.6%；其次是非洲，虚拟土贸易量占中亚总量的 17.9%；美洲和大洋洲与中亚的虚拟土贸易仅占 0.1%，可以忽略不计。

按照贸易量从大到小分别进行阐述，2000—2020 年，北亚作为中亚最大的贸易伙伴，分别通过小麦和棉花贸易从中亚进口 2565 万 hm² 和 678 万 hm² 的虚拟土，平均分别为 122.1 万 hm²/a 和 32.3 万 hm²/a（共 154.4 万 hm²/a）；欧洲与中亚的贸易量排在第二，分别通过小麦和棉花贸易累计从中亚进口 1171 万 hm² 和 1119 万 hm² 的虚拟土，平均分别为 55.8 万 hm²/a 和 53.3 万 hm²/a（共 109.1 万 hm²/a）；排在第三位的南亚分别通过小麦和棉花贸易从中亚进口 72.4 万 hm²/a 和 23.9 万 hm²/a 的虚拟土（96.3 万 hm²/a），排在第四位的非洲分别通过小麦和棉花贸易从中亚进口 81.7 万 hm²/a 和 8.9 万 hm²/a 的虚拟土（共 90.6 万 hm²/a）；东亚分别通过小麦和棉花贸易从中亚进口 12.9 万 hm²/a 和 37.8 万 hm²/a 的虚拟土（共 50.7 万 hm²/a）；美洲和大洋洲与中亚的虚拟土贸易可以忽略不计，年均不足 0.5 万 hm²/a。

（2）中亚内部虚拟土贸易特征

①中亚内部虚拟土贸易特征

仅考虑中亚五国内部贸易时，指某一国家出口到其他 4 个国家的贸易量，虚拟土贸易量从生产国/出口国角度进行估算。图 6.14 为 2000—2020 年中亚内部贸易中不同国家棉花和小

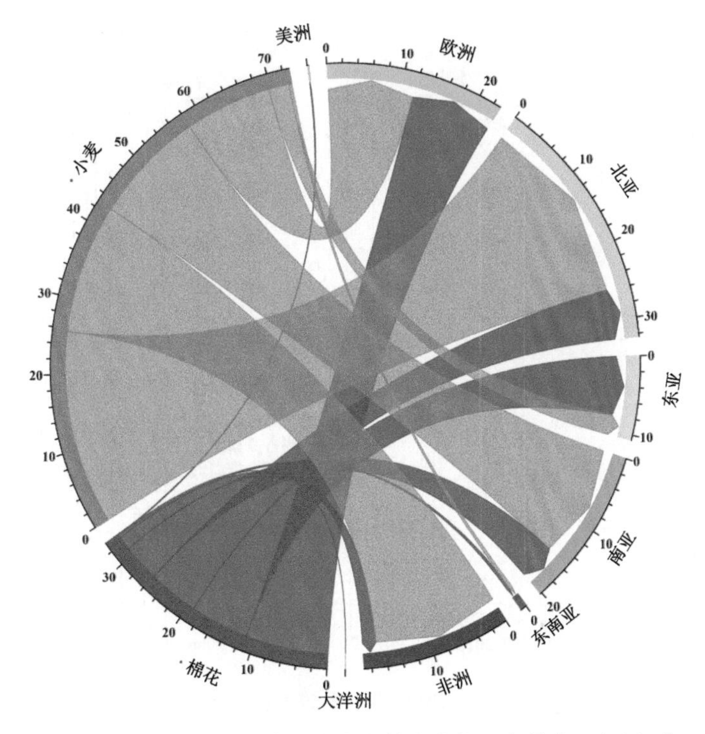

图 6.13　2000—2020 年中亚小麦和棉花虚拟土贸易流(百万 hm²)

麦的贸易量及分别对应的虚拟土贸易量。研究时段内小麦贸易量为 255.1 万 t/a(共 5357 万 t),对应的虚拟土贸易量为 233.3 万 hm^2/a(共 4899 万 hm^2);而棉花贸易量仅为 1.0 万 t/a(共 21 万 t),对应的虚拟土贸易量为 1.5 万 hm^2/a(共 31 万 hm^2)。两种作物共计贸易量为 256.1 万 t/a,其中小麦占比高达 99.6%,而棉花仅占比 0.4%;两种作物共计虚拟土贸易量为 234.8 万 hm^2/a,其中小麦占比高达 99.4%,而棉花仅占比 0.6%。

从不同国家的棉花虚拟土出口量来看(图 6.14),乌兹别克斯坦和塔吉克斯坦占比都超过 40%,但出口量仅 0.6 万～0.7 万 hm^2/a,其余 3 个国家出口量更低,仅为 0.1 万 hm^2/a;从不同国家的小麦虚拟土出口量来看(图 6.14d),哈萨克斯坦出口量高达 233 万 hm^2/a,占比为 99.9%,其余 4 个国家仅占比 0.1%。两种作物综合考虑,哈萨克斯坦贸易量最大,虚拟土出口量为 233.1 万 hm^2/a(99.3%),其余 4 个国家仅 1.6 万 hm^2/a(0.7%)。

从变化趋势看,2005—2007 年是中亚内部棉花贸易高峰期(贸易量 4.2 万 t/a,虚拟土贸易量 6.4 万 hm^2/a),其次为 2019—2020 年(贸易量 1.8 万 t/a,虚拟土贸易量 2.7 万 hm^2/a),其余年份交易量仅为 0.4 万 hm^2/a。小麦内部贸易持续显著上升,贸易量从 2000 年的 27.6 万 t/a 增加到 2020 年的 459 万 t/a,是原来的 16.6 倍;对应的虚拟土贸易量从 2000 年的 29.8 万 hm^2/a 增加到 2020 年的 386 万 hm^2/a,是原来的 13 倍。

②中亚内部虚拟土流向特征

在内部小麦和棉花共 234.8 万 hm^2/a 的虚拟土总贸易量中,小麦占有绝对优势,达到 233.3 万 hm^2/a(占 99.4%);从小麦虚拟土的出口国来看,基本都来自哈萨克斯坦,出口量高达 233 万 hm^2/a(占 99.9%);从小麦虚拟土的进口国来看,流入到乌兹别克斯坦虚拟土量最多,为 129.5 万 hm^2/a,占比达到一半以上(55.5%),其次为塔吉克斯坦,为 68.7 万 hm^2/a,占

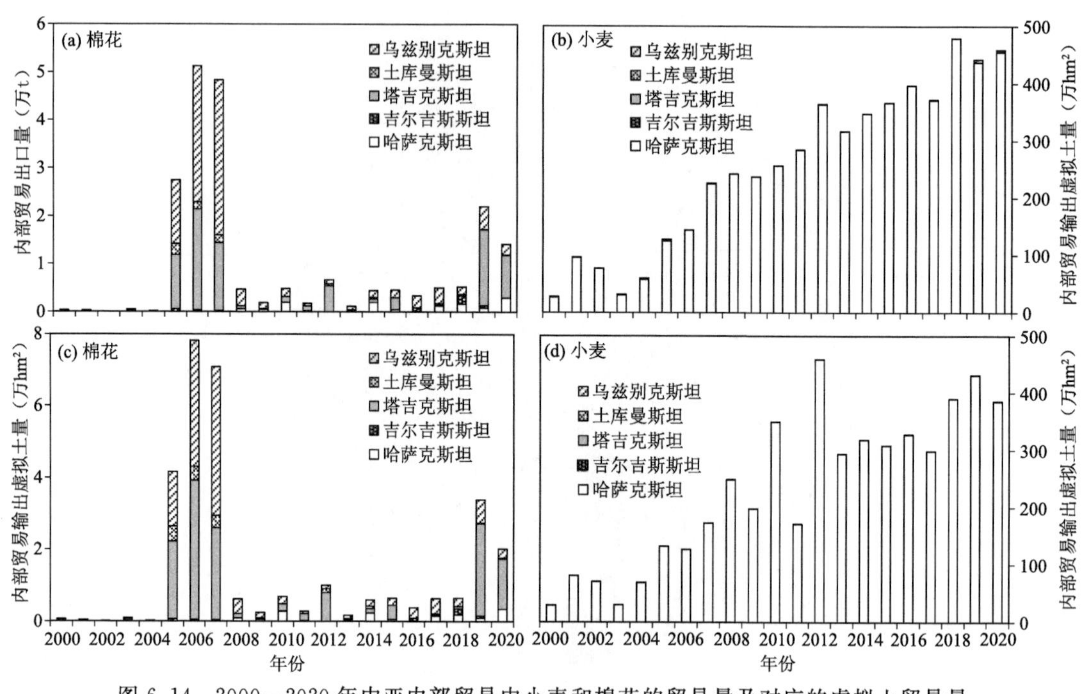

图 6.14　2000—2020 年中亚内部贸易中小麦和棉花的贸易量及对应的虚拟土贸易量

比接近 1/3(29.4%)，吉尔吉斯斯坦(26.8 万 hm^2/a，占 11.5%)和土库曼斯坦(8.3 万 hm^2/a，占 3.6%)分别排在第三位和第四位，哈萨克斯坦进口量基本没有；所有小麦虚拟土进口基本来源于哈萨克斯坦。对于棉花贸易，虚拟土贸易量仅仅 1.5 万 hm^2/a，从出口国来看，塔吉克斯坦和乌兹别克斯坦分别占 47.8%和 40.5%；从进口国来看，74.7%输入到哈萨克斯坦(1.1 万 hm^2/a)，15.2%输入到乌兹别克斯坦(0.2 万 hm^2/a)，其余国家进口量更低，不足 0.1 万 hm^2/a(图 6.15)。

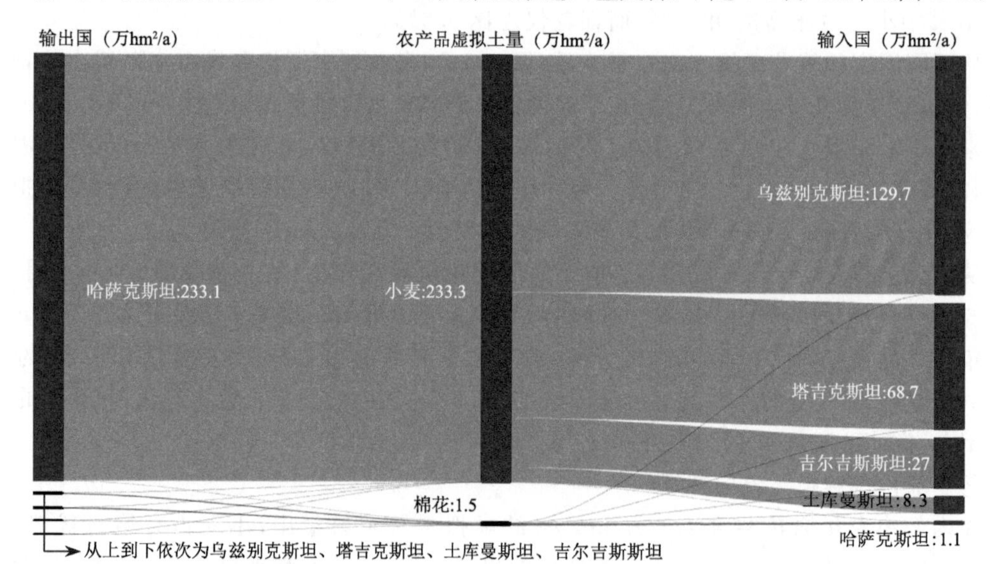

图 6.15　2000—2020 年中亚内部虚拟土贸易流动
(虚拟土从出口国(左)通过不同农产品贸易(中)流入到进口国(右)，数字为对应的虚拟土量)

从出口贸易总量看，哈萨克斯虚拟土出口虚拟土总量最多，为 233.1 万 hm^2/a(99.3%)；从进口虚拟土贸易总量看，不同国家的占比与小麦类似，乌兹别克斯坦虚拟土量最多，为 129.7 万 hm^2/a(55.3%)，其次为塔吉克斯坦(68.7 万 hm^2/a, 29.2%)、吉尔吉斯斯坦(27.0 万 hm^2/a, 11.5%)、土库曼斯坦(8.3 万 hm^2/a, 3.5%)，哈萨克斯坦进口量相对出口量可以忽略不计(1.1 万 hm^2/a, 0.5%)。

(3)中亚对外与内部虚拟土贸易比较

从中亚对外与内部不同农产品虚拟土贸易量的比较来看(图 6.16)，小麦在中亚内部虚拟土贸易量占比为 40.2%(233.3 万 hm^2/a)，对外净出口虚拟土量占比为 59.8%(347 万 hm^2/a)；棉花虚拟土基本都输出到境外，占比为 99.1%(158.5 万 hm^2/a)，而内部虚拟水贸易量不足 1%，年均仅为 1.5 万 hm^2；两种农产品内部虚拟土贸易总量为 234.8 万 hm^2/a，对外净出口 505.5 万 hm^2/a，共计 740.2 万 hm^2/a，其中内部虚拟土贸易量占到净出口总量的 46.4%，占到内部和外部贸易总量的 31.7%。

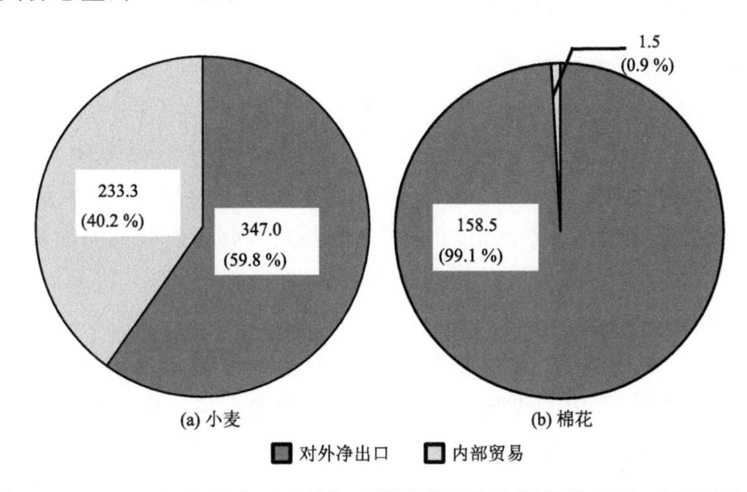

图 6.16　2000—2018 年中亚对外与内部平均虚拟土贸易量(万 hm^2/a)及比例

6.2.3.4　小结

本节阐明了中亚地区主要农产品(棉花和小麦)的虚拟土贸易特征，系统分析了 2000—2020 年中亚对外及内部贸易中虚拟土贸易量和流动方向。

中亚对外贸易净出口虚拟土量为 505.5 万 hm^2/a，其中 347 万 hm^2/a 来源于小麦出口，158.5 万 hm^2/a 来源于棉花出口；根据虚拟土的流向，亚洲(不包括中亚)是中亚最大的小麦和棉花贸易伙伴，年均进口虚拟土为 305.3 万 hm^2/a(占比 60.4%)，欧洲是第二大贸易伙伴(占比 21.6%)；从总体变化趋势看，棉花虚拟土净出口量呈下降趋势，2016—2020 年 135 万 hm^2/a；小麦虚拟土净出口量呈轻微下降趋势，2016—2020 年 271 万 hm^2/a。

中亚内部贸易中的虚拟土量为 234.8 万 hm^2/a(小麦占比 99.4%)，占到对外净输出虚拟土量的 46.4%，占到内部和外部贸易总量的 31.7%，基本都是以小麦贸易的形式从哈萨克斯坦流向其他 4 个国家。从变化趋势看，小麦内部贸易持续显著上升，虚拟土贸易量从 2000 年的 29.8 万 hm^2/a 增加到 2020 年的 386 万 hm^2/a，是原来的 13 倍；棉花内部贸易量很低，年均仅 1.5 万 hm^2/a，只存在典型年份偏高的现象。

6.3 中亚农产品贸易对水土资源承载力的影响

水土资源是生产与生活的基本资料，对维持国家的基础生活需求起着至关重要的作用(Duan et al.,2019;Zhang et al.,2019)。中亚五国以灌溉农业为主，但水土资源存在长时间的供给不足和匮乏现象，这将严重影响中亚五国由低产的传统农业向由科学技术支撑的高产农业形式的转变(Riquelme et al.,2005;Sun et al.,2019)。与此同时，水土资源匹配格局及其承载力是衡量某一区域水土资源与该区域人类生产生活方式及生态环境协调程度的重要指标因素。因此，在保障中亚地区粮食安全与生态安全的基础上，需要对中亚地区基础资源的当前现状及承载力等进行研究，全面了解中亚地区基础资源在循环发展及优化配置方面的基本状况。研究成果将对中亚地区这两种基础资源的可持续高效利用以及缓解当地用水问题具有重要指导意义。

6.3.1 农产品贸易对水土资源的影响

6.3.1.1 农产品贸易对水资源的影响

农业生产导致用水量越来越大，加重了中亚地区水系统的负担。在这种情况下，农业(尤其是种植业)用水预计会给中亚地区水系统带来巨大压力，使水资源短缺、水污染和生态破坏问题恶化。水足迹评估通常用于了解国家农作物的水压力。特别是，蓝水足迹(BWF)被视为衡量种植业对水资源影响的指标(Soligno et al.,2019)。因此，研究人类活动主导下的农作物蓝水足迹，有利于农业生产中水资源的可持续管理。

基于6.1.1中的农作物水足迹计算方法，从联合国粮食及农业组织数据库(FAOSTAT)中收集了26 a(1992—2017年)146种主要农作物的生产数据。在数据库中，获得了世界上180个国家的农作物产量、产量和收获面积、农村人口和总人口。由于每个国家都有不同的农作物列表，Ma等(2021)将146种农作物分为谷物(Cereals)、根茎类(Roots and tubers)、糖料作物(Sugar crops)、豆类(Pulses)、坚果(Nuts)、油料作物(Oil crops)、蔬菜(Vegetables)、水果(Fruits)、饮料类(Stimulants)、香料(Spices)、植物纤维(Fibres,vegetal origin)、烟草(Tobacco)、橡胶(Rubber)13大类。为了研究不同条件下(全球、区域和国家)农作物蓝水足迹的变化情况，进一步将180个国家按照联合国区域划分标准划分为东亚(East Asia)、东南亚(Southeast Asia)、南亚(South Asia)、中亚(Central Asia)、西亚(West Asia)、北欧(North Europe)、东欧(East Europe)、中欧(Central Europe)、西欧(West Europe)、南欧(South Europe)、北非(North Africa)、中非(Central Africa)、东非(East Africa)、西非(West Africa)、南非(South Africa)、南美洲(South America)、北美洲(North America)、大洋洲(Oceania)18个区域。

相比之下，18个地区中有7个地区的种植业蓝水足迹下降，这7个地区分别是东亚、中亚、北欧、东欧、西欧、南欧和北美洲。在这些区域中，中亚、西北欧和西南欧的农作物蓝水足迹显著下降。中亚地区农作物蓝水足迹减少主要发生在1992—2002年，到2002年累计变化率最高，为27.1%。在大洋洲，种植业的蓝水足迹在1992—2017年间波动，2008年的累积变化率最高，为28.5%。中亚地区农作物蓝水足迹的减少主要是由乌兹别克斯坦(贡献率为60.1%)和哈萨克斯坦(贡献率为26%)引起的。研究表明了1992—2017年期间不断变化的国家蓝水足迹和不断发展的农作物蓝水足迹之间的关系。据量化，全球62.2%的国家在26年间增加了农作物蓝水足迹，其他68个国家(37.8%)出现了蓝水足迹减少。不同的国家表现出不同的农作物规模对全国蓝水足迹变化的贡献模式。谷物被认为是减少国家蓝水足迹减少的主要来源，其次是油料作物。包括沙特阿拉伯、伊朗、美国、中国在内的这些蓝水足迹大幅减少的国家显示，谷物中的蓝水足迹减少，贡献率分别为95.2%、81.5%、73.3%和68.3%。油料作物的蓝水足迹减少主要出现在乌兹别克斯坦(69.8%)、苏丹(31.3%)和中国(25.8%)，其中古巴的蓝水足迹有所下降，特别是由于糖料作物的蓝水足迹减少(89.7%)。

在世界范围内，农作物生产通常消耗很大比例的区域/国家水资源。全球农作物蓝水足迹在1992—2017年间显著增加，这种情况给全球水资源可持续性带来了巨大挑战。此外，全球人口的发展可能在很大程度上促进了种植业规模的扩大。据观察，在1992—2017年期间，世界人口增长了27.1%。据预测，世界人口将从2015年的72亿增加到2050年的96亿，导致全球农产品需求增长70%(Gilbert,2012)。在这种情况下，从长远来看，水密集型农作物预计会给全球水系统带来越来越大的压力。

6.3.1.2 农产品贸易对土地资源的影响

在过去的100年里，密集的土地开发和水的使用导致了严重的环境退化，如咸海、土壤盐化和沙漠化(Mannig et al.,2018)。由于缺乏与中亚有关的可用数据，Martius(2004)基于作物分类、作物产量和实际蒸散发量，计算和评估锡尔河流域的水分生产率和作物生产率。同时，Kulmatov(2014)讨论了乌兹别克斯坦水资源和灌溉土地资源的合理利用、保护和管理问题，分析了2000—2009年主要经济部门(灌溉、工业和饮用水供应)的水资源利用情况。基于“压力一状态一响应”的概念，Ji等(2009)建立了中亚地区水土资源安全状态指数，并对水土资源开发及其安全状态指数进行了分析比较。

在水和可耕地区域性短缺的背景下，未来几十年最大的挑战将是增加粮食生产，以确保稳定增长的世界人口的粮食安全，特别是在水和土地资源有限的国家(Smith,2000)。世界上大多数国家将60%～80%的水资源用于农业生产，这一数字在干旱和半干旱国家上升到80%以上(Smith,2000)。随着土地利用和水资源的压力越来越大，世界上一些干旱和半干旱地区已经成为农业生产发展的重点。事实上，最大限度地提高这些地区的农业生产率不仅已成为地方政府的主要关切，也是地区和国家当局的主要关切，因为当地的农业问题会对周边管辖区产生广泛影响。

开发中亚地区的水和土地资源——被称为咸海危机——是中亚丝绸之路经济带建设中遇到的最突出的环境问题，因为该项目以促进绿色生态环境和稳定的社会环境为中心进行可持续发展(Howard et al.,2016;Guo et al.,2015;Xu,2017;Yang et al.,2010)。然而，这一愿景与该流域目前的水土资源利用现状形成了鲜明对比。因此，分析中亚地区水土资源的利用和效率十分必要，旨在为中亚地区的可持续发展提供科学依据及水资源管理策略。研究成果旨在为丝绸之路建设提供参考，实现受影响地区水土资源的可持续高效利用(Zhang et al.,2019)。

咸海盆地(ASB)位于欧亚大陆中部56°—78°E,33°—52°N。它包括塔吉克斯坦的大部分地区(TJK,99%)、土库曼斯坦(TKM,95%)和乌兹别克斯坦(UZB,95%)、吉尔吉斯斯坦的一半以上(KGZ,59%)、阿富汗北部的1/3以上(AFG,38%)、哈萨克斯坦的克孜洛尔达州和南哈萨克斯坦的近1/8(KAZ,13%)穆尔加布盆地的一小部分，该盆地总面积为176×10^4 km^2(FAO,2013)。

(1)土地资源利用效率的时间变化

咸海盆地的总可灌溉面积为508.675×10^4 hm^2，其中乌兹别克斯坦可灌溉面积为318.50

$\times 10^4$ hm^2，占咸海盆地总可灌溉面积的 62.6%（图 6.17）。种植的主要农作物有棉花、小麦、水稻、玉米、果树和蔬菜。2000—2014 年，棉花、小麦、水稻和玉米占总灌溉农田面积的 76.55%。全年棉花面积约为 185.26 $\times 10^4$ hm^2（41.15%），其次是小麦 105.85 $\times 10^4$ hm^2（23.51%）、玉米 29.55 $\times 10^4$ hm^2（6.56%）、水稻 23.98 $\times 10^4$ hm^2（5.33%）。根据世界食品生产统计（https://www.statista.com/register/premiumaccount/），乌兹别克斯坦和土库曼斯坦 2017 年棉花产量分别位居世界第八和第九。咸海盆地中的农作物灌溉面积不断增加，这意味着它正在接近甚至超过可灌溉面积。也就是说，灌溉农田的开发程度已经接近饱和。

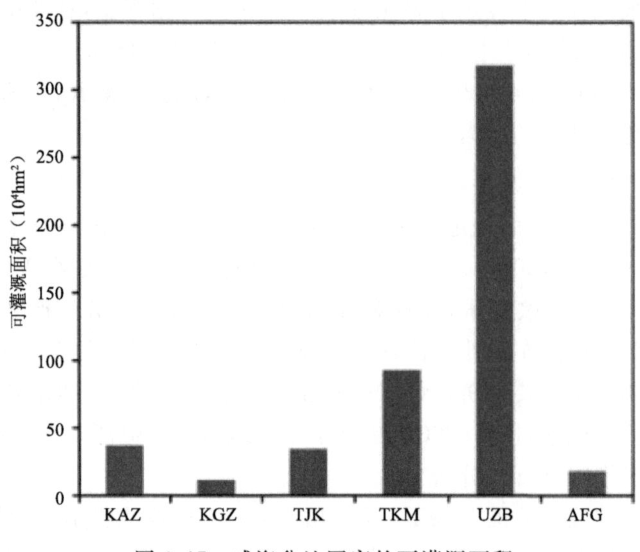

图 6.17 咸海盆地国家的可灌溉面积

图 6.18 显示了 2000—2014 年咸海盆地国家中小麦、棉花和水稻产量的时间变化趋势。农作物总产量变化显示出稳定的趋势，2009 年达到峰值，为 1257.12 $\times 10^4$ t，2000—2014 年平

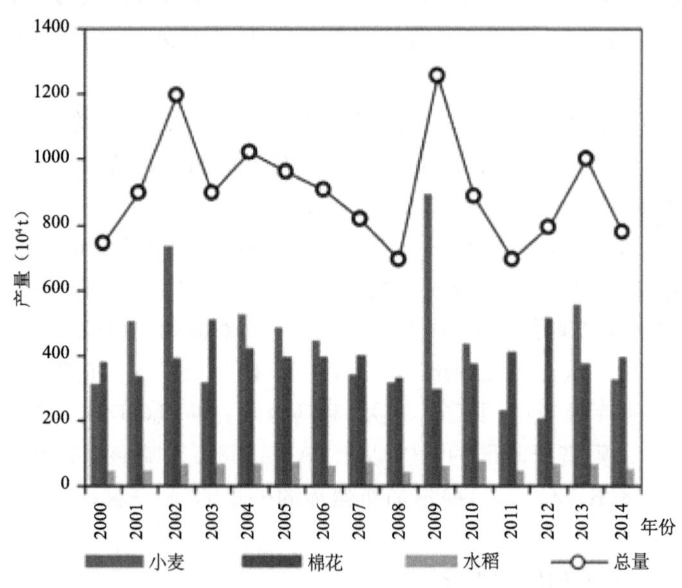

图 6.18 2000—2014 年咸海盆地国家主要农作物产量

均年产量稳定在903.08×10⁴ t。小麦平均年产量为443.26×10⁴ t,约占整个流域地区农作物年产量的50%。棉花(396.98×10⁴ t)和大米(62.84×10⁴ t)分别是第二和第三大农作物。在苏联时期,从1925—1985年,棉花种植面积从200万 hm^2 增加到720万 hm^2(Martius et al.,2004)。然而,随着20世纪90年代的苏联解体和随后的人口激增,为确保粮食安全,小麦生产开始扩大。以乌兹别克斯坦为例,在苏维埃政权下,棉花曾经占到农业产量的50%以上。独立后,乌兹别克斯坦调整了棉花和小麦的种植比例,减少棉花种植,将国家从小麦进口国转变为小麦出口国。

用每公顷粮食产量(t/hm^2)来表示土地资源的利用效率(Platonov et al.,2008)。在研究咸海盆地国家主要农作物单位面积产量的时间变化趋势时可以看出,棉花、小麦和水稻的单位面积产量基本稳定,没有明显的时间变化(图6.19)。2000—2014年小麦每公顷产量最高,平均4.16 t,其次是水稻产量(2.27 t/hm^2)、棉花产量(2.22 t/hm^2)。

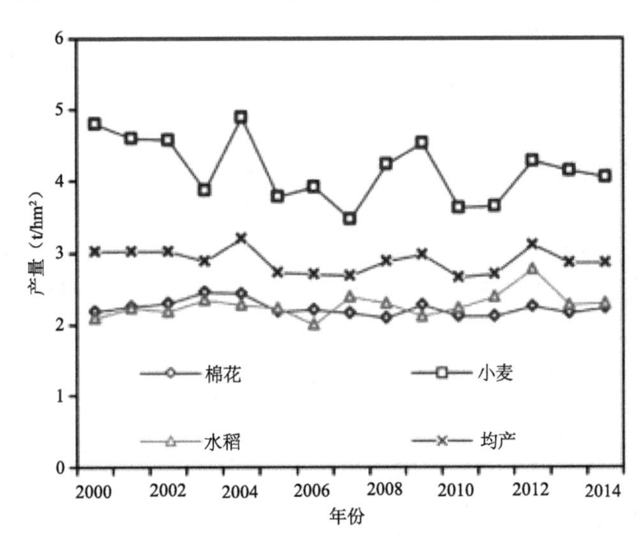

图6.19 2000—2014年咸海盆地国家主要农作物单位面积产量变化趋势

(2)土地资源利用效率的空间变化

从空间分布来看,咸海盆地国家中单位面积产量的空间分布表现出明显的差异。总的来说,小麦、水稻和棉花的高平均产量主要集中在费尔干纳盆地和塔什干灌区。东南部的塔吉克斯坦和阿富汗棉花产量最高,其次是乌兹别克斯坦和土库曼斯坦,而塔吉克斯坦和阿富汗的小麦产量较高。哈萨克斯坦的两个州(克孜洛尔达和南哈萨克斯坦)和塔吉克斯坦的一个州(索格特州)的单位面积水稻产量最高。

研究表明,长期大量开发土地和水资源导致生态环境持续恶化。中亚面临与水有关的重大挑战,包括水荒、水质恶化和用水效率低下。只有所有中亚国家共同努力,才能应对这些挑战。合理的水管理决策需要可靠的水文和气象资料基地。干旱和半干旱气候决定了农业灌溉的发展。为了追求更高的经济效益,棉花种植在农作物种植结构中一直占主导地位。棉花的耗水量比较大,因此,在保证经济效益的同时,应合理调整棉花比例,减少高耗水作物。

6.3.2 水土资源承载力评价方法

水土资源承载力(Water and Land Resources Carrying Capacity,WLRCC)研究对其自身

系统内部物质的循环发展具有重大参考价值。同时，该研究对实现资源可持续具有一定的促进作用。水土资源承载力一直是很多学者关注的热点，并已经有许多相关研究成果，但目前在中亚地区进行承载力的分析较少。目前国内外该领域的相关研究可概括为三类：从评价的角度，对这两种资源的当前状况进行其承载能力的评价分析；从模拟预测的角度，研究这两种资源在人类社会发展过程中所能承载的阈值。例如对人口数量不断增长和生产力提高经济快速发展的承载；第三类是比较多种相似区域，从而估算未知区域水土资源量，测算未知区域承载力的极限值。王旋旋等(2020)选取了与水资源相关的 8 个指标进行研究，运用模糊综合评价模型量化了中亚五国的水资源高效循环发展能力；朱薇等(2020)以哈萨克斯坦为研究区域，对水土资源可承载物质的能力进行分析，将层次分析法与熵权法进行对比计算出指标参数的权重，进而运用模糊综合评价模型进行综合评价，最终得出区域基础资源的承载能力在时间和空间尺度的分异特征及变化趋势，同时该研究分析了影响承载能力的障碍因子。在研究方法上，主要运用以下 4 种方法进行评估(李慧 等，2016；吴全 等，2008)。运用主成分分析法选取对评价对象影响程度高的评价指标；运用系统动力学模型进行时间尺度的模拟预测；运用模糊综合评价或投影寻踪法进行承载物质能力的综合评价。如 Yang 等(2019)基于层次分析法计算评价参数的权重，再将系统动力学模型基于所得的权重进行进一步评价研究。以西安市为例，构建多标准评估系统和水资源模拟预测模型对其承载力进行评价，最终提出可行性建议以改善区域的承载力状况。在研究尺度上，时间跨度较短，大多以多年平均和某一特定年份为主要研究对象(高洁 等，2018)。如姜秋香等(2011)以三江平原作为研究区域，首先确定其指标因子的界定范围标准及构建科学的参数因素框架，采用粒子群优化算法的投影寻迹跟踪评估模型对三江平原地区承载力进行系统评价并确定其所属等级，最终实现三江平原地区的承载力区域分异评估。

综合以往研究，多数以水土资源为基础，对一致性水平和承载能力分别进行了相关研究，但将二者联系起来进行综合分析的研究较少。应以资源高效循环发展为目的，对中亚地区的水土资源一致性水平及水土资源承载力进行测算，并结合二者的研究结论提出可行性建议。

6.3.2.1 中亚水土资源承载力评价体系

建立一个合理且有效的指标体系，是评价水土资源承载力的基础和前提，它将直接影响到评价结果。在中亚水土资源复合系统特点的基础上，考虑水土资源与经济、社会、生态之间的相互关系，基于可操作性、系统性、层次性及地区性原则，Zhang 等(2020)建立了中亚水土资源承载力评价指标体系，评价体系从系统角度出发，将指标体系划分为目标层、系统层和指标层 3 个层次(图 6.20)。其中目标层是指综合评价所追求的目标，文中代表中亚水土资源承载力综合评价；系统层是与水土资源系统联系紧密的 4 个系统，包括水土资源子系统、社会子系统、经济子系统和生态子系统；指标层由能够充分反映水土资源系统状态及其对其他系统的支撑能力且针对性较强的 14 个指标组成。

6.3.2.2 基于模糊综合评价法的水土资源承载力分析

以农业水土资源系统协调发展为目的，利用中亚 2001—2019 年的相关数据，基于主成分分析法确定综合权重，结合模糊综合评价模型对农业水土资源承载力进行评价，利用障碍度定量分析各指标对农业水土资源承载力的约束关系，通过 ArcGIS 探究中亚地区农业水土资源承载力的时间变化。同时，研究水土资源承载力与水土资源子系统、社会子系统、经济子系统

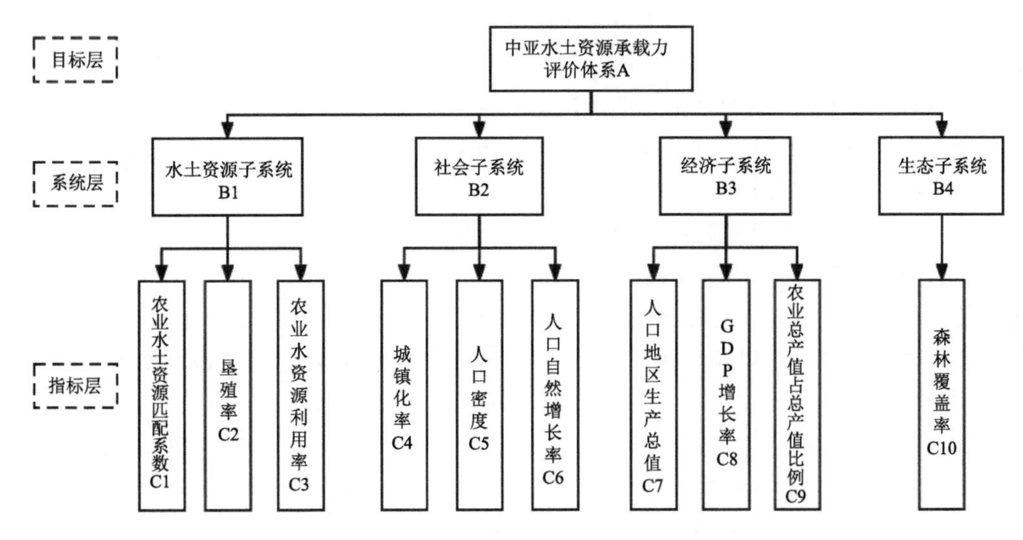

图 6.20　中亚水土资源承载力评价体系

和生态子系统每年的差异性与关联性。以期为中亚地区农业水土资源合理利用、协调水土资源与生态环境可持续发展提供科学依据。

选用 1992—2016 年水土资源承载力影响因子指标数据集，使用基于熵值法的模糊综合评价模型(EM-FUZZY)对中亚地区水土资源承载力进行计算。结合中亚地区的当前各方面发展平均水平，明确参数区间范围及各级别阈值，并分别从水资源承载力、土地资源承载力以及各系统内物质发展稳步提升这 3 个方面，以水土资源的配置方面为出发点将中亚地区水土资源承载力水平划分为 3 个级别：初级级别 V1、中级级别 V2 及高级级别 V3(表 6.1)。

表 6.1　中亚五国农业水土资源承载力评价结果

指标	指标类型	V1	V2	V3
C1	正	＞7	1～7	＜1
C2	正	＞50	10～50	＜10
C3	负	＜10	10～60	＞60
C4	负	＜20	20～70	＞70
C5	负	＜1	1～100	＞100
C6	负	＜2	2～20	＞20
C7	负	＜0.1	0.1～1.1	＞1.1
C8	负	＜5	5～20	＞20
C9	负	＜3	3～30	＞30
C10	正	＞30	5～30	＜5

V1 表示水土资源承载力水平处于高级别，该级别的两种基础资源被合理利用，适合进一步高效循环。该阶段两种资源的总量较多，可以被继续开发的比例较高且有足够维持人类生活所需的物质能量的能力，同时在保障这些基础物质需求水平以外，仍有较多的额外存储资源量。V2 表示水土资源承载力处于中等位置，这两种资源和其他系统内部各物质发展均处于相互协调的模式。该级别中的两种资源已被较充分地循环，但还有一定的高效循环空间，在此级别上的两种资源有可以维持人类生活所需的物质能量的能力。V3 表示水土资源承载力处于极低位置，该

范围内的农业水土资源承载力已超出自身所能承受的循环最大值，基础资源无法满足正常需求，水土资源承载力已接近饱和。两种资源的供给已经不能满足人类生活所需的物质能量的程度，自身总量的匮乏已经成为人类向更好的未来正向进步所需的各物质条件的阻碍因素。

结合评估结果的最大依附程度原则，中亚五国对 V2 的依附度均大于 V1 和 V3(表 6.2 和图 6.21)。因此中亚地区水土资源承载力整体处于中级阶段 V2，该级别位于基础资源循环使用阶段的发展时期，两种资源循环使用已经达到一定的程度。中亚地区水土资源承载力综合评分值较高，2016 年的水土资源承载力综合评分值达到 0.4068。在世界较干旱的国家中，中亚地区的该资源高效循环还有很大发展空间。中国的一些地区较为干旱，如西北干旱区水资源可循环发展的总量不足以保障生产所需，生态环境稳定性较低，水土资源承载力已经达到较高水平(杨倩倩 等，2012；朱一中 等，2004)。部分西北地区基础资源循环发展即将达到水土资源承载力饱和值，其中延安市农业水土资源承载力总体较低。该地区需根据区域内各区县的基础资源循环发展实际情况，对水土资源承载力进行改善，可通过优化基础资源循环使用的组成结构和方式，以提高这些资源的高效循环模式(李慧 等，2016)。非洲国家人口众多同时面临严重的基础资源不足的状况，其日益增加的水危机使供给该地区人类正常生活所需的物质保障面临危机。据调查，目前非洲已有超过 10 个国家水资源极其匮乏。非洲地区农业耗水较大，在所有用水结构中占最大比例，该国农业用水占比与中亚地区几乎处于同等水平，但水资源可高效循环发展的水平太低。非洲地区水资源利用率仅为 4%，不足中亚地区的 1/10(陈慧 等，2010)。同时非洲地区经济较为落后，水资源污染和浪费现象较为严重，虽然土地种类及总量丰富，但被人类实际使用的比例较低，因此非洲地区水土资源承载力水平较低。

表 6.2　中亚五国农业水土资源承载力评价结果

1992 年	V1	V2	V3	综合评分值	评分排名
哈萨克斯坦	0.165	0.510	0.325	0.428	3
吉尔吉斯斯坦	0.179	0.435	0.386	0.407	4
塔吉克斯坦	0.218	0.482	0.300	0.463	2
土库曼斯坦	0.206	0.557	0.237	0.486	1
乌兹别克斯坦	0.140	0.476	0.384	0.390	5
1997 年					
哈萨克斯坦	0.178	0.538	0.285	0.452	2
吉尔吉斯斯坦	0.104	0.511	0.385	0.374	5
塔吉克斯坦	0.199	0.482	0.319	0.446	3
土库曼斯坦	0.179	0.570	0.250	0.468	1
乌兹别克斯坦	0.097	0.528	0.375	0.374	4
2002 年					
哈萨克斯坦	0.121	0.590	0.288	0.425	3
吉尔吉斯斯坦	0.160	0.448	0.392	0.396	4
塔吉克斯坦	0.126	0.582	0.292	0.425	2
土库曼斯坦	0.149	0.568	0.284	0.439	1
乌兹别克斯坦	0.100	0.503	0.397	0.366	5

续表

2007 年					
哈萨克斯坦	0.114	0.545	0.341	0.398	2
吉尔吉斯斯坦	0.093	0.486	0.421	0.353	4
塔吉克斯坦	0.128	0.538	0.334	0.407	1
土库曼斯坦	0.063	0.609	0.328	0.381	3
乌兹别克斯坦	0.044	0.543	0.413	0.334	5
2012 年					
哈萨克斯坦	0.139	0.525	0.337	0.411	1
吉尔吉斯斯坦	0.136	0.487	0.377	0.391	3
塔吉克斯坦	0.134	0.517	0.349	0.403	2
土库曼斯坦	0.053	0.628	0.319	0.380	4
乌兹别克斯坦	0.058	0.544	0.398	0.347	5
2016 年					
哈萨克斯坦	0.176	0.493	0.331	0.430	1
吉尔吉斯斯坦	0.146	0.505	0.348	0.409	3
塔吉克斯坦	0.153	0.517	0.330	0.420	2
土库曼斯坦	0.103	0.585	0.312	0.406	4
乌兹别克斯坦	0.085	0.538	0.376	0.369	5

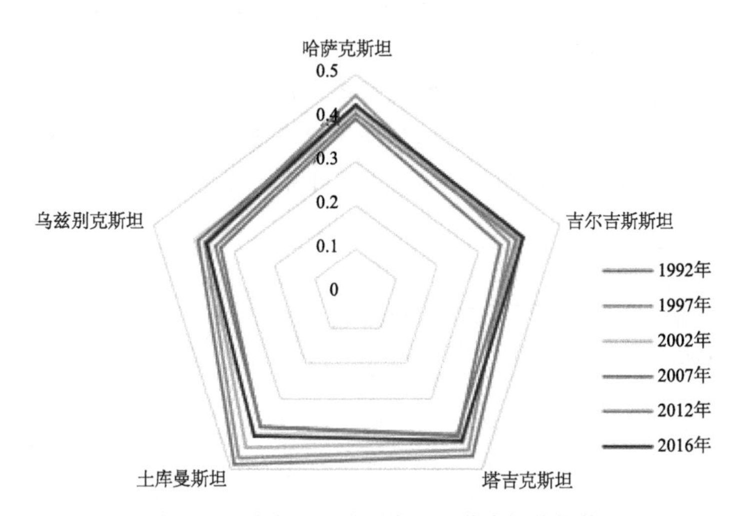

图 6.21　中亚地区水土资源承载力评价指数

从中亚各国家水土资源承载力来看，2016 年哈萨克斯坦水土资源开发利用程度最小，综合评分值最高达 0.430，水土资源承载力高，高效循环发展的能力较大；吉尔吉斯斯坦和塔吉克斯坦两国这两种资源高效循环发展水平均处于中级阶段，综合评分值分别为 0.409 和 0.420。但这两个国家处于水资源极其丰富而土地极少的状态，同时大量水资源常年在冰川中聚集从而导致这部分水资源利用较为困难，这已经成为阻碍哈萨克斯坦和吉尔吉斯斯坦这两个国家农业发展的关键;土库曼斯坦和乌兹别克斯坦这两个国家的水土资源开发利用程度较大,综合评分值最低,分别为 0.406 和 0.369,水土资源开发潜力较小,需要更加重视水资源和土地资源的整体管理,培养相关具备创新潜力的人才并加强科技创新,优化水土资源分配制度,从而实现两种基础资源的高效循环发展。以色列是全球范围内水资源最为匮乏的国家,该国仅有不足 5%的水资源还未被利用。其国土狭小,耕地资源有限且土地质量贫瘠,并不理想,全国超过一半面积为沙漠。虽然以色列水土资源循环发展使用已经达到了非常高的阶段,但其充分利用有限的水土资源,实施较为科学先进的农作物处理技术及水管理制度。该国大规模宣传农业创新技术,同时不断创新资源高效利用技术,加之农业体系较为完备,最终由低效率农业向高科技引领的农业形式转变非常顺利(易小燕 等,2018)。因此,中亚地区可以借鉴以色列的资源高效利用技术经验,尤其是同处于水土资源开发程度较大的土库曼斯坦和乌兹别克斯坦可参考以色列的水土资源管理经验。

6.3.3 水土资源承载力时空变化特征

6.3.3.1 中亚地区水土资源承载力时间变化特征

1992—2016 年,中亚地区水土资源承载力呈先下降后上升的形式(图 6.22)。1992 年综合评价指数为 0.435,2007 年下降至最小值 0.375,之后又回升至 2016 年综合评价指数为 0.407。在 2007 年左右,由于遭受日益严峻的极端干旱天气等因素制约,中亚水土资源承载力有所下降,之后则一直保持平稳上升的态势。其中,经济子系统对中亚地区水土资源承载力的作用比例最大,均值为 0.280;社会子系统对中亚地区水土资源承载力的作用比例处于中等水平;生态子系统对水土资源承载力的作用比例同样处于中等水平;而水土资源系统对水土资源承载力的作用比例处于最低水平,均值是 0.193。各子系统整体呈现波动状态,水土资源子系统先下降再上升最后下降至 0.132,这与该子系统内部农业水资源利用率变化有很大关系。社会子系统呈现先短期上升后下降的趋势,这可能与后期中亚地区人口规模的扩大速率变快有关。随着人口规模的扩大速率提升,水土资源需要供给人类生产所需的比以往更多的资源量,导致社会子系统内部物质发展的不平衡。经济子系统评价指数从 1997 年开始呈现先下降

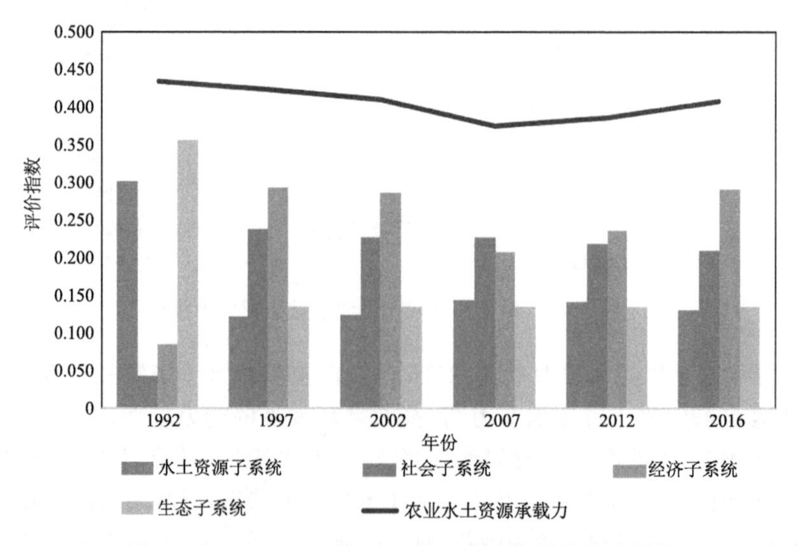

图 6.22 1992—2016 年中亚地区水土资源承载力趋势

后上升的趋势，这与该系统内农业总产值所占比例有一定关系，农业经济及农业产值的变化直接影响着水土资源承载力。生态子系统评价指数从 1992 年的 0.357 下降至 1997 年的 0.136 后一直保持平稳状态，与森林覆盖率的变化密切相关。

为深入研究中亚地区水资源承载力各子系统评价指数的变异特征，得出 1992—2016 年每个系统评价参数的时间变异特征（图 6.23）。从整体上看，生态子系统的参数分异系数最低，2002 年为 0.221；水土资源子系统的参数分异系数最高，2012 年达到 0.955。1992—2016 年，经济子系统的参数分异系数呈现明显的波动状态，其他 3 个子系统的参数分异系数在整体变化上均表现为上升趋势，同时这 3 个系统参数的分异系数值也在随时间的增长而逐年上升。1992—2016 年，中亚地区水土资源承载力评价指数呈先下降后上升的趋势，即从 2007 年后稳步上升，承载力逐步增强，在此期间除经济子系统外，其余系统评估参数的变异系数也呈增大趋势，同时 1992—2016 年的整体变化趋势与经济子系统密切相关。故从整体变化上看，水土资源承载力与各子系统每年的差异性存在密切的相关性。

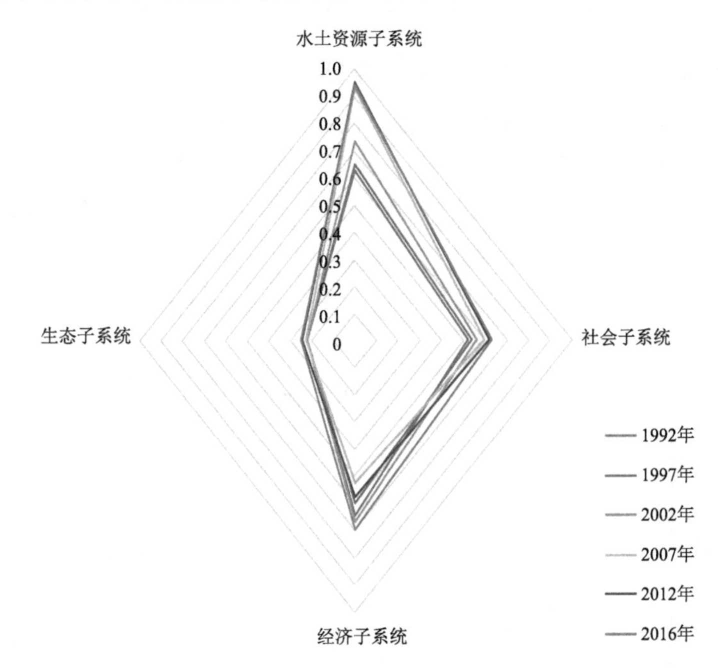

图 6.23　各子系统评价指数时间变异特征

6.3.3.2　中亚各国水土资源承载力的空间变化特征

运用 ArcGIS10.2 的最佳自然断裂法（孙玉 等，2015）进行范围划分，将综合评价指数由大到小的顺序分为 5 个等级（表 6.3）。整体来看，中亚各国水土资源承载力随时间的变化表现出波动状态。哈萨克斯坦水土资源承载力水平从中等（Ⅲ级）变为较高（Ⅱ级），整体呈缓慢波动上升的态势，水土资源开发利用有较大的改善需求与空间。2002—2012 年有部分年份小幅度波动下降趋势，这应该与中亚地区部分区域的极度干旱气候相关。有关研究表明，在哈萨克斯坦的各州市内水土资源承载力的区域分布差异较为突出，承载能力较高的地区主要为中东部及北部区域，而承载能力较低的地区大都为西南区域。该国气候较为干旱，水资源的匮乏对其承载能力具有很大的消极作用（朱薇 等，2020）。塔吉克斯坦和土库曼斯坦水土资源承载力整体处于中等水平(Ⅲ级),水土资源具有一定的开发利用潜力。吉尔吉斯斯坦水土资源承载力水平从较低(Ⅳ级)缓慢波动上升至中等(Ⅲ级),水土资源高效循环发展可能性大。乌兹别克斯坦水土资源承载力水平一直很低(Ⅴ级),水土资源开发利用潜力小,该国单位面积水资源量低,而垦殖率却较高,导致水资源相对紧缺,限制该区农业发展,因此需进一步加强科技人才及先进技术的引进,并加强水资源和土地资源综合管理,优化配置资源。

表 6.3　综合评价指数等级划分

综合评价指数	等级
(0.463,0.486]	Ⅰ级(承载力高)
(0.428,0.463]	Ⅱ级(承载力较高)
(0.407,0.428]	Ⅲ级(承载力中等)
(0.39,0.407]	Ⅳ级(承载力较低)
(0,0.39]	Ⅴ级(承载力低)

6.3.4　农产品贸易对水土资源承载力的影响分析

中亚水土资源承载力系统的障碍度大致呈波动上升趋势,表现出两个明显的演变趋势阶段:1992—1997 年急剧下降,之后波动上升。2016 年水土资源承载力系统的障碍度最大,为 72.16%;而 1997 年水土资源承载力系统的障碍度最小,为 63.28%,之后又波动增长至 2007 年的 70.81%(图 6.24)。

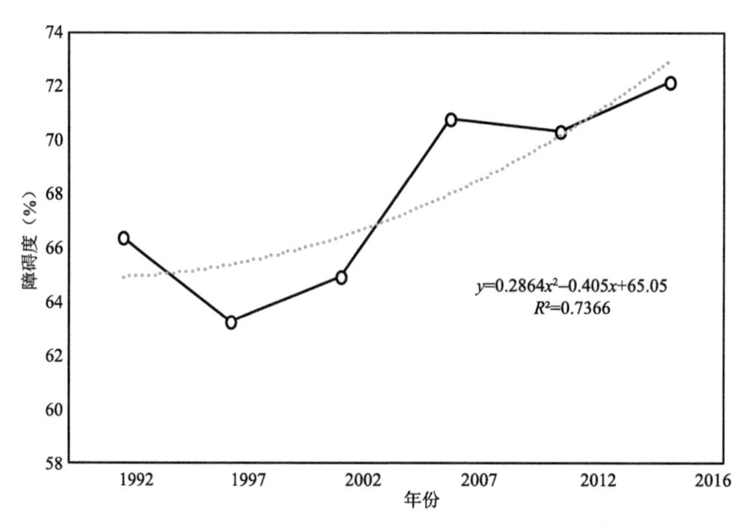

图 6.24　中亚水土资源承载力整体系统障碍度变化趋势

1992—2016 年,农业水资源利用率(C3)和森林覆盖率(C10)均在每年最高的 5 个障碍度中,农业水资源利用率稳居第一。农业水资源利用率的障碍度由 16.73%升至 28.39%,森林覆盖率的障碍度由 11.36%降至 9.43%。由此可见,农业水资源利用率是影响水土资源承载力的核心参数。同时垦殖率(C2)也一直处于每年障碍度前六,也是重要的影响承载能力的因素。由于农业水资源利用率和垦殖率均是水土资源子系统相关的参数,表明中亚地区水土资源承载力主要是由资源参数决定的。

除生态子系统外，中亚水土资源承载力其余系统障碍度均表现为上升走向。资源子系统从 1992 年的 11.08%增至 2016 年的 67.92%，社会子系统从 7.19%上升至 26.98%，经济子系统从 11.28%上升至 46.53%，表明这 3 个系统对水土资源承载力的影响从 1992—1997 年呈现先减弱后逐步增强的趋势(图 6.25)。生态子系统则呈现明显下降趋势，从 1992 年的 11.36%下降至 2016 年的 9.43%，表明生态子系统在 1992—1997 年间对水土资源承载力的影响具有促进作用，而在 1997 年后影响力明显减弱。基于以上分析可以看出，1992—2016 年中亚地区水土资源承载力主要是由资源参数影响的。在早期阶段，生态环境对水土资源承载力作用较明显。

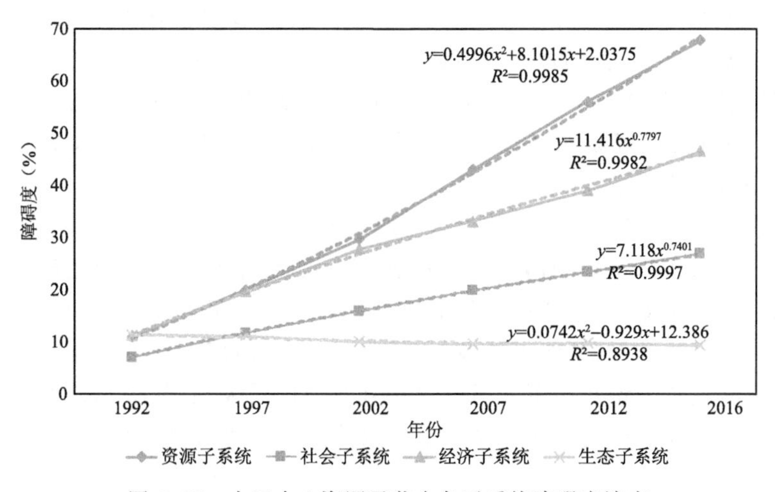

图 6.25　中亚水土资源承载力各子系统障碍度演变

6.4　本章小结

本章基于农作物水足迹概念和方法，计算了 1992—2017 年中亚五国的农作物水足迹值；解析了 1992—2017 年中亚作物水足迹时空变化特征和驱动水足迹变化的主要农作物；阐明了 2000—2020 年中亚农产品贸易对区内外虚拟水土流通和水土资源的影响；通过选取合适的指标因子构建中亚水土资源承载力评价体系；运用基于熵值法的模糊综合评价模型对中亚地区的水土资源承载力现状作了分析评价；采用障碍度对水土资源承载力影响因素进行识别，以期为进一步开发和优化区域农业水土资源配置提供科学指导，得出了以下结论。

(1)中亚五国的农作物水足迹时间变化具有显著性差异。哈萨克斯坦主要以 1998 年为变化节点，前后表现出先减少后增加的趋势。乌兹别克斯坦绿水足迹总体呈增加趋势，蓝水足迹总体呈下降趋势。土库曼斯坦绿水足迹总体呈增长趋势，但在 2016 年有明显下降，蓝水足迹基本保持稳定状态。吉尔吉斯斯坦绿水足迹在 1997 年前后呈现先增加后下降趋势，蓝水足迹整体保持稳定，有小幅上升趋势。塔吉克斯坦绿水足迹总体呈现增长趋势，蓝水足迹基本保持稳定。

(2)中亚五国的农作物水足迹及变化率呈现空间分布不均。哈萨克斯坦的绿水足迹平均值最大，且与其他各国相差一个数量级，乌兹别克斯坦蓝水足迹平均值最大。土库曼斯坦绿水足迹增长率最大，哈萨克斯坦绿水足迹唯一减小。吉尔吉斯斯坦蓝水足迹增长率最大，乌兹别克斯坦蓝水足迹下降率最大。

(3)中亚五国农作物水足迹整体呈现下降趋势。通过分析各个国家各种农作物水足迹的变化情况,发现哈萨克斯坦蓝、绿水足迹减少的主要作物来源是粮食作物,包括小麦和大麦等。乌兹别克斯坦绿水足迹减少的主要作物是棉花和大麦,蓝水足迹减少的主要作物是棉花和水稻。塔吉克斯坦、土库曼斯坦蓝水足迹减少的作物主要是棉花。这些农作物水足迹的降低对于缓解中亚地区水资源压力具有很大的贡献。

(4)中亚农产品贸易导致的区内外虚拟水土流通有明显差异。基于小麦和棉花贸易,中亚平均每年净输出虚拟水量 15.6 km^3,其中 65.4%来自棉花出口,而畜牧产品以进口为主;中亚内部贸易中虚拟水量年均为 3.8 km^3,主要以小麦贸易的形式从哈萨克斯坦流向其他 4 个国家。由于棉花贸易中大量蓝水的输出,乌兹别克斯坦和土库曼斯坦的水资源受出口贸易的影响较大,而哈萨克斯坦虽然是中亚五国中最大的虚拟水净出口国,但小麦生产中绿水占据绝对主导地位,水资源受出口贸易的直接影响较小。虚拟土贸易中,中亚平均每年净出口虚拟土 505.5 万 hm^2,内部贸易量占到将近对外贸易量的一半。

(5)中亚地区不同国家的水土资源承载力级别有所差异。中亚地区整体水土资源处于中级阶段 V2,位于基础资源循环利用的发展时期,该时期两种资源循环使用已经达到一定的程度。在世界较干旱的国家中,中亚地区的资源高效循环还有很大发展空间。哈萨克斯坦的水土资源承载力处于较高等级(Ⅱ级),则表明该区域的资源循环发展及优化配置有较大的改善需求与空间。乌兹别克斯坦水土资源承载力一直处于较低级别(Ⅴ级),该区域两种资源进一步循环发展的可能性小。中亚地区其余 3 个国家均处于中等级别,水土资源具有一定的开发利用潜力。

(6)不同参数对中亚地区水土资源承载力水平的影响程度各不相同。通过对中亚地区水土资源承载力障碍度分析得出,农业水资源利用率、垦殖率、森林覆盖率这 3 个参数对中亚地区水土资源承载力水平的影响程度明显高于其他参数因子。因此,可将这 3 个参数视为水土资源承载力的主要障碍参数。中亚地区水土资源承载力主要是由水土资源因素决定的,而在早期发展阶段,生态环境相关参数对水土资源承载力影响较大。

综上所述,为实现中亚地区水土资源高效利用,需在资源优化配置管理及建设适宜的水利工程方面做出努力。同时加强国际合作,借鉴他国治理效果突出的措施,以实现中亚地区资源可持续。

第 7 章　中亚农业水资源供需分析

全球气候变暖和人类活动的加剧不仅增加了未来水资源供给与需求的不确定性，也导致水资源供需矛盾日益突出，尤其是在降水稀少的干旱地区。中亚作为世界上最大的内陆干旱区，受地理与气候条件限制，其农业主要以灌溉模式为主，农业种植长期占据着农业水资源消耗的主导地位（马驰，2021）。同时，由于中亚地区的历史发展以及粗放型的水资源管理方式，该地区存在着严重的水资源压力问题。因此，预测分析中亚未来农业水资源压力和供需情况，以及农业种植业结构调整对水资源压力的缓解作用途径，对该地区农业水资源的管理和可持续发展具有重要意义。本章选取中亚典型流域和中亚五国分别为研究区，基于气象数据、土地利用数据、径流数据等，以供需关系为基本原则，对研究区的水资源压力进行了分析。本章共分 5 小节：7.1 节论述了中亚典型流域农业水资源供给量变化，7.2 节分析了中亚农业水资源需求的变化，7.3 节对中亚农业水资源供需压力进行了分析，7.4 节对农业种植结构调整对水资源供需压力的调控作用进行了分析，7.5 节对本章内容进行了总结。

7.1　中亚典型流域农业水资源供给量变化

7.1.1　中亚农业水资源供给分析

中亚农业水资源供给主要来自河川径流。本章重点对中亚主要流域（阿姆河、锡尔河和额尔齐斯河）历史和未来气候变化背景下河川径流演变特征进行模拟和分析。中亚主要流域水文循环过程极为复杂。上游地处高寒地区，河流以冰川积雪融水补给为主；中下游地区干旱半干旱地区，受农业灌溉等影响水资源消耗剧烈、河流逐渐萎缩。因此中亚地区农业水资源演变过程模拟仍是一大难点问题。此外，降雨、径流等长序列观测资料的缺失，也增加了水资源模型构建与验证的难度。中亚主要流域水资源演变过程模拟选用流域水循环系统模型（HEQM），动态考虑流域土地利用的变化，并引入度一日因子法等，扩展冰川积雪冻融过程和农业取用水等模拟功能，实现对重要控制断面水资源过程的模拟。

7.1.1.1　流域水循环系统模型（HEQM）与改进

中亚主要流域水资源演变过程模拟和开发潜力评估选用张永勇博士等自主研发的流域水循环系统模型（HEQM），动态考虑流域土地利用的变化，模拟重要控制断面的径流过程（图 7.1）。HEQM 模型以水和营养物质循环作为联系各过程的纽带，综合考虑变化环境下水文循环和营养源循环在陆面、土壤、植被和河流水体中的相互作用关系，以及闸坝调控、排污和闸坝调控对水和营养源循环的影响，模型框架见图 7.1。HEQM 包含八大模块，即：水文循环模块（HCM）、生物地球化学模块（SBM）、作物生长模块（CGM）、土壤侵蚀模块（SEM）、物质运移模块（OQM）、水体水质模块（WQM）、闸坝调度模块（DRM）和参数分析模块（PAT）。

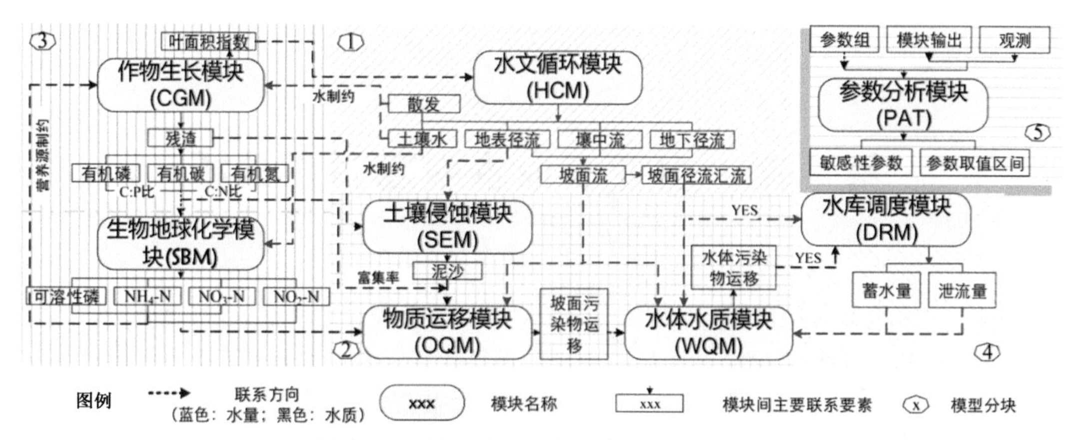

图 7.1　流域水循环系统模型(HEQM)框架

HEQM 模型尚无法对冰川积雪冻融过程进行模拟，本研究拟引入常用的度一日因子，对模型进行功能扩展。冰川和积雪的冻融过程与地表温度存在密切的关系。比如当温度小于某一阈值(约 0℃)时，降水将以降雪的形式落到地表，并通过累积形成积雪，地表径流也将转变为冰，积雪和冰在高海拔地区进而形成冰川；而当温度大于某一阈值(约 0℃)时，降水将以降雨的形式落到地表，地表的积雪和冰川将部分消融。温度指数模型输入简单，仅需要气温数据，而且易获取，因此被广泛应用于冰川积雪冻融模拟中。

7.1.1.2　多源历史气象产品的融合和校准

考虑到各降水、气温产品的时空分辨率和精度，本项目基于 NCEP 数据和 ECMWF 数据，融合一套高时空分辨率(0.45°)的中亚 1901—2014 年长序列日降水和气温数据，供流域水循环模型使用，并与地面站点的实测数据进行了校准。从融合的降水数据来看，与 NCEP 数据、站点观测数据相比，无论是从单站降水和多站点月降水平均来看，效果都有明显的提高(图 7.2)。如 NCEP 与雨量站降水月平均观测值的相关系数仅为 0.60，标准差(STD)＝0.627 mm，偏差为 100％(图 7.3)；而通过融合后，融合数据与雨量站降水月平均观测值的相关系数为 0.83，标准差(STD)＝0.523 mm，偏差仅为 22％。降水精度得到明显提高。在此基础上，用站点逐月平均雨量站数据进行订正融合后降水的订正。订正后，月尺度上雨量站降水与融合数据的月平均降水是一样的。

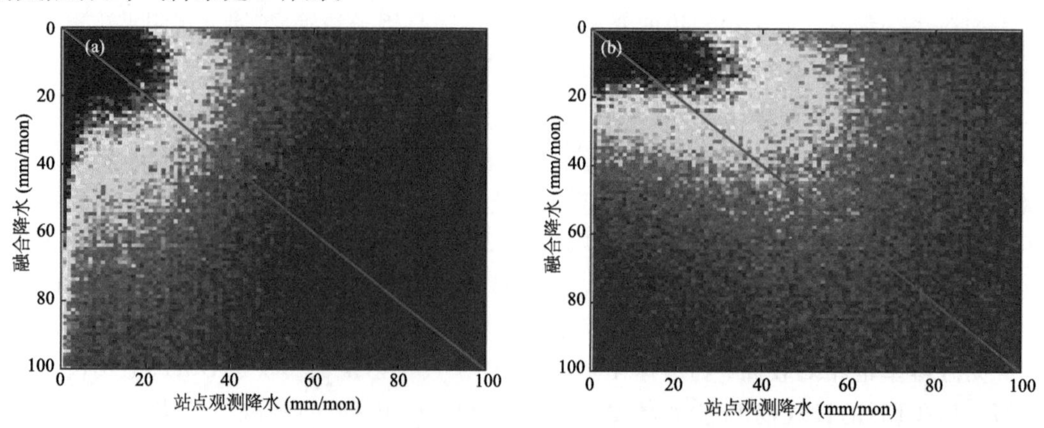

图 7.2　NCEP 与单站降水月观测对比(a)、融合后降水对比(b)的散点密度图

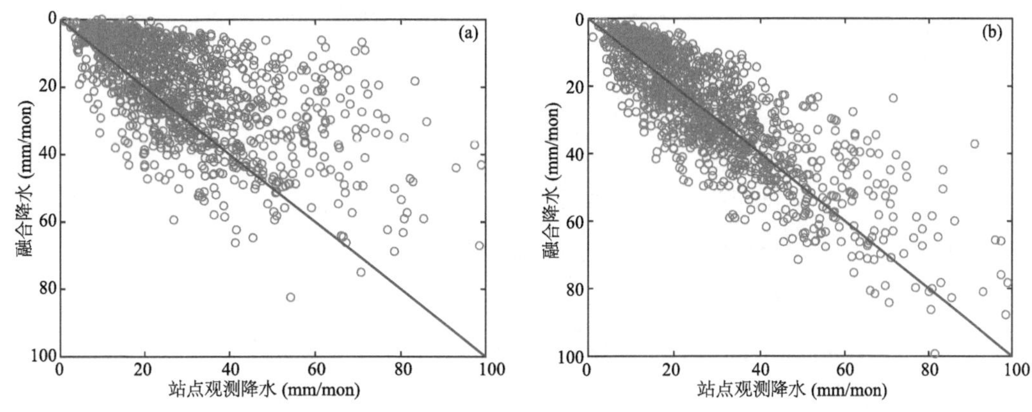

图 7.3 NCEP 与雨量站降水月平均对比(a)、融合后降水对比(b)的散点图

从融合的日气温数据来看，与站点观测数据相比，无论是从单站降水和多站点月平均来看，效果都有明显的提高。融合数据与站点月平均观测值的相关系数达到 0.99，标准差(STD)＝0.07 ℃，偏差仅为 15%(图 7.4)。气温精度得到明显提高。在此基础上，用站点逐月平均气温观测数据进行订正融合后气温的订正。订正后，月尺度上雨量站气温与融合数据的月平均气温是一样的。

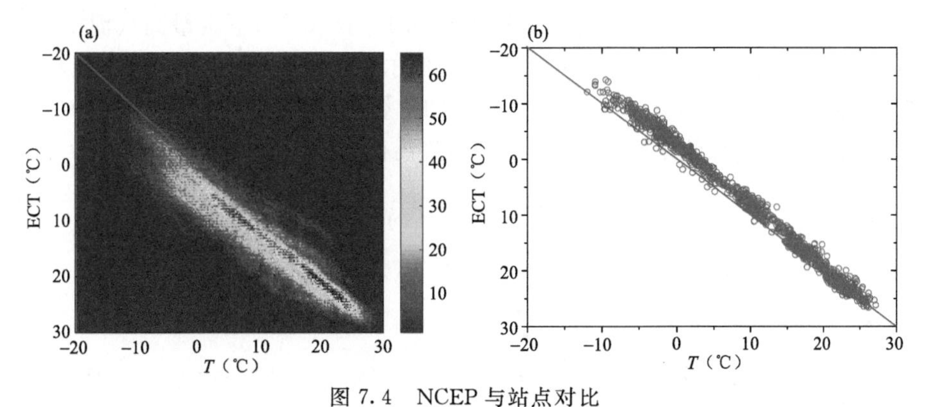

图 7.4 NCEP 与站点对比

(a)月尺度单点比较；(b)月尺度上多点平均

利用距离方向加权平均法将 NCEP 原始降水和融合的格点降水数据插值到每个子流域上(图 7.5)。通过比较看出，融合的降水数据和 NCEP 原始数据在各子流域空间分布基本类似，阿姆河、锡尔河和额尔齐斯河上游区域的降水数据明显高于下游，其中阿姆河上游 NCEP 数据在 0～400 mm，而融合后数据在 351～850 mm；下游 NCEP 数据在0～200 mm，而融合后数据在 100～350 mm。锡尔河上游 NCEP 数据在 101～400 mm，而融合后数据在 226～600 mm；下游 NCEP 数据在 0～200 mm，而融合后数据在100～475 mm。额尔齐斯河上游 NCEP 数据在 101～500 mm，而融合后数据在476～725 mm；下游 NCEP 数据在 101～500 mm，而融合后数据在 226～475 mm。总的来看，融合后的降水比 NCEP 原始数据大很多，空间分辨率也相对较高。

利用 NCEP 的日气温和日最高、最低气温的定量关系，获得各格点日最高温序列(图 7.6)。利用距离方向加权平均法将 NCEP 原始最高、最低气温和融合的格点最高、最低气温

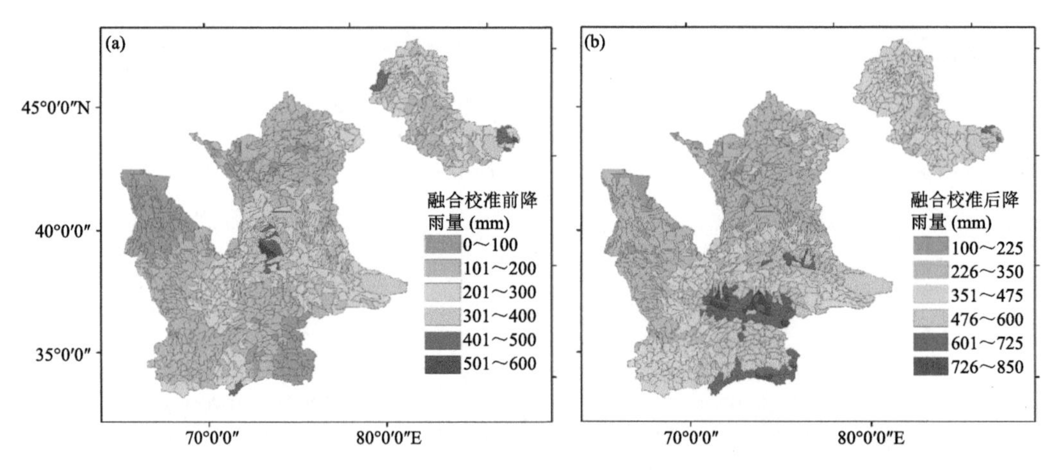

图 7.5　1980—2014 年平均 NCEP 降水(a)、融合后降水(b)分布图

数据插值到每个子流域上。通过比较看出，融合的气温数据和 NCEP 原始数据在各子流域空间分布基本类似，阿姆河、锡尔河和额尔齐斯河下游区域的最高、最低气温数据明显高于上游，其中阿姆河上游 NCEP 数据最高气温在 5.1～30.0 ℃，而融合后数据在－6～24.0 ℃；下游 NCEP 数据最高气温在 15.1～30.0 ℃，而融合后数据在 12.1～14.0 ℃。锡尔河上游 NCEP 数据最高气温在 10.1～25.0 ℃，而融合后数据在 6.1～18.0 ℃；下游最高气温 NCEP 数据在 15.1～25.0 ℃，而融合后数据在 6.1～18.0 ℃。额尔齐斯河上游 NCEP 数据最高气温在 5.1～25.0 ℃，而融合后数据在 6.1～18.0 ℃；下游 NCEP 数据最高气温在 15.1～30.0 ℃，而融合后数据在 6.1～18.0 ℃。总的来看，融合后的最高气温比 NCEP 原始数据要偏低。

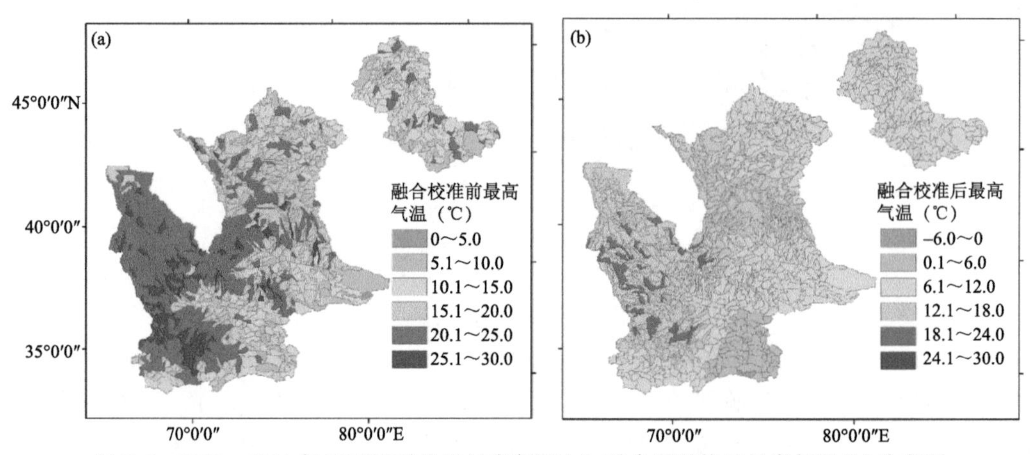

图 7.6　2000—2014 年 NCEP 平均日最高气温(a)、融合后平均日最高气温(b)分布图

通过最低气温的空间分布来看，阿姆河、锡尔河和额尔齐斯河下游区域的最低气温数据也明显高于上游，其中阿姆河上游 NCEP 数据最低气温在－4.9～20.0 ℃，而融合后数据在－15.0～15.0 ℃(图 7.7)；下游 NCEP 数据最低气温在 5.1～15.0 ℃，而融合后数据在0.1～10.0 ℃。锡尔河上游 NCEP 数据最低气温在－10.1～15.0 ℃，而融合后数据在 0.1～10.0 ℃；下游 NCEP 数据最低气温在 0.1～15.0 ℃，而融合后数据在 0.1～10.0 ℃。额尔齐斯河上游 NCEP 数据最低气温在－10.0～20.0 ℃，而融合后数据在 4.9～5.0 ℃；下游 NCEP

数据最低气温在－10.0～20.0 ℃，而融合后数据在 0.1～5.0 ℃。总的来看，融合后的最低气温比 NCEP 原始数据要偏低。

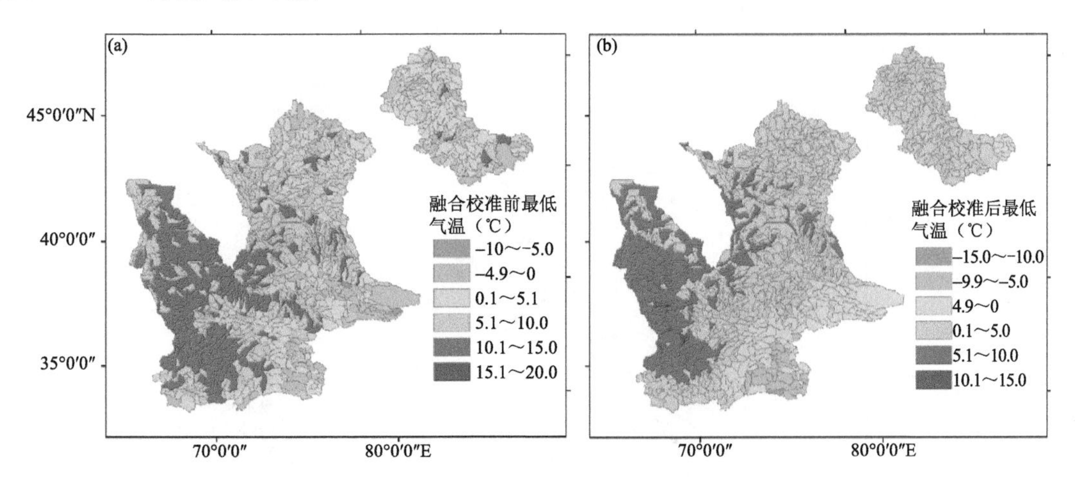

图 7.7　2000—2014 年 NCEP 平均日最低气温(a)、融合后平均日最低气温(b)分布图

7.1.1.3　未来气候变化对农业水资源供给影响评估思路

气候变化数据主要利用 ISI-MIP 项目 5 个全球气候模式（GFDL-ESM2M，HadGEM2-ES，IPSL-CM5A-LR，MIROC-ESM-CHEM，NorESM1-M）长序列日降雨和气温网格数据（0.5°× 0.5°）。考虑到各气候模式存在较大的差异，本研究主要将所有气候模式日降水和气温的中位数作为未来气候条件。此外，采用修正系数法即通过比较未来不同阶段和基准期降水、气温的变幅获得修正系数，基于基准期数据调整下生成的未来两种情景下的气候变量（降水和温度）日序列数据。利用已获得的未来不同阶段和基准期日降水、气温序列，驱动已构建的 HEQM 模型，模拟不同阶段中亚典型流域产流和河道径流时空分布特征；对比基准期模拟结果，从而评估未来气候变化的影响。

未来气候变化的影响评估筛选确定基准期（1971—2000 年）和近期（2041—2070 年）、远期（2071—2099 年）3 个阶段。分别考虑中等排放（RCP4.5）和高排放（RCP8.5）两种情景。

7.1.2　典型流域河川径流模拟

7.1.2.1　HEQM 模型构建和参数优化

利用 SRTM DEM 数据（90 m×90 m），提取中亚地区主要的流域包括阿姆河、锡尔河和额尔齐斯河流域（图 7.8—图 7.10）。在此基础上，收集整理全球径流数据库中与中亚相关的径流站，根据站点位置和土地利用分布情况，将研究区共划分为 1100 个子流域，子流域面积在 222.16～23127.04 km^2。另外，考虑到该区域土地利用的主要类型，模型主要考虑的土地利用有耕地、森林、草地、冰川、水域、居民地和沙漠共 7 类土地利用，在子流域的基础上共划分了 4757 个最小计算单元，面积在 0.10～11096 km^2。

由于 HEQM 模型考虑的水文相关过程众多，涉及参数也较多，为提高模型率定的效率，采用参数敏感性分析方法筛选敏感性参数用于参数率定。在参数分析工具中，引入了多种参数分析方法，其中敏感性分析方法包括 LH-OAT（Latin Hypercube One factor At a Time）、自动优化方法有粒子群算法、遗传算法以及 SCE-UA 算法、NSGA-II 多目标优化算法，此外参数

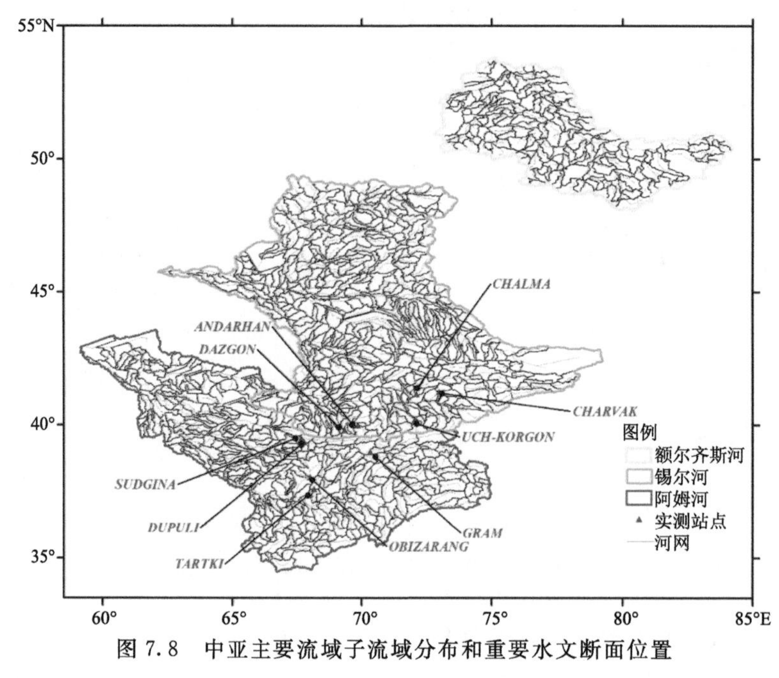

图 7.8　中亚主要流域子流域分布和重要水文断面位置

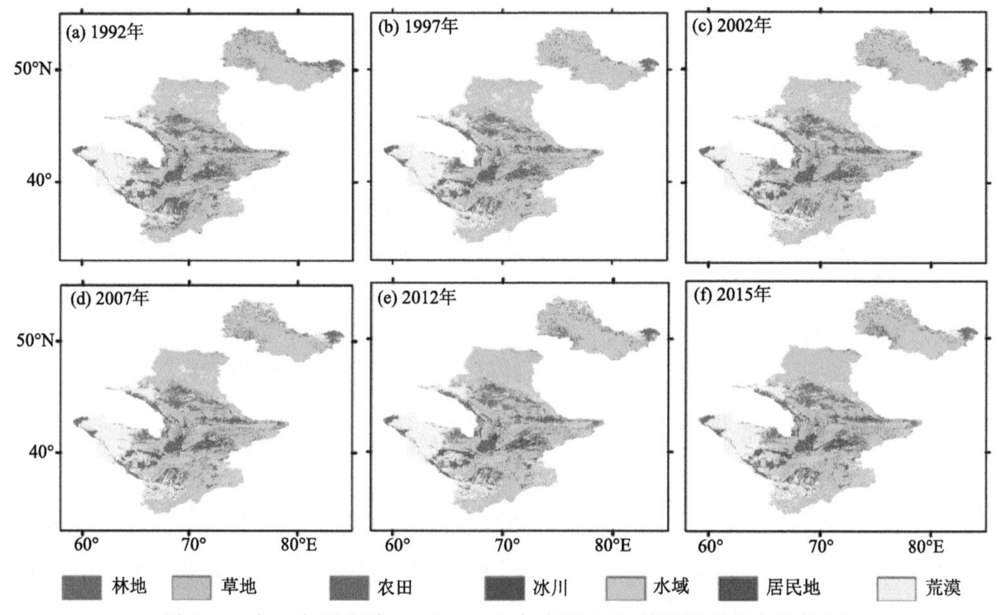

图 7.9　中亚主要流域 1992—2015 年主要土地利用类型的变化特征

不确定性有贝叶斯方法。

本项目采用 SCE-UA 自动优化算法对模型模拟效果进行评估。模型评价标准采用偏差 bias、相关系数 r 和效率系数 NSCE 3 个指标。

另外，中亚主要流域径流观测数据比较稀缺，无资料地区模型参数的确定主要通过将已率定区域(参证流域)的参数移用获得。常用的方法有距离相近法和属性相似法。属性相似法考虑了两个流域的相似度，选取流域的某些属性计算参证流域和无资料地区的相似度。存在多个参证流域时，当选取彼此之间相似度最小的 3 个参证流域时，获得的无资料地区参数值较好，无资料地区参数值为 3 个参证流域的参数平均值。对无径流资料流域作参数移植时，所选取的评价指标有平均坡度、平均流域面积、平均高程、各土地利用（水田、草地、林地、旱地、水域、未利用地、建设用地和冰川积雪）所占比例、多年平均降水量、多年平均温度以及兴利库容 7 个指标。平均坡度和平均高程决定产流的入河量；各土地利用类型占整个子流域的比例、多年平均降水量和多年平均温度则是影响产汇的关键因素；而兴利库容是水库调度的关键指标，也直接影响河道汇流。

7.1.2.2　流域主要水文断面径流过程模拟

利用融合的降水、气温数据构建研究区分布式水循环系统模型（HEQM），模拟阿姆河、锡尔河和额尔齐斯河流域 22 个站点的月径流过程，其中阿姆河流域共 10 个站点、锡尔河流域共 11 个站点和额尔齐斯河流域 1 个站点。从模拟结果来看（图 7.10 至图 7.14 和表 7.1），额尔齐斯河流域 SEMIYARSKOJE 站率定期和验证期的水量平衡系数都在 ±0.20 以内，相关系数都在 0.90 以上，而效率系数在 0.55 以上。阿姆河流域 10 个站点中，在率定期内 90% 的站点水量平衡系数都在 ±0.20 以内，80% 的站点相关系数在 0.80 以上，80% 的站点效率系数在 0.60 以上；验证期内，60% 的站点水量平衡系数都在 ±0.20 以内，70% 的站点相关系数在 0.80 以上，70% 的站点效率系数在 0.60 以上。锡尔河流域 11 个站点中，在率定期内所有站点水量平衡系数都在 ±0.20 以内，55% 的站点相关系数在 0.80 以上，64% 的站点效率系数在 0.60 以上；验证期内，64% 的站点水量平衡系数都在 ±0.20 以内，73% 的站点相关系数在 0.80 以上，45% 的站点效率系数在 0.60 以上。

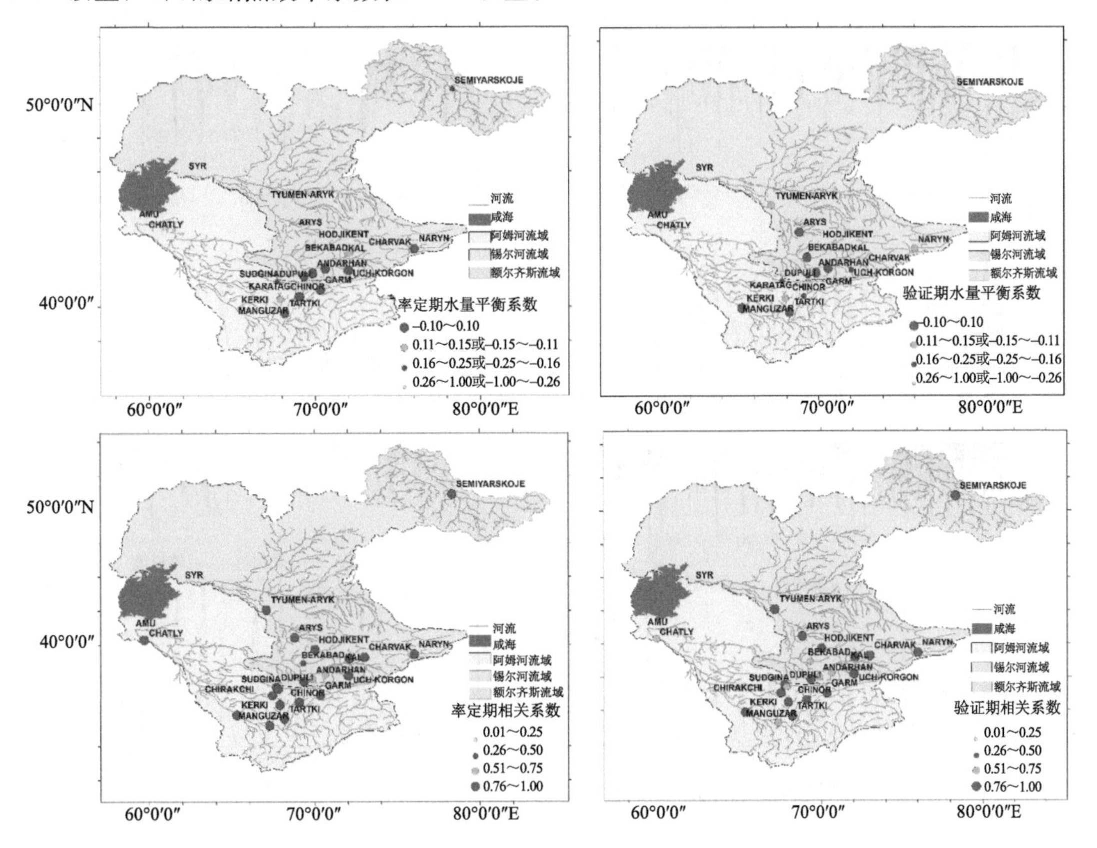

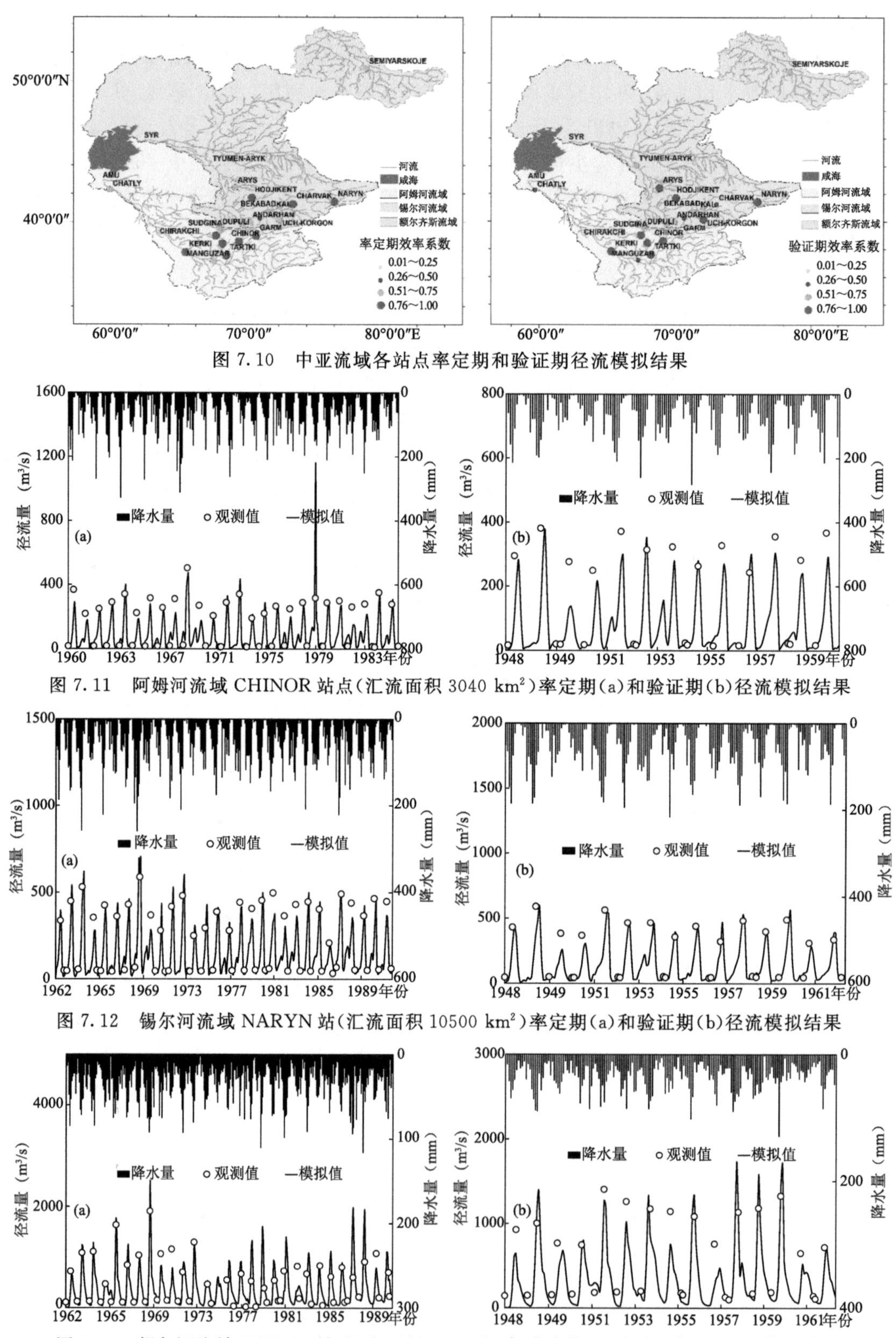

图 7.10　中亚流域各站点率定期和验证期径流模拟结果

图 7.11　阿姆河流域 CHINOR 站点(汇流面积 3040 km²)率定期(a)和验证期(b)径流模拟结果

图 7.12　锡尔河流域 NARYN 站(汇流面积 10500 km²)率定期(a)和验证期(b)径流模拟结果

图 7.13　锡尔河流域 NARYN 站(汇流面积 10500 km²)率定期(a)和验证期(b)径流模拟结果

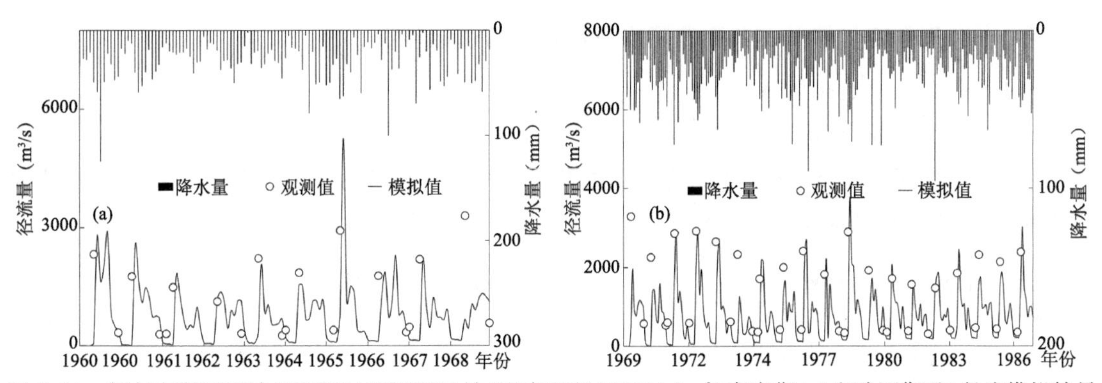

图 7.14　额尔齐斯河流域 SEMIYARSKOJE 站(汇流面积 230000 km²)率定期(a)和验证期(b)径流模拟结果

表 7.1　中亚流域主要站点径流模拟效果

编号	流域	站名	率定期					验证期				
			时间(年)	水量平衡系数	均方根误差(m³/s)	相关系数	效率系数	时间(年)	水量平衡系数	均方根误差(m³/s)	相关系数	效率系数
1	额尔齐斯河	SEMIYARSKOJE	1969—1987	0.16	492.24	0.91	0.74	1960—1969	−0.07	642.36	0.94	0.56
2	阿姆河	KERKI	1965—1989	−0.09	734.18	0.93	0.84	1953—1965	0.04	746.54	0.92	0.84
3		MANGUZAR	1961—1989	−0.02	32.88	0.77	0.56	1948—1961	−0.08	47.38	0.69	0.39
4		DUPULI	1963—1994	0.23	117.29	0.90	0.71	1948—1963	0.23	124.63	0.93	0.72
5		KHAZARNOVA	1961—1989	−0.07	6.27	0.93	0.85	1948—1961	−0.02	3.35	0.98	0.95
6		SUDGINA	1961—1989	−0.01	5.40	0.85	0.71	1948—1961	0.46	9.66	0.66	0.16
7		CHINOR	1960—1986	0.03	54.50	0.92	0.85	1948—1960	0.22	66.99	0.95	0.80
8		TARTKI	1962—1991	0.02	49.21	0.97	0.93	1948—1962	0.06	52.29	0.97	0.93
9		GARM	1962—1990	0.08	150.93	0.94	0.86	1948—1962	0.32	239.12	0.92	0.69
10		CHATLY	1956—1973	−0.16	1074.20	0.78	0.53	1948—1956	−0.10	1263.61	0.75	0.38
11		KING GUZAR	1961—1989	0.12	8.98	0.95	0.87	1948—1962	0.15	8.61	0.94	0.85
12	锡尔河	TYUMEN-ARYK	1960—1986	0.00	366.88	0.79	0.11	1948—1960	0.11	340.53	0.88	0.67
13		BEKABAD	1960—1985	−0.05	357.82	0.48	−0.39	1948—1960	0.07	436.07	0.59	0.23
14		ARYS	1971—1984	0.00	4.69	0.80	0.63	1965—1971	0.08	8.16	0.95	0.88
15		HODJIKENT	1960—1985	−0.04	92.82	0.95	0.90	1948—1960	−0.08	102.12	0.97	0.88
16		TASH-KURGAN	1962—1991	0.01	17.25	0.67	0.42	1948—1962	0.10	19.09	0.62	0.29
17		DAZGON	1962—1991	0.03	2.07	0.79	0.61	1948—1962	0.21	2.21	0.85	0.59
18		ANDARHAN	1962—1991	0.08	8.58	0.75	0.55	1948—1962	0.09	7.70	0.75	0.52
19		UCH-KORGON	1962—1991	0.02	10.55	0.91	0.75	1948—1962	0.20	11.96	0.92	0.77
20		CHARVAK	1962—1991	−0.06	19.00	0.91	0.82	1948—1962	0.37	39.01	0.84	0.45
21		UCH-KURGAN	1962—1991	0.12	265.84	0.81	0.64	1948—1962	0.31	317.25	0.83	0.53
22		NARYN	1960—1980	0.06	47.84	0.92	0.84	1948—1960	0.11	55.55	0.92	0.81

7.1.3　未来气候变化情景下典型流域农业水资源的供给特征

7.1.3.1　未来气候变化特征

(1)未来降水变化特征

通过对比 RCP4.5 和 RCP8.5 情景下中亚地区的未来降水变化(图 7.15),可以看出未来中亚地区降水量变化幅度存在一定差异。

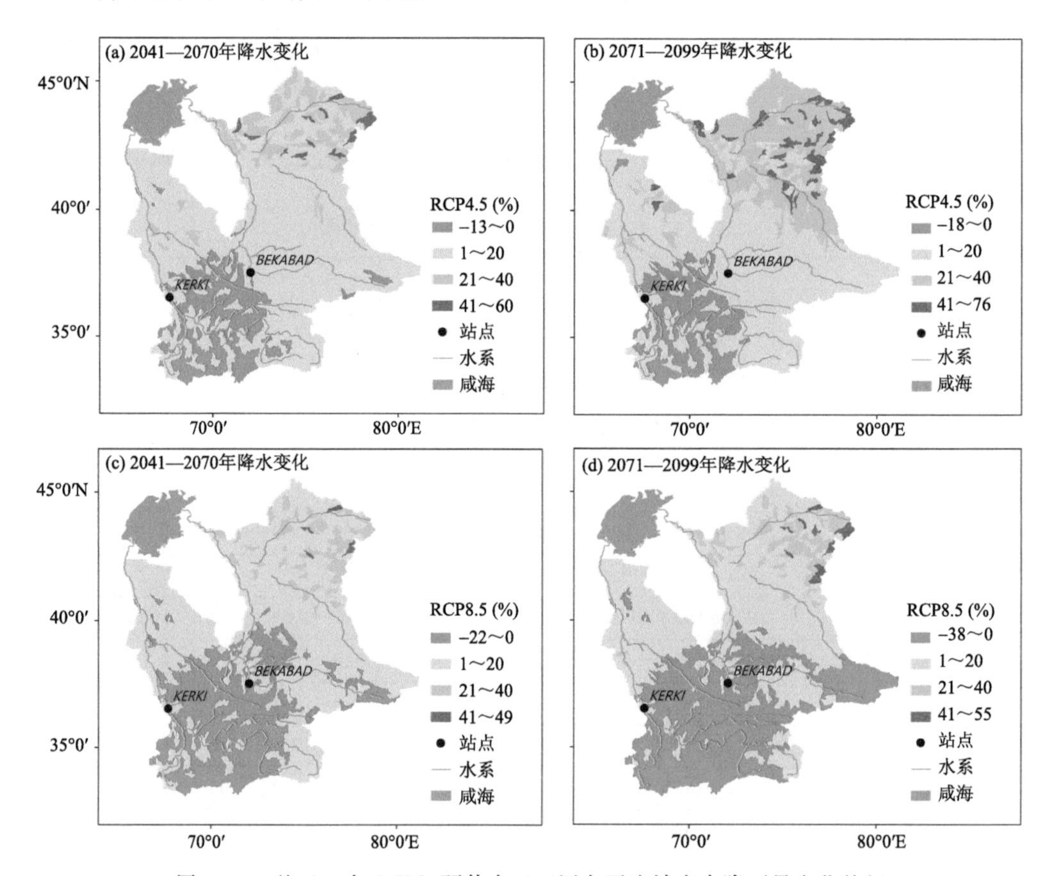

图 7.15　基于 5 个 GCMs 预估中亚五国主要流域未来降雨量变化特征

RCP4.5 情景下,近期阿姆河流域山区大部分地区降水量减少,减少的幅度不超过 13%,且多集中在乌兹别克斯坦与塔吉克斯坦的交界处以及阿富汗境内;近期锡尔河流域山区大部分地区降水量增加,增加的幅度不超过 20%,只在吉尔吉斯斯坦的东南部地区出现小范围的降水量减少。近期阿姆河流域平原区大部分地区降水量增加,增加的幅度多集中在 20%以内,且在乌兹别克斯坦中部地区增幅较大,增加的幅度在 20%～40%,而在土库曼斯坦与乌兹别克斯坦交界处的部分地区降水量减少;近期锡尔河流域平原区降水量基本处于增加趋势,增加的幅度多集中在 20%以内,且在哈萨克斯坦北部地区增加幅度较大,最大超过 40%。远期阿姆河流域和锡尔河流域的降雨量变化与近期基本相同。远期阿姆河流域山区大部分地区降水量减少,减少的幅度不超过 18%,且多集中在乌兹别克斯坦与塔吉克斯坦的交界处以及阿富汗境内;远期锡尔河流域山区降水量增加,增加的幅度不超过 20%。远期阿姆河流域平原区大部分地区降水量增加,增加的幅度多集中在 20%以内,且在乌兹别克斯坦中部地区增幅较大，最大超过40%，而在土库曼斯坦与乌兹别克斯坦交界处的部分地区降水量减少；远期锡尔河流域平原区降水量增加，在哈萨克斯坦与吉尔吉斯斯坦交界处增加的幅度不超过20%，而在哈萨克斯坦北部地区增加幅度较大，最大超过40%。

RCP8.5情景下，近期阿姆河流域山区降水量基本处于减少趋势，减少的幅度不超过22%，且多集中在乌兹别克斯坦与塔吉克斯坦的交界处以及阿富汗境内；近期锡尔河流域山区大部分地区降水量增加，增加的幅度不超过20%，而吉尔吉斯斯坦的东南部分地区降水量减少。近期阿姆河流域平原区大部分地区降水量增加，增加的幅度多集中在20%以内，而乌兹别克斯坦西北部分地区以及土库曼斯坦与乌兹别克斯坦交界处的大部分地区降水量减少；近期锡尔河流域平原区降水量基本处于增加趋势，增加的幅度多集中在20%以内，且在哈萨克斯坦北部少部分地区增加幅度较大，最大超过40%。远期阿姆河流域山区绝大部分地区降水量减少，减少的幅度不超过38%，且多集中在乌兹别克斯坦与塔吉克斯坦的交界处以及阿富汗境内；远期锡尔河流域山区大部分地区降水量较少，只在吉尔吉斯斯坦与乌兹别克斯坦的交界处降水量增加，增加的幅度不超过20%。远期阿姆河流域平原区的北部地区降水量增加，增加的幅度多集中在20%以内，而在土库曼斯坦与乌兹别克斯坦交界处的绝大部分地区降水量减少；远期锡尔河流域平原区在哈萨克斯坦北部地区降水量增加，且在哈萨克斯坦东北少部分地区最大增幅超过40%，而锡尔河流域平原区南部地区降水量处于减少变化。

综上所述，中亚地区在未来预测时段降水量变幅表现为“山区减少，平原区增加”的空间变化特征。在RCP4.5与RCP8.5两种情景下，未来中亚地区近期与远期降水变化基本类似，不同的是，RCP4.5情景下，远期中亚地区北部降水量增加幅度超过20%的地区多于近期；RCP8.5情景下，远期中亚地区南部降水量减少的地区多于近期。但总体来看，中亚地区未来降水处于增加的趋势，且锡尔河流域北部地区降水增加更为明显。

(2)未来温度变化特征

在RCP4.5和RCP8.5两种排放情景下，中亚地区未来平均温度均呈现上升趋势，但上升的幅度有所差异(图7.16)。

RCP4.5情景下，中亚地区近期较基准期平均温度上升2.6～3.3 ℃；远期较基准期平均温度上升3.1～4.1 ℃。远期阿姆河流域山区的大部分地区平均温度上升3.7～4.1 ℃，且基本集中在塔吉克斯坦与阿富汗交界处；远期锡尔河流域山区上升3.1～3.6 ℃。而远期阿姆河流域的平原区平均温度上升3.1～3.6 ℃，锡尔河流域平原区的中南部上升3.1～3.6 ℃，在哈萨克斯坦的北部平均温度上升最大，温度最大上升为4.1 ℃。

RCP8.5情景下，中亚地区近期较基准期平均温度上升3.3～4.5 ℃；远期较基准期平均温度上升5.2～6.9 ℃。近期中亚地区平均温度上升基本处于3.7～4.5 ℃，而在阿姆河流域平原区的乌兹别克斯坦境内温度上升稍低，在3.3～3.6 ℃。远期中亚流域平均温度上升基本处于5.7～6.6 ℃，在阿姆河流域山区的塔吉克斯坦与阿富汗交界处平均温度上升最大，温度最大上升为6.9 ℃，而在阿姆河流域平原区的乌兹别克斯坦境内温度上升稍低，在5.2～5.6 ℃。

综上所述，中亚地区在未来预测时段温度上升，整体呈现西部平均温度上升幅度较低，且升温显著区域的范围持续扩大的空间特征。总体来看，阿姆河流域山区以及锡尔河流域北部平原区平均温度上升变化较大，而在阿姆河流域平原区的乌兹别克斯坦境内平均温度上升变化较小。对比RCP4.5和RCP8.5两种排放情景，在RCP8.5高排放情景下，中亚地区平均温

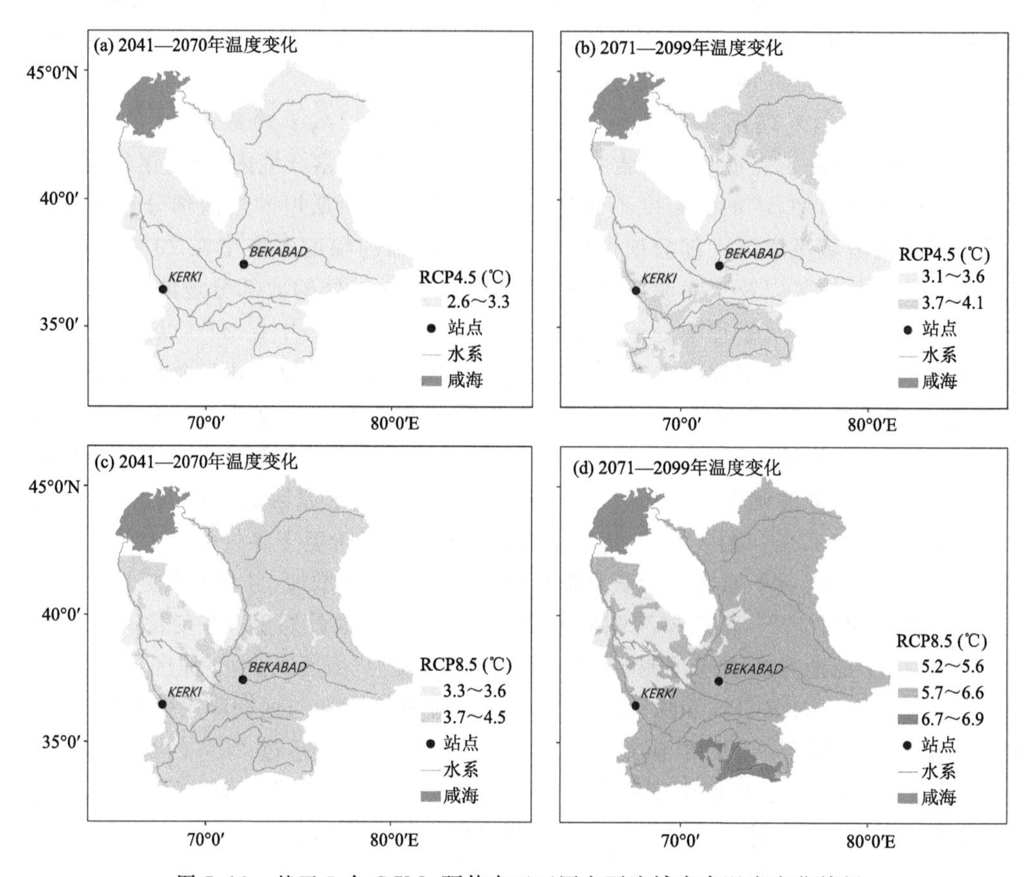

图 7.16 基于 5 个 GCMs 预估中亚五国主要流域未来温度变化特征

度的上升变化幅度明显高于 RCP4.5 排放情景下的上升变化幅度。在 RCP4.5 情景下，中亚地区未来平均温度的上升最低 2.6 ℃，最高 4.1 ℃，只在远期的阿姆河流域山区以及锡尔河流域平原区北部平均温度上升超过 3.6 ℃；而 RCP8.5 情景下，中亚地区未来平均温度的上升最低 3.3 ℃，最高 6.9 ℃，除近期阿姆河流域平原区的乌兹别克斯坦境内平均温度上升低于 3.6 ℃，其他地区温度上升全部超过 3.6 ℃。

整体来看，中亚地区未来降水及温度变化，该地区 2041—2099 年气候变化趋势为降水增加、温度上升，延续了由“暖干”变为“暖湿”的态势，与全球变暖的趋势相同。

7.1.3.2 未来气候变化对产流的影响

通过对比 RCP4.5 和 RCP8.5 情景下中亚地区的未来产流变化（图 7.17），可以看出未来中亚地区大部分地区处于产流减少的趋势。

RCP4.5 情景下，近期阿姆河流域山区东南部的大部分地区产流量有所增加，在塔吉克斯坦靠近阿姆河发源地处产流量增加超过 60%，而山区西南部阿富汗境内产流量基本处于减少趋势，减少的幅度在 30%以内；近期锡尔河流域山区在吉尔吉斯斯坦靠近阿姆河发源地处产流量增加，增加的幅度在 30%以内，而山区西部地区产流量减少，减少的幅度在 30%以内。近期阿姆河流域平原区产流量减少，减少的幅度在 30%以内，只在乌兹别克斯坦境内的北部局部地区出现产流量增加；近期锡尔河流域平原区在靠近河流水系的地区产流量增加，增加的幅

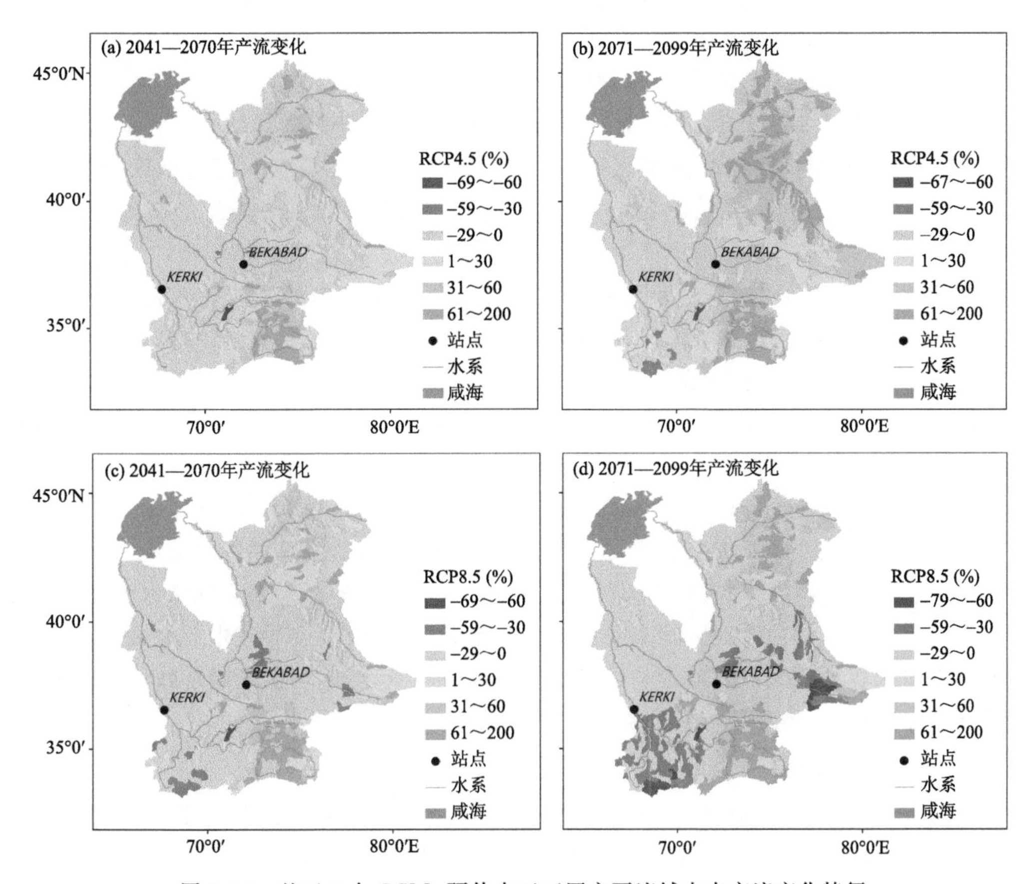

图 7.17　基于 5 个 GCMs 预估中亚五国主要流域未来产流变化特征

度基本在 60%以内，而在距离河流较远的地区产流量减少，减少的幅度在 30%以内。RCP4.5 情景下中亚地区远期的产流量空间变化与近期类似，但增减的幅度较近期有所不同。远期阿姆河流域山区的东南部产流量增加，在塔吉克斯坦靠近阿姆河发源地处产流量增加超过 60%，而阿富汗境内西南部的产流量基本处于减少趋势，减少的幅度不超过 30%。远期锡尔河流域山区在吉尔吉斯斯坦靠近阿姆河发源地处产流量增加，增加的幅度最大超过 30%，而山区西部产流量处于减少趋势，减少的幅度不超过 30%。远期阿姆河流域平原区产流量基本处于减少的趋势，减少的幅度在 30%以内，在乌兹别克斯坦北部地区出现局部的产流量增加；远期锡尔河流域平原区在靠近河流水系的地区产流量增加，增加的幅度基本在 30%～60%，最大超过 60%，而在距离河流较远的地区产流量减少，减少的幅度在 30%以内。

RCP8.5 情景下，近期阿姆河流域山区东南部产流量有所增加，在塔吉克斯坦靠近阿姆河发源地处产流量增加超过 60%，而在山区西南部阿富汗境内产流量减少，减少的幅度在 30%以内；近期锡尔河流域山区大部分地区产流量减少，减少的幅度基本在 30%以内，在靠近锡尔河发源地以及哈萨克斯坦与乌兹别克斯坦的交界处减少的幅度最大超过 30%，而在锡尔河山区最东部产流量仍处于增加状态。近期阿姆河流域平原区产流量减少，减少的幅度在 30%以内，在乌兹别克斯坦北部局部地区出现产流量增加；近期锡尔河流域平原区大部分地区产流量减少，减少的幅度在 30%以内，而在靠近河流水系的地区产流量有所增加，增加的幅度基本在

60%以内。远期阿姆河流域山区东南部产流量增加，在塔吉克斯坦靠近阿姆河发源地处产流量增加超过 60%，而在山区西南部阿富汗境内产流量减少，减少的幅度最大超过 60%；近期锡尔河流域山区大部分地区产流量减少，减少的幅度在 30%以内，在靠近锡尔河发源地产流量减少的幅度最大超过 60%，而在锡尔河山区最东部产流量仍处于增加状态。远期阿姆河流域平原区产流量减少，减少的幅度在 30%以内；近期锡尔河流域平原区大部分地区产流量减少，减少的幅度在 30%以内，而在哈萨克斯坦与吉尔吉斯斯坦、乌兹别克斯坦的交界处减少的幅度最大超过 30%，而北部部分地区产流量增加，增加的幅度最大超过 60%。

综上所述，中亚地区在未来预测时段产流量在大部分地区内处于减少的趋势，整体上看，山区产流量的变化幅度最大，此外还出现沿河流地区产流增加的空间变化趋势。对比 RCP4.5 与 RCP8.5 情景，中亚地区近期与远期的空间变化类似，两种情景下该地区大部分地区产流量减少，但 RCP8.5 情景下中亚地区的产流量明显低于 RCP4.5 情景下。在中等排放 RCP4.5 情景下，远期与近期相比，中亚地区产流量增加的范围增大，且增加的幅度也增大；在高排放 RCP8.5 情景下，远期与近期相比，该地区产流量减少的范围增大，且增加的幅度也增大。

由于中亚地区地处欧亚大陆腹部，气候属于典型的温带沙漠、草原的大陆性气候。降水稀少，温度高，蒸发量大，导致水资源十分匮乏。总体来看，中亚地区未来呈现降水增加与温度升高的变化趋势。冰川是中亚地区地表径流的主要来源，温度升高会导致中亚地区冰川减少，进而导致中亚地区地表径流量的减少。虽然中亚地区降水量增加，但温度增加致使蒸散发增加，降水量难以补足缺口，最终会导致径流量的减少。

7.1.3.3 未来气候变化对河川径流的影响

中亚地区共有 27 个站点（图 7.18），阿姆河流域及锡尔河流域山区与平原区的分界处分别存在 1 个站点，分别是站点 KERKI 与站点 BEKABAD。阿姆河流域山区有 10 个站点，平原区有 4 个站点；锡尔河流域山区有 10 个站点，平原区有 3 个站点。

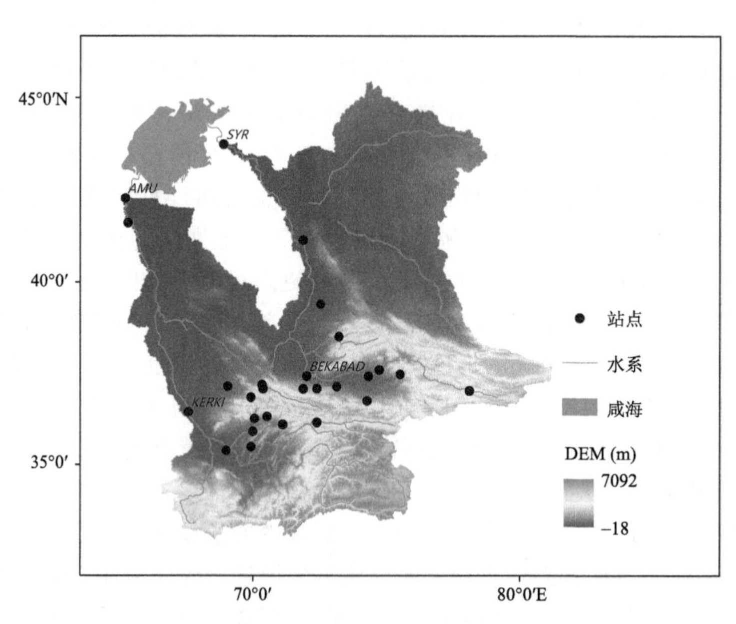

图 7.18 中亚五国主要流域站点分布

RCP4.5情景下，近期在阿姆河流域山区的10个站点中，9个站点的径流量增加，增加的幅度基本不超过30%，而径流量增加幅度最大的1个站点处于塔吉克斯坦西南部的阿姆河支流处，增加的幅度最大超过60%。此外，处于乌兹别克斯坦与塔吉克斯坦交界处的1个站点的径流量减少，减少的幅度在6%以内。近期锡尔河流域山区的10个站点的径流量处于增加趋势，7个站点增加的幅度不超过30%，2个站点增加的幅度在30%～60%，而径流量增加幅度最大的1个站点处于乌兹别克斯坦与塔吉克斯坦的交界处，增加的幅度最大超过60%。近期在阿姆河流域平原区的4个站点中，沿阿姆河分布的2个站点径流量增加，增加的幅度不超过30%，而位于阿姆河入海口及乌兹别克斯坦境内靠近山区的2个站点径流量减少，减少的幅度最大为79%。近期锡尔河流域平原区西部的2个站点径流量处于增加趋势，增加的幅度不超过30%，而位于锡尔河入海口的1个站点径流量减少。远期阿姆河流域山区有9个站点径流量增加，其中5个站点径流量增加的幅度不超过30%，3个站点增加的幅度在30%～60%，而径流量增加幅度最大的1个站点处于塔吉克斯坦西南部的阿姆河支流处，增加的幅度最大超过60%。此外，处于乌兹别克斯坦与塔吉克斯坦交界处的1个站点的径流量减少，减少的幅度在11%以内。远期锡尔河流域山区的10个站点径流量处于增加趋势，其中5个站点径流量增加的幅度不超过30%，4个站点增加的幅度在30%～60%，而径流量增加幅度最大的站点处于乌兹别克斯坦与塔吉克斯坦的交界处，增加的幅度最大超过60%。远期在阿姆河流域平原区的4个站点中，沿阿姆河分布的2个站点径流量增加，增加的幅度不超过30%，而位于阿姆河入海口及乌兹别克斯坦境内靠近山区的2个站点径流量减少，减少的幅度最大为76%。近期锡尔河流域平原区西部的2个站点径流量处于增加趋势，增加的幅度在30%～60%，而位于锡尔河入海口的1个站点径流量减少(图7.19)。

RCP8.5情景下，近期阿姆河流域山区有8个站点径流量增加，其中6个站点径流量增加的幅度不超过30%，3个站点增加的幅度在30%～60%，而径流量增加幅度最大的1个站点处于塔吉克斯坦西南部的阿姆河支流处，增加的幅度最大超过60%。此外，处于乌兹别克斯坦与塔吉克斯坦交界处以及阿富汗边境上的2个站点的径流量减少，减少的幅度在19%以内。近期锡尔河流域山区有8个站点径流量增加，其中4个站点径流量增加的幅度不超过30%，4个站点增加的幅度在30%～60%。此外，处于乌兹别克斯坦与塔吉克斯坦交界处以及乌兹别克斯坦与哈萨克斯坦交界处的2个站点的径流量减少，减少的幅度在19%以内。近期在阿姆河流域平原区的4个站点中，沿阿姆河分布的2个站点径流量增加，增加的幅度不超过30%，而位于阿姆河入海口及乌兹别克斯坦境内靠近山区的2个站点径流量减少，减少的幅度最大为84%。近期锡尔河流域平原区中西部的1个站点径流量处于增加趋势，增加的幅度不超过30%，而位于锡尔河入海口及哈萨克斯坦西南部靠近锡尔河的2个站点的径流量减少。远期阿姆河流域山区有8个站点径流量增加，其中3个站点径流量增加的幅度不超过30%，2个站点增加的幅度在30%～60%，处于乌兹别克斯坦与塔吉克斯坦处阿姆河两个支流上的3个站点，增加的幅度最大超过60%。此外，处于乌兹别克斯坦与塔吉克斯坦交界处以及阿富汗边境上的2个站点的径流量减少，减少的幅度在25%以内。远期锡尔河流域山区有7个站点径流量增加，其中4个站点径流量增加的幅度不超过30%，2个站点增加的幅度在30%～60%。而径流量增加幅度最大的1个站点处于乌兹别克斯坦与吉尔吉斯斯坦交界处，增加的幅度最大超过60%。此外，处于乌兹别克斯坦与吉尔吉斯斯坦交界处、乌兹别克斯坦与塔吉克斯坦交界处及乌兹别克斯坦与哈萨克斯坦交界处的3个站点的径流量减少，减少的幅度在

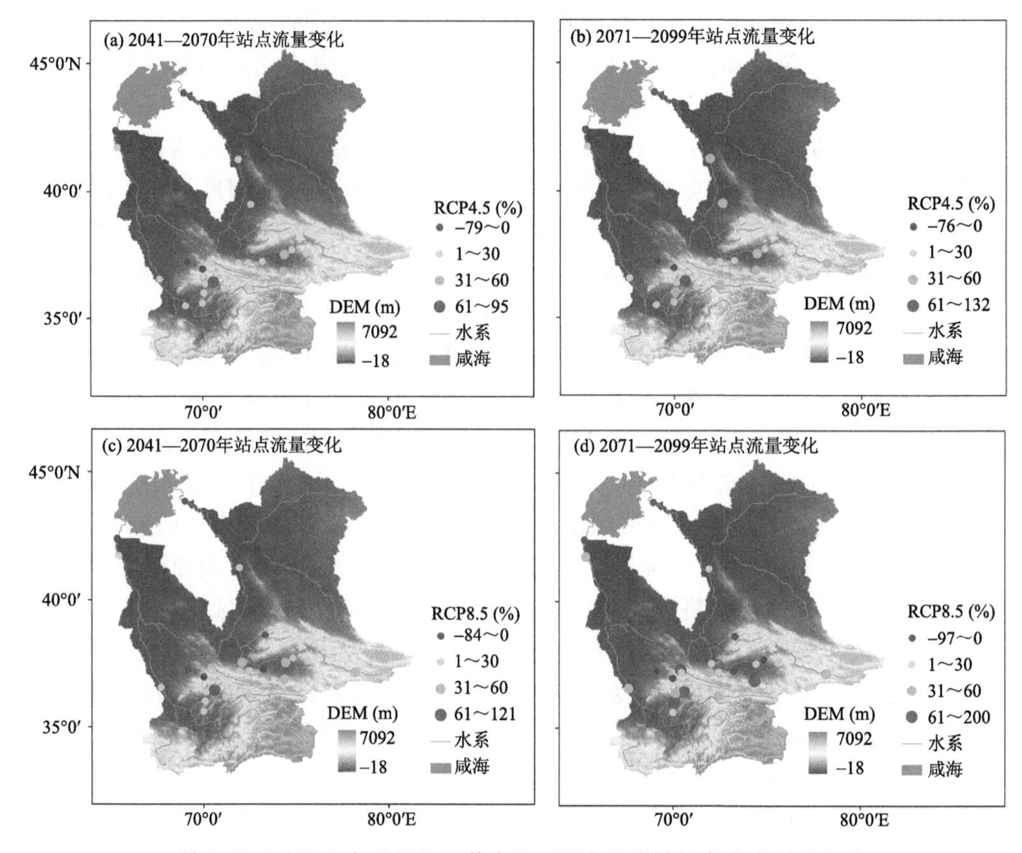

图 7.19　基于 5 个 GCMs 预估中亚五国主要流域站点未来径流变化

25%以内。远期阿姆河流域平原区沿阿姆河分布的 3 个站点径流量增加，其中 2 个站点增加的幅度在 30%～60%，而位于阿姆河入海口及乌兹别克斯坦境内靠近山区的 2 个站点径流量减少，减少的幅度最大为 97%。远期锡尔河流域平原区中西部的 1 个站点径流量处于增加趋势，增加的幅度不超过 30%，而位于锡尔河入海口及哈萨克斯坦西南部靠近锡尔河的 2 个站点径流量减少。

综上所述，中亚地区 27 个站点的径流量呈现山区增加平原区减少的空间变化趋势，但不同情景不同时期的变化有所不同。在 RCP4.5 与 RCP8.5 两种情景下，近期与远期的径流量空间变化一致，但远期的径流量极值变幅要高于近期，RCP4.5 情景下中亚地区近期最大增幅为 95%，远期为 132%；RCP8.5 情景下中亚地区近期最大增幅为 121%，远期为 200%。对比中亚地区在这两种不同情景下的站点径流量变化，RCP8.5 情景下的径流量极值变幅要大于 RCP4.5 情景，且 RCP4.5 情景下径流量呈减少趋势的站点个数要少于 RCP8.5 情景下，RCP4.5 情景下，径流量呈减少趋势的站点为 4 个；在 RCP8.5 情景下，径流量呈减少趋势的站点达到 9 个(表 7.2)。

表 7.2　站点 RCP4.5 和 RCP8.5 情景下径流量对比

站点	情景	基准期	2041—2070 年(近期)		2071—2099 年(远期)	
		年径流量(m^3/a)	年径流量(m^3/a)	变化率(%)	年径流量(m^3/a)	变化率(%)
SYR	RCP4.5	134.21	28.27	−78.93	32.30	−75.94
	RCP8.5		21.18	−84.22	4.41	−96.71
AMU	RCP4.5	506.94	283.17	−44.14	284.14	−43.95
	RCP8.5		277.53	−45.26	339.96	−32.94
CHATLY	RCP4.5	666.65	772.03	15.81	851.16	27.68
	RCP8.5		792.45	18.87	991.69	48.76
TYUMEN-ARYK	RCP4.5	268.25	335.02	24.89	396.98	47.99
	RCP8.5		307.33	14.57	281.00	4.75
ARYS	RCP4.5	21.11	21.89	3.65	27.93	32.27
	RCP8.5		17.21	−18.51	20.64	−2.23
HODJIKENT	RCP4.5	211.98	218.78	3.21	230.33	8.65
	RCP8.5		207.34	−2.19	202.97	−4.25
UCH-KURGAN	RCP4.5	330.29	354.79	7.42	397.18	20.25
	RCP8.5		340.40	3.06	323.23	−2.14
CHARVAK	RCP4.5	23.35	25.20	7.89	26.69	14.28
	RCP8.5		24.23	3.74	24.33	4.18
KAL	RCP4.5	273.25	379.96	39.05	423.83	55.11
	RCP8.5		364.59	33.43	347.52	27.18
BEKABAD	RCP4.5	81.29	134.21	65.09	168.18	106.89
	RCP8.5		126.83	56.02	102.65	26.27
CHIRAKCHI	RCP4.5	16.48	15.46	−6.17	14.67	−10.98
	RCP8.5		13.81	−16.22	12.32	−25.22
KHAZARNOVA	RCP4.5	16.27	15.28	−6.08	14.47	−11.05
	RCP8.5		13.62	−16.26	12.20	−24.98
TASH-KURGAN	RCP4.5	17.65	17.92	1.52	19.69	11.56
	RCP8.5		17.52	−0.73	16.80	−4.79
SUDGINA	RCP4.5	10.06	11.59	15.22	11.80	17.31
	RCP8.5		11.10	10.40	12.00	19.30
DAZGON	RCP4.5	4.46	5.32	19.18	6.35	42.23
	RCP8.5		5.48	22.72	6.35	42.29
NARYN	RCP4.5	103.05	129.50	25.66	152.66	48.14
	RCP8.5		137.39	33.32	163.40	58.57
DUPULI	RCP4.5	107.50	137.72	28.11	152.09	41.48
	RCP8.5		146.64	36.41	174.62	62.44

续表

站点	情景	基准期	2041—2070 年(近期)		2071—2099 年(远期)	
		年径流量(m^3/a)	年径流量(m^3/a)	变化率(%)	年径流量(m^3/a)	变化率(%)
ANDARHAN	RCP4. 5	13. 73	15. 18	10. 57	16. 44	19. 72
	RCP8. 5		15. 14	10. 27	14. 95	8. 92
KERKI	RCP4. 5	902. 28	1047. 82	16. 13	1149. 53	27. 40
	RCP8. 5		1065. 28	18. 07	1254. 89	39. 08
OBIZARANG	RCP4. 5	42. 86	52. 93	23. 48	64. 64	50. 81
	RCP8. 5		54. 98	28. 26	71. 58	66. 98
UCH－KORGON	]RCP4. 5	13. 98	18. 61	33. 09	20. 83	49. 00
	RCP8. 5		19. 72	41. 02	23. 65	69. 14
KARATAG	RCP4. 5	3. 10	6. 04	94. 90	7. 19	131. 88
	RCP8. 5		6. 84	120. 64	9. 70	212. 89
KING GUZAR	RCP4. 5	14. 79	17. 27	16. 76	18. 20	23. 07
	RCP8. 5		17. 58	18. 85	19. 41	31. 24
GARM	RCP4. 5	280. 09	350. 45	25. 12	388. 49	38. 70
	RCP8. 5		360. 05	28. 55	442. 48	57. 98
CHINOR	RCP4. 5	72. 67	79. 75	9. 75	84. 20	15. 86
	RCP8. 5		81. 45	12. 08	84. 01	15. 61
TARTKI	RCP4. 5	129. 47	135. 82	4. 90	145. 15	12. 11
	RCP8. 5		136. 53	5. 46	137. 60	6. 28
MANGUZAR	RCP4. 5	26. 48	26. 50	0. 09	28. 66	8. 25
	RCP8. 5		26. 26	－0. 79	25. 44	－3. 92

表 7. 2 为站点 RCP4. 5 和 RCP8. 5 情景下径流量对比。由于站点 AMU 与站点 SYR 分别位于阿姆河以及锡尔河汇入咸海的入海口位置，而站点 KERKI 与站点 BEKABAD 分别位于阿姆河流域及锡尔河流域山区与平原区的分界处位置，因此选取站点 AMU、SYR、KERKI 及 BEKABAD 来进行未来径流过程的模拟分析，如图 7. 20 所示。

从 AMU 站的径流过程来看，基准期的平均年径流量为 506. 94 m^3/s。RCP4. 5 情景下，近期平均年径流量为 283. 17 m^3/s，相比于基准期减少了 44. 14%；远期平均年径流量为 284. 14 m^3/s，相比于基准期减少了 43. 95%。RCP8. 5 情景下，近期平均年径流量为 277. 53 m^3/s，相比于基准期减少了 45. 26%；远期平均年径流量为 339. 96 m^3/s，相比于基准期减少了 32. 94%。对比 RCP4. 5 与 RCP8. 5 两种不同情景下中亚地区未来平均年径流量的变化，未来气候变化会引起 AMU 站径流量减少，且远期的变化要大于近期。

从 SYR 站的径流过程来看，基准期的平均年径流量为 134. 21 m^3/s。RCP4. 5 情景下，近期平均年径流量为 28. 27 m^3/s，相比于基准期减少了 78. 93%；远期平均年径流量为 32. 30 m^3/s，相比于基准期减少了 75. 94%。RCP8. 5 情景下，近期平均年径流量为 21. 18 m^3/s，相比于基准期减少了 84. 22%；远期平均年径流量为 4. 41 m^3/s，相比于基准期增加了 96. 71%。对比 RCP4. 5 与 RCP8. 5 两种不同情景下中亚地区未来平均年径流量变化，

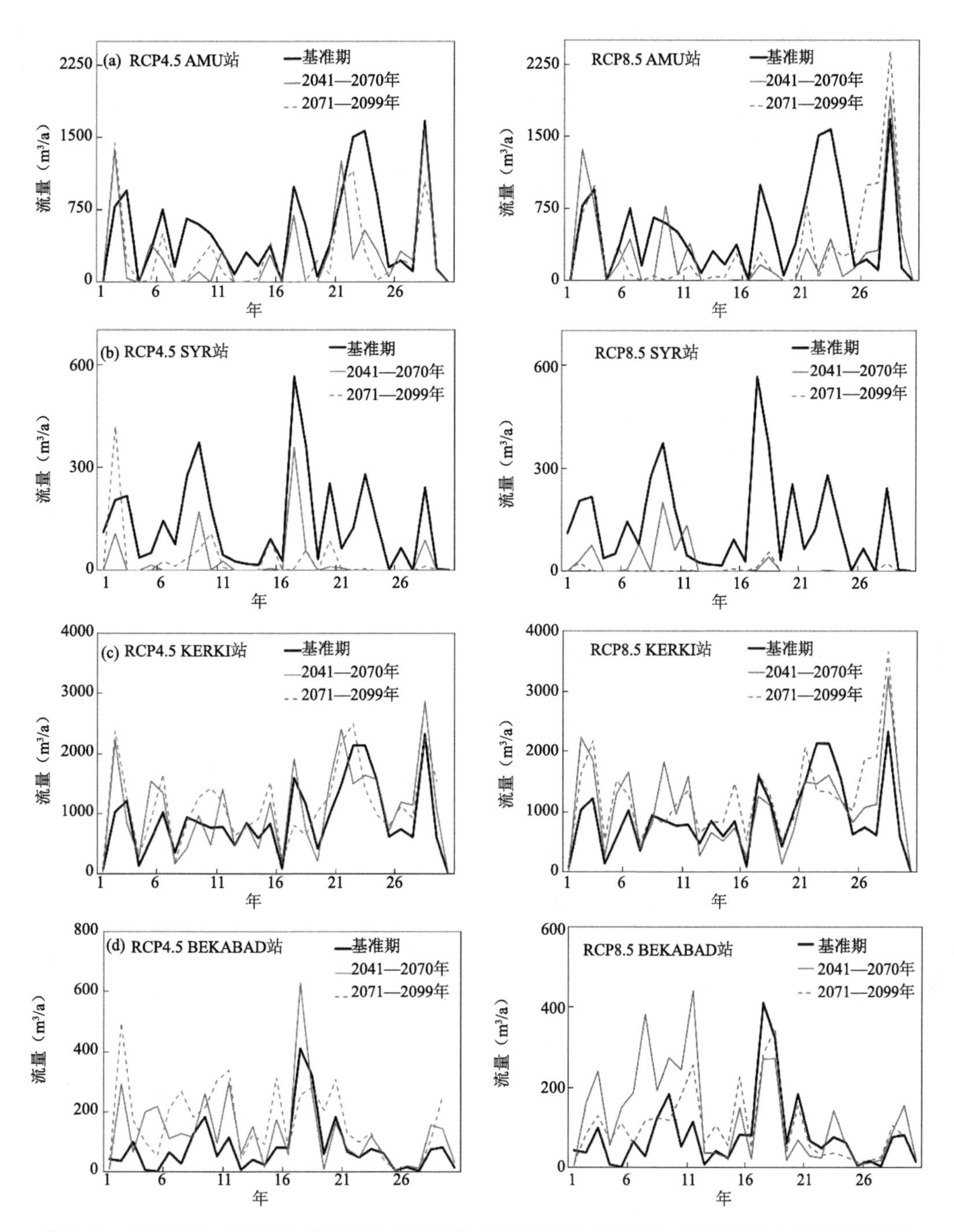

图 7.20　AMU(a)、SYR(b)、KERKI(c)和 BEKABAD(d)站点 RCP4.5 和 RCP8.5 情景流量对比

未来气候变化会引起 SYR 站径流量大幅度的减少，且 RCP8.5 情景下的未来径流量变化幅度大于 RCP4.5 情景下。

从 KERKI 站的径流过程来看，基准期的平均年径流量为 902.28 m³/s。RCP4.5 情景下，近期平均年径流量为 1047.82 m³/s，相比于基准期增加了 16.13%；远期平均年径流量为 1433.79 m³/s，相比于基准期增加了 14.44%。RCP8.5 情景下，近期平均年径流量为

1065.28 m^3/s，相比于基准期增加了 18.07%；远期平均年径流量为 1254.89 m^3/s，相比于基准期增加了 39.08%。对比 RCP4.5 与 RCP8.5 两种不同情景下中亚地区未来平均年径流量变化，未来气候变化会引起 KERKI 站径流量增加，且 RCP8.5 情景下的未来径流量变化幅度大于 RCP4.5 情景下。

从 BEKABAD 站的径流过程来看，基准期的平均年径流量为 81.29 m^3/s。RCP4.5 情景下，近期平均年径流量为 134.21 m^3/s，相比于基准期增加了 65.09%；远期平均年径流量为 168.18 m^3/s，相比于基准期增加了 106.89%。RCP8.5 情景下，近期平均年径流量为 126.83 m^3/s，相比于基准期增加了 56.02%；远期平均年径流量为 102.65 m^3/s，相比于基准期增加了 26.27%。对比 RCP4.5 与 RCP8.5 两种不同情景下中亚地区未来平均年径流量变化，未来气候变化会引起 BEKABAD 站径流量大幅度增加。

综上所述，从中亚地区的径流过程来看，该地区径流处于减少的趋势，阿姆河及锡尔河入海口处两个站点的径流量在 RCP8.5 情景下减少的幅度最大能达到 96%。RCP8.5 情景下锡尔河入海口处站点的径流量减少到只有 4.41 m^3/a，这会造成未来咸海水资源量减少，面积萎缩。

7.2 中亚农业水资源需求变化

7.2.1 主要农作物需水量的变化模拟

中亚五国小麦和棉花的种植面积占整个作物种植面积比例非常高，以 2015 年为例，其比例达到 93%，因此中亚农业水资源需求变化的分析主要考虑棉花和小麦这两种作物。研究中使用联合国粮食及农业组织（FAO）给出的作物需水量计算方法对作物需水量 IWR 变化进行模拟，作物需水量 I_{WR} 的单位为毫米（mm），计算方法如下所示：

$$I_{WR}=\frac{E_T-P_e}{I_e} \tag{7.1}$$

式中，P_e 为有效降雨，表示被作物实际利用的降雨量，采用 USDA 的方法计算，见式（7.2）；E_T 为作物实际蒸散发，利用作物系数法计算而得，见式（7.3）；I_e 是灌溉效率，表示被作物实际利用的灌溉水量与实际抽取的水量的比值。根据 Rost 等（2008）在全球尺度上对灌溉效率的研究，中亚地区灌溉效率约为 0.566。

$$P_e=\begin{cases}P\times(125-0.2\times P)/125, & P<250\ \text{mm}\\ 125+0.1\times P, & P\geqslant 250\ \text{mm}\end{cases} \tag{7.2}$$

式中，P 是月降雨量。

公式（7.1）中作物实际蒸散发 E_T 的计算采用作物系数与参考蒸散发的方法：

$$E_T=K_c\times E_{T_0} \tag{7.3}$$

式中，K_c 是作物系数，使用 SIC-ICWC（Scientific Information Centre of Interstate Commission on Water Coordination in Central Asia）给出的中亚地区棉花和冬小麦在 4 个生长阶段及对应的作物系数，见表 7.3；E_{T_0} 是参考作物蒸散发，由式（7.4）计算而得。该方法是对 FAO 提出的参考作物蒸散发的改进，特别考虑了大气 CO_2 浓度对作物蒸腾的影响。

$$E_{T_0}=\frac{0.408\Delta(R_n-G)+\gamma\dfrac{900}{T+273}U_2(e_s-e_a)}{\Delta+\gamma[1+U_2(0.34+2.4\times10^{-4}([CO_2]-300))]} \tag{7.4}$$

式中，Δ 是水汽压随温度变化的斜率；R_n 是净辐射；G 是土壤热通量；γ 是干湿表常数，等于 0.66；T 是日平均气温；U_2 是 2 m 高度的日平均风速；e_s 是饱和水汽压；e_a 是实际水汽压；[CO_2]是大气 CO_2 浓度。各变量的具体计算方法参见 FAO 灌溉和排水 NO. 56 手册。

表 7.3　中亚地区冬小麦和棉花在 4 个生长阶段及作物系数(*Kc*)值

	作物	种植期	发育期	生长中期	收获期
种植和收割日期	棉花	4 月初			10 月初
	冬小麦	10 月中			6 月初
生长阶段天数	棉花	30	50	55	45
	冬小麦	30	140	40	30
作物系数	棉花	0.55	0.55	0.95～1.15	0.65
	冬小麦	0.65	0.65	1.15	0.65

7.2.2　主要作物棉花和冬小麦的作物需水量变化规律

7.2.2.1　棉花需水量变化

如图 7.21 所示，以 2006 年、2015 年为例，中亚地区灌溉耕地上棉花作物需水量呈现自东向西增高的空间分布，大于 1600 mm 的高值集中在乌兹别克斯坦和土库曼斯坦，2006—2015 年棉花作物需水量的空间分布并未发生明显变化。通过分析 2006—2015 年棉花作物需水量相对变化发现，变化趋势具有明显的空间分异。TKM、TJK、KAZ 和 UZB 绝大部分的灌溉耕地上，棉花作物需水量的增长趋势斜率小于 2.5 mm/a，相对增幅小于 3%；但 TKM 和 KAZ 东部出现 3%～6%增幅区，在 0.05 水平上显著增长，趋势斜率为 2.5～4.3 mm/a。同期，KGZ 和 UZB 东部以及 KAZ 东南部的棉花作物需水量减少，减少幅度小于 3%；但 KGZ 中部

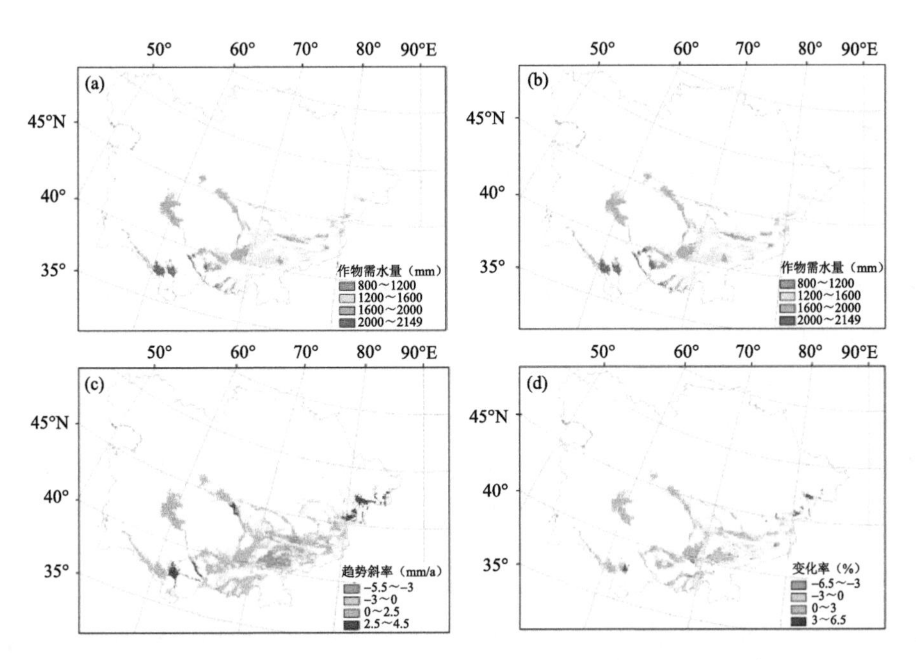

图 7.21　2006 年(a)和 2015 年(b)棉花作物需水量的空间分布，
2006—2015 年变化趋势分布(c)及 2006 年和 2015 年的相对变化百分比分布(d)图

减幅达 3%～6.5%，减少趋势斜率为－5.5～－2.5 mm/a，在 0.05 水平上显著减少。

7.2.2.2　冬小麦需水量变化

如图 7.22 所示，中亚地区冬小麦作物需水量呈现自东向西增高的分布趋势，与棉花相同，2006—2015 年间其空间分布特征无显著变化。研究期间，哈萨克斯坦东部的冬小麦作物需水量减少；其他地区均增加，且乌兹别克斯坦东部和土库曼斯坦的冬小麦作物需水量增量大于 100 mm。根据 2006—2015 年冬小麦作物需水量的相对变化发现，哈萨克斯坦东部减幅为0～9%，趋势斜率为－4.6～0 mm/a；中亚大部分地区的冬小麦作物需水量增幅为 0～15%，乌兹别克斯坦东部增幅达 15%～20%，其中绝大部分地区趋势斜率小于 10 mm/a，但土库曼斯坦的趋势斜率大于 10 mm/a。

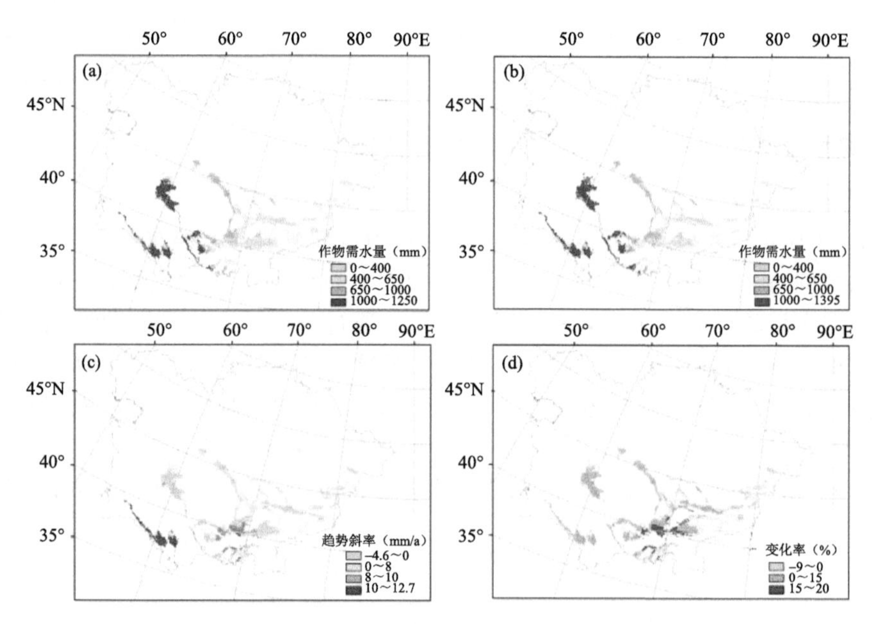

图 7.22　2006 年(a)和 2015 年(b)冬小麦作物需水量的空间分布，2006—2015 年变化趋势分布(c)及 2006 年和 2015 年的相对变化(d)

7.2.2.3　中亚各国的作物需水量变化

以中位数代表每个国家的作物需水量水平。由图 7.23 可知，2006—2015 年中亚五国棉花作物需水量的年际变化趋势基本相同，且五国数据的变异系数均为 1%左右，变化稳定。对于冬小麦作物需水量，乌兹别克斯坦、土库曼斯坦和塔吉克斯坦的年际变化趋势基本相同，但 2010—2011 年各国变化存在差异，哈萨克斯坦的冬小麦作物需水量增加，而其他四国均减少，且塔吉克斯坦减少最多为 95 mm。这是由于气温、降水及温室气体等气象因素的变化，都会对作物需水量值产生重要影响。塔吉克斯坦数据的变异系数为 11%，数据波动较大，其他国家均为 2%左右，变化稳定。

7.2.2.4　2006—2015 年中亚五国棉花和冬小麦总灌溉需水量变化分析

2006—2015 年，中亚五国种植棉花的灌溉总水量均呈现先增加后减少的年际变化趋势(表 7.4)。但变化程度并不显著。由于 2006—2015 年塔吉克斯坦和乌兹别克斯坦的灌溉耕地面积略有减少，棉花作物需水量略有增加，因此其棉花灌溉总水量保持稳定。吉尔吉斯斯坦

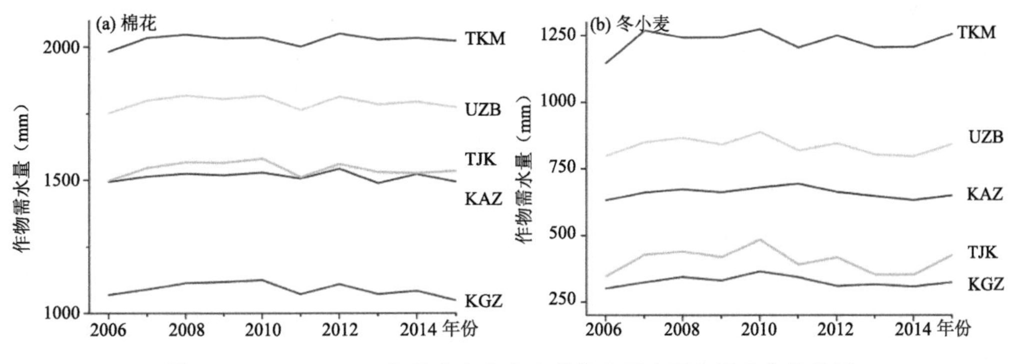

图 7.23 2006—2015 年棉花和冬小麦的作物需水量年际变化趋势图

的灌溉耕地面积持续增加，棉花作物需水量显著减少，因此灌溉总水量也保持稳定。土库曼斯坦的灌溉耕地面积持续增加，同期棉花作物需水量显著增加，因此该国棉花灌溉总量明显增加，至 2015 年的增幅为 3.44%。

表 7.4 中亚五国种植棉花的灌溉总水量(km^3)

国家	2006 年	2008 年	2010 年	2012 年	2015 年	相对变化(%)
哈萨克斯坦	127.7	130.4	131.1	132.4	128.8	0.82
吉尔吉斯斯坦	33.6	35.4	35.9	35.6	33.7	0.17
塔吉克斯坦	21.8	22.8	22.9	22.6	22.1	1.30
土库曼斯坦	78.8	82.1	81.9	82.8	81.6	3.44
乌兹别克斯坦	144.1	149.1	148.6	148.0	143.5	−0.38

2006—2015 年，中亚五国的冬小麦灌溉总量呈现稳定上升的年际变化趋势。由表 7.5 发现，研究期间塔吉克斯坦的增幅最大，为 21.79%，其次较明显的为土库曼斯坦、吉尔吉斯斯坦，增长幅度分别为 11.17%、9.88%。塔吉克斯坦和乌兹别克斯坦的耕地面积虽略有减少，但冬小麦的灌溉需水量显著增加，因此冬小麦的灌溉总水量均显著增加。说明冬小麦的灌溉需水量变化显著影响灌溉水资源的利用。

表 7.5 中亚五国种植冬小麦的灌溉总水量(km^3)

国家	2006 年	2008 年	2010 年	2012 年	2015 年	相对变化(%)
哈萨克斯坦	54.1	56.6	57.5	56.6	58.3	3.69
吉尔吉斯斯坦	9.5	10.3	10.9	10.5	11.7	9.88
塔吉克斯坦	5.0	6.2	6.4	6.1	7.0	21.79
土库曼斯坦	45.6	50.7	49.8	49.9	51.3	11.17
乌兹别克斯坦	65.6	69.7	71.0	68.8	72.6	3.99

综上分析表明：①2006—2015 年中亚地区的灌溉耕地面积总体上升，哈萨克斯坦、吉尔吉斯斯坦和土库曼斯坦分别增长 703.7 km^2、653.4 km^2 和 573.4 km^2，塔吉克斯坦、乌兹别克斯坦分别减少 156.7 km^2、1282.3 km^2；②2006—2015 年，中亚绝大部分地区棉花作物需水量的增长速率为 0～2.5 mm/a，只在土库曼斯坦和哈萨克斯坦东部地区显著增加，增长速率为 2.5～4.3 mm/a；在吉尔吉斯斯坦显著减少，并且是唯一呈现总体减少趋势的国家。冬小麦的作物

需水量，在哈萨克斯坦东部呈现减少趋势，其他地区均呈现增加趋势，并且在土库曼斯坦地区显著增加，增长速率大于 10 mm/a；③2006—2015 年间，土库曼斯坦因为灌溉耕地面积和棉花需水量都有显著增加，所以至 2015 年棉花灌溉总水量的增幅为 3.44%。其他四国变化较小。对于冬小麦的灌溉总水量，中亚五国均呈上升趋势，且塔吉克斯坦的增幅最大为 21.79%，其次为土库曼斯坦和吉尔吉斯斯坦，增长幅度分别为 11.17%和 9.88%。

7.2.3　未来气候变化情景下棉花和冬小麦的作物需水量变化规律

基于作物参考蒸散发、实际蒸散发和有效降雨计算了中亚两种典型农作物冬小麦和棉花在 RCP2.6 和 RCP4.5 气候变化情景下，未来(2006—2100 年)中亚五国的农业需水量(mm)，其中 2006—2020 年为历史基准期。

7.2.3.1　中亚五国作物需水量的比较

表 7.6 给出了中亚五国在 2006—2100 年时段内棉花和冬小麦作物需水量的中值。从中可以看出，土库曼斯坦的作物需水量最高，其次为乌兹别克斯坦，之后分别是哈萨克斯坦、塔吉克斯坦和吉尔吉斯斯坦。棉花的需水量明显高于冬小麦，这是因为中亚的雨季主要发生在 10 月到次年 4 月，这期间是冬小麦的种植和生长季，降雨能够有效减少灌溉量，使得需水量减少。

表 7.6　中亚五国 2006—2100 年间棉花和冬小麦需水量中值(mm)

国家	气候变化情景	2006—2020 年	2021—2040 年	2041—2060 年	2061—2080 年	2081—2100 年
KGZ	Cotton-RCP2.6	563.3	571.6	576.5	561.8	559.0
TJK		577.9	583.1	595.2	577.1	575.2
TKM		1134.1	1144.8	1148.1	1135.8	1134.3
UZB		1058.6	1068.3	1071.7	1056.7	1057.8
KAZ		778.2	792.5	786.1	777.0	771.6
KGZ	Cotton-RCP4.5	573.4	578.2	592.2	602.5	608.6
TJK		581.4	595.7	606.3	628.0	626.8
TKM		1137.3	1147.7	1158.4	1170.0	1174.1
UZB		1064.0	1069.9	1081.2	1086.7	1090.1
KAZ		785.6	793.0	801.4	799.7	807.9
KGZ	Winter-wheat-RCP2.6	168.8	174.1	176.8	165.3	170.4
TJK		7.5	12.3	16.2	5.9	19.1
TKM		685.8	699.7	699.0	696.8	690.3
UZB		583.8	596.1	595.4	590.7	588.0
KAZ		338.0	344.2	341.2	333.4	333.6
KGZ	Winter-wheat-RCP4.5	182.9	178.6	182.5	194.2	191.2
TJK		32.6	16.1	18.3	35.4	31.7
TKM		694.7	701.6	709.4	723.7	727.6
UZB		590.0	595.1	603.9	613.7	616.1
KAZ		341.1	340.8	347.5	350.9	354.8

注：KGZ——吉尔吉斯斯坦；KAZ——哈萨克斯坦；TJK——塔吉克斯坦；TKM——土库曼斯坦；UZB——乌兹别克斯坦。

7.2.3.2　未来棉花需水量和冬小麦需水量的变化趋势

图 7.24 给出了利用 M-K 检验得到的 RCP2.6 和 RCP4.5 情景下，棉花需水量和冬小麦需水量显著变化趋势分布图。显然，在 RCP2.6 情景下，只在哈萨克斯坦的东北部棉花和冬小麦需水量存在降低趋势，在其他地区均变化不明显。而在 RCP4.5 情景下，棉花和冬小麦需水量在整个地区都呈增加趋势，在增加幅度上地区间略有差异。从北向南增加幅度逐渐变大。

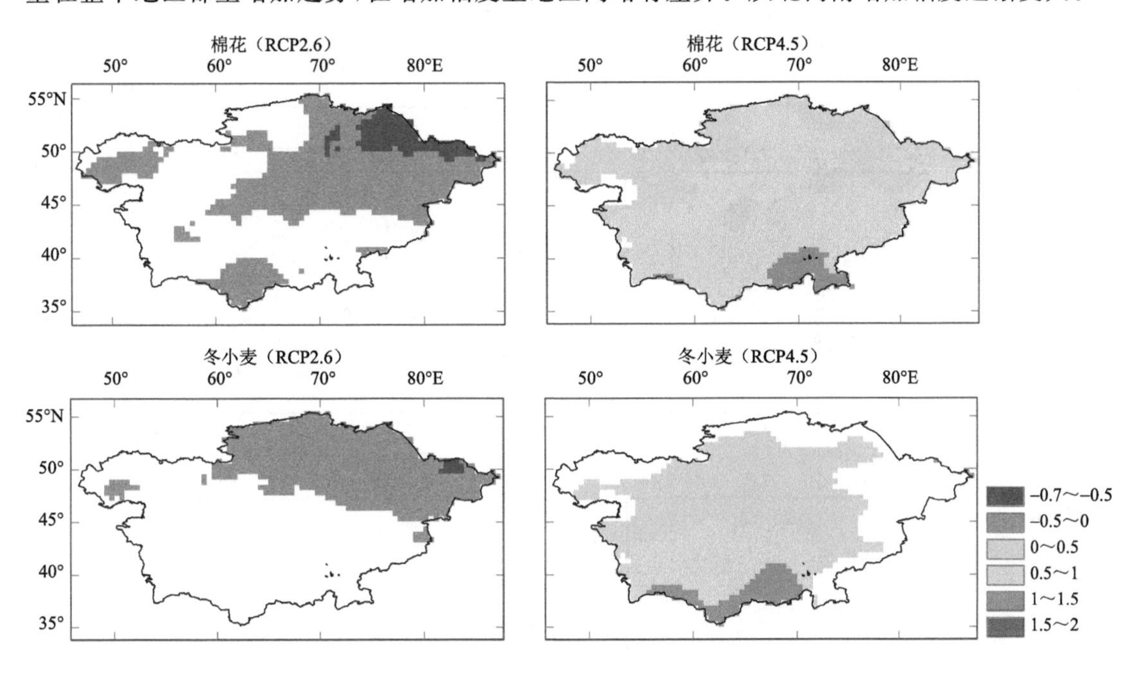

图 7.24　考虑 CO_2 施肥效应下棉花需水量和冬小麦需水量的变化趋势

7.2.3.3　未来棉花需水量和冬小麦需水量的相对变化百分率

图 7.25 和图 7.26 给出了相对于 2006—2020 年作物需水量的平均值，2021—2040 年、2041—2060 年、2061—2080 年和 2081—2100 年作物需水量平均值的相对变化百分率。图中可见，在 RCP2.6 情景下，棉花需水量和冬小麦需水量的相对变化百分率呈现先升高（2021—2040 年和 2041—2060 年）后降低（2061—2080 年和 2081—2100 年）的规律。在 RCP4.5 情景下在各时段都呈升高的规律。东南部山区的升高最剧烈，尤其在塔吉克斯坦境内。两种作物相比，气候变化对冬小麦需水量的影响比棉花大。两种情景下大部分地区作物需水量的相对变化百分率在正负 5％之间。

7.3　中亚农业水资源供需压力分析

7.3.1　水资源供需压力估算方法

7.3.1.1　水资源压力的计算

（1）农业水资源供需压力计算

本章中农业水资源供需压力的计算采用作物需水量 IWR 与径流比值的方法得到，计算公式如下：

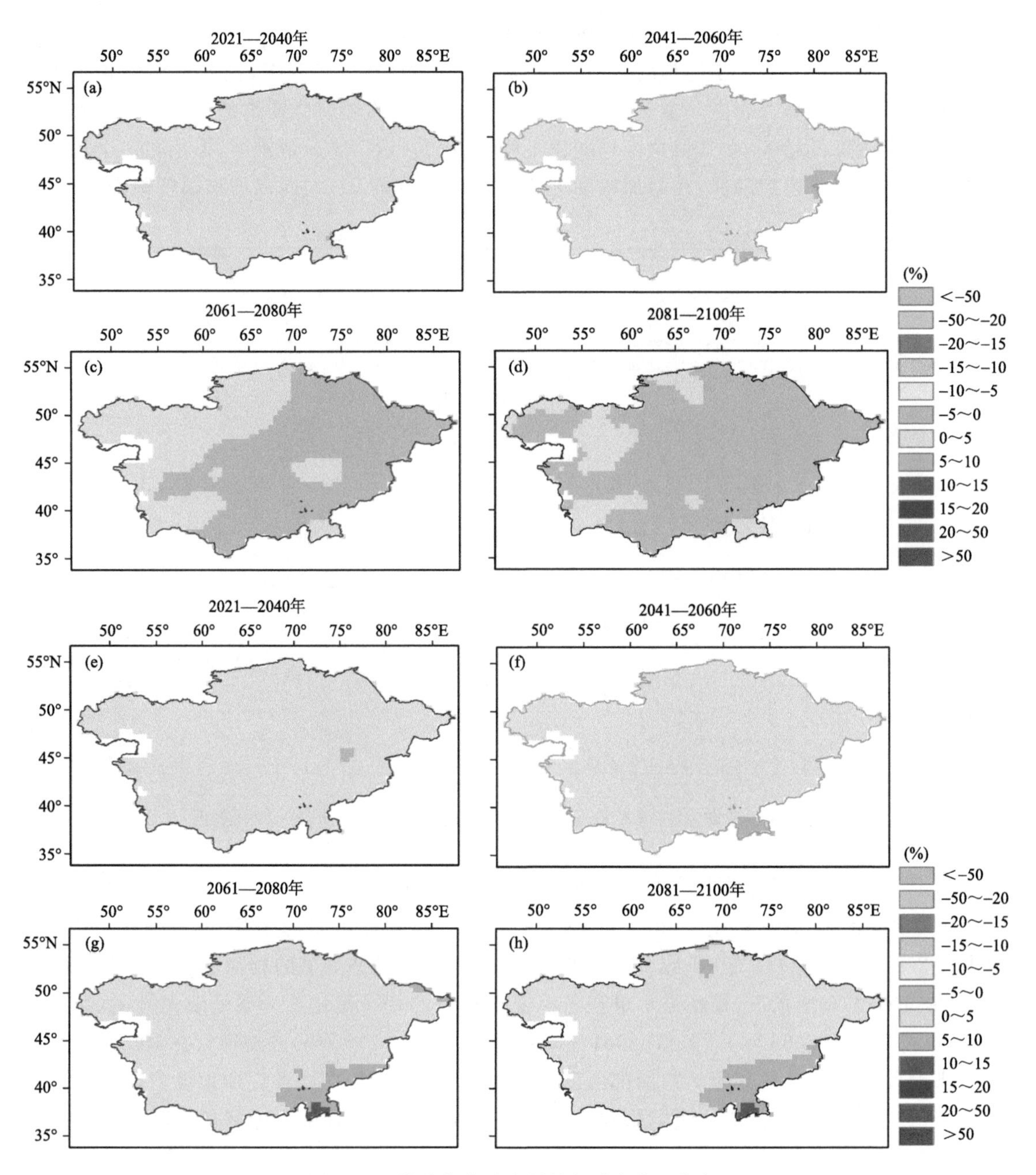

图 7.25　棉花作物需水量的相对变化百分率

(a)—(d)RCP2.6；(e)—(h)RCP4.5

$$W_{\text{Water Stress Index}}(W_{\text{SI}})=\frac{W_{\text{Water demand}}}{W_{\text{Runoff}}} \tag{7.5}$$

式中：$W_{\text{Water demand}}$——作物需水量(mm)；W_{Runoff}——径流(mm)；W_{SI}——水资源压力，其中，W_{SI}的不同范围代表着不同程度的水资源压力。通常认为$W_{\text{SI}}<0.1$：没有水资源压力；0.1～0.2：轻度压力；0.2～0.4：中度压力；0.4～1.0：重度压力；>1.0：极度压力。主要考虑了棉花和冬小麦两种主要作物展开讨论。

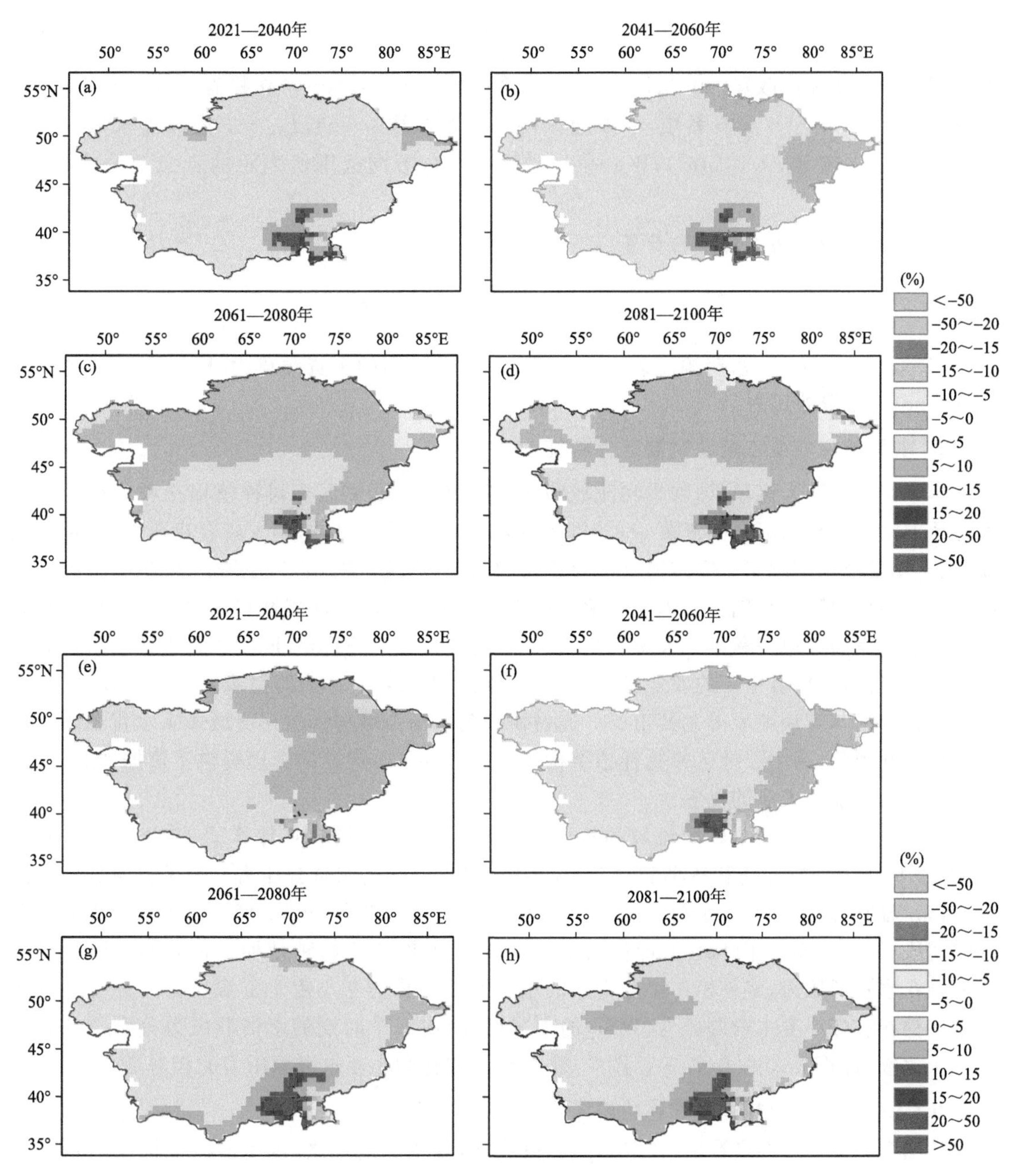

图7.26　冬小麦作物需水量的相对变化百分率

(a)—(d)RCP2.6；(e)—(h)RCP4.5

(2)国家尺度农业水资源供需压力计算

中亚五国的农业水资源压力是基于以下公式计算而得，考虑了作物种植面积对总灌溉需水量的影响。

$$C_{WD}=E_{T_c}-P_{eff} \tag{7.6}$$

$$I_{WD}=S\times C_{WD}/I_c \tag{7.7}$$

$$W_{SI}=\frac{I_{WD}}{W_{runoff}} \tag{7.8}$$

式中，E_{T_c}——实际蒸散发(mm)；P_{eff}——有效降雨量(mm)；C_{WD}——作物需水量(mm)；S——作物面积(m^2)；I_c——灌溉系数，中亚地区的灌溉系数取0.566；I_{WD}——灌溉需水量($\times 10^9$ m^3)；W_{runoff}——径流($\times 10^9$ m^3)；W_{SI}——水资源压力，不同范围所表示的含义与公式(7.5)相同。

7.3.1.2 水资源压力变化率的计算

$$G_{Growth\ Rate\ of\ WSI}=\frac{W_{SI_t}-W_{SI_{baseline}}}{W_{SI_{baseline}}} \tag{7.9}$$

式中：$G_{Growth\ Rate\ of\ WSI}$——水资源压力变化率；$W_{SI_t}$——$t$ 时期的水资源压力；$W_{SI_{baseline}}$——基准期(baseline)的水资源压力。

7.3.2 典型流域农业水资源供需压力特征

本章以中亚两大流域，即阿姆河流域和锡尔河流域为研究区探讨种植棉花和冬小麦的水资源压力情况。阿姆河是中亚第一大河，流域面积46.5万km^2，跨越了塔吉克斯坦、乌兹别克斯坦、土库曼斯坦等国家。锡尔河是中亚最长的河流，流域面积21.9万km^2，跨越了吉尔吉斯斯坦、塔吉克斯坦、乌兹别克斯坦及哈萨克斯坦4个国家。阿姆河流域和锡尔河流域分别作为中亚内陆干旱地区第一和第二大跨境流域，不仅地理位置十分重要，同时也是中亚灌溉农业的主要用水来源，掌握着中亚的农业经济命脉(邓铭江，2010a)。作为跨境流域，阿姆河和锡尔河的水资源分配与管理就显得尤其重要。通过研究阿姆河流域与锡尔河流域未来水资源压力的变化规律和影响，为中亚地区作物种植结构的调整和各国水资源的管理提供了依据，能够有效促进中亚地区灌溉农业的发展。

阿姆河和锡尔河两个典型流域的水资源供需压力分析研究中，计算了1008个子流域在RCP4.5情景下种植棉花和冬小麦时未来(2040—2099年)的水资源压力。为了方便分析与比较，将未来的时间段分为3个时期：2040—2059年、2060—2079年、2080—2099年，并将过去的时间段1970—2000年(baseline)作为基准期。为简便，下文将种植棉花带来的水资源压力称为棉花水资源压力，将种植冬小麦带来的水资源压力称为冬小麦水资源压力。为了更清楚地阐述棉花和冬小麦水资源压力(WSI)的未来变化，将3个时期的水资源压力分别与基准期进行了比较，计算公式见式(7.9)。图7.27总结了棉花和小麦水资源压力的相对变化率。

7.3.2.1 两大流域的棉花水资源压力变化

从图7.27a、b、c可以看出，在RCP4.5情景下，与基准期相比，锡尔河流域棉花的水资源压力先上升后下降；阿姆河流域的水资源压力一直呈现上升趋势，但有极少部分地区的水资源压力有一定的下降趋势，且水资源压力增加的程度在不同时期存在较大的差异。在2040—2059年，两个流域棉花的水资源压力都至少增加了10%。在2060—2079年和2080—2099年，锡尔河流域大部分地区的棉花水资源压力相对减少，但流域的南部地区仍然存在增长率大于50%的少数子流域。阿姆河流域棉花的水资源压力在2060—2079年和2080—2099年这两个时期仍然增加，但与2040—2059时期相比增加的程度相对降低。

7.3.2.2 两大流域的冬小麦水资源压力变化

如图7.27d、e、f所示，RCP4.5情景下，冬小麦的水资源压力变化率与棉花的变化趋势类

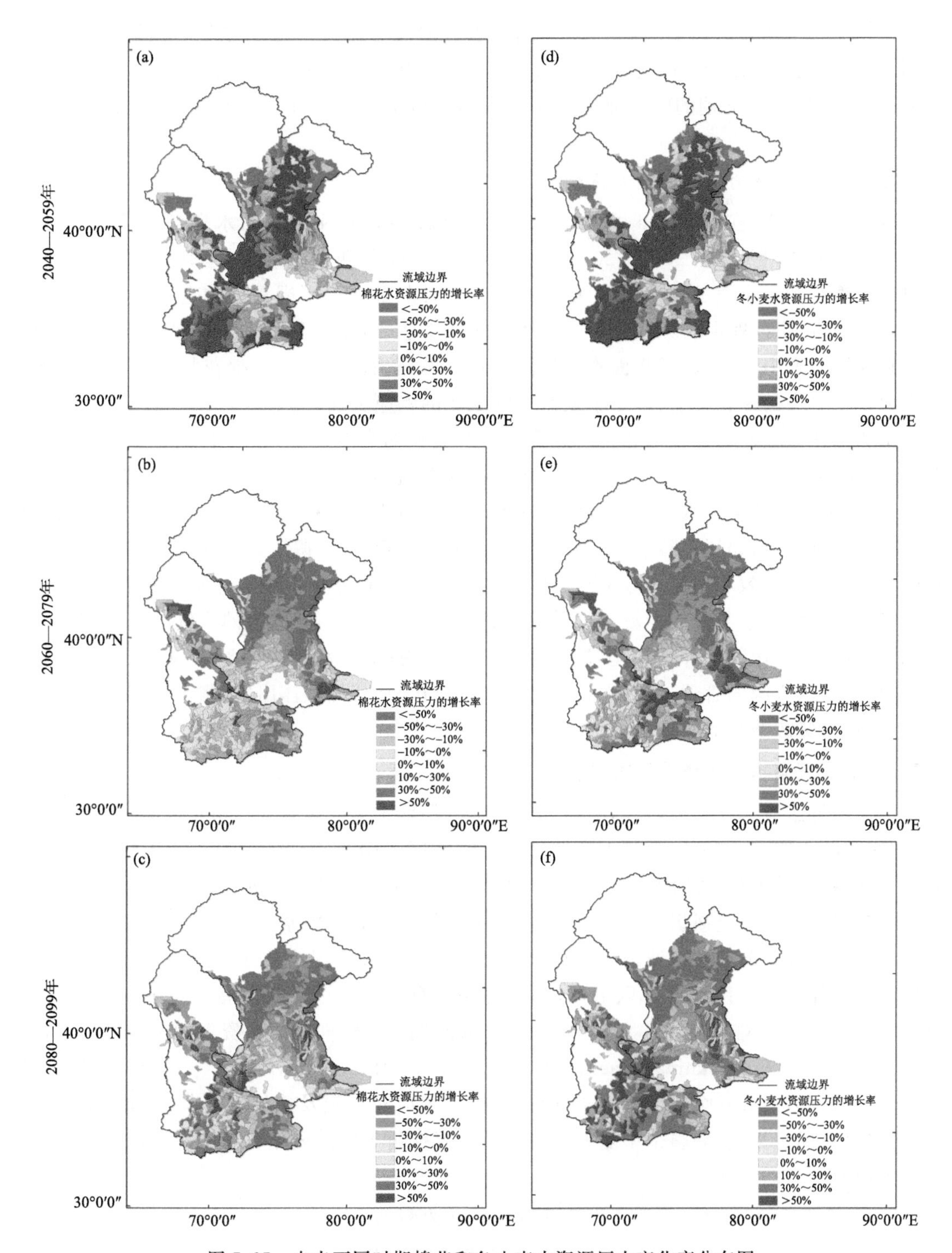

图7.27 未来不同时期棉花和冬小麦水资源压力变化率分布图
(左下方为阿姆河流域,右上方为锡尔河流域)

似:锡尔河流域先上升后下降,阿姆河流域一直上升。冬小麦的水资源压力在2040—2059年这个时期显著增加,阿姆河与锡尔河流域的绝大部分地区增长率都超过了50%。在2060—

2079 年和 2080—2099 年两个时期，北方地区水资源压力出现降低的趋势，尤其是锡尔河流域，北方多数地区的减少率高达 30%。两流域南方地区的水资源压力变化率仍然呈现增长的趋势；2080—2099 年时期的阿姆河流域南部很多地区的水资源压力相对增长幅度都在 30% 以上。

7.3.2.3　水资源压力变化总结及影响

以上结果表明，在 RCP4.5 情景下，锡尔河流域冬小麦和棉花的水资源压力在 2040—2059 年这个时期上升，在 2060—2079 年和 2080—2099 年两个时期主要呈现下降的趋势；阿姆河流域棉花和冬小麦的水资源压力在未来 3 个时期都呈现不同程度的上升趋势。2040—2059 年两个流域的两种作物的水资源压力增长率都是最大的，多数地区的增长率高于 50%，表明在这段时期内，两个流域都面临着严峻的水资源压力的状况。与棉花相比冬小麦的水资源压力存在更大的变化幅度，即冬小麦对气候变化的响应更加敏感。

水资源作为人们日常生活和生产过程中不可或缺的自然资源，在缺水的干旱地区显得尤其重要(Gaur，2018)。阿姆河和锡尔河地处内陆干旱地区，属于典型的温带大陆性气候，气候干旱，降水稀少且灌溉用水在总用水中的占比较大。以上阐述并总结的中亚两个典型流域在未来气候变化情景(RCP4.5)下，主要作物(棉花和冬小麦)水资源压力的变化情况可以为流域水资源的合理和高效利用提供参考与借鉴。缓解或解决阿姆河和锡尔河流域的水资源压力，不能依靠稀少的降水与天然径流，需要提高水资源的利用效率，使有限的水资源发挥其最大的功能。比如：调整作物的种植结构，减少水资源的使用；优化水资源的配置，减少水资源的浪费；加强流域水资源的管理：流域内各国之间团结协作，从流域整体出发，制定科学统一的管理方式，实现水资源的高效管理。

7.3.3　中亚五国水资源供需压力特征

中亚地处欧亚大陆中部，远离海洋，降雨稀少，年降水量一般在 300 mm 以下；夏季炎热干燥，冬季寒冷少雪，为典型的温带大陆性气候。此地区多晴天，光照时间长，太阳辐射强，蒸散发能力大，是世界上最大的内陆干旱地区。中亚总面积 400.65 万 km^2，主要包括乌兹别克斯坦、塔吉克斯坦、哈萨克斯坦、吉尔吉斯斯坦和土库曼斯坦 5 个国家。

自 1960 年起，苏联在中亚地区大兴水利、发展农业，大片荒地被开垦为农田，农业生产对水资源的消耗剧增。1991 年苏联解体，中亚地区原有的水资源配置格局被打破，中亚五国水资源协同优化利用难度加大。针对中亚地区水问题，许多学者从水资源可持续利用(Cai，2003)、农业灌溉(Rakhmatullaev，2013)、地缘政治(Abdolvand，2014)和国家政策(Djanbekov，2013)等各个角度进行了分析，并提出了应对措施及建议。本节分别从国家尺度(以乌兹别克斯坦为例)和整个中亚五国的区域尺度探讨了气候变化和人类活动影响下的水资源压力情况。

7.3.3.1　乌兹别克斯坦水资源变化及其对供给压力影响

乌兹别克斯坦地处干旱半干旱区，东接帕米尔高原和天山山脉，地貌类型主要为山地丘陵；西至咸海，地貌类型主要为平原。国土面积 44.74 万 km^2，戈壁与荒漠约占国土面积的 80%。受地形等因素影响，该地区降水的时空分布十分不均匀：山区降水高达 1000 mm，平原区仅 80 mm。乌兹别克斯坦位于中亚两大内陆河流(阿姆河、锡尔河)的中下游，境内锡尔河和阿姆河总径流量达到 116 km^3，是乌兹别克斯坦主要地表水资源，其约占流域水资源的

52%。水资源受控于上游来水的同时,其用水也会影响阿姆河及锡尔河尾闾——咸海的生态环境。

独特的气候和水文条件,使得乌兹别克斯坦灌溉农业发达,供水基础设施包括了 180 km 的运河管道网络,超过 800 个泵站和 55 座总容量 198 亿 m^3 水库和 4100 口井,农业用水量约占乌兹别克斯坦总水资源利用量的 90%(Rashid,2014)。45.3%的农业用地用于粮食生产(小麦 39.5%),其次是棉花(36.2%)、饲料作物(8.6%)和蔬菜(4.7%)。乌兹别克斯坦境内不合理的水资源利用和较为粗放型的水资源管理模式,导致其水问题日益突出(Mirshadiev,2018;Conrad,2013)。

(1)气候变化对水资源的影响

降水与气温是影响水资源形成最为重要的气候因子(刘昌明,2008)。分析显示(图 7.28),1948—2010 年间,乌兹别克斯坦境内平原区和山地丘陵区多年平均气温分别为 11℃、10℃,多年平均降水分别为 135 mm 和 362 mm。研究时段内气温、降水均呈现增加态势。研究时段内,乌兹别克斯坦境内气温均显著升高,平均变化趋势率为 0.31℃/(10a)(图 7.28a),高于同期全球升温速率(0.09℃/(10a))(IPCC,2014),其中在阿姆河下游及咸海周边,温度升高速率接近 0.40℃/(10a)。降水量变化整体上呈微弱增加趋势,但存在区域差异。降水的平均趋势率为 0.76 mm/(10a),降水量呈增加趋势的面积为乌兹别克斯坦全境面积的 66.36%,主要集中在乌兹别克斯坦的西部,其中咸海周边降水量呈显著增加,变化趋势接近 4 mm/(10a)。降水量呈减少趋势的面积为 33.54%,主要分布在东部地区,包括塔什干和费尔干纳谷地(图 7.28b)。

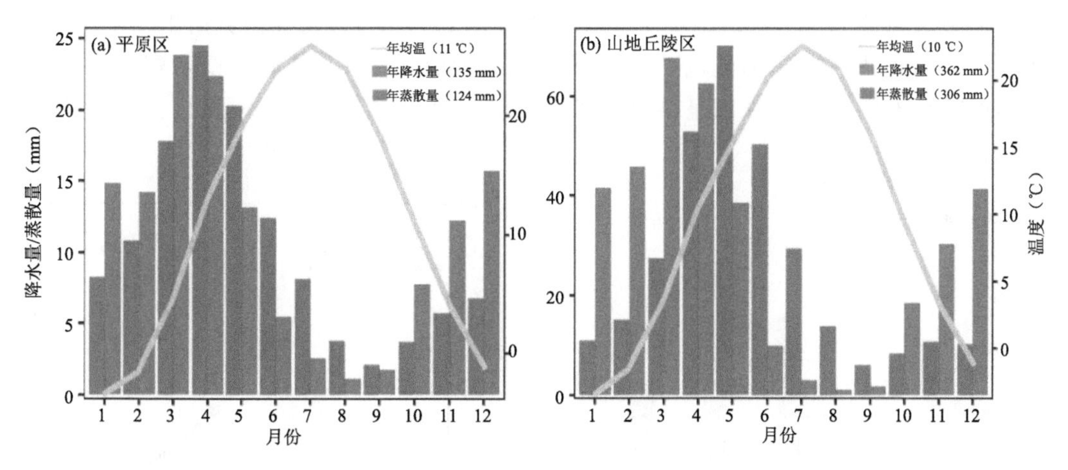

图 7.28 乌兹别克斯坦多年平均月气温、降水量及蒸散量(1948—2010 年)

降水和气温上升的同时,乌兹别克斯坦实际蒸散发量也随之升高。研究时段内,乌兹别克斯坦蒸散发量的变化速率为 0.83 mm/(10a),空间分布特征与降水相同。境内产水量较少,但研究时段内当地地表及地下径流量(当地产水量)除东部少数地区均呈微弱增加外,变化速率均为 0.04 mm/(10a)。可见气候变化加剧了乌兹别克斯坦的水循环速率,导致 1948—2010 年间的降水、蒸散量及本地产流量呈增加趋势。

气候变化虽然使乌兹别克斯坦自产水资源略有增加,但是该国自产水资源所占可利用水资源的份额很少,水资源主要来自入境的阿姆河和锡尔河。而阿姆河、锡尔河的水源区天山地区及帕米尔高原的冰川正加速消融。研究表明，1963—2000 年，塔吉克斯坦境内天山山脉的冰川减少了 28％(Niederer，2007)。随着气温持续升高，预计到 2050 年，中亚地区的冰川将减少 36％～45％(Hagg，2013)。温度的升高会增加源区降水量，但是同时也会增强蒸散能力，两者共同作用致使区域上游来水量减少(Agaltseva，2011)。预计到 21 世纪末，受气候变化影响，阿姆河径流将减少 10％～20％(Aizen，2007；White，2014)。因此，气候变化对乌兹别克斯坦可利用水资源整体上是不利的。

(2)人类活动对水资源的影响

人类活动一方面体现为人口增长、经济发展增加对水资源量的消耗，另一方面则体现为通过调整经济活动调控对水资源消耗的增长。20 世纪中叶至今，乌兹别克斯坦经历了人口的迅速增长。乌兹别克斯坦 1950 年的人口为 626 万，而 2019 年增至 3298 万，增加了近 4 倍。人口的急剧增长，致使对水资源的需求迅速增加(Allen，2014)。在人口扩张和农业粗放化管理的背景下，乌兹别克斯坦取水量呈明显增加的趋势(图 7.29)。1980—2000 年平均取水量仅 59 亿 m^3，2001—2004 年年均取水量激增至 140 亿 m^3，2005—2007 年达到 176 亿 m^3，之后受水资源限制，2008—2012 年下降至 102 亿 m^3。随着未来乌兹别克斯坦经济发展和咸海生态环境保护的用水需求增加，必将导致水资源供需矛盾进一步加剧。

农业是乌兹别克斯坦最重要经济产业之一，乌兹别克斯坦的灌溉面积达 4.4 万 km^2，灌溉用水量占总用水量的 90％(Guliyuldasheva，2010)，减少耕地面积，调整高耗水作物种植比例是该国水资源调控的重要措施。1992 年乌兹别克斯坦耕地面积为 9.13 万 km^2，至 1999 年达到最大值 9.15 万 km^2；1999—2001 年耕地面积下降明显，2002 年后耕地面积持续下降，至 2015 年达到最低值 8.82 万 km^2(图 7.30)；1992—2015 年期间，乌兹别克斯坦多年平均耕地面积 9.0 万 km^2，其中锡尔河流域 3.6 万 km^2，阿姆河流域 5.4 万 km^2。受水资源量的限制，乌兹别克斯坦的耕地面积总体呈减少态势(－0.02 万 km^2/a)，研究时段内共减少了 0.31 万 km^2。

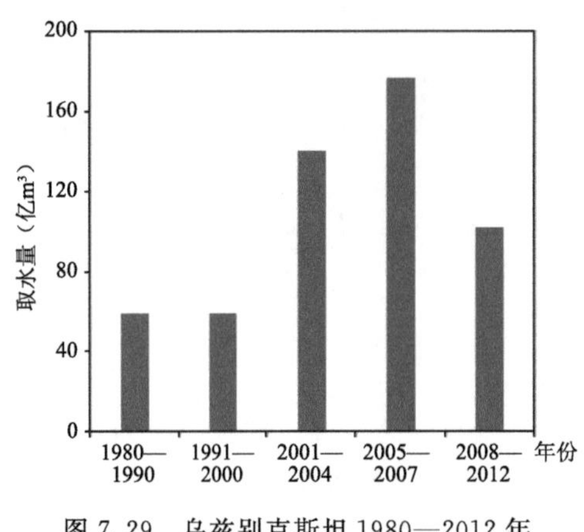

图 7.29 乌兹别克斯坦 1980—2012 年年平均取水量

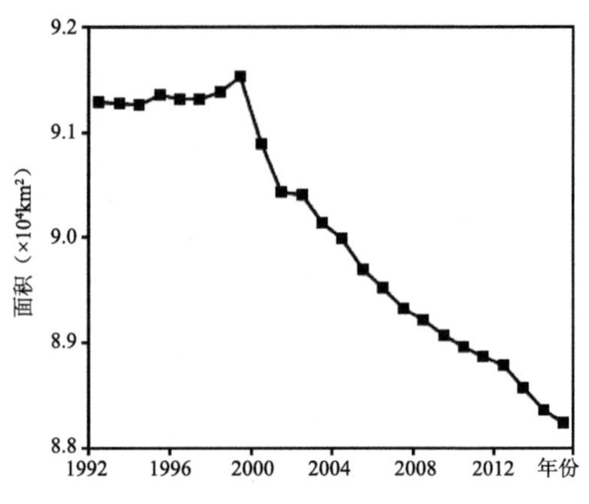

图 7.30 乌兹别克斯坦 1992—2015 年逐年耕地面积

乌兹别克斯坦农田种植的主要作物是棉花和小麦。有研究表明，即使灌溉面积不扩张，预估到 2050 年，受气候变化影响，灌溉用水也将增至 630 亿 m^3(Sutton，2010)。因此，调整作物种植结构，减少高耗水作物种植比例是该国一项重要的减少水资源消耗的措施。2000—2018

年期间，棉花(39.3%)和小麦(23.7%)是乌兹别克斯坦主要作物类型，种植面积之和超过耕地面积的60%；蔬菜和玉米分别占10.7%和7.7%，其他作物均不足5%。图7.31反映了2000—2018年乌兹别克斯坦种植结构的动态变化，研究时段内，棉花和小麦的种植比例均呈下降趋势，趋势率分别为－0.17%/a和－0.19%/a。总体而言，乌兹别克斯坦高耗水的棉花和小麦种植比重下降，种植结构在一定程度上得到了优化。但气候变化导致单位面积作物需水量呈持续增加的趋势(3.27 mm/a)，平均达到682.2 mm。气候变化导致的单位面积作物需水量的增加，不仅抵消了减少耕地面积和种植结构优化带来的水资源消耗量减少，而且导致作物总需水量仍呈明显的增加态势(2.75亿 m^3/a)，在研究时段内，年作物总需水量增加了49.5亿 m^3(图7.32)。目前，乌兹别克斯坦仍致力于减少耕地面积、优化种植结构，以期降低单位面积农业水资源消耗量，并减少作物总需水量。

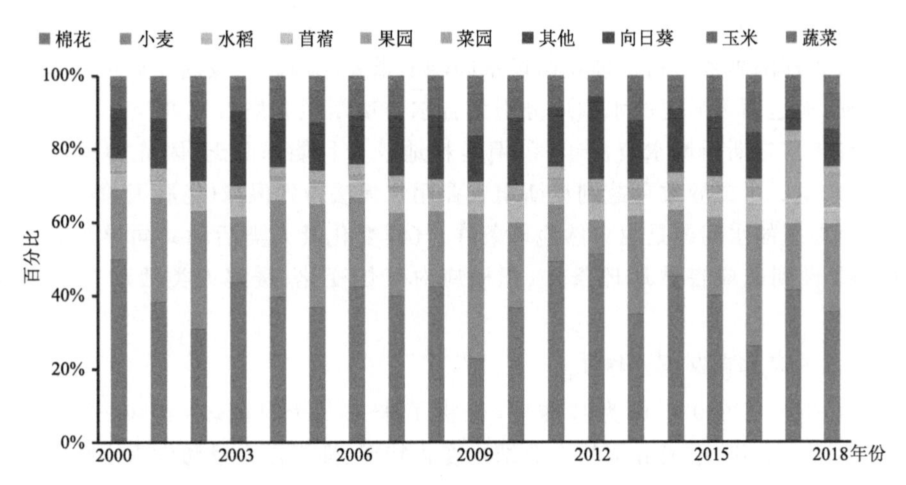

图7.31　2000—2018年乌兹别克斯坦作物种植结构

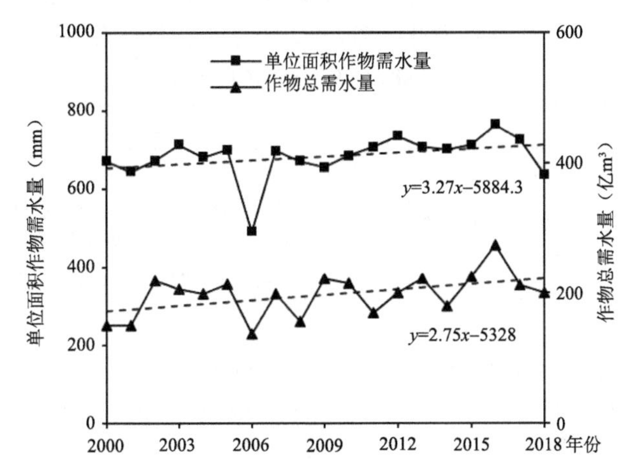

图7.32　2000—2018年乌兹别克斯坦单位面积作物需水量及总需水量

(3)乌兹别克斯坦水资源供给压力及其解决前景

气候变化和人类活动的共同作用下，乌兹别克斯坦的可利用水资源量日益减少，陆地水储量平均下降率为－0.51 mm/(10a)。然而需求量的不断增加，致使水资源供需矛盾日益加剧。

与此同时，农业水资源利用与管理水平相对较低，以及跨境河流的水权纠纷等，在一定程度上加剧了乌兹别克斯坦的水问题，为乌兹别克斯坦水资源利用增添了巨大压力。

乌兹别克斯坦农业灌溉设施不完善，灌溉方式主要为自流沟灌(63.9%)，灌溉用水利用效率不足40%，水资源浪费严重(Mirshadiev,2018;Bobojonov,2016)。同时沟灌导致田间地下水位升高，进而造成土壤盐渍化。在乌兹别克斯坦，约有50%的耕地存在土壤盐渍化问题，主要集中在阿姆河下游地区(Allen,2014;Reddy et al.,2013)。在咸海及阿姆河下游地区，受盐碱化影响，土地生产力降低了约50%(Abdulkasimov et al.,2003)，极大地影响了经济发展。水资源问题不仅限制了乌兹别克斯坦经济的发展，同时也对公众的健康造成了不利影响(Severskiy,2004)。直到2010年，乌兹别克斯坦仍有750万人无法获取清洁的饮用水(Bekturganov,2016)。紧邻咸海的卡拉卡尔帕克斯坦共和国居民各种疾病的发病率显著高于其他地区(Allen et al.,2014)。

跨境河流管理困难也是乌兹别克斯坦水问题的重要原因。乌兹别克斯坦的水资源依赖阿姆河和锡尔河，而这两条河流的水源地分别为吉尔吉斯斯坦和塔吉克斯坦。位于河流上游的塔吉克斯坦和吉尔吉斯斯坦水资源丰富，但是耕地较少且能源匮乏，因此为满足自身发展需求，大力开发水电。由此导致乌兹别克斯坦农业用水无法得到保障(杨胜天 等,2017)。

乌兹别克斯坦的水问题是由自然地理条件、气候变化及人类活动共同导致的。因此水问题的解决需要做到适应自然地理条件、积极应对气候变化、缓解人类活动对水资源的不利影响。

7.3.3.2 中亚五国水资源压力特征

本小节以2015—2020年作为基准期，分析了未来3个时间段(2040—2059年、2060—2079年、2080—2099年)中亚五国的农业结构变化特征、灌溉需水量和供水变化特征以及水资源压力的变化趋势，未来气候变化特征参见7.1.3.1节，并从气候、农业结构和供需水3个方面解析了水资源压力变化的原因。在计算中亚五国水资源压力的过程中，同时考虑了未来气候变化情景(RCP)和未来社会经济变化情景(SSP)，总共5种组合情景(表7.7)。

表7.7　SSPs与RCPs的不同组合情景

SSPs	RCPs	组合情景
SSP1——可持续发展路径 人口增长率较低，中高经济增长速度，快速发展的科技水平，较高的环境意识，低能源消耗	RCP2.6 在2050年达到辐射强迫峰值3.1 W/m²，然后开始下降，到2100年下降至2.6 W/m² 该情景下，全球平均增温幅度控制在2.0 ℃以内	
SSP2——中间路径 人口增长温和，经济稳定且各国收入水平趋于一致，教育、安全用水与医疗保健发展速度较缓慢，能源消耗保持与现阶段大致相同的速度	RCP6.0 辐射强迫值到2100年稳定在6.0 W/m² 该情景下，温室气体排放的峰值大约出现在2060年，以后持续下降	SSP1-RCP2.6 SSP1-RCP6.0 SSP2-RCP2.6 SSP2-RCP6.0 SSP3-RCP6.0
SSP3——区域竞争路径 人口的数量很高且主要集中在低收入国家，经济增长非常缓慢且增长集中在目前的高收入水平国家，技术发展缓慢、贸易减少，高能源消耗		

SSPs描述了在不受气候变化和气候政策影响的情况下，未来社会和经济的发展道路(张丽霞 等，2019)。SSP1-SSP5分别代表可持续发展路径、中间路径、区域竞争路径、不平等发展路径及化石燃料燃烧路径(钟歆玥 等，2022)。RCPs是指21世纪后期相较于工业革命之前的辐射强迫值(W/m^2)(王叶 等，2022)。SSP1-RCP2.6是低缓解压力和低辐射强迫影响下的情景，该情景被认为有较大的可能性使全球升温到2100年维持在2℃(姜彤，2020)，是未来发展较为理想的情况，具有典型的参考意义。SSP3-RCP6.0是高社会脆弱性和中等辐射强迫情景，且强调区域差异，相对较切合实际情况。此外，SSP2-RCP2.6是中等社会脆弱性和低辐射强迫情景，SSP1-RCP6.0是低社会脆弱性和中等辐射强迫情景，SSP2-RCP6.0是中等社会脆弱性和中等辐射强迫情景，这3种情景两两相比可以反映不同辐射强迫路径的气候影响(SSP2-RCP2.6、SSP2-RCP6.0)以及不同发展路径的影响(SSP1-RCP6.0、SSP2-RCP6.0)。因此，基于这5种组合情景进行水资源压力的研究，可以较为全面地展现不同社会经济风险和排放情景下水资源压力的异同。

(1)中亚五国未来农业种植结构变化特征

农作物种植在中亚五国农业用水中占有重要的地位(马驰 等，2021)，此地区的农业多为传统的灌溉模式，农业用水具有较高的脆弱性和较大的消耗能力，而人口和农产品需求量的不断增加，使其面临的水资源压力更加紧张。通过对中亚地区土地利用特点的研究，可以有效地调整农业生产结构，高效地利用水资源，达到减轻当地水资源压力的目的。

①农作物结构特征

如图7.33所示，展示了未来5种组合情景下，2015年、2020年、2040年、2060年和2080年中亚五国5种农作物(棉花、冬小麦、玉米、大豆、水稻)的结构特征。从图中可以看出，5种情景下，不同时期中亚五国的主要作物都是棉花和冬小麦，占比分别为50%左右和30%左右，其次占比由大到小依次为大豆、水稻、玉米。不同情景下，5种农作物的种植结构有不同的变化特征：SSP1-RCP2.6和SSP1-RCP6.0情景下，棉花的占比明显降低，说明未来棉花的种植会减少；SSP2-RCP2.6和SSP2-RCP6.0情景下，棉花在2060年占比最低，其他年份占比大致相同；SSP3-RCP6.0情景下，棉花的占比存在上升趋势，说明未来棉花的种植面积会进一步扩大。与棉花相反，在SSP3-RCP6.0情景下，冬小麦在5种作物中的占比一直减少，在其余4种情景中，冬小麦的变化趋势类似，在5种作物中的占比都是先减少后增多。玉米在SSP1-RCP6.0情景下，种植面积的占比存在增加的趋势，在其他4种情景下，玉米的种植面积占比基本没有发生变化。SSP1-RCP2.6和SSP1-RCP6.0情景下大豆和水稻在5种作物中的占比明显高于其他3种情景下的占比，且SSP3-RCP6.0情景下，两种作物占比都是最少的。

②农作物空间分布特征

各作物在5种不同情景下具有一致的空间分布特征，在此以SSP3-RCP6.0情景下作物空间分布图为例，分析5种作物的空间分布规律。如图7.34所示，从图中可以看出，5种作物中冬小麦的种植范围最广，在中亚5个国家均有分布，集中分布在吉尔吉斯斯坦、乌兹别克斯坦及土库曼斯坦南部地区。棉花主要在乌兹别克斯坦和土库曼斯坦境内，塔吉克斯坦西南部也有少量的棉花种植。

哈萨克斯坦、乌兹别克斯坦和土库曼斯坦是玉米和水稻的主要种植国家，且三国中，乌兹别克斯坦的玉米和水稻种植面积最广，占比最大。大豆主要分布在水资源比较丰富的吉尔吉斯斯坦和塔吉克斯坦及哈萨克斯坦的东南部区域。

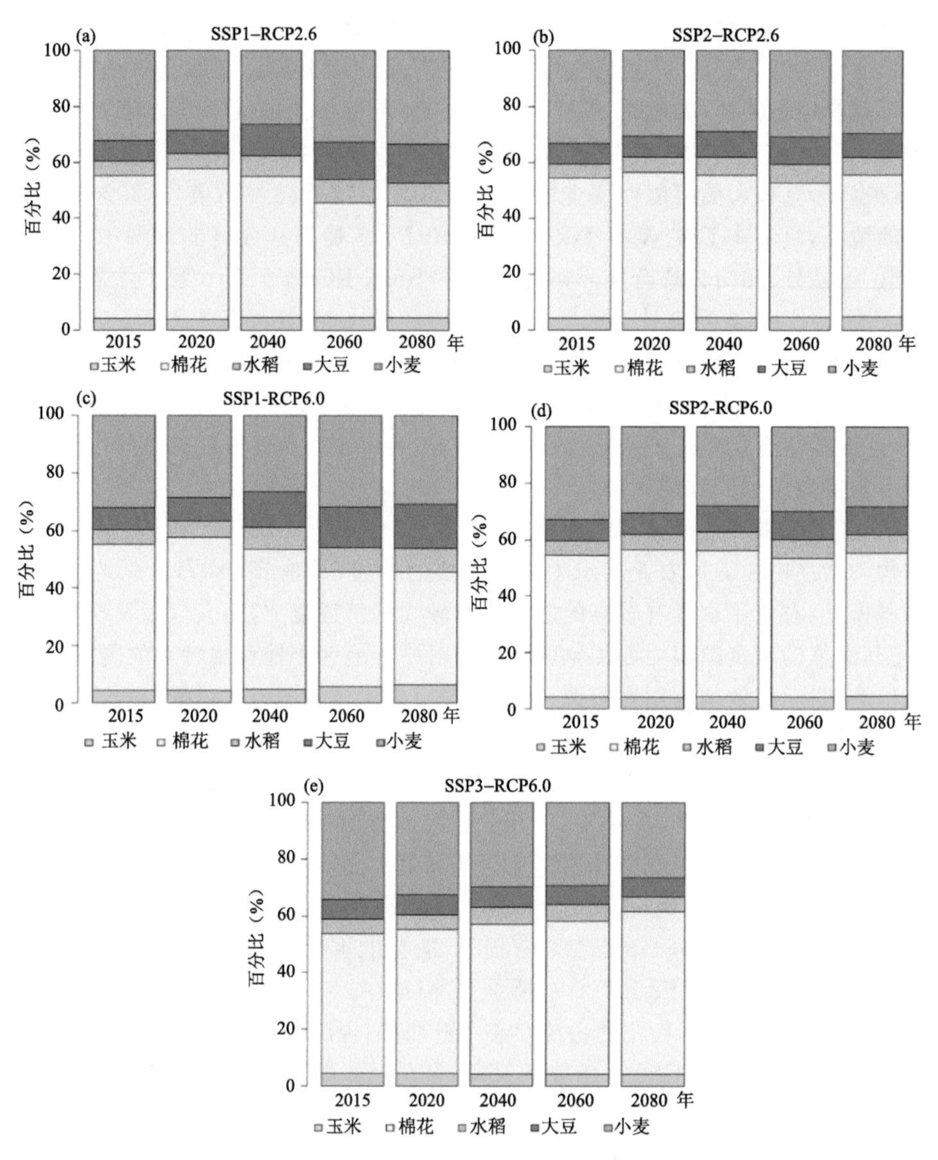

图 7.33　中亚五国农作物结构

总的来说，作物主要分布在土库曼斯坦和乌兹别克斯坦；哈萨克斯坦地域辽阔，作物分布稀疏，主要集中在北部和东南部地区；吉尔吉斯斯坦和塔吉克斯坦以大豆和冬小麦为主，且从图中可以发现塔吉克斯坦的作物一般都种植在其西南部地区。

(2)中亚五国未来农业需水和供水的变化趋势

需水一般包括生活用水、农业用水、工业用水及生态用水，供水主要包括降水、地表径流、地下径流等。只有供水和需水达到平衡，才能保障正常的生产和生活，才能保证生态环境不会遭到破坏。近些年随着水利工程技术的不断发展，人们修筑了非常多的水库来改善水资源时间分配不均的问题：依靠丰水季节水库的蓄水来保证枯水季节的供水。此外，跨流域调水解决了水资源空间分配不均的问题：调配水量丰富区域的水资源为缺水的干旱地区进行供水。在增强供水的同时，也需要限制水资源的需求，毫无节制地浪费水资源，即使拥有足够大的供水

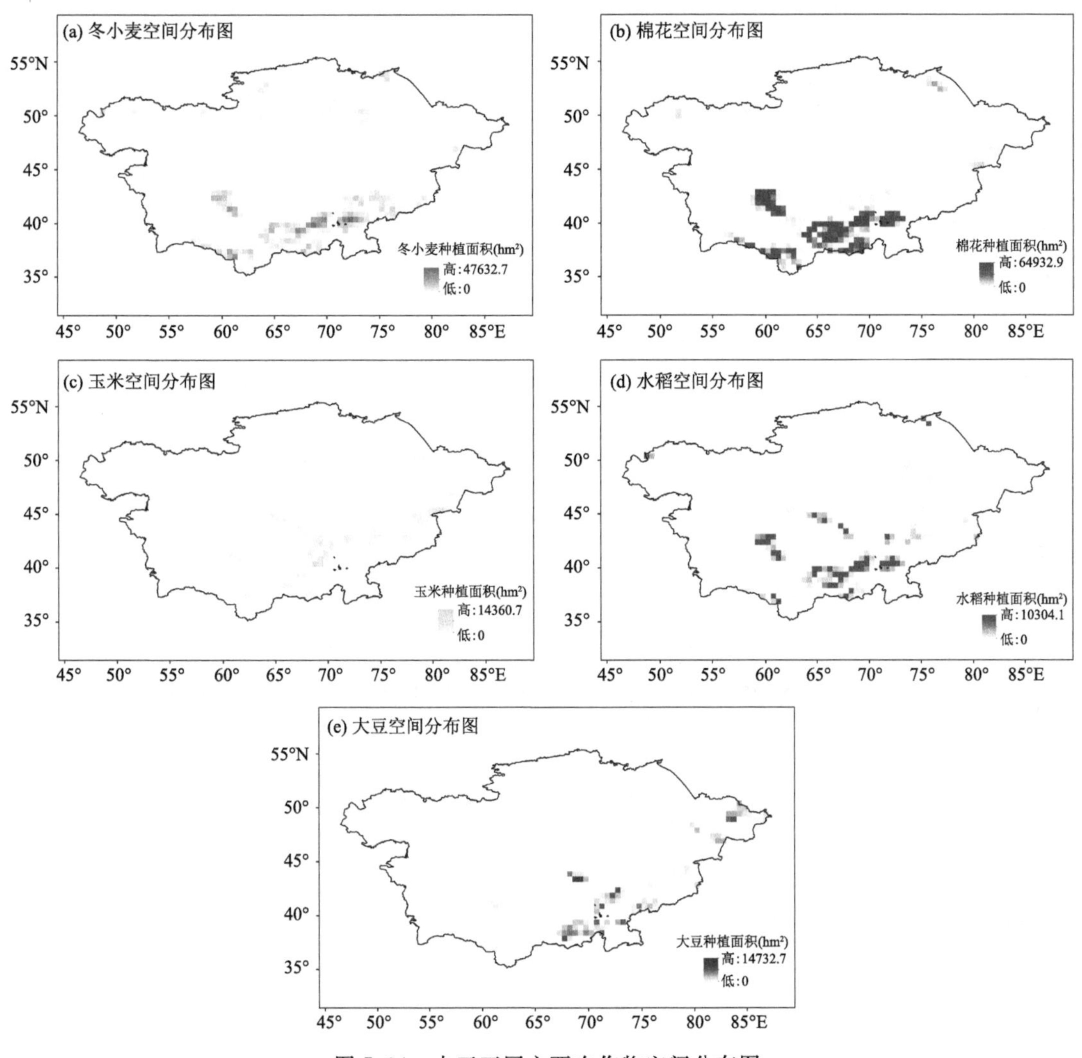

图 7.34　中亚五国主要农作物空间分布图

能力，水资源在将来某一天也会供不应求。因此，预测未来水资源的供给和需求，对合理规划利用水资源、高效管理区域水资源具有重要意义。我们利用 MIROC5 的模拟数据，计算了中亚五国未来 3 个时期（2040—2059 年、2060—2079 年、2080—2099 年）相对基准期（2015—2020 年）的多年平均的农业灌溉需水量和供水量。

①灌溉需水量变化分析

根据公式(7.6)和公式(7.7)计算了中亚五国的灌溉需水量，图 7.35 显示了未来 3 个时期相对基准期的多年平均灌溉需水量的变化量。研究结果表明，未来灌溉需水量的变化在不同情景下各不相同。SSP1-RCP2.6 情景下，灌溉需水量总体上增加，但在土库曼斯坦东南部极少数地区灌溉需水量呈现下降趋势。SSP2-RCP2.6 和 SSP3-RCP6.0 情景下，灌溉需水量呈现增加的趋势，且后者的增加趋势要大于前者。SSP1-RCP6.0 和 SSP2-RCP6.0 情景下，灌溉需水量呈现减少的趋势。

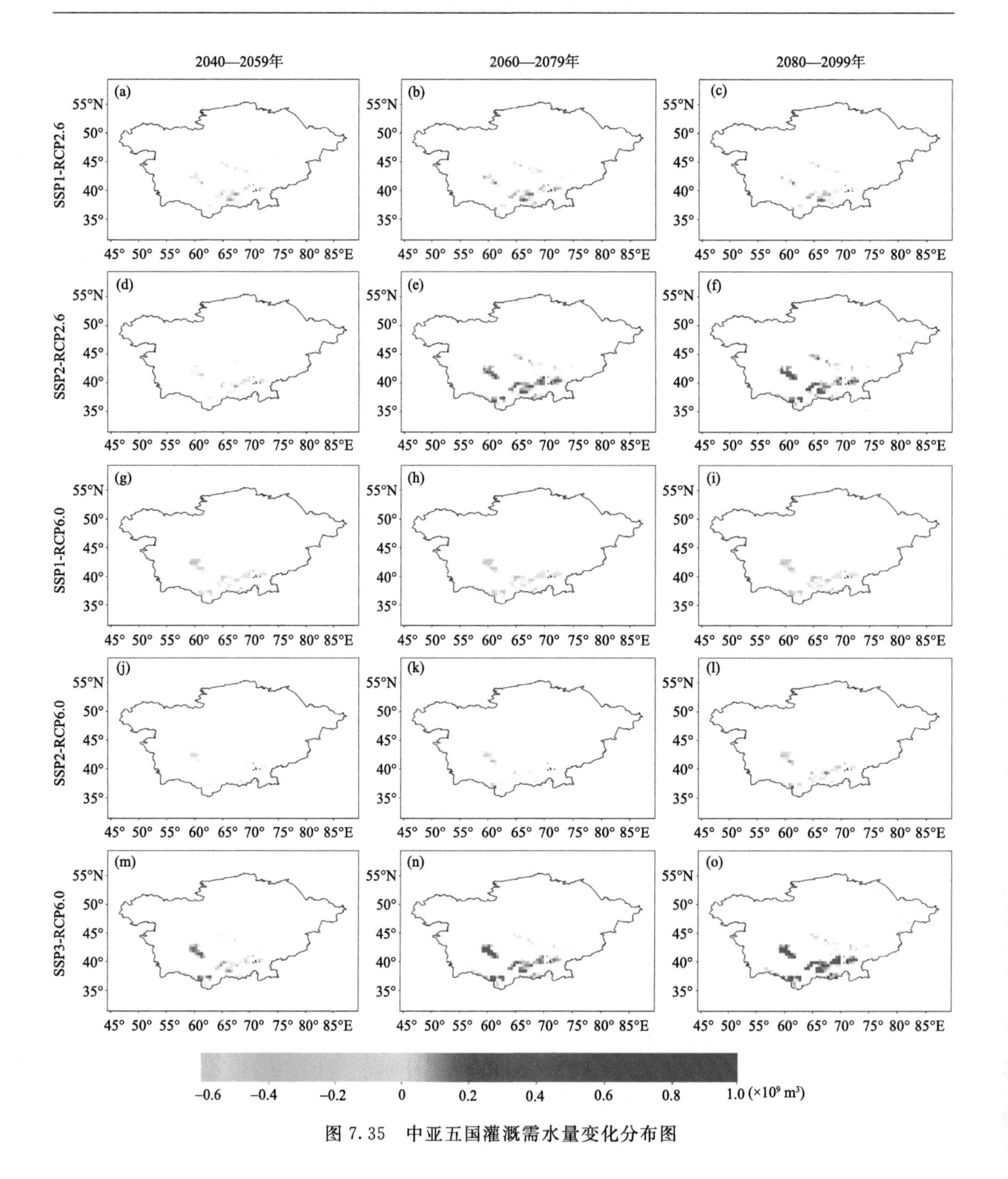

图 7.35　中亚五国灌溉需水量变化分布图

综上所述，SSP1-RCP6.0 和 SSP2-RCP6.0 情景下，灌溉需水量的减少与 RCP6.0 情景下降雨量的显著增加有关，且灌溉需水量显著减少的 SSP1-RCP6.0 情景中，高耗水作物棉花的种植面积也显著减少。而同样是组合了 RCP6.0 情境的 SSP3-RCP6.0 情景，灌溉需水量却增加了，呈现出相反的变化趋势，这是因为该情景下，棉花种植面积显著增加，增加的降雨量不能满足棉花种植所需的水量，所以导致灌溉需水量增多。SSP1-RCP2.6 和 SSP2-RCP2.6 情景下，灌溉需水量整体上增加了，这可能与 RCP2.6 情景下降雨的减少有关。

②径流变化分析

如图 7.36 所示，统计了 RCP2.6 和 RCP6.0 情景下，未来 3 个时期（2040—2059 年、2060—2079 年、2080—2099 年）的多年平均径流量相对于基准期（2015—2020 年）的多年平均径流量的变化量。结果显示，与基准期相比，RCP2.6 情景下，未来 3 个时期的径流都呈现减少的趋势，且未来 3 个时期中 2060—2079 年的减少量要多于其他两个时期，这与 RCP2.6 先升后降的辐射强迫模式有关，该情景下辐射强迫值在 2050 年达到峰值后，在 2100 年下降至 2.6 W/m^2；而 RCP6.0 情景下，未来 3 个时期的径流量总体上呈现增加的趋势，这是因为 RCP6.0 较高的 CO_2 排放量，导致该情景下增温幅度大，降雨量显著增加，从而增加了径流的补给量，使该情景下的径流量呈现增加的趋势。

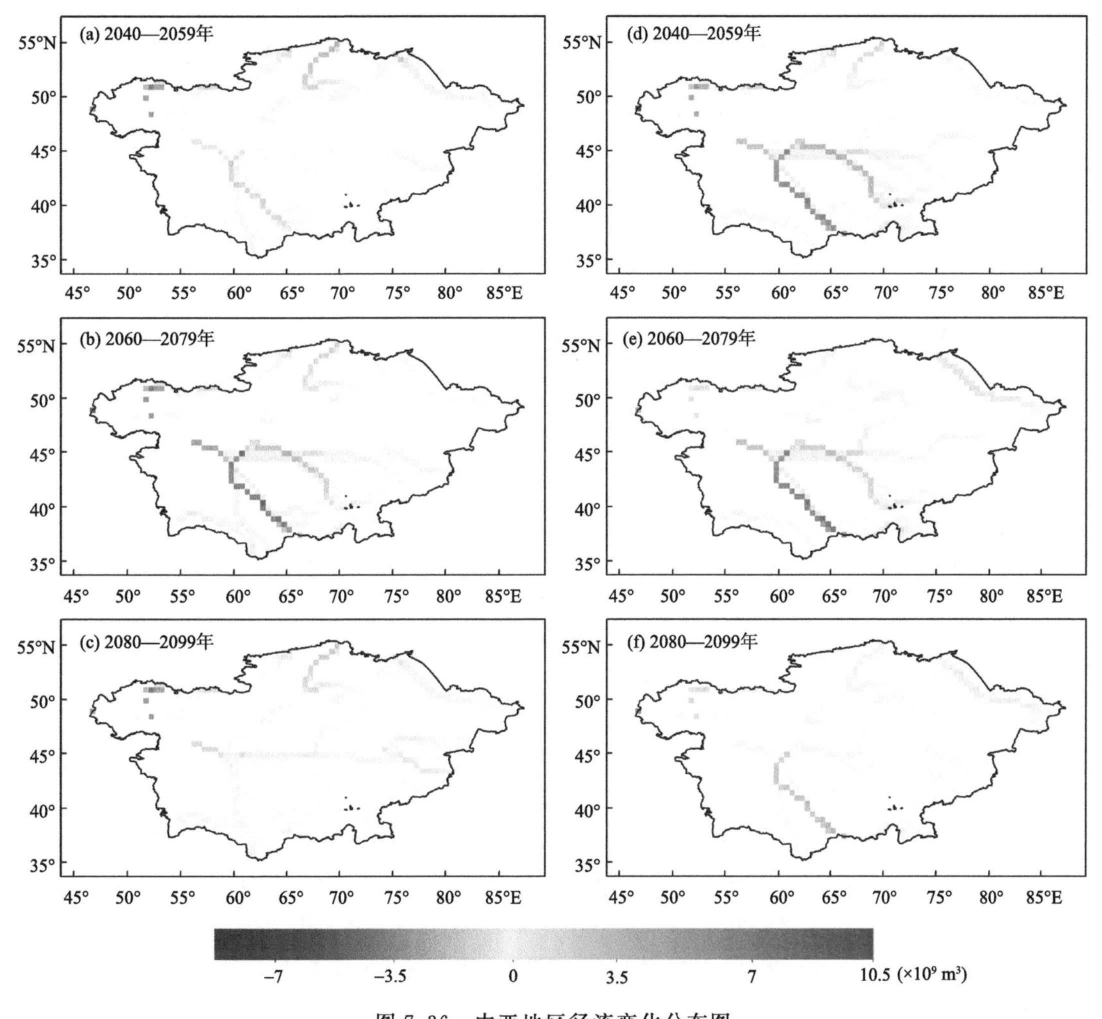

图 7.36　中亚地区径流变化分布图

(a)、(b)、(c)为 RCP2.6 情景；(d)、(e)、(f)为 RCP6.0 情景

从空间角度看，发现径流的变化主要集中在哈萨克斯坦、乌兹别克斯坦和土库曼斯坦 3 个国家。这可能与中亚五国水资源地区分配不均有关，吉尔吉斯斯坦和塔吉克斯坦位于阿姆河和锡尔河两大河流的上游，拥有中亚五国 67% 的水资源量，水量充沛，径流量的变化不明显。

而对于水资源缺乏、地域辽阔的其他3个国家来说，即使较小的水资源变化量也会很明显地显现出来。

气候变化和土地利用变化共同作用下，中亚五国未来农业水资源供给和需求的变化趋势都存在很大的不确定性。需水量和供水量都减少，但供水量减少趋势大；需求量和供水量都增加，但需求量增加幅度大等情况都会加剧水资源的供需矛盾，导致该地区的水资源面临巨大的压力，影响人们的正常生产和生活。

(3)中亚五国未来水资源压力供需分析

①水资源压力

根据公式(7.8)用多年平均灌溉需水量与多年平均径流量的比值计算出了所划分时期的多年平均水资源压力。同时，以2015—2020年作为基准期，评估了2040—2059年、2060—2079年、2080—2099年3个时期的水资源压力变化情况。为了使水资源压力的计算结果具有更高的可靠性，在进行中亚五国水资源压力计算时，除了考虑中亚五国主要作物棉花与小麦，还包括了占比相对较少的水稻、大豆和玉米3种作物。

不同情景下水资源压力的分布图如图7.37所示。

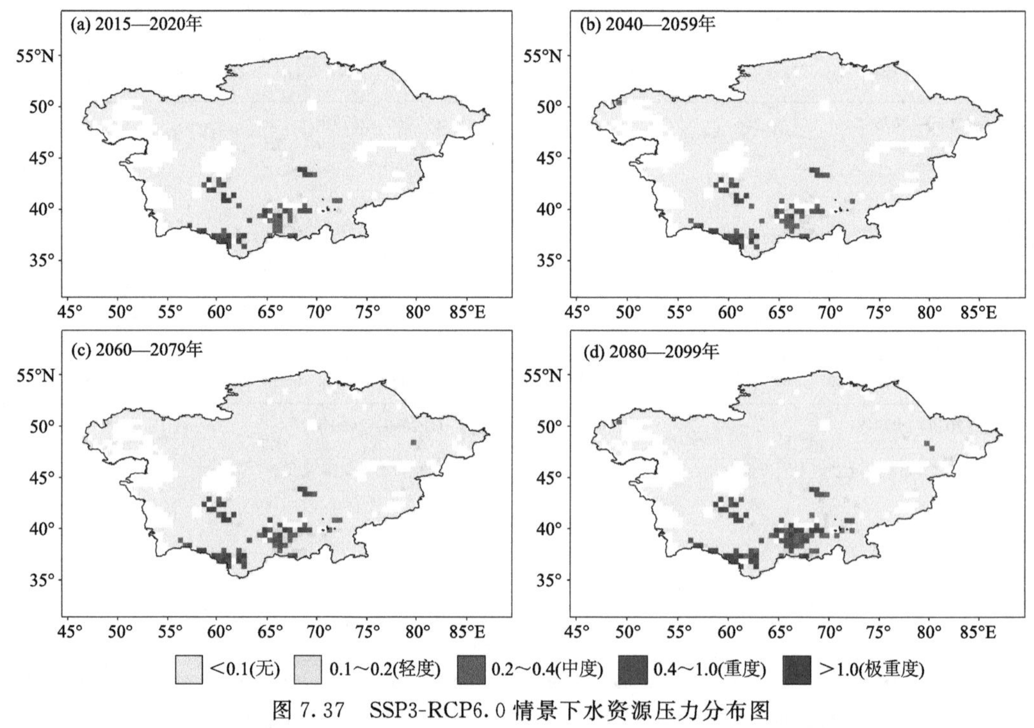

图7.37 SSP3-RCP6.0情景下水资源压力分布图
(图中空白部分表示计算水资源压力时分母径流为0)

由水资源压力分布图(图7.37至图7.41)可知，中亚的水资源压力主要集中分布在西南地区，其中土库曼斯坦、乌兹别克斯坦和哈萨克斯坦南部的图尔克斯坦州的绝大部分地区的WSI都大于0.2，这表明在未来气候与社会经济情景下，这些地区将面临中度至极度的水资源压力。位于UZB和KAZ境内的部分地区其WSI值超过了1，这表明这些地区的水资源已经难以满足该区域的用水需求，水资源的供给与需求严重失衡，这不仅会造成非常严重的水资源短缺，还会破坏该地区的生态环境。随着人口增长速率的加快，温室气体排放不断增多，不同

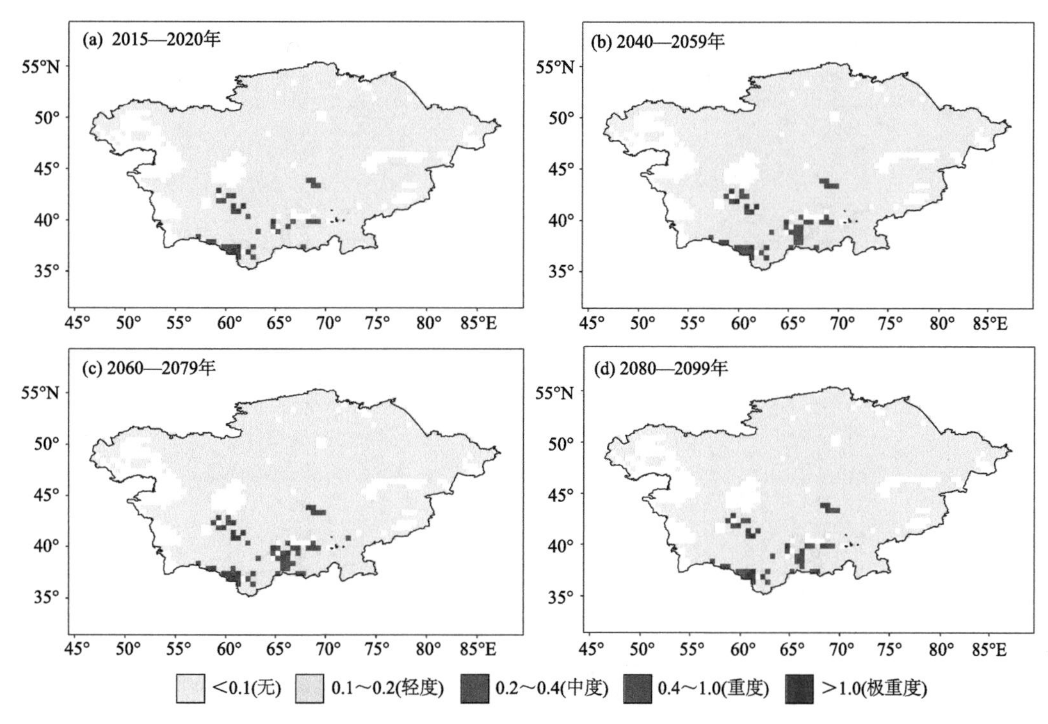

图 7.38　SSP1-RCP2.6 情景下水资源压力分布图
（图中空白部分表示计算水资源压力时分母径流为 0）

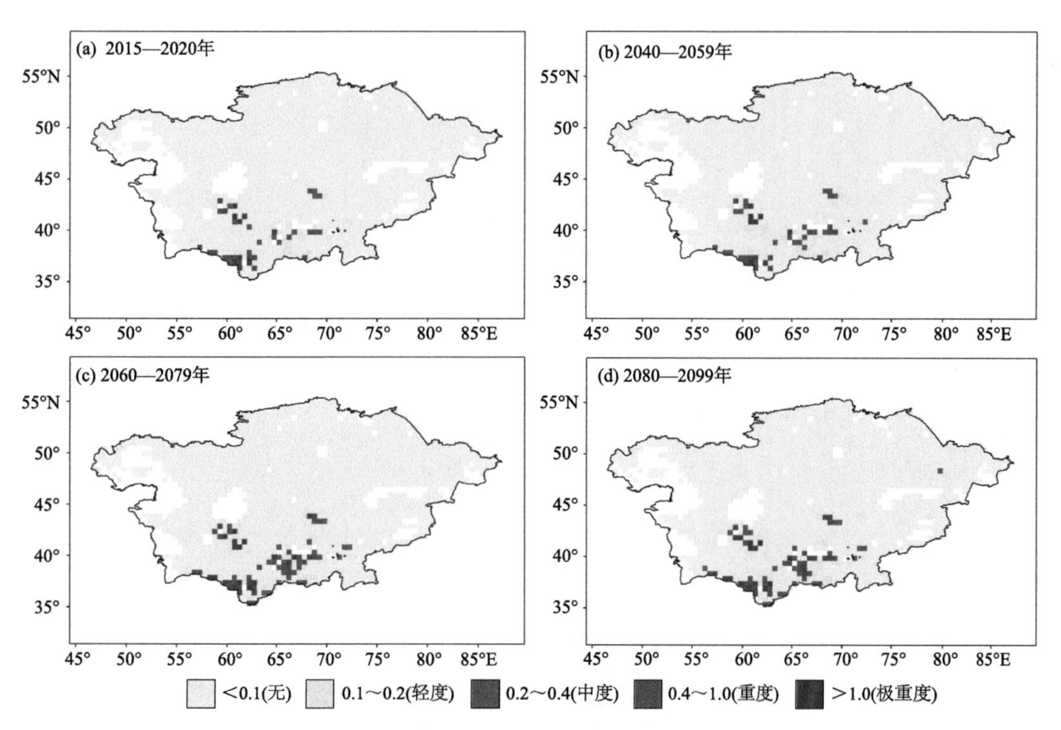

图 7.39　SSP2-RCP2.6 情景下水资源压力分布图
（图中空白部分表示计算水资源压力时分母径流为 0）

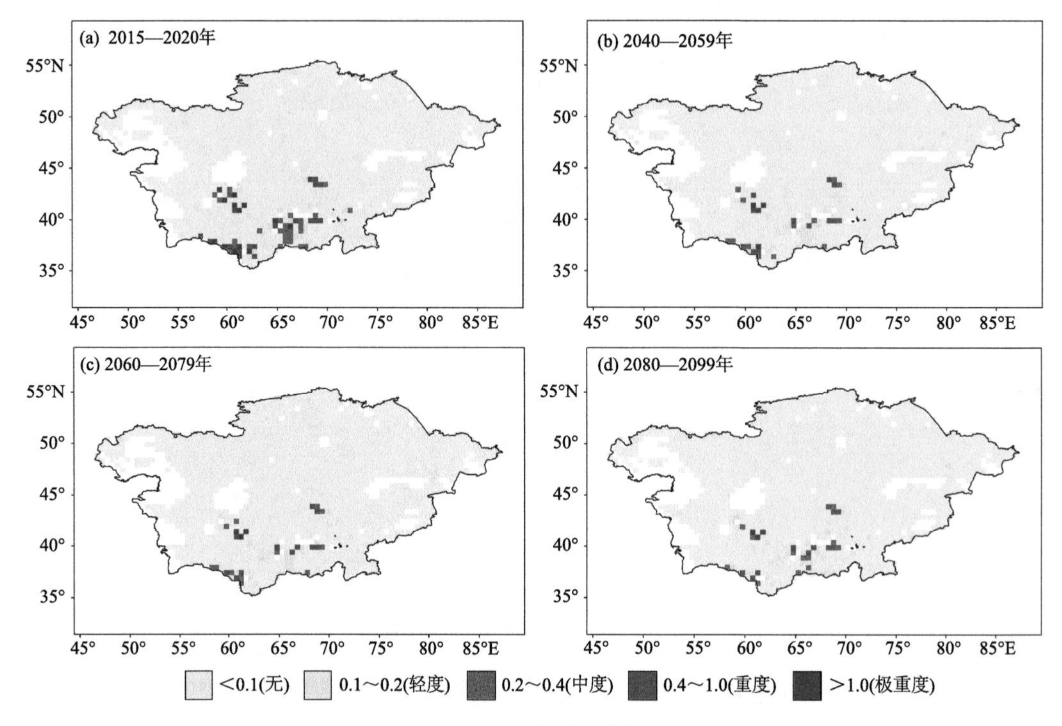

图 7.40　SSP1-RCP6.0 情景下水资源压力分布图
(图中空白部分表示计算水资源压力时分母径流为 0)

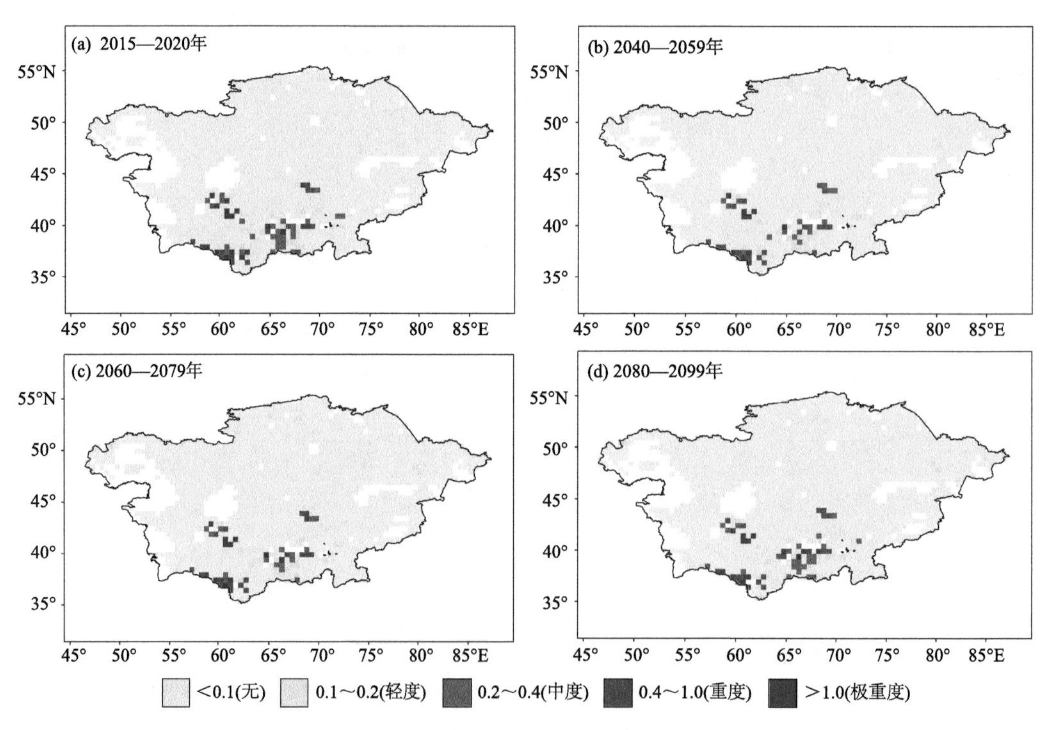

图 7.41　SSP2-RCP6.0 情景下水资源压力分布图
(图中空白部分表示计算水资源压力时分母径流为 0)

的未来情景下，虽然水资源压力的空间分布情况未发生明显的变化，但原本面临着水资源压力的地区在未来 3 个时段将存在更加严峻的水资源压力情况。

观察每个情景下 4 个时期的水资源压力图，将未来 3 个时期分别与 2015—2020 年时期作比较，可以发现：SSP1-RCP6.0 和 SSP2-RCP6.0 情景下，2040—2059 年、2060—2079 年和 2080—2099 年时期的水资源压力都存在明显降低的趋势(图 7.40、图 7.41)，很多处于中度和重度水资源压力的地区变为轻度水资源压力，处于极度水资源压力的地区几乎没有，除了在乌兹别克斯坦和土库曼斯坦交界处的极少数区域，这可能与跨国水资源的分配调节、合理利用、保护和管理息息相关。而其他 3 个情景(图 7.37、图 7.38、图 7.39)下，未来 3 个时期的水资源压力有升高的趋势，为了进一步定量研究未来 3 个时期的水资源压力变化趋势，计算了水资源压力的相对变化率，具体分析见下面水资源压力相对变化率部分。

②水资源压力的相对变化率

如图 7.42 所示，为了进一步定量描述水资源压力的变化情况，根据公式(7.9)计算了不同时期水资源压力的相对变化率，并绘制出了 2040—2059 年、2060—2079 年、2080—2099 年的水资源压力分别基于基准期(2015—2020 年)的相对变化率。相对变化率的负值结果表示水资源压力水平相对基准期下降，相反，正值结果表示上升的水资源压力水平。

根据水资源压力的相对变化率，分析发现中亚五国的水资源压力变化主要发生在塔吉克斯坦和吉尔吉斯斯坦境内，在哈萨克斯坦西北部、土库曼斯坦和乌兹别克斯坦两国的南部也存在水资源压力的变化。从图 7.42 中可以发现，在多数情景下，很多地区的水资源压力都会增加，但在 SSP1-RCP6.0 和 SSP2-RCP6.0 情景下，多数地区的水资源压力呈现下降的趋势(图 7.42g、h、i)。在一些地区，WSI 的相对变化在各种情境下有不同的变化趋势，例如：在哈萨克斯坦北部地区，SS1-RCP2.6 情景下水资源压力水平明显降低，且降低程度都超过了 100%；而在另外 4 种情景下，哈萨克斯坦北部地区的水资源压力相对基准期均出现了不同程度的上升态势。在土库曼斯坦和乌兹别克斯坦的南部区域，水资源压力在 SSP1-RCP6.0 和 SSP2-RCP6.0 情景下都呈现减少的趋势，且 SSP1-RCP6.0 情景下减少的程度是 SSP2-RCP6.0 情景下的 2～4 倍；而在其余 3 种情景下，这些地区的水资源压力则呈现出相反的变化趋势。

SSP1-RCP6.0 和 SSP2-RCP6.0 情景下，水资源压力降低是由于这两种情景下灌溉需水量显著减少，同时，RCP6.0 情景下的降水增多、径流呈现增加的趋势，需水减少、供水增多，所以水资源压力会出现下降的趋势。此外，因为 SSP1-RCP6.0 情景下灌溉需水量减少的幅度更大，所以其水资源压力降低的幅度也更大。SSP3-RCP6.0 情景下虽然其供水增多，但灌溉需水量也增多了，最终导致该情景下水资源压力上升。SSP1-RCP2.6 和 SSP2-RCP2.6 情景下，灌溉需水量增多了，径流量减少了，水资源压力必然呈现增加的趋势。

水资源压力减少的两个情景，为中亚五国未来社会的发展提供了新的选择：以两个情景为参考依据，未来的经济规划以及气候政策可以适当向该社会发展路径和减排路径靠拢。同时，调整作物种植结构，减少高耗水作物的种植，节约水资源也是减少水资源压力的一个重要手段。

(4)中亚五国水资源压力应对措施

在苏联时期，整个中亚地区实行集中管理和经济补偿模式，统一调配水资源，具体为：上游地区发展水利设施，以保障下游的用水；而下游则发展农业和工业，同时为上游提供能源。自 1991 年起，苏联解体，中亚五国独立，政治上的巨大变化使得原有的水资源配置模式被打破，

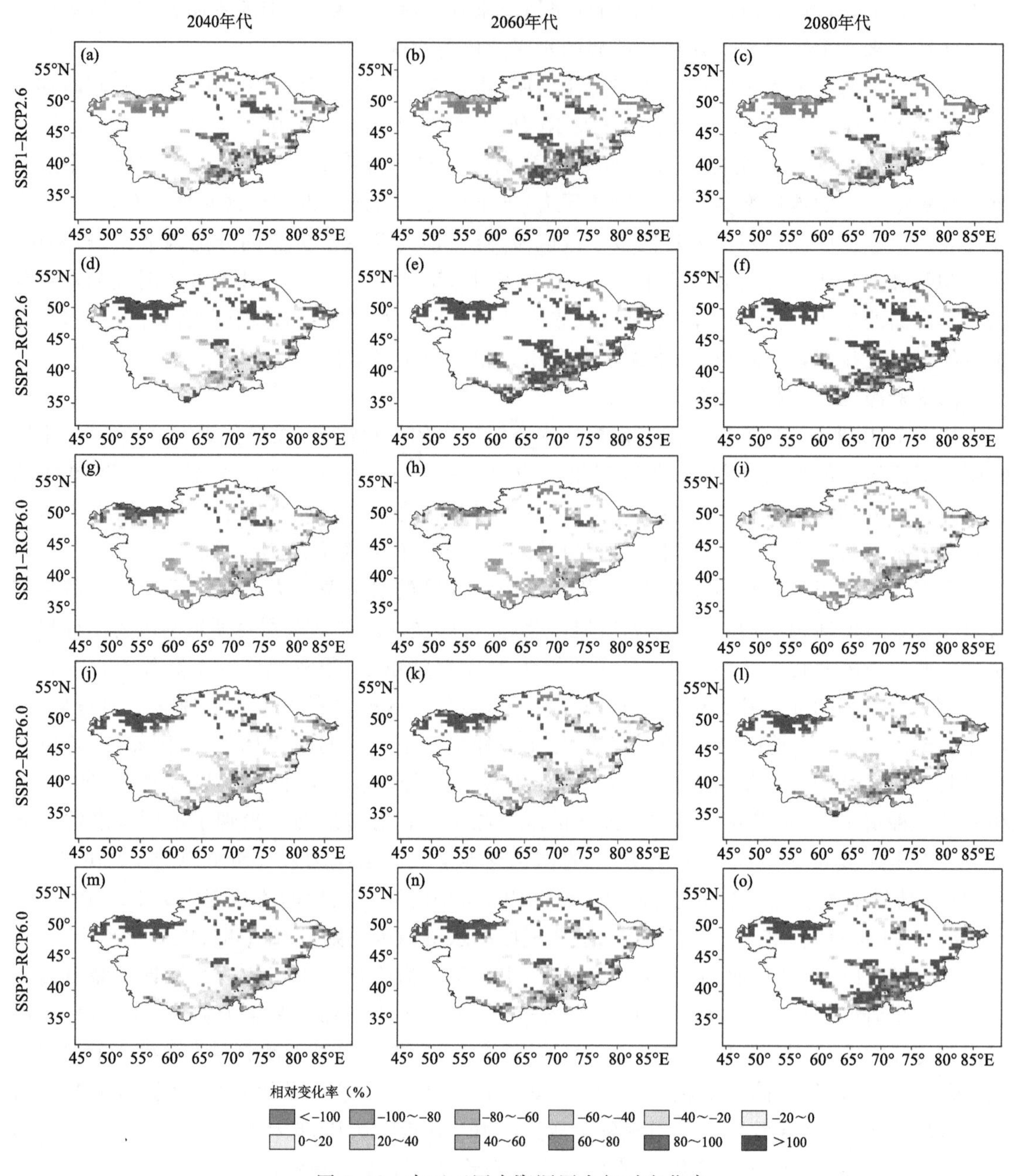

图 7.42　中亚五国水资源压力相对变化率

各国之间的水资源矛盾加深(邓铭江 等,2010a,2010b)。要缓解中亚五国面临的严重的水资源压力,首先要解决各国之间的水资源分布及消耗不均衡的问题(廖成梅,2011)。这需要依赖于国际合作,主要包括各国一同完善跨境河流的管理,并积极寻求国际组织的帮助。围绕跨界河流的管理,中亚地区曾签署过水资源调配协议,还成立了中亚水资源协调国际委员会和咸海拯救国际基金等组织(Abdullaev et al. ,2013;Karthe,2014)。但是这些协议及组织对国家行为的约束力极其有限,未来需中亚各国之间对水资源使用及分配达成共识,加强中亚各国间的交流与合作,实现资源共享和双方共赢,共同努力以推动中亚水问题的解决(张小瑜,2012)。

此外，各国需要改进灌溉技术，提高农业用水效率，进行土壤盐渍化治理，并强化对咸海生态用水的保障。

7.4 中亚典型流域农业种植结构调整对水资源供需压力的调控作用

农业种植活动对作物需水量变化的贡献占主导地位，可通过控制种植规模和优化种植结构达到减少农业水资源需求的目标。本节以锡尔河流域(图7.43)为例，分析了2019—2030年SSP126和SSP245情景下年气温变化特征，基于2018年作物种植结构特征，估算了单位面积作物需水量变化，并分析其时空分布特征。通过设置作物种植结构变化情景，调增低耗水作物小麦种植比重，调减高耗水作物棉花等种植结构模式，评估节约农业水资源需求量的效果。研究为制定合理的农业发展措施、减少水资源消耗提供科学依据。

7.4.1 锡尔河流域农业区2019—2030年气温变化

CMIP6气候变化情景模式产品及其模拟的气象要素众多，本节采用了6种约0.5°的高分辨率气候模式情景，并取其在锡尔河流域气象站点位置的网格平均值，分析显示2019—2030年代SSP126和SSP245情景下的气温较2018年的变化总体呈升温趋势，但年际变化差异明显。

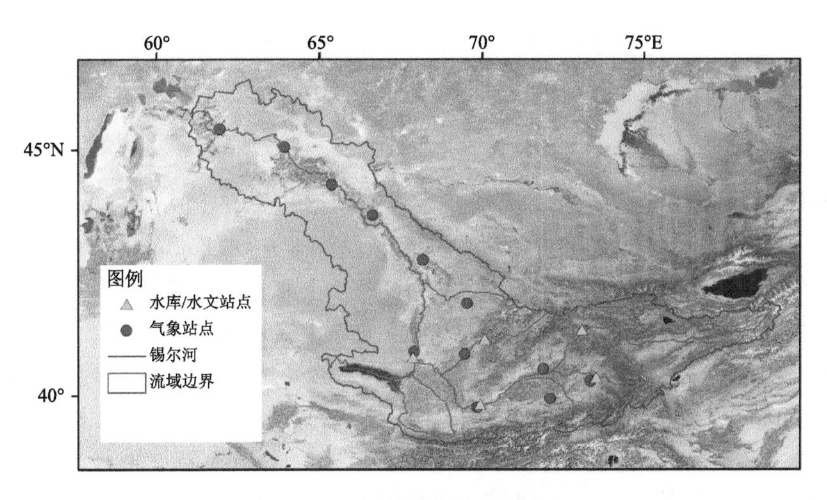

图7.43 锡尔河流域地理位置

2019—2030年SP126和SSP245发展情景下，锡尔河流域农业区平均气温(图7.44)分别增加了0.51 ℃和0.94 ℃，温度的变化范围分别介于0.09～0.93 ℃和0.10～1.42 ℃，至2030年平均增加0.22 ℃和0.55 ℃。未来气温变化总体变化幅度在0～1 ℃，个别年份会超过1 ℃和气温降低，最低可达−0.8 ℃。在流域不同农业区内，中游平原区温度平均增加量最大，分别达到0.52 ℃(SSP126)和0.94 ℃(SSP245)；其次是下游荒漠区，分别为0.44 ℃(SSP126)和0.90 ℃(SSP245)；中游谷地在两种情景下温度变化与流域总体特征差异明显，SSP126情景下平均升温0.53 ℃与中游平原相当，但在SSP245情景下中游谷地温度无明显变化(0.05 ℃)。从升温趋势率来看，SSP126情景下各农业区升温速率相近(约0.01～0.02 ℃/a)，气温变化的区域差异不显著；而在SSP245情景下，升温速率总体介于0.02～0.03 ℃/a，但在中游谷地能达到0.08 ℃/a。两种情景相比较而言，SSP245情景温度增加较

SSP126 情景更明显。

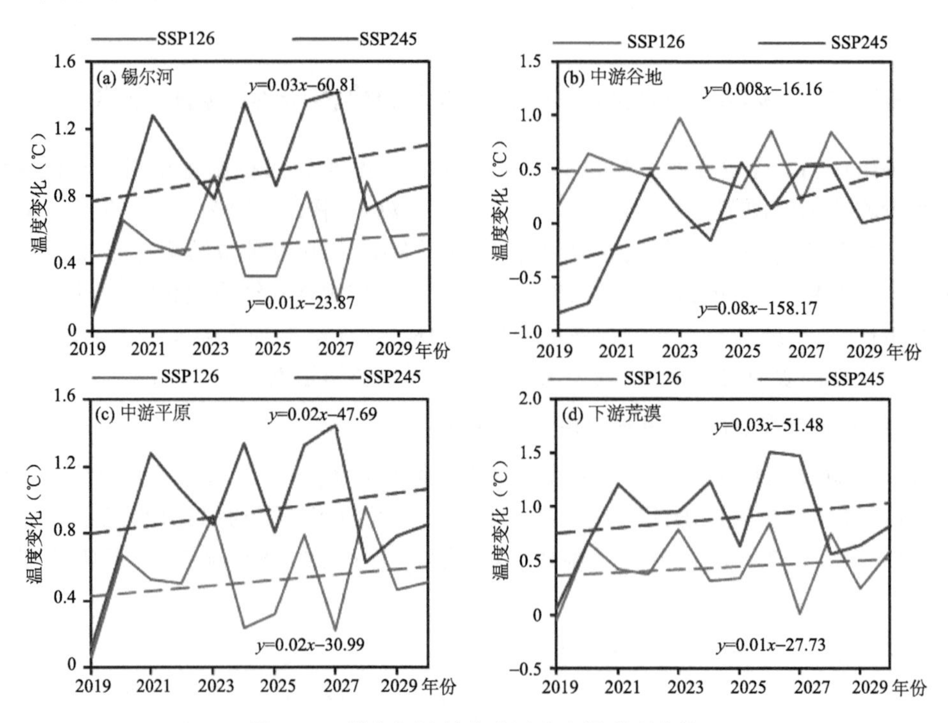

图 7.44 锡尔河流域农业区未来温度变化量

7.4.2 锡尔河流域农业区 2019—2030 年作物需水量变化

以 2018 年的气象和主要作物的种植结构数据为基础，输入 2019—2030 年温度变化数据，计算单位面积作物需水量并将结果与 2018 年作物需水量进行比较。结果表明，2019—2030 年 SSP126 和 SSP245 情景下，锡尔河流域农业区主要作物需水量平均增加了 9 mm 和7 mm，作物需水量的变化范围分别介于－11.7～25.7 mm 和－10.7～21.8 mm。SSP245(1.2 mm/a)比 SSP126(0.8 mm/a)情景下作物需水量增加趋势更明显，未来温度变化情景下作物需水量以增加趋势为主，个别年份作物需水量有下降的情形(图 7.45)。棉花在两种情景下的需水变化量相似，分别为 9.5 mm 和 8.1 mm；小麦在 SSP126 情景下的作物需水变化量达到 15.7 mm，而在 SSP245 情景下仅有 6.8 mm；水稻和苜蓿在 SSP126 情景下作物需水量均在下降(－1.5 mm 和 3.0 mm)，但在 SSP245 情景下仅苜蓿在下降(－1 mm)，水稻仍然保持增加(8.4 mm)；SSP126 情景下的玉米和向日葵需水变化量分别为 3.9 mm 和 3.1 mm，而在 SSP245 情境下，玉米和向日葵分别为 6.7 mm 和－0.3 mm。综合两种情景下的作物需水变化量平均结果，小麦达到了 11.3 mm，其次是棉花 8.8 mm、玉米 5.3 mm，水稻需水量出现了下降(－1.97 mm)，向日葵需水变化量仅有 1.43 mm。从作物需水变化趋势率来看，冬小麦和水稻的增加速率超过 1 mm/a，其次是棉花的 0.9 mm/a，苜蓿、玉米和向日葵的趋势率介于 0.5～0.7 mm/a。SSP126 和 SSP245 情景下作物需水变化量的主要区别在于，冬小麦在 SSP126 情景下需水量增加显著(15.7 mm)，水稻在 SSP126 情景下呈现出作物需水量减少(－1.5 mm)，但在 SSP245 情景下保持较高的作物需水增加量(8.4 mm)。未来近 10 年的升温背景下，棉花和小麦的作物需水量增加明显。

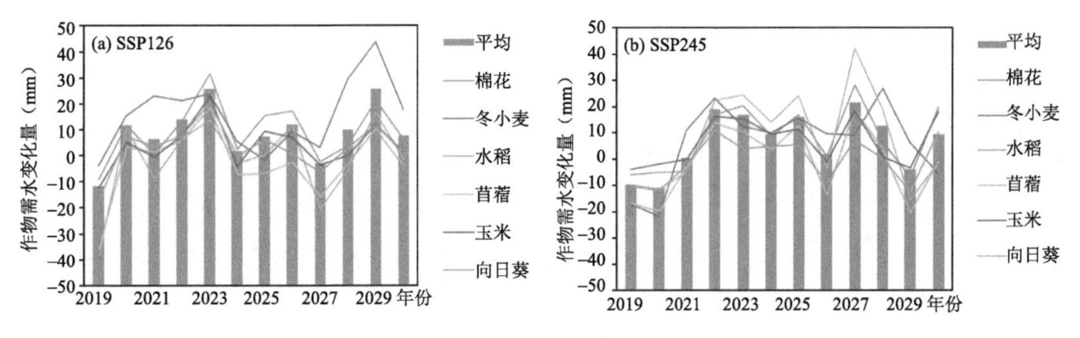

图 7.45　SSP126 和 SSP245 情景下作物需水变化量

不同农业区中，中游谷地在 SSP126 情景下作物需水增加量达到 12 mm，其中棉花、冬小麦和水稻超过了 10 mm，苜蓿、玉米和向日葵介于 4.1～5.3 mm；在 SSP245 情景下，平均作物需水增量较小(4.4 mm)，其中，苜蓿和向日葵出现作物需水量减少(−9.0 mm 和−1.2 mm)。中游平原区在 SSP126 和 SSP245 情景下作物需水变化量相当，分别为 9.0 mm 和 10.1 mm，棉花和小麦受到的影响最为明显(约 10 mm)。下游荒漠区在 SSP126 情景下出现了作物需水量下降(−3.1 mm)，但在 SSP245 情景下却有明显的增加(6.3 mm)(图 7.46)。总体而言，高耗水和高种植比例的作物受升温影响明显，对作物需水量增加的贡献较高。

综合 SSP126 和 SSP245 情景下的作物需水变化量空间分布特征，平均作物需水量增加高值区域集中在中游地区，总体上介于 0～20 mm。SSP126 情景下，中游谷地南部作物需水变化量达到 20 mm 以上，明显高于其他地区，下游荒漠区出现作物需水量下降；而在 SSP245 情景下，除了中游谷地东部地区出现明显的作物需水量下降外，其他区域作物变化量均呈现增加(图 7.47)。在平均变化趋势斜率方面，SSP245 与 SSP126 情景下作物需水变化量的趋势斜率空间差异明显。SSP245 情景下的作物需水变化量趋势斜率空间异质性低，总体上介于 0～2 mm/a，且中游地区的增长速率略高于下游地区；SSP126 情景下作物需水变化量趋势斜率空间异质性强，中游平原区北部增加速率最高，超过了 2 mm/a，其他地区的趋势斜率集中在 0～2 mm/a，仅在中游谷地北部部分地区有作物需水变化量呈现下降的趋势。

总体而言，2019—2030 年期间的作物需水量呈增加态势。中游谷地在 SSP126 情景下作物需水增量达到 12.0 mm(0.1 mm/a)，而在 SSP245 情景下仅有 4.4 mm(1.3 mm/a)；中游谷地在两种情景下，变量和趋势均相似(9～10 mm，1.1～1.5 mm/a)；下游荒漠区在 SSP126 情景下作物需水量出现了下降(−3.1 mm，1.1 mm)，但 SSP245 情景下仍保持作物需水量增加(6.3 mm，0.6 mm/a)。

7.4.3　锡尔河流域未来作物种植结构调整的作用

据分析，2019—2030 年，SSP126 和 SSP245 情景下的温度明显增加，中亚锡尔河流域主要作物类型的需水量有不同程度的增加或减少，平均作物需水量总体呈增加趋势。棉花、水稻和苜蓿等高耗水作物及冬小麦等高种植比例作物在升温影响下，其作物需水量增加幅度大。因此，通过降低高耗水作物种植比例和增加低耗水作物种植比例是降低农业用水需求、应对气候变化的有效措施。

以 2018 年气候和作物种植结构为基准情景，从单位面积角度分析未来温度升高条件下的作物需水量节约效果。调整某一作物的种植比例时(±10%)，其他作物按照原有比例相应调

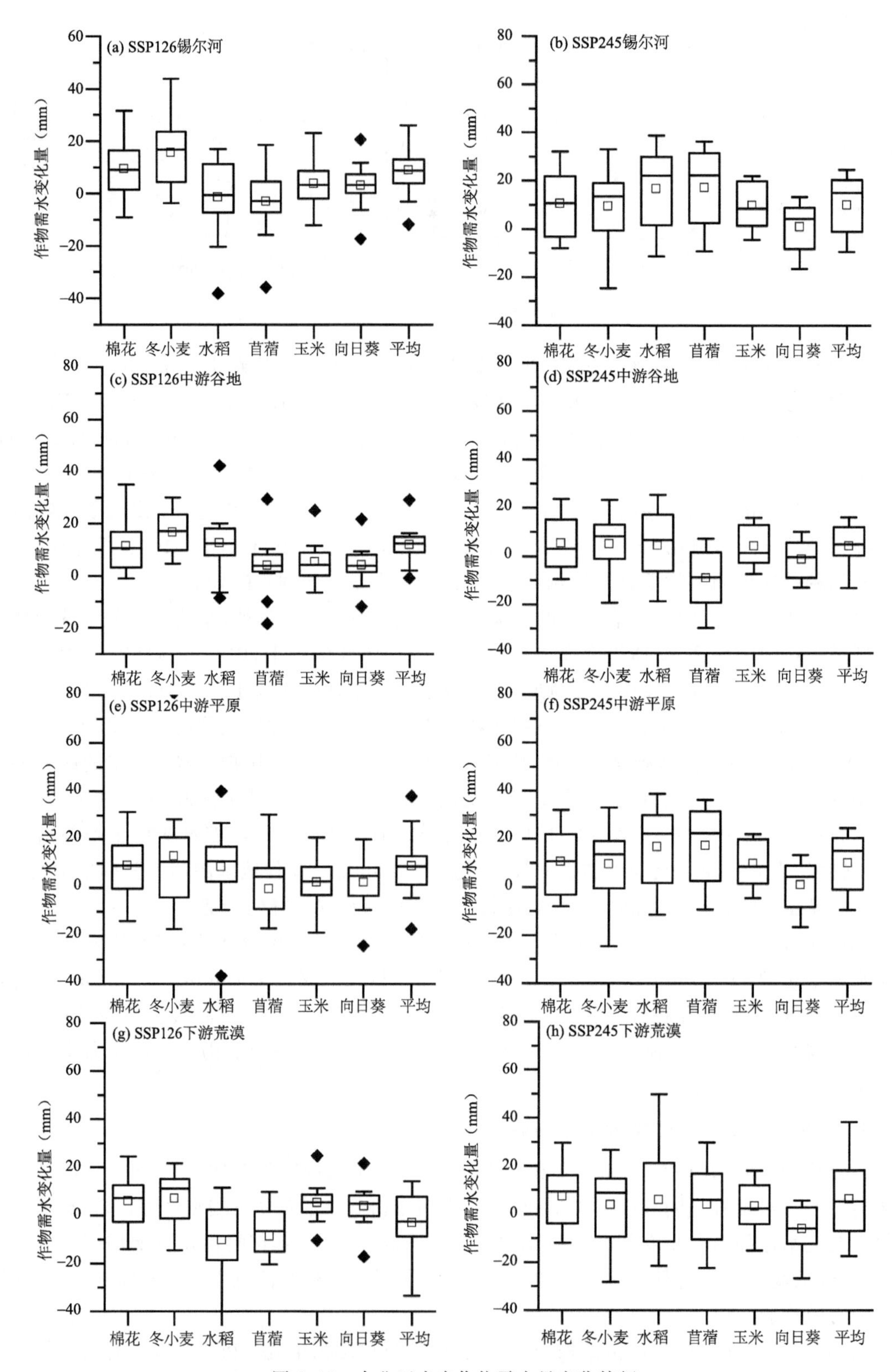

图 7.46　农业区未来作物需水量变化特征

增或调减，以保证总比例不变。根据 2000—2018 年单位面积作物需水量计算结果，高于平均作物需水量的水稻、苜蓿和棉花种植比例减少 10%，相应的低于平均作物需水量的玉米、向日葵和冬小麦调增 10%，评估 2019—2030 年单一类型作物种植结构调整的节水效果，为应对未来气候变化对锡尔河流域灌区农业水资源供需压力的影响提供决策支撑。

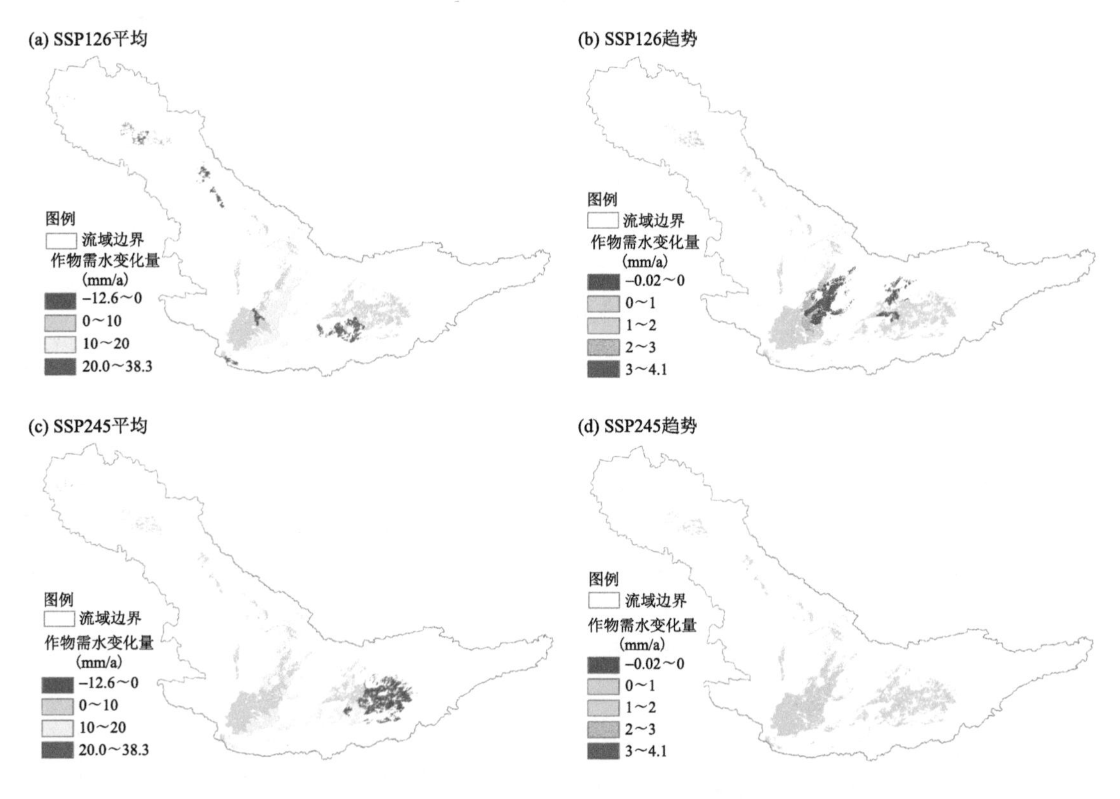

图 7.47　锡尔河流域未来作物需水变化量空间分布及变化趋势

结果表明，2019—2030 年，冬小麦种植比例增加 10%的节水效果最明显，流域平均作物需水量减少 14.2 mm；其次是棉花减少 10%，平均作物需水量减少 12 mm；水稻降低 10%的节水效果为 4.9 mm；苜蓿、玉米和向日葵由于种植比例最低，其种植结构调整的节水效果不足 1 mm。棉花和冬小麦种植比例最高，水稻的单位面积需水量最高，因此三者的种植结构调整对作物需水量降低的影响最显著。SSP126 情景下各作物种植结构调整的平均节水效果 5.7 mm，略高于 SSP245 情景下的 5.4 mm(图 7.48)。2019—2030 年作物需水量在两种情景下平均增加 7～9 mm，因此重点调整棉花和小麦的种植结构就能达到理想的作物需水量节约效果，尤其是冬小麦和其他作物轮作的种植结构调整值得重点关注。未来近 10 年，减少棉花和水稻的种植比例，增加冬小麦等低耗水作物的种植比例，可有效降低单位面积作物需水量，尤其是发展冬小麦与其他作物轮作，在水资源约束条件下，有助于降低 4—9 月主要作物生长期的农业水资源供需压力。由于气候变化的不确定性，SSP126 和 SSP245 情景下的温度在年际间和区域间差异性大，且作物需水量变化范围集中在－11.7～25.7 mm，需进一步协同不同类型作物种植比例，以适应未来农业水资源供需压力的变化。

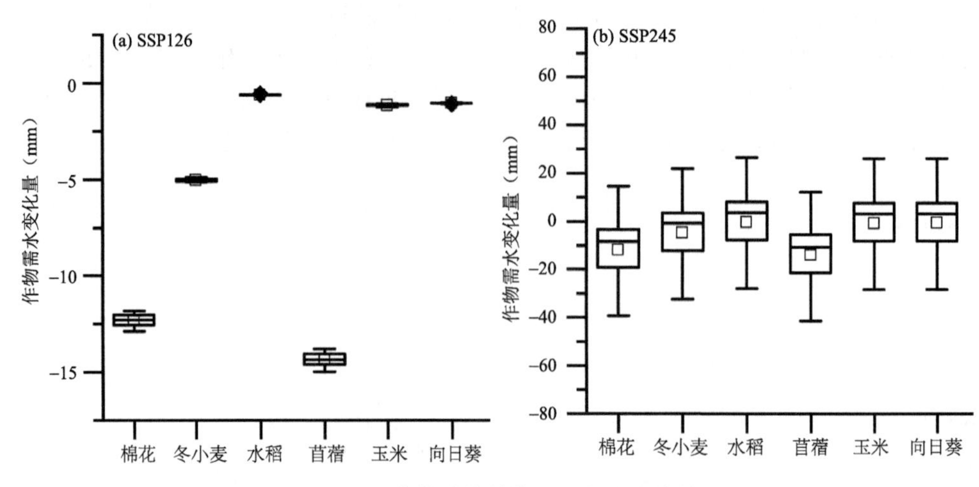

图 7.48　作物种植结构调整的节水效果

7.5　本章小结

研究中亚农业水资源供需情况以及水资源压力，有利于该地区制定高效的水资源管理方案，促进农业与水资源的可持续发展。通过应用气象、径流以及土地利用等资料，分别从水资源的供给与需求两方面分析了中亚地区未来水资源的变化特征，并基于供需平衡关系，选定灌溉需水量占可利用总水量(径流)的比值作为衡量水资源压力的指标，预测分析了未来中亚地区水资源压力的变化，同时以锡尔河流域为代表分析了农业种植结构调整对水资源压力的调控作用。主要研究结果如下。

(1)中亚地区在未来预测时段产流量在大部分地区内处于减少的趋势，整体来看，山区产流量的变化幅度最大，此外还出现沿河流地区产流增加的空间变化趋势。河川径流量呈现山区增加平原区减少的空间变化趋势，但不同情景不同时期的变化有所不同。

(2)中亚五国土库曼斯坦的作物需水量最高，其次为乌兹别克斯坦，之后分别是哈萨克斯坦、塔吉克斯坦和吉尔吉斯斯坦。棉花的需水量明显高于冬小麦，这是因为中亚的雨季主要发生在 10 月到次年 4 月，这期间是冬小麦的种植和生长季，降雨能够有效减少灌溉量，使得需水量减少。

(3)RCP4.5 情景下，锡尔河流域种植冬小麦与棉花带来的水资源压力在 2040—2059 年上升，在 2060—2079 年、2080—2099 年主要呈现下降的趋势；阿姆河流域种植棉花和冬小麦带来的水资源压力在未来 3 个时期都呈现不同程度的上升趋势。中亚五国水资源压力较大的区域主要集中分布在乌兹别克斯坦和土库曼斯坦，未来不同时期水资源压力的空间分布情况未发生明显的变化。除 SSP1-RCP6.0 和 SSP2-RCP6.0 情景外，其他情景下原本面临着较大水资源压力的地区在未来 3 个时段还将面临更加严峻的情况。

(4)未来中亚五国水资源压力增加的区域主要发生在东南部，哈萨克斯坦西北部和土库曼斯坦南部也存在较大的水资源压力增加趋势。SSP1-RCP6.0 和 SSP2-RCP6.0 情景下，水资源压力降低是由于这两种情景下灌溉需水量显著减少，同时，RCP6.0 情景下的降水增多、径流呈现增加的趋势，需水减少、供水增多，使水资源压力出现下降的趋势。此外，因为 SSP1-

RCP6.0 情景下，灌溉需水量减少的幅度更大，所以其水资源压力降低的幅度也更大。SSP3-RCP6.0 情景下虽然其供水增多，但灌溉需水量也增多了，最终导致该情景下水资源压力上升。SSP1-RCP2.6 和 SSP2-RCP2.6 情景下，灌溉需水量增多，径流量减少，水资源压力呈现增加的趋势。

(5)以锡尔河流域为例，通过调整作物种植结构，降低农业水资源需求，可以有效地应对未来气候变暖带来的水资源短缺风险。在 2019—2030 年 SSP126 和 SSP245 情景下，增加冬小麦(−14.2 mm)和减少水稻(−4.9 mm)、棉花(−12 mm)的种植比例达到了良好的节水效果，足以应对未来作物需水量平均增加 7～9 mm 带来的农业水资源供需安全风险。重点调整高种植比例和高耗水的作物可有效降低作物需水量，尤其是发展冬小麦与其他作物轮作，在水资源约束条件下，有助于降低 4—9 月主要作物生长期的农业水资源供需压力。

适当的水资源管理会在很大程度上抵消由于气候变化和土地利用变化带来的不良影响。了解中亚地区何时会出现水资源压力以及未来该地区面临的水资源压力水平，可以让管理者了解自己是否能够采取恰当的措施或者以此为根据对应对水资源短缺的各种适应性措施进行调整，从而改善水资源的不良状况。

第8章　中亚基于水土资源的多边农业贸易优化利用

目前关于多边农业贸易的研究多集中于农业贸易特征与贸易潜力、贸易政策对贸易模式和收益的影响，以及农业贸易带来的虚拟资源流动特征等方面，较少涉及多边农业贸易优化利用模式的开发、制定和综合效益分析。本章仅以农作物为主体，开展水土资源约束下中亚五国及中国之间开展多边农业贸易优化利用模式研究，并探明最优贸易模式下的虚拟水土资源流动特征。本章内容总共分为以下三部分：分析各贸易国历史主要农作物的贸易演变特征，剖析多边农业贸易潜力；构建基于水土资源的多边农业贸易优化利用模型，为实现总体贸易收益最大化和水土资源收益均等化的协同保障提供决策依据；估算各国农业贸易带来的虚拟耕地与虚拟水的贸易量，阐明多边农业贸易优化模式对虚拟水土资源特征的影响。

8.1　中亚五国及中国间多边农业贸易现状

8.1.1　农作物贸易现状

农业贸易从某种意义上说是农业资源的贸易，是隐藏在农作物贸易中的农业资源要素的流动(马博虎 等，2010)。本节将农业贸易中隐含的农业资源要素称为虚拟资源，主要包括虚拟水和虚拟耕地，并从两个角度分析各贸易国之间主要农作物的贸易现状，其一是中亚五国之间的贸易，主要为哈萨克斯坦与其余国家的农作物贸易现状，如表8.1所示；其二是中亚各国与中国之间农作物贸易现状，如表8.2所示。在本章中，为阐述方便，定义如下简称：哈萨克斯坦简称哈国；乌兹别克斯坦简称乌国；土库曼斯坦简称土国；吉尔吉斯斯坦简称吉国；塔吉克斯坦简称塔国。

表8.1　哈萨克斯坦与中亚四国间主要农作物贸易现状

作物	时段(年)	年均贸易量(10^4 t)		与中亚贸易	主要贸易国
玉米	2011—2019	出口	3.10	99%	乌国87%；塔国8%
小麦	1995—2010	出口	526.33	17%	乌国4%；吉国4%；塔国8%
	2011—2019	出口	484.15	52%	乌国27%；塔国17%
水稻	2011—2019	出口	7.04	52%	乌国12%；塔国27%
马铃薯	2011—2019	出口	8.49	97%	乌国95%
		进口	6.39	44%	吉国

表8.2反映了哈国与其余中亚国家之间的主要农作物的贸易现状。由表可知，哈国近年来与中亚其余国家的进口贸易主要发生在21世纪10年代，是从吉国进口马铃薯，占其年均进口量的44%。此外，哈国是中亚地区农作物的主要输出国，近年来哈国玉米和马铃薯几乎全部出口至中亚国家，且都主要出口至乌国。其中，玉米出口至乌国的占比为87%(2.7万t/a)，

马铃薯出口至乌国的占比高达 97%。哈国小麦的出口可分为两个阶段，第一个阶段 1995—2010 年，年均出口量为 526.33 万 t，主要出口至中亚以外的其他国家；第二个阶段 2011—2019 年，年均出口量为 484.15 万 t，出口至中亚的占比为 52%，其中主要出口至乌国。哈国水稻年均出口量约为 7 万 t，约有一半出口至中亚，其中主要出口至乌国和塔国，占比分别约为 12% 和 27%。

由表 8.2 可知，中亚主要从中国进口水稻，中亚地区从中国进口水稻主要发生在 21 世纪 00 年代。这一时期，哈国年均进口的水稻约有 57%来自中国，而在 10 年代，哈国从中国进口的水稻减少，进口占比降低至 2.36%。这一时期，哈国水稻进口主要来源于除了中国和中亚的其他国家。吉国在 21 世纪 00 年代这一时段年均水稻进口约有 93%来自中国，而在 10 年代这一时段，从中国的进口占比降低至 12%。此外，塔国在 21 世纪 00 年代这一时期内，来自中国的进口量占比高达 96%。由此可见，在 21 世纪 00 年代中国是中亚水稻进口的一大来源国，但 2011—2019 年，中亚从中国进口的水稻在减少。

中国从中亚主要进口的作物是小麦与棉花，其中小麦来自哈国，棉花来自中亚各国，但主要输出国是乌国。结合表 8.2 与图 8.1 可知，哈国在 21 世纪 00 年代几乎不向中国出口小麦，而在 10 年代，哈国向中国年均出口小麦约 25 万 t，占其年均出口量的 5.14%。此外，中国在 21 世纪 10 年代年均进口小麦为 469 万 t，与哈国的年均出口量相近。结合图 8.1 所显示的中国从哈国小麦进口的变化情况发现，近年来进口量呈现上升的趋势，由此可见哈国与中国在小麦贸易上的潜力有很大的提升空间。

表 8.2　中亚与中国间主要农作物贸易现状

作物	时段(年)	年均贸易量(万 t)	哈国	乌国	土国	吉国	塔国
小麦	2011—2019	出口量	484.15				
		出口至中国	5%				
水稻	2001—2010	进口量	1.47	3.49	0.03	2.18	0.38
		从中国进口	57%	6%		93%	96%
	2011—2019	进口量	1.69	1.53	1.60	1.38	2.86
		从中国进口	2%			12%	
棉花	1992—2000	出口量	6.17	98.00	25.92	2.10	8.73
		出口至中国	43%	3%	2%	32%	7%
	2001—2010	出口量	12.97	74.57	11.83	3.79	11.00
		出口至中国	13%	29%	9%	2%	3%
	2011—2019	出口量	5.57	26.11	13.70	1.92	4.87
		出口至中国	10%	65%	16%	1%	8%

在 20 世纪 90 年代中亚棉花年均出口量约为 140 万 t，其中有 7.7 万 t 出口至中国，乌国出口量为 98 万 t/a，其中出口至中国的占比仅为 3.44%(3.37 万 t/a)；21 世纪 00 年代，中亚年均出口量为 114 万 t，其中出口至中国的棉花约为 25 万 t，乌国出口量为 74.57 万 t/a，出口至中国的占比上升至 29%(22 万 t/a)；10 年代，中亚棉花年均出口量下跌至 52 万 t，其中出口至中国的棉花为 20 万 t，乌国出口量下降至 26 万 t/a，其中出口至中国的占比上升至 65%(17 万 t/a)。由此可见，2000 年之前，中亚棉花出口量较大，尤其是乌国，但其向中国的出口量极

少，2000 年后，虽然出口至中国的占比在增加，但在 2011 年后，中亚棉花出口量大幅下降，因此出口至中国的棉花也呈现下降的趋势。结合图 8.1 中所展示的中国从中亚各国进口棉花的变化情况可知，中亚向中国棉花的出口先经历了平稳的低谷期（1992—2002 年），之后持续上升（2002—2006 年），此后则呈现出不断波动且下降的趋势。因此，若中亚棉花的出口量增加，则其与中国的贸易潜力巨大。

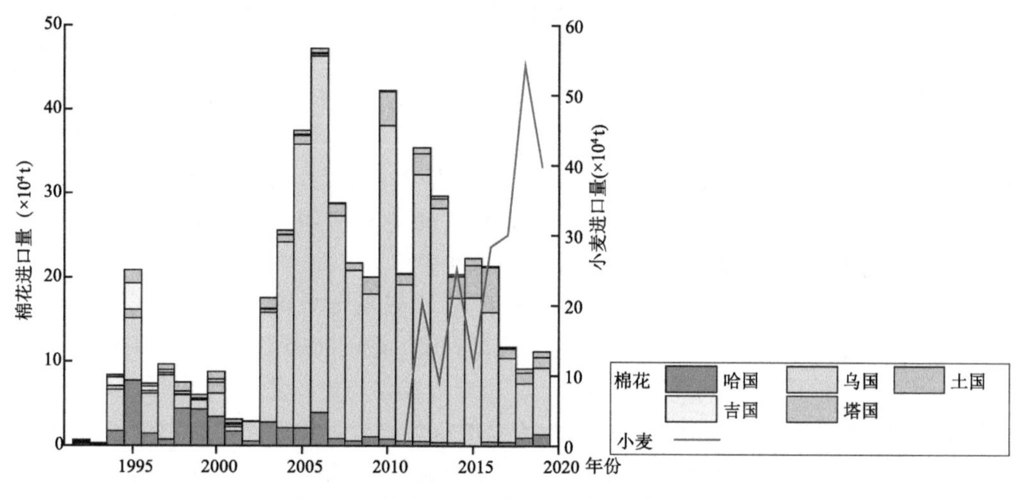

图 8.1　中国从中亚进口农作物的演变特征

8.1.2　虚拟水贸易现状

虚拟水是指生产商品和服务时所需要的水资源量（Hoekstra et al.，2004），农产品在国家之间的贸易蕴含着大量虚拟水的流动。初级农产品（单一农作物）的虚拟水含量可以通过每公顷的作物需水量除以每公顷的作物产量计算出来（Hoekstra et al.，2002）。其计算公式为：

$$V_{W_{ji}} = W_{D_{ji}} / Y_{ji} \tag{8.1}$$

式中，$V_{W_{ji}}$ 表示 j 国 i 作物的虚拟水含量（m^3/t），$W_{D_{jt}}$ 表示 j 国 i 作物的单位面积需水量（m^3/h），由累计生长期内作物蒸发蒸腾水量 E_{T_c}（mm/d）而得；Y_{jt} 表示 j 国 i 作物的单位面积产量（t/hm^2）。

从目前的研究方法来看，虚拟水贸易量的定量分析主要有两种角度：一是从生产者的角度出发，将虚拟水定义为在产品生产地生产这种产品所实际使用的水资源量；二是从消费者的角度出发，将虚拟水定义为在产品消费地生产同质产品所需要的水资源量（刘幸菡 等，2005）。为了定量考查进出口贸易对各个国家水资源量的影响，本文对出口产品从生产者角度进行量化，对进口产品从消费者角度进行量化，其计算流程如图 8.2 所示。具体计算公式如下：

$$N_{\mathrm{VWI}_{ijt}} = B_{\mathrm{VW}_{ijt}} - S_{\mathrm{VW}_{ijt}} = \sum_{j'=1, j' \neq j}^{J} (B_{ijj't} - S_{ijj't}) \times V_{W_{ijt}} \tag{8.2}$$

$$N_{\mathrm{VWI}_{jj't}} = B_{\mathrm{VW}_{jj't}} - S_{\mathrm{VW}_{jj't}} = \sum_{i=1}^{I} (B_{ijj't} - S_{ijj't}) \times V_{W_{ijt}} \tag{8.3}$$

$$N_{\mathrm{VWI}_{jt}} = \sum_{i=1}^{I} N_{\mathrm{VWI}_{ijt}} = \sum_{j'=1, j' \neq j}^{J} N_{\mathrm{VWI}_{jj't}} \tag{8.4}$$

式中，$N_{\mathrm{VWI}_{ijt}}$ 表示 t 时期 j 国 i 作物的虚拟水净进口量，$N_{\mathrm{VWI}_{jj't}}$ 表示 t 时期 j 国从 j' 国净进口虚

拟水的量，$N_{VWI_{jt}}$ 代表 t 时期 j 国的净虚拟水进口量（m^3）；$B_{VW_{ijt}}$ 表示 t 时期 j 国 i 作物的虚拟水进口量，$S_{VW_{ijt}}$ 表示 t 时期 j 国 i 作物的虚拟水出口量（m^3）；$B_{VW_{jj't}}$ 表示 t 时期 j 国从 j' 国进口的虚拟水的数量，$S_{VW_{jj't}}$ 表示 t 时期 j 国向 j' 国出口的虚拟水的数量（m^3）；$B_{ijj't}$ 表示 t 时期 j 国从 j' 国进口 i 作物的数量，$S_{ijj't}$ 表示 t 时期 j 国向 j' 国出口 i 作物的数量（t），$V_{W_{jit}}$ 代表 t 时期 j 国 i 作物的虚拟水含量（m^3/t）。

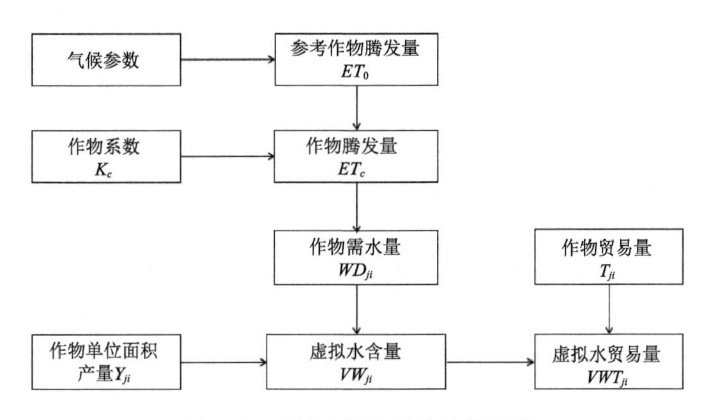

图 8.2　虚拟水贸易量的计算流程

本节对贸易各国在 2005—2019 年间的 5 种主要农产品贸易（玉米、小麦、水稻、马铃薯和棉花）的虚拟水贸易量进行了估算，结果如表 8.3 所示。由表 8.3 可知，2005—2019 年间，中国与吉国、塔国的 5 种主要农产品的虚拟水呈净进口态势，虚拟水进口较多，尤其是塔国；而哈国是 6 个国家中虚拟水出口最多的国家，其次是乌国。具体而言，中国在这 15 a 间从中亚地区进口这 5 种作物带来的虚拟水量共为 818 亿 m^3，平均每年约为 5.46 亿 m^3。中国从中亚各国进口的虚拟耕地量占比如图 8.3a 所示，由图可知，中国从中亚进口的虚拟水主要来自乌国与哈国，在 2012 年之前，约有八成到九成的虚拟水来自乌国，但近几年有下降的趋势，而来自哈国的虚拟水量则呈现上升的趋势，2018 年占比最大，约为 80%。哈国 5 种主要农产品的虚拟水出口量远大于进口量，呈现净出口态势，且净出口量不断增多，出口至各国的占比如图 8.3b 所示，在 2010 年之前，虚拟水主要流向吉国与塔国，占比超过 70%；之后主要流向乌国与塔国，其中在 2015—2019 年间，每年流向乌国的虚拟水量约占哈国虚拟水出口量的一半，年均出口量约为 51 亿 m^3。

表 8.3　各国之间年均虚拟水贸易量现状（$\times 10^8\ m^3$）

国家	2005—2009 年			2010—2014 年			2015—2019 年		
	进口量	出口量	净进口量	进口量	出口量	净进口量	进口量	出口量	净进口量
中国	5.81	0.34	5.48	5.86	0.09	5.77	4.70	0.00	4.70
哈国	0.11	47.16	−47.05	0.12	112.18	−112.06	0.01	195.71	−195.70
乌国	1.10	9.65	−8.55	4.47	8.81	−4.35	14.41	4.11	10.30
土国	4.85	0.60	4.25	0.48	1.29	−0.82	0.14	1.86	−1.72
吉国	7.91	0.00	7.90	17.32	0.72	16.60	4.94	0.07	4.87
塔国	5.85	0.06	5.79	10.65	0.06	10.59	15.71	0.11	15.60

各贸易国主要农产品贸易所带来的虚拟水贸易特征如图 8.4 所示。由图可知，从中亚进

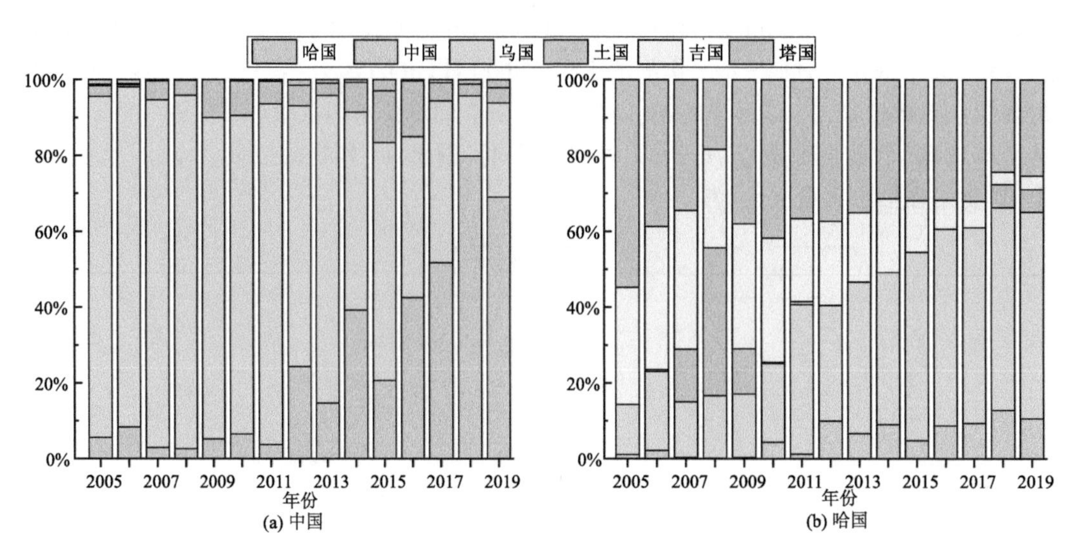

图 8.3　虚拟水流动占比

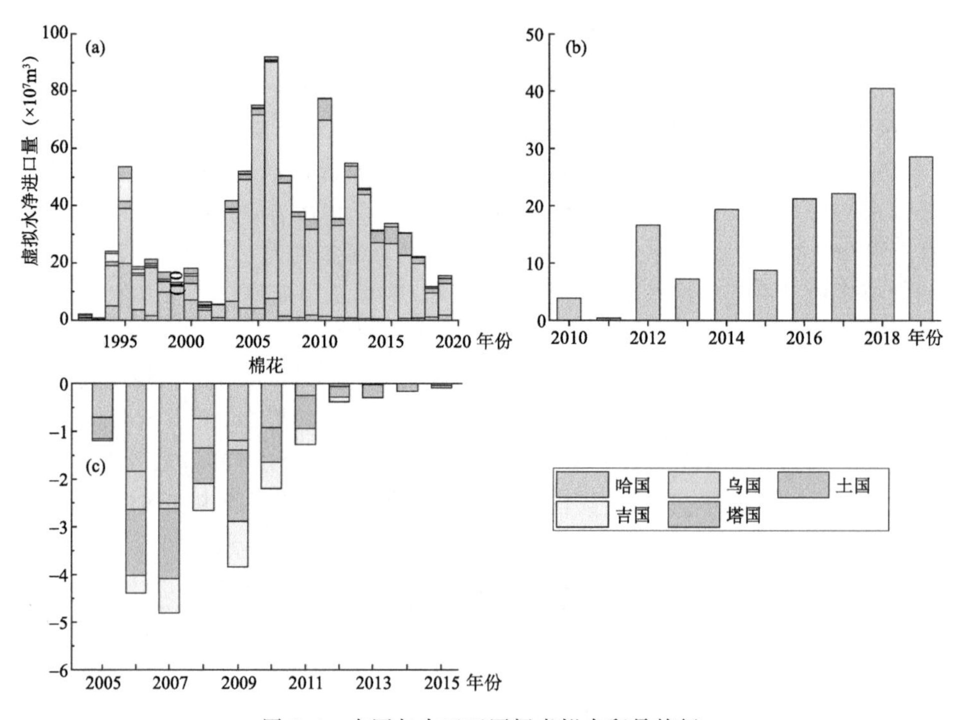

图 8.4　中国与中亚五国间虚拟水贸易特征

(a)棉花；(b)小麦；(c)水稻

口棉花带来的虚拟水含量较多，一方面在过去 20 多年里，中国主要从中亚进口棉花，另一方面棉花是一种需水量较多的作物，所以虚拟水含量较多，中国从中亚进口的棉花虚拟水净进口量呈现先上升后下降的形势，在 2006 年净进口量最多约为 9 亿 m^3，此后呈现下降的态势，近年来年均进口量约为 2 亿 m^3。小麦进口所带来的虚拟水净进口量呈现增长的趋势，这是因为中国从哈国进口的小麦在增加所导致的，2010—2019 年间，中国年均从哈国进口小麦带来的虚拟水净进口量约为 1.69 亿 m^3。中国主要向中亚出口水稻，且出口量呈减少的趋势，因此水稻出口所带走的虚拟水量也呈现下降的趋势，2006 年与 2007 年较多，分别为 4390 万 m^3 与 4805 万 m^3，且主要流向哈国。总体来看，中国与中亚各国之间主要农作物的贸易所带来的虚拟水在 2005—2019 年间呈现净进口态势，年均净进口量约为 5 亿 m^3。

8.1.3　虚拟耕地(土)贸易现状

农产品虚拟耕地含量是指生产某种产品过程中所需要的耕地资源数量。国家或区域之间农产品的贸易，从某种角度上讲是以虚拟耕地的形式进口或出口耕地资源。虚拟耕地贸易量的计算方法有两种：一是从生产者的角度出发，将虚拟耕地定义为在产品生产地生产这种产品所实际使用的耕地资源数量；二是从消费者的角度出发，将虚拟耕地定义为在消费地生产同质产品所需要的耕地资源数量(成丽 等，2008)。为定量探讨中亚五国及中国之间农产品贸易的耕地资源流动，本节从生产者的角度量化农产品的虚拟耕地出口量，从消费者的角度量化农产品的虚拟耕地进口量，明晰农产品贸易对一国耕地资源的影响。其值取决于农产品进出口量和单位面积的产量，具体计算公式如下：

$$N_{\mathrm{VCL}_{ijt}} = B_{\mathrm{VCL}_{ijt}} - S_{\mathrm{VCL}_{ijt}} = \sum_{j'=1, j'\neq j}^{J} \frac{B_{ijj't} - S_{ijj't}}{Y_{ijt}} \tag{8.5}$$

$$N_{\mathrm{VCL}_{jj't}} = B_{\mathrm{VCL}_{jj't}} - S_{\mathrm{VCL}_{jj't}} = \sum_{i=1}^{I} \frac{B_{ijj't} - S_{ijj't}}{Y_{ijt}} \tag{8.6}$$

$$N_{\mathrm{VCL}_{jt}} = \sum_{i=1}^{I} N_{\mathrm{VCL}_{ijt}} = \sum_{j'=1, j'\neq j}^{J} N_{\mathrm{VCL}_{jj't}} \tag{8.7}$$

式中，$N_{\mathrm{VCL}_{ijt}}$ 表示 t 时期 j 国 i 作物的虚拟耕地净进口量(hm^2)，$N_{\mathrm{VCL}_{jj't}}$ 表示 t 时期 j 国从 j' 国净进口虚拟耕地的量(hm^2)，$N_{\mathrm{VCL}_{jt}}$ 表示 t 时期 j 国的虚拟耕地净进口量(hm^2)；$B_{\mathrm{VCL}_{ijt}}$ 表示 t 时期 j 国 i 作物的虚拟耕地进口量(hm^2)，$S_{\mathrm{VCL}_{ijt}}$ 表示 t 时期 j 国 i 作物的虚拟耕地出口量(hm^2)；$B_{\mathrm{VCL}_{jj't}}$ 表示 t 时期 j 国从 j' 国进口的虚拟耕地的数量(hm^2)，$S_{\mathrm{VCL}_{jj't}}$ 表示 t 时期 j 国向 j' 国出口的虚拟耕地的数量(hm^2)；$B_{ijj't}$ 表示 t 时期 j 国从 j' 国进口 i 作物的数量(t)，$S_{ijj't}$ 表示 t 时期 j 国向 j' 国出口 i 作物的数量(t)，Y_{ijt} 表示 t 时期 j 国 i 作物的单位面积产量(hm^2/t)。

根据式(8.7)，对中亚五国及中国在 2005—2019 年间的 5 种主要农产品贸易(玉米、小麦、水稻、马铃薯与棉花)的虚拟耕地贸易量进行了估算，结果如表 8.4 所示。

表 8.4　各国之间年均虚拟耕地贸易量现状($\times 10^3$ hm^2)

国家	2005—2009 年			2010—2014 年			2015—2019 年		
	进口量	出口量	净进口量	进口量	出口量	净进口量	进口量	出口量	净进口量
中国	85.74	4.97	80.77	95.90	1.27	94.63	93.52	0.03	93.49
哈国	2.19	735.39	−733.20	4.02	1743.28	−1739.27	0.42	3044.83	−3044.40
乌国	30.03	109.51	−79.48	129.92	102.02	27.90	417.14	47.59	369.55
土国	113.55	6.86	106.69	7.71	14.85	−7.14	18.70	49.63	−30.92
吉国	134.11	4.52	129.59	198.80	5.26	193.54	93.92	1.70	92.22
塔国	120.85	1.30	119.55	220.95	1.40	219.55	325.37	2.47	322.90

由表 8.4 可知，2005—2019 年间，中国 5 种主要农产品的虚拟耕地呈净进口态势，中亚各国流向中国的虚拟耕地量占比如图 8.5a 所示，由图可知，中国从中亚进口的虚拟耕地主要来

自乌国与哈国，在 2011 年之前，约有 90%来自乌国，但近几年有下降的趋势，而来自哈国的虚拟耕地量则呈现上升的趋势，2018 年占比约为 87%。哈国 5 种主要农产品的虚拟耕地的出口量远大于进口量，呈现净出口态势，且净出口量不断增多，出口至各国的占比如图 8.5b 所示，在 2010 年之前，虚拟耕地主要流向吉国与塔国，占比超过 70%；之后主要流向乌国与塔国，其中在 2015—2019 年间，每年流向乌国的虚拟耕地量约占哈国虚拟耕地出口量的一半，年均出口量约为 159 万 hm^2。

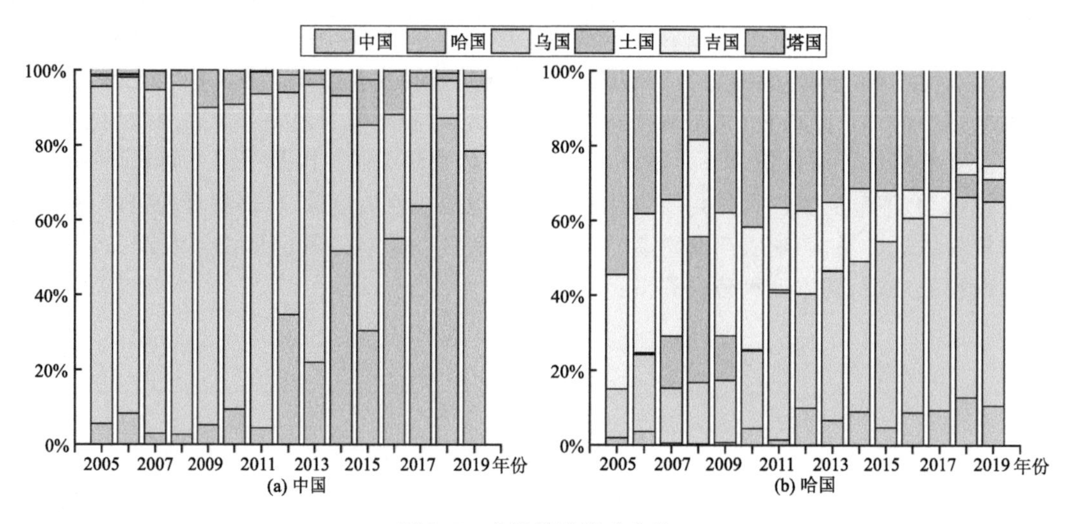

图 8.5　虚拟耕地流动占比

各国虚拟耕地贸易量主要为中国从中亚各国进口棉花，从哈国进口小麦所带来的虚拟耕地，而中国流向中亚的虚拟耕地主要是向其出口水稻所带走的。图 8.6 为中国向中亚虚拟耕地的流动情况。2006—2019 年间，中国年均从中亚进口棉花所带来的虚拟耕地约为 6 万 hm^2，其中 2006 年最多为 13.5 万 hm^2，进口量呈下降的趋势，其中主要来自乌国；年均从哈国进口小麦所带来的虚拟耕地量为 4 万 hm^2，2018 年最多为 10 万 hm^2，进口量呈现上升的趋势；中国在 2006—2015 年间，年均向中亚地区出口水稻所带走的虚拟耕地量不到 3 万 hm^2，且出口量呈现下降的趋势。

8.2　多边农业贸易优化模型

模型选取小麦、玉米、水稻、马铃薯和棉花 5 种主要农作物，以贸易总收益最大化为优化目标，同时考虑各国水土资源，进出口贸易额，以及水土资源收益均等化等系列约束。此外，本研究还通过洛伦兹曲线与基尼系数，计算了该贸易系统的收益与水资源、土资源的匹配情况。

本模型整体优化目标为经济收益最大化。经济效益为系统总收入与总成本之差。系统总收入来源于 3 个规划期内 6 个国家 5 种作物的进出口收入之和，其中进口收入为贸易两国某种作物的生产者价格之差与进口国进口量之积；出口收入为出口国出口价格与出口量之积。系统总成本来源于 3 个规划期内 6 个国家 5 种作物的进口成本与运输成本之和，其中进口成本为进口国进口价格与进口量之积；运输成本为运输单价与进口国进口量之积。具体优化模型如下所示。

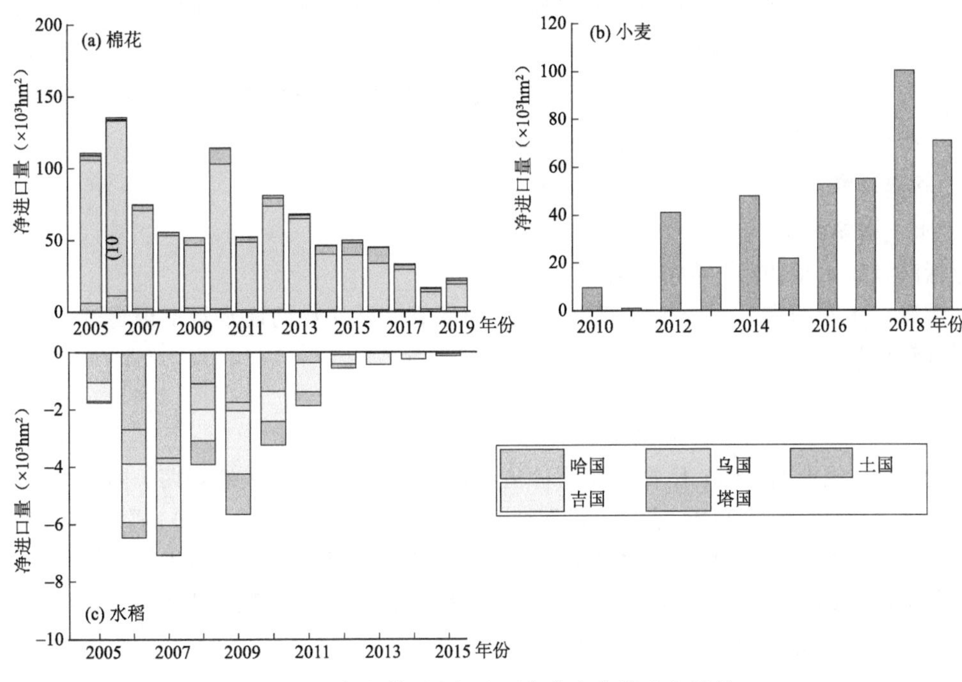

图 8.6 各贸易国之间主要作物虚拟耕地贸易量

8.2.1 目标函数

$$\mathrm{Max} f = b_{\mathrm{benefit}_1} + b_{\mathrm{benefit}_2} - c_{\mathrm{cost}_1} - c_{\mathrm{cost}_2} \tag{8.8}$$

式中，f 为系统收益，等于进口收入(b_{benefit_1})加上出口收入(b_{benefit_2})减去出口成本(c_{cost_1})和运输成本(c_{cost_2})。其中，

$$b_{\mathrm{benefit}_1} = 5 \times \sum_{i=1}^{I} \sum_{j=1}^{J} \sum_{j'=1\, j' \neq j}^{J} \sum_{t=1}^{T} B_{ijj't} (P_{P_{ijt}} - P_{P_{ij't}}) \tag{8.9}$$

$$b_{\mathrm{benefit}_2} = 5 \times \sum_{i=1}^{I} \sum_{j=1}^{J} \sum_{j'=1\, j' \neq j}^{J} \sum_{t=1}^{T} S_{C_{ijj't}} S_{ijj't} \tag{8.10}$$

$$c_{\mathrm{cost}_1} = 5 \times \sum_{i=1}^{I} \sum_{j=1}^{J} \sum_{j'=1\, j' \neq j}^{J} \sum_{t=1}^{T} B_{C_{ijj't}} B_{ijj't} \tag{8.11}$$

$$c_{\mathrm{cost}_2} = 5 \times \sum_{i=1}^{I} \sum_{j=1}^{J} \sum_{j'=1\, j' \neq j}^{J} \sum_{t=1}^{T} (B_{P_i^1} + B_{P_i^2} D_{ijj'}) B_{ijj't} \tag{8.12}$$

式中，下标 i 为作物种类，$I=5$($i=1$ 为玉米、2 为小麦、3 为水稻、4 为马铃薯、5 为棉花)；j、j' 为国家，$J=6$($j=1$ 为中国、2 为哈国、3 为乌国、4 为土国、5 为吉国、6 为塔国)；t 为规划期，$T=3$($t=1$ 为 2020—2024 年、2 为 2025—2029 年、3 为 2030—2034 年)；$B_{C_{ijj't}}$、$S_{C_{ijj't}}$ 分别表示 t 规划期 j 国从 j' 国进、出口 i 作物的单价(美元/t)；$B_{ijj't}$、$S_{ijj't}$ 分别表示 t 规划期 j 国从 j' 国平均每年进出口 i 作物的数量(t)；$P_{P_{ijt}}$ 为 t 规划期 j 国 i 作物平均每年的生产者价格(美元/t)，用来估算商品价值，生产者价格越高，说明作物在本国的价值越大，反之亦然；本文中的运输方式为铁路运输，$B_{P_i^1}$ 表示运输 i 作物的基价 1(美元/t)，$B_{P_i^2}$ 表示运输 i 作物的基价 2(美元/(t · km))；$D_{ijj't}$ 表示运输距离(km)。由于中亚铁路建设尚不完善，除去六国之间已有的铁路建设，本文测量各国代表城市之间的距离作为铁路运输距离，其中中国代表城市为乌鲁木齐，

哈萨克斯坦为阿拉木图，其余四国为各国的首都。据《铁路货物运价规则》，整车货物的运费计算办法为：整车货物每吨运价＝基价 1＋基价 2×运价公里，小麦、玉米、水稻、土豆的运价号为 4，基价 1 为 2.304（美元/t），基价 2 为 0.013（美元/(t·km)）；棉花的运价号为 2，基价 1 为 1.353（美元/t），基价 2 为 0.012（美元/(t·km)）。

8.2.2 约束条件

（1）水土资源约束

包括灌溉需水量约束与种植面积约束。

①灌溉需水量约束。一个规划期内一个国家灌溉 5 种作物的需水量不得超过该国的农业水资源可利用量。

$$\sum_{i=1}^{I} A_{ijt} w_{ijt} \leqslant W_{jt} \eta_{jt}^{W}, \forall j,t \tag{8.13}$$

式中，A_{ijt} 表示 t 规划期 j 国 i 作物的年均种植面积（hm^2），w_{ijt} 表示 t 规划期 j 国 i 作物的单位面积灌溉需水量（m^3/hm^2）；W_{jt} 表示 t 规划期 j 国的水资源可利用量（m^3）；η_{jt}^{W} 表示 t 规划期 j 国农业用水量占社会经济总用水（主要指农业、工业、居民生活用水等）的比例。

②种植面积约束。一个规划期内一个国家 5 种作物的种植面积不得小于最小种植面积，也不得大于最大种植面积。具体要求如下：

$$\begin{cases} \sum_{i=1}^{I} A_{ijt} \leqslant A_{jt}^{c} \eta_{jt}^{A\max}, \forall j,t \\ \sum_{i=1}^{I} A_{ijt} \geqslant A_{jt}^{c} \eta_{jt}^{A\min}, \forall j,t \end{cases} \tag{8.14}$$

式中，A_{jt}^{c} 表示 t 规划期 j 国的耕地面积；$\eta_{jt}^{A\max}$ 表示 t 规划期 j 国 5 种作物的最大种植占比；$\eta_{jt}^{A\min}$ 表示 t 规划期 j 国 5 种作物的最小种植占比。

（2）贸易量约束

包括需求量约束和进出口平衡约束。一个规划期内一个国家某种作物的种植量与进口量之和减去出口量应不小于这一规划期该国对这种作物的需求量；一个规划期内一个国家某种作物的出口量应小于这种作物的种植量；一个规划期内一国从另一国进口某种作物的数量应为另一国向该国出口该种作物的数量。具体要求如下：

$$\begin{cases} A_{ijt} Y_{ijt} + \frac{1}{\alpha_{ijt}^{B}} \sum_{j'=1\, j'\neq j}^{J} B_{ijj't} - \frac{1}{\alpha_{ijt}^{S}} \sum_{j'=1\, j'\neq j}^{J} S_{ijj't} \geqslant D_{G_{ijt}}, \forall i,j,t \\ \sum_{j'=1\, j'\neq j}^{J} S_{ijj't} < A_{ijt} Y_{ijt}, \forall i,j,t \\ B_{ijj't} = S_{ij'jt}, \forall i,j,t \end{cases} \tag{8.15}$$

式中，$A_{ijt} Y_{ijt}$ 表示 t 规划期 j 国 i 作物的年均产量（t），其中 Y_{ijt} 为 t 规划期 j 国 i 作物的单产（t/hm^2）；$D_{G_{ijt}}$ 为 t 规划期 j 国 i 作物的年均需求量（t）；α_{ijt}^{B}、α_{ijt}^{S} 分别为进出口分配系数。

（3）水土资源收益均等化约束

包括水资源与土地资源均等化约束。各国单位水土资源收益是否均等将会影响社会的公平性。本节定义水土资源收益均等化系数（k_W、k_A）来衡量任意两个国家单位资源收益的差距，进而评判其对社会公平性的影响。表 8.5 列出了水土资源收益均等化系数与社会公平性的关系。

①水资源收益均等化约束。本节指各规划期内各国单位水资源的收益要均等。模型中用不同规划期任意两个国家单位灌溉需水量的收益之比表示这一约束。具体要求如下。

表 8.5　水土资源收益均等化系数与社会稳定的关系

水土资源收益均等化系数	任意两个国家的单位资源收益差距	社会公平程度
1	无	很公平
(1,2]	较小	较公平
(2,3]	中等	相对公平
(3,5]	较大	差距较大
>5	很大	差距很大

$$\frac{E_{W_{jt}}}{E_{W_{j't}}}(j'\neq j)\leqslant k_W,\ \forall\, j,t \tag{8.16}$$

其中，

$$\begin{cases} E_{W_{jt}}=\dfrac{E_{jt}}{5\times\sum\limits_{i=1}^{I}A_{ijt}w_{ijt}},\ \forall\, j,t \\ E_{W_{j't}}=\dfrac{E_{j't}}{5\times\sum\limits_{i=1}^{I}A_{ij't}w_{ijt}},\ \forall\, j,t \\ E_{jt}=5\times\sum\limits_{i=1}^{I}\sum\limits_{j'=1\ j'\neq j}^{J}B_{ijj't}(P_{P_{ijt}}-P_{P_{ij't}})+5\times\sum\limits_{i=1}^{I}\sum\limits_{j'=1\ j'\neq j}^{J}S_{C_{ijj't}}S_{ijj't} \\ -5\times\sum\limits_{i=1}^{I}\sum\limits_{j'=1\ j'\neq j}^{J}B_{C_{ijj't}}B_{ijj't}-5\times\sum\limits_{i=1}^{I}\sum\limits_{j'=1\ j'\neq j}^{J}(B_{P_i^1}+B_{P_i^2}D_{ijj'})B_{ijj't},\ \forall\, j,t \end{cases} \tag{8.17}$$

式中，k_W为水资源收益均等化系数，表示一个规划期任意两个国家单位水资源的收益之比，本节取 2.5；$E_{W_{jt}}$为t规划期j国 5 种作物的单位灌溉需水量产生的收益（$\times10^8$美元/m^3），E_{jt}为t规划期j国的收益（$\times10^8$美元）。

②土地资源收益均等化约束。本节指各规划期内各个国家单位土地资源的收益要均等。模型中用不同规划期任意两个国家单位种植面积的收益之比表示这一约束。具体要求如下：

$$\frac{E_{A_{jt}}}{E_{A_{j't}}}(j'\neq j)\leqslant k_A,\ \forall\, j,t \tag{8.18}$$

其中，

$$\begin{cases} E_{A_{jt}}=\dfrac{E_{jt}}{5\times\sum\limits_{i=1}^{I}A_{ijt}},\ \forall\, j,t \\ E_{A_{j't}}=\dfrac{E_{j't}}{5\times\sum\limits_{i=1}^{I}A_{ij't}},\ \forall\, j,t \\ E_{jt}=5\times\sum\limits_{i=1}^{I}\sum\limits_{j'=1\ j'\neq j}^{J}B_{ijj't}(P_{P_{ijt}}-P_{P_{ij't}})+5\times\sum\limits_{i=1}^{I}\sum\limits_{j'=1\ j'\neq j}^{J}S_{C_{ijj't}}S_{ijj't}- \\ 5\times\sum\limits_{i=1}^{I}\sum\limits_{j'=1\ j'\neq j}^{J}B_{C_{ijj't}}B_{ijj't}-5\times\sum\limits_{i=1}^{I}\sum\limits_{j'=1\ j'\neq j}^{J}(B_{P_i^1}+B_{P_i^2}D_{ijj'})B_{ijj't},\ \forall\, j,t \end{cases} \tag{8.19}$$

式中，k_A为土地资源收益均等化系数，用来表示一个规划期任意两个国家单位耕地资源的收益之比，本节取 2.5；$E_{A_{jt}}$为 t 规划期 j 国 5 种作物单位种植面积产生的收益（$\times 10^8$美元/hm^2）。

（4）非负约束

$$\begin{cases} A_{ijt} \geqslant 0, \forall i,j,t \\ B_{ijt} \geqslant 0, \forall i,j,t \\ S_{ijt} \geqslant 0, \forall i,j,t \end{cases} \tag{8.20}$$

8.2.3 数据来源

模型参数主要来源于 FAO 与 UN Comtrade 数据库、现场调研及相关文献资料。其中，生产者价格（$P_{P_{ijt}}$）、进出口单价（$B_{C_{ijj't}}$、$S_{C_{ijj't}}$）、单产（Y_{ijt}）和需求量（$D_{G_{ijt}}$）数据是基于 FAO 和 UN Comtrade 数据库预测得到的。下面是其他主要参数的计算方法。

（1）耕地面积

各国规划期内的耕地面积 A_{jt}^a 是根据联合国粮食及农业组织 AQUASTAT 中 1990—2019 年的各国耕地面积数据，综合常规 GM(1,1)模型、时间序列和线性回归，建立变权重组合预测模型进行预测的。表 8.6 为各规划期内各国耕地面积预测的结果。

表 8.6 各贸易国耕地面积的预测（$\times 10^4$ hm^2）

国家	1990—1994 年	1995—1999 年	2000—2004 年	2005—2009 年	2010—2014 年	2015—2019 年	规划期 1 2020—2024 年	规划期 2 2025—2029 年	规划期 3 2030—2034 年
	1992 年	1997 年	2002 年	2007 年	2012 年	2017 年	2022 年	2027 年	2032 年
哈国	3520.1	3269.2	2846.9	2875.6	2946	2952.7	2816.2	2789.7	2762.8
乌国	485.4	483.7	482.7	464.2	445.7	441.8	432.2	421.0	411.4
土国	155	180	210	210	200	200	209.6	211.1	211.9
吉国	138.8	142.6	141.1	135.34	135.14	136.4	132.8	130.8	128.7
塔国	98.5	91.7	88.1	87.3	87.4	86.77	85.0	84.1	83.2
中国	13158	13137	12655	12257	12253	13570	13424.7	13314.5	13253.5

（2）农业水资源可利用量

在本节中，我们假设各国的高效节水灌溉技术不断推进，农业水利用效率在未来 15 年内都将得到提升，那么农业用水的比重会得到下降。因此，基于各国 1992 年、1997 年、2002 年、2007 年、2012 年、2017 年各年的农业用水占社会经济总用水的比例，设定了不同规划期 η_{jt}^W 的取值，得到不同规划期内各国农业水资源可利用量，如表 8.7 所示。

表 8.7 不同规划期内各国农业水资源可利用量（$\times 10^8$ m^3）

国家	规划期 1	规划期 2	规划期 3
哈国	758.87	737.19	704.67
乌国	439.83	431.52	415.40
土国	227.84	220.41	210.50
吉国	214.22	207.84	200.75
塔国	194.56	192.81	181.85
中国	17041.32	16473.28	15621.21

(3)灌溉需水量的计算

作物的总灌溉需水量(m^3)等于作物种植面积(hm^2)与单位面积灌溉需水量 w_{ijt}(m^3/hm^2)的乘积。在计算过程中,我们用净灌溉需水量代表单位面积灌溉需水量,计算方法参考 Khaydar 等(2021)的做法,公式如下:

$$w_{ijt}=10\times N_{IW}=C_{WR}-P_e \tag{8.21}$$

式中,N_{IW}为作物的净灌溉用水量(mm),C_{WR}为作物需水量(mm);P_e 为有效降雨量(mm);10 为单位换算。

作物需水量 C_{WR}是由累计生长期内作物蒸发蒸腾水量 E_{T_c}(mm/d)而得,E_{T_c} 由参考作物蒸发蒸腾量 E_{T_0}(mm/d)与作物系数 K_C 相乘得到:

$$C_{WR}=\sum E_{T_C}=K_C\times E_{T_0} \tag{8.22}$$

式中,K_C为作物系数,是非气象因素;E_{T_0} 为参考作物的蒸发蒸腾量,是由联合国粮食及农业组织(FAO)为便于进行农作物需水量统计而提出的,为一项独立于作物种类、种植技术等因素的基准系数,其数值仅受到气候因素的影响。

K_C的取值参考 FAO-56 推荐的作物的标准作物系数,将作物全生育期的作物系数变化过程概化为 4 个阶段,并分别采用 3 个作物系数值 $K_{C\,ini}$、$K_{C\,mid}$、$K_{C\,end}$予以表示,结合 Khaydar 等(2021)及田静等(2021)的研究,本节作物系数具体取值如表 8.8 所示。

表 8.8　作物系数(K_C)值

作物	$K_{C\,ini}$	$K_{C\,mid}$	$K_{C\,end}$
玉米	0.3	1.20	0.35
小麦	0.7	1.15	0.25
水稻	1.05	1.20	0.70
马铃薯	0.5	1.15	0.75
棉花	0.35	1.20	0.60

E_{T_0} 的具体计算基于联合国粮食与农业组织(FAO)采用的彭曼公式(Penman-Monteith Equation):

$$E_{T_0}=\frac{0.408\Delta(R_n-G)+\gamma 900/(T+273)U_2(e_a-e_d)}{\Delta+\gamma(1+0.34U_2)} \tag{8.23}$$

式中,R_n 为作物表面的净辐射量(MJ/($m^2\cdot d$));G 为土壤热流量(MJ/($m^2\cdot d$));T 为平均气温(℃);U_2 为离地面 2 m 高处风速(m/s);e_a 为饱和状态下的蒸汽压力(kPa);e_d 为实际蒸汽压力(kPa);(e_a-e_d)为蒸汽压力差异(kPa);Δ 为蒸汽压力曲线斜率(kPa/℃);γ 为干湿度常量(kPa/℃)。具体计算方法参考 FAO(1998)及 Veeranna 等(2017)。

有效降雨 P_e 的计算采用美国农业部土壤保持局推荐的方法,计算公式(Veeranna et al., 2017)如下:

$$P_e=\begin{cases}\dfrac{P\times(125-0.2\times 3\times P)}{125}, & \text{如果 } P\leqslant\dfrac{250}{3}\text{mm}\\[2ex] \dfrac{125}{3}+0.1\times P, & \text{如果 } P\geqslant\dfrac{250}{3}\text{mm}\end{cases} \tag{8.24}$$

式中,P 为月降雨量(mm)。

8.3 中亚及中国间多边农业贸易优化方案

8.3.1 不同规划期下贸易方案对比

3个规划期内各国5种作物的年均最优种植面积与占耕地面积的比例分别如图8.7和表8.9所示。中国3种谷物的种植面积占较大比例，而中亚各国种植较多的作物是小麦和棉花，且各国种植总面积呈现出上升的态势，这可能是因为随着年份的推移，各国人口增加导致的作物需求量不断变大的原因。具体而言，中国的年均种植总面积在规划期1为11280.90万hm^2，占耕地面积的84.03%，规划期2与规划期3种植面积占比分别上升了10.1个百分点与2.5个百分点，各规划期内玉米、小麦和水稻的种植面积之和均占种植总面积的85%以上。哈国在各规划期内年均种植总面积分别为1432.59万hm^2、1733.13万hm^2和1760.26万hm^2，其中小麦的种植面积最大，各规划期均占种植总面积的9成以上，分别为1384.82万hm^2、1623.98万hm^2和1624.43万hm^2。乌国的年均种植总面积在规划期1为268.53万hm^2，占耕地面积的62.13%，规划期2与规划期3种植面积占比分别上升了8.7个百分点与18个百分点，这是由乌国大幅下降的耕地面积造成的。小麦和棉花的种植面积在3个规划期分别占种植总面积的92.37%、92.21%、88.55%。此外，乌国的棉花种植面积在中亚五国中是最大的，这与该地区干燥的气候、充足的光热、较大的日温差和便利的灌溉水源等自然条件有关，且乌国棉花种植历史悠久，市场广阔，经济效益较好。土国年均种植总面积占耕地面积的比重较大，各规划期占比分别为76.64%、86.03%、89.66%，其中5成以上种植的是小麦，约3成种植的是棉花。吉国和塔国5种作物的年均种植面积虽呈现出上升的态势，但两国境内多山，耕地面积少，因此农作物种植面积相对较少。在各规划期内，吉国的小麦年均种植面积约占种植总面积的4成，玉米、马铃薯和棉花各自的种植比例在2成以下波动，而水稻的种植比例则不

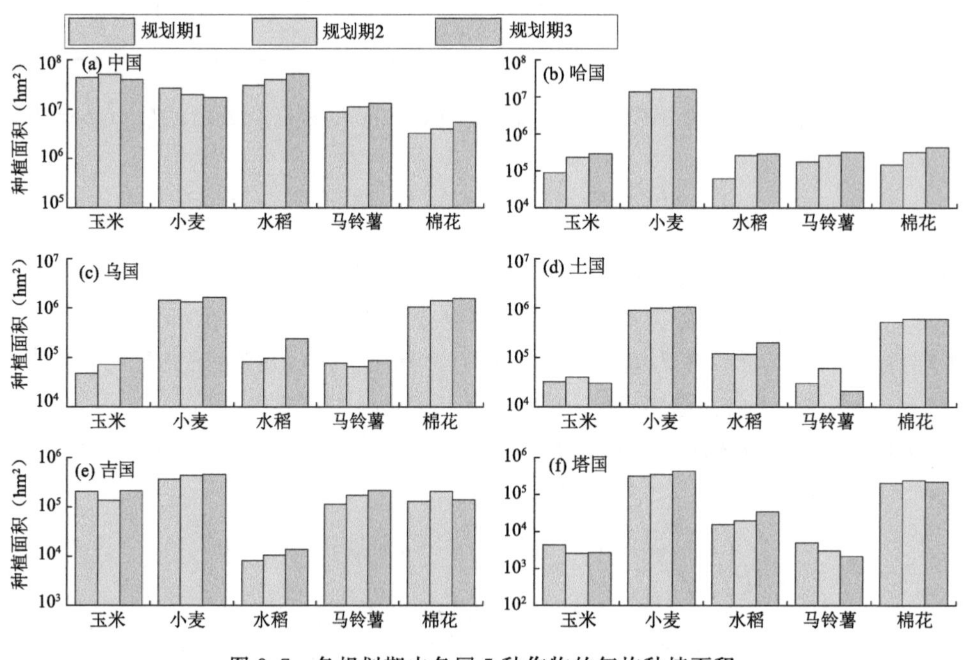

图8.7 各规划期内各国5种作物的年均种植面积

足 1 成。塔国在各规划期内年均种植总面积分别为 54.78 万 hm^2、61.23 万 hm^2、69.14 万 hm^2，其中 5 成以上种植的是小麦，3 成以上种植的是棉花，而其余 3 种作物的种植不足 1 成。

表 8.9　规划期内各国年均作物种植总面积

国家	种植面积（$\times10^4$ hm^2）			种植面积/耕地面积		
	规划期 1	规划期 2	规划期 3	规划期 1	规划期 2	规划期 3
哈国	1432.59	1733.13	1760.26	50.87%	62.13%	63.71%
乌国	268.53	298.22	366.45	62.13%	70.84%	89.07%
土国	160.63	181.60	190.00	76.64%	86.03%	89.66%
吉国	81.84	96.13	103.40	61.63%	73.49%	80.34%
塔国	54.78	61.23	69.14	64.45%	72.81%	83.10%
中国	11280.90	12530.59	12804.38	84.03%	94.11%	96.61%

由图 8.8 和表 8.10 可知，在各个规划期内，中国、吉国、塔国在各规划期内 5 种作物的年均灌溉需水量占农业水资源可利用量的占比较低，均未超过 40%；从占水源可利用量的角度来看，这 3 个国家各规划期的年均灌溉需水量大多在 10%～20%。中国灌溉需水量最多的作物是水稻，规划期 1 占农业水资源可利用量的比重为 9.51，规划期 2 和规划期 3 分别上涨了 3.26 个百分点和 4.85 个百分点，这是因为水稻需水量较多，且各规划期内水稻面积较多的缘故。吉国与塔国虽然地处中亚上游，水资源丰富，但由于这两国耕地面积较少，因此作物种植面积较少，导致作物总灌溉需水量较少，对于这两个国家来说，小麦和棉花的灌溉需水量最大，吉国在规划期 1 的小麦年均需水量为 12.4 亿 m^3，规划期 2 和规划期 3 分别上涨了 22.53%和 6.23%，棉花 3 个规划期的年均需水量分别为 9.24 亿 m^3、14.32 亿 m^3、9.58 亿 m^3；塔国在规划期 1 的小麦年均需水量为 10.85 亿 m^3，规划期 2 和规划期 3 分别上涨了 7.98%和 22.42%，棉花 3 个规划期的年均需水量分别为 12.92 亿 m^3、15.42 亿 m^3、14.22 亿 m^3。

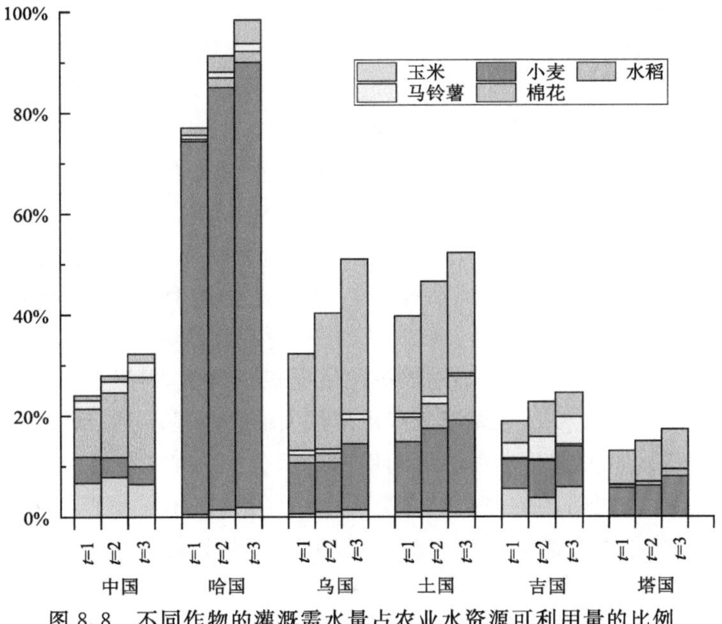

图 8.8　不同作物的灌溉需水量占农业水资源可利用量的比例

表 8.10　不同规划期内各国 5 种作物的年均灌溉需水量

国家	规划期	灌溉需水量(×10⁸ m³)						灌溉需水量/农业水资源可利用量	灌溉需水量/可更新水资源量
		玉米	小麦	水稻	马铃薯	棉花	合计		
哈国	规划期 1	4.05	559.97	3.35	5.76	10.97	584.10	76.97%	53.88%
	规划期 2	10.50	616.28	14.11	8.33	23.83	673.05	91.30%	62.08%
	规划期 3	13.30	620.71	15.54	10.80	33.21	693.56	98.42%	63.98%
乌国	规划期 1	2.62	44.38	6.67	4.00	84.40	142.08	32.30%	29.07%
	规划期 2	4.24	42.16	7.89	3.52	116.04	173.85	40.29%	35.57%
	规划期 3	5.61	54.32	19.79	4.63	127.38	211.74	50.97%	43.33%
土国	规划期 1	1.96	31.67	11.18	1.56	44.09	90.46	39.70%	36.53%
	规划期 2	2.40	35.97	10.76	3.17	50.26	102.56	46.53%	41.41%
	规划期 3	1.80	38.26	18.63	1.11	50.11	109.90	52.21%	44.38%
吉国	规划期 1	11.79	12.40	0.51	6.44	9.24	40.38	18.85%	17.10%
	规划期 2	7.73	15.19	0.65	9.28	14.32	47.17	22.69%	19.97%
	规划期 3	11.73	16.14	0.85	10.90	9.58	49.18	24.50%	20.83%
塔国	规划期 1	0.18	10.85	1.13	0.19	12.92	25.28	12.99%	11.54%
	规划期 2	0.11	11.72	1.43	0.12	15.42	28.80	14.94%	13.15%
	规划期 3	0.11	14.35	2.54	0.09	14.22	31.30	17.21%	14.29%
中国	规划期 1	1148.54	875.81	1621.35	282.29	162.06	4090.06	24.00%	14.40%
	规划期 2	1300.92	647.72	2104.47	366.98	197.87	4617.96	28.03%	16.26%
	规划期 3	1011.38	554.29	2752.74	459.13	271.03	5048.57	32.32%	17.78%

乌国和土国在第三个规划期内的年均灌溉总用水量占农业水资源可利用量的比例均达到了 50%，灌溉需水量分别为 211.74 亿 m^3 和 109.90 亿 m^3，各规划期棉花的灌溉需水量最多。乌国的棉花年均灌溉需水量在规划期 1 为 84.4 亿 m^3，规划期 2 和规划期 3 分别上涨了 37.48%和 9.78%，小麦的年均灌溉需水量在各规划期分别为 44.38 亿 m^3、42.16 亿 m^3、54.32 亿 m^3；土国的棉花年均灌溉需水量在规划期 1 为 44.09 亿 m^3，规划期 2 和规划期 3 的涨幅分别为 13.98%和－0.29%，小麦的年均灌溉需水量在各规划期分别为 31.67 亿 m^3、35.97 亿 m^3、38.26 亿 m^3。结合该两国的种植面积不难看出，该两国的小麦种植面积比棉花种植面积多，但棉花的灌溉需水量远大于小麦。这是因为中亚地区冬小麦的生长周期在 9 月至次年 4 月，乌国和土国在这期间的降水量较多，因此对于该两国来说，小麦的单位面积需水量较少；而棉花的生长周期在 4—9 月，乌国和土国在此期间的降水量少，且棉花自身需水量较多，此外，系统收益最大的情况下，该两国棉花种植面积也较大，导致该两国，尤其是乌国的棉花灌溉需水量在中亚地区最多。哈国灌溉需水量最大的作物是小麦，系统收益最大的情况下，各规划期小麦灌溉需水量占农业水资源可利用的比例分别为 73.79%、83.60%、88.09%。哈国小麦种植面积较大，加之哈国的降水量主要集中在夏季，在小麦生育期内降水量较少，净灌溉需水量，也就是单位面积灌溉需水量较高，导致哈国的小麦灌溉需水量也多。

3 个规划期内各国与其他国家年均贸易量优化结果如图 8.9 所示。由图可知，中国从中亚进口的作物主要有小麦和棉花，向中亚主要出口玉米、马铃薯和水稻。且相比优化之前，多边贸易往来频繁，尤其是土国、塔国等在优化前与其他国进行贸易较少的国家。具体而言，中国从哈国进口的小麦不断增加，未经优化时年均进口量为 24.21 万 t，优化后，规划期 1 年均进口 78.20 万 t，规划期 2 和规划期 3 分别增长了 31.84%和 27.32%。这可能是因为各规划期内，中国小麦生产者价格最高，而哈国的价格最低，作物从生产者价格低的国家流向生产者价格高的国家，会对系统收益有益，且小麦进口单价小，两国之间运输距离短，进口成本较低。水稻和棉花的出口单价较高，能为出口国带来更多的收益。未经优化时中亚从中国年均进口水稻约 2 万 t，优化后，从中国进口水稻的主要国家为土国，且进口量不断增加，规划期 1 年均进口量约为 5 万 t，规划期 2 和规划期 3 分别增长了 82.38%和 55.44%。中国棉花的进口量呈现增长的态势，未经优化时从中亚年均进口棉花约 22 万 t，优化后各规划期棉花年均进口量分别为 19.32 万 t、21.42 万 t、29.43 万 t，其中来源于乌国的棉花在各规划期分别占 75.54%、75.18%、66.21%；来源于土国的棉花分别占 10.92%、15.04%、32.84%；其余少量棉花来自吉国和塔国。哈国规划期 1 从中国年均进口玉米 15.16 万 t，规划期 2 和规划期 3 年均进口量分别增长了−5.67%和 154.76%。各规划期内，中国从中亚年均进口马铃薯分别为 51.63 万 t、61.512 万 t、61.82 万 t，其中主要来自吉国，而乌国和塔国在各规划期从中国年均进口马铃薯分别为 60.61 万 t、75.47 万 t、79.93 万 t，因此，中国的马铃薯向中亚呈现净出口态势。

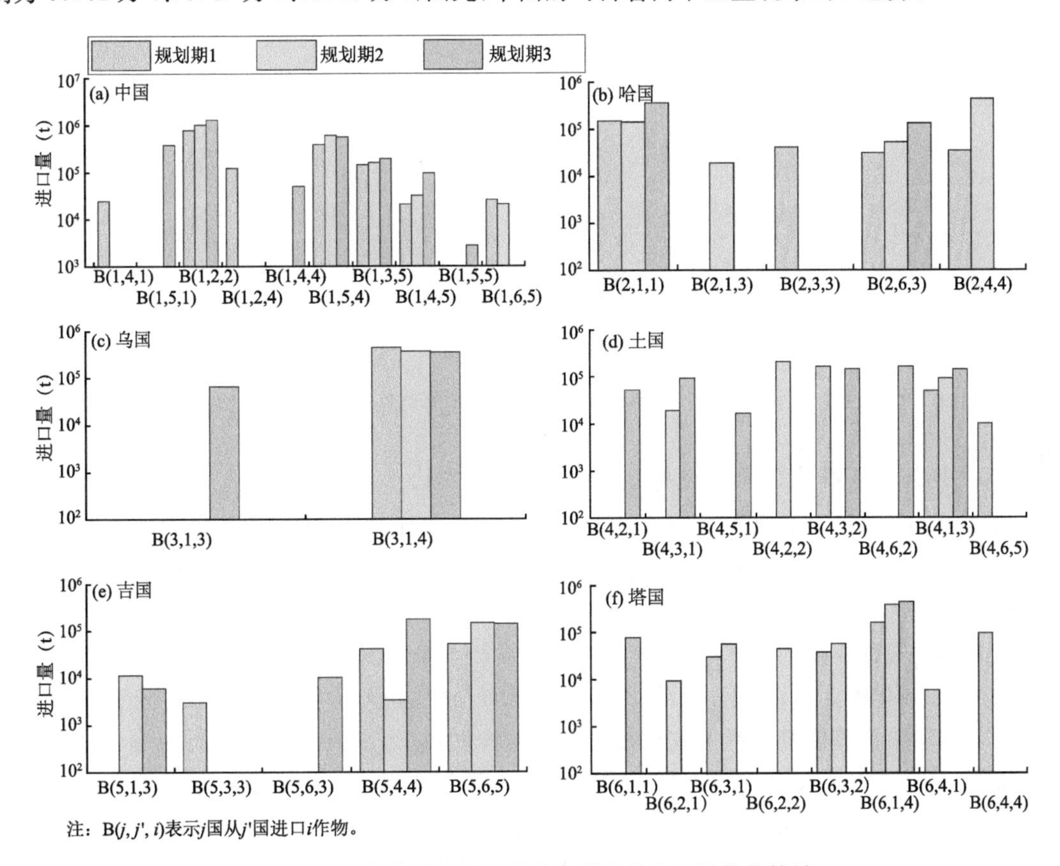

注：B(*j*, *j*', *i*)表示*j*国从*j*'国进口*i*作物。

图 8.9　规划期内各国 5 种作物的年均进口量优化结果

经过优化后各国在不同规划期的年均贸易额如图 8.10 所示。3 个规划期的系统年均贸易额(六国出口额或进口额之和)不断增长，规划期 1 的年均贸易额为 14.99 亿美元，规划期 2

和规划期 3 的贸易额增长率分别为 39.82%和 30.41%，说明系统的贸易规模在不断扩大。系统收益最大的情况下，中国在各规划期的贸易均呈现逆差。中国在规划期 1 的年均进出口总额为 11.8 亿美元，其中进口额为 6.75 亿美元，出口额为 5.05 亿美元，贸易逆差为 1.7 亿美元；规划期 2 和规划期 3 年均进出口总额分别为 15.62 亿美元和 21.56 亿美元，分别增长了 32%和 38%，其中进口额分别增长了 39%和 42%，出口额分别增长了 23.19%和 31.46%，贸易逆差分别为 3.18 亿美元和 5.20 亿美元。中亚各国中乌国的进出口贸易总额最多，各规划期的进出口贸易额分别为 7.10 亿美元、6.24 亿美元、7.75 亿美元。中亚各国除了吉国，其余国家的贸易在各规划期均呈现顺差。其中，哈国的顺差最大，规划期 1 的年均贸易顺差为 0.8 亿美元，规划期 2 扩大了 1 倍多，规划期 3 扩大了 8%。吉国在规划期 1 和规划期 2 的贸易均呈现逆差，分别为 84.55 万美元和 0.35 亿美元，规划期 3 进口额小于出口额，贸易顺差为 0.18 亿美元。

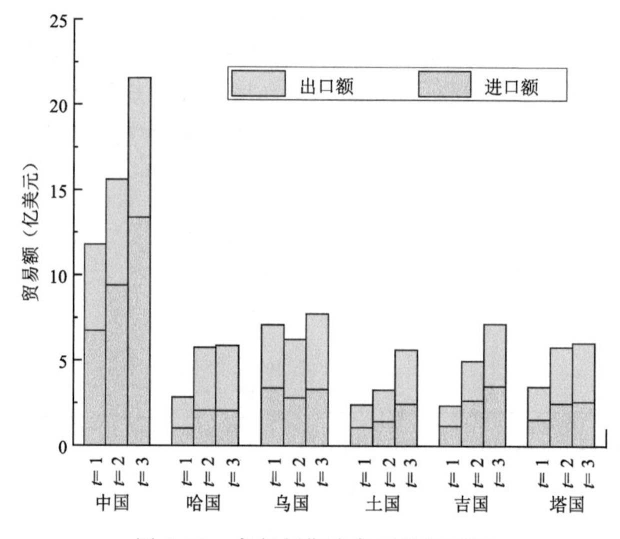

图 8.10　各规划期内各国的贸易额

8.3.2　不同方案系统收益及其与水土资源匹配状况对比

如表 8.11 所示，系统收益在规划期 1 为 12.79 亿美元，规划期 2 和规划期 3 的收益分别增长了 27.36%和 21.92%，系统总收益共达 48.93 亿美元。其中中国在各规划期收益最大，中亚各国收益从大到小的国家依次为哈国＞乌国＞土国＞吉国＞塔国。系统收益最大时，各个国家的单位资源收益如图 8.11 所示。中国单位资源收益最低，单位种植面积收益在各规划期分别为 1.76 亿美元、1.88 亿美元、2.22 亿美元，与收益最高的国家的比值分别为 2.041、2.037、2.034，属于单位耕地资源收益相对公平的程度；每万立方米的灌溉需水量收益分别为 4.86 亿美元、5.09 亿美元、5.64 亿美元，与收益最高的国家的比值分别为 1.399、1.933、2.036，说明规划期 1 和规划期 2 属于单位水资源收益较公平的程度，而规划期 3 属于单位水资源收益相对公平的程度。中亚各国的单位耕地资源收益差距很小，在规划期 1，除了哈国的单位收益为 2.55 亿美元，其余四国都在 3.6 亿美元左右；规划期 2 中亚各个国家的收益均在 3.8 亿美元左右，规划期 3 在 4.5 亿美元左右。在规划期 2 和规划期 3，哈国的单位水资源收益最高，分别比中亚其他 4 个国家的均值高 2.56 亿美元/万 m^3 和 2.72 亿美元/万 m^3。总体来看，在各规划期耕地资源与水资源的收益均等化系数均小于2.1，且任意两个中亚国家的资源收益均等化系数均小于1.5，且大多接近于1。因此，整体来看，该贸易优化系统处于相对公平的程度；任意两个中亚国家的单位资源收益差距较小，处于较公平的程度，且偏向于很公平的程度。

表8.11　各国收益情况（单位：亿美元）

国家	规划期1	规划期2	规划期3
哈国	1.83	3.31	3.98
乌国	0.48	0.57	0.83
土国	0.29	0.35	0.43
吉国	0.15	0.18	0.23
塔国	0.10	0.12	0.16
中国	9.94	11.76	14.23
合计	12.79	16.29	19.86

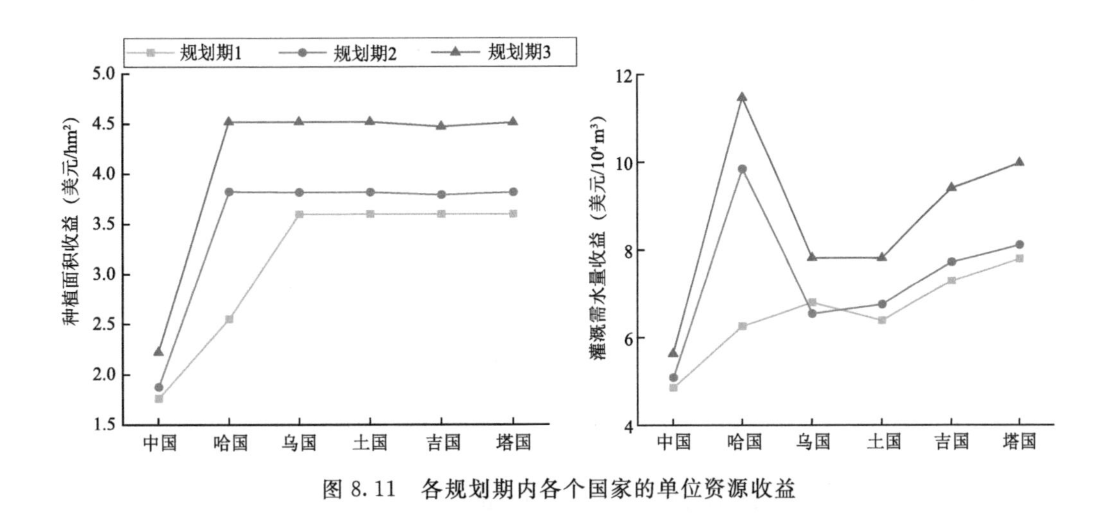

图8.11　各规划期内各个国家的单位资源收益

图8.12构建了各贸易国在不同规划期内收益与水土资源匹配的洛伦兹曲线。构建方法参照2.2.1节中亚地区耕地资源与水资源的匹配情况，并分别将收益与耕地资源、收益与水资源匹配的区域基尼系数划分为5个等级：收益与资源匹配很好，资源收益差距很小（$0<G\leqslant 0.2$）；收益与资源匹配较好，资源收益差距较小（$0.2<G\leqslant 0.3$）；收益与资源匹配相对合理，资源收益相对合理（$0.3<G\leqslant 0.4$）；收益与资源匹配较差，资源收益差距较大（$0.4<G\leqslant 0.5$）；收益与资源匹配很差，资源收益差距很大（$G>0.5$）。由图可知，各规划期内，系统收益与种植面积、灌溉需水量匹配的区域基尼系数均小于0.2，说明在该农业贸易优化模型下，该系统的资源收益与水、土资源匹配很好。

8.3.3　贸易优化模式下虚拟水一土资源流动特征

系统收益最大且保证各国土地资源收益均等的情况下，各规划期内各个国家的年均虚拟水贸易如表8.12所示，由表可知，中国和土国在各个规划期内的虚拟水都呈现净进口的态势，且其净进口量不断增加；而哈国、乌国、吉国和塔国在各个规划期内的虚拟水均呈现净出口的态势，其中哈国的净出口量最多。中国的进口量和出口量都有所增加，规划期1内，年均约有

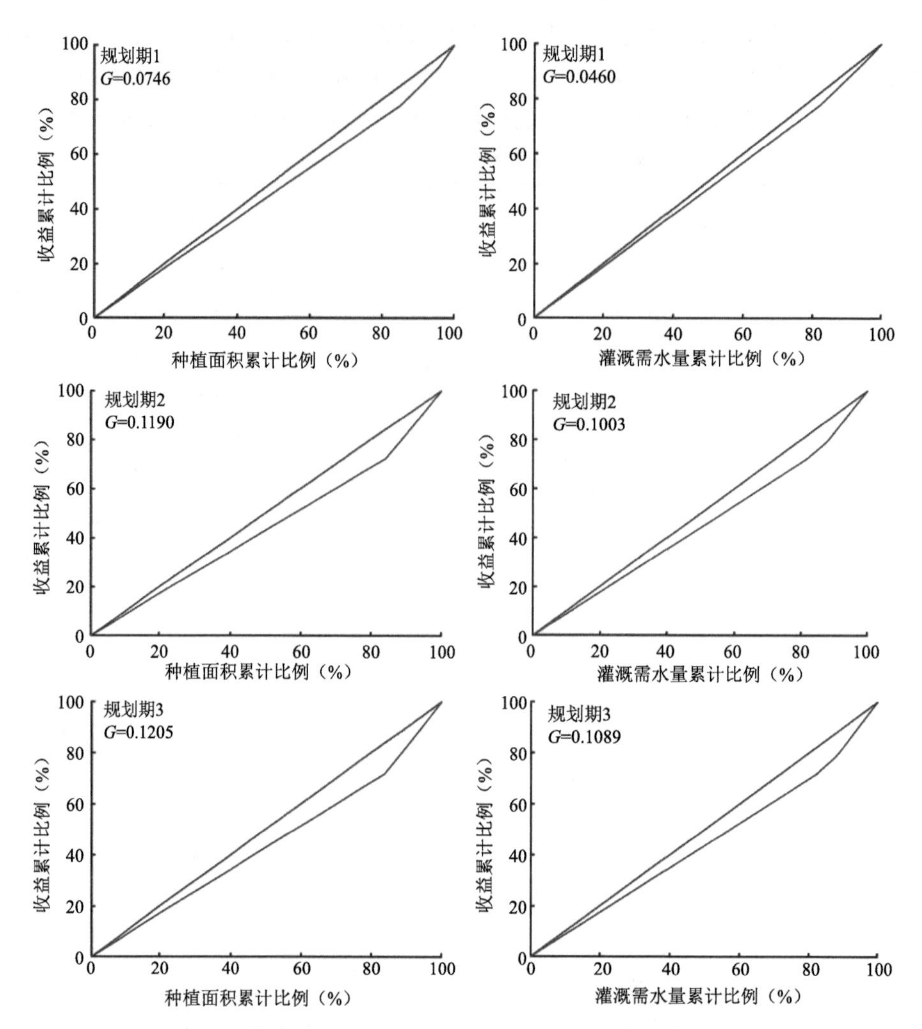

图 8.12　各规划期内收益与水土资源匹配的洛伦兹曲线与基尼系数

11.29 亿 m^3 的虚拟水呈现净输入，规划期 2 和规划期 3 分别上涨了 0.64%和 18.6%；哈国在规划期 1 每年约有 27.31 亿 m^3 输出，规划期 2 输出量上涨了 45%，规划期 3 有所下降，降幅约为 16%。

表 8.12　规划期内各国年均虚拟水贸易量(×10^8 m^3)

国家	$t=1$			$t=2$			$t=3$		
	进口量	出口量	净进口量	进口量	出口量	净进口量	进口量	出口量	净进口量
哈国	3.88	27.31	−23.44	3.69	39.61	−35.92	6.09	33.35	−27.26
乌国	0.69	7.44	−6.74	0.48	5.87	−5.38	1.17	6.74	−5.57
土国	8.25	2.24	6.01	10.19	2.81	7.38	15.83	5.72	10.11
吉国	0.99	1.68	−0.69	2.07	2.46	−0.39	2.47	6.44	−3.97
塔国	1.24	2.74	−1.50	2.31	4.49	−2.18	1.17	5.61	−4.44
中国	14.09	2.79	11.29	14.98	3.61	11.37	19.32	5.84	13.48

从作物来看，如图8.13所示，中国在各规划期内的虚拟水净进口量较多的作物是小麦和棉花，而玉米、水稻和马铃薯的虚拟水则呈现净出口态势；哈国各规划期内的虚拟水出口量主要集中在小麦，而乌国的虚拟水出口量主要集中在棉花；土国在各规划期内的虚拟水呈净进口量的作物主要是小麦和水稻，出口量主要集中在棉花；吉国在各规划期内的虚拟水出口量主要集中在马铃薯，而塔国主要是棉花。具体而言，在规划期1小麦的进口为中国年均输入5.49亿m^3的虚拟水，棉花的进口为中国年均输入7.21亿m^3的虚拟水，规划期2中国小麦和棉花的进口带来虚拟水的输入量增长率分别为20.7%和－3.71%，规划期3分别为17.4%和19.87%，3个规划期内中国玉米、水稻和马铃薯的出口导致年均虚拟水输出量分别为2.79亿m^3、3.61亿m^3和5.83亿m^3。哈国在规划期2年均虚拟水出口量最多，其中小麦的出口导致约有3.95亿m^3的虚拟水流出，规划期3的小麦年均虚拟水出口量下降了16.82%。乌国在各规划期内棉花的虚拟水出口量分别为5.56亿m^3、5.33亿m^3、5.63亿m^3。土国在各规划期内小麦和水稻的虚拟水进口量分别占各规划期虚拟水进口总量的91%、98%、89%。塔国的棉花虚拟水出口量在规划期2最多，年均出口量约为3亿m^3。

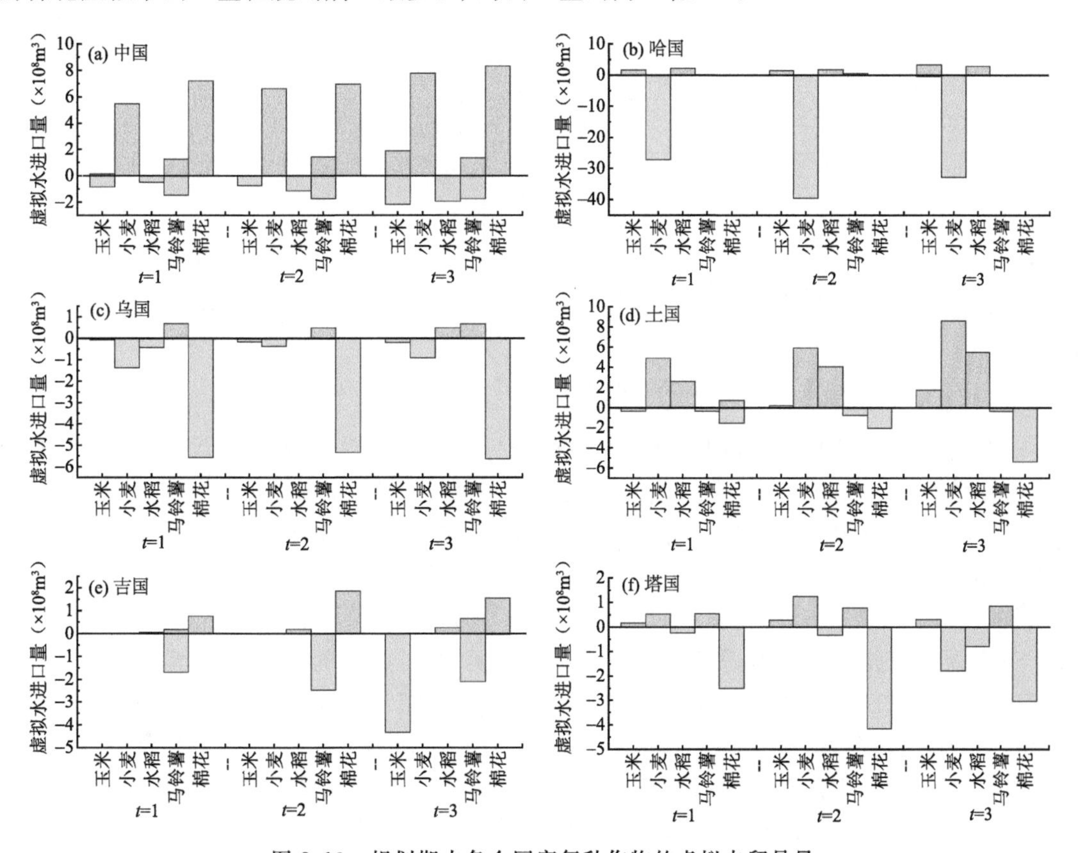

图8.13　规划期内各个国家每种作物的虚拟水贸易量

从国别来看，见图8.14，各贸易国家均有虚拟水流动，其中在各规划期内虚拟水的进口主要来源于哈国和乌国。具体而言，规划期1来自哈国的虚拟水年均进口量为5.79亿m^3，规划期2和规划期3分别上涨了14%和17%。3个规划期来自乌国的虚拟水年均进口量分别为5.45亿m^3、5.22亿m^3、5.51亿m^3。土国的虚拟水进口量主要来自中国、哈国、乌国和塔国，具体而言，各规划期来自中国的虚拟水年均进口量分别为 2.61 亿 m^3、4 亿 m^3、5.51 亿 m^3；来自哈国的虚拟水在规划期 2 年均进口量为 5.92 亿 m^3；来自塔国的虚拟水在规划期 3 为 4.58 亿 m^3。吉国的虚拟水主要流向中国，而进口量主要来源于塔国。

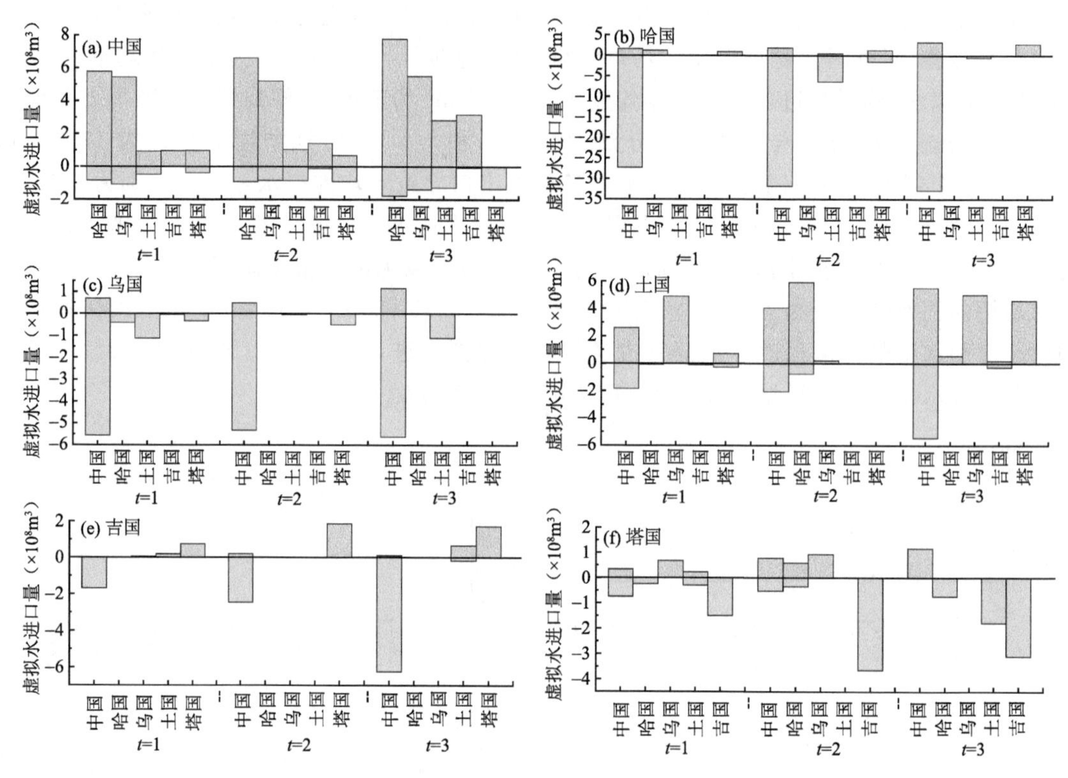

图 8.14　规划期内各个国家与其他国家的虚拟水贸易量

当系统收益最大且保证各国土地资源收益均等的情况下，3 个规划期内各国虚拟耕地贸易量以及净进口量分别如表 8.13 所示。从表可以看出，中国和土国在各规划期内的虚拟耕地均呈净进口态势，且其净进口量不断增加；均呈净出口态势的国家有哈国、乌国和塔国。具体而言，中国规划期 1 的虚拟耕地年均净进口量约为 21 万 hm^2，规划期 2 和规划期 3 分别增长了 5.28%和 21.95%。从作物看，如图 8.15 所示，小麦与棉花的虚拟耕地净进口量较大，而其余 3 种作物的虚拟耕地则呈现净出口态势。小麦和规划期 1 的虚拟耕地年均净进口量为 13.8 万 hm^2，规划期 2 和规划期 3 分别增长了 20.73%和 17.42%；棉花在各规划期内的虚拟耕地年均净进口量分别为 10.6 万 hm^2、10 万 hm^2、12 万 hm^2；玉米、水稻和马铃薯的虚拟耕地虽呈现净出口态势，但数量较少，各种作物的年均虚拟耕地净出口量不到 3 万 hm^2。土国在规划期 1 的虚拟耕地年均净进口量为 11.7 万 hm^2，规划期 2 和规划期 3 分别增长了 50.80%和 88.29%。各规划期内小麦和水稻的虚拟耕地呈现净进口态势，而马铃薯和棉花的虚拟耕地则呈现进出口态势。其中小麦的虚拟耕地净进口量最多，规划期 1 年均净进口量为 11.5 万 hm^2，规划期 2 和规划期 3 分别增长了 20.65%和 45.02%；水稻在规划期 1 的虚拟耕地年均净进口量约为 4 万 hm^2，规划期 2 和规划期 3 分别增长了 55.75%和 35.64%。乌国各规划期内虚拟耕地年均净出口量分别约为 10 万 hm^2、7 万 hm^2、8 万 hm^2。各规划期虚拟耕地呈现净进口的作物是马铃薯，而其余 4 种作物则呈现净出口态势。其中棉花的年均虚拟耕地出口量最

表 8.13 规划期内各国年均虚拟耕地贸易量($\times 10^3$ hm^2)

国家	进口量			出口量			净进口量		
	$t=1$	$t=2$	$t=3$	$t=1$	$t=2$	$t=3$	$t=1$	$t=2$	$t=3$
哈国	62.59	69.90	96.34	427.73	615.04	517.82	−365.14	−545.14	−421.49
乌国	12.07	8.46	19.75	114.16	79.19	99.66	−102.09	−70.73	−79.90
土国	165.46	217.81	402.69	48.15	40.90	69.57	117.31	176.91	333.11
吉国	15.40	33.06	37.77	22.31	32.61	84.84	−6.91	0.45	−47.07
塔国	23.63	44.65	20.64	60.87	100.07	118.99	−37.24	−55.41	−98.34
中国	275.08	299.08	399.93	65.16	78.08	130.43	209.93	221.00	269.50

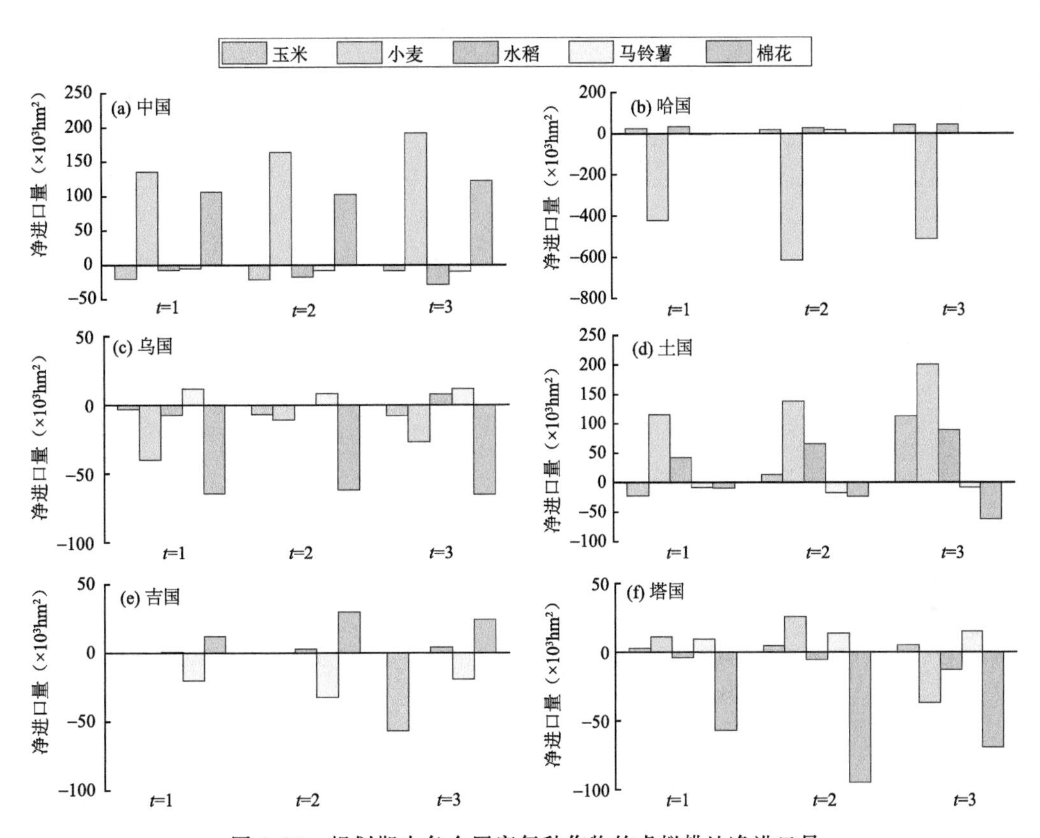

图 8.15 规划期内各个国家每种作物的虚拟耕地净进口量

多，各规划期约为 6 万 hm^2。哈国在各规划期内虚拟耕地年均净出口量分别约为 36 万 hm^2、54 万 hm^2、42 万 hm^2。在各规划期内的虚拟耕地呈净出口的作物主要是小麦，净出口量分别约为 42 万 hm^2、61 万 hm^2、51 万 hm^2。塔国在规划期 1 的虚拟耕地年均净出口量为 3.7 万 hm^2，规划期 2 和规划期 3 分别增长了 48.78%和 77.47%。各规划期内玉米和马铃薯的虚拟耕地呈现净进口态势，而水稻和棉花则呈现净出口。其中棉花的虚拟耕地年均净出口量最大，各规划期分别为 5.7 万 hm^2、9 万 hm^2、7 万 hm^2。在规划期 1 和规划期 2，吉国的虚拟耕地年均进口量和出口量几乎持平，前者的净进口量为−6910 hm^2，后者为 450 hm^2。而规划期 3 则呈净出口，进口量为 3.8 万 hm^2，出口量约为 8 万 hm^2。

从国别看，如图 8.16，中国从中亚进口虚拟耕地主要来源于哈国和乌国。具体而言，规划期 1 来自哈国的虚拟耕地年均净进口量为 11.8 万 hm^2，规划期 2 和规划期 3 分别上涨了 17.92%和 1.22%。3 个规划期来自乌国的虚拟耕地年均净进口量分别为 5.5 万 hm^2、5.7 万 hm^2、5.5 万 hm^2。在规划期 2 和规划期 3，哈国向塔国的虚拟耕地净出口量分别为 1 万 hm^2 和 3 万 hm^2。土国虚拟耕地的年均净进口量主要来自中国、哈国和乌国。具体而言，各规划期来自中国的虚拟耕地年均净进口量分别为 6220 hm^2、4200 hm^2、2550 hm^2；虚拟耕地年均净进口量最多的是在规划期 3，来自乌国，为 17 万 hm^2。吉国的虚拟耕地净出口量主要流向中国，而净进口量主要来源于塔国。

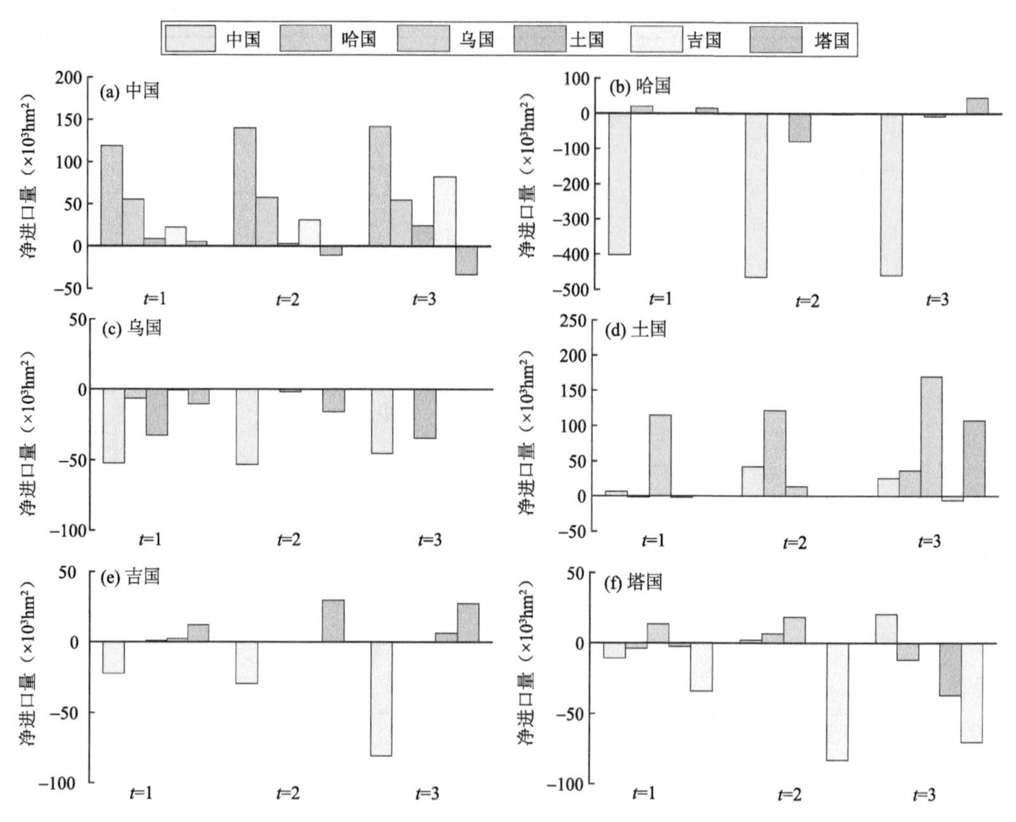

图 8.16　规划期内各个国家与其他国家的虚拟耕地净进口量

8.4　小结

在中亚五国与中国之间研制多边农业贸易优化利用模式，不仅可以实现各贸易国整体经济效益最大化，也可保障各国水土资源收益均等化，从而为进一步加强多边农业贸易合作、促进贸易公平、提升贸易意愿提供有效保障。本章通过构建优化利用模型，分析了中亚五国及中国之间农产品贸易现状，提出了多边农业贸易优化利用模式，阐明了各国在优化模式下虚拟耕地与虚拟水资源流动特征。主要结论如下。

(1)分析了中亚五国与中国之间农产品贸易现状。在中亚各国之间的贸易中，哈萨克斯坦是主要的农产品输出国，近年来哈萨克斯坦玉米和马铃薯几乎全部出口至乌兹别克斯坦，其中玉米出口至乌兹别克斯坦的占比为 87%(2.7 万 t/a),马铃薯出口至乌兹别克斯坦的占比高达 97%。中国主要从哈萨克斯坦进口小麦,从中亚各国进口棉花,其中主要来自乌兹别克斯坦。

(2)评估了多边农业贸易优化利用模式下各贸易国的整体经济效益和资源收益均等化特征。在 2020—2024 年间,中国与中亚进行玉米、小麦、水稻、马铃薯和棉花的多边贸易总收益为 12.79 亿美元,2025—2029 年和 2030—2034 年的收益增长率分别为 27.36%和 21.92%。从整体来看,各个国家的单位资源收益均处于相对公平的程度;任意两个中亚国家的单位资源收益差距较小,处于较公平的程度,且偏向于很公平的程度。利用基尼系数法对该系统的资源收益进行验证,发现基尼系数均小于 0.2,说明优化贸易模式导致的资源收益差距很小,因而具有较好的水土资源收益公平性。

(3)阐明了各贸易国之间在历史时期(2005—2019 年)和规划期内(2020—2034 年)由于多边农业贸易带来的虚拟耕地和虚拟水的资源流动特征。较 2005—2019 年相比,规划期内中国的虚拟耕地和虚拟水的净进口量都有较大提升,说明多边农业贸易优化利用模式有助于缓解耕地资源和水资源压力。

第9章　中亚农业可持续发展问题与对策建议

中亚农业可持续发展是实现中亚地区联合国2030年可持续发展目标的重要基础，然而中亚地区水资源、农业耕地资源、作物种植模式和能源资源空间分布差异与匹配特点，决定了中亚农业可持续发展必须考虑水资源、能源和粮食（WEF）安全，良好的水－能源－粮食安全水平及合理的WEF纽带关系是实现区域可持续发展目标的关键。本章在综合前述各章基础上，综合考虑区域可持续发展涉及的水资源－能源－粮食安全问题，分析指出中亚农业可持续发展的重点问题，包括水－能源－粮食系统安全问题、气候变化影响问题、贸易环境的多变问题，提出了区域可持续发展的水土资源利用宏观战略对策、应对气候变化的农业生产适应性能力提升的具体建议，以及中亚农业贸易国际合作路径。

9.1　可持续发展面临的问题

9.1.1　水－能源－粮食系统安全是可持续发展的重要保障，面临巨大挑战

9.1.1.1　水－能源－粮食系统安全是可持续发展的重要保障

水安全、能源安全和粮食安全是人类生存和经济社会可持续发展的重要保障（Rasul et al.，2016）。21世纪以来，随着气候变化增强、人口迅速增长、城镇化的持续扩展，水资源、能源、粮食供给的稳定性、安全性、可持续性受到冲击，而经济社会发展对三者的需求持续增长，供需矛盾日益突出，人类社会当前和未来发展均面临着严峻挑战。

作为联合国2030年可持续发展目标（SDGs）中的3个重要目标（水资源：SDG 6，能源：SDG 7，粮食：SDG 2），不仅水资源、能源、粮食三者之间存在着相互作用，还直接或间接地影响到其他14个目标，反之，三者也会受到其他目标的作用（张超 等，2021；林志慧 等，2021）。例如，未来，气候变化和人类活动将显著增加淡水盐渍化程度，威胁淡水生态系统的生物多样性和区域经济社会可持续发展（Cañedo-Argüelles，2020）。2015年，粮食系统的温室气体排放量（GHG）占总排放量的34%，其中71%来自农业和土地利用过程，29%来自食品供应链环节（Crippa et al.，2021）。能源的生产和消费也是大气中二氧化碳的重要来源，是导致气候变化的主要行业之一，能源的开采与使用过程会产生有毒有害物质，威胁生态和人体健康。总之，不合理的水资源开发利用、能源和粮食生产活动导致的水资源短缺、水质污染、土壤污染、大气污染，会加剧气候变化（SDG 13），对海洋和陆地生态系统（SDG 14 和 15）产生破坏性影响，进而影响人类居住区、生产区的稳定和安全（SDGs 9、11 和 12），威胁人类生命健康（SDG 3），制约经济社会发展，减少就业岗位（SDG 8），加剧贫困问题（SDG 1），增大国际国内不平等（SDG10），反之，这些目标实现受阻也会加剧全球水危机、能源危机、粮食危机。

总体而言，气候变暖和人类的基础设施建设、生产生活过程会改变水资源、能源、粮食子系统的基本状态，叠加“自然－社会－贸易”三元水循环的过程（邓铭江 等，2020），会推动水－能

源—粮食系统的状态及纽带关系变化，这种变化最终会对人类福祉、生态环境等可持续发展目标产生促进或制约作用，直接影响到中亚农业可持续发展。

9.1.1.2　中亚水—能源—粮食(WEF)综合安全及WEF之间的纽带关系国别间差异明显

根据Hao等(2022)对2000—2014年中亚五国水—能源—粮食综合安全状况变化评估结果，中亚五国WEF系统综合安全并不乐观，且存在明显的国别差异。五国WEF综合安全性从大到小为哈萨克斯坦、吉尔吉斯斯坦、土库曼斯坦、乌兹别克斯坦和塔吉克斯坦。与2000年相比，2014年塔吉克斯坦的WEF安全性增加了10.67%，安全指数增加0.088，是五国中WEF安全性波动范围最大的国家。哈萨克斯坦和土库曼斯坦的WEF安全性分别下降了5.02%和3.01%。此外，对WEF纽带关系分析显示，协同作用和权衡作用占比基本相同，说明五国水资源、能源、粮食安全变化趋势不一致。哈萨克斯坦和土库曼斯坦的协同关系占比大于权衡关系，而吉尔吉斯斯坦、塔吉克斯坦和乌兹别克斯坦的情况与之相反。尽管哈萨克斯坦可利用的水资源总量最多，但人均淡水资源量处于中等水平，随着人口增长及能源和粮食部门水资源需求不断增长，水资源对WEF安全的制约作用越来越显著。吉尔吉斯斯坦水资源和粮食子系统的权衡关系占比大于协同，可耕地面积小，水土资源匹配差，影响了吉尔吉斯斯坦的水资源利用，虽然其水力发电潜力很大，但是化石能源极为匮乏，能源部门没有为水资源供应和粮食生产提供足够的支持。塔吉克斯坦WEF系统安全及纽带关系情况与吉尔吉斯斯坦相似。土库曼斯坦水、能源、粮食3个部门之间的协同关系占比大于权衡，相对较为协调，但是，水资源部门权衡关系占比大于协同，水资源安全压力大，会威胁到能源和粮食安全。乌兹别克斯坦权衡关系占比略大于协同，如果不能与上游国家妥善处理水量分配的问题，乌兹别克斯坦WEF安全将面临严重的威胁。

9.1.2　气候变化影响将进一步加剧农业生产环境风险与水资源需求压力，降低农业生产潜力

9.1.2.1　升温将导致蒸发增加，加大土壤盐化风险

土壤盐化是干旱区土地退化和荒漠化的主要过程和威胁之一，对土壤肥力具有不利影响，会威胁农业生产力和环境可持续性。受人口增加、灌溉面积扩张、气候变化等影响，中亚地区土壤盐分增加显著，对耕地资源造成了巨大威胁，据分析，1990—2018年，中亚受盐渍化影响的土地面积总体增加，相较于1990年，2018年耕地受盐渍化影响面积增加了5.4%。分析表明，中亚是气候变化最敏感的地区之一，从21世纪开始，中亚地区的平均温度已经升高了1～2 ℃，温度上升直接导致绿洲蒸散量增加。本书前述研究表明，中亚地区土壤电导率(衡量土壤盐化的指标)变化的主要驱动因子是气温增加导致的蒸散发变化。而未来，中亚地区气温将进一步增加，以典型流域锡尔河流域为例，2019—2030年锡尔河流域灌区温度变化总体呈升温趋势，温度变化幅度总体介于0～1 ℃。在SSP126和SSP245情景下，灌区平均温度分别增加0.51 ℃和0.94 ℃，温度的变化范围分别介于0.09～0.93 ℃和0.1～1.42 ℃。在不同灌区内，中游平原灌区(Bahri Tojik-Shardara)平均温度增加最为明显，分别达到0.52 ℃(SSP126)和0.94 ℃(SSP245)；其次，下游荒漠灌区(Shardara-Karateren)分别增加0.44 ℃(SSP126)和0.90 ℃(SSP245)；中游谷地灌区(Tokogul-Bahri Tojik)在SSP126情景下平均温度增加0.53 ℃。因此，未来气候变化情境下，中亚咸海流域中下游的农业生产区升温明显，蒸散发强度会进一步加剧，土壤盐化总面积很可能继续扩张，可用于耕种的土地面积会减少，土壤盐化的程度会进一步增加，适宜耕种的作物种类降低，威胁农业可持续发展。

9.1.2.2 气温升高将进一步加大农作物需水量

气温升高直接导致农业需水量增加。基于2000—2018年，中亚锡尔河流域灌区作物种植面积单位耗水量数据及升温情景用水分析显示，在SSP126和SSP245情景下，作物需水量平均增加9 mm和7 mm，其变化幅度分别介于－11.7～25.9 mm和－10.7～21.8 mm，高耗水和高种植比例的作物受升温影响的作物需水量增加明显，棉花、小麦和水稻作物需水量的增加超过了10 mm。作物需水量的增加集中在中游平原区，总体上介于0～20 mm，其次为下游荒漠和中游平原。

不同灌区中，中游谷地灌区在SSP126情景下作物需水量增加12 mm，其中棉花、冬小麦和水稻超过10 mm，苜蓿、玉米和向日葵介于4.1～5.3 mm；在SSP245情景下，平均作物需水量变化较小(4.4 mm)，其中的苜蓿和向日葵出现需水量减少趋势(－9.0 mm和－1.2 mm)。中游平原灌区在SSP126和SSP245情景下，作物需水量变化相近，分别为9.0 mm和10.1 mm，棉花和冬小麦受到的影响最为明显(约10 mm)。下游荒漠灌区在SSP126情景下出现了作物需水量下降(－3.1 mm)，但在SSP245情景下却有明显的增加(6.3 mm)。总体而言，棉花、水稻和苜蓿高耗水作物及冬小麦等高种植比例作物的需水量变化受升温影响明显，对锡尔河流域灌区平均作物需水量增加的贡献较高。

9.1.2.3 气候变化导致部分地区土地开发利用风险增加，降低农业生产潜力

据分析，中亚重度土地利用开发风险区在不同情景下(SSP126、SSP245、SSP370和SSP585)对于历史时期(2015年)，面积变化存在差异，但21世纪30年代和50年代时期面积变化在不同情景下存在一致性：两个时期在SSP245情景下面积达到最小值，在SSP370情景下面积达到最大值。重度风险区主要分布在中亚地区的西北部和南部小块区域，重度风险区在不同情景下(SSP126、SSP245、SSP370和SSP585)对于历史时期(2015年)，21世纪30年代和50年代时期的面积均存在增加趋势，在SSP370情景下面积最大。哈萨克斯坦土地资源开发利用风险变化主要以相对稳定和缓慢升高为主，吉尔吉斯斯坦和塔吉克斯坦的土地资源开发利用风险变化主要以升高为主(SSP370情景下21世纪30年代时期除外)，而作为上游山区国家，吉尔吉斯斯坦和塔吉克斯坦长期面临着土地资源贫瘠、缺乏，水土资源严重不匹配的问题，农业发展本身已经受限于土地资源，未来气候变化导致的土地开发利用风险增加，对两国农业可持续发展而言，无疑是雪上加霜，农业生产潜力可能进一步降低。

9.1.3 国际贸易环境多变，农业可持续发展受到不确定性因素影响增加

当前，世界正处于百年未有之大变局，国际关系、世界政治格局、全球经济发展等均处于深刻变革中，而中亚地处亚欧大陆核心区域，民族和宗教关系复杂，备受外界关注，中亚国家的国际贸易环境复杂多变，构建相对稳定、持续的贸易关系对促进中亚经济社会可持续发展具有重要意义。

从国际关系、政治格局来讲，全球化的大背景下，其他地区的冲突或战争会影响到中亚地区政治、经济等。长期以来，面对俄罗斯、欧盟、美国等外界势力，中亚一般采取“多元平衡”的策略，一旦国际形势发生深刻变化，中亚国家将面临“多元平衡”或“一边倒”的抉择，必将影响中亚五国的农产品贸易、农业技术输入等。在地区稳定性和关系方面，2021年美军撤离阿富汗后，部分难民逃往中亚五国，中亚地区具有潜在的不稳定性，此外，阿富汗位于中亚阿姆河流域上游，阿富汗为促进本国农业发展、电力供应，有可能加大对阿姆河水资源的利用，如果无法

妥善处理阿姆河流域水资源的分配问题,必将使地区水冲突进一步加剧,甚至可能引发国家之间的局部冲突,一旦陷入政治冲突、局部战争,中亚地区国际贸易必然受到严重影响。从全球和地区经济发展来看,全球经济紧密联系,能源出口是中亚国家的重要经济支撑,如果全球长期的能源转型取得重大发展,新能源占比提升,或其他原因(如突发全球性疫情)导致化石能源需求量降低或价格下跌,有可能会导致中亚能源出口降低;当然,部分地区经济高速发展,能源需求不断加大,可能加大能源进口,但是,这种不确定性很难判断,一旦发生不利情况,中亚经济发展受限,农业、水资源、经济社会等各类可持续发展目标都将受到影响。

9.2 可持续发展战略对策与建议

9.2.1 面向水—能源—粮食安全保障的水土资源利用的宏观战略

水资源和土地资源是粮食生产的两大要素,对于咸海流域上游国家,能源安全只能通过加大水力发电和能源进口两种途径解决,水力发电又涉及阿姆河、锡尔河两条跨界河流的水资源分配与利用,能源进口受限于经济发展水平,对于下游国家,化石能源丰富,能源供需矛盾不突出,但需要注重提高能源利用效率和效益。结合前述有关中亚水—能源—粮食纽带关系及安全的分析,可以得出,中亚水—能源—粮食安全的核心在于水资源协调、优化与可持续利用,耕地资源是进行粮食生产的基础,因此,主要从水资源可持续利用、土地资源可持续利用、水土资源协调利用的角度,通过实现水土资源可持续利用,以期实现水—能源—粮食安全。

水资源可持续利用的关键在于跨界水资源的合理分配、农业部门用水水平的提高,为此,需从以下几方面开展工作:加强政治互信,建立统一管理的、全面系统的水文气象、水资源利用信息监测网络,实现数据的跨国共享、公开透明;切实推进咸海流域上下游国家之间的水资源合作,考虑各国水资源、能源、粮食安全,经济社会可持续发展和生态环境保护需要,开展水资源利用总量、利用方式的谈判,最大限度地实现多方共赢的局面;加强资金引入力度,与世界银行、联合国粮农组织、上海合作组织等进行协商,围绕农业基础设施(渠道、泵站、用水计量等)的改进与提升,开展合作,从需求端实现对水资源总量的控制;全面开展与农业生产条件相似地区(如中国西北)的技术合作,在保证区域粮食安全、经济发展的基础上,优化种植模式,提高水资源利用效率和效益;引入先进的管理理念,如中国的最严格水资源管理制度及其三条红线制度(水资源开发利用控制红线、用水效率控制红线、水功能区限制纳污红线)、"以水定城、以水定地、以水定人、以水定产"的水资源开发利用方针。

土地资源可持续利用的核心在于充分挖掘土地资源利用潜力、防治耕地资源盐化和荒漠化。宜耕地资源有限是影响咸海流域上游国家粮食安全的主要因素,为此,需要在不损害区域生态环境的基础上,最大限度地利用已有的耕地资源,通过先进的灌溉技术、生产管理技术,引入优质种质资源,提高单位耕地面积的作物产量;充分挖掘其他土地资源的潜力,如通过改变耕种方式,将原有的不适宜的耕地变为相对适宜的耕地,通过种植果树等经济作物,充分利用山地,进行农业生产,提高居民经济收入。对于咸海流域下游国家耕地资源相对丰富的国家,一方面,需要不断提高单位耕地面积的作物产量,另一方面,更为重要的是保护土地资源,应对土地盐化问题,加大耐盐植物种植面积,改良已经盐化的土地,通过洗盐等措施,避免目前仍适宜耕种土地的恶化。

水资源与土地资源存在紧密的联系和强烈的相互作用,二者关系的合理调控是实现中亚水土资源可持续利用、保障粮食安全的重要措施。鉴于中亚水资源与耕地资源天然条件严重不匹配的现状，必须加强人为管理，对于水资源丰富、土地资源缺乏的地区，可适度扩大对土地资源需求量小的作物的种植面积，对于土地资源丰富、水资源缺乏的地区，要适度降低高耗水作物的种植面积，将水资源利用效率的提升作为核心工作来推动。对于国家内的水土资源不匹配问题，可通过水资源调配工程、经济补偿等手段来实现全国的水土资源优化利用；对于中亚五国间的水土资源不匹配问题，可通过虚拟水土贸易手段，实现水土资源的调配与优化利用。

9.2.2 应对气候变化的农业生产适应性对策

9.2.2.1 加强管理调控，因地制宜高效利用水土热资源，提升土地生产力

从水土热匹配的角度分析发现中亚地区总体水土热资源匹配度并不高，主要是由于气温和降水在空间分布上的巨大差异性及错位性所致。水热变化是土地利用变化的驱动力，在未来气候变化情景下，中亚地区水土资源匹配状况总体变好，水热资源匹配有先减少后增加的趋势，总体上水土热匹配程度有所增加，而且受社会经济路径情景影响显著。如 SSP126 情景下中亚东部和北部水热匹配条件优于历史水平，SSP585 情景下冬季水热匹配条件较好，但这样的优势不具有持续性，且在高辐射强迫浓度的情景下，区域水热条件空间差异加剧。SSP585 体现的相对优势随着时间的增加水热匹配条件逐渐下降。在农业生产适宜性分析中发现，高辐射强迫浓度下区域潜在农业生态类型转换次数更明显，不适宜性占比更大。因而将社会经济路径作为可能的减弱气候变化不利影响的策略，认为可持续发展的社会经济路径对于区域整体的水热条件和农牧业发展更具优势。

气候变化具有极强的不确定性。从气候变化对水、土、热 3 种资源影响机理的差异辩证认为，在合理的人为工程和技术措施的影响下可以降低气候变化的不利影响。如加大河流水资源的调配力度，增加农业水利设施的投入力度，完善灌区配套设施，减少水资源在运输中的损耗，发展现代节水农业，优化作物种植结构，改进农业生产技术，提高灌溉效率，避免因生产结构不合理和缺乏有效管理造成的生产性缺水和管理性缺水，从而增加土地的生产能力。简言之，需因地制宜地高效利用水土热资源，加快农业生产现代化步伐，加强水土资源综合管理，增加人为调控手段，降低其不利影响，增加对气候变化的适应能力。

9.2.2.2 种植业结构适应性调整，缓解农业水资源供需压力

2019—2030 年，锡尔河流域农业区整体上以升温趋势为主。SSP126 和 SSP245 情景下平均升温 0.51 ℃和 0.94 ℃，主要农作物需水量受增温影响作物需水量平均增加 9 mm 和 7 mm。棉花、水稻和苜蓿等高耗水作物及冬小麦等高种植比例作物在升温影响下，其作物需水量增加幅度大，超过了 10 mm。因此，降低高耗水作物种植比例和增加低耗水作物种植比例是降低农业用水需求、应对气候变化的有效措施。

考虑过去 2000—2018 年不同作物类型种植比例的变化范围，调增低耗水作物种植比例、调减高耗水作物种植比例，设置单一作物类型±10%种植结构调整情景，其他作物类型相应调整以保证总比例不变，则在 SSP126 和 SSP245 情景下，2019—2030 年锡尔河灌区冬小麦种植面积比例调增后平均作物需水量减少 14.3 mm；其次是棉花和水稻面积比例调减下，分别减少了 11.9 mm 和 5 mm。通过调整作物种植结构，增加冬小麦和减少水稻、棉花的种植比例达到了良好的节水效果。

通过调整高种植比例和高耗水的作物可有效降低作物需水量，尤其是发展冬小麦与其他作物轮作，并兼顾苜蓿、玉米、向日葵的种植比例，有助于降低主要作物生长期的农业水资源供需压力。由于气候变化的不确定性，不同社会经济排放情境下气温变化的年际和区域差异性，需加强对农作物种植结构调整方案的研究，以适应未来灌区水资源供需关系的变化。

9.2.2.3　全面高效农业节水，提高用水效率

根据本书前述优化模型的结果，当各国耕地面积增加为原来的1.05倍时，中国一中亚农产品贸易的系统收益将上涨8.65%；当各国作物单位灌溉用水量缩小为原来的0.98倍时，系统收益将增加11.31%。中亚地区水资源是限制其农业发展的重要因素，灌溉是农业生产的最重要手段，是中亚地区最主要的水资源利用方式。由于棉花和水稻需水量较大，大量灌溉会导致阿姆河、锡尔河流量减少，从而引起严重的生态问题，因此先进的节水灌溉技术对该地区棉花和水稻的种植十分为重要。由于中亚地区灌溉基础设施长期缺乏维护，因此，为实现全面高效农业节水，首先，需要对泵站、渠系等设施进行修葺，避免无效的水资源浪费。其次，采用先进的灌溉技术，加强当地农业企业技术创新能力，政府制定出台完善健全的法律法规，做好节水灌溉宣传工作。最后，可以加强智慧灌溉系统的建设，根据气象、土壤、水文、作物生长期等内外条件，计算不同时期作物需水量，对灌溉水量进行动态调整，实现高效、精准灌溉。

9.2.2.4　切实推进上下游国家间的水资源分配、利用方式的协调

中亚咸海流域，上游国家位于山区产流区，水资源、水能资源极其丰富，土地和化石能源资源缺乏；而下游国家耕地资源、化石能源相对丰富，水资源极其缺乏，且受上游国家水资源利用方式影响大。咸海流域又占据了沿线国家大部分国土面积，因此，对流域水资源、能源、耕地资源的开发利用，还涉及国家安全、区域稳定，流域上下游水资源协调始终是该地区可持续发展的重要问题之一。气候变化背景下，气温上升、蒸散发增加，导致水资源供给量、需求量及二者的时空变异性发生显著变化，无疑会进一步加剧区域水资源冲突。短期和小区域看，温度升高，上游山区冰川、积雪消融增加，上游径流量增加，可能有利于水力发电，但长期和全区域看，冰川和积雪消融导致的水资源量增加是不可持续的，而下游由于气温和蒸散发增加导致的农业用水需求增加是长期的、很难逆转的。

因此，为应对气候变化带来的不确定性，需要切实推进上下游国家间的水资源分配、利用方式的协调，以防水冲突愈演愈烈。苏联时期的水资源合作模式虽然很有效，但在新形势下，很难恢复当时的合作方案，针对目前的情况，首先，需要加强政治互信、建立高级别的专门机构，协调信息共享、命运共同体构建事宜；其次，最大限度地利用经济手段，在国际政治机构的协调下，由国际第三方科研机构牵头，上下游国家科研机构参与，制定合理、各方可接受的水资源、能源、生态价值与价格核算标准，以各方可获得利益低值的同步提高、全区综合效益相对最优为目标，以资源价值化为手段，优化当前的多边用水协议；最后，强化政府官员、全民教育，使相关国家全社会充分认识到在全球气候变化背景下，如果不采取及时有效的合作，对于各方而言，均是弊大于利，破除情感、民族、文化方面的水资源合作障碍，奠定长期合作基础。

9.2.3　加强中亚与中国之间的多边贸易合作，提升农业贸易规模与质量

9.2.3.1　推动战略对接，完善多边农业贸易合作机制

推进“政策沟通”，完善合作机制。中亚五国及中国需坚持合作共赢的原则，进一步增强政治互信，加强各国有关部门负责人沟通，不断深化农业领域的合作。各国应从优质的农产品和

市场经济发展规律着手，科学有效地规划重要农产品种植品类，提升农产品产量，优化合作细节，精进合作方案和政策，细化具体的合作方式，确保各国农产品交易向着高质量目标发展。进一步以主要农产品贸易为突破口，加速建立各贸易国合作机制，逐步形成完善的贸易体系。

9.2.3.2 丰富农产品贸易种类，扩大多边农业贸易规模

目前中亚五国及中国之间农产品贸易种类较为单一，多以玉米、小麦、水稻等为主。未来各国需要做好农产品贸易领域的发展规划，不断丰富农产品贸易种类，加大高附加值的农产品生产规模与贸易力度，实现农产品贸易种类多元化，提高农产品竞争力。各国应针对不同类型的贸易合作伙伴，基于自身优势，采取差异化合作策略，积极推动构建农产品互补机制，加强贸易与农业发展政策的协调和共同完善。

9.2.3.3 建立农产品深加工基地，延长产业链

中亚五国具有极大的农业贸易潜力，但仍处于发展初期。一方面，其配套基础设施供给及服务水平有限，通关便利化程度相对较低，因而运输成本仍远远高于海洋运输。另一方面，其农产品加工技术较为落后，且农作物原料体积较大，进一步提高了运输成本。如果将农作物在各国境内深加工后再开展贸易，可极大降低运输成本并提高农产品附加值。因此，在各国建立农产品深加工基地，适当延长农产品产业链，不仅有利于带动中亚地区农业经济，提供大量就业岗位，还可进一步增强各国在国际粮食贸易中的话语权。

9.2.3.4 制定互惠互利政策，实现贸易高度自由化

贸易高度自由化是影响贸易规模的一大重要因素，贸易自由化的水平又取决于贸易政策的制定。故中国与中亚五国应制定出促进多边贸易发展的相关政策，如鼓励企业进行投资、加快商品流通、制定关税政策等贸易手段，提升贸易自由化水平。对于农产品贸易，首先，各国应根据当下贸易发展形势，及时交换意见，灵活调整农产品贸易政策；其次，各国应加强农产品的投入保护，增加农产品的补贴额度，完善农业设施建设，培养农业专业性人才，为提升农产品的高附加值及产业链的形成打好基础。

9.2.3.5 强化地方政府在多边贸易合作中的主导地位

受国际政治格局的影响，以国家身份参与区域经济合作的难度可能较大，而地方政府参与区域经济合作具备成本低、政治风险和经济风险小的特点，因此需强化地方政府尤其是边境政府的主导作用，拓宽地方政府合作平台，以促进区域贸易投资便利化。在开展贸易合作时可分阶段、分层次推进，以点带面，通过示范效应逐级深化贸易结构，提高贸易强度，提升贸易效益。例如，在各国设立一定数量的边境自由贸易区，再以点带面逐步增加自由贸易区的数量和规模，进而加强各国自由贸易区的广度和深度。

9.2.3.6 建立“绿色通道”，增强基础设施保障

中亚及中国之间开展农业贸易，受制于地理距离较远且各国基础设施建设相对滞后的影响，可能导致农产品运输折损率上升，进而增加多边贸易的经济距离。因此，各国应加快建立农业贸易“绿色通道”，优化进出口基础设施规划，提升交通等保障措施建设，构筑便利的货物仓储基地，改善运输条件，缩短经济距离，提高运输效率。同时，要优化海关通关效率，降低制度经济成本，加快清关速度，减少贸易成本。在“绿色通道”构建过程中，应加强物流网络建设，充分认识并使用大数据、云计算、物联网和区块链等数字技术，畅通贸易渠道。

参考文献

白洁芳，李洋洋，周维博，2017. 榆林市农业水土资源匹配与承载力[J]. 排灌机械工程学报，35(7)：609-616.

白永秀，王颂吉，2014. 丝绸之路经济带：中国走向世界的战略走廊[J]. 西北大学学报：哲学社会科学版，44(4)：7.

鲍文，陈国阶，2008. 基于水资源的四川生态安全基尼系数分析[J]. 中国人口·资源与环境(4)：35-37.

毕燕茹，2010. 中国与中亚国家产业合作研究[D]. 乌鲁木齐：新疆大学.

布娲鹣·阿布拉，2008. 中亚五国农业及与中国农业的互补性分析[J]. 农业经济问题(3)：6.

曹守峰，2011. 中国与中亚五国棉花生产与贸易竞争力比较分析[J]. 中国棉花，38(5)：11-13.

柴晨好，周宏飞，朱薇，2020. 气候变化背景下哈萨克斯坦气候生产潜力时空特征分析[J]. 中国农业资源与区划，41(1)：217-226.

常亮，2011. 基于时间序列分析的 ARIMA 模型分析及预测[J]. 计算机时代(2)：3.

陈迪桃，黄法融，李倩，等，2018. 1966—2015 年天山南北坡空气湿度差异及其影响因素[J]. 气候变化研究进展，14(6)：562-572.

陈发虎，黄伟，靳立亚，等，2011. 全球变暖背景下中亚干旱区降水变化特征及其空间差异[J]. 中国科学：地球科学，41(11)：1647-1657.

陈芳，魏怀东，丁峰，等，2015. 石羊河流域水坝建设生态经济影响综合评价[J]. 环境科学学报，35(6)：1930-1938.

陈慧，冯利华，董建博，2010. 非洲水资源承载力及其可持续利用[J]. 水资源与水工程学报，21(2)：49-52.

陈佳，杨新军，尹莎，等，2016. 基于 VSD 框架的半干旱地区社会—生态系统脆弱性演化与模拟[J]. 地理学报，71(7)：1172-1188.

陈桃，包安明，郭浩，等，2019. 中亚跨境流域生态脆弱性评价及其时空特征分析——以阿姆河流域为例[J]. 自然资源学报，34(12)：2643-2657.

陈蔚，2017. "丝绸之路经济带"背景下畜牧产业区域合作的思考[J]. 农业经济(1)：125-127.

成丽，方天堃，潘春玲，2008. 中国粮食贸易中虚拟耕地贸易的估算[J]. 中国农村经济(6)：25-31.

邓铭江，龙爱华，2011. 中亚各国在咸海流域水资源问题上的冲突与合作[J]. 冰川冻土，33(6)：1376-1390.

邓铭江，龙爱华，李江，等，2020. 西北内陆河流域"自然—社会—贸易"三元水循环模式解析[J]. 地理学报，75：1333-1345.

邓铭江，龙爱华，李湘权，等，2010a. 中亚五国跨界水资源开发利用与合作及其问题分析[J]. 地球科学进展，25(12)：1337-1346.

邓铭江，龙爱华，章毅，等，2010b. 中亚五国水资源及其开发利用评价[J]. 地球科学进展，25(12)：1347-1356.

董世魁，朱晓霞，刘世梁，等，2013. 全球变化背景下草原畜牧业的危机及其人文—自然系统耦合的解决途径[J]. 中国草地学报，35(4)：1-6.

窦晓博，邵娜，2018. 消费升级背景下中国蔬果生产发展策略[J]. 农业展望，14(11)：47-51.

杜为公，李艳芳，徐李，2014. 我国粮食安全测度方法设计——基于 FAO 对粮食安全的定义[J]. 武汉轻工大学学报，33(2)：4.

方晖，2019. 中亚五国 1∶100 万水系数据(2010 年)[DS]. 国家冰川冻土沙漠科学数据中心(www. ncdc. ac. cn).

费文绪，2022. 全球人口增长将保持多久？研究者意见分歧[J]. 世界科学(1)：4.

高洁，刘玉洁，封志明，等，2018. 西藏自治区 WLRCC 监测预警研究[J]. 资源科学，40(6)：1209-1221.

高桥浩一郎，1979. 用月平均气温、月降水量估算蒸发量的经验公式[J]. 天气本，26(12)：29-32.

吉力力·阿不都外力，马龙，2015. 中亚环境概论[M]. 北京：气象出版社.

吉力力·阿不都外力木阿，刘东伟，等，2009. 中亚五国水土资源开发及其安全性对比分析[J]. 冰川冻土，31：960-968.

姜秋香，付强，王子龙，2011. 三江平原水资源承载力评价及区域差异[J]. 农业工程学报，27(9)：184-190.

姜彤，吕嫣冉，黄金龙，等，2020. CMIP6 模式新情景(SSP-RCP)概述及其在淮河流域的应用[J]. 气象科技进展，10(5)：102-109.

姜永见，李世杰，沈德福，等，2012. 青藏高原近 40 年来气候变化特征及湖泊环境响应[J]. 地理科学，32(12)：1503-1512.

姜玉龙，2019. 三门峡市耕地系统脆弱性评价及影响因素分析[D]. 开封：河南大学.

焦士兴，陈林芳，王安周，等，2020. 河南省农业水资源脆弱性时空特征及障碍度诊断[J]. 农业现代化研究，41(2)：312-320.

雷源，2020. "一带一路"背景下中国与中亚五国蔬菜贸易问题研究与应对策略[J]. 全国流通经济(15)：34-35.

李洪，宫兆宁，赵文吉，等，2012. 基于 Logistic 回归模型的北京市水库湿地演变驱动力分析[J]. 地理学报，67(3)：357-367.

李慧，周维博，庄妍，等，2016. 延安市农业水土资源匹配及承载力[J]. 农业工程学报，32(5)：156-162.

李佳洺，陆大道，徐成东，等，2017. 胡焕庸线两侧人口的空间分异性及其变化[J]. 地理学报，72(1)：148-160.

李均力，陈曦，包安明，2011. 2003—2009 年中亚地区湖泊水位变化的时空特征[J]. 地理学报，66(9)：1219-1229.

李俊，董锁成，李宇，等，2015. 宁蒙沿黄地带城镇用地扩展驱动力分析与情景模拟[J]. 自然资源学报，30(9)：1472-1485.

李彤玥，2017. 基于"暴露—敏感—适应"的城市脆弱性空间研究——以兰州市为例[J]. 经济地理，37(3)：86-95.

李秀芬，刘利民，齐鑫，等，2014. 晋西北生态脆弱区土地利用动态变化及驱动力[J]. 应用生态学报，25(10)：2959-2967.

李中海，2013. 中亚的粮食安全及粮食保障前景[M]. 北京：社会科学文献出版社.

廖成梅，2011. 中亚水资源问题难解之原因探析[J]. 新疆大学学报(哲学·人文社会科学版)，39(1)：102-105.

林海明，杜子芳，2013. 主成分分析综合评价应该注意的问题[J]. 统计研究，30(8)：25-31.

林志慧，刘宪锋，陈瑛，等，2021. 水—粮食—能源纽带关系研究进展与展望[J]. 地理学报，76：1591-1604.

刘昌明，刘小莽，郑红星，2008. 气候变化对水文水资源影响问题的探讨[J]. 科学对社会的影响，2：21-27.

刘纪远，张增祥，庄大方，等，2003. 20 世纪 90 年代中国土地利用变化时空特征及其成因分析[J]. 地理研究，22：1-12.

刘倩倩，陈岩，2016. 基于粗糙集和 BP 神经网络的流域水资源脆弱性预测研究——以淮河流域为例[J]. 长江流域资源与环境，25(9)：1317-1327.

刘瑞，朱道林，朱战强，等，2009. 基于 Logistic 回归模型的德州市城市建设用地扩张驱动力分析[J]. 资源科学，31(11)：1919-1926.

刘幸菡，吴国蔚，2005. 虚拟水贸易在我国农产品贸易中的实证研究[J]. 国际贸易问题(9)：10-15.

刘彦随，甘红，张富刚，2006. 中国东北地区农业水土资源匹配格局[J]. 地理学报(8)：847-854.

吕晨，蓝修婷，孙威，2017. 地理探测器方法下北京市人口空间格局变化与自然因素的关系研究[J]. 自然资源学报，32(8)：1385-1397.

罗其友，唐曲，刘洋，等，2017. 中国农业可持续发展评价指标体系构建及研究[J]. 中国农学通报，33(27)：158-164.

罗贞礼，2006. 基于虚拟土视角下区域土地资源的可持续利用管理探讨[J]. 国土资源导刊，3(2)：17-20.

罗贞礼,龙爱华,黄璜,等,2004.虚拟土战略与土地资源可持续利用的社会化管理[J].冰川冻土,26(5):624-631.

马博虎,张宝文,2010.中国粮食对外贸易中虚拟耕地贸易量的估算与贡献分析——基于1978—2008年中国粮食对外贸易数据的实证分析[J].西北农林科技大学学报(自然科学版),38(6):115-119.

马驰,杨中文,宋进喜,等,2021.1992—2017年中亚五国农作物水足迹变化特征[J].中国生态农业学报,29(2):269-279.

马大海,1995.世界棉花生产供需及中亚棉花外销形势[J].中国经济信息(7):44.

马骏,龚新蜀,2014.中亚国家粮食安全问题研究[J].世界农业(8):5.

买买提·莫明,2006.乌兹别克斯坦棉花生产概述[J].新疆农业科学(S1):146-148.

倪健,张新时,1997.水热积指数的估算及其在中国植被与气候关系研究中的应用[J].植物生态学报(12):1147-1159.

牛海鹏,王同文,傅建春,2003.回归分析法在土地定级因素分析权重确定中的应用[J].焦作工学院学报(自然科学版),2:103-105.

努斯热提·吾斯曼,吐尔逊江·买买提,买买提·托乎提,2015.哈萨克斯坦棉花生产与科研概况[J].中国棉花,42(4):1-3.

潘洪义,黄佩,徐婕,2019.基于地理探测器的岷江中下游地区植被NPP时空格局演变及其驱动力研究[J].生态学报,39(20):7621-7631.

庞悦,2014.基于GIS低丘缓坡土地资源开发利用评价研究[D].北京:中国地质大学.

彭玲,1998.塔吉克斯坦的棉花种植业[J].中亚信息(5):13.

彭念一,吕忠伟,2003.农业可持续发展与生态环境评估指标体系及测算研究[J].数量经济技术经济研究,12:87-90.

秦富仓,周佳宁,刘佳,等,2016.内蒙古多伦县土地利用动态变化及驱动力[J].干旱区资源与环境,30(6):31-37.

任志远,2014.哈萨克斯坦农业发展现状及影响因素分析[J].对外经贸(5):40-41.

阮宏威,于静洁,2019.1992—2015年中亚五国土地覆盖与蒸散发变化[J].地理学报,74:1292-1304.

商彦蕊,2000.自然灾害综合研究的新进展——脆弱性研究[J].地域研究与开发(2):73-77.

石先进,2020."一带一路"框架下中国与中亚五国农业产能合作路径[J/OL].云南大学学报:社会科学版,19(1):10. https://doi.org/10.19833/j.cnki.jyu.2020.01.030.

时惠敏,2012.阿克苏地区农业可持续发展评价研究[D].武汉:华中农业大学.

史莎娜,谢炳庚,胡宝清,等,2019.桂西北喀斯特山区人口分布特征及其与自然因素的关系[J].地理科学,39(9):1484-1495.

苏贤保,李勋贵,刘巨峰,等,2018.基于综合权重法的西北典型区域水资源脆弱性评价研究[J].干旱区资源与环境,32(3):112-118.

孙玮健,张荣群,艾东,等,2017.基于元胞自动机模型的土地利用情景模拟与驱动力分析[J].农业机械学报,48(S1):259-266.

孙玉,程叶青,张平宇,2015.东北地区乡村性评价及时空分异[J].地理研究,34(10):1864-1874.

孙壮志,1997.乌兹别克斯坦的棉花生产与出口[J].东欧中亚市场研究(1):25-26+22.

田静,苏晨芳,2021.中亚五国棉花和冬小麦需水量的变化及预测[J].中国生态农业学报(中英文),29(2):280-289.

王岱,蔺雪芹,刘旭,等,2014.北京市县域都市农业可持续发展水平动态分异与提升路径[J].地理研究,33(9):1706-1715.

王劲峰,徐成东,2017.地理探测器:原理与展望[J].地理学报,72(1):116-134.

王莉红,张军民,2019.基于地理探测器的绿洲城镇空间扩张驱动力分析——以新疆石河子市为例[J].地域研究与开发,38(4):68-74.

王龙,杨娟,徐刚,2013.全球变化与自然灾害的相互关系[J].山西师范大学学报,27(4):86-91.

王旋旋,陈亚宁,李稚,等,2020.基于模糊综合评价模型的中亚水资源开发潜力评估[J].干旱区地理,43(1):126-134.

王叶,廖宏,2022.2015—2050年南亚与东南亚输送对中国大气臭氧浓度的影响[J].科学通报,67(18):2043-2059.

王莺,王静,姚玉璧,等,2014.基于主成分分析的中国南方干旱脆弱性评价[J].生态环境学报,23(12):1897-1904

王正雄,蒋勇军,张远嘱,等,2019.基于GIS与地理探测器的岩溶槽谷石漠化空间分布及驱动因素分析[J].地理学报,74(5):1025-1039.

吴全,朝伦巴根,赵国平,2008.内蒙古农业水土资源可持续利用潜力模糊评价研究[J].水土保持研究(3):141-145.

吴宇哲,鲍海君,2003.区域基尼系数及其在区域水土资源匹配分析中的应用[J].水土保持学报(5):123-125.

吴云,曾源,赵炎,等,2010.基于MODIS数据的海河流域植被覆盖度估算及动态变化分析[J].资源科学,32(7):1417-1424.

谢花林,李波,2008.基于logistic回归模型的农牧交错区土地利用变化驱动力分析——以内蒙古翁牛特旗为例[J].地理研究(2):294-304.

辛萍,韩淑敏,杨永辉,等,2021.中亚棉花生产需水量与虚拟水贸易变化趋势[J].中国生态农业学报(中英文),29(2):290-298.

薛曜祖,黄蕾,2017."一带一路"背景下中国对中亚五国FDI的双边贸易影响研究[J].新疆大学学报(哲学·人文社会科学版)(45):13-18.

闫雪,孟德坤,陈迪桃,等,2020.基于生态系统服务的中亚水土热资源匹配度时空变化特征[J].应用生态学报,31(3):794-806.

杨飞,马超,方华军,2019.脆弱性研究进展:从理论研究到综合实践[J].生态学报,39(2):441-453.

杨建梅,2009.吉尔吉斯斯坦棉花减产[J].中亚信息(7):37.

杨梅,张广录,侯永平,2011.区域土地利用变化驱动力研究进展与展望[J].地理与地理信息科学,27(1):95-100.

杨倩倩,陈英,金生霞,等,2012.西北干旱区土地资源生态安全评价——以甘肃省古浪县为例[J].干旱地区农业研究,30(4):195-199+241.

杨胜天,于心怡,丁建丽,等,2017.中亚地区水问题研究综述[J].地理学报,72(1):79-93.

杨恕,田宝,2002.中亚地区生态环境问题述评[J].东欧中亚研究(5):55-59.

姚海娇,周宏飞,2013.中亚五国咸海流域水资源策略的博弈分析[J].干旱区地理,36(4):764-771.

姚海娇,周宏飞,苏风春,2013.从水土资源匹配关系看中亚地区水问题[J].干旱区研究,30(3):391-395.

叶佰生,赖祖铭,施雅风,1996.气候变化对天山伊犁河上游河川径流的影响[J].冰川冻土(1):31-38.

叶小伟,2005.2004年乌兹别克斯坦成为中亚最大的对华棉花出口国[J].中亚信息(6):22.

易小燕,吴勇,尹昌斌,等,2018.以色列水土资源高效利用经验对我国农业绿色发展的启示[J].中国农业资源与区划,39(10):37-42+77.

于敏,姜明伦,柏娜,等,2017.中国与中亚粮食合作:机遇与挑战[J].新疆农垦经济(5):1-4.

于水,陈迪桃,黄法融,等,2020.中亚农业水资源脆弱性空间格局及分区研究[J].中国农业资源与区划,41(4):11-20.

湛东升,张文忠,余建辉,等,2015.基于地理探测器的北京市居民宜居满意度影响机理[J].地理科学进展,34(8):966-975.

张超,刘蓓蓓,李楠,等,2021.面向可持续发展的资源关联研究:现状与展望[J].科学通报,66:3426-3440.

张春嘉,2004. 中亚的棉花种植业[J]. 俄罗斯中亚东欧市场(1):36-39.

张发旺,程彦培,董华,等,2019. 亚洲地下水与环境[M]. 北京:科学出版社.

张红富,周生路,吴绍华,等,2009. 基于农业可持续发展需求的江苏土地资源支撑能力评价[J]. 农业工程学报,25(9):289-294.

张丽霞,陈晓龙,辛晓歌,2019. CMIP6 情景模式比较计划概况与评述[J]. 气候变化研究进展,15(5):519-525.

张小瑜,2012. 乌兹别克斯坦农业经济发展与水资源利用[J]. 边疆经济与文化,9:22-23.

张奕韬,2009. 基于 ARIMA 模型的外汇汇率时间序列预测研究[J]. 华东交通大学学报,26(5):5.

赵锐锋,王福红,张丽华,等,2017. 黑河中游地区耕地景观演变及社会经济驱动力分析[J]. 地理科学,37(6):920-928.

中亚科技服务中心,2020. 乌兹别克斯坦是中亚最大棉花生产国,年产 80 万吨,排世界第五[EB/OL]. http://www.zykjfwz.com/index.php? m=content&c=index&a=show&catid=866&id=2494,2020-02-15/2020-06-20.

钟华平,毕守海,2011. 跨界含水层管理现状及启示[J]. 中国水利(19):64-66.

钟歆玥,康世昌,郭万钦,等,2022. 最近十多年来冰冻圈加速萎缩——IPCC 第六次评估报告之冰冻圈变化解读[J/OL]. 冰川冻土:1-8.

周力,2022. 当前世界主要矛盾与国际格局演变[J]. 经济导刊(1):5.

周瑞瑞,米文宝,李俊杰,等,2017. 宁夏县域城镇居民生活质量空间分异及解析[J]. 干旱区资源与环境,31(7):14-21.

朱薇,周宏飞,李兰海,等,2020. 哈萨克斯坦农业水土资源承载力评价及其影响因素识别[J]. 干旱区研究,37(1):254-263.

左其亭,赵衡,马军霞,等,2014. 水资源利用与经济社会发展匹配度计算方法及应用[J]. 水利水电科技进展,34(6):1-6.

ABATZOGLOU J T,DOBROWSKI S Z,PARKS S A,et al,2018. Terra Climate,a high-resolution global data-set of monthly climate and climatic waterbalance from 1958—2015[J]. Scientific Data,5:1-12.

ABDOLVAND B,MEZ L,WINTER K,et al,2014. The dimension of water in Central Asia:Security concerns and the long road of capacitybuilding[J]. Environmental Earth Sciences,73(2):897-912.

ABDULKASIMOV H,ALIBEKOVA A,VAKHABOV A,2003. Desertification problems in Central Asia and its regional strategic development[R]. Samarkand,Uzbekistan:NATO Advanced Research Workshop.

ABDULLAEV I,RAKHMATULLAEV S,2013. Transformation of water management in Central Asia:From State-centric,hydraulic mission to socio-political control[J]. Environmental Earth Sciences,73(2):849-861.

ABSAMETOV M K,LIVINSKY Y U,OSIPOV S V,et al,2016. The security of the groundwater resources of southern Kazakhstan[R]//Proceedings of the Water Resources of Central Asia and Their Use,Almaty,Kazakhstan,22-24 September 2016:206-211. (In Russian).

AGALTSEVA N A,BOLGOV M V,SPEKTORMAN T Y,et al,2011. Estimating hydrological characteristics in the Amu Darya Riverbasin under climate change conditions[J]. Russian Meteorology and Hydrology,36(10):681-689.

AIDAROV I P,PANKOVA E I 2007. Salt accumulation and its control on the plains of Central Asia[J]. Eurasian Soil Science,40:608-615.

AIZEN V B,AIZEN E M,KUZMICHENOK V A,2007. Geo-informational simulation of possible changes in Central Asian water resources[J]. Global & Planetary Change,56(3-4):341-358.

AKHMEDOV A C,2016. Ground waters of Tajikistan Prospects for the use[J]. Water resources of Central Asia and their use[in Russian]. Almaty:253-257.

ALAMANOV S K,2016. Water resources of the Kyrgyz Republic and their use[R]. Proceedings of the Water

Resources of Central Asia and Their Use, Almaty, Kazakhstan, 22—24 September 2016: 19-26. (In Russian).

ALAMANOV S K, SAKIEV K, 2013. Hydrology of Kyrgyzstan[J]. Physical geography of Kyrgyzstan Bishkek: 211-274.

AL-GAADI K A, TOLA E K, MADUGUNDU R, et al, 2021. Sentinel-2 images for effective mapping of soil salinity in agricultural fields[J]. Current Science, 121: 384-390.

ALLAN J A, 1993. Fortunately There Are Substitutes for Water: Otherwise Our Hydropolitical Futures Wouldbe Impossible[M]//Allan J A. Priorities for Water Resources Allocation and Management. Overeas Development Administration, London: 13-26.

ALLAN J A, 1996. Policy Responses to the Closure of Water Resources: Regional and Global Issue[M]// Howsam P, Carter R C. Water Policy: Allocation and Management in Practice. London: Chapman and Hall.

ALLAN J A, 1998. Global soil water: A long term solution for water-short Middle Eastern Economies, Proceeding of water workshop: Averting a water crisis in the Middle East - make water a medium of cooperation rather than conflict, Green Cross International, Mar, 1998, Geneva[R/OL]. http://web243. petrel. ch/GreenCrossPrograms/waterres/middleeaston/allan. html.

ALLAN J A, 2013. Food-water security: Beyond water and the water sector[M]// Lankford B, Bakker K, Zeitoun M, et al. Water Security: Principles, Perspectives, Practices. London: Earthscan.

ALLEN R G, PEREIRA L S, RAES D, 1998. Crop evapotranspiration guidelines for computing crop water requirementsFAO[R]. Irrigation&Drainge Paper 56.

ALLEN, BARROS V, BROOME J, et al, 2014. Climate Change 2014: Synthesis Report[R]. IPCC Fifth Assessment Synthesis Report.

AROWOLO A O, DENG X Z, 2018. Land use/land cover change and statistical modelling of cultivated land change drivers in Nigeria[J]. Regional environmental change, 18(1): 247-259.

BARANDUN M, FIDDES J, SCHERLER M, et al, 2020. The state and future of the cryosphere in Central Asia [J]. Water Security, 11: 100072.

BATSAIKHAN U, DABROWSKI M, 2017. Central Asia—Twenty-five years after the break up of the USSR [J]. Russian Journal of Economics, 3: 296-320.

BAYRAMOVA I, 2010. Groundwater resources of Turkmenistan-national treasure[J]. World experience and Advanced Technologies for the Efficient Use of Water Resources. Ashkhabad: 117-119.

BEKCHANOV M, RINGLER C, BHADURI A, et al, 2016. Optimizing irrigation efficiency improvements in the Aral Seabasin[J]. Water Resources and Economics, 13: 30-45.

BEKTURGANOV Z, TUSSUPOVA K, BERNDTSSON R, et al, 2016. Water-related health problems in Central Asia—a review[J]. Water, 8(6): 1-13.

BOBOJONOV I, AW-HASSAN A, 2014. Impacts of climate change on farm income security in Central Asia: An integrated modeling approach. Agriculture[J]. Ecosystems and Environment, 188: 245-255.

BOBOJONOV I, BERG E, FRANZ-VASDEKI J, et al, 2016. Income and irrigation water use efficiency under climate change: An application of spatial stochastic crop and water allocation model to Western Uzbekistan [J]. Climate Risk Management, 13: 19-30.

BUCKNALL J, KLYTCHNIKOVA I, LAMPIETTI J, et al, 2003. Irrigation in Central Asia. Social, Economic and Environmental Considerations[M]. Europe and Central Asia Region Environmentally and Socially Sustainable Development; The Worldbank: 104.

CAI X, MCKINNEY D C, ROSEGRANT M W, 2003. Sustainability analysis for irrigation water management in the Aral Sea region[J]. Agricultural Systems, 76(3): 1043-1066.

CAO F, GE Y, WANG J F, 2013. Optimal discretization for geographical detectors-based risk assessment[J].

GIScience & Remote Sensing,50(1): 78-92.

CARR J A,D'ODORICO P,LAIO F,et al,2013. Recent history and geography of virtual water trade[J]. PLoS One, 8(2):e55825.

CAWATER-info,2017. Water resources of the Aral Sea basin Groundwater: Reserves and uses[J]. http://www. cawater-info. net/aral/groundwater_e. htm.

CAÑEDO-ARGÜELLES M,2020. A review of recent advances and future challenges in freshwater salinization [J]. Limnetica,39(1):185-211. DOI:10. 23818/limn. 39. 13.

CHALOV S,KASIMOV N,LYCHAGIN M,2013. Water resources assessment of the Selenga-Baikal river system[J]. Geoöko,34.

CHAPAGAIN A K, HOEKSTRA A Y, 2003. Virtual Water Flowsbetween Nations in Relation to Trade in Livestock and Livestock Products[R]. Value of Water Research Report Series,13,UNESCO-IHE,Delft,The Netherlands.

CHAPAGAIN A K,HOEKSTRA A Y,2008. The global component of freshwater demand and supply: An assessment of virtual water flows between nations as a result of trade in agricultural and industrial products [J]. Water International,33(1):19-32.

CHAPAGAIN A K,HOEKSTRA A Y,SAVENIJE H H G,2006. Water saving through International trade of agricultural products[J]. Hydrology and Earth System Sciences,10:455-468.

CHATHAM House,2018. Resourcetrade earth[Z/OL]. http://resourcetrade. earth/.

CHEN X,BAI J,LI X Y,et al,2013. Changes in land use/land cover and ecosystem services in Central Asia during 1990—2009[J]. Current Opinion in Environmental Sustainability,5:116-127.

CHEN X,LIB L,LI Q,et al,2012. Spatio-temporal pattern and changes of evapotranspiration in arid Central Asia and Xinjiang of China[J]. Journal of Arid Land,4:105-112.

CONRAD C,RAHMANN M,MACHWITZ M,et al,2013. Satellite-based calculation of spatially distributed crop water requirements for cotton and wheat cultivation in Fergana Valley,Uzbekistan[J]. Global and Planetary Change,110:8-98.

CONTRERAS J,ESPINOLA R,NOGALES F J,et al,2003. ARIMA Models to predict next-day electricity prices[J]. IEEE Transactions on Power Systems,18(3):1014-1020.

CORWIN D L,SCUDIERO E,2019. Review of soil salinity assessment for agriculture across multiple scales using proximal and/or remote sensors[J]. Advances in Agronomy,158:1-130.

CRIPPA M, SOLAZZO E, GUIZZARDI D, et al, 2021. Food systems are responsible for a third of global anthropogenic GHG emissions[J]. Nature Food,2(3):198-209. DOI:10. 1038/s43016-021-00225-9.

CURMI E,RICHARDS K,FENNER R,et al,2013. An integrated representation of the services providedby global water resources[J]. Journal of Environmental Management,129:456-462.

DAVIES J, ROBINS N, FARR J, et al, 2013. Identifying transboundary aquifers in need of international resource management in the Southern African Development Community region[J]. Hydrogeology Journal,21 (2):321-330.

DJANBEKOV N,SOMMER R,DJANIBEKOV U,2013. Evaluation of effects of cotton policy changes on land and water use in Uzbekistan: Application of abio-economic farm model at the level of a water users association[J]. Agricultural Systems,118:1-13.

DJANIBEKOV N,RUDENKO I,LAMERS J P A,et al,2010. Pros and Cons of Cotton Production in Uzbekistan[M]//Pinstrup-Andersen P. Food Policy for Developing Countries: Food Production and Supply Policies. Chapter: Case Study No. 7-9,1-13. Ithaca. NY: Cornell University Press.

DJANIBEKOV U,FINGER U,2018. Agricultural risks and farm land consolidation process in transition countries:The case of cotton production in Uzbekistan[J]. Agricultural Systems,164:223-235.

D'ODORICO P,CARR J,DALIN C,et al,2019. Global virtual water trade and the hydrological cycle:Patterns,drivers,and socio-environmental impacts[J]. Environmental Research Letters,14:053001.

DONAT M G,LOWRY A L,ALEXANDER L V,et al,2016. More extreme precipitation in the world's dry and wet regions[J]. Nature Climate Change,6:508-513.

DUAN W,CHEN Y,ZOU S,et al,2019. Managing the water-climate-food nexus for sustainable development in Turkmenistan[J]. Journal of Cleaner Production,220:212-224.

DUKHOVNY V,KENJABAEV S,YAKUBOV S,et al,2018. Controlled subsurface drainage as a strategy for improved water management in irrigated agriculture of Uzbekistan[J]. Irrigation and Drainage,67(Suppl. 2):112-123.

ECKSTEIN Y,ECKSTEIN G E,2005. Transboundary aquifers:Conceptual models for development of international law[J]. Groundwater Intensive Use,43:679-690.

EGAN M,2011. The Water Footprint Assessment Manual:Setting the Global Standard[M]. London:Earthscan.

FALLATAH O A,AHMED M,SAVE H,et al,2017. Quantifying temporal variations in water resources of a vulnerable middle eastern transboundary aquifer system[J]. Hydrological Processes,31(23):4081-4091.

FAO,1998. Crop evapotranspiration guidelines for computing crop water requirements[J]. FAO Irrigation and drainage paper,56.

FAO,2006. Livestock's long shadow environmental issues and options,Food and Agriculture Organization of the United Nations,Rome[R/OL]. https://www. fao. org/3/a0701e/a0701e00. htm.

FAO,2013. Irrigation in Central Asia in Figures[R/OL]. FAO Water Reports 39. https://www. fao. org/3/i3289e/i3289e. pdf.

FUNAKAWA S,KOSAKI T,2007. Potential risk of soil salinization in different regions of Central Asia with special reference to salt reserves in deep layers of soils[J]. Soil Science and Plant Nutrition,53:634-649.

FUNAKAWA S,SUZUKI R,KANAYA S,et al. 2007. Distribution patterns of soluble salts and gypsum in soils under large-scale irrigation agriculture in Central Asia[J]. Soil Science and Plant Nutrition,53:150-161.

GAO P, NIU X, WANG B, et al, 2015. Land use changes and its driving forces in hilly ecological restoration area based on gis and rs of northern china[J]. Scientific Reports, 5: 11038.

GAUR M K,SQUIRES V R,2018. Climate variability impacts on land use and livelihoods in drylands[J]. The Rangeland Journal,40(6):615.

GAYE C B, TINDIMUGAYA C, 2019. Review: Challenges and opportunities for sustainable groundwater management in Africa[J]. Hydrogeology Journal,27(3):1099-1110.

GILBERT,NATASHA,2012. Water under pressure[J]. Nature,483(7389):256-257. https://doi. org/10.1038/483256a.

GILL T E,1996. Eolian sediments generatedby anthropogenic disturbance of playas:Human impacts on the geomorphic system and geomorphic impacts on the human system[J]. Geomorphology,17:207-228.

GORELICK S, ZHENG C, 2015. Global change and the groundwater management challenge[J]. Water Resources Research(51):3031-3051.

GORJI T,SERTEL E,TANIK A,2017. Monitoring soil salinity via remote sensing technology under data scarce conditions:A case study from Turkey[J]. Ecological Indicators,74:384-391.

GOSWAMI P,NISHAD S N,2015. Virtual water trade and time scales for loss of water sustainability:A comparative regional analysis[J]. Scientific Reports,5:9306.

GRAHAM N T,HEJAZI M I,KIM S H,et al,2020. Future changes in the trading of virtual water[J]. Nature

Communications, 11:3632.

GREVE P,ORLOWSKY B,MUELLER B,et al,2014. Global assessment of trends in wetting and drying over land[J]. Nature Geoscience,7:716-721.

GROLL M,OPP C,ASLANOV I,2013. Spatial and temporal distribution of the dust deposition in Central Asia-results from a long term monitoring program[J]. Aeolian Research,9:49-62.

GUAN X,YANG L,ZHANG Y,et al,2019. Spatial distribution,temporal variation,and transport characteristics of atmospheric water vapor over Central Asia and the arid region of China[J]. Global and Planetary Change,172:159-178.

GULIYULDASHEVA U H,JAMES C,2010. Current trends in water management in Central Asia[J]. Peace and Conflict Review,5(1):1-13.

GUO L D,ZHOU H W,XIA Z Q,et al,2015. Water resources security and its countermeasure suggestions inbuilding Silk Road Economicbelt[J]. China Population Resources and Environment,25(5):114-121.

GUPTA R,KIENZLER K,MARTIUS C,et al,2009. Research Prospectus: A Vision for Sustainable Land Management Research in Central Asia[R/OL]. ICARDA Central Asia and Caucasus Program. Sustainable Agriculture in Central Asia and the Caucasus Series, 1: 84. https://www. researchgate. net/publication/235792167/.

GUSEVA N V,OTATULOVA Y A,2014. Geochemistry of groundwater in Tashkent artesianbasin(Republic of Uzbekistan)[J]. Bulletin of Tomsk Polytechnic University[in Russian],325(1):127-136.

HAAG I,JONES P D,SAMIMI C,2019. Central Asia's changing climate:How temperature and precipitation have changed across time,space,and altitude[J]. Climate,7(10):123.

HAGG W,HOELZLE M,WAGNER S,et al,2013. Glacier and runoff changes in the Rukhk catchment,upper Amu-Daryabasin until 2050[J]. Global and Planetary Change,110:62-73.

HAMIDOV A,HELMING K,BALLA D,2016a. Impact of agricultural land use in Central Asia:A review[J]. Agronomy for Sustainable Development,36:6.

HANASAKI N,INUZUKA T,KANAE S,et al,2010. An estimation of global virtual water flow and sources of water withdrawal for major crops and livestock products using a global hydrological model[J]. Journal of Hydrology,384(3-4):232-244.

HANDAVU F,CHIRWA P W C,SYAMPUNGANI S,2019. Socio-economic factors influencing land-use and land-cover changes in the miombo woodlands of the Copperbelt province in Zambia[J]. Forest Policy and Economics,100: 75-94.

HAQUE M I,BASAT R,2017. Land cover change detection using GIS and remote sensing techniques: A spatio-temporal study on Tanguar Haor,Sunamganj,Bangladesh[C]. International Conference on Innovations in Science. IEEE.

HASSANI A,AZAPAGIC A,SHOKRI N,2020. Predicting long-term dynamics of soil salinity and sodicity on a global scale[J]. Proceedings of the National Academy of Sciences of the United States of America,117: 33017-33027.

HATAMOV A A, 2002. Development of water sector of Turkmenistan[R]. Scientific-practical conference devoted to10-anniversary ICWC:211-214.

HAYAT K,BARDAK A,2020. Genetic variability for ginning outturn and association among fiber quality traits in an upland cotton global germplasm collection[J]. Sains Malaysiana,49(1):11-18.

HE C Y,OTADA N,ZHANG Q F,et al,2006. Modeling urban expansion scenarios by coupling cellular automata model and system dynamic model in Beijing,China[J]. Applied Geography,26(3-4): 323-345.

HE Y,2017. China's Transboundary groundwater cooperation in the context of emerging transboundary aquifer law[J]. Groundwater,55(4):489-494.

HELD I M,SODEN B J,2006. Robust responses of the hydrological cycle to global warming[J]. Journal of Climate,19:5686-5699.

HILL A F,MINBAEVA C K,WILSON A M,et al,2017. Hydrologic controls and water vulnerabilities in the Naryn Riverbasin,Kyrgyzstan:A Socio-Hydro case study of water stressors in Central Asia[J]. Water,9(5):325.

HOEKSTRA A Y,1998. Perspectives on water: An integrated model-based exploration of the future[R]. Internationalbooks,Utrecht,the Netherlands.

HOEKSTRA A Y,2003. Virtual water trade Proceedings of the International Expert Meeting on Virtual Water Trade[R]. UNESCO-IHE. Delft. The Netherlands.

HOEKSTRA A Y, HUNG P Q, 2002. Virtual water trade: A quantification of virtual water flowsbetween nations in relation to international crop trade[J]. Water Science & Technology,49(11):203-209.

HOEKSTRA A Y,HUNG P Q,2005. Globalization of water resources:International virtual water flows in relation to crop trade[J]. Global Environmental Change,15:45-56.

HOEKSTRA A Y,CHAPAGAIN A K,2008. Globalization of water: Sharing the planet's freshwater resources[M]. Oxford,UK:Blackwell Publishing.

HOEKSTRA A Y,CHAPAGAIN A K,ALDAYA M M,et al,2011. The Water Footprint Assessment Manual:Setting the Global Standard[C]. Earth Scan,London.

HOEKSTRA A Y,MEKONNEN M M,2016,Imported water risk: The case of the UK,Environmental Research Letters[J]. 11(5): 055002.

HOWARD K W F,HOWARD K K,2016. The new "Silk Road Economicbelt" as a threat to the sustainable management of Central Asia's transboundary water resources[J]. Environmental Earth Sciences,75(11):1-12.

HU Z,ZHANG C,HU Q,et al,2014. Temperature changes in Central Asia from 1979 to 2011 based on multiple datasets[J]. Journal of Climate,27:1143-1167.

IKRAMOV R,2007. Underground and Surface Water Resources of Central Asia,and Impact of Irrigation on Theirbalance and Quality[M]//Lal R, Suleimenov M, Stewartb A, et al. Climate Change and Terrestrial Carbon Sequestration in Central Asia. London,UK:Taylor & Francis Group:97-107.

IPCC,2014. Intergovernmental Panel on Climate Change. Climate Change 2013: The Physical Science Basis [M]. Cambridge, United Kingdom and New York: Cambridge University Press. DOI: 10.1017/CBO9781107415324.

IVUSHKIN K,BARTHOLOMEUS H,BREGT A K,et al,2019. Global mapping of soil salinity change[J]. Remote Sensing of Environment,231:111260.

JEROEN B GUINEE,HEIJUNGS R,2010. A proposal for the definition of resource equivalency factors for use in product life-cycle assessment[J]. Environmental Toxicology & Chemistry,14(5): 917-925.

JI L L,MUBAREKE A,DONG W L,et al,2009. Comparative analysis of the land water resources exploitation and its safety in the five countries of Central Asia[J]. Journal of Glaciology and Geocryology,31(5):960-967.

JOSLING T,ANDERSON K,SCHMITZ A,et al,2010. Understanding international trade in agricultural products:One hundred years of contributionsby agricultural economists[J]. American Journal of Agricultural Economics,92(2):424-446.

JU H R,ZHANG Z X,ZUO L J,et al,2016. Driving forces and their interactions of built-up land expansion based on the geographical detector — A case study of Beijing,China[J]. International Journal of Geographical Information Science,30(11): 2188-2207.

KAHRIZ M P,KAHRIZ P P,KHAWAR K M,2019. Cotton Production in Central Asia[M]//Jabran K,Chauhanb S. Cotton Production. Hoboken,NJ:Wileyblackwell:323-39.

KANG C,ZHANG Y L,PAUDEL B,et al,2018. Exploring the factors driving changes in farmland within the Tumen/Tuman River Basin[J]. International Journal of Geo-Information,7(9): 352.

KARTHE D,CHALOV S,BORCHARDTD D,2014. Water resources and their management in Central Asia in the early twenty first century:Status,challenges and future prospects[J]. Environmental Earth Sciences,73(2):487-499.

KHASANOV S,LI F,KULMATOV R,et al,2022. Evaluation of the perennial spatio-temporal changes in the groundwater level and mineralization, and soil salinity in irrigated lands of arid zone: As an example of Syrdarya Province,Uzbekistan[J]. Agricultural Water Management:263.

KHAYDAR D,CHEN X,HUANG Y,et al,2021. Investigation of crop evapotranspiration and irrigation water requirement in the lower Amu Darya River Basin,Central Asia [J]. Journal of Arid Land,13(1):23-39.

KLEIN I,DIETZ A J,GESSNER U,et al,2014. Evaluation of seasonal waterbody extents in Central Asia over the past 27 years derived from medium-resolution remote sensing data[J]. International Journal of Applied Earth Observation and Geoinformation,26:335-349.

KONAR M,DALIN C,HANASAKI N,et al,2012. Temporal dynamics of blue and green virtual water trade networks[J]. Water Resour Res,48,W07509,doi:10. 1029/2012WR011959.

KRAEMER R,PRISHCHEPOV A V,MULLER D,et al,2015. Longterm agricultural land-cover change and potential for cropland expansion in the former virgin lands area of Kazakhstan[J]. Environmental Research Letters,10(5):054012.

KRZYWINSKI M I, SCHEIN J E, BIROL I, et al, 2009. Circos: An information aesthetic for comparative genomics[J]. Genome Research,19(9):1639-1645.

KULMATOV R,2014. Problems of sustainable use and management of water and land resources in Uzbekistan [J]. Journal of Water Resource and Protection,6:35-42.

KULMATOV R,KHASANOV S,ODILOV S,et al,2021. Assessment of the space-time dynamics of soil salinity in irrigated areas under climate change:A case study in Sirdarya Province,Uzbekistan[J]. Water,Air,and Soil Pollution,232(5):1-13.

KULMATOV R,RASULOV A,KULMATOVA D,et al,2015. The modern problems of sustainable use and management of irrigated lands on the example of the bukhara Region(Uzbekistan) [J]. Journal of Water Resource and Protection(7):956-971.

KUSHIEV H,NOBLE A D,ABDULLAEV I,et al,2005. Remediation of abandoned saline soils using glycyrrhiza glabra:A study from the hungry steppes of central Asia[J]. International Journal of Agricultural Sustainability,3:102-113.

KUZMINA Z V,TRESHKIN S E,2016. Climate changes in the Aral Sea Region and Central Asia[J]. Arid Ecosystems,6:227-240.

LATONOV A P,ARIMOV A K,RATHAPAR S P,2015. Using satellite images for multi-annual soil salinity mapping in the irrigated areas of Syrdarya Province,Uzbekistan[J]. Journal of Arid Land Studies,25(3): 225-228.

LEE E,JAYAKUMAR R,SHRESTHA S,et al,2018. Assessment of transboundary aquifer resources in Asia: Status and progress towards sustainable groundwater management[J]. Journal of Hydrology:Regional Studies,20:103-115.

LENG P,ZHANG Q,LI F,et al,2021. Agricultural impacts drive longitudinal variations of riverine water quality of the Aral Seabasin (Amu Darya and Syr Darya Rivers), Central Asia[J]. Environmental Pollution, 284:117405.

LERMAN Z, PRIKHODKO D, PUNDA I, et al, 2012. Turkmenistan—Agricultural Sector Review[M]. Rome, Italy: FAO Investment Center.

LESSER L E, MAHLKNECHT J, LÓPEZ-PÉREZ M, 2019. Long-term hydrodynamic effects of the All-American Canal lining in an arid transboundary multilayer aquifer: Mexicali Valley in north-western Mexico[J]. Environmental Earth Sciences, 78(16):504.

LI K M, FENG M M, BISWAS A, et al, 2020. Driving factors and future prediction of land use and cover change based on satellite remote sensing data by the LCM model: A case study from Gansu Province, China [J]. Sensors, 20(10): 2757.

LI L, LUO G, CHEN X, et al, 2011. Modelling evapotranspiration in a Central Asian desert ecosystem[J]. Ecological Modelling, 222:3680-3691.

LI W, LI C, LIU X, et al, 2018. Analysis of spatial-temporal variation in NPP based on hydrothermal conditions in the Lancang-Mekong Riverbasin from 2000 to 2014[J]. Environmental Monitoring and Assessment, 190:321.

LIOUBIMTSEVA E, COLE R, 2006. Uncertainties of climate change in arid environments of Central Asia[J]. Reviews in Fisheries Science, 14:29-49.

LIOUBIMTSEVA E, HENEBRY G M, 2009. Climate and environmental change in arid Central Asia: Impacts, vulnerability, and adaptations[J]. Journal of Arid Environments, 73:963-977.

LIU C L, LI W L, ZHU G F, et al, 2020. Land Use/Land Cover Changes and Their Driving Factors in the Northeastern Tibetan Plateau Based on Geographical Detectors and Google Earth Engine: A Case Study in Gannan Prefecture[J]. Remote Sensing, 12(19): 3139.

LIU X, DU H, ZHANG Z, et al, 2019. Can virtual water trade save water resources? [J]. Water Research, 163:114848.

LIU Y Q, LONG H L, 2016. Land use transitions and their dynamic mechanism: The case of the Huang-Huai-Hai Plain[J]. Journal of Geographical Sciences, 26(5): 515-530.

LIU Y, ZHUO L, VARIS O, et al, 2021. Enhancing water and land efficiency in agricultural production and tradebetween Central Asia and China[J]. Science of the Total Environment, 780:146584.

LOMBARDOZZI L, 2020. Patterns of accumulation and social differentiation through a slow-paced agrarian market transition in Post-Soviet Uzbekistan[J]. Journal of Agrarian Change, 20(4):637-658.

LOVARELLI D, BACENETTI J, FIALA M, 2016. Water footprint of crop productions: A review[J]. Science of the Total Environment, 548:236-251.

MA C, YANG Z W, XIA R, et al, 2021. Rising water pressure from global crop production—A 26-yr multiscale analysis[J]. Resources, Conservation & Recycling, 172:105665.

MACDONALD S, 2012. Economic policy and cotton in Uzbekistan[R]. A Report from Economic Research Service. United States Department of Agriculture. CWS-12h-01:1-26.

MANNIG B, POLLINGER F, GAFUROV A, et al, 2018. Impacts of Climate Change in Central Asia[M]// Encyclopedia of the Anthropocene. Elsevier: 195-203.

MARTINEZ-ALDAYA M, MUNOZ G, HOEKSTRA A Y, 2010. Water footprint of cotton, wheat and rice production in Central Asia[R/OL]. Value of Water Research Report 41; No. 41, Unesco-IHE Institute for Water Education, Delft, The Netherlands. https://research. utwente. nl/en/publications/water-footprint-of-cottonwheat-and-rice-production-in-central-as.

MARTIUS C, LAMERS J, WEHRHEIM P, et al, 2004. Developing sustainable land and water management for the Aral Sea Basin through an interdisciplinary approach[C]//ACIAR PROCEEDINGS. ACIAR: 45-60.

MATHIS B, MA Y, MANCENIDO M, et al, 2019. Exploring the design space of Sankey Diagrams for the Food-Energy-Water Nexus[J/OL]. IEEE Computer Graphics and Applications. https://doi.org/10.1109/MCG.2019.2927556.

MAVLONOV A A, ABDULLAEV B D, 2016. Water resources of Uzbekistan and their use: Current status and perspectives[R]//Proceedings of the Water Resources of Central Asia and Their Use, Almaty, Kazakhstan, 22-24 September 2016: 348-351.

MEKONNEN M M, HOEKSTRA A Y, 2011. The green, blue and grey water footprint of crops and derived crop products[J]. Hydrology of Earth System Sciences, 15(5): 1577-1600.

MICKLIN P, ALADIN N V, 2008. Reclaiming the Aral Sea[J]. Scientific American, 298(4): 64-71.

MIRSHADIEV M, FLESKENS L, VAN D J, et al, 2018. Scoping of promising land management and water use practices in the dry areas of Uzbekistan[J]. Agricultural Water Management, 207: 15-25.

MOGILEVSKII R, AKRAMOV K, 2014. Trade in agricultural and food products in Central Asia[R]. Working Paper No. 27, University of Central Asia, Institute of Public Policy and Administration.

MORADI F, KABOLI H S, LASHKARARA B, 2020. Projection of future land use/cover change in the Izeh-Pyon Plain of Iran using CA-Markov model[J]. Arabian Journal of Geosciences, 13(19): 998.

MORGOUNOV A, GÓMEZ-BECERRA H F, ABUGALIEVA A, et al, 2007. Iron and zinc grain density in common wheat grown in Central Asia[J]. Euphytica, 155: 193-203.

NIEDERER P, BILENKO V, ERSHOVA N, et al, 2007. Tracing glacier wastage in the Northern Tien Shan (Kyrgyzstan/Central Asia) over the last 40 years[J]. Climatic Change, 86(1-2): 227-234.

ORLOVSKY N, ORLOVSKY L, YANG Y L, et al, 2003. Salt duststorms of Central Asia since 1960s[J]. Journal of Desert Research, 23(1): 20-29.

OZTURK T, TURP M T, TURKES M, et al, 2017. Projected changes in temperature and precipitation climatology of Central Asia CORDEX Region 8 by using RegCM4.3.5[J]. Atmospheric Research, 183: 296-307.

PEYROUSE S, 2013. Food security in Central Asia—A public policy challenge[R]. PONARS Eurasia Policy Memo No. 300, The George Washington University.

PIAO S, MOHAMMAT A, FANG J, et al, 2006. NDVI-based increase in growth of temperate grasslands and its responses to climate changes in China[J]. Global Environmental Change-Human and Policy Dimensions, 16: 340-348.

PLATONOV A, THENKABAIL P S, BIRADAR C M, et al, 2008. Water productivity mapping (WPM) using Landsat ETM+ data for the irrigated croplands of the Syrdarya Riverbasin in Central Asia[J]. Sensors, 8(12): 8156-8180.

PODOLNY O V, SKOPINTSEV I B, ALIBEKOVA V S, et al, 2016. Pretashkent transboundary aquifer in central Asia (research project GGRETA) [R]//Proceedings of the Water Resources of Central Asia and Their Use, Almaty, Kazakhstan, 22-24 September 2016: 330-339.

POLSKY C, NEFF R, YARNAL B, et al, 2007. Building comparable global change vulnerability assessments: The vulnerability scoping diagram[J]. Global Environmental Change-human and Policy Dimensions, 17(3): 472-485.

PORKKA M, KUMMU M, SIEBERT S, et al, 2012. The role of virtual water flows in physical water scarcity: The case of central Asia[J]. International Journal of Water Resources Development, 28(3): 453-474.

PURI S, AURELI A, 2005. Transboundary aquifers: A global program to assess, evaluate, and develop policy [J]. Ground Water, 43(5): 661-668.

PÉTRÉ M A, RIVERA A, LEFEBVRE R, 2019. Numerical modeling of a regional groundwater flow system to assess groundwater storage loss, capture and sustainable exploitation of the transboundary Milk River Aquifer(Canada - USA)[J]. Journal of Hydrology, 575: 656-670.

QIAN Y, TIAN X, GENG Y, et al, 2019. Driving factors of agricultural virtual water tradebetween China and thebelt and Road countries[J]. Environmental Science & Technology, 53(10): 5877-5886.

QIN X, LIU W B, MAO R C, et al, 2021. Quantitative assessment of driving factors affecting human appropriation of net primary production (HANPP) in the Qilian Mountains, China [J]. Ecological Indicators, 121: 106997.

RAKHMATULLAEV S, HUNEAU F, CELLE-JEANTON H, ET AL, 2013. Water reservoirs, irrigation and sedimentation in Central Asia: A first-cut assessment for Uzbekistan[J]. Environmental Earth Sciences, 68(4): 985-998.

RASHID K, 2014. Problems of sustainable use and management of water and land resources in Uzbekistan[J]. Journal of Water Resource and Protection, 6: 35-42.

RASUL G, SHARMA B, 2016. The nexus approach to water-energy-food security: An option for adaptation to climate change[J]. Climate Policy, 16(6): 682-702. DOI: 10.1080/14693062.2015.1029865.

REDDY J M, JUMABOEV K, MATYAKUBOV B, et al, 2013. Evaluation of furrow irrigation practices in Fergana Valley of Uzbekistan[J]. Agricultural Water Management, 117: 133-144.

REN D, YANG Y, YANG Y, et al, 2018. Land-water-food nexus and indications of crop adjustment for water shortage solution[J]. Science of The Total Environment, 626: 11-21.

REYER C P, OTTO I M, ADAMS S, et al, 2017. Climate change impacts in Central Asia and their implications for development[J]. Regional Environmental Change, 17: 1639-1650.

RIQUELME F J M, RAMOS A B, 2005. Land and water use management in vine growingby using geographic information systems in Castilla-La Mancha, Spain[J]. Agricultural water management, 77(1-3): 82-95.

ROSA L, CHIARELLI D D, TU C, et al, 2019. Global unsustainable virtual water flows in agricultural trade [J]. Environmental Research Letter, 14: 114001.

ROSA L, RULLI M C, DAVIS K F, et al, 2018. Closing the yield gap while ensuring water sustainability[J]. Environmental Research Letter, 13: 104002.

ROST S, GERTEN D, BONDEAU A, et al, 2008. Agricultural green and blue water consumption and its influence on the global water system[J]. Water Resource Research, 44(9): W09405.

RUAN H, YU J, WANG P, et al, 2020. Increased crop water requirements have exacerbated water stress in the arid transboundary rivers of Central Asia[J]. Science of the Total Environment, 713: 136585.

RUDENKO I, BEKCHANOV M, DJANIBEKOV U, et al, 2013. The added value of a water footprint approach: Micro-and macroeconomic analysis of cotton production, processing and export in waterbound Uzbekistan[J]. Global and Planetary Change, 110(A): 143-151.

SACCON P, 2018. Water for agriculture, irrigation management[J]. Applied soil ecology, 123: 793-796.

SAIKO T A, ZONN I S, 2000. Irrigation expansion and dynamics of desertification in the Circum-Aral region of Central Asia[J]. Applied Geography, 20: 349-367.

SCHUBERT H, CALVO A C, RAUCHECKER M, et al. Assessment of Land Cover Changes in the Hinterland of Barranquilla (Colombia) Using Landsat Imagery and Logistic Regression[J]. Land, 2018, 7(4): 152.

SEVERSKIY I V, 2004. Water-related problems of Central Asia: Some results of the (GIWA) International Water Assessment Program[J]. Ambio, 33(1-2): 52-62.

SHAFEEQUE M, LUO Y, WANG X, et al, 2020. Altitudinal distribution of meltwater and its effects on glaciohydrology in glacierized catchments, Central Asia[J]. Journal of the American Water Resources Association, 56(1): 30-52.

SHANGGUAN W,DAI Y,DUAN Q,et al,2014. A global soil data set for Earth System Modeling[J]. Journal of Advances in Modeling Earth Systems,6:249-263.

SHIROKOVA F,SHARAFUTFINOVA,2000. Use of electrical conductivity instead of soluble salts for soil salinity monitoring in Central Asia[J]. Irrigation and Drainage Systems,14:199-205.

SIDIKE A,ZHAO S,WEN Y,2014. Estimating soil salinity in Pingluo County of China using Quick Birddata and soil reflectance spectra[J]. International Journal of Applied Earth Observation and Geoinformation,26:156-175.

SMITH M,2000. The application of climatic data for planning and management of sustainable rainfed and irrigated crop production[J]. Agricultural and Forest meteorology,103(1-2):99-108.

SMOLYAR V A,ISAEV A K,2016. Inferred resources and operational stocks of ground waters and their distribution on the territory of Kazakhstan[C]. Proceeclings of the water resources of Central Asia and their use [in Russian]. Almaty Kazakhstan:238-246.

SOLIGNO I,MALIK A,LENZEN M,2019. Socioeconomic drivers of globalblue water use[J]. Water Resource Research,55(7):5650-5664.

SONG S K,BAI J,2016. Increasing winter precipitation over Arid Central Asia under global warming[J]. Atmosphere,7(10):139.

SORG A,BOLCH T,STOFFEL M,et al,2012. Climate change impacts on glaciers and runoff in Tien Shan (Central Asia) [J]. Nature Climate Change,2:725-731.

STANCHIN I M,2016. Water resources and water management in Turkmenistan:History,current status and prospects[J]. Synergy(5):86-99.

STAVI I,THEVS N,PRIORI S,2021. Soil salinity and sodicity in drylands:A review of causes,effects,monitoring,and restoration measures[J]. Frontiers in Environmental Science,9:1-16.

SUN J,LI Y P,SUO C,et al,2019. Impacts of irrigation efficiency on agricultural waterland nexus system management under multiple uncertainties—A case study in Amu Darya Riverbasin,Central Asia[J]. Agricultural water management,216:76-88.

SUTTON W,SRIVASTAVA J,LYNCH B,et al,2010. Uzbekistan:Climate Change and Agriculture Country Note[M]. Washington D C:Worldbank Group.

SVANIDZE M,GOTZ L,DJURIC I,et al,2019. Food security and the functioning of wheat markets in Eurasia:A comparative price transmission analysis for the Countries of Central Asia and the South Caucasus[J]. Food Security,11:733-752.

TAGHADOSI M M,HASANLOU M,2017. Trend analysis of soil salinity in different land cover types using Landsat time series data(case studybakhtegan Salt Lake) [J]. International Archives of the Photogrammetry,Remote Sensing and Spatial Information Sciences-ISPRS Archives,42:251-257.

THEVS N,OVEZMURADOV K,ZANJANI L V,et al,2015. Water consumption of agriculture and natural ecosystems at the Amu Darya in Lebap Province,Turkmenistan[J]. Environmental Earth Sciences,73(2):731-741.

TODERICH K,ISMAIL S,MASSINO I,et al,2010. Extent of salt-affected land in Central Asia:Biosaline agriculture and utilization of the salt-affected resources. Advances in assessment and monitoring of salinization and status ofbiosaline agriculture. Reports of expert consultation,Dubai,UAE[J]. World Soil Resources Reports,104:315-342.

TOLSTIKHIN G M,2016. Resources of fresh ground waters of the Kyrgyz Republic:Status of conditions of drinking water supply of population[C]. Proceedings of the water resources of Central Asia and their use[in Russian]. Almaty Kazakhstan:257-259.

TRAN T V, TRAN D X, MYINT S W, et al, 2019. Examining spatiotemporal salinity dynamics in the Mekong River Delta using Landsat time series imagery and a spatial regression approach[J]. Science of the Total Environment, 687: 1087-1097.

TUNINETTI M, TAMEA S, LAIO F, et al, 2017. A fast track approach to deal with the temporal dimension of crop water footprint[J]. Environmental Research Letters, 12(7): 074010.

UNECE, 2007. Our waters: Joining Hands Acrossborders. First Assessment of Transboundary Rivers, Lakes and Groundwaters. United Nations New York and Geneva[Z/OL]. https://www.unece.org/index.php? id=13095.

UNECE, 2011. Second Assessment of Transboundary Rivers, Lakes and Groundwaters, United Nations New York and Geneva[Z/OL]. https://www.unece.org/index.php? id=26343[J].

UNESCO-IHP, et al, 2015. Transboundary Aquifer Information Sheet[Z/OL]. https://apps.geodan.nl/igrac/ggis-viewer/region_information.

UNESCO-IHP, UNEP, 2016. Transboundary Aquifers and Groundwater Systems of Small Island Developing States: Status and Trends[Z]. UNEP. Nairobi.

UNGER-SHAYESTEH K, VOROGUSHYN S, FARINOTTI D, et al, 2013. What do we know about past changes in the water cycle of Central Asian headwaters? A review[J]. Global and Planetary Change, 110: 4-25.

UNRCCA, 2019. 2018 Water Yearbook: Central Asia and Around the Globe[M]. OSCE PCUz: Tashkent, Uzbekistan.

USDA, 2020. Global Markets: Cotton—Consumptionbooms in Central Asia, Exports Falter[Z/OL]. https://agfax.com/2020/01/15/global-markets-cotton-consumption-booms-in-central-asia-exports-falter/.

VARIS O, KUMMU M, 2012. The major Central Asian riverbasins: An assessment of vulnerability[J]. International Journal of Water Resources Development, 28(3): 433-452.

VEERANNA J, MISHRA A K, 2017. Estimation of evapotranspiration and irrigation scheduling of lentilusing CROPWAT 8.0 model for Anantapur District, Andhra Pradesh, India[J]. Journal of AgriSearch, 4(4): 255-258.

VÖRÖSMARTY C J, GREEN P, SALISBURY J, et al, 2000. Global water resources: Vulnerability from climate change and population growth[J]. Science, 289(5477): 284-288.

WANG M, CAI L Y, XU H, et al, 2019. Predicting land use changes in northern China using logistic regression, cellular automata, and a Markov model[J]. Arabian Journal of Geosciences, 12(24): 790.

WANG Q Z, GUAN Q Y, LIN T K, et al, 2021. Simulating land use/land cover change in an arid region with the coupling models[J]. Ecological Indicators, 122: 107231.

WEEDON G P, GOMES S, VITERBO P, et al, 2010. The WATCH forcing data 1958-2001: A meteorological forcing dataset for land surface-and hydrological models[R]. WATCH Technical Report, 22.

WEINZETTEL J, HERTWICH E G, PETERS G P, et al, 2013. Affluence drives the global displacement of land use[J]. Global Environmental Change, 23(2): 433-438.

WHITE C J, TANTON T W, RYCROFT W, 2014. The impact of climate change on the water resources of the Amu Daryabasin in Central Asia[J]. Water Resources Management, 28(15): 5267-5281.

XU H, 2017. The study on eco-environmental issue of Aral Sea from the perspective of sustainable development of Silk Road Economicbelt[C]//IOP Conference Series: Earth and Environmental Science. IOP Publishing, 57(1): 012060.

XU H, WANG X, 2016a. Effects of altered precipitation regimes on plant productivity in the arid region of northern China[J]. Ecol Inform, 31: 137-146.

XU H,WANG X,ZHANG X,2016b. Alpine grasslands response to climatic factors and anthropogenic activities on the Tibetan Plateau from 2000 to 2012[J]. Ecol Eng,92:251-259.

YANG H,ZEHNDER A,2007. Virtual water:An unfolding concept in integrated water resources management [J]. Water Resources Research,43:W12301.

YANG P,ZHANG Y Y,XIA J,et al,2020a. Identification of drought events in the majorbasins of Central Asiabased on a combined climatological deviation index from GRACE measurements[J]. Atm Res,244:105105.

YANG P,ZHANG Y Y,XIA J,et al,2020b. Investigation of precipitation concentration and trends and their potential drivers in the major riverbasins of Central Asia[J]. Atm Res,245:105128.

YANG S,WANG T T,2010. On the impact of water resources dispute on international relations[J]. Journal of Lanzhou University (Social Sciences),38(5): 52-59.

YANG Z,SONG J,CHENG D,et al,2019. Comprehensive evaluation and scenario simulation for the water resources carrying capacity in Xi'an city,China[J]. Journal of environmental management,230:221-233.

YAO J Q,CHEN Y N,2015. Trend analysis of temperature and precipitation in the Syr Daryabasin in Central Asia[J]. Theoretical and Applied Climatology,120:521-531.

YIN G,HU Z,CHEN X,et al,2016. Vegetation dynamics and its response to climate change in Central Asia [J]. Journal of Arid Land,8:375-388.

YU Y,CHEN X,MALIK I,et al,2021. Spatiotemporal changes in water,land use,and ecosystem services in Central Asia considering climate changes and human activities[J]. Journal of Arid Land,13:881-890.

ZEITOUN M,GOULDEN M,TICKNER D,2013. Current and future challenges facing transboundary riverbasin management[J]. Wiley Interdisciplinary Reviews:Climate Change,4(5):331-349.

ZHANG J Y,CHEN Y N,LI Z,et al,2019. Study on the utilization efficiency of land and water resources in the Aral Seabasin, Central Asia [J]. Sustainable Cities and Society, 51: 101693. DOI: 10. 1016/j. scs. 2019. 101693.

ZHANG K,KIMBALL J S,NEMANI R R,2010. A continuous satellite-derived global record of land surface evapotranspiration from 1983 to 2006[J]. Water Resources Research,46:109-118.

ZHANG Y F,LI Y P,SUN J,et al,2020. Optimizing water resources allocation and soil salinity control for supporting agricultural and environmental sustainable development in Central Asia[J]. Science of the Total Environment,704:135281.

ZHANG Y,YAN Z X,SONG J X,et al,2020. Analysis for spatial-temporal matching patternbetween water and land resources in Central Asia[J]. Hydrology Research,177:703883.

ZHANG Y,ZHANG J H,TIAO Q,et al,2018. Virtual water trade of agricultural products:A new perspective to explore the Belt and Road[J]. The Science of the Total Environment,622/623:988-996.

ZHENG F Y,HU Y C,2018. Assessing temporal-spatial land use simulation effects with CLUE-S and Markov-CA models in Beijing. [J]. Environmental Science & Pollution Research International.

ZHENG H,ZHANG L,ZHU R,et al,2009. Responses of streamflow to climate and land surface change in the headwaters of the Yellow Riverbasin[J]. Water Resources Research,45(7):641-648.

ZHOU X,HAN S,LI H,et al,2021. Virtual water flows in internal and external agricultural product trade in Central Asia[J/OL]. Journal of the American Water Resources Association:1-13. https://doi. org/10. 1111/1752-1688. 12959.

附录　本书缩略词

缩略词	英文全称	含义
AES	Agro Ecological Suitability	农业生态适宜性
AFG	Afghanistan	阿富汗
AHP	Analytic Hierarchy Process	层次分析法
AMSR	Advanced Microwave Scanning Radiometer	高性能微波扫描辐射计
ArcGIS	Arc Geographic Information System	地理信息系统处理软件
ArcMap	ArcMap	制图软件
ARIMA	Autoregressive Integrated Moving Average Model	差分整合移动平均自我回归模型
ASB	Aral Sea Basin	咸海盆地
ASCII	American Standard Code for Information Interchange	美国信息交换标准代码
BCSD	Bias Correction and Spatial Disaggregation	偏差校正-空间降尺度
BSk		半干旱气候
BWk		冷荒漠气候
BWF	Blue Water Flow	蓝水足迹
CA	Cellular Automata	元胞自动机
CCDI	Combined Climatological Deviation Index	联合气候偏差指数
CCI	Climate Change Initiative	气候变化倡议
CGM	Crop Growth Module	作物生长模块
CLM	Community Land Model	公用陆面过程模式
CMIP	Coupled Model Intercomparison Program	国际耦合模式比较计划
CPC	Climate Prediction Center	美国气候预测中心
CPC-IDW		反距离权重插值法用于到 CPC 数据插值
CPC-LLD		考虑高程和距离的差值法用于到 CPC 数据插值
CPC-NST		最近站点法用于到 CPC 数据插值
CRU	Climatic Research Unit	英国东英格利亚大学气候研究所
DCA	Detrended Correspondence Analysis	消除趋势对应分析
DDA	Dynamic Decomposition Analysis	动态分解分析方法
DEM	Digital Elevation Model	数字高程模型
DIC	Dissolved Inorganic Carbon	溶解无机碳

续表

缩略词	英文全称	含义
DOC	Dissolved Organic Carbon	溶解有机碳
DRM	Dam Regulation Module	闸坝调度模块
DSI	Drought Severity Index	干旱严重指数
DTC	Total Organic Carbon	总溶解碳
EC	Electrical Conductivity	电导率
ECMWF	European Centre for Medium-Range Weather Forecasts	欧洲中期天气预报中心
EM- FUZZY	Entropy Method- FUZZY	基于熵值法的模糊综合评价模型
EMI	Environment Meteorological Index	环境气象指数
ENSO	El Nino and Southern Oscillation	厄尔尼诺-南方涛动
ERA-Interim	The ERA-Interim Datase	气候再分析数据集
ESA	European Space Agency	欧洲航天局
FAO	Food and Agriculture Organization of the United Nations	联合国粮食及农业组织
FAO-56	FAO Irrigation and drainage paper No. 56	联合国粮食及农业组织灌溉排水报告(56号)
GC	Gini Coefficient	基尼系数
GCMs	Global Climate Models	全球气候模式
GDP	Gross Domestic Product	国内生产总值
GIMMS	Global Inventory Modelling and Mapping Studies	全球植被指数变化研究
GIS	Geographic Information System	地理信息系统
GLDAS	Global Land Data Assimilation System	全球陆地同化系统
GRACE	Gravity Recovery and Climate Experiment	重力场恢复与气候实验卫星
HCM	Hydrological cycle module	水文循环模块
HEQM	Hydrological, Ecological and water Quality Model	水循环系统模型
HWSD	Harmonized World Soil Database	世界土壤数据库
IDRISI		IDRISI软件。遥感与地理信息系统结合应用的系统软件,用于土地利用模拟预测
IMAGE-GNM	Integrated Model to Assess the Global Environment-Global Nutrient Model	全球养分模型
IPCC	Intergovemmental Panel on Climate Change	政府间气候变化专门委员会
ISARM	Internationally Shared Aquifer Resources Management	国际共有含水层资源管理计划
ISI-MIP	The Inter-Sectoral Impact Model Intercomparison Project	跨部门影响模式比较计划

续表

缩略词	英文全称	含义
IWR	Irrigation Water Requirement	作物需水量
Kappa	kappa	Kappa 系数用于一致性检验，也可以用于衡量分类精度。
KAZ	Kazakhstan	哈萨克斯坦
KGZ	Kyrghyzstan	吉尔吉斯斯坦
Landsat KM/EKM/OLI	Landsat Program	陆地卫星
LPDR	Land Parameter Data Record	陆地参数数据记录
LUCC	Land Use and Land Cover Change	土地利用与土地覆盖变化
LULC	Land Use and Land Cover	土地利用土地覆被
Markov	Markov	马尔可夫
MATLAB	Matrix laboratory	商业数学软件
MODIS	Moderate-resolution Imaging Spectroradiometer	中分辨率成像光谱仪
MCD12Q		同上(专属土地利用数据集)
MOS	Model Output Statistics	模式输出统计
NAO	Northern Atlantic Oscillation	北大西洋涛动
NCEP	National Centers for Environmental Prediction	美国国家环境预报中心
NCEP-IDW		反距离权重插值法用于到 NCEP 数据插值
NCEP-LLD		考虑高程和距离的差值法用于到 NCEP 数据插值
NCEP-NST		最近站点法用于到 NCEP 数据插值
NOAH	The Community Noah Land Surface Model	公用 Noah 陆面模式
NPP	Net Primary Productivity	净初级生产力
OQM	Overland Water Quality Module	物质运移模块
ORP	Oxidation-Reduction Potential	氧化还原电位
PAT	Parametric Analysis Tools	参数分析工具
PCI	Precipitation Concentration Index	降水集中指数
PDO	Pacific Decadal Oscillation	太平洋十年际振荡
PDSI	Palmer Drought Severity Index	帕默尔干旱指数
Pearson	Pearson Correlation Coefficient	Pearson 相关系数
RCP	Representative Concentration Pathway	典型浓度路径
RDA	Redundancy Analysis	冗余分析
SBM	Soil Biogeochemistry Module	土壤生物地球化学模块
ScenarioMIP	Scenario Model Intercomparison Project	情景模式比较计划
SD	System dynamics	系统动力学
SEM	Soil erosion module	土壤侵蚀模块

续表

缩略词	英文全称	含义
SOI	Southern Oscillation Index	南方涛动指数
SPEI	Standardized Precipitation Evapotranspiration Index	标准化降水蒸散指数
SPI	Standardized Precipitation Index	标准化降水指数
SPSS	Statistical Product and Service Solutions	统计产品与服务解决方案
SRI	Standardized Runoff Index	标准化径流指数
SRTM	Shuttle Radar Topography Mission	航天飞机雷达地形测量任务
SRTM DEM	Shuttle Radar Topography Mission,Digital Elevation Model	航天飞机雷达地形测量任务,数字高程模型
SSP	Shared Socioeconomic Pathway	共享社会经济路径
STD	Standard Deviation	标准差
TDS	Total Dissolved Solids	总溶解性固体物质
terra	terra	土地
TJK	Tajikistan	塔吉克斯坦
TKM	Turkmenistan	土库曼斯坦
TWSA	Terrestrial Water Storage Anomalies	陆地水储量异常
UN Comtrade	The United Nations Comtrade database	联合国商品贸易统计数据库
UNESCO-IHP	United Nations Educational, Scientific and Cultural Organization- International Hydrological Programme	联合国教科文组织—国际水文计划
USDA	United States Department of Agriculture	美国农业部
USDI	United States Drought Indicators	美国干旱指数
USGS	United States Geological Survey	美国地质勘探局
UZB	Uzbekistan	乌兹别克斯坦
VIC	Variable Infiltration Capacity	可变下渗容量模型
VIF	Variance Inflation Factor	方差扩大因子
VSD	Vulnerability Scoping Diagram	脆弱性评估框架
VWC	Virtual Water Content	虚拟水含量
Wald	Wald	沃尔德检验
WEF	Water-Energy-Food	水-能源-粮食
WLRCC	Water and Land Resources Carrying Capacity	水土资源承载力
WQM	Water Quality Module of Water Bodies	水体水质模块
WRCP	World Climate Research Program	世界气候研究计划
WTA	Water Withdrawal to Available Water Resources	每年提取的淡水资源量占可利用(可更新)淡水资源量的比值
WTPI	Water-Thermal Product Index	水热积指数